南京大学人文基金资助
南京大学东方建筑研究所建筑考古学论丛

楚國墓葬建築考

中國汉代楚(彭城)國墓葬及相关问题研究

ON THE ARCHITECTURE OF CHU TOMBS

—THE ARCHITECTURE OF CHU (PENGCHENG) TOMBS AND RELATED ISSUES IN HAN CHINA

周学鹰 著

南京大学出版社

序[①]

汉代是整个中华民族文化初步形成的时代，具有极强的生命力。她上承周秦，下启隋唐，奠定了我国二千余年的封建社会文化基础。此时封建中央集权统治得到进一步完善、巩固和发展，农业生产工具和技术有了突出的进步，手工业生产得到显著提高，商贸也崭露头角，整个社会呈现出生气勃勃的景象。这就为我国历代墓葬建筑遗留最多的汉代墓研究，提供了社会条件。

兴起于战国时期的神仙思想历经秦朝，到汉代极为盛行，至汉武帝时期达到了顶峰。统治阶级的提倡、各级官吏的效仿、社会各阶层的追随，在社会上形成了一股强烈的修仙、升仙的风气，而汉代艺术（如画像砖石、漆画、帛画、纺织品等）中大量神仙鬼怪、仙禽瑞兽、云气纹饰等，正是这一社会现实的真实写照。发展至东汉时期更形成了完备的鬼神理论，并划分出各不相同的等次，汉代可说是一个神学弥漫的时代。这些都为厚葬风俗的发展提供了坚实、可靠的思想基础。

春秋战国之际，礼崩乐坏，但社会生产技术较前进步，使得埋葬习俗越来越奢侈。发展到两汉时代，厚葬风气更烈，远超人们的想象。如：广州南越王墓，满城汉墓，徐州狮子山楚王陵墓，长沙马王堆汉墓等西汉早期的诸侯王、诸侯墓葬中出土随葬品之多、之精，均令人震惊。

徐州汉墓建筑久为世人瞩目。目前，徐州市已发现八处 12 座汉代楚王、一处 2 座彭城王及其王后的陵墓（其中的 11 座已经科学发掘），获得了一批惊世骇俗的发现，出土了大批稀世珍宝。且这些汉墓建筑本身加工技术之先进、施工水平之高超、设计思想之成熟，对于我国汉代建筑历史研究具有重大的价值和意义。如徐州市龟山汉墓施工十分精确，其墓道中心线由外到内仅误差 5 毫米，精确度为万分之一；两南道的水平误差为 8 毫米，精确度为七千分之一；它们之间夹角为 20 分，底部由东向西呈百分之五坡度；墓葬方向也十分精确，为正东西向。这些如何控制、

① 此篇序文，为笔者博士学位论文上篇在中国建筑工业出版社出版时，导师路秉杰先生所撰。

测量，令人深思。该墓葬甬道的底部两边开凿有宽、深各为10厘米左右的排水槽，且与墓室中的排水槽相连，构成整个墓葬的排水系统，设计思想科学、细致。且该墓埋葬楚王的几个墓室，位于整个楚王、王后陵墓建筑的中轴线上，相当巧妙地反映了崇尚中正的设计思想，突出了楚王的尊贵地位。

从地理位置看，徐州西汉楚王陵墓与东汉时期楚王、彭城王陵墓，皆环列于徐州市区的周围，形成了全国罕见的环城帝王汉墓圈。西汉楚王陵墓皆采用"因山为陵"的形制，东汉彭城王陵墓采用石室墓或砖石墓，整个汉代诸侯王陵发展脉络极为清晰。由此，1996年11月，国务院公布其为第四批全国重点文物保护单位。

目前，全国共发现汉代诸侯王、王后陵墓五十三座之多。与全国汉代其他地区诸侯王陵墓建筑相比，徐州汉墓建筑有许多独特的地方：首先，徐州西汉楚王陵墓建筑皆"因山为陵"，规模庞大，各具特色；其次，徐州楚王陵墓建筑作为一个群体，数量多，地点集中，皆环列市周地区；第三，徐州西汉楚王陵墓建筑序列完整，发展轨迹明显，反映了楚王陵墓建筑从发生、发展到衰败的完整过程，每个时期都有典型的墓葬建筑代表，且墓主人身分较为明确；第四，徐州是横穴墓出现最早的地区之一，楚元王刘交首创了"因山为陵"葬制，对后世具有无比重大的影响；第五，西汉楚王国"因山为陵"葬制对其他诸侯王国必然具有深远的影响；第六，徐州汉代诸侯王陵墓建筑经科学发掘较多，资料丰富可靠，便于研究。鉴于此，我们确定对徐州汉墓建筑进行研究，深入了解其建筑形制、墓葬思想、建筑技术等，以丰富、填补我国汉代建筑历史的研究。

汉代墓葬是我国古代葬制最具特色的时期，也是发展变化基本定型的时期。秦汉之前，多为"竖穴"墓葬，"横穴"墓葬较少；至汉，出现"竖穴"和向"横穴"过渡的形式，进而流行"横穴"，"因其山，不起坟"。汉代墓葬文化之丰富，类型之繁多，成为后世之源，反映了当时社会文化、经济、哲学、艺术、习俗等各方面内容。"非壮丽亡以重威"、"慎终而追远"，这是汉墓留给后人的深刻印象，徐州汉墓建筑完整地体现了这一过程。

周学鹰同志一直致力于中国古代建筑历史与理论的学习、研究。1998年初进入同济大学建筑系建筑历史与理论教研室攻读博士学位以来，刻苦钻研，勤于思考，思路活跃，多有新见。其本人长期在坐落于徐州市的中国矿业大学建筑系工作，得到了徐州市文化部门诸领导、同仁的厚爱与信赖，遂有此论文的顺利产生。当此面世之际，应周生再三恳请，难以为辞，聊叙数语，以为说明，何敢称序。

路秉杰
于同济大学古建筑、古园林设计研究室
2001年6月12日

前　言

人类将死者的尸体或尸体的残余部分按一定的方式放置在特定的场所，称之为“葬”；用于放置尸体或其残余的固定设施，称之为“墓”，两者一般合称为“墓葬”[①]。

易曰：“古之葬者，厚衣之以薪，葬之中野，不封不树，丧期无数。后世圣人，易之以棺椁”[②]。西汉刘向认为：“棺椁之作，自黄帝始”[③]。也就是说棺椁约略起源于我国原始社会，这已经为考古发掘所证明（如我国新石器时代早期，已有了瓮棺葬[④]）。木棺、木椁在龙山文化、大汶口文化、马家窑文化和齐家文化中多有发现[⑤]。石棺、石椁则主要存在于仰韶文化、龙山文化、马家窑文化等新石器时代的一些墓葬中[⑥]。

夏、商、周三代基本上流行竖穴木椁墓。但古籍记载商周之际的蜀侯有石棺椁葬制：“周失纲纪，蜀先称王，有蜀侯蚕丛，其目纵，始称王，死，做石棺石椁，国人从之，故俗以石棺椁为纵目人家”[⑦]（三星堆文化的发现，为此记载提供了进一步讨论

---

① 王仲殊：《中国古代墓葬制度》，《中国大百科全书·考古卷》，北京：中国大百科全书出版社，1986年版，第665页。

② （商）姬昌著，宋祚胤注译：《周易·系辞传下》，长沙：岳麓书院出版社，2000年版，第352页。

③ （汉）班固撰，（唐）颜师古注：《汉书·刘向传》，北京：中华书局，2002年版，第1952页。

④ 许宏：《略论我国史前时期的瓮棺葬》，《考古》1989年第4期，第331～339页。有学者认为：“这种葬式表现了整个氏族对后代繁衍的极大关注”，参见 王鲁昌：《论彩陶纹“×”和“Ж”的生殖崇拜内涵》，《中原文物》1994年第1期，第32～37页。

⑤ 中国社会科学院考古研究所山西工作队，临汾地区文化局：《山西襄汾县陶寺遗址发掘简报》，《考古》1980年第1期，第18～31页；杜在忠：《山东诸城呈子遗址发掘报告》，《考古学报》1980年第3期，第329～385，413～422页；山东省文物管理处，济南市博物馆编：《大汶口——新石器时代墓葬发掘报告》，北京：文物出版社，1974年版；韩集寿：《甘肃景泰张家台新石器时代的墓葬》，《考古》1976年第3期，第180～186页等。

⑥ 顾森：《秦汉绘画史》，北京：人民美术出版社，2000年版，第111页。甘肃省博物馆：《甘肃景泰张家台新石器时代的墓葬》，《考古》1976年第3期，第180～186页。

⑦ （晋）常璩撰，任乃强校注：《华阳国志校补图注·卷三·蜀志》，上海：上海古籍出版社，1987年版，第118页。

图1　三星堆博物馆内展出的青铜立人像

的空间，图1）。

春秋战国时期崇尚高台建筑，作为礼制建筑之一的陵墓建筑也相应流行高大的坟丘（图2）。发展到西汉初期，传统墓葬制度发生显著的变化，出现了划时代的变革。本书的相关研究，正是沿着这一发展脉络进行的。

自古以来，墓葬建筑就是礼制建筑一个不可分割的重要组成部分。辽宁牛梁河女神庙、祭坛、积石冢和金字塔式巨型建筑，就是彼此互为因果、互有联系的整体[①]。良渚文化大型墓葬本身与祭坛共存[②]。信仰灵魂世界的社会，对死者的葬仪，都是按照当时的社会存在和人们的物质生活条件进行的。从这种意义上说，"葬俗是一部活生生的历史参考书"[③]。尤其是"信仰灵魂世界的埋葬制度，是现实社会制度的写照和曲折的反映"[④]。

目前，长期困扰中国历史界的夏、商、周断代工程已经取得阶段性的重要成就，且获得了一批重要成果。其后的秦汉时期，亦将成为历史研究的又一重点。

一直以来，国外对我国秦汉时期的历史研究较为重视。不少国家和地区的众多学者、专家，均对此进行了深入探讨，取得了丰硕的成果。20世纪50年代以来，我国进行了数量众多的大规模、科学的考古发掘，获得了有关秦汉时期相当丰富的城市遗址、建筑遗址和墓葬资料（以墓葬资料最为丰富多采）。特别是近二、三十年来，考古发掘取得了巨大成就，一大批颇为重要的发现，研究条件较为成熟。

与此同时，国内外有关我国汉代物质文化方面的研究论著也较丰富和深入。因此，采用实物资料与古典文献、现当代研究成果等相结合的科学方法，某些问题

① 张得水：《新石器时代典型巫师墓葬剖析》，《中原文物》1998年第4期，第27～34页。
② 张得水：《祭坛与文明》，《中原文物》1997年第1期，第60～67页。
③ 王晓：《裴李岗文化葬俗浅议》，《中原文物》1996年第1期，第76～80，117页。
④ 北京大学历史系考古教研室：《元君庙仰韶墓地》，北京：文物出版社，1983年版，第52页。

图 2　绍兴印山越王陵墓室外观

也可能研究得较为清楚。我们也需要将新发现的众多成果加以总结，并及时补充到中国汉代墓葬建筑的研究中去，以取得阶段性的成果，这也必将为未来更加深入地研究汉代建筑历史打下较好的基础。当然，现有的研究成果必然存在很多不足，随着未来考古发掘资料越来越多，研究将逐步全面、深入，探索也会更加细致。但阶段性的研究成果及其总结，总是必不可少的，且很有意义。

汉代是中华民族处于上升期的时代，具有极强生命力；也是整个中国专制和郡县制社会较为重要的上升时期之一。此时，中央集权统治得到进一步巩固与发展，农业生产工具和技术有了突出的进步，手工业生产得到显著提高，整个社会呈现出生气勃勃的景象。它又是一个“囊括大块，包孕宇宙，勃发着阳刚之气的英雄时代，以大为美，以力为荣成为一种时代的美学时尚”①。据此，汉代不但为以后两千多年的中华民族奠定了基础，也深刻、深远地影响了周边的国家和地区，如日本、朝鲜、越南、蒙古等。博大精深的汉代文化更成为整个中华民族主体文化的象征；这也对应了汉代建筑史在我国古典建筑史上的地位。

可惜的是，汉代地面建筑遗留较为有限，除考古发掘的地面建筑遗址外，其他多是与墓葬有关的崖墓（包括石棺椁，图 3）、祠堂、阙观等。与此相左的是，历代墓葬数量最多者即为汉代墓葬。因此，要研究汉代建筑，就必须相当重视量大面广的汉代墓葬资料。据此，全面认识、了解我国汉代墓葬建筑材料、技术、艺术、思想等，

① 陈江风：《汉画像“神鬼世界”的思维形态及其艺术》，《中原文物》1991 年第 3 期，第 10～17 页。

图3　四川江口崖墓二号墓入口

厘清汉代墓葬建筑技艺，对探究我国汉代建筑历史，进而探讨其对中国建筑历史发展的影响与流变，以及进一步探讨我国古典建筑历史与周边国家建筑历史发展的关系，填补中国汉代墓葬建筑研究中的某些不足与空白，具有较为重要的现实意义。

本书采用汉代墓葬建筑实物资料，结合古典文献，并参考各时期研究成果，期冀从平面及空间形制、建筑技术、装饰特点等多方面出发，密切联系汉代人生活习俗、社会思想等，由表及里，逐步深入地弄懂、弄清我国汉代墓葬建筑历史研究中的若干问题。

上篇，本书对汉代楚(彭城)国墓葬建筑分类型进行了深入研究。横向上，分别对"因山为陵"、石室墓、砖室(石)墓、竖穴(洞室)墓等不同葬制类型，分门别类进行了探讨。为了更好地研究汉代楚(彭城)国王侯陵墓建筑发展历程，也为了讨论方便，笔者将采用"因山为陵"的西汉楚王陵与东汉采用石室、砖室(石)墓的王侯陵墓放在一起进行研究，借以说明汉代王侯陵墓建筑发展的客观规律。

下篇，本书针对与汉代墓葬建筑有关的一些问题，在纵向上进行深入的探讨，共分为四个专题。分别对汉代最早的"因山为陵"葬制、"明器式"建筑与"建筑式"明器、认读"汉代建筑画像石(砖)"的方法论、墓葬中出土的建筑明器等进行分析，利用考古发掘实物与遗址资料，结合相关典籍文献，进行较为深入的探索和研究。通过对汉时人们墓葬习俗的研究，对汉代现实社会生活(包括政治、经济、文化等)和思想进行较深入的探讨。

如前所述，墓葬习俗是人们社会意识的一种反映[①]，因此也可以说"葬俗是一

① 李昭连:《试从淅川下王岗文化遗存考察文明起源的历史进程》,《中原文物》1995年第2期,第21～26页。

部活生生的历史参考书”[①]。

我国古人早就认为:“大宗伯之职,掌建邦之天神、人鬼、地示之礼,以佐王建保邦国天地鬼神之礼,以佐理邦国。”[②]自古以来,墓葬建筑就是礼制建筑中一个不可分割的组成部分[③]。由于汉代帝陵无一发掘,较难对其形制进行具体深入的探讨。因此,本书研究重点是针对已经发掘的汉代墓葬建筑实物遗存,以及与其紧密相联的汉代祠堂建筑、画像砖石、建筑明器、“明器式”建筑与“建筑式”明器等。

与此同时,因全国各地汉代墓葬数量很多、地区发展不平衡以及地域性差异的存在,本书主要通过汉代楚(彭城)国各类型墓葬建筑的研究,来管窥整个中国汉代墓葬建筑。在横向上,依据平面、空间形制,建筑技术及装饰特点等,对汉代楚(彭城)国墓葬建筑发展演化进行较为全面、深入、详尽的研究。在纵向上,重点对“因山为陵”及“建筑式”明器、“明器式”建筑、汉画像石(砖)的认读方法、建筑明器的随葬意向、汉代墓葬思想等,分别进行探源和论证。

紧张的博士研究生学习生活很快就要结束了。望着散发着清新气息的论文,不禁思绪万千。儿时的我就对中国象棋非常着迷,小小的棋盘中分隔着交战双方的“楚河汉界”,总使我联想起那些波澜壮阔的历史画面。那是一些什么样的画面啊:秦灭六国、楚汉相争、南平诸夷、北击匈奴、西通西域、东服东胡……,它们是那样鲜明生动地展现在我的面前,常使我心驰神往,梦想着自己也是生活在其中的一员。

稍长后,学习、工作、生活的地方,竟然是汉高祖刘邦的桑梓之地,说不清是缘分、巧合,还是冥冥中真有那么一点点的天意。九里山下、故黄河边、汉陵墓前,时时留下我徜徉的足迹;那沉寂的古战场、平静的故黄河、无声的汉文物,都牵引着我的思绪,在无尽的时空中,悄悄地游荡……

万幸的是,有缘进入同济大学,拜入路秉杰先生[④]门下。更幸运的是,路先生慧眼独具,针对徐州地区考古发掘出大量汉代墓葬建筑的实际情况,联系本人的学习条件、特长,并结合同济大学建筑历史与理论学术组对汉代墓葬建筑历史研究所需,早早地就为我定下了研究汉代墓葬建筑的大方向,我儿时的梦想竟然真的变成

① 王晓:《裴李岗文化葬俗浅议》,《中原文物》1996年第1期,第76～80页。
② 徐正英,常佩雨译注:《周礼·春官·宗伯》,北京:中华书局,2014年版,第400页。
③ 吴汝祚:《余杭反山良渚文化玉琮上的神像形纹新释》,《中原文物》1996年第4期,第35～40页。
④ 路秉杰先生是我国著名建筑史学家,同济大学建筑系教授、博士生导师,中国建筑史学会副会长,中国建筑学会建成遗产学术委员会顾问,故宫学院上海分院理事等。

了现实。

时光如梭，三年的研究生活转眼即逝。捧在手中的这本《楚国墓葬建筑考——中国汉代楚（彭城）国墓葬建筑及相关问题研究》博士学位毕业论文，仅是对我前一阶段研究生活的初步小结，更标示着今后学术生涯的正式开始。

“路漫漫其修远兮，吾将上下而求索。”

摘　要

本书在宏观的汉文化背景中，以西汉楚国、东汉彭城国[即相当于今江苏徐州及其周边地区。为便于论述，本书统称为“汉代楚（彭城）国”]的墓葬建筑为出发点，通过考古发掘实物资料与古典文献、现当代研究成果相结合，考察我国汉代楚国墓葬建筑。

本书共十章，分上、下两篇（上篇第一至六章，下篇第七至十章）。

第一章　汉代楚（彭城）国墓葬建筑发展之社会背景及历史地位。整体梳理了我国两汉时期的社会政治、经济、文化，着重考察了当时人们的生活习俗、社会思想、科技发展水平，以及受它们影响下的墓葬建筑发展状况，提出研究汉代楚（彭城）国墓葬建筑的意义。

第二章　汉代楚（彭城）国王侯陵墓建筑考。根据汉代楚（彭城）国王侯陵墓建筑不同的发展时期，将其划分为五个发展阶段，深入研究了每一阶段的特点及它们之间发生、发展、演变的历史进程。

第三章　汉代楚（彭城）国石室墓葬建筑考。对石室墓葬建筑进行了整理、分期，研究了各时期石室墓葬建筑的形制特点，着重研究了汉代楚（彭城）国画像石墓。

第四章　汉代楚（彭城）国砖室（石）墓葬建筑考。对砖室（石）墓葬建筑进行了整理、分期，研究了各时期砖室（石）墓葬建筑的形制特点，并与其他地区同类墓葬进行了比较。

第五章　汉代楚（彭城）国竖穴（洞室）墓葬建筑考。对竖穴墓葬建筑进行了整理、分期，研究了各时期竖穴墓葬建筑的形制特点。

第六章　汉代楚（彭城）国墓葬建筑综述。对汉代楚（彭城）国王侯陵墓建筑各阶段的特点、发展演化进行了总体的研究。对汉代墓葬建筑排水、风水对墓葬选址及墓葬思想影响等进行了论述，并对汉代楚（彭城）国汉画像石墓葬建筑进行了概括。

第七章　“因山为陵”初探。西汉初期的楚元王刘交陵，是我国目前考古发现的最早采用“因山为陵”葬制的陵墓，本书研究了其采用这一葬制的历史渊源。

第八章　“建筑式”明器与“明器式”建筑。针对汉代墓葬中存在大量“木构瓦顶”或“石砌”房屋，以及葬具模拟实际建筑物形象的情况，提出“明器式”建筑与“建筑式”明器的概念，分析了它们的内容、类型、形式及特点，对其出现的时期、思想渊源及演化等进行了研究。

第九章　认读“汉代建筑画像石(砖)”的方法论。将包含建筑物形象的汉画像石(砖)暂命名为“汉代建筑画像石(砖)”，提出了认读它们的方法论，联系古代典籍、考古发掘成果、现代文献，列举各种事例，进行了系统的分析和论证。

第十章　汉代“建筑明器”随葬思想初探。分析了古人的墓葬思想，墓葬建筑的发展、演变过程。在此基础上，研究了汉代“建筑明器”的使用性质，探讨了其随葬思想；联系考古发掘实物资料，分析了其内容、类型及其特点。指出了它所反映的汉代经济、汉代人的思想习俗等；指明它是早期墓葬壁画描绘建筑形象的物化，且对楼阁式建筑在古代人实际生活中的地位进行了一定的研究。

目　录

下篇　汉代墓葬建筑相关问题研究

绪　论

一、研究意义

日前，我国夏、商、周断代工程取得重大成就，其后续的秦汉时期历史研究，亦将成为历史科学研究的又一重点。在此大的宏观背景之下研究汉代墓葬建筑，不但有助于将考古发掘的新成果，及时补充到汉代建筑历史研究的总体之中去，更有助于弄懂、弄清有关中国古典建筑发展初期的一些问题，从而丰富、助益我国古代建筑历史研究。此外，相关点滴成果无疑还将对在某些方面丰富、补充整个中国古代历史的探究有帮助。

汉代，尤其是西汉时期，佛教还未真正影响我国古代文化。因此，汉代文化基本上保持了中国固有文化的内容和特色[①]。

客观而言，墓葬建筑文化从来就是古代礼制建筑的重要组成之一，中外皆然。“中国古代礼乐制度涉及祭祀、宴享、朝聘、征伐、婚冠、丧葬等各方面，被视为‘经国家、定社稷、序民人’的大事，从大型礼仪性建筑的发现，可以窥见礼制的起源”[②]。“名以出信，信以守器，器以藏礼，礼以行义，义以生利，利以平民，政之大节也”[③]，这充分说明青铜器实质上是礼的物质表现形式之一。与此相同，所谓“礼制建筑同样是礼的物化，自不待言。礼制建筑和青铜器的存在都不是孤立的，它们都是按照礼制来设置并表现其社会功能的”[④]。

由于汉代遗留至今的地面实物资料很少，探究作为最大量实物遗存的汉代墓葬建筑文化，就有了相当重要的意义。毕竟，“埋葬习俗最能反映一个部族或民族

---

① 顾森：《开卷有益——读〈洛阳汉墓壁画〉》，《中原文物》1997 年第 2 期，第 108～109 页。

② 马世之：《中外文明起源问题对比研究》，《中原文物》1992 年第 3 期，第 58～66 页。

③ 齐鲁书社编，李玉良译、王铭基绘：《〈左传〉名言》，济南：齐鲁书社，2006 年版，第 67 页。

④ 高炜：《中国文明起源座谈纪要》，《考古》1989 年第 12 期，第 1110～1120，1097 页。

的意识和文化特征”①。

二、研究条件

新中国成立五十年以来②，有关秦汉时期的考古发掘成果较多，积累了丰富的原始资料。“汉代建筑遗存至今，地面除石阙、石兽、祠堂及一些城垣、宫室的残留部分外，基本上是各地出土的墓葬”③。据此，量大面广的汉代墓葬建筑资料，就为我们研究相关汉代建筑技术、艺术、材料等，以及进一步研究当时人的思想、习俗，进而深入探究汉代建筑历史以及中国古典建筑历史等，提供了丰富多彩的宝贵材料。毕竟，“汉代墓葬是目前出土数量最多的古代墓圹群体”④。

目前，仅汉代诸侯王一级的陵墓，就已发掘了五十多座(详见书末相关附录)。有鉴于此，众多国内外专家学者，针对汉代墓葬中反映的汉代物质、文化等多方面内容，进行了相当深入的探讨，取得了较多的研究成果。仅就汉代墓葬建筑本身而言，已有成果就已蔚为大观。

因此，在已有学术成果相当深厚积淀的基础上进行相关汉代墓葬建筑探究，条件较为成熟。

三、研究现状

目前，经考古发掘的几万座汉代墓葬资料，是我国历代墓葬资料中最丰富者。这其中，出土的有关汉代物质、文化等诸方面内容庞杂，几乎覆盖了我国汉代社会历史文化、生活的方方面面。因此，不仅吸引了众多国内的专家、学者投身其中，也吸引了较多的国外研究者。

综合而言，或有人对相关汉代墓葬制度、形制及其发展演变等，进行了深入研究；或有人对汉代玉器、青铜器、封泥印章、画像砖石、书法、帛画、建筑明器及各种随葬用品等，进行了分门别类的探究；还有不少文物、考古专家对汉代物质、文化整体，进行了较系统深入的梳理与探源等(详细参见本书附录)，取得了众多杰出的成果。

目前专门从建筑史学角度，针对某一特定汉代墓葬比较丰富的地区，就其众多的汉代墓葬及其完整、清晰的发展脉络，独特的墓葬形制，丰富的“汉代建筑画像

---

① 李绍连：《关于商王国的政体问题——王国疆域的考古佐证》，《中原文物》1999 年第 2 期，第 28～35 页。

② 笔者博士学位论文完成于 2000 年 10 月，故有此说。

③ 顾森：《汉画像艺术探源》，《中原文物》1991 年第 3 期，第 1～9 页。

④ 李宏：《汉代丧葬制度的伦理意向》，《中原文物》1986 年第 4 期，第 79～82 页。

石”遗存，琳琅满目的其他汉代物质文化遗物等，做出相对全面、系统、深入的研究，并通过它与全国汉代物质、文化遗存进行分类、比较等，尚仍缺乏。

本研究正是在此背景下着手进行。

四、预期目标

本书题目是《楚国墓葬建筑考——中国汉代楚（彭城）国墓葬建筑及相关问题研究》。

本书拟在横向上较为完整阐述汉代楚（彭城）国墓葬建筑历史各方面的基础上，就某些方面进行纵、横向深入的探讨。譬如，对相关墓葬建筑进行分类、比较，分门别类地研究其平面形制、空间特征、建筑技术等；探究汉代“因山为陵”葬制产生的根源；认读汉代“建筑画像石（砖）”方法论；建筑明器与“明器式”建筑及与“建筑式”明器的区别和联系；汉代建筑明器的随葬思想；汉代墓葬思想以及墓葬形制所反映的汉代人的思想、习俗等。

总体而言，本书针对特定地域的汉代墓葬建筑，就其技术水平、艺术形象、社会习俗、哲学思想等的相互关系，进行了较系统的分析与论证，为未来进一步深入研究汉代墓葬建筑技术、汉代建筑史等，打下较好的基础。

五、研究方法

本书采用考古发掘实物资料与古典文献、现代研究成果相结合的研究方法，针对量大面广的汉代墓葬建筑，尽量进行分类、比较，以期对汉代墓葬形制、断代分期等提供依据。

我们不能机械地对各地区无比丰富的墓葬资料提供一个统一的判断标准，也不能简单地就某些地区墓葬资料中存在的现象得出一些放之四海皆准的普遍性结论，尤其是在根据随葬品进行断代的情况下。

据此，或许我们只能在相对统一的墓葬思想指导下，针对某些相近风俗地区的情况，得出某些符合该地区的规律性结论，因为“因地制宜、因材制宜”的思想，一直是我国以及世界各地人民的优良传统。与此同时，我们也要注意各地墓葬中一些方面普遍存在的某些相互关系。

我们在汉代墓葬建筑、中国古代建筑历史的研究中，必须不断地紧扣当前量大面广的考古发掘成果，这样才能及时地将考古发掘的最新资料补充进去，从而不断地推进我们的研究。如“近日，宝鸡市考古队在该市仝家崖遗址发掘出土了距今

6 000 至 7 000 年的重要文物，特别是砖的发现，将中国用砖的历史从公元前 1 000 年，提前到公元前 4 000 至 5 000 年。……另外，出土的陶盆表(面装)饰的起笔、运笔、收笔痕迹，说明毛笔远在 6 000 至 7 000 年前已经发明”①。在此之前，学者们一般认为“按条砖最早出现于陕西扶风、周原遗址，属西周晚期”②。

又如，一般建筑历史资料都认为，嵩岳寺塔是目前已知唯一的十二边形塔。而《文物》杂志早在 1963 年第 4 期，就登载了广东省顺德县发现十二角形塔座角腰石的资料③，这应该是继嵩岳寺塔后的新资料。

再如，最近广州市南越王宫殿建筑遗址发掘中，存在着不少谜团，其中“第二大谜团——印章上的‘老外’头像。……从形状上看，这枚印章不是中国传统的长方形或正方形，而是椭圆形，而西方印章的形式正是以椭圆形为主。种种迹象表明，这是一枚给外国人刻的印章……第三大谜团——南越王宫‘石头城’之谜。中国古代建筑以木结构为主，西方古代建筑则以石结构为主。整个南越王宫署的石建筑普及程度，可以用‘石头城’来形容，甚至有的结构与西方古罗马式建筑有相通之处，这在全国考古界都是罕见的。有行内人士提出，南越王宫署独树一帜的石建筑，是否意味着当时的广州(番禺)已经引进了西方的建筑技术和人才?”④。类似实例，不胜枚举，都需要我们及时地加以分析与研究。

有趣的是，我国汉代的图形印形状是多种多样的，如圆、椭圆、正方形、长方形、圆角方形、不规则形等，印文内容更是丰富多彩，“有龙虎、禽兽、鸟虫，还有人事、风俗、歌舞、管弦、百戏、神人、武士、图案，以及与汉代画像石、画像砖相似的阙楼、轺车出行等”⑤。笔者认为，也许它们的源头是殷代早已存在的族徽图形似的铭文⑥。

又如，“据目前所知资料，太湖流域作为居住的房屋是否有干栏式建筑尚无确证，而半地穴式、浅地穴式和平地起筑的建筑实例，则已发现多处。从总体地貌来看，太湖流域以水网为主；但从局部区域看，也存在着平原、高地、丘陵、沼泽等地形。在不同的地理环境条件下，先民总是因地制宜、因材制宜地营造适合自己居住

---

① 秦剑:《新石器时代已用砖》，《文汇报》2000 年 4 月 25 日，第 6 版。

② 罗西章:《扶风云塘发现西周砖》，《考古与文物》1980 年第 2 期，第 108 页；罗西章:《周原出土的陶制建筑材料》，《考古与文物》1987 年第 2 期，第 9～17，65 页等。

③ 王维、李敬镒:《顺德县发现十二角形塔座角腰石》，《文物》1963 年第 4 期，第 54 页。

④ 《南越王宫殿遗址牵出五大千古之谜》，《文汇报》2000 年 6 月 2 日，第 6 版。

⑤ 牛济普:《汉代图形印》，《中原文物》1994 年第 3 期，第 64～71 页。

⑥ 郑若葵:《殷墟“大邑商”族邑布局初探》，《中原文物》1995 年第 3 期，第 88 页图三、第 91 页图四。

的建筑，不可能仅有一种模式、一种类型，或只使用一种建筑方法”[①]，这样的研究观点无疑很正确。它对我们研究汉代墓葬建筑，应有所启迪。

我们的研究还不能仅仅局限于国内。如不久前，埃及发现5座5 200年前古墓，“这些墓葬规模庞大，墓室的下半部分开凿在岩石中，上半部用砖坯砌成。考古学家们在墓室内发现了一批陶制器皿，器皿的盖子上写有所存放食品的名称并加盖了墓室主人的印章”[②]。对比一下就会发现，这与我国古代的墓葬习俗，竟然有不少相似之处。土耳其科尼亚城东南约52公里处，在卡塔尔·休于遗址VIB层中，发现12座神庙，内有精美的彩色壁画，内容有狩猎场面和丧葬礼仪等[③]，这与我国先秦时期的类似艺术，内容颇为雷同。

其实，在有关学术研究中，专家们早已否定了单一性的研究方法。“概括说来，西方学术界近三十年来对文明的研究，已经从单项因素的罗列到复合条件的研究，从表面现象到内在规律的探索，从静止的观察到动态的相互作用的考察，从人类的社会背景和溯源扩展到自然环境的影响”。且进一步认为，“中国文明虽然最早出现于中原地区（仅就目前掌握的确切资料而言），但是在众多的文明因素中，并不一定每一种都是由夏人或商人首创的。其他的地区、民族集团也可能有自己的文化传统，创造了带地方特色的文明因素。以后这些因素汇合到中原地区，才演变成中华文明之主流。应该说，中华古文明之所以光辉灿烂，原因之一正是兼收并蓄，内容丰富”[④]。“中国古文明最早的缔造者是多元的，不是一元的”[⑤]。

随着国内外对人类历史探究的深入开展，及大量人类学、民族学的调查研究，发现人类文化的起源并非全属一元，常有多元现象；人类文化有若干中心，再由此中心传播开去，产生若干文化圈。传播论的此种观点也同意有交叉现象，不宜断言各地文化均是依据相同阶段、相同模式，按一定序列而进展。“文化之树”论的合理成分是把人类文化看作一株文化之树，有其错综复杂的枝叶，时而相互贯联，时而产生新枝，各有不同的文化丛体，应从各共同体自身历史中探索，方能了解此文化丛体[⑥]。文化之树，非仅一棵。

---

① 钱公麟：《吴江龙南遗址房址初探》，《文物》1990年第7期，第28～31页。

② 《埃及发现5座5 200年前古墓》，《文汇报》2000年5月14日，第2版。

③ 马世之：《中外文明起源问题对比研究》，《中原文物》1992年第3期，第58～66页。

④ 童恩正：《有关中国文明起源的几个问题—与安志敏先生商榷》，《考古》1989年第1期，第51～59，32页。

⑤ 逄振镐：《论中国古文明的起源与东夷人的历史贡献》，《中原文物》1991年第2期，第37～42，84页。

⑥ 唐嘉弘：《黄河文明与中国传统文化导论》，《中原文物》1990年第2期，第13～18页。

更有学者深入研究我国文明起源后认为:“数十万年前,先民们就没有固定在一个地点上。尽管各区域文化发展不平衡,却是在一个古老的农业经济基础上形成了一个中国古代文化的共同体,维系着各区域、各部落及联盟文化发展的总趋势”[①]。这样的认识观念、方法,同样适用于我们对汉代墓葬建筑历史的研究。

本书全文共约 37 万多字(正文约 31 万多字、附录约 6 万字),图 263 幅[②],表 82 张(正文 60 张、附录 22 张)。

① 耿铁华:《中国文明起源的考古学研究》,《中原文物》1990 年第 2 期,第 19～23 页。

② 本书增补了一些楚王、王后,彭城王陵墓建筑照片等,目前图片共计 353 幅。

上　篇

汉代楚（彭城）国墓葬建筑考

第一章　汉代楚(彭城)国墓葬建筑发展之社会背景及历史地位

第一节　汉代经济之发展

汉五年十月(公元前 202 年),汉高祖刘邦通过垓下之战,剿灭了与他争夺天下的西楚霸王项羽,结束了长期争战的乱世,重新建立了大一统的郡县制国家——汉王朝[①],初步形成了较为稳定的政治局面。

但长期以来,秦王朝横征暴敛以及战乱的过度消耗,造成了社会人口大量锐减、经济接近崩溃、文化极度贫乏的艰难局面。如:汉七年(公元前 200 年),汉"高帝南过曲逆,上其城,望室屋甚大,曰:'壮哉县! 吾行天下,独见洛阳与是尔'。顾问御史:'曲逆户口几何?'对曰:'始秦时三万余户,间者兵数起,多亡匿,今见五千余户'"[②]。可见,当时连曲逆这个战损程度较小的城市,户口也减少了六分之五,其时整个社会人口之锐减可以想见。

非但人口如此,"自天子不能具醇驷,而将相或乘牛车"[③]。直到西汉景帝时,仍有"马高五尺九寸以上,齿未平,不得出关"[④]的禁令。

鉴于此,新兴的西汉王朝为使社会生产得到迅速恢复和发展,采取了一系列有力的措施。其中,较得力者有两条:一是土地改革、还地于民[⑤],二是罢兵归田、

---

① (汉)班固著,(唐)颜师古注:《汉书》卷一下《高帝纪第一下》,北京:中华书局,1962 年版,第 49～55 页。

② (汉)班固著,(唐)颜师古注:《汉书》卷四十《张陈王周传第十》,北京:中华书局,1962 年版,第 2045 页。

③ (汉)班固著,(唐)颜师古注:《汉书》卷二十四上《食货志第四上》,北京:中华书局,1962 年版,第 1127 页。

④ (汉)班固著,(唐)颜师古注:《汉书》卷五《景帝纪第五》,北京:中华书局,1962 年版,第 147 页。

⑤ 《汉书・高帝纪》:"民前或相聚保山泽,不书名教。今天下以定,令各归其县,复故爵田宅。吏以文法教训,辩告勿笞辱。民以饥饿自买为人奴婢者,皆免为庶人"。(汉)班固著,(唐)颜师古注:《汉书》卷一下《高帝纪第一下》,北京:中华书局,1962 年版,第 54 页。

图 1-1-1　盐井

招募流民，解决了农村劳动力缺乏的问题①。因此，到了惠帝和吕后时期，社会整体情况已大为好转。“黎民得离战国之苦，君臣俱欲休息乎无为”“民务稼穑，衣食滋殖”②(图 1-1-1)。经过汉初几十年的休养生息，终于出现了“文景之治”的繁荣局面。其时户口大增，“流民既归，户口亦息，列侯大者至三、四万户，小国自倍，富厚如之”③。

至武帝之初“七十年间，国家亡事，非遇水旱，则民人给家足，都鄙廪庾尽满，而府库余财。京师之钱累百钜万，贯朽不可校。太仓之粟陈陈相因，充溢露积于外，腐败不可食。众庶街巷有马，仟伯之间成群，乘牸牝者摈而不得会聚。守闾阎者食粱肉；为吏者长子孙；居官者以为姓号。人人自爱而重犯法，先行谊而黜愧辱焉”④。“今富者祈名岳、望山川，椎牛击鼓，戏倡舞像”⑤。可见，此时的汉代社会经济、文化等，已发展到一个相当高的水平。

就农业来讲，东海县尹湾汉简中“集薄”记载西汉末年：“种宿麦十万七千三百[八]十口顷”，又载该郡：“户廿六万六千二百九十”“口百卅九万七千三百卌三”⑥。则每户平均种宿麦 40.3 亩，每人平均 7.7 亩，合今天的市亩分别为 28 亩和 5.3 亩。据宁可先生推算，汉代小麦单产每市亩为 100～200 斤，取平均 150 斤⑦。如此，则汉代东海郡人均产麦约 800 斤，除掉赋税后人均约有小麦 700 斤。而地处发达地域的江苏省徐州地区，至 1965 年的小麦亩产量始达 102 斤，二十世纪七十年代初

---

① 《汉书·高帝纪》：“诸侯子在关中者，复之十二岁，其归者半之。”(汉)班固著，(唐)颜师古注：《汉书》卷一下《高帝纪第一下》，北京：中华书局，1962 年版，第 54 页。“军吏卒会赦，其亡罪而亡爵及不满大夫者，皆赐爵以大夫。故大夫以上赐爵各一级，其七大夫以上，皆令食邑，非七大夫以下，皆复其身及户，勿事……且法以有功劳行田宅”。《史记·曹相国世家》：“举事无所变更，一遵萧何约束”。(汉)司马迁著：《史记》卷五十三《曹相国世家第二十三》，北京：中华书局，1959 年版，第 2029 页。

② (汉)司马迁著：《史记》卷九《吕太后本纪第九》，北京：中华书局，1959 年版，第 412 页。

③ (汉)班固著，(唐)颜师古注：《汉书》卷十六《高惠高后文功臣表第四》，北京：中华书局，1962 年版，第 528 页。

④ (汉)班固著，(唐)颜师古注：《汉书》卷二十四上《食货志第四上》，北京：中华书局，1962 年版，第 1135～1136 页。

⑤ 王利器撰：《盐铁论校注》卷六《散不足第二十九》，北京：中华书局，1992 年版，第 351 页。

⑥ 连云港博物馆：《尹湾汉墓简牍释文选》，《文物》1996 年第 8 期，第 26～31 页。

⑦ 宁可：《汉代农业生产漫谈》，《光明日报》1979 年 4 月 10 日第 4 版。

才恢复到汉代水平①。东海郡的情况,或可以说明汉代徐州地区的农业生产水平②。据此可见,汉时农业生产之发达(图1-1-2)。

图1-1-2 舂米(作坊)

商品经济同样如此。“汉兴,海内为一,开关梁,弛山泽之禁。是以富商大贾周流天下,交易之物莫不通,得其所欲”③。又云:“重装富贾,周流天下,道无不通。故交易之道行”④。由此可见,楚汉争霸结束之后不久,汉代商品经济就重新活跃了起来。以至出现了“以贫求富,农不如工,工不如商,刺绣文不如倚市门”的现象⑤,甚至由此影响了正常的农业生产⑥。自此,“自京师东西南北,历山川,经郡国,诸殷富大都,无非街衢五通,商贾之所臻,万物之所殖者……”⑦;“内则街衢通达,闾阎且千,九市开场,货别隧分;人不得顾,车不得旋,阗城溢郭,傍流百廛,红尘四合,烟云相连。于是既庶且富,娱乐无疆,都人士女,殊异乎五方;游士拟于公侯……”⑧(图1-1-3),足见都市之勃兴和经济之繁荣。就是地处边关的天水、陇西、北地、上郡,也是“西有羌中之利,北有戎翟之畜,畜牧为天下饶”⑨。

与此同时,汉代手工业也较为发达。仅对当时社会关系最大的盐、铁两项,就

---

① 戴先杰等编著:《江苏省徐淮地区农业布局与农业类型研究》,南京:江苏教育出版社,1987年版,第37页。

② 刘磐修:《汉代徐州农业初探》,王文中主编,及巨涛、夏凯晨、刘玉芝副主编:《两汉文化研究(第二辑)》,北京:文化艺术出版社,1999年版,第47～60页。

③ (汉)司马迁著:《史记》卷一百二十九《货殖列传第六十九》,北京:中华书局,1959年版,第3261页。

④ (汉)司马迁著:《史记》卷一百一十八《淮南衡山列传第五十八》,北京:中华书局,1959年版,第3088页。

⑤ 《汉书·货殖传》中提到的民间谚语。(汉)班固著,(唐)颜师古注:《汉书》卷九十一《货殖传第六十一》,北京:中华书局,1962年版,第3687页。

⑥ 《汉书·贡禹传》:“民弃本逐末,耕者不能半。贫民虽赐之田,犹贱卖以贾,穷则起为盗贼。何者?末利深而惑于钱也。”。(汉)班固著,(唐)颜师古注:《汉书》卷七十二《王贡两龚鲍传第四十二·贡禹传》,北京:中华书局,1962年版,第3075页。

⑦ 王利器撰:《盐铁论校注》卷一《力耕第二》,北京:中华书局,1992年版,第29页。

⑧ (南朝宋)范晔著:《后汉书》卷四十上《班彪列传第三十上》,北京:中华书局,1965年版,第1336页。

⑨ (汉)司马迁著:《史记》卷一百二十九《货殖列传第六十九》,北京:中华书局,1959年版,第3262页。

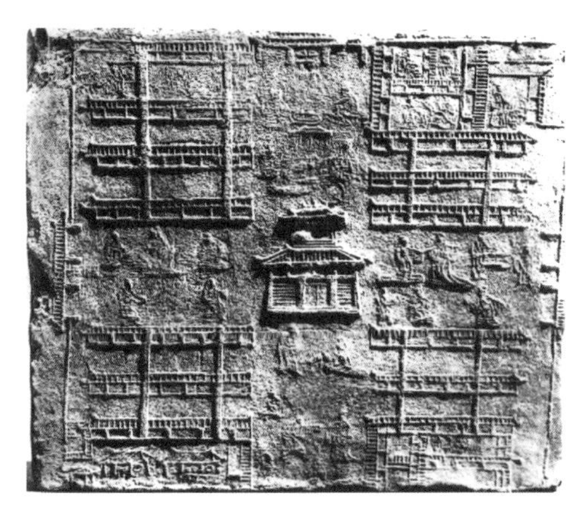

图1-1-3　市井

“冶铸煮盐，财或累万金”①。众多私有手工业的存在，以至出现了不少如山东曹邴氏那样“以铁冶起，富至巨万”的私营冶铁大富豪②。同时还有各种各样的国营工场，政府并设有少府、将作大匠、水衡及大司农四大机关，其下又有各种工官设置③。至西汉武帝时，全国分置盐官于二十八郡，分置铁官四十郡④，而《通考·征榷考》记载更多达五十郡⑤。“不出铁者，置小铁官，使属在所县”⑥。考古勘探表明，当时冶铁作坊的规模是相当大的，山东省临淄齐国故城的汉代冶铁遗址约达40万平方米，滕县薛国故城的汉代冶铁遗址约达6万平方米⑦；现今郑州发现的古荥汉代冶铁遗址，面积达12万平方米之多⑧，均可见一斑。

东汉时没有像西汉那样实行铁官制度，这是由于民间冶铁业相当发达，专制统治者不得不让步⑨。西汉初期制铁工业的迅速发展，促进了加工工具的较大变革，使得各种技术手段层出不穷，而遗留至今的墓葬建筑、画像石艺术、兵器等就是极好的证明。如山东莱西县岱野西汉木椁墓中，“值得一提的是，墓内出土的钢剑、铁刀、铁削等兵器，全系烤蓝处理，锈迹很少，淬火度很强，锋刃犀利”⑩；河北满城中山靖王刘胜墓中曾出土一剑，是属于“百炼钢”的早期作品，其刃部经淬火处理，硬

① (汉)司马迁著:《史记》卷三十《平准书第八》,北京:中华书局,1959年版,第1425页。

② (汉)司马迁著:《史记》卷一百二十九《货殖列传第六十九》,北京:中华书局,1959年版,第3278页。

③ (汉)班固著,(唐)颜师古注:《汉书》卷十九上《百官公卿表第七上》,北京:中华书局,1962年版,第721～744页。

④ (汉)班固著,(唐)颜师古注:《汉书》卷二十八上《地理志第八上》,北京:中华书局,1962年版,第1523～1674页。

⑤ (元)马端临撰:《文献通考》卷十五《征榷考二》,北京:中华书局,1986年版,第149～151页。

⑥ (汉)班固著,(唐)颜师古注:《汉书》卷二十四下《食货志第四下》,北京:中华书局,1962年版,第1166页。

⑦ 吴文祺:《从山东汉画像石图象看汉代手工业》,《中原文物》1991年第3期,第33～41页。该文还对山东省汉代冶铁手工业的发展阶段、汉代山东地区的酿酒业进行了较为详细的论证。

⑧ 谢遂莲:《郑州古荥汉代冶铁遗址开放》,《中原文物》1986年第4期,第11页,郑州市博物馆:《郑州古荥镇发现大面积汉代冶铁遗址》,《中原文物》1977年第1期,第40～42页。

⑨ 曾庸:《汉代的铁制工具》,《文物》1959年第1期,第16～19页。

⑩ 烟台地区文物管理组等:《山东莱西县岱墅西汉木椁墓》,《文物》1980年第12期,第7～17页。

度很高,而脊部仍保持较好的韧性,刚柔相济①。

此时的铁器加工技术已经达到比较先进的水平。“两汉时代,我国在冶铁、炼钢及加工工艺方面都走在世界的前列”②。考古发掘中,发现了大量的汉代木作加工工具,安徽省天长县三角圩西汉墓(M1)中,曾出土一套极其完整的铁质木工工具③。从全国各地发现的汉代铁器种类来看,略可分为农具,工具,兵器,日用杂器,铸作模、范,车马器及其他等七大类。以山东一地而言,品种就几乎完备,“凡发现汉代文化遗存的地方大都有汉代铁器出土,分布范围遍布全省”④。

广州河南南石头发现西汉末年墓葬中,出土有琉璃、玛瑙、水晶等珠饰七十余粒,其中最小的仅及四分之一粗粒芝麻大小,中间还有小圆孔穿贯⑤。

同样,徐州陶楼西汉墓出土的一件小玉人,高 4.1 厘米、宽 1.5 厘米、厚 1 厘米,眉眼、胡须清晰可辨,更令人叫绝的是“从头到底有一锥形小孔贯穿,头孔直径 0.12 厘米、底孔直径 0.3 厘米”⑥,足见加工技术之精湛。徐州拉犁山汉墓曾经出土一件微雕翡翠蟾蜍,长、宽仅数毫米,雕刻精细,形神皆备等。它们均可以说明早在 2 000 年前,我国的微雕工艺品已达到很高水准⑦。

制铜工业同样如此。“自孝武元狩五年,三官初铸五铢钱。至平帝元始中,

---

① 中国科学院考古研究所,河北省文物管理处:《满城汉墓发掘报告》,北京:文物出版社,1980 年版,第 102～103、372～373 页。

② 曾宪波:《汉画中的兵器初探》,《中原文物》1995 年第 3 期,第 17～20 页。文中认为“其主要成就有:1. 冶铁品种和技术有采用低温固体还原法得到的块炼铁,高温液体还原法得到的白口生铁、麻口生铁、灰口生铁、球墨铸铁,对白口生铁通过退火揉化处理技术加工成韧性铸铁和球墨可锻铸铁。2. 炼钢和锻打技术有对块炼铁使用固体渗碳技术得到块炼渗碳钢,对可锻铸铁采用脱碳技术生产出铸铁脱碳钢,对生铁用炒钢法加工成炒钢和熟铁,对于炒钢施百炼钢技术生产百炼钢。3. 针对不同用途对铁器或一件铁器上的不同部位采用相应的多种加工技术,如对刃部的淬火处理。先进的冶铁炼钢技术,为铸造锋利的兵器提供了条件”。

③ 安徽省文物考古研究所,天长县文物管理所:《安徽天长县三角圩战国西汉墓出土文物》,《文物》1993 年第 9 期,第 1～31 页;曾庸:《汉代的铁制工具》,《文物》1959 年第 1 期,第 16～19 页。

④ 郑同修:《山东发现的汉代铁器及相关问题》,《中原文物》1998 年第 4 期,第 66～72 页。作者还对汉代冶铁业的发展过程、原因等进行了深入的探讨。

⑤ 《文物工作报导——广州河南南石头发现西汉末年古墓两座》,《文物参考资料》1954 年 11 期,第 138～160 页。

⑥ 梁勇:《徐州市陶楼西汉墓》,中国考古学会编:《中国考古学年鉴》,北京:文物出版社,1990 年版,第 204～205 页。

⑦ 吴玲:《徐州汉墓、汉画像石、汉兵马俑》,徐州市两汉文化研究会编:《两汉文化研究(第一辑)》,北京:文化艺术出版社,1996 年版,第 223～229 页;邓毓昆:《拉犁山石室汉墓》,邓毓昆等:《徐州胜迹》,上海:上海人民出版社,1990 年版,第 91 页。

成钱二百八十亿万余”“县官往往即多铜山而铸钱。民亦盗铸，不可胜数”[①]，可见国家和民间冶铜业之发达(图 1-1-4、1-1-5)。山东省微山县东汉一座土坑墓中，在“骨架右肩上方有一铜镜，乌黑发亮，无锈迹，仍可照人”[②]。广州河南南石头发现西汉末年墓，“出土有镂刻精美、保存完好的铜镜”[③]，类似情况在全国各地都有发现。

此外安徽省曾经出土一件铜牛，更是早至公元前 323 年前后，至今仍然雪白光亮耀目，这充分表明我国古人冶炼技术之高度成就[④]。

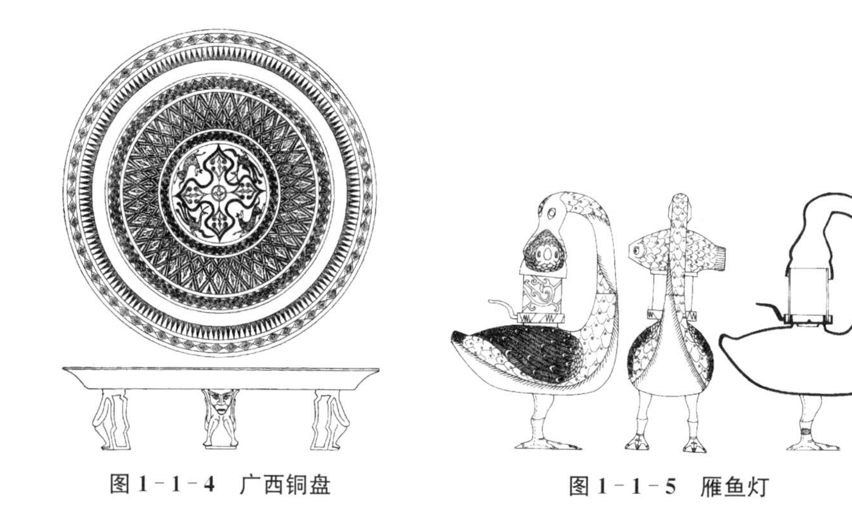

图 1-1-4 广西铜盘　　**图 1-1-5 雁鱼灯**

东汉中后期的全国制镜业，更是出现了“尚方造镜，在于民间”[⑤]的繁荣局面。私家作坊和工官之间，以及私家作坊之间的竞争非常激烈，市场极其发达[⑥]。不仅中原地区铜器铸造及使用的数目极大，即使在边远地区，也有不少器物出土，且各具特色。如云南地区、广州的南越王墓出土的铜器无论是数量、种类、工艺都不亚于中原[⑦]。

---

① (汉)班固著，(唐)颜师古注：《汉书》卷二十四下《食货志第四下》，北京：中华书局，1962 年版，第 1163 页。

② 微山县文化馆：《山东省微山县发现四座东汉墓》，《考古》1990 年第 10 期，第 894～897 页。

③ 《文物工作报导——广州河南南石头发现西汉末年古墓两座》，《文物参考资料》1954 年 11 期，第 138～160 页。

④ 殷涤非：《安徽寿县新发现的铜牛》，《文物》1959 年第 4 期，第 1～2 页。

⑤ 广西壮族自治区文物管理委员会编：《广西出土文物》，北京：文物出版社，1978 年版，第 14 页。

⑥ 杨爱国：《汉镜铭文的史料学价值》，《中原文物》1996 年第 4 期，第 84～88 页。

⑦ 杨菊华：《汉代青铜文化概述》，《中原文物》1998 年第 2 期，第 69～75 页。

与此同时，作为西汉手工业中最发达的纺织业，遗留至今的纺织物，仍然是那么绚丽多彩(图1-1-6)。斯坦因在罗布泊一带考古时发现，“最了不起的，是炫耀在我眼前的光怪陆离的织物，其中有美丽的彩绢，很美的地毯……在这里得到的许多五彩美丽的花绢，完全可以证明贸易仍经过楼兰以通向西方，中国的丝织物在美术方面的风格和技术上都趋近完美”[①]；由此，“丝绸之路”成为我国与世界各国友好交往的典范。相关典籍中，也记载着西汉政府难以计数的赏赐事实[②]。其他手工业，如漆器[③]、砖瓦、造船业等，无不取得了长足的发展。

图1-1-6 织物纹样

汉代社会经济经过汉初七十余年的发展，积累了巨大的社会财富，为此后汉代社会政治、经济、文化的发展，奠定了坚实的经济基础。并带动了当时整个社会积极向上的朝气，从而迎来了两汉思想、文化等多方面的飞跃发展。

第二节 汉代文化艺术之发达

西汉初期经济十分萧条，此时的社会文化也同样贫乏，毕竟继承的秦王朝的古代典籍极少。诚如秦始皇自己所说：“吾前收天下书，不中用者尽去之，悉召文学方术士甚众，欲以兴太平。”后又经过秦始皇“焚书坑儒”，在秦王朝残酷的“挟

① (英)斯坦因(AurelStein)著，向达译：《斯坦因西域考古记》，北京：中华书局，1936年版，第108页。

② (汉)班固著，(唐)颜师古注：《汉书》卷四《文帝纪第四》，北京：中华书局，1962年版，第110～135页。翦伯赞：《秦汉史》，北京：北京大学出版社，1999年第二版，第218页。有详细的论述。

③ 《盐铁论·散不足篇》：“夫一文杯得铜杯十，贾贱而用不殊”。十个铜杯才能购买一个漆杯，这一方面说明当时漆器之贵并逐渐成为社会新的时尚，另一方面也说明此时铜器生产数量应该是非常之多。王利器撰：《盐铁论校注》卷六《散不足第二十九》，北京：中华书局，1992年版，第351页。“在汉代，青铜器一直在于漆器和铁器争夺市场。汉代的制漆工艺十分发达，成品十分精美”。杨菊华：《汉代青铜文化概述》，《中原文物》1998年第2期，第69～75页。

书令”存在下[①]，能够遗留下的古代文献极其有限。此“挟书者族”之律，一直到汉惠帝四年（公元前191年）才被废除。司马迁曾经发出这样的感慨：“秦既得意，烧天下诗书，诸侯史记尤甚，为其有所刺讥也。诗书所以复见者，多藏人家，而史记独藏周室，以故灭。惜哉，惜哉！”[②]。虽然，汉初进入关中以后，萧何取得秦的“律令图书”，得知“户口多少”[③]，但其他图书典籍却因项羽的一把大火烧得干干净净。

幸而这种情况随着西汉时期社会文化的迅速发展而较快地得到改观。西汉惠帝四年（公元前191年）废除“挟书令”以后，广开民间献书之路，一些散失于民间的书籍陆续收入朝廷和私人手中。如汉武帝令民间献书，汉成帝令陈农到各郡国搜集遗书。汉景帝之子河间献王刘德以金帛收购古籍，“从民得善书，必为好写与之，留其真，加金帛赐之以招之。繇是四方道术之人不远千里，或有先祖旧书，多奉以奏献王。故得书多，与汉朝等”[④]。到汉武帝时，皇家藏书已经较为丰富。司马迁又称：“百年之内，天下遗文古事靡不毕集太史公。”[⑤]而自汉武帝到成帝，据刘歆说：“百年之内，书集成山。”不仅如此，其时社会教育也获得了相当大的发展。附当时与边远蛮夷地区相连的四川，西汉时也有文翁在成都办学，“翁乃立学，选吏子弟就学，遣隽士张叔等十八人，东诣博士，受七经还以教授，学徒鳞萃，蜀学比于齐鲁”[⑥]。在汉武帝时期兴起的汉赋，及至成、宣年间，进御之赋，已达千余篇，仅《汉书·艺文志》所记就有九百多篇，今虽百不余一，但其洋洋大观，成为回响千古之一代绝唱。

文化繁荣必然与艺术兴盛、思想活跃等，紧密地联系在一起。汉代“画像中有许多音乐、舞蹈、百戏的图像，反映了汉代政权的巩固、经济的高度发展，促使着文化艺术的空前繁荣”[⑦]。已有考古发掘中有关汉代艺术方面的资料，不胜枚举。譬如：

---

① 《史记·秦始皇本纪》李斯云：“臣请史官非秦记皆烧之。非博士官所置，天下敢有藏诗、书、百家语者，悉诣守、尉杂烧之。有敢偶语诗书者弃市。以古非今者族。吏见知不举者与同罪。令下三十日不烧，黥为城旦。所不去者，医药卜筮种树之书。若欲有学法令，以吏为师”。（汉）司马迁著：《史记》卷六《秦始皇本纪第六》，北京：中华书局，1959年版，第255页。

② （汉）司马迁著：《史记》卷十五《六国年表第三》，北京：中华书局，1959年版，第686页。

③ （汉）班固著，（唐）颜师古注：《汉书》卷三十九《萧何曾参传第九》，北京：中华书局，1962年版，第2006页。

④ （汉）班固著，（唐）颜师古注：《汉书》卷五十三《景十三王传第二十三》，北京：中华书局，1962年版，第2410页。

⑤ （汉）司马迁著：《史记》卷一百三十《太史公自序第七十》，北京：中华书局，1959年版，第3319页。

⑥ 常璩撰：《华阳国志1～3册》卷三，北京：中华书局，第1985年版，第31页。

⑦ 周到，吕品：《南阳汉画像石简论》，《中原文物》1982年第2期，第43～49页。

济南无影山发现的一套西汉乐舞杂技俑群，具体、形象并生动地将汉代的艺术展现在我们面前："杂技形象屡见于东汉画像石和东汉壁画墓，西汉成组的杂技形象，这还是第一次发现。更值得注意的是，它的年代有可能早到公元前二世纪"[①]（图 1－2－1）。

有学者研究一幅有关汉代走索（高絙）杂技艺术画像砖，认为是"汉代杂技艺术的超绝之作"[②]（图 1－2－2）。倒立盘鼓舞（盘和鼓的数量不一，如七盘舞等），更是杂技与舞蹈的美妙结合[③]。作为技击、舞蹈和技巧三部分组成的武术，在汉代"有继承，更有发展，它的精髓部分一直流传至今"[④]，并发展成为中华民族传统文化中的一朵奇葩。

图 1－2－1 杂技陶俑群

图 1－2－2 高絙图

由此，出土的众多汉代画像砖石，将当时的诸种表演艺术画面，如杂技、幻术、舞蹈、音乐等，栩栩如生地展现在我们面前，有关这方面论述众多[⑤]。汉代的雕塑艺术已达到炉火纯青的境界，它在"百家交融"新思想的影响下，出现了许多热情奔放、大气磅礴、粗犷纯真、充满生机的好作品。如霍去病墓前的雕刻（图 1－2－3）[⑥]、孟

① 《"无产阶级文化大革命"期间出土文物展览简介——济南无影山发现西汉乐舞杂技俑群》，《文物》1972 年 1 期，第 70～86 页。

② 韩顺发：《汉唐高絙艺术考》，《中原文物》1991 年第 3 期，第 89～93 页。

③ 韩顺发：《汉画像中的倒立分类及名称考释》，《中原文物》1993 年第 2 期，第 31～35 页。

④ 米冠军等：《南阳汉代武术画像石试析》，《中原文物》1998 年第 3 期，第 67～72 页。

⑤ 孙怡村：《从汉画看百戏与舞乐的交融》，《中原文物》1995 年第 3 期，第 25～27 页；吕品等：《河南汉画中的杂技艺术》，《中原文物》1984 年第 2 期，第 32～36 页；韩顺发：《杂技戴竿考》，《中原文物》1984 年第 2 期，第 37～41，45 页。

⑥ 王子云：《西汉霍去病墓石刻》，《文物》1955 年第 11 期，第 12～18 页；傅天仇：《陕西兴平县霍去病墓前的西汉石雕艺术》，《文物》1964 年第 1 期，第 40～45 页；马子云：《西汉霍去病墓石刻记》，《文物》1964 年第 1 期，第 45～47 页。

津出土的石辟邪(图1-2-4)[①]、淮阳北关一号汉墓出土的石雕天禄承盘[②]等(图1-2-5)。有关汉代帛画、画像石、壁画、书法以及各种器具(图1-2-6)、纺织品上的绘画艺术[③]更是巧夺天工、无与伦比,达到了一个时代艺术的最高峰。而作为汉时社会生活记录的各种古籍中,有关乐舞百戏方面的记载相当多。如"黄金为君门,壁玉为轩堂,上有双樽酒,作使邯郸倡"[④]"抗修袖以翳面,展清声而长歌""搦纤腰以互折,嬛倾倚兮低昂。增芙蓉之红华兮,光的烨以发扬,腾嫮目以顾眄,眸烂烂以流光。连翩骆驿,乍续乍绝。裾似飞燕,袖如回雪。……于是粉黛施兮玉质粲,珠簪挺兮缁发乱。然后整笄揽发,被纤垂荣,同肢骈奏,合体齐声,进退无差,若影追形"[⑤]"总会仙倡,戏豹舞罴,白虎鼓瑟,苍龙吹篪"[⑥]"其形也,翩若惊鸿,婉若游龙"[⑦]"陵高履索,踊跃旋舞""戏车高橦,驰骋百马。连翩九仞,离合上下"[⑧]等,正是舞伎姿态生动、文化生活发达的写照。

图1-2-3　霍去病墓前的石刻之一——马踏匈奴

图1-2-4　洛阳博物馆展出孟津出土的石辟邪

---

① 苏建:《洛阳新获石辟邪的造型艺术与汉代石辟邪的分期》,《中原文物》1995年第2期,第66～71页。

② 周口地区文物工作队等:《河南淮阳北关一号汉墓发掘简报》,《文物》1991年第4期,第34～47页。

③ 王今栋:《汉画像中马的艺术》,《中原文物》1984年第2期,第26～31页。

④ (宋)郭茂倩编撰:《乐府诗集一百卷》卷三十四《相和歌辞九·清调曲二·相逢行》,北京:中华书局,1979年版,第406页。

⑤ (清)严可均辑:《全后汉文下》卷五十二《张衡》,北京:商务印书馆,1999年版,第551页。

⑥ (清)严可均辑:《全后汉文下》卷五十二《张衡》,北京:商务印书馆,1999年版,第541页。

⑦ 《魏晋南北朝文观止》编委会编:《中华传统文化观止丛书魏晋南北朝文观止》,上海:学林出版社,2015年版,第23页。

⑧ (唐)欧阳询撰:《艺文类聚》第六十三卷《居处部三》,北京:中华书局,1965年版,第1134页。

图 1-2-5 天禄承盘　　**图 1-2-6 钱树座**

图 1-2-7 汉墓券顶画——朱雀

正是由于西汉初期社会经济的高速发展，思想之空前活跃，各类人才大量涌现，促进此时文化艺术之高度发达。汉代壁画墓葬中色彩斑斓的壁画、顶画(图 1-2-7)，精致完美的漆器，巧夺天工的帛画，浑厚雄大的汉画像砖石等，都是研究汉代政治、军事、经济、文化、艺术(包括集大成之建筑艺术)的宝贵资料。“汉代文化以前所未有的容纳量，使百家学术思想、诸种文化类别殊途同归，形成思想、文学、宗教、民俗领域的洋洋大观。因此，汉文化在中华民族史中占极其重要的地位”①。“两汉时期，国内建筑、雕刻、绘画及文学艺术方面人才辈出，遗留至今的大量文献和出土文物、石阙、画像石、画像砖等都证明了这一点”②。而“西汉时代，是我国古代封建社会的重要阶段，西汉的文化艺术，对以后的文化艺术的发展产生了很大的影响”③。

还要特别指出的是，正如鲁迅先生所言：“秦汉以来，神仙之说盛行”“其最为世间所知，常引为故实者，有昆仑山与西王母”④。兴起于战国时期的神仙思想历经秦朝，到汉代可谓泛滥成灾。“神仙故事弥漫整个的朝野，造成了这样一个富丽的

① 李宏：《原始宗教的遗留——试析汉代画像中的巫术、神话观念》，《中原文物》1991 年第 3 期，第 80～85 页。

② 继斌：《高颐阙》，《文物》1981 年第 10 期，第 89～90 页。

③ 济南市博物馆：《试谈济南无影山出土的西汉乐舞、杂技、宴饮陶俑》，《文物》1972 年第 5 期，第 19～24 页。

④ 鲁迅著，郭箴一著：《中国小说史略》，上海：上海书店出版社，1990 年版，第 30、55 页。

神仙故事时代”[1]。发展至西汉武帝时达到了极盛，以至其本人的一生，就是在“且战且学仙”中度过的[2]。

由此，统治阶级的提倡、各级官吏的效仿、社会各阶层的追随，形成了一股强烈升仙的社会风气，而汉代艺术中（如画像砖石、漆画、帛画、纺织品等）大量的升仙或神仙画像，正是这一社会现实的真实写照。“汉画像石是墓室祠堂的装饰艺术，它直接关系到人们与鬼神冥世的沟通，这种形式分布地范围之广、数量之多，说明鬼神观念在民众心理中所占的比重”[3]（图1－2－8）。

图1－2－8　西王母

发展到东汉时期更是形成了完备的鬼神理论，划分出各不相同的等次[4]。“汉代可以说是一个神学的时代。从汉初的黄老学到儒学的神话，从神仙方术对朝野的冲击到后汉谶纬思想的恶性泛滥，其社会上下始终陷于巫道鬼事之中。方士、巫师等神职人员的活动，不仅影响民俗事象，也参与王朝国事以‘神事助政’（《论衡·是应》）。巫觋不仅在宫中请神占卜（《史记·龟策列传》），而且影响王权之传递（《汉书·五王子传》）。以致造成著名的‘巫蛊之狱’而株连多人（《汉书·江充传》）。……远古的昆仑神话与沿海地区的蓬莱仙话以及后世传说杂糅成的巫术——神话观念体系，有着广泛的信仰基础，敬神、祀鬼、祭祖仍是当时社会活动的中心。任何思想文化成果都只有在‘天人感应’和‘五行终始’之下才得以绵延”，由此而来的祖宗崇拜与灵魂不死的观念，“是汉代社会基本形态形成的深层依据，也是厚葬习俗形成的关键”[5]。因此，司马迁云：

① 郑土有：《中国神话仙话的演变轨迹》，《民间文学论坛》1992年第1期，第27～50页。
② 韩养民：《秦汉文化史》，西安：陕西人民出版社，1986年版，第76页。
③ 李宏：《原始宗教的遗留——试析汉代画像中的巫术、神话观念》，《中原文物》1991年第3期，第80～85页。
④ 虞万里：《东汉〈肥致碑〉考释》，《中原文物》1997年第4期，第95～101页。
⑤ 李宏：《原始宗教的遗留——试析汉代画像中的巫术、神话观念》，《中原文物》1991年第3期，第80～85页。

“文、史、星、历近乎卜祝之间。”①著名天文学家张衡，在谈到天文时也认为：“日月运行，历示吉凶，五纬经次，用告祸福”，且“众星列布”是“在野象物，在朝象官，在人象事”②。这种将星宿方位与下界地域人事对应的星占术思想，在《史记·天官书》《汉书·天文志》等中比比皆是，它们深刻影响了当时人们社会生活的方方面面，也波及了社会所有阶层，尤其是占主导地位的统治阶级③。

在这种“天人合一”思想的支配下，神仙思想必然笼罩着整个社会；其对艺术的影响更是无孔不入④。何况，巫术本来就是最早的艺术，“巫觋灵祝是最早的艺术家，祭神和宗教仪式所产生的第一艺术产品就是歌舞”⑤。尤其是，作为古代中国人行动指南的“礼”，即“履也，所以祭神致福也”⑥。这不但清楚说明礼制的来源，而且表露出古人祭祀的目的就是为了取得相应的佑护、报偿——“致福”。由此，“国之大事，在祀与戎”⑦，表明古代国家政府一直认为“礼有五经，莫重于祭”的思想。“由巫术、原始宗教直到人为宗教有一个演变发展过程，三者有时混而为一，并行不悖。……在夏商周三代，祭祀从社会习俗逐渐形成为国家礼制”⑧。

关于周代“巫筮并用”，文献屡有记载⑨。因为“在古人观念中，阴间是一个客观的存在，人死不过是从此一世界回到彼一世界。那另一世界即是一个神鬼的世界。这世界在中国人心目中从无法确指的远古年代就被创造出来，在民间代代相袭，潜移默化，至今仍在产生影响”⑩。

---

① 吴楚材，吴调侯选注：《古文观止上》卷五《报任安书》北京：中华书局，1987年版，第208页。

② (元)马端临撰：《文献通考》卷二百七十八《象纬一》，北京：中华书局，1986年版，第2205页。

③ 李宏：《原始宗教的遗留——试析汉代画像中的巫术、神话观念》，《中原文物》1991年第3期，第80～85页；李锦山：《西王母题材画像石及其相关问题》，《中原文物》1994年第4期，第56～66页：“皇帝崇信仙道，王侯争相效尤。……崇奉仙道不但引发举国祠祭西王母之风，还波及社会生活的方方面面”。“西王母题材画像石的出现绝非孤立现象，是汉代崇道媚仙大气候下的产物，反映了一定的观念形态”。作者进一步认为“值得注意的是，这类画像石似乎受到了佛教艺术的影响。佛像出现在画像石上已非孤例(该文注：28)，细审西王母画像，无论其坐姿、神态甚至个别须弥状宝座，均与佛教有某种联系，从而表明这类画像或许是西来佛教与东方道教相融合的艺术产物”。

④ 周到，吕品：《南阳汉画像石简论》，《中原文物》1982年第2期，第43～49页。

⑤ 李宏：《原始宗教的遗留——试析汉代画像中的巫术、神话观念》，《中原文物》1991年第3期，第80～85页。

⑥ (东汉)许慎撰，臧克和，王平校订：《说文解字新订》卷一《示部》，北京：中华书局，2002年版，第4页。

⑦ 杨伯峻编著：《春秋左传注·成公》，北京：中华书局，1990年版，第861页。

⑧ 唐嘉弘：《关于江西大洋洲商周遗存性质的问题》，《中原文物》1994年第3期，第1～4页。

⑨ 徐葆：《殷墟卜辞中的商代筮法制度——兼释甲骨文爻、学、教诸字》，《中原文物》1996年第1期，第81～85页。

⑩ 陈江风：《汉画像中的玉璧与丧葬观念》，《中原文物》1994年第4期，第67～70页。

在中国古代礼制中，祭祀又被视为礼仪的核心[①]。张光直先生认为，初期文明的一般标志是：青铜冶金术、文字、城市、国家组织、宫殿建筑、庙宇以及巨型建筑；认为中国古代文明标志中的大多数，实际上都与巫术有中心性的关系[②]。何况，我国远古时期，政教多合二为一，氏族或部落的首领往往执行巫师的职能，传说中的"五帝"莫不如此[③]。

张得水先生深入研究了巫师与文字、乐舞、八卦、天文、医学、礼制等的关系，指出它们的源头都与巫师有关(其他如雕塑、绘画、文学、哲学、历史等科学文化成就等，都应当与巫师活动相关)，"巫师是古代礼制的制定者"[④]。还有研究表明"正是由于宗教巫术活动中常有的献祭这项内容决定了对礼器、祭器的需要，从而也决定了这一类器物的演变、发展。那些比较纯粹的偶像，如单一的人或动物造型，它既是后世神像的前身，同时也是用作献祭的牺牲，后世墓葬中形式多样的陶俑正是它们的延续"；后世的动物形玉佩祖型、甚至史前时期的几何图形等也是如此[⑤]。就连小小的汉画铺首产生的根源也在于原始的巫术，是从巫术中分化出来的[⑥](图1-2-9)。

图1-2-9　铺首衔环

据此，我们研究汉代文化，就应该从汉时人的思想、观念出发，只有这样才能真正弄懂、弄清所要研究的问题。这一点非常重要。

第三节　传统葬制之演化

西汉建国之初，即承秦制。"至秦有天下，悉内六国礼仪，采择其善，……至于

---

① 马世之：《王城岗遗址的再探讨》，《中原文物》1995年第3期。第53～57页。

② 张光直：《古代中国及其在人类学上的意义》，《史前研究》1985年第2期，第41～46页。

③ 张德水：《祭坛与文明》，《中原文物》1997年第1期，第60～67页。有学者研究认为，我国历史上有个五帝时代，参见：许顺湛：《中国历史上有个五帝时代》，《中原文物》1999年第2期，第39～48页。

④ 张得水：《新石器时代典型巫师墓葬剖析》，《中原文物》1998年第4期，第27～34页。

⑤ 尚民杰：《史前时期的偶像崇拜》，《中原文物》1998年第4期，第21～26页。

⑥ 谭淑琴：《试论汉画中铺首的渊源》，《中原文物》1998年第4期，第58～65页。

高祖,光有四海,叔孙通颇有所增益减损,大抵皆袭秦故"[①]。

前已述及,西汉初期由于秦末动乱和楚汉之争,社会经济极其萧条;加以西汉王朝慑于秦王朝国祚短暂的前车之鉴,自汉初至文、景时期,一直崇尚无为而治,提倡节俭。即便如此,西汉帝王葬制仍然是尽量模仿秦始皇陵,只不过规模相应逊减而已。

譬如,以随葬俑为例。汉景帝阳陵出土的随葬俑,虽大小仅及真人三分之一,但制作之精致和数量,比起秦俑则有过之而无不及[②](图 1-3-1),其"返璞归真、变拙为巧的结果,反倒呈现出人体美的艺术本色,因而汉阳陵出土的汉俑也被许多专家称为'东方的维纳斯'"[③]。并且,这些陶俑手持或佩带的各类兵器和工具也大体为实物的三分之一,制工相当精细,可以推知整个帝陵随葬品之丰富。尤其值得提出的是,发掘出土的汉阳陵陵园三出阙规模巨大,遗址中出土了残长 108、宽 43.5 厘米的板瓦(图 1-3-2),是我国目前考古发掘中板瓦件最大者[④]。出土瓦当精美(图 1-3-3),据此或许可窥见当时建筑规模之巨大、装饰之精湛。

图 1-3-1 汉阳陵东侧陪葬坑内的陪葬俑

图 1-3-2 汉阳陵陈列馆内展出的大板瓦

图 1-3-3 汉阳陵陈列馆内展出的瓦当

目前,汉代帝陵虽无一发掘,但汉代诸侯王陵墓已发掘了五十多座(见论文附

① (汉)司马迁著:《史记》卷二十三《礼书第一》,北京:中华书局,1959 年版,第 1159 页。
② 杨泓:《谈中国汉唐之间葬俗的演变》,《文物》1999 年第 10 期,第 60~68 页。
③ 韩宏:《阳陵汉俑堪称华夏雕塑精英》,《文汇报》1999 年 10 月 25 日第 8 版。
④ 韩宏:《震惊世界的旷古奇观》,《文汇报》1999 年 10 月 25 日第 8 版。

录二有关表格），列侯墓葬更多。其中有些西汉早期诸侯王、诸侯墓葬中出土的随葬品之多、之精，大大超出了人们的想象。如：广州南越王墓，满城汉墓，徐州狮子山楚王陵，长沙马王堆汉墓等，据此可以推论当时的帝陵更应远超过之。

也许，历代古籍记载，可以让我们窥见一斑。"（建兴三年）六月，盗发汉霸、杜二陵及薄太后陵，太后面如生，得金玉彩帛不可胜记"①。《后汉书·刘盆子传》略云："乃复还发掘诸陵，取其宝货，……所发有玉匣殓者，率皆如生。"等等事例，不胜枚举，可见汉代厚葬风气之盛。当然，这种厚葬风气早在春秋时，就有记载。"宋未亡而东冢掘，齐未亡而庄公冢掘，国存而仍若此，又况灭名之后乎！此爰而厚葬之故也"②等，就是最好的证明。只是此种奢靡之风，至汉代更盛而已。

汉武帝时，罢黜百家，独尊儒术。"贤以孝为首，孔子曰：'事亲孝，故忠可移于君。是以求贤臣必于孝子之门'"③"夫孝，始于事亲，中于事君，终于立身"④。孝是人际的经纬，报本反始，令立名于后。进一步发展为以儒家的孝悌标准来选拔人才，所谓"举孝廉"。故而君子"敬始而慎终，终始如一，是君子之道，礼义之文也"⑤。亚圣孟子对忠孝也非常重视，在总结尧舜的统治经验时说："尧舜之道，孝悌而已矣。"⑥

有学者深入研究汉代的忠孝观后，认为"汉代的忠孝观在当时社会生活的各个方面都产生了巨大影响"；对于汉代出现的画像石艺术而言，"汉代的忠孝观念对汉画艺术产生了广泛而深刻的影响，汉画艺术中很大一部分是汉代忠孝观念的表现形式"⑦。由此可见，儒家丧祭之理论从主观情感上立论，追求人伦道义上的完备思想，对汉代丧葬风俗影响巨大。

还有研究者认为，祖宗崇拜和灵魂不死观念的发展，是汉代社会基本形态形成

---

① （唐）房玄龄：《晋书》卷五《帝纪第五·孝愍帝纪》，北京：中华书局，1974年版，第129页。另《太平御览》卷559引徐广《晋纪》也有说明，李昉撰：《太平御览》卷五五八《礼仪部三七·冢墓二》，北京：中华书局，1960年版，第2526页。

② （南朝宋）范晔著：《后汉书》志第六《礼仪下》，北京：中华书局，1965年版，第3151页。

③ （南朝宋）范晔著：《后汉书》卷二十六《伏侯宋蔡冯赵牟韦列传第十六》，北京：中华书局，1965年版，第918页。

④ （清）阮元校刻：《十三经注疏·孝经注疏》卷第一《开宗明义章第一》，北京：中华书局，1980年版，第2545页。

⑤ 王先谦著：《诸子集成（二）荀子集解》卷十三《礼论篇第十九》，北京：中华书局，1954年版，第238页。

⑥ 万丽华，蓝旭译注：《孟子》卷十二《告子下》，北京：中华书局，2007年版，第265页。

⑦ 杨爱国：《汉代的忠孝观念及其对汉画艺术的影响》，《中原文物》1993年第2期，第61～66页。

的深层依据,也是厚葬形成的关键[①]。这些都使得有汉一代,社会上的世家大族、豪门富商及平民百姓,皆以事孝为重,惮尽财富、极养厚葬,极尽沽名钓誉之能事,以求"孝悌"之名,作为进身之阶。"立名者,行之极也"[②]"丧礼者,以生者饰死者也,大象其生,以送其死,事死如生,事亡如存……"[③]。子曰:"天地之性,人为贵;人之行,莫大于孝"[④]。"厚葬久丧以送死,孔子所立也"[⑤]。

整个汉代社会"仪礼、制度、孝文,皆以经义为本"[⑥],以孝为伦理纲常的中心,丧葬礼制便是对"孝"的具体实践。"令先人坟墓俭约,非孝也"[⑦],并且厚葬能够"名立于世,光荣著于俗"[⑧]。以至整个汉代社会充斥着功名利禄之徒,"今生不能致其爱敬,死以奢侈为高,虽无哀戚之心,而厚葬重币者,则称以为孝。显名立于世,光荣著于俗"[⑨];"士无贤不肖,皆乐立名于世"[⑩]。于是"子为其父,妇为其夫,争相效仿"[⑪]。从而大起坟冢,倾财治丧,成为恭行孝道的最好证明。这就给厚葬的风行奠定了伦理基础[⑫]。故而厚葬久祀,世俗皆"竭财以事神,空家以送终"——这些均已被考古发掘成果所证明。

此时社会经济日趋繁荣,政局稳定,军事实力增强,又因取得了抗击匈奴战争的决定性胜利,整个汉代社会呈现出蓬勃发展的态势,因此厚葬之风迅速蔓延至整个社会。(当然,汉代厚葬风气的形成因素众多,如人死后有知、关系到子孙后代的发达与否[⑬],也就是对死亡的畏惧与无知,和对未来命运的关心;以及汉代人对功名的热衷,对不朽的注重等,有着深刻的社会和传统文化原因[⑭]。)"今京师贵戚,郡县豪家,生不极养,死乃崇丧。或至刻金缕玉,�梓梗楠,良田造茔,黄壤致藏,多埋

① 李宏:《原始宗教的遗留——试析汉代画像中的巫术、神话观念》,《中原文物》1991年第3期,第80~85页。
② 吴楚材,吴调侯选注:《古文观止上》卷五《报任安书》北京:中华书局,1959年版,第204页。
③ 王先谦著:《诸子集成(二)荀子集解》卷十三《礼论篇第十九》,北京:中华书局,1954年版,第238页。
④ (清)阮元校刻:《十三经注疏·孝经注疏》卷第五《圣治章第九》,北京:中华书局,1980年版,第2553页。
⑤ 陈广忠译注:《淮南子》卷十三《汜沦训》,北京:中华书局,2012年版,第738页。
⑥ (清)皮锡瑞著,周予同注释:《经学历史》,中华书局,1959年版,第117页。
⑦ (汉)班固著,(唐)颜师古注:《汉书》卷九十二《游侠传第六十二》,北京:中华书局,1962年版,第3716页。
⑧ 王利器撰:《盐铁论校注》卷六《散不足第二十九》,北京:中华书局,1992年版,第354页。
⑨ 王利器撰:《盐铁论校注》卷六《散不足第二十九》,北京:中华书局,1992年版,第354页。
⑩ (清)严可均校辑:《全上古三代秦汉三国六朝文》,北京:中华书局,1958年版,第589页。
⑪ (清)光绪《南阳县志》,转引自周到、王晓:《河南汉代画像研究》,郑州:中州古籍出版社,1996年版,第4、114页。
⑫ 李宏:《汉代丧葬制度的伦理意向》,《中原文物》1986年第4期,第79~82页。
⑬ 吴曾德:《汉代画像石》"厚葬的盛行"一节,北京:文物出版社,1984年版,第12页。
⑭ 李宏:《追求不朽——汉代画像石主题论》,《中原文物》1990年第1期,第69~73页。

珍宝偶人车马，起造大冢，广种松柏，芦舍祠堂，崇奢上潜”[①]“故工商致结驷连骑，豪族服王侯美衣，婚嫁设太牢之厨膳，归女有百两之徒车。送葬必高坟瓦椁，祭奠而羊豚夕牲”[②]“世盛嘉生而恶死，厚葬以破业，重服以伤生”[③]。甚至平头百姓亦然，“桐马偶人弥祭”“桐人衣纨绔”“今厚资多藏，器用如生人”“今富者绣墙题凑，中者梓棺楩椁”[④]。这种厚葬风气的势头，虽然经过西汉末期社会巨大的动荡，受到一定的影响，但是到东汉时并没有减弱，反而愈演愈烈。光武帝刘秀建武七年（公元31年）就曾下诏薄葬[⑤]。此后东汉诸帝亦屡下禁令[⑥]，但终无实效。

由此，汉代墓葬建筑求侈成风。“今富者积土成山，列树成林，台榭连阁，集观增楼；中者祠堂屏，垣阙罘罳”[⑦]。可见此时墓葬形制发展更加完备，表现为墓葬建筑组合，如“阙、碑、兽、墓，构成了高颐阙布局的整体”[⑧]。当然，非仅高颐阙如此，芦山樊敏阙格局亦然（图1-3-4）。而江苏省“睢兰汉画像石墓保存下来的墓垣、祠堂和墓碑，是目前比较完备的一处，它对于研究汉代墓葬地面建筑形制，考察画像石的配置等都是很难得的实物资料”[⑨]。

图1-3-4 芦山樊敏墓碑、石兽、阙

① （汉）王符著，（清）汪继培笺：《潜夫论笺》卷三《浮侈第十二》，北京：中华书局，1979年版，第137页。

② 常璩撰：《华阳国志1～3册》卷三，北京：中华书局，第1985年版，第33页。

③ （汉）班固著，（唐）颜师古注：《汉书》卷四《文帝纪第四》，北京：中华书局，1962年版，第132页。

④ 王利器撰：《盐铁论校注》卷六《散不足第二十九》，北京：中华书局，1992年版，第353页。

⑤ （南朝宋）范晔著：《后汉书》卷一下《光武帝纪第一下》，北京：中华书局，1965年版，第51页。

⑥ 《汉书・成帝纪》：“公卿列侯亲属近臣，四方所制，未闻修身遵礼，同心忧国者也。或乃奢侈逸豫，务广第宅，治园池，多畜奴婢，……车服嫁娶埋葬过制”。（汉）班固著，（唐）颜师古注：《汉书》卷十《成帝纪第十》，北京：中华书局，1962年版，第324～325页，（南朝宋）范晔著：《后汉书》卷二《显宗孝明帝纪第二》，北京：中华书局，1965年版，第115、134～135、186、207页。

⑦ 王利器撰：《盐铁论校注》卷六《散不足第二十九》，北京：中华书局，1992年版，第353页。

⑧ 继斌：《高颐阙》，《文物》1981年第10期，第89～90页。

⑨ 王步毅：《睢兰汉画像石及其有关物像的认识》，《中原文物》1991年第3期，第60～67页。

此种墓葬组合,文献中有类似记载。“绥水东南迳汉弘农太守张伯雅墓,茔域四周,垒石为垣,隅阿相降,列于绥水之阴,庚(西)门表(外)二石阙夹对石兽于阙下,冢前有石庙,列植三碑,碑云:‘德字伯雅,河南密县人也’。碑侧树两石人,有数石柱及诸兽矣”①。地下则是坚固的砖室墓、砖石墓、石室墓等,有些还彩绘绚丽夺目的壁画、镶嵌着博大深沉的画像石;同时还有丰富多彩的随葬品,墓葬形制发展更为成熟。这种厚葬的风气在东汉末期随着社会矛盾的极端激化,而达到其顶点②。

当然,也有人研究认为,“厚葬之风作为汉画像出现的一个重要条件并未接触到实质所在”③“汉画像石在作为美术作品之前,首先应作为一种文化现象或社会现象来看待。这就不能不与祭祀相关的制度联系。最直接的,就是与陵寝、陵庙的相关制度相联系”,且“这些东西不能看成汉代艺术中的上流作品,只能看成是民间艺术,看成是非专业画家的作品。汉画像中反映的内容和题材,是流行于民间的思想,不能尽用史书典籍去套”;并且研究汉画像石不但要研究“原物的‘素胎’和‘质’,即砖、石的本色”,还要联系汉画像石已经失去的色彩——“精美而富于感情的‘文’”,因为“失去了色彩,留下了轮廓式的形象,据此来发议论,很难不片面”④等,可见汉画像石内容之丰富。由此,在西方,目前汉画研究已经“形成了一个专门美术史领域,与青铜器研究、佛教艺术研究、书画研究平起平坐,相辅相成”⑤。

特别需要提出的是,西汉初期社会的墓葬思想发生了相当显著的变化。如就汉代诸侯王陵或列侯墓葬中,较为普遍使用的玉衣来讲,“玉衣是两汉王侯以上贵族使用的特殊敛服,它出现于丧葬制度发生显著变化的西汉中期或稍早。大约在汉武帝统治时期,在墓葬形制方面,过去常见的长方形木椁墓逐步为模仿生人宅院的洞室墓所替代;在棺椁制度方面,也逐渐改变了战国、西汉初期多重棺椁的旧礼制。……从敛以多层衣衾改变为敛以玉衣,同墓室结构、棺椁制度的演变一样,也是西汉中期贵族丧葬制度显著变化的组成部分”⑥。

另外,有些随葬器物中也出现了较特殊的现象。如临沂银雀山四座西汉墓葬,

---

① (北魏)郦道元著,陈桥驿译注,王东补注:《水经注》卷二十二《洧水》,北京:中华书局,2016年版,第178~179页。

② 杨泓:《谈中国汉唐之间葬俗的演变》,《文物》1999年第10期,第60~68页。

③ 顾森:《汉画像艺术探源》,《中原文物》1991年第3期,第1~9页。

④ 顾森:《汉画像艺术探源》,《中原文物》1991年第3期,第1~9页。作者以陕北画像石为例进行说明。

⑤ 巫鸿:《国外百年汉画像研究之回顾》,《中原文物》1994年第1期,第45~50页。

⑥ 卢兆荫:《试论两汉的玉衣》,《考古》1981年第1期,第51~58页。

“早期的3、4号墓出土了陶模型器灶、井、磨、臼及陶狗等。这些器物在中原等地区常出现在西汉中叶以后的墓葬里，陶狗一般出现在东汉墓里。这是值得进一步注意的现象。一方面用鼎、盒、壶等陶礼器随葬，仍保留着旧奴隶制等级葬俗的残存；另一方面新的封建制的发展，在葬俗上也引起了变化，反映财富多少和生活日用的模型器出现了。这种现象正反映出西汉早期的社会特点，新兴的地主阶级在各个领域逐步战胜残余的奴隶主复辟势力”[①]等。可见，在西汉早、中期，丧葬制度变化显著。当然，这种变化实际上有一个逐渐发展的过程。“在关中和中原地区的战国中晚期的小型墓中，出现了有用横穴式的土洞作为墓室的，也有用一种体积庞大的空心砖筑椁室，以代替木椁的。必须指出，这种横穴式墓和空心砖墓在当时还很不普遍。但是，它们的出现意味着商周以来的传统的墓制已经发生了变化”[②]。

凡此种种墓葬形制所代表的汉文化，在全国各地出土的汉代文物中，存在着相当的共同点。如“沂南汉墓中有两根石柱上面都有斗拱，前述这墓中出土的画像石上也看到斗拱。它和西南所有的汉代斗拱在形式上是完全一致的。同样，在其他各地出土的明器上所表现的墙、柱、屋顶、栏杆、阶台以及装饰性花纹，都极近似或完全相同，可见在汉代我国建筑的地域性差别是较小的，也可以说汉代的文化在全国范围内发展的相当普遍平衡”[③]。

有学者认为，就连较为偏远的西北宁夏地区，汉文化影响之深也是前所未有的，几乎对当地土著文化进行了一次重建（主要原因在于两汉数次向宁夏地区大规模移民），当地墓葬形制前后不同的分界线恰好在汉代，这正是砖室墓取代土洞墓进而占主导地位的真正原因[④]。

再如，湖北襄樊市（现襄阳市）岘山汉墓出土器物同中原以及南方所发现的同类器物相同或相似，表明了西汉全国统一后地域之间的差异逐渐缩小直至相互融合的事实。究其原因，一方面是由于汉文化的高度发达，一方面也由于移民及相互征战的结果，汉文化迅速波及全国各地。

当然，各地汉墓形制又必然或多或少具有各自的地域特点，并保留一些旧有的习俗（见论文附录二—表2-6）。如一般认为，楚地为汉承楚制，墓葬中随葬器物的

---

① 山东省博物馆，临沂文物组：《临沂银雀山四座西汉墓葬》，《考古》1975年第6期，第363～372页。

② 王仲殊：《中国古代墓葬概说》，《考古》1981年第5期，第449～458页。

③ 陈明达：《关于汉代建筑的几个重要发现》，《文物》1954年第9期，第91～94页。

④ 韩小忙：《略论宁夏境内发现的土洞墓》，《考古》1994年第11期，第1028～1036页。

形制也大致如此,陶器中鼎、盒、壶的组合即是明显的例证①。江苏省文物管理委员会在江都凤凰河工程中,发现有汉代木椁墓中,椁室隔板是有浮雕建筑形象的木板②;与之紧邻的扬州邗江县胡场汉墓中,出土有木雕建筑版画③(图 1-3-5),可认为是这一地区的特殊葬俗。但是这一现象又应是木椁墓与壁画墓、画像砖石墓等,相互影响的结果。

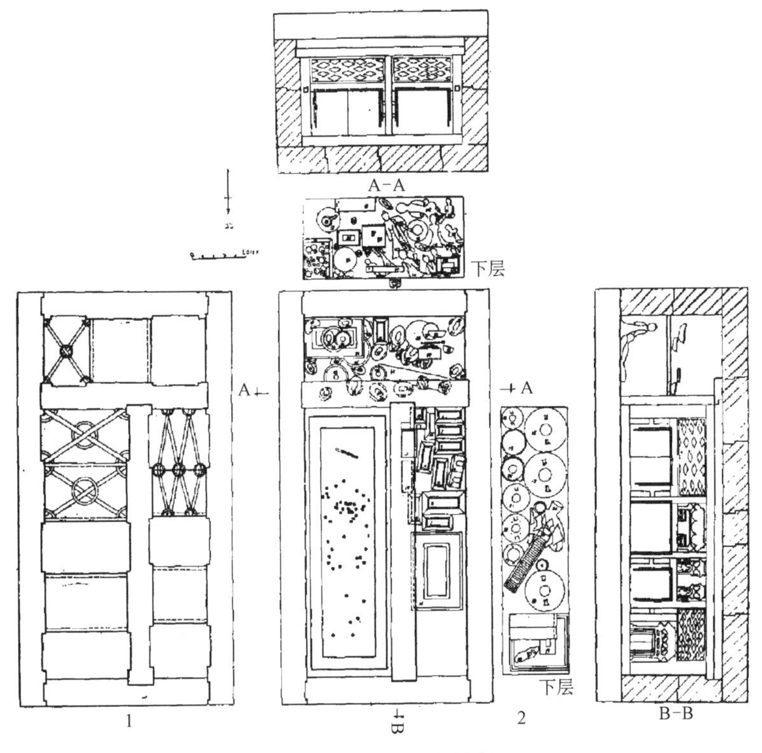

图 1-3-5　木雕建筑版画

因此,有研究者认为,汉画像石墓与画像砖墓、壁画墓或崖墓等墓葬形式之间,有一定的联系。画像砖墓集中于成都平原,壁画墓则分布于华北、内蒙古和东北等几个地区。虽形制有别,但画像内容却很相似④。

---

① 襄樊市博物馆:《湖北襄樊市岘山汉墓清理简报》,《考古》1996 年第 5 期,第 35～45 页。

② 江苏省文管会:《江都凤凰河二〇号墓清理简报》,《文物参考资料》1955 年第 12 期,第 80～82 页。

③ 扬州博物馆,邗江县文化馆:《扬州邗江县胡场汉墓》,《文物》1980 年第 3 期,第 1～8 页。

④ 米如田:《汉画像石墓分区初探》,《中原文物》1988 年第 2 期,第 53～58 页。

第四节　楚(彭城)国墓葬建筑的历史地位

一、楚(彭城)国墓葬建筑概述

汉代楚(彭城)国主体,相当于今江苏省徐州市。

徐州史称“彭城”,始于帝尧时期,是江苏省境内最早出现的城市,1986 年被批准为第二批全国历史文化名城。其建城史,最早见诸文字记载者是周简王十三年(公元前 573 年)的彭城邑[①]。“禹收九牧之金,铸九鼎,象九州”[②]“海岱(泰山)及淮(淮水)惟(为)徐州”[③]。此为徐州是九州之一之最早记载。至汉代,迎来了徐州历

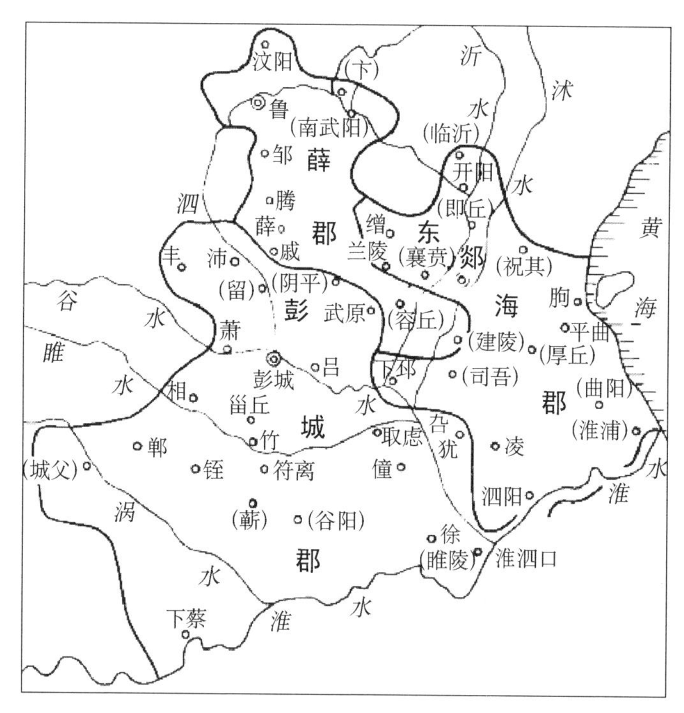

图 1-4-1　西汉楚国示意图

① 《左传·鲁成公十八年》载:“宋鱼石复入于彭城”“以三百乘戍之而还”。杨伯峻编著:《春秋左传注》,北京:中华书局,1990 年版,第 905、911 页。

② (汉)班固著,(唐)颜师古注:《汉书》卷二十五上《郊祀志第五上》,北京:中华书局,1962 年版,第 1225 页。

③ 慕平译注:《尚书·禹贡》,北京:中华书局,2009 年版,第 57 页。

史上的辉煌篇章。

图 1-4-2 东汉楚国示意图

汉代楚(彭城)国境内,山丘逶迤,河川密布,沃野千里,交通便捷,生产发达,人文荟萃。它既是西汉开国皇帝高祖刘邦故里,也是众多皇亲国戚的桑梓之地。因此,徐州市区内外遗存着众多的汉代文化遗迹,是全国汉墓比较集中的地区之一。两汉王陵墓群就是其中的突出代表。1996年11月,国务院公布其为第四批全国重点文物保护单位。

目前,徐州已发现汉代墓葬近300座①。其中有全国重点文物保护单位8处(共14座陵墓),有省、市、县文物保护单位多处。大体上徐州汉墓形制,可分为砖室墓、石室墓、竖穴墓、洞室墓、石椁墓、土坑墓等②。全部采用"因山为陵"葬制的西汉楚王陵墓,与东汉时期盛行的汉画像石墓,是其中突出的代表。

本书联系有关考古发掘资料,对该地汉墓进行了深入研究。

二、两汉楚(彭城)国诸侯王

据文献记载③,西汉时期楚王共有两支:一是汉五年(公元前202年),以"齐王韩信习楚风俗,徙为楚王,都下邳(今江苏徐州市睢宁县古邳镇)"。然次年(公元前201年),刘邦借剪灭异姓王、大封同姓王之机,诬韩信反,降其为淮阴侯④。故韩信楚国仅存在一年,是为异姓王楚国。

---

① 李银德:《徐州汉墓的形制与分期》,胡冠勋,李银德,夏凯晨主编:《徐州博物馆三十年纪念文集》,北京:燕山出版社,1992年版,第108~125页。

② 同上注。

③ (汉)司马迁著:《史记》卷八《高祖本纪第八》,卷十七《汉兴以来诸侯王年表第五》北京:中华书局,1959年版,第380、801~803页;(汉)班固著,(唐)颜师古注:《汉书》卷十四《诸侯王表第二》,卷三十六《楚元王传第六》,北京:中华书局,1962年版,第398、1921~1922页;(南朝宋)范晔著:《后汉书》卷四十二《光武十王列传第三十二》,卷五十《孝明八王列传第四十》,志第二十一《郡国三》,北京:中华书局,1965年版,第1428~1430、1670~1672、3460页。

④ (汉)司马迁著:《史记》卷三十三《魏豹田儋韩王信传第三》,北京:中华书局,1959年版,第1852~1859页。

此后不久，刘邦改封自己异母弟刘交为楚王，领 36 县[①]，是为同姓王楚国，从中可见刘邦对楚国的重视。

同姓王楚国又可分为两支：一是楚元王刘交的楚国，传 8 代，共 133 年[②]。即从公元前 201 年初封，至公元前 69 年楚王刘延寿谋反，自杀，国除[③]。一是楚孝王刘嚣的楚国，自黄龙元年（公元前 49 年），汉宣帝徙其子定陶王刘嚣为楚王，至公元 8 年，"王莽篡位，贬刘纡为公，明年废"止，四位楚王共传 57 年[④]。因此，整个西汉时期徐州共有 12 代楚王。

东汉时的楚（彭城）王，又可分为两支：一是建武十七年（公元 41 年），光武帝刘秀封其子英为楚王，都彭城，"二十八年之国"。明帝十三年（公元 70 年），刘英因交宾客国除，历时十八年[⑤]。此后，章帝立彭城王。另一支是明帝十八年（公元 75 年）肃宗封其子恭为彭城王，至公元 220 年接受曹魏诏封国除，共传五世，历时 145 年[⑥]。由此，东汉共有 5 代彭城王，共 132 年[⑦]。

按汉制，有封地者，死后须葬于封地；就是一般官吏、平民百姓也同样如此[⑧]。因此，这些楚（彭城）王、王后及其家族、重臣的墓地，应都在徐州市区周围。目前徐州已发现大型诸侯王及其从葬的墓葬 12 处，共 22 座；将来随着考古发掘，必将还有更重要的发现。

---

① （汉）班固著，（唐）颜师古注：《汉书》卷三十六《楚元王传第六》，北京：中华书局，1962 年版，第 1921～1922 页。此外见：李红：《西汉刘交楚国属县考略》，徐州市两汉文化研究会编：《两汉文化研究（第一辑）》，北京：文化艺术出版社，1996 年版，第 135～142 页。

② 葛明宇：《浅谈徐州两汉时期行政区域的沿革》，王文中主编，及巨涛、夏凯晨副主编：《两汉文化研究（第一辑）》，北京：文化艺术出版社，1996 年版，第 153～164 页，认为是 132 年。

③ （汉）班固著，（唐）颜师古注：《汉书》卷十四《诸侯王表第二》，北京：中华书局，1962 年版，第398 页。

④ （汉）班固著，（唐）颜师古注：《汉书》卷八十《宣元六王传第五十》、卷十四《诸侯王表第二》、卷二十八下《地理志第八下》，北京：中华书局，1962 年版，第 3319～3320、422、1666 页。葛明宇：《浅谈徐州两汉时期行政区域的沿革》，徐州市两汉文化研究会编：《两汉文化研究（第一辑）》，北京：文化艺术出版社，1996 年版，153～164 页，认为是 60 年。

⑤ （南朝宋）范晔著：《后汉书》卷四十二《光武十王列传第三十二》，北京：中华书局，1965 年版，第 1428～1430 页。

⑥ （南朝宋）范晔著：《后汉书》卷五十《孝明八王列传第四十》，志第二十一《郡国三》，北京：中华书局，1965 年版，第 1670～1672、3460 页。

⑦ （南朝宋）范晔著：《后汉书》卷五十《孝明八王列传第四十》，北京：中华书局，1965 年版，第 1670～1672 页。

⑧ 例如：徐州本地就有：李银德，陈永清：《东汉永寿元年徐州从事墓志》，《文物》1994 年第 8 期，第 93～95 页；周晓陆：《缪纡墓志读考》，《文物》1995 年第 4 期，第 83～87 页。

表 1-1 徐州西汉楚王年系表[①]

序号	谥号	姓名	在位时间		继承关系
			年数	起讫(西历、帝王纪年)	
第 1 位	楚元王	刘交	23	高祖六年(B.C.201)—文帝元年(B.C.179)	始封高祖
第 2 位	楚夷王	刘郢或刘郢客	4	文帝二年(B.C.178)—文帝五年(B.C175)	刘交子
第 3 位	—	刘戊	21	文帝六年(B.C.174)—景帝三年(B.C.154)	刘郢子
第 4 位	楚文王	刘礼	3	景帝四年(B.C.153)—文帝六年(B.C.151)	刘交子
第 5 位	楚安王	刘道	22	景帝七年(B.C.150)—武帝十二年(B.C.129)	刘礼子
第 6 位	楚襄王	刘注	12	武帝十三年(B.C.128)—武帝二十四年(B.C.117)	刘道子
第 7 位	楚节王	刘纯	16	武帝二十五年(B.C.116)—武帝四十年(B.C.101)	刘注子
第 8 位	—	刘延寿	32	武帝四十一年(天汉元年 B.C.100)—宣帝五年(地节元年 B.C.69)	刘纯子
第 9 位	楚孝王	刘嚣	28	宣帝二十三年(甘露三年 B.C.51)—成帝八年(河平四年 B.C.25)	始封宣帝子
第 10 位	楚怀王	刘文	1	成帝九年(阳朔元年 B.C.24)	刘嚣子
第 11 位	楚思王	刘衍	21	成帝十年(阳朔二年 B.C.23)—哀帝四年(建平四年 B.C.3)	刘嚣子
第 12 位	—	刘纡	11	哀帝六年(元寿元年 B.C.2)—孺子三年(居摄三年 A.D.8)	刘衍子

① 本资料采自:梁勇、梁庆谊:《西汉楚王墓的建筑结构及排列顺序》,《两汉文化研究·第 2 辑》,文化艺术出版社 1999 年:第 193 页。

表1-2 徐州东汉诸侯王年系表[①]

序号	谥号	姓名	在位时间		继承关系
			年数	起讫(西历、帝王纪年)	
第1位	楚王	刘英	18	建武二十八年(A.D.52)—明帝十四年(A.D.70)	始封,刘秀子
第2位	彭城靖王	刘恭	29	章和二年(A.D.88)—元初四年(A.D.117)	始封,明帝子
第3位	彭城考王	刘道	28	元初五年(A.D.118)—本初元年(A.D.145)	靖王子
第4位	彭城顷王	刘定	4	本初元年(A.D.146)—建和三年(A.D.149)	考王子
第5位	彭城孝王	刘和	64	和平元年(A.D.150)—建安十八年(A.D.213)	顷王子
第6位	彭城王	刘祇	7	建安十九年(A.D.214)—黄初元年(A.D.220)	顷王孙

三、楚(彭城)国王侯陵墓建筑的历史地位

如前所述,两汉四百多年间,徐州延续了十八代楚王和彭城王,历代诸王和他们的嫔妃、贵戚"及上层军事首领也都归葬于徐州"[②]。他们生前即已按照人间居室,为自己营造墓室,或凿山修崖洞墓,或以青石造石室墓,或以砖石结构发券再封土等。这些墓穴规模宏大、结构严谨、雕刻精细,堪称地下宫殿。目前,徐州市已发现、发掘八处14座汉代楚王、一处2座彭城王以及他们王后的陵墓,获得了一批重要发现,出土了一批稀世珍宝。这些诸侯王陵墓可以划分为五个发展阶段(有学者根据建筑结构、内部装饰特征,将其中的西汉楚王陵墓分又为三段[③]),其各阶段的主要特征可简述如下:

第一阶段,开创"因山为陵"葬制先河,以楚王山汉墓、狮子山汉墓两陵墓为代表。两者均有巨大的天井,反映了竖穴墓向横穴墓过渡期特征。楚元王刘交陵室

① 本表据南京博物院:《徐州土山汉墓清理简报》,《文博通讯》1977年第15期,第18~23页一文有关内容整理。

② 周学鹰:《徐州汉墓略论》,北京:第一届中国建筑史学国际研讨会论文,1998年8月。

③ 梁勇,梁庆谊:《西汉楚王墓的建筑结构及排列顺序》,王中文主编,及巨涛、夏凯晨副主编:《两汉文化研究·第2辑》,北京:文化艺术出版社,1999年版,第188~203页。

内，已出现石砌拱券顶。

第二阶段，是在第一阶段基础上的发展，以驮蓝山汉墓、北洞山汉墓为代表。此阶段楚王陵墓型制与结构，向贴近地面建筑发展。尤其是北洞山汉墓中砌筑石墙，更有石砌的两坡屋顶。

第三阶段，此期墓葬绝大多数墓室中，出现了"木构瓦顶"的"明器式"建筑。以龟山汉墓、东洞山汉墓为代表。

第四阶段，主要墓室中仍然构筑"明器式"建筑，同时又随葬数量不一的建筑明器。出现穹窿顶、檐枋等结构，进一步模仿阳宅形象。以南洞山汉墓、卧牛山汉墓为代表。

第五阶段，出现石室墓、砖石墓、画像石墓（画像石墓始于西汉末，盛于东汉）。墓室顶起券，型制更趋向仿阳间住宅。以拉犁山汉墓、土山汉墓等为代表。

从地理位置看，徐州西汉楚王陵墓与东汉时期楚王、彭城王陵墓，皆环列于徐州市区的周围，形成了全国罕见的环城汉墓圈①。西汉楚王陵墓皆为"因山为陵"葬制，东汉彭城王陵墓采用石室墓或砖石墓。与全国汉代其他地区诸侯王陵墓相比，汉代楚(彭城)国墓葬建筑具有不少独特之处：

首先，西汉楚国王陵皆"因山为陵"，规模庞大，各具特色；

其次，汉代楚(彭城)国墓葬建筑作为一个群体，数量多，地点集中，皆环列市周地区；

第三，西汉楚国王陵序列完整，发展轨迹明显，反映了楚王陵墓从发生、发展到衰败的完整过程，每个时期都有典型的陵墓代表，且墓主人身份较为明确；

第四，西汉楚国是横穴墓出现最早的地区之一，楚元王刘交首创"因山为陵"葬制，对后世具有重大的影响；

第五，西汉楚国王国"因山为陵"葬制对其他诸侯王国必然具有深远的影响②。

有鉴于此，我们认为对汉代楚(彭城)国墓葬建筑进行研究，深入了解其建筑形制、墓葬思想、建筑技艺等，具有重要的意义。

汉代墓葬是我国古代葬制最具特色的时期，也是发展变化基本定型的时期。秦汉之前，多为"竖穴""横穴"，土洞墓或岩墓等；至汉，出现"竖穴"岩墓向"横穴"岩墓过渡的形式，进而流行"横穴"，"因其山，不起坟"。汉代墓葬文化之丰富，类型之繁多，

---

① 孟强：《徐州近年重大考古发现综述》，《中国名城》1997年第3、4合期，第61～63页。

② 刘玉芝：《徐州汉代文物资源保护与利用刍议》，徐州市两汉文化研究会编：《两汉文化研究(第1辑)》，北京：文化艺术出版社，1996年版，第393～402页。

成为后世之源，反映了当时社会文化、经济、哲学、艺术、习俗等各方面内容。

“非壮丽无以重威，慎终而追远”[①]，这是汉墓留给后人的深刻印象，汉代楚（彭城）国墓葬建筑完整地体现了这一过程。

四、“四大中心”之一的徐州汉画像石

迄今为止，我国已出土汉画像石墓葬数百座[②]，在全国十一个省（区）都有不同数量的发现[③]，而其中的绝大多数分布于四川、南阳[④]、陕北、鲁南和苏北等四个地区。

据粗略统计，徐州地区已发现的汉画像石墓有50余座[⑤]，各种汉画像石400多块（目前达500余块）[⑥]，是我国出现画像石较早、较多的四个中心地区之一，在全国占有比较重要的地位。

汉代是佛教还未真正影响我国的时期。汉代文化，尤其是西汉末期以前的文化，基本上保持了中国固有文化的内容和特色；东汉时期佛教逐渐为社会上层所认识，但民间影响仍然有限。据此，汉代绘画所反映的，正是比较纯正的我国本土文化。由于地面形象作品数量有限，“以墓葬出土为主体的汉画（绘画、石刻、砖塑、器绘等）在今天才具有别的文献形式不可取代的作用”[⑦]。

徐州汉画像石在表现内容和艺术手法上均有独到之处：在内容安排上，表现的场面宽广，图像从历史神话到当时的现实生活，从天上到人间无所不包；在构图上，

---

① （汉）司马迁：《史记》卷一百二十九《货殖列传第六十九》，北京：中华书局，1959年版，第3278页；杨伯峻：《论语译注·学而篇第一》，北京：中华书局，1982年版，第6页。

② 米如田：《汉画像石墓分区初探》，《中原文物》1988年第2期，第53～58页。此外，由笔者粗略累计了1986年以后的汉画像石墓而得出。

③ 王良启：《试论汉画像石的艺术成就》，《中原文物》1986年第4期，第83～86页；李建：《楚文化对南阳汉代画像石艺术发展的影响》（《中原文物》1995年第3期，第21～24页），该文认为相对集中的有：“河南南阳、鄂北，山东（应为鲁南，笔者注）、苏北、皖北、豫东，陕北、晋西北，四川、滇北地区”，实际上也划分为四个地区。

④ 据统计南阳地区汉画像石40多座。“目前，南阳汉画馆馆藏汉画像石已达2 000块之多”，见：米冠军等：《南阳汉代武术画像石试析》，《中原文物》1998年第3期，第67～72页。（详见附录一1.1：南阳汉画像石墓统计一览表）

⑤ 李银德：《徐州汉画像石墓墓主身份考》，《中原文物》1993年第2期，第38～41页。（详见附录一相关表格1.2：依据李银德先生文整理）。

⑥ 吴玲：《徐州汉墓、汉画像石、汉兵马俑》，徐州市两汉文化研究会编：《两汉文化研究（第1辑）》，北京：文化艺术出版社，1996年版，第223～229页。汉画像石艺术馆收藏266块，茅村汉画像石墓18块、白集汉画像石22块、铜山县散存约30块、拉犁山二号墓6块，沛县约20块、邳县约70块、睢宁约20块（详见附录一相关表格1.3）。

⑦ 顾森：《开卷有益——读〈洛阳汉墓壁画〉》，《中原文物》1997年第2期，第108～109页。

画面丰满,空间较少,且空白处多用云、鸟填补[①];在雕刻技法上,使用了高浮雕、浅浮雕、阴线刻、剔地阴线刻等多种雕刻技法[②]。

不少专家评曰:山东画像石“构图比较严谨,对技术比较重视,作风则比较保守”;南阳画像石“作风奔放,表现有力,技术方面却不很注意,不重视构图”;四川画像石“有些作品生活气息浓厚,但在技术上比较粗糙”;而徐州汉画像石“不仅比较注意描绘生活,而且技法也相当熟稔,作风比较写实,表现出一定的创造性”[③]。依据不同墓葬形式,徐州地区画像石墓葬,可划分为石椁墓、石室墓、砖石墓以及土坑墓前端竖置画像石等几种[④]。

或认为,徐州画像石墓葬有三种类型(石椁墓、石室墓、砖石结构墓),且可分为三期:西汉晚期至王莽末年为早期(公元前 57 年～24 年),也为汉画像石产生时期。中期,东汉初至东汉中期(约公元 25～107 年),也是汉画像石鼎盛阶段。晚期,东汉晚期(约公元 107～220 年)[⑤],同时也是汉画像石消亡期。

总之,徐州汉画像石是研究汉代政治、军事、经济、文化、艺术(特别是为集大成之建筑艺术)的宝贵资料,与南京六朝石刻、苏州园林并称为“江苏三宝”[⑥]。

为便利徐州汉地域画像石艺术研究,当地建有汉画像石博物馆。

---

① 张新斌:《汉代画像石所见儒风与楚风》,《中原文物》1993 年第 1 期,第 59～63 页。

② 徐州博物馆:《论徐州汉画像石》,《文物》1980 年第 2 期,第 44～45 页。有关汉画像石雕刻技法方面的论著可见:李发林:《山东汉画像石研究・第五节》,山东:齐鲁出版社,1982 年版,第 42～50 页。其他有关各家之论也可见此节,李发林:《略谈汉画像石的雕刻技法及其分期》,《考古》1965 年 4 期,第 199～204 页;李发林:《汉画像石的雕刻技法问题补谈》,《中原文物》1989 年第 1 期,第 88～92 页。周到:《试论河南永城汉画像石》,《中原文物》1987 年第 2 期,第 140～143 页。

③ 徐州市人民政府:《徐州城市总体规划(1995～2010)・徐州历史文化名城保护规划》,1996 年版,第 223 页。

④ 尤振尧:《苏南地区东汉画像砖墓及其相关问题的探析》,《中原文物》1991 年第 3 期,第 50～59 页。

⑤ 王恺:《苏鲁豫皖交界地区汉画像石墓的分期》,《中原文物》1990 年第 1 期,第 51～61 页。武利华:《徐州汉画像石研究综述》,胡冠勋,李银德,夏凯晨主编:《徐州博物馆三十年纪念文集》,北京燕山出版社,1992 年版,第 132 页。该文作者也倾向于划分为三期,且该文详细列举有关徐州汉画像石分期的三种看法:1. 早、晚两期:早期西汉末至东汉初(章帝以前),约公元前 33 年～公元 76 年。墓葬形制均为石椁墓,以徐州市万寨、沛县栖山墓为代表。后期东汉中、晚期,约公元 76 年～220 年。墓葬为石室墓和砖石混合结构墓,以茅村墓、燕子埠墓为代表。2. 早、中、晚三期。早期:西汉末年至王莽末年,约公元前 57～24 年。中期:东汉初至东汉中期(按帝时),约公元 25 年～107 年。晚期:东汉晚期,约公元 107 年～220 年。这种观点主要依据山东、徐州一带纪年汉画像石的形制进行分析。也就是本文所采取的分期方法。3. 亦分为早、中、晚三期。早期:西汉末至东汉初,为画像石的产生阶段。中期:东汉中、晚期,是画像石的鼎盛阶段。晚期:东汉末年至魏晋时期,是画像石的衰亡阶段。这种观点除考虑墓葬结构特点外,还考虑到社会因素。

⑥ 王黎琳:《论汉文化博览区和徐州文化旅游事业的前景》,胡冠勋、李银德、夏凯晨主编:《徐州博物馆三十年纪念文集》,北京燕山出版社,1992 年版,第 223 页。

第二章　汉代楚(彭城)国王侯陵墓建筑考

第一节　楚王山楚王、王后陵与狮子山楚王陵

一、楚王山楚王、王后陵

(一) 概况

楚王山位于徐州市西十公里的铜山县(现铜山区)夹河乡大刘庄南(图 2-1-1),主峰海拔 195.4 米,是徐州市西部的最高峰,山体略呈东北西南走向,绵延约五公里,周围一片平原。楚王山是徐州市境内的历史名山,有关史籍早有记载:

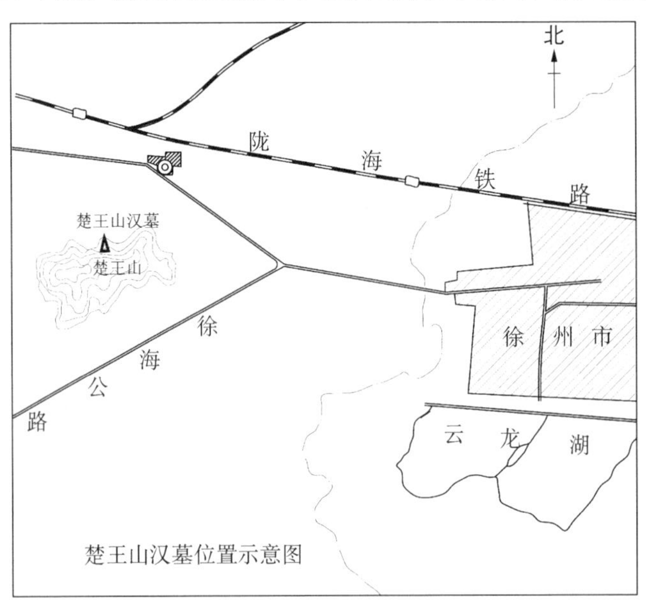

图 2-1-1　楚王山汉墓位置示意图

《魏书·地形志》称之为"同孝山"。当地习称其为"霸王山",盖因百姓疑"楚王"是指"力拔山兮气盖世"的西楚霸王项羽之故。而位于楚王山北麓的楚王山汉墓是最早的西汉楚王陵墓群,这里埋葬着西汉第一代刘氏楚王——楚元王刘交及其宗亲、近臣等的墓葬。

有关这一墓葬群,史籍记载较多。如《水经注》:"获水又东经(迳)同孝山北,山阴有楚元王冢,上圆下方,累石为之,高十余丈,广百许步。经十余坟悉结石也。"①《后汉书·郡国志》引《北征记》:"城西二十里有山,山有楚元王墓。"②《金史·地理志》称之为"赭土山"③。北朝宋传亮《修楚王墓陵》载:"当时尚有守陵户五家,经常洒扫陵墓,依时祭奠。"④清同治《徐州府志·古迹考》、民国《铜山县志·古迹考》等书也都有类似记载。案:《后汉书》《水经注》等成书时间距楚元王刘交下葬仅三四百年的时间,其书所载应有相当可信度。且笔者认为,分析楚元王刘交陵的建筑形制,也可得出这一结论。

(二)建筑形制

楚王山汉墓群位于楚王山北麓,五处墓葬,现仅存大型封土堆四座(图2-1-2)。一号墓是"因山为陵、凿山为藏"的横穴墓,高达五十余米,其高大的封土堆与楚王山主峰浑然一体,气势磅礴,最为雄大(图2-1-3)。该墓葬南侧曾凿有一条排水沟,推测应为避免山洪冲刷陵墓封土所设,至今残留仍长二十余米、宽两米余(图2-1-4);墓道坐西朝东,宽三米,长约八十余米(图2-1-5)。

二号墓位于一号墓北,现封土堆残高约二十米,底面周长二百米,下圆上方,皆夯土堆积,夯层清晰可辨,封土堆下部尚存有石砌的护坡墙,与古籍记载相符(图2-1-6)。其在所有陪葬墓中体量最大,是楚王后陵。三、四号墓位于一号墓、二号墓东北,也呈覆斗形。三号墓距一号墓的距离(图2-1-7),较四、五号墓又近一些。四、五号墓两者相距较近,距离一号墓又更远(图2-1-8)。

---

① (北魏)郦道元原注,陈桥驿注释:《水经注》,杭州:浙江古籍出版社,2013年:第312页。
② 钱林书编著:《续汉书郡国志汇释》,合肥:安徽教育出版社,2007年:第173页。
③ (元)脱脱等撰:《金史(简体字本)卷1至卷135 1～2》,北京:中华书局,2015年:第410页。
④ 王恺:《徐州楚王陵墓的调查与发掘(一)》,徐州市史志办公室、徐州市史志学会主办:《徐州史志(2007～2009合订版)》(内部资料),2007年:第447页。

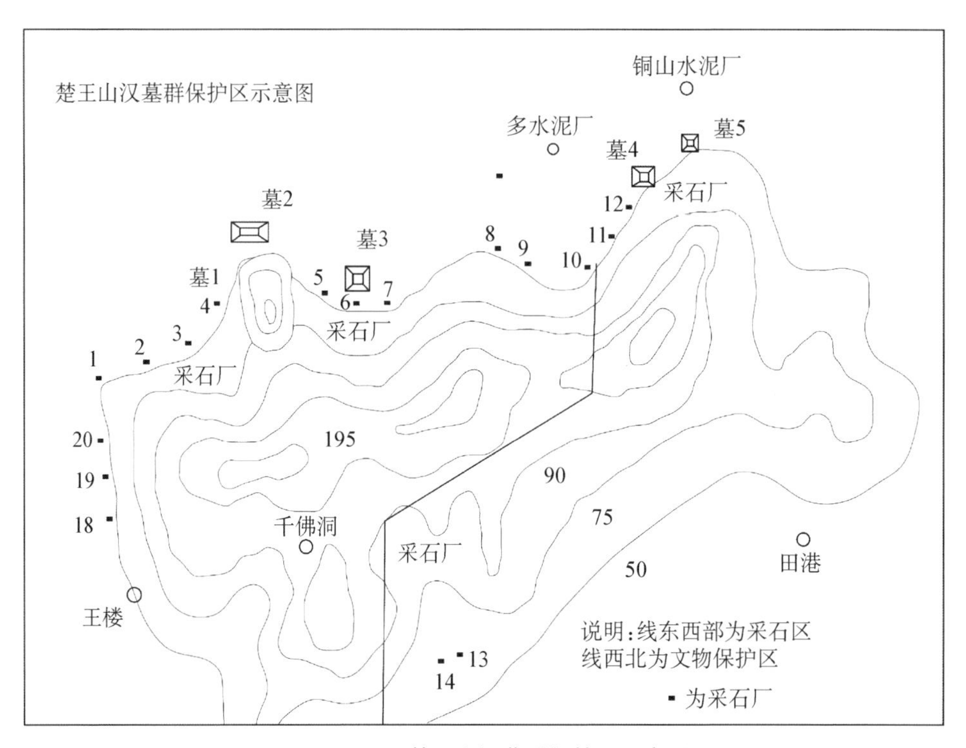

图 2-1-2　楚王山汉墓群保护区示意图

图 2-1-3　楚王山一号墓

图 2-1-4
楚王山汉墓排水沟

图 2-1-5　楚王山汉墓墓道处

图 2-1-6　楚王山二号墓

图 2-1-7　楚王山三号墓

图 2-1-8　楚王山四、五号墓

楚元王刘交陵虽未经科学发掘，其具体情况尚不十分清楚。但该墓 1997 年曾被盗。“考古人员曾前往调查，对此墓形制有所了解。该墓为大型甲字形凿山为藏的石室墓，有斜坡墓道，墓道两侧各发现一间耳室，墓道南壁较细致。甬道较短，甬道后部有一主墓室，该室面积较大，顶为石砌穹窿顶”[①]。由此可见，楚元王刘交墓是采用“因山为陵、凿山为藏”的横穴崖洞墓，没有遵循西汉初期盛行的“垒土为山、筑陵以象山”的传统陵制。

楚元王陵由墓道、甬道、南北两耳室及墓室组成。墓道未发掘，长度不明，从耳室西壁至甬道口长度为 8.32 米，南北耳室间墓道宽为 4.45 米。南耳室口部呈方形，宽 1.55、高 1.75、进深 2.10 米，耳室平底，高于墓道底部。耳室口向内 0.55 米处，顶部平且较规整；再南顶略粗糙并呈弧状内收至底。耳室东南原有小的石缝隙，

---

① 孟强，钱国光：《两汉早期楚王墓排序及墓主的初步研究》，王文中主编：《两汉文化研究·第二辑》，北京：文化艺术出版社，1999 年版，第 169～187 页。见本节图 2-3，由于资料来源不同，稍有出入，留待将来正式考古发掘验证。但有一点可以肯定，那就是这两份资料所示的都是石砌拱券顶，而非穹窿顶。

经处理雕凿成小龛，龛进深约 0.40 米，龛内放置釉陶器。北耳室南北深 2.4 米、东西宽 1.2 米，该室不规整。甬道：墓道南壁至甬道处，内收 0.7 米为甬道口。甬道内有塞石封堵，塞石伸出甬道口约 0.24 米。墓室长方形，东西 11.05 米、南北宽约 8.05 米、高约 9 米（由盗掘资料推算），无其他附属墓室。墓壁以长 1.2 米、宽 0.25 米的长形条石砌筑，在高 5 米处起券，券拱高约 4 米，墓顶为拱券式（图 2－1－9）①。

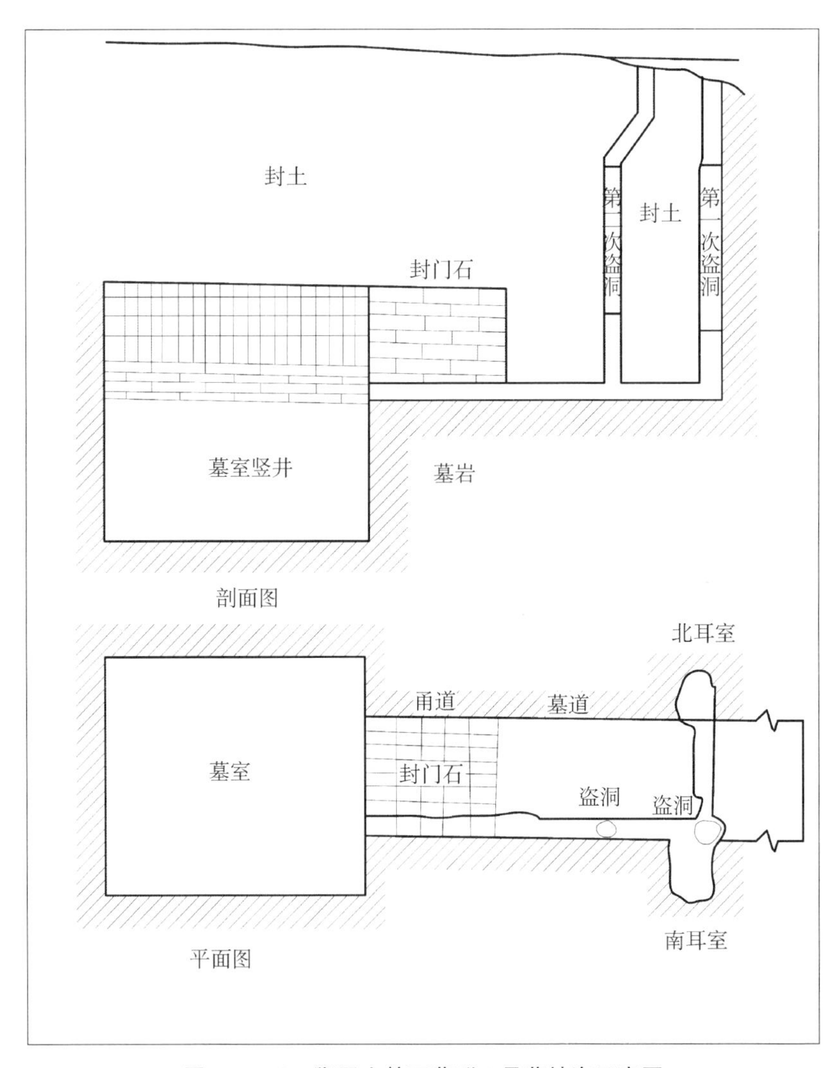

图 2－1－9　狮子山楚王墓群 1 号墓被盗示意图

① 徐州市文化局提交给徐州市检察院起诉处文件《关于铜山县楚王山汉墓群一号墓被盗情况的报告》，1999 年 10 月 18 日。

(三) 建筑形制分析

楚元王陵(M1)墓道坐西朝东,一号墓位置最西。陪墓葬多在其东、北两个方向,比一号墓规模要小得多。这种布局与西汉时期帝陵葬制相同①,与秦始皇陵朝向也相同,符合传统礼制要求②。汉景帝阳陵南区从葬坑的发掘结果表明,景帝陵墓的正方向朝东③,说明秦汉帝陵的陵园制度,确实有相承的一面。

这种墓向朝东,有学者研究认为,可能是原始的日神信仰遗留:"日出东方,而入于西极,万物莫不比方"④,人们最先认识的,即是本之于太阳周日视运动而确定的正东西方向。《考工记·匠人》云:"为规,识日出之景,与日入之景,……以正朝夕",所谓"朝夕",也就是东西方向,其测定的方法很简单,只需在平地树立标杆,连接日出和日没的影端或上下午同长的影端,就为正东西⑤。古人有所谓"作大事必顺天时,为朝夕(即确定东西方向)必放于日月"⑥。

还有学者认为,"墓向朝东,排序尚左皆为楚国礼俗在冥宅中的反映。早在周代,楚人就尚左,与周礼尚右背道而驰。《左传·桓公八年》:'楚人尚左,君必左,无与王遇'。此外,楚国的职官、军队等均以左为上、为先。这种礼俗和尚好一直延续到汉代仍盛而不衰"⑦。阴宅是阳宅的缩影,同样也应该如此。况且,汉初"宫室北官,同制京师"。由此可见,从规模与礼制两方面来看,一号墓应为楚元王刘交墓⑧。

二号墓位于一号墓北,下圆上方,依据传统覆斗形垒土为陵的葬制,二号墓早

---

① "所谓帝后合葬,一般是帝陵在西,后陵在东。这是古代西为上,东为下的缘故"。李南可:《从东汉"建宁""熹平"两块黄肠石看灵帝文陵》,《中原文物》1985 年第 3 期,第 81～84 页。

② 刘庆柱,李毓芳:《西汉诸陵调查与研究》,文物编辑委员会编:《文物资料丛刊·第六辑》,北京:文物出版社,1982 年版,第 1～15 页。

③ 陕西省考古所汉陵考古队:《汉景帝阳陵南区从葬坑发掘第一号简报》,《文物》1992 年第 4 期,第 1～13 页。

④ 方勇译注:《庄子》外篇《田子方》,北京:中华书局,2010 年版,第 341 页。《礼记·郊特性》:"郊之祭也,迎长日之至也,大报天而主日也"。王文锦译解:《礼记译解》,北京:中华书局,2016 年,第 310 页。殷墟甲骨卜辞中有"纳日宾日"的记载,反映了殷商频繁而隆重的太阳崇拜,太阳崇拜与太阳神话在中国原始宗教中占据着最显著的地位。英国学者弗里德利希·麦克斯·缪勒说:"日出是自然德启示,它在人类的精神中唤起依赖、无助、希望与欢乐的情感,唤起对更高力量的信仰,这是一切智慧的源泉,也是所有宗教的发源地",(德)缪勒著,金泽译:《比较神话学》,上海:上海文艺出版社,1989 年版,第 100 页。

⑤ 宋镇豪:《中国上古时代的建筑营造仪式》,《中原文物》1990 年第 3 期,第 94～99 页。

⑥ 王文锦译解:《礼记译解》《礼运第九》,北京:中华书局,2016 年版,第 292 页。

⑦ 闪修山:《汉郁平大尹冯君孺人画像石墓研究补遗》,《中原文物》1991 年第 3 期,第 75～79 页。

⑧ 梁勇,梁庆谊:《西汉楚王墓的建筑结构及排列顺序》,王中文主编:《两汉文化研究·第 2 辑》,北京:文化艺术出版社,1999 年版,第 188～203 页;同书,孟强、钱国光《两汉早期楚王墓排序及墓主的初步研究》第 169～187 页;周保平《徐州西汉楚王陵墓序列及墓主浅说》第 216～230 页;刘尊志《西汉时期前三代楚王年龄及其墓葬初探》第 231～239 页。

先形制也应准此。其下部呈圆形，估计应是千百年来自然与人为水土流失的结果。二号墓离一号墓最近，位于一号墓北，符合汉初“以右为上”的观点[①]。其在所有陪葬墓中体量又为最大。综合以上几方面看，它应属于楚王后陵。

三、四号墓亦呈覆斗形。此种葬制在汉代帝陵中最为常见，其直接来源应是受秦汉时期“以方为贵”思想的影响[②]。并且，相关研究表明，“汉墓封土以方形为贵，许多皇陵的陪葬墓都作方形”[③]。三号墓距一号墓的距离，较四、五号墓又近一些，估计应为楚王的近亲、宗族或宠臣，四、五号墓两者相距较近，距离一号墓又更远，依据传统葬制，或是某一家族的陪葬墓[④]。

《汉律》“列侯坟高四丈，关内侯以下至庶人各有差”[⑤]；《后汉书·礼仪制下》注引《汉旧仪》中有关西汉诸帝寿陵曰：“天子即位明年，将作大匠营陵地，用地七顷，方中用地一顷，深十三丈，堂坛高三丈，坟高十二丈，武帝坟高二十丈。”[⑥]

据笔者研究，坟高 20 米，合汉尺约为 6 丈 4 尺。汉时 12 丈，约相当于今天 37 米[⑦]。可见，楚元王刘交陵已远远超过一般天子帝陵高度，只比秦皇汉武的陵墓稍低，这一方面反映了贵为叔父的楚元王刘交在汉高祖刘邦去世以后，在刘氏宗室中的至尊地位[⑧]；另一方面也反映出经过长期修生养息之后的西汉王朝，社会经济得

---

① 注意：中国古人的左右观与现代人正好相反，“天文以东行为顺，西行为逆”，(汉)班固：《汉书》卷二十六《天文志第六》，北京：中华书局，1962 年版，第 1307 页。汉代的官僚制度似乎也与此有关，《史记·陈丞相世家》载：惠帝、后时一度仿秦制，丞相分左右。此时的丞相，是“以右为上，以左为下”(翻译成现代顺序则为：“以左为上，以右为下”)文帝元年，在右丞相周勃谢病辞职时，文帝则让左丞相陈平一相兼之。(汉)司马迁：《史记》卷五十六《陈丞相世家第二十六》，北京：中华书局，1959 年版，第 2059、2062 页。之后，西汉一直沿用未改。又如《后汉书·儒林列传下·楼望》：“十八年，代周泽为太常。建初五年，坐事左转太中大夫，后为左中郎将”。可见，东汉时仍以“左为下”，(南朝宋)范晔：《后汉书》卷七十九下《儒林外传第六十九下》，北京：中华书局，1965 年版，第 2580 页。

② 杨宽：《中国古代陵寝制度史研究》，上海：上海古籍出版社，1985 年版，第 67 页；王学理：《秦始皇陵研究》，上海：上海人民出版社，1994 年版，第 88 页也引用此条。另外，“成书于战国时代的《周礼·考工记》，所记载的都城、宫城平面形制，反映出的崇‘方’思想，已达到极至”。见刘庆柱：《汉长安城的考古发现及相关问题研究》，《考古》1996 年第 10 期，第 1～14 页。

③ 山西省平朔考古队：《山西省朔县赵十八庄一号汉墓》，《考古》1988 年第 5 期，第 442～448 页。

④ 刘庆柱，李毓芳：《西汉诸陵调查与研究》，文物编辑委员会编：《文物资料丛刊·第六辑》，北京：文物出版社，1982 年版，第 1～15 页。

⑤ (清)阮元校刻：《十三经注疏》卷第二十二《周礼·春官·冢人》，北京：中华书局，1980 年版，第 786 页。

⑥ (唐)杜佑：《通典中》，长沙：岳麓书社，1995 年版，第 1094 页。

⑦ 金其鑫：《中国古代建筑尺寸设计研究》，合肥：安徽科学技术出版社，1992 年版，据附表 1-2 换算。

⑧ (汉)司马迁：《史记》卷十七《汉兴以来诸侯王年表第五》、卷五十《楚元王世家第二十》，北京：中华书局，1959 年版，第 802、1988 页；(汉)班固：《汉书》卷四《文帝纪第四》、卷三十六《楚元王传第六》，北京：中华书局，1962 年版，第 108、111、1923 页。

到了迅速的恢复与发展[①]。拥有辽阔疆域、经济繁荣、文化发达楚国的楚元王刘交所具备的雄厚经济实力,陵墓规模大应是其特殊的政治地位和强大的经济力量的综合体现。

据前述史书《水经注》记载,楚元王刘交墓应有十多个陪葬墓群,这较为接近西汉初期楚国皇亲国戚众多的实际,符合楚元王刘交的政治地位,也才与一般考古发掘陪葬墓众多的帝王陵制相切合[②]。之所以现今仅发现有四座陪葬墓,或应是由于千百年来自然与人为水土流失综合作用的结果,造成较小的封土堆荡然无存。这方面的详细情况,还有赖于未来的考古勘探、发掘的细致调查,相信应有所获。

楚元王刘交陵是目前已知最早采用"因山为陵、凿山为藏"的横穴崖洞墓,与"垒土为山、筑陵以象山"的传统陵制迥然有别(有关其思想来源,见本书第七章)。值得注意的是:

(1) 该墓的耳室开凿于露天墓道的两侧,在已经发掘的两汉大型墓葬中首见,虽然在徐州北洞山楚王墓也是如此[③],但以它为最早,这应该是后期发展为在墓葬甬道一侧或两侧开凿耳室的渊源所在。北洞山西汉楚王陵墓,不但在露天墓道的两侧开凿耳室,而且增加了小龛(内置侍卫彩佣,象征守卫之所。),只是其进一步发展而已。

---

① 翦伯赞:《秦汉史》,北京:北京大学出版社,1999 年第二版,第 209 页。此时为使社会生产得到极大的发展,采取了一系列有力的措施。其中,较得力的有两条,一是土地改革、还地于民;如:《汉书・高帝纪》:"民前或相聚保山泽,不书名教。今天下以定,令各归其县,复故爵田宅。吏以文法教训,辩告勿笞辱。民以饥饿自买为人奴婢者,皆免为庶人。"。二是罢兵归田、招募流民,解决了农村劳动力缺乏的问题;如同上书引:"诸侯子在关中者,复之十二岁,其归者,半之。""军吏卒会赦,其亡罪而亡爵及不满大夫者,皆赐爵以大夫。故大夫以上赐爵各一级,其七大夫以上,皆令食邑;非七大夫以下,皆复其身及户,勿事……且法以有功劳行田宅。"(汉)班固:《汉书》卷一下《高帝纪第一下》,北京:中华书局,1962 年版,第 54 页;《史记・曹相国世家》:"举事无以变更,一遵何之约束。"。(汉)司马迁:《史记》卷五十四《曹相国世家第二十四》,北京:中华书局,1959 年版,第 2029 页。经过汉初几十年的休养生息,终于出现了"文景之治"的繁荣局面。如《汉书・食货记》:"(西汉高帝至武帝之初)'七十年间,国家亡事,非遇水旱,则民人给家足,都鄙廪庾尽满,而库府余财。京师之钱累百钜万,贯朽而不可校。太仓之粟陈陈相因,充溢露积于外,腐败不可食。众庶街巷有马,阡陌之间成群,乘牝者,摈而不得会聚。守闾阎者食粱肉;为吏者长子孙;居官者以为姓号。人人自爱而重犯法,先行谊而黜愧辱焉。"(汉)班固:《汉书》卷二十四上《食货志第四上》,北京:中华书局,1962 年版,第 1135～1136 页。见白光华:《从汉初经济的发展看西汉宰相制度的变化》,王中文主编:《两汉文化研究・第 2 辑》,北京:文化艺术出版社,1999 年版,第 73～80 页。

② 徐州博物馆,南京大学历史系考古专业:《徐州北洞山汉墓发掘简报》,《文物》1988 年第 2 期,第 2～18 页;刘庆柱,李毓芳:《西汉诸陵调查与研究》,文物编辑委员会编:《文物资料丛刊・第六辑》,北京:文物出版社,1982 年版,第 1～15 页;徐苹芳:《中国秦汉魏晋南北朝时代的陵园和茔域》,《文物》1981 年第 6 期,第 521～530 页。

③ 徐州博物馆等:《徐州北洞山西汉墓发掘简报》,《文物》,1988 年第 2 期,第 2～18 页。

（2）过去有学者研究认为，“筒拱的砌筑技术在西汉中叶盛行起来，开始时筒拱结构采取并列拱的构造方式，这可以从空心砖与条砖混合墓的过渡形式中看到，如河南禹县白沙汉墓，及洛阳西汉壁画墓等。也可见之于早期条砖筒拱墓，如洛阳烧沟汉墓等”[①]。而楚元王陵墓主墓室顶为石砌拱券顶，这是目前我国考古发掘或探查中已知，在墓室中采用此种形式券顶的最早实例[②]。由此可见早到西汉初期，此种结构形式已发展到一个相当成熟的阶段。在西安临潼县（现临潼区）秦始皇陵北建筑遗迹中，曾经出土过拱形状门的陶灶，但尚不能断定其时建筑中，是否也有这样的结构[③]。此外，山西朔县西汉并穴木椁墓，“在墓道与墓室连接处有长 0.5、宽 1.7、高 1.6 米的拱形过洞”[④]；在甘肃省武威磨咀子汉代土洞墓中，发现了西汉末期的圆拱顶结构[⑤]；考古发掘的东汉初期土洞墓室中也有“半圆形顶”的实例[⑥]。实际上，早在河南洛阳战国时期的土洞墓中，已经出现圆弧形顶[⑦]。

因此，楚元王陵墓主墓室石砌拱券顶对于研究汉代建筑技术史具有重要的意义。

二、狮子山楚王陵

（一）概况

狮子山是位于徐州市东郊的一座南偏东 55°的小山，东西绵延约 500 米，海拔高仅 54.3 米。其西 2 000 米为黄河故道，北面是羊鬼山，西北为绣球山（图

① 北京科学出版社主编：《中国古代建筑技术史》，台湾：博远出版有限公司，1993 年版，第 292 页。

② 李浈：《中国传统建筑工具及相关工艺研究》，同济大学博士后研究工作报告，2000 年 5 月，第 23 页。作者认为：我国汉代以前就已有拱券技术，并有用于桥梁的记载。目前出土年代最早的墓拱是在洛阳发现的周末（约公元前 250 年）韩君墓，墓门为石拱。用于桥梁，目前已知最早且可以确定其为圆拱者，见于《水经注·酤彀水》：“其水又来，左合七里涧……涧有石梁，即旅人桥也。……凡是数桥，皆垒石为之，亦高状矣，制作甚佳，虽以时往损功而不废行旅。朱超石与其兄书云：‘桥去洛阳营六七里，悉用大石，下圆以通水，可受大舫过也，题其上太康三年（公元 282 年）十一月初就功”。（北魏）郦道元著，陈桥驿校证：《水经注校证》，北京：中华书局，2013 年版，第 386 页。桥在古代一般都尚称梁，但“下圆以通水”宜是石拱桥。

③ 临潼县博物馆赵康民：《秦始皇陵北二、三、四号建筑遗迹》，《文物》1979 年第 12 期，第 13～16 页。

④ 屈盛瑞：《山西朔县西汉并穴木椁墓》，《文物》1987 年第 6 期，第 53～60 页。

⑤ 甘肃省博物馆：《武威磨咀子三座汉墓发掘简报》，《文物》1972 年第 12 期，第 9～23 页。

⑥ 山西省文物管理委员会，山西省考古研究所《山西孝义张家庄汉墓发掘记》一文 M14 出现了“半圆形顶”，文中认为“这期墓葬的年代应当属于东汉早期”，《考古》1960 年第 7 期，第 40～52 页。

⑦ 洛阳市第二文物考古队：《洛阳邙山战国西汉墓发掘报告》，《中原文物》1999 年第 1 期，第 4～26 页。

2-1-10)。

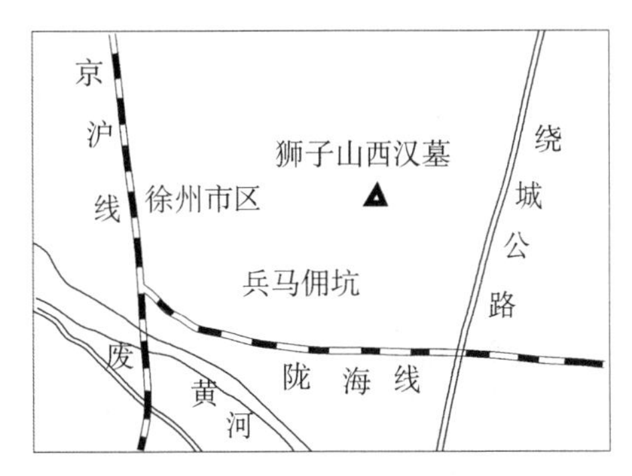

图 2-1-10 狮子山楚王陵位置示意图

狮子山楚王陵开凿于狮子山主峰南坡,墓道南向,整个陵墓由外墓道、内墓道、天井、主墓室等四部组成,可分为"墓道与附属建筑、主体建筑两大部分"[①](图 2-1-11)。陵墓总长 116.2 米,东西最宽处 13.20 米,共有 12 个墓室,墓室总面积 851 平方米,开凿山岩总量 5 100 余立方米。在西汉技术条件下,工程量巨大。

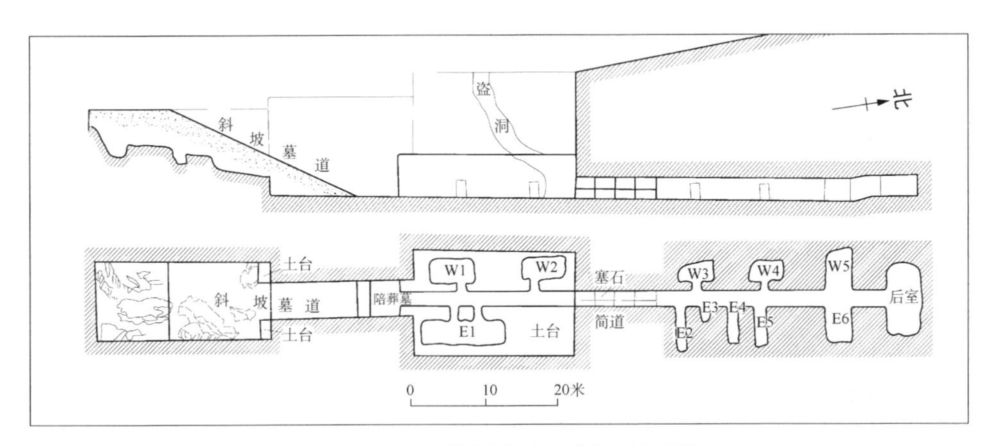

图 2-1-11 狮子山楚王陵平、剖面图

墓葬西约 500 米为 1984 年发掘的西汉兵马俑坑[②](图 2-1-12、13)。且在狮子山楚王陵墓周围,分别在狮子山东北、东南、西、西北等方位,呈扇形散布着众多陪葬俑坑。东北约 100 米处,有两处规模很小的陪葬俑坑,经发掘后回填。西北约 400 米处有两条佣坑,已毁坏,仍出土一些陶马、骑兵俑。西南曾有大规模的随葬坑,但被早年破坏。它们都应是楚王生前庞大军队的象征,在诸侯王一级的墓葬中尚不多见[③]。

① 韦正,李虎仁,邹厚本:《徐州狮子山西汉墓发掘纪要》,《东南文化》1998 年第 3 期,第 32~40 页。

② 徐州博物馆:《徐州狮子山兵马俑坑第一次发掘简报》,《文物》1986 年第 12 期,第 1~16 页。

③ 目前,考古发掘的诸侯王、侯级兵马俑有:(1) 陕西省文物管理委员会,咸阳市博物馆:《陕西省咸阳市杨家湾出土大批西汉彩绘陶俑》,《文物》1966 年第 3 期,第 1~5 页;(2) 徐州博物馆:《徐州狮子山兵马俑坑第一次发掘报告》,《文物》1986 年第 12 期,第 1~16 页;(3)山东章丘发现济南国王兵马俑,《章丘出土西汉王墓——大过老山汉墓内埋大量兵俑》,《文汇报》2000 年 8 月 28 日。

图 2-1-12　狮子山楚王陵兵马俑之一

图 2-1-13　狮子山楚王陵兵马俑之二

因此，狮子山楚王陵墓是一座规划设计完整、范围较大的陵区。

（二）建筑形制[①]

狮子山楚王陵墓建筑形制可分两大部分：一是墓道及附属建筑；一是主体建筑。下面分别进行介绍：

1. 墓道及附属建筑

墓道总长 67.1 米，可分为前、中、后三个部分。

前部为长约 42 米的土筑斜坡墓道，约 30 米处变窄，外宽 9 米，内宽 3.45 米，斜度约为 25 度，此处东、西两侧各筑有土台，从形制来看，这与北洞山楚王陵很相似，也可认为是"门阙又称'观'，是宫殿门庭的象征和标志"[②]。只是其后没有开凿储藏侍卫俑的小龛，而是将彩绘小陶俑直接放置在土台上，似不及后者处理成熟。另纵观整个狮子山楚王陵开凿技术，也可得到同样结论。

---

① 本节考古资料主要参见：韦正、李虎仁、邹厚本：《徐州狮子山西汉墓发掘纪要》，《东南文化》，1998 年第 3 期总第 121 期，第 32 页。狮子山楚王陵考古发掘队：《徐州狮子山西汉楚王陵发掘简报》，《文物》1998 年第 8 期，第 4 页。

② 阙，一般用石、砖、木等构筑，通常建造在宫殿、祠庙及陵墓前左右两侧，既是一种表示官爵地位和功绩的象征性建筑，又是颁布法令的地方。还可登高望远。徐锴《说文解字系传》卷二十三云：观"盖为二台于门外，人君作楼观于上，上圆下方，以其阙然为道，谓之阙；以其上可远观，谓之观"。（唐）徐锴：《说文解字系传》，北京：中华书局，1987 年版，第 234 页。《说文解字》："阙，门观也"。（东汉）许慎撰，臧克和、王平校订：《说文解字新订》卷十二，北京：中华书局，2002 年版，第 786 页。《康熙字典·门部》："宫门、寝门、冢门皆曰阙"。中华书局编辑部编：《康熙字典（检索本）》，北京：中华书局，2010 年版，第 1340 页。就观的意义上讲，楼阁、宫殿都可称阙，又可从宫殿引申出朝廷之意。

墓道中部长约 8.5 米、宽约 3.45 米,此处有楚王近臣陪葬墓一座。

墓道后部长约 20 米、宽约 2.05 米。东侧一耳室(编号 E1),原用封门石封闭(图 2-1-14、15);西侧两耳室(编号 W1,W2)。其上即天井,长 20 米、宽约 13.2 米、高约 10.9 米。

图 2-1-14 墓室 E1 复原展陈

图 2-1-15 墓室 E1 封门石

墓道与天井内均为夯土,系回填土与碎渣石组成,夯层厚 5～25 厘米,夯窝直径 3～6 厘米。

2. 主体建筑

主体建筑总长约 39.9 米,包括甬道(塞石自铭“筒道”)、耳室、前室、后室等,以甬道中所置门限为界,将其划分为四部分。

第一部分:总长约 10.3 米,为并列放置的双层双列 16 块塞石。

第二部分:有东耳室 3 个(编号 E2、E3、E4),西耳室 1 个(编号 W3),皆具府库性质。其中,E4 室门用空心砖封堵。

第三部分:有东耳室 2 个(编号 E5、E6),西耳室 2 个(编号 W4、W5)。耳室 E6 与 W5 分别高出甬道 20 厘米。E5 室门同样用空心砖封堵,另 W4 顶部模仿地面建筑屋顶式样作成横梁。

第四部分:为后室,封门处也高出甬道 20 厘米,由此处呈斜坡升入后室。从出土文物来看,此处似具储藏礼器的后藏室性质,与广州南越王墓一致[1]。

---

① 广州市文物管理委员会等:《西汉南越王墓》,北京:文物出版社,1991 年版,第 273 页。

表 2-1-1　狮子山楚王陵墓墓室一览表

序号	门洞/m			墓室/m				墓室顶	备　注
	长	宽	高	长	宽	高	面积/m²		
1	1.45	0.96	1.80	11.0	3.20	1.80	35.2	抹角平顶	耳室有两个门，均用 0.95 米见方的石块封堵，石块厚薄不一，现北门仍保持出土原貌。石封门后曾有木门，已朽，留有封门器槽顶部可见枢窝。耳室东北角还有一象征性的水井
2				4.4	1.5	1.7	6.6	抹角平顶	曾有木封门，已朽，留有封门器槽顶部可见枢窝
3				1.5	1.5	1.7	2.25	弧形	墓室未完工
4				4.4	4.4	1.7	19.36	抹角平顶	用空心砖封门（现以被移走）
5				4.5	1.5	1.75	6.75		曾有木封门，已朽，留有封门器槽顶部可见枢窝。室南壁修削平坦，并有红色朱砂水平线和垂直线
6				4.58	3.5	1.98	16.03	抹角平顶	本室地面高出甬道地面约 25 厘米
7	1.55	0.95	1.80	9.0	3.2	1.80	28.8	抹角平顶	封门情况同 E1，室四壁及顶端仅为粗糙加工，铁工具开凿的痕迹历历在目
8	1.55	0.91	1.85	6.0	3.2	1.85	19.2	抹角平顶	封门情况同 E1，室四壁及顶端均粗糙不平，转角处呈弧状
9	1.54	0.94	1.80	4.88	2.4	1.80	11.712	抹角平顶	曾有木封门，已朽，留有封门器槽顶部可见枢窝。室西北壁有人工修补的痕迹，系造墓者为补裂隙而修筑
10	1.38	0.93	1.74	4.5	2.5	1.80	11.25	抹角平顶	曾有木封门，已朽，留有封门器槽顶部可见枢窝。室顶有天然裂隙，泥补过；室内东壁也有石块镶补痕迹

续 表

序号	门洞/m			墓室/m				墓室顶	备 注
	长	宽	高	长	宽	高	面积/m²		
11				5.4	3.4	2.20	18.36	抹角平顶	室四壁及顶端均粗糙不平,地表凹凸不均
12	4.35	2.10						抹角平顶	门洞地面呈一渐高的斜坡,室内东西两侧地表高于中间约20厘米

备注:墓室均为抹角平顶,制作粗糙。墓室内总面积为851平方米。

(三)建筑形制分析

图2-1-16 狮子山楚王陵塞石

狮子山楚王陵墓塞石上有朱色文字,标明方位、顺序,整个陵墓显然经过周密设计(图2-1-16)。类似做法,在其他地区诸侯王陵墓中也有发现。如河南永城西汉梁王陵墓塞石种类繁多[①];永城芒山柿园发现的梁国国王壁画墓道中,"全部用长1.1~1.8、宽0.8~1.1、厚0.2~0.4米的条石封填,总数约有一千余块。许多石板上刻有文字,主要记载石头的大小、刻工、位置等内容"[②]。近年在山东省巨野县发掘的昌邑哀王陵墓中的石材,"在这些石块中,发现三十一块有阴刻和朱书的题记。……题记内容有的似工匠姓氏和地名,有的应是砌筑时的数码标记"[③];山东省曲阜市九龙山鲁王陵墓中,除标注了尺寸、匠人名等,并明确有塞石名称[④]。

有学者对塞石的产生及防盗作用进行了深入研究,"西汉文景帝以后,依山造陵之风盛极一时,依山开凿的洞室和以石板构筑的墓室替代了东周时期的木椁,这样一来,墓门、墓道成为防盗的重点,积石积炭等与土坑竖穴墓相伴而生的防盗技

① 河南省文物考古研究所:《永城西汉梁国王陵与寝园》,郑州:中州古籍出版社,1996年版,第152页。
② 阎道衡:《永城芒山柿园发现梁国国王壁画墓》,《中原文物》1990年第1期,第32页。
③ 山东省菏泽地区汉墓发掘小组:《巨野红土山西汉墓》,《考古学报》1983年第4期,第471~499页。
④ 山东省博物馆:《曲阜九龙山汉墓发掘简报》,《文物》1972年第5期,第39~44页。

术大多退出历史舞台，只有在填土中加石块的方法被洞室墓继承下来，新的防盗技术‘王陵塞石’、以石板封墓道、铁水灌墙、顶门器、以石封门等应运而生。汉代陵墓的防盗技术对后世产生了深远的影响”[①]。

我们前已述及，在西汉初期的楚元王刘交陵中已有塞石，它应是我国目前已知汉代陵墓建筑中使用塞石的最早实例。

目前，已知西汉诸侯王、诸侯陵葬中出现兵马俑者共有三处：一是咸阳杨家湾汉墓[②]；二是最近刚被发现的章丘西汉诸侯王墓[③]；三是徐州狮子山西汉楚王陵墓。但笔者认为，永城芒山柿园发现的梁国国王壁画陵墓被发现前，在该陵墓顶部曾出土 4 件陶俑，它们是在山顶上凿开一个个石坎后，石坎四周用碎石垒砌，每个石坎内放置一件陶俑，间距约 6～7 米[④]。它们也应属于守卫俑性质，这就丰富了兵马俑的使用类型。

狮子山楚王陵墓 E4 室门用空心砖封堵。体积较大的空心砖出现于徐州地区，很值得研究，可见第四章砖室(石)墓部分。在陕西咸阳发掘的空心砖汉墓中，曾发现使用在汉墓中的画像砖，原来可能用于地面建筑上[⑤]。在地面建筑上使用空心砖，战国、秦汉时期更为常见。如“秦都咸阳第一号、三号宫殿建筑遗址，使用龙、风纹空心砖作台阶”[⑥]。在湖北宜昌地区，还曾经发现墓葬前后室之间用封门砖隔开的情况[⑦]。

耳室 E6 与 W5，它们实为一个完整的前室。其与甬道之间的高差，有可能是墓葬早期形制发展(包括模拟地面建筑、排水设施等)尚未成熟的表现。研究表明，

---

① 杨爱国：《先秦两汉时期陵墓防盗设施略论》，《考古》1995 年第 5 期，第 436～444 页。

② 陕西省文物管理委员会，咸阳市博物馆：《陕西省咸阳市杨家湾出土大批西汉彩绘陶俑》，《文物》1966 年第 3 期，第 1～5 页。

③ 《章丘出土西汉王墓——大过老山汉墓内埋大量兵俑》，《文汇报》2000 年 8 月 28 日第　版。该文报道：“一个比北京老山汉墓规模还要大的西汉王墓，在近日的发掘中出土了大量的兵士俑。这座大型汉墓位于山东省章丘市洛庄，据考古专家鉴定，这是一座西汉初期的大型诸侯王墓。据悉，出土的大量兵士俑在编号为‘十六号坑’的陪葬坑内发现的。这些‘兵士’分为两类，一类是弓箭兵，即负箭俑，背部都画着插有弓箭的箭壶；另一类属于长兵器士兵，手持戈类兵器”。

④ 阎道衡：《永城芒山柿园发现梁国国王壁画墓》，《中原文物》1990 年第 1 期，第 32 页。

⑤ 咸阳市文管会、咸阳市博物馆：《咸阳市空心砖汉墓清理简报》，《考古》1982 年第 3 期，第 225～235 页。

⑥ 秦都咸阳考古工作站：《秦都咸阳第一号宫殿建筑遗址简报》，《文物》1976 年第 11 期，第 12～24 页；咸阳市文管会，咸阳市博物馆，咸阳地区文管会：《秦都咸阳第三号宫殿建筑遗址发掘简报》，《考古与文物》1980 年第 2 期，第 34～42 页。

⑦ 宜昌地区博物馆、宜都县文化馆：《湖北宜都发掘三座汉晋墓》，《考古》1988 年第 8 期，第 718～724 页；南阳市文物研究所：《桐柏县安棚画像石墓》，《中原文物》1996 年第 3 期，第 22～25 页，该墓有三重墓门。

此处是放置墓主棺椁之所在[①]。有学者认为:楚王墓中棺床居中者时代早,居后时代晚[②]。从出土文物来看,此处似具有行政性质,与后期墓葬中发展成熟前堂等的性质较接近,同时文献中也有较多古代帝王崩于大殿的记载。此时"宫中的'寝',设有正寝,亦称路寝,是有殿堂的,至少春秋以后就有这样的设置。路寝有'廷'有'堂',《左传·成公六年》:'献子从公立于寝庭',杜注:'路寝之庭'。《仪礼·士相见礼》讲'燕见于君'的礼节,说:'君在堂,升见'。寝中设有殿堂,作为处理日常生活和接见宾客之处,是必要的。同时这种正寝也是用作斋戒、疗养疾病和寿终之处。"[③],这是否是当时及之前的一种葬俗,表达"择中立国"、统治四方的喻义,值得深究[④]。

西汉楚王墓依建筑形制可分为两大类:"一类斜坡(或水平)墓道深广宽斜,甬道宽阔,可容纳多列若干块塞石,主体建筑基本对称,墓室式样不完全模仿地面建筑,北洞山、驮蓝山汉墓即属此类。另一类斜坡墓道浅窄平缓,甬道紧狭,仅可以'日'字形容纳两块塞石,主体建筑不对称,墓室式样几乎完全模仿地面建筑,龟山、东洞山、南洞山汉墓属此类。结合墓葬出土文物,前一类型时代较早,后一类型时代较晚"[⑤]。狮子山楚王陵墓基本属于前一类,并带有竖穴墓特征的天井,其年代理应较早(图2-1-17)。

图2-1-17 狮子山楚王陵外墓道及天井

发展至东汉,在洛阳涧滨仍然出现过带天井的黄肠石墓[⑥]。这些与黄河流域北魏时期的墓葬中,在隧道部分出

① 梁勇、梁庆谊:《西汉楚王墓的建筑结构及排列顺序》,王中文主编:《两汉文化研究·第2辑》,北京:文化艺术出版社,1999年版,第188~203页。这与南越王墓一致。广州市文物管理委员会,中国社会科学院考古研究所,广东省博物馆编:《西汉南越王墓》,北京:文物出版社,1991年版,第10页图五。

② 黄晓芬:《汉墓形制的变革——试析竖穴式椁墓向横穴式室墓的演变过程》,《考古与文物》1996年第1期,第49~69页:"该墓(河北满城中山王刘胜墓)与传统型墓葬结构所不同的是,墓主人的安眠场所由墓中央向墓室后侧明显下移"。因此,同一类型墓葬,放中央是早期特征,放后室则相对较晚些。

③ 杨宽:《先秦墓上建筑问题的再探讨》,《考古》1983年第7期,第636~638页。

④ 见本书第十章《建筑明器随葬思想初探》

⑤ 狮子山楚王陵考古发掘队:《徐州狮子山西汉楚王陵发掘简报》,《文物》1998年第8期,第4~33页。

⑥ 洛阳市第二文物工作队:《洛阳涧滨东汉黄肠石墓》,《文物》1993年第5期,第24~26页。

现的一直通到地面的天井,在形式上有相似之处,但后者是墓葬发展到"北朝后期,有些大墓的隧道长达二十米,天井有三四个之多。这显然是出于对现实生活中的住宅的模仿。每一个天井,象征一个院落;天井越多,愈显得门多宅深,院落重重"①,且有学者研究认为"这种特殊的葬俗,体现出墓主的特殊身份,即其为羌、戎、胡等频繁活动于(西)北方各少数民族的后裔而非汉族"②,也就是这是民族文化传统作用的结果。有趣的是,在四川崖墓中也有连天井的情况③。而"宁夏境内发现最早的土洞墓为新石器时代晚期的菜园文化时期(公元前2300~2000年),最晚的为西夏时期(公元前1038~1227年)。……从形制对比分析,时代较早的土洞墓一般为竖穴墓道,晚期发展为长斜坡(或阶梯状)、多天井墓道"④。

对比于其年代相近的西汉时期陵墓,笔者认为,狮子山西汉楚王陵墓的天井形式与河南永城西汉梁孝王陵(保安山二号墓)的"前庭"有相似之处⑤(图2-1-18)。它

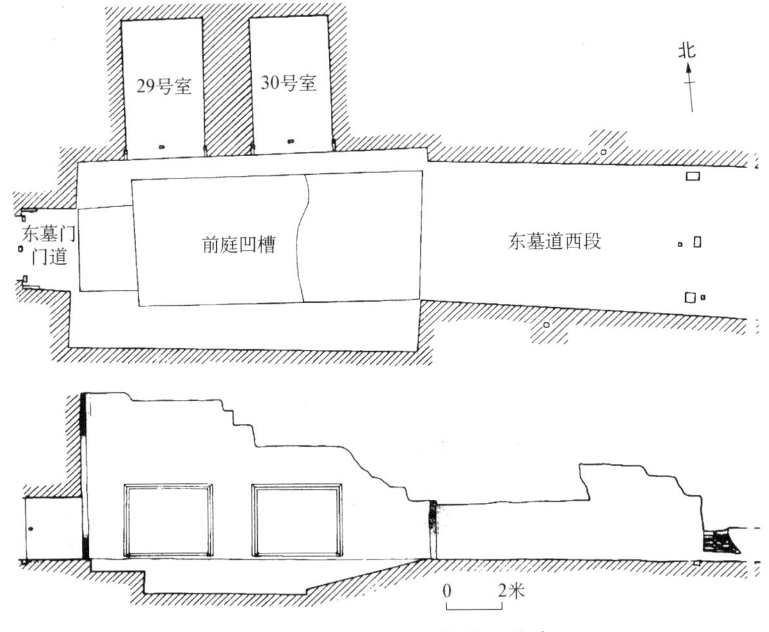

图2-1-18　保安山墓道及前庭

① 王仲殊:《中国古代墓葬概说》,《考古》1981年第5期,第449~458页。
② 韩小忙:《略论宁夏境内发现的土洞墓》,《考古》1994年第11期,第1028~1036页。
③ 梅养天:《四川彭山县崖墓简介》,《文物参考资料》1956年第5期,第64~65页。
④ 王仲殊:《中国古代墓葬制度》,中国大百科全书总编辑委员会《考古学》编辑委员会,中国大百科全书出版社编辑部编:《中国大百科全书·考古卷》,北京:大百科全书出版社,1986年版,第665页。
⑤ 河南省文物考古研究所编:《永城西汉梁国王陵与寝园》,郑州:中州古籍出版社,1996年版,第98页。

们都是露天开凿,这一部位又都有耳室。只不过狮子山楚王陵墓天井中又开凿有墓道,耳室位于墓道两边;而保安山二号墓虽然耳室位于"前庭"两侧,但"前庭"的宽度几乎与墓道一致。梁孝王在位时间是"景帝中元六年(公元前 144 年)至建元五年(公元前 136 年)"①,狮子山西汉楚王陵墓墓主"应是第二代楚王刘郢客之墓"②,也有学者认为它属于"第三代楚王刘戊"③。暂时不论到底属于那位楚王,狮子山西汉楚王陵墓墓主与梁孝王陵墓都应属于西汉早期诸侯王陵,以狮子山略早。

对比狮子山西汉楚王陵墓与北洞山西汉楚王陵墓,确可发现两者有较多相似之处④,与后期徐州西汉楚王陵墓(如驮蓝山楚王陵墓等)有较多不同,它们之间墓葬形制的联系与发展的演变脉络,相对清晰。并且,整个西汉楚王陵墓的发展演变脉络都是相当完整的,具有自身的系统性。

西汉早期,由于刚刚经历了激烈的社会动荡,各方面的规章制度颇不健全,社会思想较为活跃,禁锢较少,反映在墓葬形制上就有了一个相对自由的发展时期⑤。横观我国其他地区的诸侯王陵墓,墓葬形制虽各有特点⑥,但笔者认为,它们丧葬思想是较为一致的,都是"事死如事生、事亡如事存"观念指导下的产物⑦,都是对生前所居建筑程度不同的模拟⑧。鉴于此,不论其采用何种形式的墓葬,不论其墓室的多寡、棺室的前后,也不论其可以分为几个部分。据此,或许可以佐证时人重视墓葬的根本原因。

当然,笔者并非否认各地的地方特点及各自所独具的发展演变脉络,以及各地域可能存在的、较独特的自身系统性葬制。

---

① 河南省文物考古研究所编:《永城西汉梁国王陵与寝园》,郑州:中州古籍出版社,1996 年版,第 9 页。

② 孟强,钱国光:《西汉早期楚王墓排序及墓主问题的初步研究》,王中文主编:《两汉文化研究·第 2 辑》,北京:文化艺术出版社,1999 年版,第 169～187 页。

③ 王云度:《试析叛王刘戊何以能安葬在狮子山楚王墓》,王中文主编:《两汉文化研究·第 2 辑》,北京:文化艺术出版社,1999 年版,第 204～215 页。

④ 狮子山楚王陵考古发掘队:《徐州狮子山西汉楚王陵发掘简报》,《文物》1998 年第 8 期,第 4～33 页。

⑤ 见本书第七章《"因山为陵"初探》

⑥ 狮子山楚王陵考古发掘队:《徐州狮子山西汉楚王陵发掘简报》,《文物》1998 年第 8 期,第 4～33 页。

⑦ 王文锦译解:《礼记译解》《祭义第二十四》,北京:中华书局,2016 年版,第 701 页。

⑧ 《荀子·礼论》:"故圹垅,其貌象(像)室屋也"。(清)王先谦:《荀子集解》卷第十七《性恶篇第二十三》,北京:中华书局,1988 年版,第 437 页。

第二节　驮蓝山楚王、王后陵与北洞山楚王陵

一、驮蓝山楚王、王后陵

(一) 概况①

驮蓝山位于徐州市鼓楼区下淀乡中王庄村，离市区约 3 公里。该山体呈东北—西南走向，为低缓的石灰岩山丘，东西并列的两座山头形似牲口背上驮着的两只篮子，故得名；又由于山体西侧曾有庙宇，故又称之“庙山”。

西汉驮蓝山楚王陵位于山体南坡，分一、二号墓(一号墓为楚王陵、二号墓为楚王后陵，分别编号为 M1、M2)，一号墓在西(图 2－2－1)，二号墓在东，相距约 140 米，墓向坐北朝南。由于陵墓早已被盗，部分墓道外露，附近群众称一号墓为“水洞”、二号墓为“火洞”，并有关于它们的传说。大意是：很久以前，百姓每到年节都要向“水洞”“火洞”中的神仙借金制的碗、盘子。天长日久，有不良之徒心生歹意，借而不还，神仙震怒，从此就再没有金碗、金盘借出了。实际上，这正是陵墓被盗，且随葬品遗留丰富的生动写照。

驮蓝山西南约 1.5 公里处为东洞山，该山西坡为东洞山西汉楚王陵墓。驮蓝山南约 1.5 公里为蟠桃山，其上有多处西汉中期的竖穴墓葬。两山之间为古驿道。

惜因早年开山采石，驮蓝山西山头已平，现东山头海拔 68.1 米。

(二) 建筑形制

驮蓝山西汉楚王、王后陵墓的建筑形制基本相同，均由墓道、甬道、耳室、前堂、后室、侧室及浴室等几部分组成。其中：一号墓 13 室，总面积约 199.88 平方米(图 2－2－2)；二号墓 11 室，总面积约 178.96 平方米，均属“因(依、以)山为陵、凿山为藏(葬)”葬制。

---

① 此处考古资料，主要来自：邱永生、徐旭：《徐州市驮蓝山西汉墓》，《中国考古学年鉴(1991)》。北京：文物出版社，1992：173～174。徐州博物馆：《徐州驮蓝山汉墓》(未刊稿)等。

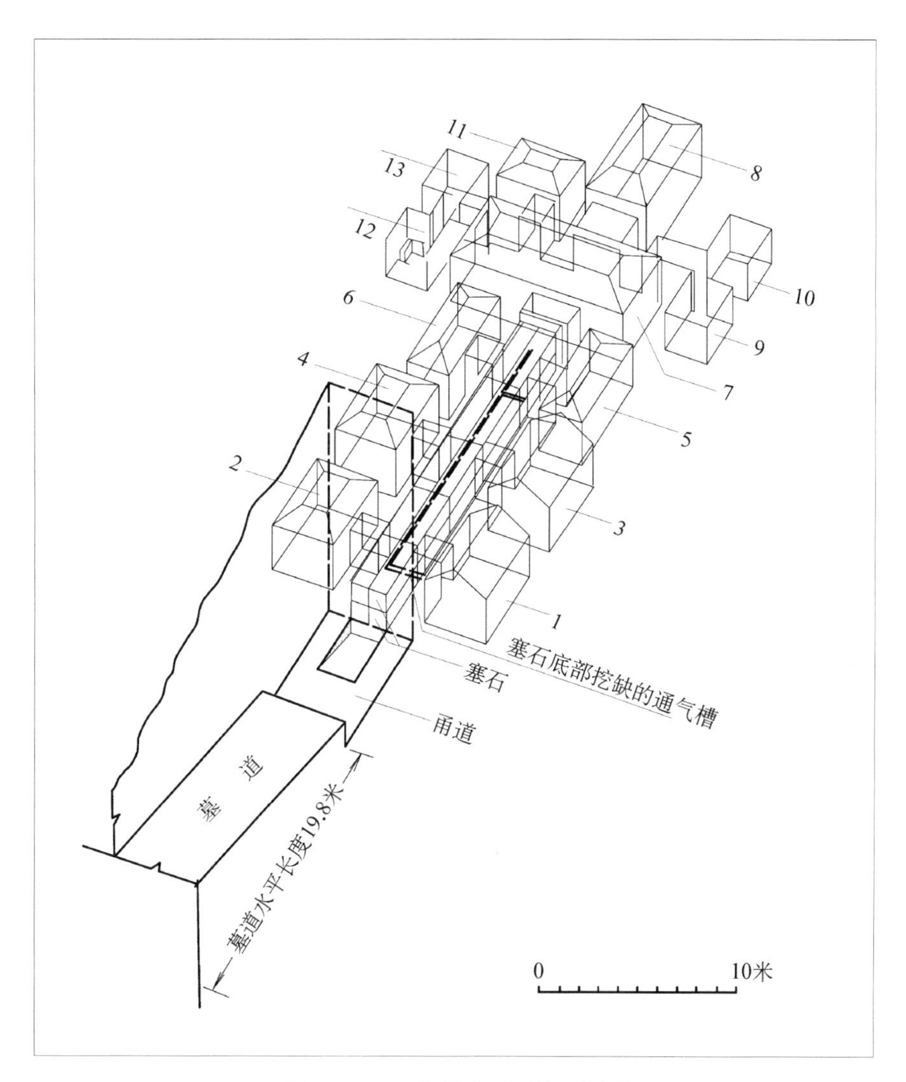

图 2-2-1 驮蓝山楚王陵透视图

1. 甬道东耳室 1;2. 甬道西耳室 1;3. 甬道东耳室 2;4. 甬道西耳室 2;5. 甬道东耳室 3;6. 甬道西耳室 3;7. 前室;8. 后室;9. 东南侧室;10. 东北侧室;11. 北侧室;12. 厕室;13. 浴室

1. 驮蓝山楚王陵

驮蓝山西汉楚王陵墓(以下简称"M1")墓道露天开凿,平面长方形,前部有 2 米长的小平台。其墓道可分为两部:

一部为向内的斜坡(图 2-2-3、2-2-4);

一部是与甬道口平齐长为 6.3 米的平台,它比前部底部低 0.9 米。

墓道内填夯土,为每层红黏土之间夹一层石子,同时夹有多层大型石块。

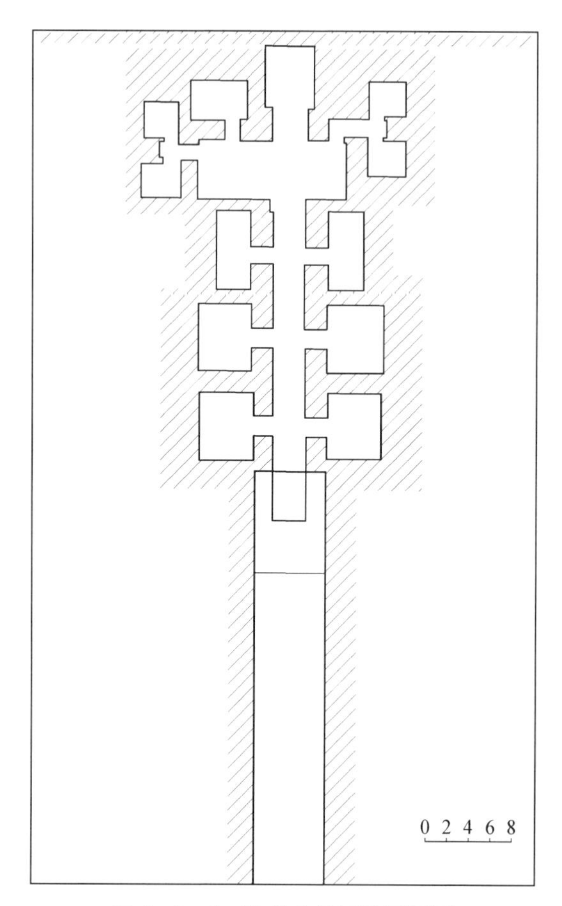

图 2-2-2　驮蓝山楚王陵平面图

图 2-2-3　驮蓝山楚王陵墓道

图 2-2-4　驮蓝山楚王陵墓道壁石材修补

墓道底与甬道相连，甬道内为五组双排双列塞石(原有20块)。M1塞石大小相当，长约3.46、宽约1.04、高约0.94米(图2-2-5、6、7)。甬道东、西两侧各有3个耳室(编号分别为E1、E2、E3，W1、W2、W3，图2-2-8、9、10、11)。

图2-2-5 驮蓝山楚王陵墓道内堆放的塞石(陵内移出)

图2-2-6 驮蓝山楚王陵墓道内堆放的塞石回望(陵内移出)

图2-2-7 驮蓝山楚王陵甬道

图2-2-8 驮蓝山楚王陵墓室加工精湛

图2-2-9 驮蓝山楚王陵墓室回望(庭院深深)

图 2－2－10　驮蓝山楚王陵墓室墓门

图 2－2－11　驮蓝山楚王陵墓室封门

前堂位于甬道尽端，其北壁东端为东侧廊，东侧廊东端又有南北对称的东北、东南两小侧室。西侧廊位于前室西壁北端，其西端南北两壁分别有通往厕间、浴室的通道(图 2－2－12、13)。

图 2－2－12　驮蓝山楚王陵浴室(已毁)

图 2－2－13　驮蓝山楚王陵厕所

后室在前堂后部，正对甬道。所有墓室壁面遍涂生漆[①]。墓葬封门形制完备。

2. 驮蓝山楚王后陵

驮蓝山西汉楚王后陵墓(以下简称“M2”)墓道也是露天开凿，平面亦呈长方

① 据《中国文物报》1990 年 12 月 29 日，令中国考古学会编：《中国考古学年鉴 1990》，北京：文物出版社，1991 年版，第 207 页引用。

形,前部有 11 米长的平台,后端壁上(墓门上方)有两层台阶。墓道结构与填土方式与 M1 基本相同(图 2-2-14、15)。墓道后与甬道相连(图 2-2-16),内为三组双排双列塞石(原有 12 块)。M2 塞石宽约 1.01、高约 0.94 米,而长度大小不一,最短约 2.98 米,最长约 3.40 米。甬道东西两侧是耳室(编号分别为 E1、E2、E3,W1、W2、W3),与 M1 不同的是 E2、E3 和 W2、W3 都是套间(图 2-2-17、18)。

前堂在甬道尽端,其东部为东侧室,北壁西部是西侧廊,其西部南北两壁分别有通往厕间、浴室的通道(图 2-2-19)。后室在前堂后部,正对甬道。

图 2-2-14 驮蓝山楚王后陵墓道

图 2-2-15 驮蓝山楚王后陵墓道壁修补

图 2-2-16 驮蓝山楚王后陵甬道回望

图 2-2-17 驮蓝山楚王后陵墓室之一

图 2－2－18 驮蓝山楚王后陵墓室之二

图 2－2－19 驮蓝山楚王后陵浴室

（三）建筑形制分析

驮蓝山西汉楚王（M1）、王后陵墓（M2）附设浴室、厕所，在徐州地区北洞山西汉楚王陵墓建筑中也有发现；在与徐州相近的山东安丘汉画像石墓中，也曾经发现规模较小的厕所[①]。山东沂南发现石刻彩绘汉墓，11 个墓室中，在墓内东北角上有一个厕所[②]。著名的山东沂南汉画像石墓东北角上，也有一间精致的厕所[③]。并且，驮蓝山西汉楚王、王后陵墓中的排水系统，在与徐州相近的山东曲阜九龙山鲁王陵墓中，也有发现[④]。

驮蓝山西汉楚王、王后陵墓的墓道均较长，两边无耳室；甬道则相对较短而宽，（与后期发展成熟的楚王陵墓相比类同，如龟山楚王刘注陵墓。而与前期楚王陵墓相比，则不一致。）耳室对称分布。既具有西汉早期楚王陵墓建筑特征，又可以看出已有所变化，实际上处于承前启后的过渡时期，代表了西汉楚王陵墓建筑的演变过程之一个环节。甬道塞石间有连通的缺口，它们又分别与各墓室相通，应是为了便于墓主灵魂往来。同样情况在别的诸侯王陵墓中也有发现，如河南永城梁王陵墓[⑤]。其另一种形式是汉代墓葬中，两主室（或后室）之间的隔墙上留有象征性的窗口，目的也应如此[⑥]。在我国原始时期“无论是儿童或成人瓮棺上，都有专门钻

---

① 山东省博物馆：《山东安丘汉画像石墓发掘简报》，《文物》1964 年第 4 期，第 30～38 页。

② 黎文忠：《山东沂南发现石刻彩绘汉墓》，《文物参考资料》1954 年第 5 期，第 99 页。

③ 华东文物工作队山东组：《山东沂南汉书画像石墓》，《文物参考资料》1954 年第 8 期，第 35～68 页。

④ 山东省博物馆：《曲阜九龙山汉墓发掘简报》，《文物》1972 年第 5 期，第 39～44 页。

⑤ 河南省文物考古研究所编：《永城西汉梁国王陵与寝园》，郑州：中州古籍出版社，1996 年版，第 144 页。

⑥ 南阳市博物馆：《南阳县赵寨砖瓦厂汉画像石墓》，《中原文物》1982 年第 1 期，第 1～4 页；南阳市博物馆：《南阳县王寨汉画像石墓》，《中原文物》1982 年第 1 期，第 12～16 页。类似事例较多。

的小孔,据说是作为死者灵魂的出入通道而设置的”[①],与此颇为相似。此外,驮蓝山西汉楚王、王后陵墓与永城梁王陵墓的塞石都是由内而外编号[②](图 2-2-20),如“前山东下一”,充分说明此时设计的组织性,也透露了秦汉时期帝王陵寝确称为“山陵”。

图 2-2-20
驮蓝山楚王陵塞石刻铭

另据相关学者推断,从出土文物看,驮蓝山汉墓属于西汉早期文景时期的某代楚王及其王后,众多学者认为是西汉第三代楚王刘戊夫妇陵[③],并探讨了叛王葬制特色[④]。

整个驮蓝山楚王、王后陵墓建筑加工制作极其精湛,出土歌舞俑艺术水平高超(图 2-2-21),这些均反映出此时经过汉初休养生息,社会经济已恢复到较高的水平。陵墓各室几乎完全沿中轴线对称,尤其是墓葬前部严格对称,通过它我们可以透视封建帝王礼制生活,以及此时严谨对称的汉代群体建筑形式,它们是“前堂后室”“前朝后寝”建筑布局的真实写照。墓葬后部严谨之中又有变化,反映了不同院落生活空间的情况,也说明汉代建筑形式之丰富多彩;整个墓葬无疑应是楚王生前壮丽宫殿建筑的缩影。

图 2-2-21 驮篮山汉墓出土的乐舞俑

---

① 王晓:《浅谈中原地区原始葬具》,《中原文物》1997 年第 3 期,第 93～100 页。

② 河南省文物考古研究所编:《永城西汉梁国王陵与寝园》,郑州:中州古籍出版社,1996 年版,第 151 页。

③ 梁勇,梁庆谊:《西汉楚王墓的建筑结构及排列顺序》,王中文主编:《两汉文化研究・第 2 辑》,北京:文化艺术出版社,1999 年版,第 188～203 页。该文认为应该是第三代楚王刘戊及其王后墓。同书,孟强,钱国光《西汉早期楚王墓排序及墓主问题的初步研究》第 169～187 页,该文也认为是刘戊夫妇墓;周保平《徐州西汉楚王墓序列及墓主浅说》第 216～230 页,该文同样认为是刘戊夫妇墓等。该书中其他文章也有所论,虽并不都是赞同是楚王刘戊夫妇墓,但是属于西汉早期楚王陵墓则是一致的,这里不一一枚举。

④ 参见上注有关文章,另可见本书附录二表——《汉代特殊葬制一览表》。

表 2-2-1　西汉驮蓝山楚王、王后陵墓建筑形制对照表

陵墓	墓道	甬道	塞石	开凿与装修
M1	墓道露天开凿，平面呈长方形，总长 26、宽 4.6 米，前部有 2 米长的小平台。墓道可分为两部分：一部为向内的斜坡，一部是与甬道口平齐长为 6.3 米的平台，它比前部底部低 0.9 米	长约 16.14 米、宽约 2.04 米、高约 1.92 米	大小相当，长约 3.46、宽约 1.04、高约 0.94 米。原有 20 块。仅一块塞石两端发现有刻铭："南山东下三"。M1 塞石间有缺口	两墓葬都是用铁凿开凿而成。墓道较粗糙，没有进一步加工，石壁上有凿痕，还有许多搭脚手架的窝孔。甬道及墓室都经过二次加工，开凿精细，无凿痕，墓壁极平，转角处棱角分明。裂隙都用石条镶补。各墓室均装修。方法是先用澄泥在墓室壁、顶、底均匀涂抹 3～5 层，再罩以红漆
M2	墓道也是露天开凿，平面呈长方形，总长 28.5、宽 4.6 米，前部有 11 米长的平台，后端壁上（墓门上方）有两层台阶。第一层台阶高 1.9、进深 0.72 米，第二层台阶高 3.90、进深 0.65 米	长约 9.02、宽约 2.12、高约 1.91 米	宽约 1.01、高约 0.94 米，而长度大小不一，最短约 2.98 米，最长约 3.40 米。原有 12 块。多块塞石两端发现有刻铭，如："西上一""东下二"等。由内而外编号	

备注：1. 驮蓝山楚王陵墓是徐州地区楚王陵墓中建筑制作最精制、墓室结构宏伟、装饰豪华，对研究汉代建筑史及有价值。

2. 塞石打磨极其光滑，平整如镜。

表 2-2-2　西汉驮蓝山楚王、王后陵墓建筑封门形制表

种类	使用位置	构造方法	铜门臼	封门器	插销
单扇门	所有的耳室、侧室、厕室、浴室及侧廊	在距过道口 20 厘米左右，其一侧内凹 2～4 厘米（M1 通道进深较大时，在另一石对应位置也内凹 2 厘米，有的还有门槛，以防木门外伸），在此处上下各凿圆形门窝。为便于装门，由门窝向内顺墙凿出与其宽度相当、长略宽于门的沟槽，门装好后，又用石块将沟槽填平	M1 在东一、西一耳室的地面门窝中各发现 2 个。分内外两层，两侧有一双小耳，门窝中也有以固定之。原门窝中应该都有	M1、M2 除厕间、浴室外，在地面门内还有长方形的封门器槽。槽坑往往偏于于门窝相对的另一侧。封门器不存	与门窝相对的另一侧。在门道外壁上凿一长方形孔坑槽，在其下再凿一方形孔。如墓道过长，或不转弯的侧廊，则方孔转弯通入门后；如较短，则方孔直接穿过过道通入门后

续　表

种类	使用位置	构造方法	铜门臼	封门器	插销
双扇门即主门	前堂、后室	门前均有门槛。为便于装门,由门窝向内顺墙凿出沟槽,长、宽略大于门,门装好后,又用石块将沟槽填平	门槛后墓壁两侧内凹,此处上下均有圆形门窝,门窝两侧也有双耳,原也应有铜门臼。直径9.5、高7.4厘米	在门内地面中间还有近方形的封门器槽。大小为单扇门一倍。可能是双齿。封门器不存	在右侧有插销。在门外甬道或前堂壁上凿一长方形孔坑槽,在其下再凿一方形孔。前堂之方孔向北顺墙通门后,与门后装置相通,形成相连的坑槽;后室方孔向北又向左至门后,与门后方孔相连。门后右侧墙壁上亦凿一长方形坑槽,其中间又凿一长方形坑槽。槽下部向壁内开凿方孔与门外方槽相通。另:后室门后坑槽直通门后顶部,成为长条形,门后坑槽越过门之中线

备注:为求对称,门相对的墓室往往封门装置也相应对称。

表2-2-3　西汉驮蓝山楚王陵墓墓室一览表

位置	门洞或过道/m			墓室或廊道/m				墓室顶	备　注
	宽	进深	高	长	宽	高	面积/m^2		
E1	1.02	1.35	1.92	4.25	3.48	3.22	14.616	两面坡顶	壁高2.28米。
W1							14.616	盝顶	大小结构同E1,与之相对。墓顶长2.4米、宽1.44米、高0.70米
E2							14.616		大小结构同E1
W2							14.616		大小结构同W1,与E2相对

续　表

位置	门洞或过道/m			墓室或廊道/m				墓室顶	备　注
	宽	进深	高	长	宽	高	面积/m²		
E3	1.06	1.35		4.95	2.3	2.66	11.27	四面坡顶 顶长2.65米	壁高2.02米
W3							11.27		大小结构同E3,与E3相对
前堂	2.34	1.15	1.96	9.38	3.65	2.97(或高3.31)	33.945	盝顶 顶长6.88米 宽1.15米	壁高2.32米。位于甬道尽端,甬道与前堂过道间有门坎
后室	2.32	1.85	2.08	5.08	3.14	3.40	15.7	盝顶 顶长2.85米	壁高2.80米。位于前室后部,正对甬道尽端,前部有门坎,其两端及门道顶部有相连内凸门框
东侧廊	0.89	0.22	1.88	3.68	1.15	1.98	4.14	平顶	在前堂北壁东端
东北侧室	0.87	0.18	1.95	2.32	2.30	1.96	5.29	平顶	
东南侧室							5.29	平顶	大小结构同东北侧室,与之相对。但其地面高出门口侧廊5厘米
北侧室	1.04	1.40	1.96	3.47	2.58	2.51	8.772	盝顶 顶长1.76米 宽0.88米	壁高2.1米。位于前室北壁西部该室屋檐下有间距不等的铁钉孔10个,有的铁钉尚存
西侧廊	1.04	2.35	1.92				2.444		位于前室西壁北端
浴室	0.96		1.92	2.34	2.30	2.07	5.29		室内西南角有石砌的边长1.1米的正方形浴池,边为周宽平沿,池壁上部向外倾斜,下部垂直,总深0.8米。特别是其西、南墙壁有高约0.42米的光滑石贴面,上有几何纹装饰

续 表

位置	门洞或过道/m			墓室或廊道/m				墓室顶	备 注
	宽	进深	高	长	宽	高	面积/m^2		
厕室	0.92	0.20	1.92	2.28	2.11	2.07	4.368		室内西北角砌厕所,有长 1.49、宽 1.15、高 1.5 米的厕台,中间有厕坑,两侧各有踏板,后部有曲尺形的挡板。坑右侧有倚壁,它们之间用榫卯结合,上部前端有一扶手柱。整个厕所都由活动石板组装而成,可拆卸,石板打磨极为光滑
合计							199.88		

备注:楚王陵墓总面积合计,包括表中未计算的其它各项

表 2-2-4 驮蓝山楚王后陵墓墓室一览表

位置	门洞或过道/m			墓室或廊道/m				墓室顶	备 注
	宽	进深	高	长	宽	高	面积/m^2		
E1	1.04	1.48	1.91	4.65	3.23	2.90	15.02	两面坡顶	壁高 2.06 米
W1							15.02		大小结构同 E1,与之相对
E2	0.95	1.45	1.91	4.52	2.28	2.68	10.306	四面坡顶,顶长 2.32	壁高 2.10 米
E3	1.05	1.33	1.92	4.65	2.32	2.64	10.788	四面坡顶,	壁高 2.08 米。与 E2 为内外套间,在 E2 东部
W2 W3							21.094		它们与 E32 E3 相对,也是内外套间,大小结构也与之相同

续 表

位置	门洞或过道/m			墓室或廊道/m				墓室顶	备 注
	宽	进深	高	长	宽	高	面积/m^2		
前堂	2.40	1.10	1.98	7.24	3.48	3.12	25.195	篦顶 顶长4.90米 宽1.20米	壁高2.32米。位于甬道尽端,甬道与前堂过道间有门坎
后室	2.40	1.84	1.95	5.12	3.10	3.46	15.872	篦顶 顶长3.12米 宽1.11米	壁高2.78米。位于前室后部,正对甬道尽端,其两端及门道顶部有相连内凸门框,下有门坎
东侧室	1.04	1.40	1.91	3.45	2.55	2.49	8.798	篦顶 顶长0.94米 宽0.92米	壁高2.05米。位于前室东部,门道与前室连。室内屋檐四周及四壁中部都有一铁钩嵌入,当为悬挂帷帐之用
西侧廊	1.05	0.27	1.88	3.82	1.05	1.88	4.011	平顶	开口与前室北壁西部,其结构与M1东侧廊大致相同。其西部南北两壁分别有通往厕间、浴室的通道
浴室	0.90	0.31	1.88	2.37	2.37	2.08	5.617	平顶	墓室为方形,与厕室相对。室内西南角有石砌的正方形浴池,结构与M1相同,仅大小略有差异
厕室	0.92	0.31	1.88	2.90	2.30	2.08	6.67	平顶	室内西北角砌厕所,结构与M1相同,仅大小略有差异。但制作更为精细,打磨更光滑
合计							178.96		

备注:楚王后陵墓总面积合计,包括表中未计算的其他各项。

表2-2-5　西汉驮蓝山楚王、王后陵墓建筑排水系统对照表

陵墓	墓　上	墓　道	墓　内
M1	与M2基本相同	与M2基本相同	M1排水主次分明,沟的深浅明显,以前堂门槛为界,分为两个部分:① 前部:各耳室水先流入甬道两侧的主干道,其在第二耳室相连,后顺西二耳室北壁到西壁中部,由下水口泄人石裂隙。② 后部:各室均由次线入前堂北部主干线(前、后室之间过门坎有暗洞),后通过东侧廊南部暗沟,入东壁中部的石裂隙
M2	开凿于墓道上部及西侧,两沟大致成直角相交,交点偏于墓道西北。西侧排水沟与墓道平行或偏西南,长13.3距墓道9.4米。北侧排水沟稍偏向东南,长13.5距墓道第一层台阶北壁6.4米。沟上口宽1.9、底宽0.92、深1.0米,总长26.8米	在甬道前平台上开凿出宽度与甬道相同(或略宽于甬道),长2.3、深0.9米的向内斜坡,并将其与石裂隙相通	因M2中石裂隙较多,故因地制宜,采取多处留下水口(共有10个)的分散排水方法。另在甬道口的左侧边上凿出水口流入墓道。可分为两个部分:① 前部:包括甬道、耳室及前堂东南部。它们排水沟相连,前堂东南部门槛与甬道间以暗沟相通,耳室水道与甬道口水道连。② 后部:包括前堂、后室、侧室、侧廊及厕、浴室。它们排水沟相连,墓室之间在通过门槛时,在门槛两侧有暗洞,浴室与侧廊南壁间有暗沟
用途	排泄山顶雨水,以防冲刷墓道	排除墓葬修筑过程中和入葬前的雨水	排除墓内集水(通过石裂隙的渗透水)

备注:两墓内排水都是在甬道、侧廊、墓室四周凿出相连的浅槽,一般外部较深,里面较浅,甚至较难看出。

二、北洞山楚王陵[①]

(一) 概况

北洞山西汉楚王陵位于徐州市北10公里铜山县茅村乡洞山村北洞山南麓,坐北朝南,周边古迹众多(图2-2-22)。其北2公里为修建于东汉熹平四年(公元

① 此处考古资料主要来源:邱永生、魏鸣、李晓晖、李银德:《徐州北洞山西汉墓发掘简报》,《文物》1988年第2期第2～18,68,97～100页;邱永生、茅玉:《徐州北洞山西汉王陵考略》,《徐州师范学院学报》1989年第3期第7～13页;邱永生、茅玉:《徐州北洞山西汉王陵考略(续)》,《徐州师范学院学报》1989年第4期第9～13页;闵浩生:《北洞山汉墓半两钱的年代》,《中国钱币》1989年第1期第62,49页;蒋若是:《秦汉半两钱系年举例》,《中国钱币》1989年第1期第18～30页;龚良、孟强、耿建军:《徐州地区的汉代玉衣及相关问题》,《东南文化》1996年第1期第26～32页。

175 年)的茅村汉画像石墓,东南约 200 米为桓山(俗称“洞山”)。桓山西麓有相传为春秋时期宋国大司马桓魋石室,现已被考证为西汉北洞山楚王陵陪葬墓之一。桓魋石室位于北洞山楚王陵墓东近 200 米的桓山上,也为横穴式“因山为陵”崖洞墓,墓向朝南,由墓道、甬道、左右两耳室、前室、后室组成,室内总面积约 100 平方米。有学者认为它是北洞山楚王后墓①。但有专家认为,两墓墓向不一,如楚王、王后陵墓,在考古资料上,前所未有,故不应认为楚王后陵墓。桓山是徐州历史上的名山,《水经注》《魏书·地形志》及地方志书等均有记载(如明《彭城志》、明《一统志》等)。《水经注》云:“泗水南迳宋大夫桓魋冢,西山枕泗水,西上,尽石凿而为冢。今人谓之石椁者也。”。由此可见,该墓在开凿之始,就具有较高的知名度;估计该墓在当时已被盗掘一空。并且,由此可以推断“因山为陵”葬制已为当时人所熟悉。

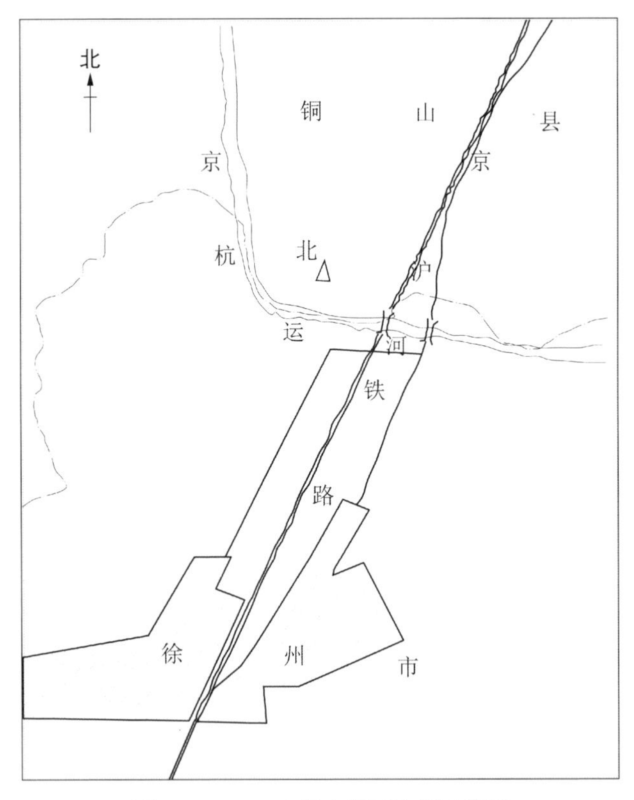

图 2-2-22　北洞山楚王位置示意图

① 梁勇,梁庆谊:《西汉楚王墓的建筑结构及排列顺序》,王中文主编:《两汉文化研究·第 2 辑》,北京:文化艺术出版社,1999 年版,第 188～203 页。

有关西汉北洞山楚王陵的最早记载见于清代。同治《徐州府志》载:“桓山……今俗名洞山。……以此山西北数十武复有南北二山,南山顶有土堆,北山之西数十武又有土山,皆人力所为”。

北洞山为海拔 54 米的石灰岩小山,西汉北洞山楚王陵开凿于山南坡,上筑高大的封土。楚王陵南向,由墓道、墓葬主体建筑、砌筑附属建筑等三部组成规模较大的地下宫殿(图 2-2-23),共有墓室 19 间,小龛 7 个和走廊 1 条,总建筑面积 432.4 平方米(图 2-2-24)。

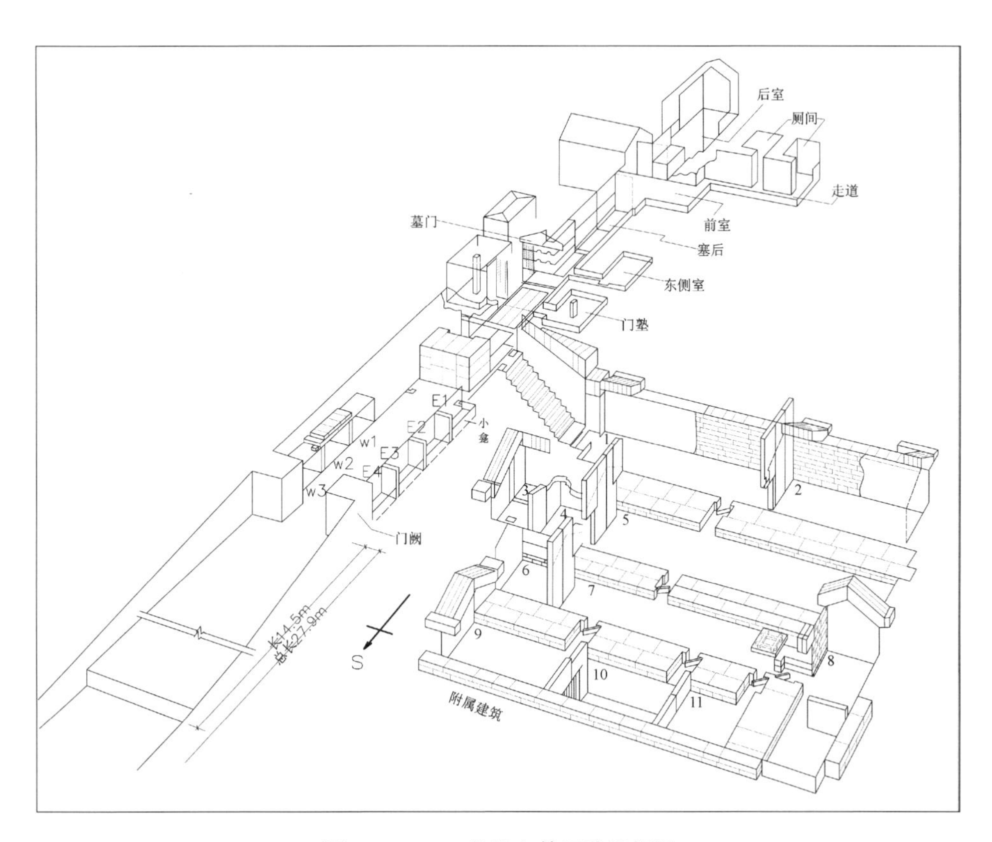

图 2-2-23 北洞山楚王陵透视图

楚王陵主体建筑开凿于山体之中(图 2-2-25、26、27),附属建筑平均低于主体建筑约 3 米,以块石砌筑于主体建筑东坡的石圹中,两者以过道相连(图 2-2-28)。

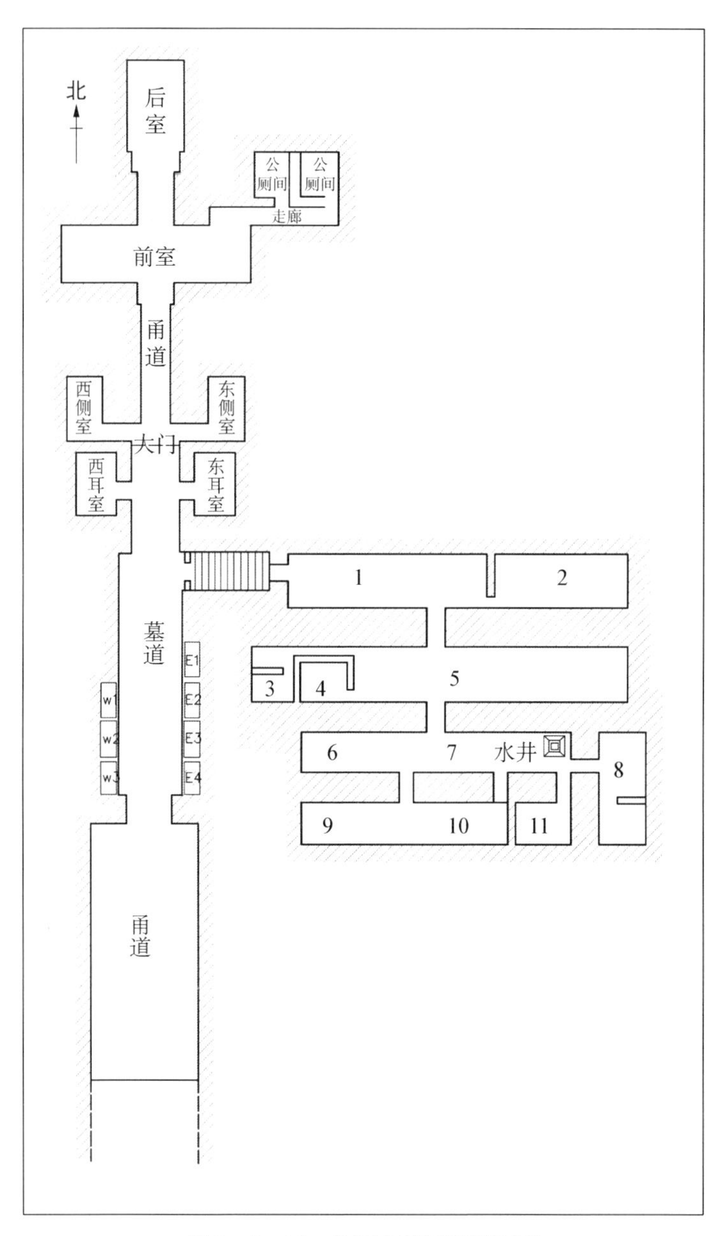

图 2-2-24 北洞山楚王陵平面图

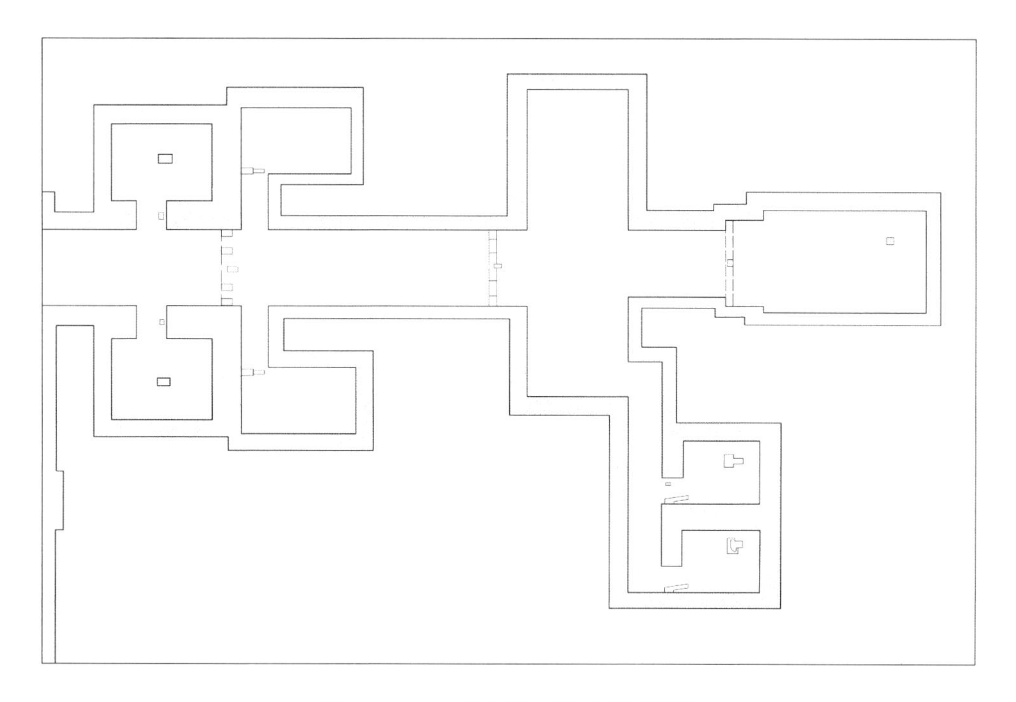

图 2-2-25　北洞山主体建筑平面图

图 2-2-26
北洞山汉墓主体部分入口处

图 2-2-27
北洞山汉墓主体部分

图 2-2-28
主体与附属建筑

北洞山西汉楚王陵周围还有陪葬墓十多座、车马坑及俑坑数处，已发掘七座墓葬。

(二) 建筑形制①

北洞山西汉楚王陵墓的建筑形制较为复杂，现按其三个组成部分，分别介绍如下：

1. 墓道

北洞山西汉楚王陵墓墓道，发掘时长 56 米，因前端为民居所压，只清理了 45 米；后又因建陈列馆截去 30 米余，现仅存 15 米。整个墓道自南向北可分为前、中、后三段。前、中段有一对东西对称的土坯建成的土墩。土墩以南为墓道前段，土墩以北为墓道中段，壁面较前段每边收进约 1 米；再北为后段，壁面又较中段每边收进 0.6 米，北端与墓葬主体所在的墓门相连，距墓门 1.7 米处的东西两壁分别开凿有大小形制相同的两个耳室，室内中部有长 0.36 米、宽 0.22 米的长方形石柱。墓道南距土墩 14 米处，有一级深 0.4 米的台阶。墓道中段前端，两壁各开凿小龛，西壁 3 个，东壁 4 个，共 7 个，龛内出土彩绘陶俑 222 件(图 2-2-29)。中段后端的东壁开 1.82 米的甬道，通向附属建筑(图 2-2-30)。墓道后段及中段的北部，均由三列三层塞石封填，塞石大小不一，均加工有精致的榫卯，被盗扰乱。

图 2-2-29　北洞山仪卫俑

图 2-2-30
北洞山楚王陵附属建筑

① 本节考古资料主要见：徐州博物馆　南京大学历史系考古专业《徐州北洞山西汉墓发掘简报》，《文物》1988 年 2 期 2 页；魏鸣先《徐州北洞山西汉楚王墓发掘纪实》，《文物天地》1987 年 2 期。

2. 主体建筑

墓葬主体由墓门、前后甬道、东西侧室、廊道、两厕间、前室(图 2-2-31)和后室等组成,由开凿山崖而成,是属于“因(依、以)山为陵、凿山为藏(葬)”的形制(图 2-2-32、33)。

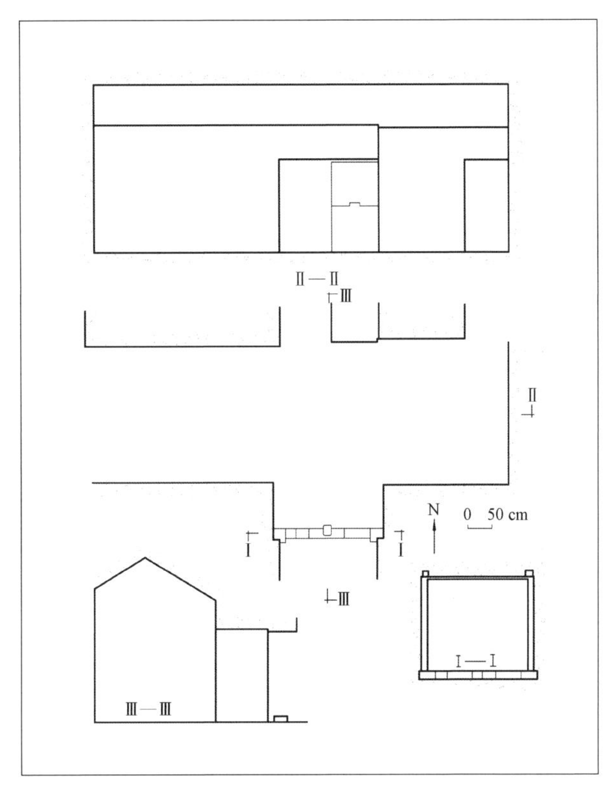

图 2-2-31 前室图

墓门宽 2.46 米、高 1.98 米,南向。门楣石高 0.7 米,呈梯形,由东西两块梯形条石拼砌而成,两端与山体相连,可承受较大的压力,较为科学。“门框上部东西两端和相对应的地面各有一对门臼,清理时伴出残朽木块,说明建墓时曾安装两扇木门。门框下方中部地面安装一铜质双齿封门器(图 2-2-34、2-2-35)。墓门内南北全长 21.3 米”[①]。墓门内甬道分前、后两部分,前甬道近墓门处有 3 列 3 层共 9 块小型塞石,其后为双列双层 8 块大型塞石,大型塞石每块长 2.7 米,高、宽均为 0.98 米,重 7 吨左右;后甬道原有塞石 4 块,上下各两块,大小与此同,后甬道北为后室门道。

① 徐州博物馆,南京大学历史系考古专业:《徐州北洞山西汉墓发掘简报》,《文物》1988 年第 2 期,第 2~18 页。

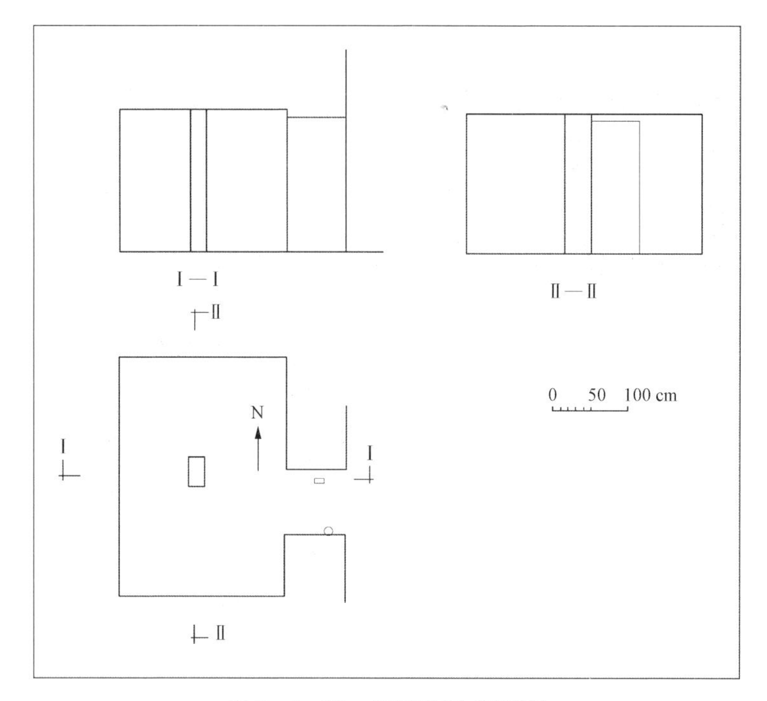

图 2-2-32 西耳室平、剖面图

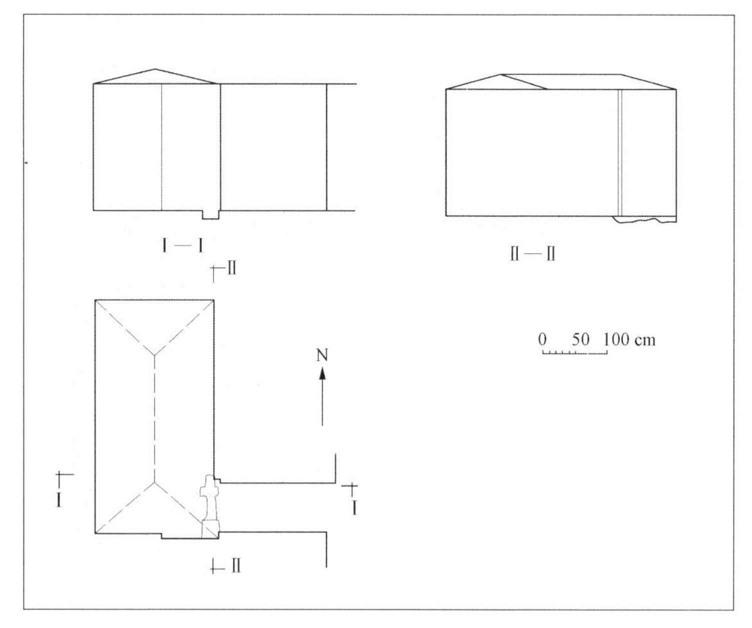

图 2-2-33 西侧室平、剖面图

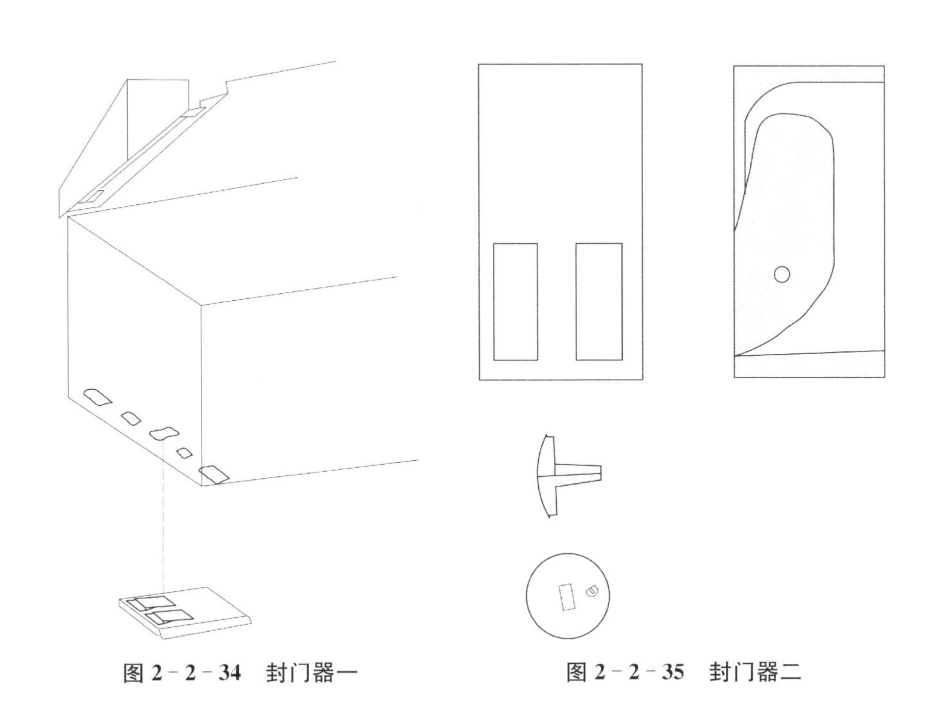

图 2-2-34 封门器一　　图 2-2-35 封门器二

3. 附属建筑

墓葬附属建筑位于主体建筑东南。其建造方法是先开凿山崖,凿出基坑后,再用石块建造墓室,在其西北角为连通主体部分的甬道。

附属部分墓室计十一间,自北向南分为四进,整体布局大致呈长方形:

第一进两室。

第二进与第一进以厚达 2 米的石墙相隔,相互之间以门道相通,第二进计三室,3、4 两室以石板相隔,3 室内留有空心砖隔墙的基槽,将 3 室分为内外两间。内间西南角有一蹲坑,坑长 0.45、宽 0.2、深 0.37 米,当为厕所蹲坑(图 2-2-36)。

图 2-2-36 厕所蹲坑

第三进与第二进之间以厚达 1.6 米的石墙相隔,门道设在石墙中部。第三进共三室,分别编为 6、7、8 室。6 室西北角原砌一砖灶,清理时只余残迹。7 室东北角开凿一方形水井(图 2-2-37),井筒边长 0.68 米、深 1 米,井筒上为整石雕凿的覆斗形井台,外缘边长 1.17、内口边长 0.46、高 0.1 米。井口之上又置整石雕凿的井字形框架,其外缘边长为 0.96、内口边长 0.46、高 0.12 米。井框之上又有长方形石栏板,其两端有榫口,长为 0.5 米、宽 0.18 米、厚 0.07 米。8 室中部也有一条空心砖隔墙的基槽,将 8 室分为内外两间,其内间东南角也有一蹲坑,坑长 0.45、宽 0.2、深 0.3,同样当为厕所的蹲坑。

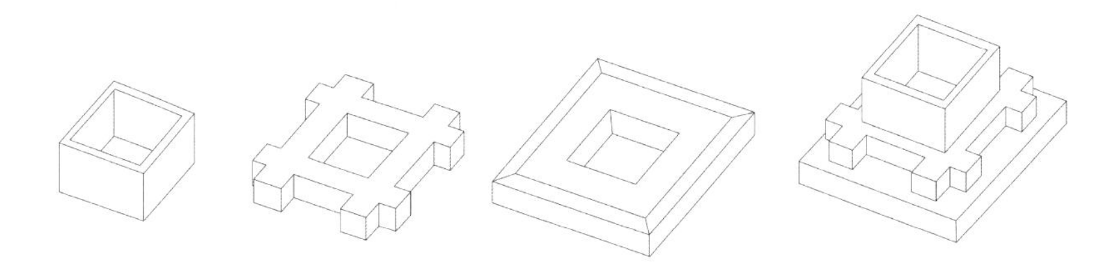

图 2-2-37　北洞山井栏、井台结构图

第四进与第三进之间以厚达 1.67 米的石墙相隔,第四进也共有三室,分别编为 9、10、11 室,7 室南壁分别设三个门道与它们相通。9 室正对门道的东南角也砌一砖灶,灶膛下部保存较好,上部已毁(图 2-2-38)。10 室在 9 室与 11 室之间,以石板与它们相隔,10 室低于其他各室 1.38 米。11 室门道也设于东北角,室内亦有被毁的砖灶残迹;其西南角有一口大底小的圆坑,坑口径为 0.38 米、底径 0.18、深 0.33 米。整个附属建筑应当具有府库、仓储的性质。

图 2-2-38　北洞山楚王陵砌筑灶台

表 2-2-6 北洞山西汉楚王陵墓主体建筑情况表

位置	名称	规格		室顶	墙面壁面	地面	装饰
		平面、高度	面积/m^2				
	墓道	前段长 26 米，宽 5.73～5.83 米；中段长 1.42＋13.27 米，宽 3.5～3.65 米；后段长 5.5 米，宽 2.4 米	150.28＋52.4＋13.2＝215.88		开凿的岩石壁面	岩石	涂一层白垩土或镶贴绳纹瓦片，石板
W1～W3	西龛	南北长约 1.9，东西宽约 0.9，高 0.9～1 米	1.71	平顶	开凿的岩石壁面	原生岩石	
E1～E4	东龛	同西龛	1.71	平顶	开凿的岩石壁面	原生岩石	
耳室	西耳室	门道长 0.86，宽 0.93，高 1.82 米。室内南北长约 3.28，东西宽约 2.35，高 1.9 米。	7.708	平顶，以小石条填补平整。	开凿的岩石壁面，四壁加砌石板。	原生岩石	顶及四壁髹褐漆
	东耳室	同西耳室	7.708	平顶	开凿的岩石壁面	同西耳室	同西耳室
甬道	前甬道	前甬道长 8.15，宽 2.14 米，高 1.96 米	17.441	平顶(前甬道的北端为两面坡顶)	开凿极为规整的岩石壁面	原生岩石	主体建筑的甬道和各室的室顶及墙面均以石粉、黄泥等拌成的黏合土涂抹平整，外髹漆、涂朱砂。在东西侧室的地面上也有髹漆、涂朱砂的痕迹。且墓壁裂缝均以石条填平，并嵌入铁楔固定，通体磨光
	后甬道	后甬道南北长 2.07，东西宽 2.07 米，高 2 米	14.69		开凿极为规整的岩石壁面	原生岩石	
侧室	西侧室	门道长 1.94，宽 0.76，高 1.9 米。室内南北长约 3.6，东西宽约 1.94，高 2.14 米	8.458	四面坡顶	开凿极为规整的岩石壁面	原生岩石	
	东侧室	同西侧室	8.458	四面坡顶	开凿极为规整的岩石壁面	原生岩石	
	前室	室内南北宽约 3，东西长约 9.1，脊高 3.53 米	27.3	两面坡顶	开凿极为规整的岩石壁面	原生岩石	

续 表

位置	名称	规 格		室顶	墙面 壁面	地面	装饰
		平面、高度	面积/m²				
	廊	长约 6.8，宽约 1.02，高 1.95 米。	6.936	平顶	开凿极为规整的岩石壁面	原生岩石	同上
厕间	西厕间	门道长 0.66，宽 0.7 米，高 1.82 米。室内南北长约 2.4，东西宽约 1.9，高 1.9 米。	约 5	平顶	开凿极为规整的岩石壁面	原生岩石	
	东厕间	同西厕间	约 5	平顶	开凿极为规整的岩石壁面	原生岩石	
	后室	室内南北长约 5.12，东西宽约 2.87，高 3.44 米。	14.69	两面坡顶	开凿极为规整的岩石壁面	原生岩石	
	其他	门道、通道等	18.19				
合计			约 145				

表 2-2-7　北洞山西汉楚王陵墓附属建筑情况表(总 335 m²)

位置	名称	规 格		室顶	墙面 壁面	地 面
		位置、大小	面积/m²			
	甬道	东西长约 4.6，南北宽约 1.82，高 2～2.7 米。凿有 12 级台阶	8.372	条石砌斜坡状，约 22 度。	开凿岩石，局部加砌石材。	开凿岩石成台阶，宽 0.3～0.88，高 0.2～0.26，坡度约 35 度，下降深 2.98 米。
1 室	武库	第一进。东西长约 10.8，南北宽约 2.78，地面距内脊高 2.9 米左右	30.024	两面坡顶	条石砌筑	原生岩石
2 室	器物库	第一进。东西长约 7.4，南北宽约 2.78，地面距内脊高 2.9 米左右	20.572	两面坡顶	条石砌筑	原生岩石

续 表

位置	名称	规 格		室顶	墙面 壁面	地 面
		位置、大小	面积/m^2			
3室	盥洗及厕间	第二进。东西宽约2.34,南北长约3.4,地面距内脊高2.9米左右	7.956	两面坡顶	条石砌筑	原生岩石
4室	更衣室	第二进。东西长约2.83,南北宽约2.3,地面距内脊高2.9米左右	6.509	两面坡顶	条石砌筑	原生岩石
5室	乐舞厅	第二进。东西长约15,南北宽约3.1,地面距内脊高2.9米左右	46.5	两面坡顶	条石砌筑	原生岩石
6室	灶房	第三进。东西长约3,南北宽约2.3,地面距内脊高2.9米左右	6.9	两面坡顶	条石砌筑	原生岩石
7室	庭院(有水井)	第三进。东西长约11,南北宽约2.3,地面距内脊高2.9米左右	25.3	两面坡顶	条石砌筑	原生岩石
8室	厕间	第三进。东西宽约2.52,南北长约6.22,地面距内脊高2.9米左右	15.674	两面坡顶	条石砌筑	原生岩石
9室	西灶房	第四进。东西长约5.85,南北宽约2.3,地面距内脊高2.9米左右	13.455	两面坡顶	条石砌筑	原生岩石
10室	地下谷仓	第四进。东西长5,南北宽2.3,地距内脊高4.25米。低它室1.38米	11.5	两面坡顶	条石砌筑	原生岩石
11室	东灶房	第四进。东西长约3,南北宽约2.3,地面距内脊高2.9米左右	6.9	两面坡顶	条石砌筑	原生岩石
	其他	门道、通道等	135.338			
合计			335			

(三) 建筑形制分析

依据北洞山楚王陵墓中出土的随葬器物、墓葬规模及形制等,有考古学者认为它属于西汉早期(第2～5代)某代楚王中的一位[①]。其整个墓葬建筑平面特点是:(1) 采用主体建筑和附属建筑相垂直的两条轴线,既有分隔、各成体系,又有密切的联系。(2) 墓葬又不是完全对称的布局,如主体建筑:墓道两边分别为3、4个小龛,只在前堂东侧一边设厕所;附属建筑完全偏于一边等,充分表现了我国汉代建筑布局灵活、形式多样、院落重重,注重礼制生活的特点。更有学者进一步研究认为,"至西汉中期以后,楚王墓多不采用轴对称布局,甚至前堂后室等主室也偏于墓道——甬道轴线的一侧"[②],这应是汉代建筑形式发展丰富的表现。

北洞山西汉楚王陵墓道对称放置的土墩,有研究者认为是"门阙又称'观',是宫殿门庭的象征和标志"[③];这种情况在山东省长清县(现长清区)双乳山汉墓中也有表现[④](见本书第七章有关图),只不过后者是基岩而不是土墩。古籍中有关阙的解释较多,如"观,谓之阙"[⑤]"阙,门观也"[⑥],"阙在门两旁,中央阙然为道也"[⑦]等。汉代墓葬中出现门阙的情况较多,潼关吊桥杨氏墓群6号墓,墓门门楼屋檐正中用砖砌成一处双阙[⑧]。直至到东汉时洛阳涧滨黄肠石墓中,墓门外东西两侧也各有一石墩[⑨],上面并且有放置石雕一类装饰物的榫槽,同样应具有守卫性质。唐长寿先生在《汉代墓葬门阙考辨》一文,对汉代墓葬中的门阙进行深入研究,详细探讨了门阙的使用情况、形制结构、象征意义等[⑩]。

值得注意的是,"东汉时期盛行家族墓地,几代人合葬于一个墓地,并建造为一

---

① 梁勇,梁庆谊:《西汉楚王墓的建筑结构及排列顺序》,王中文主编:《两汉文化研究·第2辑》,北京:文化艺术出版社,1999年版,第188～203页,该文认为其应是"第四位楚王刘礼或第五位楚王刘道"。同书孟强、钱国光《两汉早期楚王墓排序及墓主的初步研究》第169～187页,也认为是"第四代或第五代中的一个"。周保平《徐州西汉楚王陵墓序列及墓主浅说》第216～230页,该文认为"只能是第五代楚王刘道"。

② 孟强,钱国光:《西汉早期楚王墓排序及墓主问题的初步研究》,王中文主编:《两汉文化研究·第2辑》,北京:文化艺术出版社,1999年版,第169～187页。

③ 邓毓昆主编:《徐州胜迹》,上海:上海人民出版社,1990年版,第61页。

④ 山东大学考古系等:《山东长清县双乳山一号汉墓发掘简报》,《考古》1997年第3期,第1～9页。

⑤ (晋)郭璞注:《尔雅》《释宫第五》,北京:中华书局,1985年版,第42页。

⑥ (东汉)许慎撰,臧克和、王平校订:《说文解字新订》卷十二,北京:中华书局,2002年版,第786页。

⑦ (汉)刘熙:《释名》卷第五《释宫室第十七》,北京:中华书局,2016年版,第82页。

⑧ 陕西省文物管理委员会:《潼关吊桥汉代杨氏墓群发掘简记》,《文物》1961年第1期,第56～66页。

⑨ 洛阳市第二文物工作队:《洛阳涧滨东汉黄肠石墓》,《文物》1993年第5期,第24～26页。

⑩ 唐长寿:《汉代墓葬门阙考辨》,《中原文物》1991年第3期,第67～74页。

个统一的茔域。嘉祥武氏墓群有多个祠堂和碑,但只有为始葬者所立的一处门阙。这表明茔域建筑有着统一的规划,标表茔域范围的门阙建立之后,一般就不再为后入葬者再新设门阙。因此,墓上门阙既属于某一墓主,似乎也属于这一家族的其他死者"①。这种情况与后世如明十三陵共用一个统一的牌楼及神道,有着异曲同工之妙。而被称为"天门"(当门阙用于表示升仙路上之时)、自铭为"神道"(当门阙用于表示茔域神道标志之时)的汉代门阙,应是后世墓葬使用神道的源头。有学者深入研究认为,汉人的羽化升仙思想"应是灵魂与肉体俱飞升成仙"②,而墓葬建筑正应是实现这种思想的媒介。

北洞山楚王陵墓墓道中段前端,两壁各开凿小龛,龛内放置彩绘陶俑 222 件,象征着楚王生前的卫戍部队。这种情况,与河南省永城芒山柿园发现的梁国国王壁画墓墓门封石内,将石板特意砸烂角部留出空隙放下的彩绘陶俑,应具有一样的性质③。而北洞山楚王陵墓墓道分三段,且有守卫的彩绘陶俑,实际应是楚王生前所居宫殿建筑院落重重、戒备森严的景象在地下世界的再现。

类似于西汉北洞山楚王陵墓中的水井,在河南永城芒山柿园西汉梁国国王壁画墓葬中也有发现。该墓葬"主室与各耳室之间有下水设施,集中流向最后一个耳室即水井室。水井四方形,长约 1 米、深 1 米余,顶部有盖,是用正方形的石板制成,上有阴线刻石像,内容为鸟、菱形纹饰等"④。在东汉时期的砖室墓葬中,也曾发现过类似此种情况的陶井存在⑤(图 2－2－39)。北洞山楚王陵将墓葬排水与墓葬设施——水井相结合,构思更为成熟。

图 2－2－39　井栏

西汉北洞山楚王陵附属建筑中用砖砌灶,同样处理方式在汉代墓葬发掘中亦有实

① 唐长寿:《汉代墓葬门阙考辨》,《中原文物》1991 年第 3 期,第 67～74 页。
② 孟强:《关于汉代升仙思想的两点看法》,《中原文物》1993 年第 2 期,第 23～30 页。
③ 阎道衡:《永城芒山柿园发现梁国国王壁画墓》,《中原文物》1990 年第 1 期,第 32 页。
④ 阎道衡:《永城芒山柿园发现梁国国王壁画墓》,《中原文物》1990 年第 1 期,第 32 页。
⑤ 洛阳市第二文物工作队:《洛阳市西南郊东汉墓发掘简报》,《中原文物》1995 年第 4 期,第 1～6 页。

例。譬如，陕西省宝鸡李家崖 17 号汉墓"砖砌灶"[①]。洛阳五女冢新莽墓中，也出现过[②]。在四川崖墓中，就崖石上开凿灶案的情况相当普遍，一般位于后室的侧壁[③]。

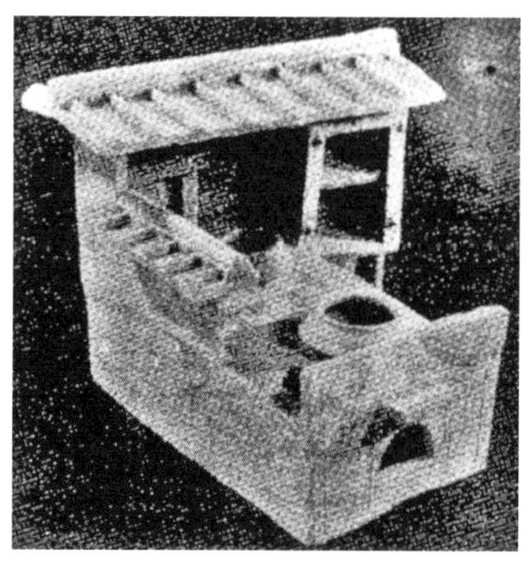

图 2－2－40　陶灶

汉代人对灶非常重视，"灶者，养生之本"[④]，其类型很丰富，有学者进行了深入研究，认为"墓葬中随葬灶数基本上与墓中人数目一致"[⑤]。尤其值得重视的是，与建筑形象有关的陶灶实例较多(甚或模印阙、厅堂画像，或出现真实建筑形象等)(图 2－2－40)。有学者认为：汉画像石中"所谓庖厨，无非是灶火、井台、酒具、宰牲、牺牲等内容的排列组合"[⑥]。笔者认为，北洞山楚王陵墓中这些随葬品的用意，与汉画像石寓意应是一致的。

有学者认为，墓葬中的井还应具有特殊的寓意。"井者，黄泉之象，天地之中介。神龙潜入浮上的地方。《淮南子·地形训》云：'黄(青、赤、白、玄)龙入藏生黄(青、赤、白、玄)泉。黄(青、赤、白、玄)泉之埃上为黄(青、赤、白、玄)云'。井为泉之体，泉与云相接。故汉代人认为阴与阳结合，阳与阴互补，认为人入黄泉(即形式上的下葬入土进冥间)则如跨龙驾云升天。此外，井本身就有神格，在昆仑圣境中的神物。《山海经·海内西经》云：'面有九井，以玉为槛，面有九门，门有开明兽守之'。将井与天门并列，是为天井，在昆仑圣境地位显要，其神性自见。另《山海经·海外南经》郭璞注：'有员丘山，上有不死树，食之乃寿；亦有赤泉，饮之不老'。员丘山为中国古代神话传说中昆仑山系列之一异名，是与昆仑山具有同样性质的神界，在此井(即赤泉)与不死树并列，同为汉代人朝暮渴望之圣品，绝不是简单地为生前之用，而是具有深刻的蕴意。"[⑦]汉代墓葬中的灶火准此。古人认为"火是太阳的另一种表现形式，是人们可以触及的太阳的化身""灶火与牺牲在祭祀活动中

---

① 吴汝祚等：《宝鸡和西安附近考古发掘简报》，《考古通讯》1955 年第 2 期，第 33～40 页。
② 洛阳市第二文物工作队：《洛阳五女冢新莽墓发掘简报》，《文物》1995 年第 11 期，第 4～19 页。
③ 唐长寿：《岷江流域汉画像崖墓分期及其它》，《中原文物》1993 年第 2 期，第 47～52 页。
④ (唐)陆动集：《集异志》卷四，北京：中华书局，1985 年版，第 41 页。
⑤ 郭灿江：《河南出土的汉代陶灶》，《中原文物》1998 年第 3 期，第 62～66 页，将陶灶分为四种类型研究。
⑥ 李国华：《浅析汉画像石关于祭祀仪礼中的供奉牺牲》，《中原文物》1994 年第 4 期，第 71～75 页。
⑦ 李国华：《浅析汉画像石关于祭祀仪礼中的供奉牺牲》，《中原文物》1994 年第 4 期，第 71～75 页。

出现,是庖厨为祭祀之一程序,是'燔燎''进熟献'之礼仪的具体再现"[①],同样也具有祭祀、通神的含义在内。

研究表明:陵墓建筑确实是对生前所居宫室建筑的模拟和象征,文献记载、实物存在、思想习俗等都可以佐证。《荀子·礼论》:"故圹陇,其貌象(像)室屋也"。考古资料表明:秦代之前,由于受到木棺椁葬具本身材料的限制(其所形成的空间毕竟有限以及当时的礼制观念尚未有此完备的要求),在表现"室宅"的意念方面,仅是棺椁之间相互开门窗或棺内做天花[②],这方面的事例不胜枚举。当然也有"其中个别的墓,如乐浪的'彩箧冢'、长沙杨家大山的长沙王族刘骄墓及五家岭的贾姓墓等,木椁的规模甚大,构筑复杂,有些类似地面上居住的建筑"(图2-2-41)[③]。发展到西汉时,由竖穴土洞墓逐步演化为竖穴崖洞墓,进而逐渐流行横穴崖洞墓。此后,由于砖室墓在表现"室宅""万年之所""神舍"等意念方面,比起洞室墓来具有明显的优势,促使砖室墓逐渐流行开来。其原因,笔者认为:

一是由于后者本身更为接近于实际生活中的真实建筑,而无须使用"因(依、以)山为陵、凿山为藏(葬)"的方式(包括竖穴、横穴等各种方式。);

二是由于砖室墓更为直接地表现了"室宅""万岁之宅""神舍"的思想,它与实际生活中使用的建筑材料、建造方法技术等完全相同,最终形成的建筑形象也较接近,只不过一是供生人使用,一是为死者服务而已;

三是由于开凿山石墓室比起用砖砌,施工相对来说要困难得多,限制也多,不便于集体操作(故其已被淘汰),且其模仿真实建筑的最终效果也不如前者等。与此同时,还逐渐出现了一种利用棺椁葬具本身的形象,来模拟真实建筑的葬制,也

---

① 李国华:《浅析汉画像石关于祭祀仪礼中的供奉牺牲》,《中原文物》1994年第4期,第71～75页。

② 扬州博物馆等:《扬州邗江县胡场汉墓》,《文物》1980年第3期,第1～10页;扬州博物馆印志华:《扬州邗江县郭庄汉墓》,《文物》1980年第3期,第90～92页;扬州博物馆:《扬州西汉"妾莫书"木椁墓》,《文物》1980年第12期,第1～6页;扬州博物馆,邗江县图书馆:《江苏邗江胡场五号汉墓》,《文物》1981年第11期,第12～23页;扬州博物馆:《江苏仪征胥浦101号西汉墓》,《文物》1987年第1期,第1～19页;扬州博物馆:《扬州平山养殖场汉墓清理简报》,《文物》1987年第1期,第26～36页;扬州博物馆:《江苏邗江姚庄101号西汉墓》,《文物》1988年第2期,第19～43页;扬州博物馆:《扬州东风砖瓦厂汉代木椁墓群》,《考古》1980年第5期,第417～425页;云梦县文物工作组:《湖北云梦睡虎地秦汉墓发掘简报》,《考古》1981年第1期,第27～47页;广西壮族自治区文物工作队:《广西贵县罗泊湾二号汉墓》,《考古》1982年第4期,第355～364页;广州市文物管理委员会:《广州黄帝岗西汉木椁墓发掘简报》,《考古通讯》1957年第4期,第22～29页。

③ 王仲殊:《墓葬略说》,《考古通讯》1955年第1期,第56～70页。

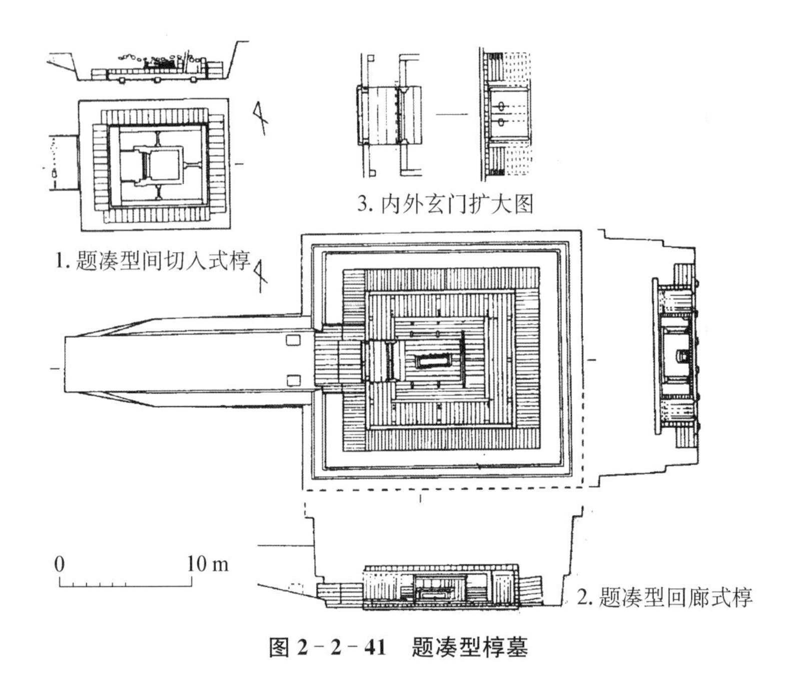

图 2-2-41　题凑型椁墓

就是笔者所谓的"建筑式"明器，以表现墓主亡灵安身之所[①]。这应是有意对应了墓主生前实际生活中的"后寝类建筑"，毕竟，现实生活中存在的一切是所有想象的翅膀展开的前提。

东汉时，模拟的真实性更进一步[②]；发展到隋唐时，乃出现了完全模仿真实建筑的石棺。此后，虽然没有一直发展下去，但棺椁葬具作为表现墓主亡灵安身之所的"室宅"的意念，却一直延续下来，从未中断[③]。这些都基于古人"事死如事生、事亡如事存"的忠孝礼制丧葬观。因此，用来供墓主死后灵魂安居之处的陵墓，参照现实生活中的建筑来设计、建造就成为一种必然。

据此，可以认为：西汉北洞山楚王陵墓主体建筑、附属建筑及其所属储藏室，在平面上的高低有差，正是楚王生前所居高台或高堂建筑，与一般使用建筑不同等级差别的必然表露。

西汉北洞山楚王陵墓附属建筑采用石砌，与徐州楚元王刘交陵后室、广州西汉

---

① 参见本书第八章《"建筑式"明器与"明器式"建筑》有关内容。

② 江西省历史博物馆等：《江西贵溪崖墓崖墓发掘简报》，《文物》1980 年第 11 期，第 1～25 页。

③ 祁英涛：《中国古代建筑的脊饰》，《文物》1978 年第 3 期，第 62～70 页。《文物》1959 年第 10 期，图版石椁中的建筑形象。乐山市崖墓博物馆：《四川乐山市沱沟嘴东汉崖墓清理简报》，《文物》1993 年第 1 期，第 40～50 页；高文编著：《四川汉代石棺画像集》，北京：人民美术出版社，1998 年版，第 36 页图 65。

南越王陵主体建筑[①]、河南永城西汉末期某代梁王陵等相一致[②]。它们都采用"凿坑砌室"的方法,即都是先在山崖中开凿的竖向墓穴内,后砌墓室。笔者认为:此种葬制应带有竖穴遗风,应是处于"因(依、以)山为陵、凿山为藏(葬)"葬制的初期形式。北洞山西汉楚王陵墓比起徐州楚元王刘交陵后室、广州西汉南越王陵主体建筑结构要更复杂、规模更大,施工技术、建设精度都要高得多,也更为成熟。因此,其年代比后两者理应要晚一些。至于河南永城西汉末期某代梁王陵,它属于"用方形石块垒砌为壁,根据汉代埋葬制度,这些石块应是黄肠题凑演变而来,用石料代替木材,当为黄肠石"的特殊情况[③],是墓葬制度发展到一定阶段后,较为成熟的产物,其年代当更晚。同样情况也见于徐州土山汉墓,它被认为属于东汉时某代彭城王陵或其家属[④]。北洞山楚王陵墓顶条石上、个别垒砌墙壁的石块上,都有朱书文字,以表条石的顺序和方位,说明预先经过周密规划设计,这属于汉代墓葬中较为普遍的现象,说明我国古代建筑设计、施工理念之先进[⑤]。这里,我们有必要对"黄肠题凑"葬制进行一些探讨。

目前,有关文献中"黄肠题凑"一词最早出现于《汉书・霍光传》,该书苏林释曰:"以柏木黄心致累棺外,故曰黄肠;木头皆向内,故曰题凑"。即所谓"题凑","题"是指木材的前端,"凑"即聚合,"题凑"也就是指木材的前端向内聚合。《礼记・檀弓上》:"柏椁以端长三尺"。郑玄注:"以端题凑也,其方盖一尺",孔颖达疏:"柏椁者为椁用柏也,以端者犹头也,积柏材作椁,并葺材头也。故云以端"。然就"题凑"一词而言,春秋战国时已出现。《吴越春秋・阖闾内传》记载吴王女滕玉死后:"凿池积土,文石为椁,题凑为中"。《吕氏春秋・节丧篇》:"题凑之室,棺椁数袭,积石积炭,以环其外"。《史记・滑稽列传》苏林注:"以木累棺外,木头皆内向,故曰题凑"。该书记载,楚庄王时,优孟言人君之葬礼,"雕玉为棺,纹梓为椁,楩枫豫章为题凑"。

从考古资料来看,战国时诸侯王室墓已经使用了题凑之制。如近年发掘的平

---

① 广州市文物管理委员会等:《西汉南越王墓》,北京:文物出版社,1991年版,第8页。

② 河南省文物考古研究所编:《永城西汉梁国王陵与寝园》,郑州:中州古籍出版社,1996年版,第13页。注:该书中无图,也无具体说明,详情不明。

③ 河南省文物考古研究所编:《永城西汉梁国王陵与寝园》,郑州:中州古籍出版社,1996年版,第13页。

④ 王恺:《徐州土山汉墓葬年考》,徐州博物馆编:《徐州博物馆三十年纪念文集》,北京:北京燕山出版社,1992年版,第87～95页。

⑤ 见本章第五节《土山彭城王、王后陵墓》有关内容。

山战国中山王墓,《兆域图》夫人堂铭文"提(题)(凑)长三尺"①。《后汉书・礼仪志》载,大丧中"梓宫""便房""黄肠题凑"是"天子之制"。李贤注引《继汉书》:"天子葬……司空择土造穿,将作作黄肠、题凑、便房,如礼"②。据《汉书・霍光传》云:"光毙",汉宣帝赐光"梓宫、便房、黄肠题凑各一具,枞木外藏椁十五具"。《汉书・董贤传》载,董贤死后,哀帝"令将作为贤起冢茔义陵旁,内为便房,刚柏题凑"。史书中类似记载较多,故知此种葬具可由皇帝赐予臣属。从考古资料看,西汉中期以后,确已存在"黄肠题凑"的葬制,且一般都属于此时期诸侯王的"黄肠题凑"的陵墓。(见本书附录 2 有关列表)

据上文所引史料可知,春秋战国时的诸侯墓葬中,已出现使用题凑之制。除前述的中山王国"兆域图"铭文以外,二十世纪五十年代初发掘的辉县固围村 2 号墓③,可以看作是又一战国题凑之墓,该墓椁室为用长短木枋纵横迭错垒筑而成。这种纵横垒筑的木枋,应是题凑之制的早期形态。《吕氏春秋・节丧》云:"题凑之室,棺椁数重袭,结石结炭,以环其外",应就是这种形制。另"据报道,最早的'黄肠题凑'墓是最近发掘的秦公一号墓[9],是否可靠尚待考"④。

目前,因汉代帝陵无一发掘,汉初的几位皇帝是否确切采用"黄肠题凑"葬制,仍有待将来考古发掘证实。但汉初的诸侯王陵继续采用春秋战国以来的题凑之制,却已为考古发掘所验证(见下表)。以它们来看,汉代帝陵更应如此。虽然,"梓宫""便房""黄肠题凑"是"天子之制",但在西汉早、中期,各诸侯王国势力强大,"藩国大者夸州兼郡,连城数十,宫室百官,同制京师"。更何况处于西汉立国之初这一特定时期,各种思想变化纷呈,"便房""梓宫""黄肠题凑"的"正藏"和"外藏椁"是否已成定制,尚需进一步研究⑤。汉代墓葬制度出现某种变革,也是当时时代精神、社会习俗发生变化的必然反映⑥。

当然,对照于其他葬制的发展变化及相互之间的交叉影响,就"黄肠题凑"葬制本身而言,西汉早、中也是有所发展的。"首先,墓坑从西汉早期的略近正方形,演变成长方形,这是符合长沙地区西汉墓葬形制发展演化的基本规律的。其次,正藏

---

① 朱德熙,裘锡圭:《平山中山王墓铜器铭文的初步研究》,《文物》1979 年第 1 期,第 42～52 页。

② (南朝宋)范晔:《后汉书》卷九《孝献帝纪第九》,北京:中华书局,1965 年版,第 391 页。

③ 中国科学院考古研究所:《辉县发掘报告》,北京:科学出版社,1956 年版,第 90 页。

④ 刘德增:《也谈汉代"黄肠题凑"葬制》,《考古》1987 年第 4 期,第 352～356 页。

⑤ 俞伟超:《汉代诸侯王与列侯墓葬形制分析——兼论"周制""汉制"与"晋制"的三个阶段性》,中国考古学会编:《中国考古学会第一次年会论文集》,北京:文物出版社,1980 年版,第 332～337 页。

⑥ 见论文第七章《"因山为陵"初探》有关内容。

与外藏的布局发生了显著的变化，外藏椁由回廊的形式转变为在墓室前部分置左右椁室的形式。……或许可以看作是东西耳室的萌芽。十分明显，西汉中期以后，长沙王室墓葬形制虽然仍继承了穿土为圹的旧形式，但也同样受到了中原地区凿山为藏的深刻影响。这一深刻影响在西汉中期其他诸侯王墓中亦能看到。……虽然有些诸侯王的墓葬在西汉中期仍继续使用'黄肠题凑'的葬制，但在形式上已有所变化。其最显著的变化是，题凑木从环绕外回廊转变为紧紧围绕便房"[1]。

表 2-2-8　汉代采用"黄肠题凑"葬制王侯陵墓统计表

墓葬地点	墓主	年代	资　料　来　源
北京大葆台一号墓	广阳顷王刘建	元帝初元四年(B.C.80)	北京市古墓发掘办公室:《大葆台西汉木椁墓发掘简报》,《文物》1977 年第 6 期,第 23～29,84～85 页;王灿炽:《大葆台西汉墓墓主考》,《文物》1986 年第 2 期,第 65～69 页;鲁琪:《试谈大葆台西汉墓的"梓宫""便房""黄肠题凑"》,《文物》1977 年第 6 期,第 30～33 页
北京大葆台二号墓	广阳顷王后或燕王后	宣帝至元帝	北京市古墓发掘办公室:《大葆台西汉木椁墓发掘简报》,《文物》1977 年第 6 期第 23～29,84～85 页;王灿炽:《大葆台西汉墓墓主考》,《文物》1986 年第 2 期,第 65～69 页
江苏高邮天山两座汉墓	广陵王	西汉中晚期	王冰:《高邮天山汉墓墓主考辨》,《文博》1999 年第 2 期,第 56～59 页;蒋乃兴、蒋永才、邹厚本:《高邮天山二号汉墓"题凑"涂料的穆斯堡尔谱研究及地球化学特征》,《核技术》1984 年第 4 期,第 65～66 页;《高邮天山一号汉墓发掘侧记》,《文博通讯》第 32 期;《新华日报》1980 年 5 月 30 日、7 月 3 日;《人民日报》1980 年 7 月 18 日;高炜:《汉代"黄肠题凑"墓》,《新中国的考古发现与研究》,北京:文物出版社,1984 年:第 443 页
河北定县北庄	中山怀王刘修	宣帝五凤三年(B.C.55)	河北省文物研究所刘来成:《河北定县 40 号汉墓发掘简报》,《文物》1981 年第 8 期,第 1～10,97～98 页;湖北省博物馆、文物管理处等《定县 40 号汉墓出土的金缕玉衣》,《文物》1976 年第 7 期第 57～59,98 页,该文认为是孝王刘兴

[1] 宋少华:《略论长沙象鼻嘴一号汉墓陡壁山曹(女巽)墓的年代》,《考古》1985 年第 11 期,第 1015～1024 页。

续 表

墓葬地点	墓主	年代	资 料 来 源
定县城南北陵头村西约200米处	东汉中山穆王刘畅	公元141～174年	定县博物馆:《河北定县43号汉墓发掘简报》,《文物》1973年第11期,第8～20,81～84页
石家庄北郊	赵王张耳	公元前202年	石家庄市图书馆文物考古小组:《河北石家庄市北郊西汉墓发掘简报》,《考古》1980年第1期,第52～55页
河北定县北庄	中山简王刘焉与王后	东汉永元二年(B.C.90)	河北省文化局文物工作队敖承隆:《河北定县北庄汉墓发掘报告》,《考古学报》1964年第2期,第127～194,243～254页
长沙象鼻嘴一号墓	长沙王	文帝与景帝	湖南省博物馆单先进、熊传新:《长沙象鼻嘴一号西汉墓》,《考古学报》1981年第1期,第111～130,161～166页
长沙西汉曹墓	长沙王后	西汉武至宣帝	长沙市文化局:《长沙咸家湖西汉曹(女巽)墓》,《文物》1979年第3期,第1～16页
长沙东郊杨家山	刘骄	西汉	中国科学院考古研究所:《长沙发掘报告》,北京:科学出版社,1957年:第96页
杨家山长沙王后墓	长沙王后	西汉	1975年湖南省博物馆发掘
北京老山汉墓	燕王或王后	西汉	《文汇报》2000年3月18日、25日、31日,《人民日报》2000年3月20日,《新民晚报》2000年3月31日、4月1日
咸阳杨家湾汉墓		西汉	陕西省文管会博物馆　咸阳市博物馆:《咸阳杨家湾汉墓发掘简报》,《文物》1977年第10期,第10～21,95～97页

统计结果表明①,我国已经发掘的汉代诸侯王陵墓葬制形式有:

第一,竖穴墓。(包括:土坑、凿岩)

第二,"因(依、以)山为陵、凿山为藏(葬)"墓。(实际上也包括:竖穴、横穴,以及处于他们之间的竖穴与横穴相结合的过渡形式,如:楚元王刘交陵、广州西汉南越王陵墓、北洞山西汉楚王陵墓、河南永城西汉末期某代梁王陵墓等。当然,通常意义上所指的是横穴崖洞墓。)

第三,砖室(石)墓。

① 见论文附录二"全国汉代诸侯王(王后)陵墓建筑统计表"。

第四，石室墓。

第五，铜棺墓[①]等。

西汉时以前两者为主，东汉时以第三、四等为主。如前述，第二种“因山为陵”葬制，又可以分为三种形式。笔者认为：北洞山西汉楚王陵墓是处于横穴崖洞墓发展成熟之前的过渡阶段，即“凿坑砌室”这一阶段最典型的墓葬，是这一葬制发展最成熟的代表。其主体建筑轴线上，安排了象征楚王生前宫殿建筑的门阙、守卫、前堂后寝等主要生活之所（当然也包括部分府库仓储，如：东西耳室、侧室）；附属建筑部分应该是主体府库仓储的进一步补充，有武库、乐舞庭、仓房、地下储藏室（凌阴）、厨房、水井、柴房、厕所等，比文献资料更加丰富多彩（它们在一般墓葬中，就变成用各种各样的“建筑明器”、水井、灶等来代替了）。其产生的经济基础，是西汉时期经济发展，地主“庄园式”经济开始形成，反映在建筑上就是拥有多处建筑物[②]。与此对应的是封建帝王“离宫别馆”同样越建越多。

由此，称北洞山西汉楚王陵为我国目前发掘的“因（依、以）山为陵、凿山为藏（葬）”初期，最具代表性的西汉诸侯王陵墓之一，应是名副其实的。

第三节 龟山楚王、王后陵与东洞山楚王、王后陵

一、龟山楚王、王后陵[③]

(一) 概况

龟山位于徐州市西北约7公里九里区拾屯镇，是一座海拔73.5米的石灰岩质山丘，因其南北呈椭圆状起伏，形若卧龟而名之（图2-3-1、2）。其东南为小孤山，西南为大孤山，南面与绵延的九里山脉相连。事实上龟山也是九里山余脉的一支，其西侧平坦如砥，一览无余。

① 云南省文物工作队：《云南祥云大波那木椁铜棺墓清理报告》，《考古》1964年第12期，第607～614页。

② 见本书第十章《建筑明器随葬思想初探》有关内容。

③ 主要考古资料来源：尤振尧、贺云翱、殷志强：《铜山龟山二号西汉崖洞墓》，《考古学报》1985年第1期，第119～133，152～153页；尤振尧：《〈铜山龟山二号西汉崖洞墓〉一文的重要补充》，《考古学报》1985年第3期，第352页；耿建军：《江苏铜山县龟山二号西汉崖洞墓材料的再补充》，《考古》1997年第2期，第36～46，101～103页；

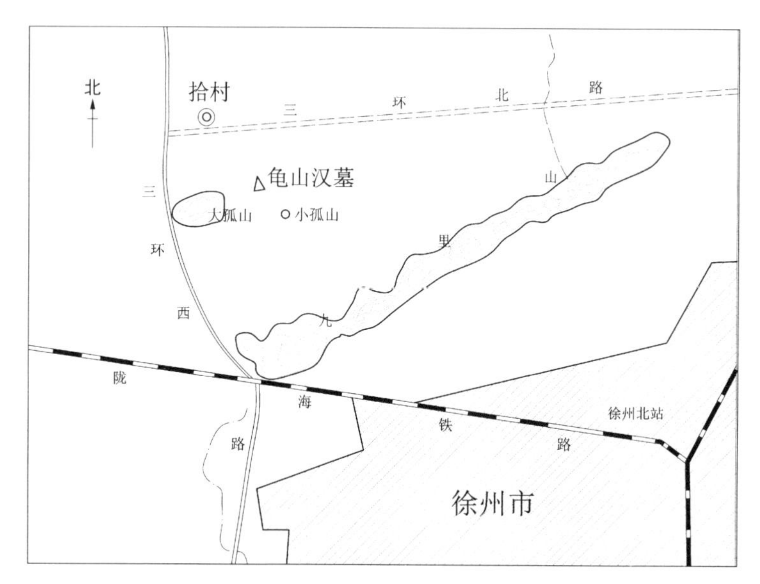

图 2-3-1　亀山楚王、王后陵位置示意图

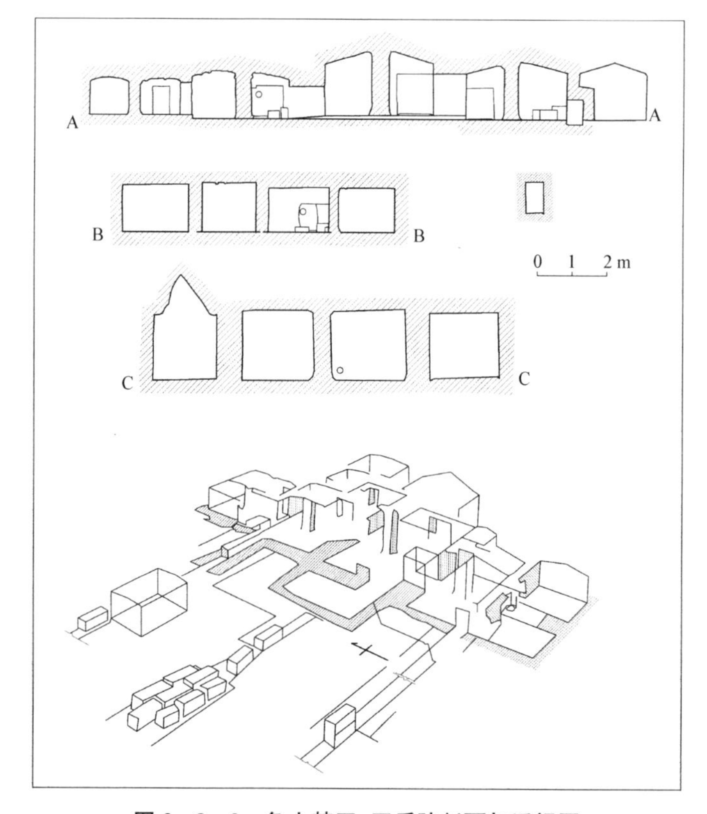

图 2-3-2　亀山楚王、王后陵剖面与透视图

龟山楚王刘注、王后陵墓建筑坐东朝西,开凿于西山脚下。楚王刘注,《史记》《汉书》多有所载。据《史记·楚元王世家》索隐赞述:"文、襄继立,世挺英才。"知其颇有才干。特别是在其南甬道上列第一块刻铭塞石,记有楚夷王(第二代楚王)的"薄葬遗训"(图2-3-3)①,对于研究西汉早期楚王陵墓"因山为陵"与汉文帝"因山为陵"之间的先后关系,颇为重要②。

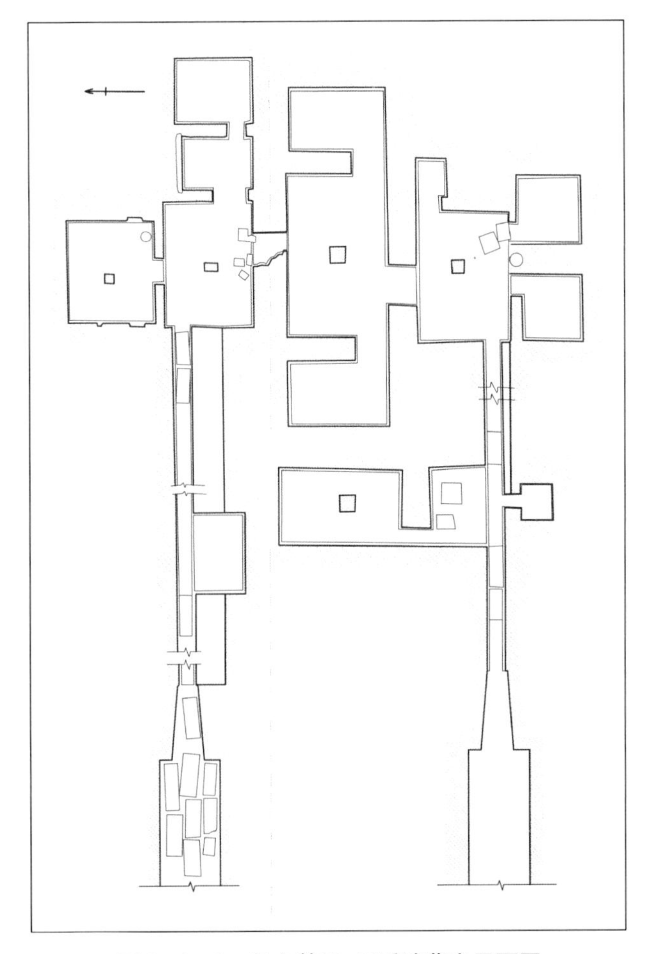

图2-3-3 龟山楚王、王后陵墓室平面图

① 刻铭全文:第百上石后世的贤大夫们,我虽是下葬的一代楚王,但我敢向上天发誓,墓中没放置华贵的服饰、值钱的金宝玉器,只埋了我的棺木及尸骨。当您看到这刻铭时,心里一定会为我悲伤。所以,你们就没有必要动我的墓穴了。

② 见本书第七章《"因山为陵"初探》有关内容。

龟山楚王刘注、王后陵由两条墓道、两条甬道、15 个墓室组成。墓葬长约 83.5、最宽约 33.0 米，总面积 580 余平方米。从结构上又可将墓葬分为南北两部，每个墓葬都分别由墓道、甬道、墓室三部分组成，以壶门相连，为“同茔异穴”葬制（图 2-3-3）。

据出土文物确知，其为西汉第六代楚王刘注及其王后陵墓。南部分有 10 个墓室，北部分仅 5 室，且南边规模远大于北边，故南为楚王刘注陵（编号为 M1），北为其王后陵（编号为 M2）。

（二）建筑形制

徐州龟山楚王刘注、王后陵墓建筑都分别由墓道、甬道、墓室三部组成，以壶门相连，为“同茔异穴”葬制。墓道均露天开凿，西端宽、东端窄，呈喇叭状。甬道宽仅 1 米余，壁面凿痕精细平整，打磨光滑；长度 51.2 米，是目前国内已发掘汉墓中最长的一座①，且其施工十分精细（图 2-3-4）。

图 2-3-4　龟山楚王、王后陵甬道

甬道中心线由外到内仅误差 5 毫米，精确度为万分之一；两甬道的水平误差为 8 毫米，精确度为七千分之一；它们之间夹角为 20 分，底部由东向西呈百分之五坡度；墓葬方向十分精确，为正东西向，精确度极高，建筑技术令人叹为观止。以何控制，令人百思不解。甬道底部两边开凿有宽、深各 10 厘米左右的排水槽，且与墓室中的排水槽相连，构成整个墓葬的排水系统。甬道中开凿有凹槽，用途尚不明②（图 2-3-5）。甬道内以塞石封堵（图 2-3-6）。

西汉龟山楚王、王后陵墓共 15 个墓室，40 平方米以上的有多室，面积最大者为 64.33 平方米。除北甬道旁一耳室、南甬道旁一耳室和两侧室外，余皆穿凿在甬道后。这十一室连成整体，南为楚王墓，北为楚王后墓，有过道相通（图 2-3-7）。墓室顶形状多样，有多数为拱形顶和两面坡顶，耳室为平顶，个别墓室为双拱形顶。

---

① 徐州市文化局存《龟山楚王墓》，《全国重点文物保护单位记录档案专用纸》，“保存现状”一节。

② 南京博物院、铜山县文化馆：《铜山龟山二号西汉崖洞墓》，《考古学报》1985 年第 1 期，第 119～133 页。

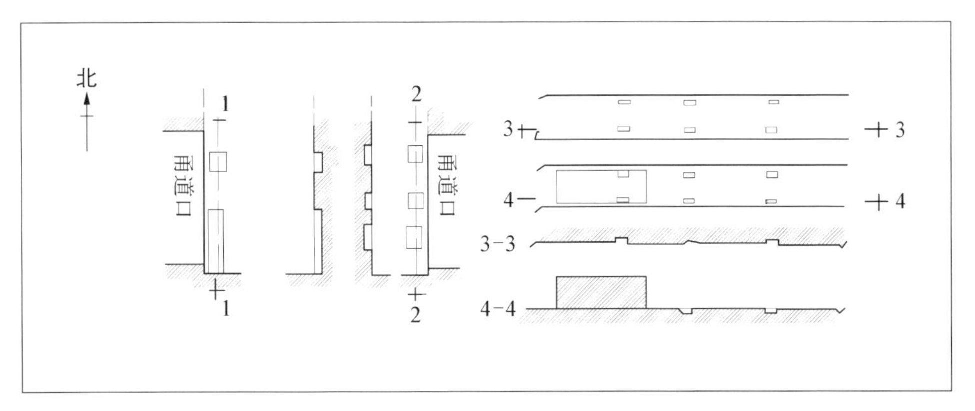

图 2-3-5 甬道凿槽

图 2-3-6
南墓道未打开前(1992 年)

图 2-3-7
龟山楚王陵前殿内的石柱

主要墓室中都有依山石凿成的方形擎天柱(图 2-3-8),其最大者边长近 1 米。各墓室的详细情况可见墓室形制表(表 2-3-1)。墓室内与甬道一样都开凿有宽、深各 10 厘米的排水沟,第 14 室内还有集水井(图 2-3-9)。依据各室地面之高差,形成完整的排水系统,向前向中汇集于甬道内的排水槽,经过它们流出墓外。

表 2-3-1 龟山楚王刘注、王后陵墓建筑形制表

位置	名称	规格		室顶	陵墓装饰
		大小及说明	面积/m²		
M1	墓道	长约 19.4 米，西端宽、东端窄，呈喇叭状。底有一正三角形渗水井。最深处 7 米，露天开凿。距 M2 为 14 米。现残存 4.8 米		露天	有较多凿痕。用碎石子和红黏土夯筑
	甬道	长约 51.2、宽 1.06、高 1.78 米。地面两侧凿有排水沟，宽、深各 10 厘米左右。地面及顶部凿并有 9 组长方形凹槽，每组 4 个，地面和顶部各 2 个，可能是作封门使用。塞石（26 块）封堵，上有刻铭、朱书文字、虎形图案	54.272	平顶	残缺处均以块石镶补，壁面凿痕精细平整，打磨光滑
M2	墓道	清理时残长 10.5 米，也呈喇叭状。墓道底有一排水沟，并有一长方形渗水井。塞石 9 块。现残存 4.5 米		露天	
	甬道	长约 51.2、宽 1.06、高 1.78 米。甬道地面及顶部凿有长方形凹槽，作用不明。塞石（10 余块）封堵	54.272	平顶	四壁打磨光滑。近墓室处有一不规则天然裂隙。裂隙长约 1 米。宽 80 厘米
1 室	耳室 M2	南北长 4.46、东西宽 3.4、高 1.8～2.2 米	15.164	拱形顶	东南角东、南两壁相交处有一不规则天然裂隙。长约 1.5 米。宽 40～80 厘米
2 室	侧室 M2	长 6.2、宽 5.6、高 1.9 米，长方形。东西两壁凿有长方形壁龛，室内东南角有一圆形水井，中间有近方形石柱。可分为南北两部分	34.72	双拱形顶	壁面完好，有 2 处细小裂隙。南部室顶凿 2 个乳钉，底径 15、高 5 厘米
3 室	前堂 M2	长 7.65、宽 5.8、高 2.3～2.8 米，长方形。室内中间有近方形擎天柱。南壁凿有壶门与第 7 室通	44.37	拱形顶。	四壁有细小天然裂隙。顶凿 13 个乳钉，个别稍大

续 表

位置	名称	规格		室顶	陵墓装饰
		大小及说明	面积/m²		
4 室	中室 M2	长 4.6、宽 3.7、高 3 米,长方形。北壁凿有壁龛	17.02	平顶	四壁有天然裂隙。东壁中部激距地面 1.7 米处凿有乳钉,室顶中心凿 4 个大乳钉
5 室	后室 M2	长 5、宽 4、顶脊高 2.85 米,长方形。南北壁高 2.4 米	20	拱形顶	室东、南壁天然裂隙较大
6 室	武库 M1	长 6.5、宽 4.1、顶脊高 3.8 米,长方形。两壁高 2.7 米	26.65	两面坡顶	打凿最精细
7 室	御用府库 M1	长 9.9、宽 6.5、室顶脊高 4.0 米,长方形。两壁高 3.0 米。四壁均有过道与 3、6、8、9 室相通,是整个墓葬中最大的一室。室内中间有边长近 1 米的方形擎天柱	64.33	两面坡顶	室北、西壁底部均有裂隙,有 10 余处,擎天柱顶部也有
8 室	棺室 M1	长 6.3、宽 3.8、室顶脊高 3.7 米,长方形。两壁高 2.7 米	23.94	两面坡顶	室顶中部有不规则裂隙,长约 3、宽约 2 米,边缘经加工凿击
9 室	乐舞厅 M1	长 7.9、宽 5.95、高 2.8 米,长方形。室顶脊高 3.55 米,室南壁中部凿一井龛,有一圆形水井	47.005	两坡式顶	有多处天然裂隙,凿痕明显
10 室	盥洗室 M1	长 2.0、宽 1.4、高 2.0 米,长方形。	2.8	平顶	完好,凿痕粗犷
11 室	储藏室 M1	正方形平面,边 3.9 米。顶脊高 3.2 米,两壁高 2.77 米	15.21	两坡式顶	壁底部有裂隙,凿痕粗犷
12 室	庖厨室 M1	长 4.2、宽 4.1、室顶脊高 3.3 米,两壁高 2.65 米	17.22	两坡式顶	室壁有裂隙,凿痕粗犷
13 室	车马库 M1	近方形,长 2.2、宽 2.14、高 2.14 米,两壁高 2.65 米	4.708	四角攒尖	室壁凿刻规则,顶部明显
14 室	厩房 M1	长 4.8、宽 4.64、高 2.55 米,室内有一方形水井	22.272	四角攒尖	凿痕明显,裂隙较少
15 室	车马库 M1	长 7.9、宽 4.4、长方形。室顶高 2.4 米,室壁高 1.85 米,室内凿有一擎天柱	34.76	篷顶	凿痕明显,裂隙较少
16	其他	走廊、过道等	81.287		
合计			580		

表 2-3-2　龟山楚王刘注、王后陵墓建筑科学排水系统表

序号	墓道	甬道	墓内
M1	墓道距甬道口约 5 米处有渗水井	甬道底部两边有深、宽各为 10 厘米的排水沟，且与墓室中的排水沟相通	每个墓室的底部都开凿有深、宽各为 10 厘米的排水沟，且据各室位置的高低之差，向前向中集中
M2	同上	同上	同上
作用	排除墓内流入的水	将墓室内集水导入墓道东端的渗水井	收集墓室内集水。有组织排水

图 2-3-8　龟山楚王陵与王后陵之间的壸门

图 2-3-9
龟山楚王陵集水井

另楚王后陵第 2 室东、西两壁各凿有一长方形壁龛。两龛形状相似，各高 1.75 米、宽 1.05 米、深 0.25 米，相互对称，均距南壁 0.80 米。有人“疑其为继续开凿的痕迹”[①]。另西壁龛北 1 米处，尚有方形小壁龛，长、宽、深各为 0.20 米，其下沿距地 0.10 米。

(三) 建筑形制分析

徐州龟山楚王刘注、王后陵墓建筑属“同茔异穴”葬制。同样情况在徐州西汉中、后期楚王、王后陵墓建筑中较常见，在全国其它地区诸侯王(后)陵墓建筑中也

① 徐州市文化局存《龟山楚王墓》,《全国重点文物保护单位记录档专用纸》,“历史沿革”一节。

有发现。例如,长沙马王堆汉墓[①]、河南永城西汉梁王墓[②]、满城汉墓[③]、山东省长清县双乳山济北王陵墓[④]等,都是如此。

类似情况,在一般等级的西汉墓葬中也有发现。譬如:

贵州安顺宁谷汉墓东汉时期 M5、M10"从墓室宽度来看均不是合葬墓,但两墓共在一封土包内,一前一后……估计是相互有联系的两座墓"[⑤]。另外"夫妇同茔异穴合葬墓在两广西汉中期已经流行,如合浦县堂排第二号西汉晚期夫妇合葬墓与凸鬼岭的 M201 极为相同"[⑥]。

因此,它们的关系与龟山楚王刘注、王后陵墓建筑一样是属于"同茔异穴"葬制。只不过龟山是在一个山头下,而宁谷汉墓与凸鬼岭的 M201 是处于一个封土堆下;龟山墓主、凸鬼岭的 M201 是夫妻关系,宁谷汉墓墓主关系尚未知而已。并且,凸鬼岭 M201 和 M202 一样,都是"男性墓穴比女性墓穴大,而且随葬品也多。这在一定程度上反映了当时的社会状况"[⑦]"男性棺木既高且大,随葬物既多且精。这是以男性为主,女性处于从属地位的反映。也是当时封建制度男尊女卑的例证"[⑧]"M1、M2 同处于一座封土之下,当系异穴合葬墓,……从随葬器物看,M1 中有长铁剑、铜弩机、戈等兵器,估计为男性,M2 则有较多漆奁,可能为女性"[⑨],这些与龟山楚王刘注、王后陵墓建筑一致,说明即使是不同等级的墓葬之间,却具有相同或相近的埋葬思想。当然,这种"同茔异穴"(或称"异穴并葬")葬制,早在殷代就已产生,并且"俯身为男性(即夫),仰身为女性(即妻)。并葬双方一般男性墓穴较浅,女性墓穴较深,也可以说是男阳女阴,且男左女右,两个墓穴紧并。这一男一女(夫妻),一上一下(即一阴一阳),上俯下仰,头向相同的并葬方式,反映了夫妻生前性生活的最一般形式"[⑩]。

---

① 中国科学院考古研究所等:《马王堆二、三号汉墓发掘的主要收获》,《考古》1975 年第 1 期,第 47~57 页。

② 河南省文物考古研究所编:《永城西汉梁国王陵与寝园》,郑州:中州古籍出版社,1996 年版,第 218 页。

③ 中国科学院考古研究所,河北省文物管理处:《满城汉墓发掘报告》,北京:文物出版社,1980 年版,第338 页。

④ 山东大学考古系等:《山东长清县双乳山一号汉墓发掘简报》,《考古》1997 年第 3 期,第 1~9 页。

⑤ 严平:《贵州安顺宁谷汉墓》,文物编辑委员会编:《文物资料丛刊·第四辑》,北京:文物出版社,1981 年版,第 132~134 页。

⑥ 广西壮族自治区博物馆等:《广西合浦县凸鬼岭清理两座汉墓》,《考古》1986 年第 9 期,第 792~799 页;广西壮族自治区文物工作队:《广西合浦县堂排汉墓发掘简报》,文物编辑委员会编:《文物资料丛刊·第四辑》,北京:文物出版社,1981 年版,第 46~56 页。

⑦ 广西壮族自治区博物馆等:《广西合浦县凸鬼岭清理两座汉墓》,《考古》1986 年第 9 期,第 792~799 页。

⑧ 诸城县博物馆:《山东诸城县西汉木椁墓》,《考古》1987 年第 9 期,第 778~785 页。

⑨ 烟台市文物管理委员会:《山东荣成梁南庄汉墓发掘简报》,《考古》1994 年第 12 期,第 1069~1077 页。

⑩ 孟宪武:《试析殷墟墓地"异穴并葬"墓的性质——附论殷商社会的婚姻形态》,《华夏考古》1993 年第 1 期,第 84~90 页。

龟山楚王刘注、王后陵墓建筑规模巨大,形制复杂,是徐州西汉中期楚王陵墓的典型,也是整个徐州地区西汉楚王陵墓建筑形制——“因山为陵”葬制,发展成熟的代表,属徐州汉代诸侯王陵墓建筑发展的第三阶段。其时楚王陵墓建筑特征是:(1)楚王、王后陵墓间距缩小,一般为10米左右,有些陵墓之间凿有壶门相通;(2)楚王、王后陵墓建筑规模相差甚大,王后陵墓墓室数量仅为王墓的三分之一左右,面积甚至仅为十分之一左右;(3)楚王、王后均采用“同茔异穴”葬制;(4)墓上封土、防洪排水沟消失;(5)墓道由长变短,由30～40米缩短到10米左右,使墓葬更具有隐蔽性;(6)甬道由短变长、由宽变窄,2米左右变为1米左右,甬道中塞石由两列变为一列;(7)墓道或甬道两侧耳室数量由多变少,或由4～6个变为1个(或者有数量较多,但其功能只有一个,如:龟山楚王、王后陵墓,数量较多,但功能仅为车马库),由轴线对称变为不对称,但整个墓葬仍然具有完整、成熟的设计思想,处理手法更加丰富多彩,体现了汉代建筑形制多样、规模巨大、豪华壮丽的景象,表现了高度发达的建筑成就,这已被考古发掘所证实,联系古代文献的记载,也同样可以说明问题①;(8)封门方式由各室都设改为在甬道内除塞石外,再用多道封门;(9)墓内不再专门设置厕所、浴室、甲库等;(10)墓顶拱顶、双拱顶、四角攒尖顶等;(11)墓室内壁由早期的精雕细琢变为保留粗壮有力、深且宽的凿痕,不做涂抹处理(图2-3-10);(12)墓室内除耳室外均有木构瓦顶“明器式”建筑(图2-3-11),主要墓室有边长近1米的方形柱,室内高达4米,墓葬气势恢宏等。

图2-3-10　龟山楚王后陵前殿局部(顶部有乳丁)

图2-3-11　龟山楚王陵原棺室(木构瓦顶复原建筑)

① 周学鹰:《认读“汉代建筑画像石”的方法论》,《同济大学学报(社会科学版)》2000年第3期,第9～16,39页。

西汉龟山楚王陵墓建筑主要墓室(编号6、7、8室),几位于整个墓葬的中轴线上,显是精心设计的必然结果。表明整个楚王、王后陵墓中,以楚王所在寝宫为最重要,这应该对应了楚王身前所居宫殿的特殊地位。且这样的"前、中、后"三室布局与楚王后陵墓一样,象征了生活中的"前庭、中堂、后寝";由此推论,"三室葬制的出现似上溯到西汉中期"①。楚王后陵墓2、3、4三个墓室的顶部和4室东壁上部饰有粗大的乳钉,用途不明,"有的研究人员认为是代表天象,有人认为是装饰物"。联系全国各地汉墓情况,通常都是将墓室顶或壁面上部作为天界和仙界②,故笔者认为前说更为可靠。

特别要注意的是除两个墓室以外,其余各室内都有大量集中堆放的筒瓦、板瓦③,说明墓葬刚建成时内有木构的房屋——"明器式"建筑④,这是西汉早、中期"因山为陵"横穴式崖洞墓一定发展阶段的产物,个别者可能晚到西汉末期⑤。

二、东洞山楚王、王后陵

(一) 概况

洞山(即东洞山)位于徐州市东北部下淀乡石桥村东南的石灰岩小山,海拔88米,距市区8公里,其北为驮蓝山。洞山周围山丘多有汉代墓葬。东洞山楚王、王后陵墓位于东洞山西北麓,为南北并列的三座墓葬(编号M1、M2、M3),墓向坐东朝西(图2-3-12、13)。

---

① 南京博物院、铜山县文化馆:《铜山龟山二号西汉崖洞墓》,《考古学报》1985年第1期,第119~133页。

② 见论文第九章《认读"汉代建筑画像石"的方法论》有关内容。

③ 南京博物院、铜山县文化馆:《铜山龟山二号西汉崖洞墓》,《考古学报》1985年第1期,第119~133页。筒瓦有"灰色和黑色两种。一种为普通的筒瓦,数量较多,呈半圆形。一般长50厘米、宽15~18厘米、厚1.1厘米。筒瓦的唇端较窄,瓦榫部长4厘米。背饰细绳纹,唇端有三、四条竹节纹。出土时,发现部分筒瓦周身涂红色,由于长期浸水已大都剥落。另一种为带瓦当的筒瓦,应为铺盖屋檐部位所用的筒瓦。形状大致与普通筒瓦相似,两端较窄,约16厘米,中间稍粗,约17厘米。一端附圆形瓦当。瓦当直径16.5厘米,面饰花蕊图案,四周绕以四组云纹。板瓦,大都成碎片。灰黑色,一般长50厘米、宽25厘米、厚1~1.5厘米。微弧,纹饰在底部,一端饰竖行细绳纹,另一端有瓦轮纹。部分板瓦上留有钉眼,孔径1厘米"。

④ 周学鹰、田小冬:《谈"明器式"建筑》,《室内设计与装修》2000年第5期,第78~79页。

⑤ 本书第八章《"建筑式"明器与"明器式"建筑》有关内容。

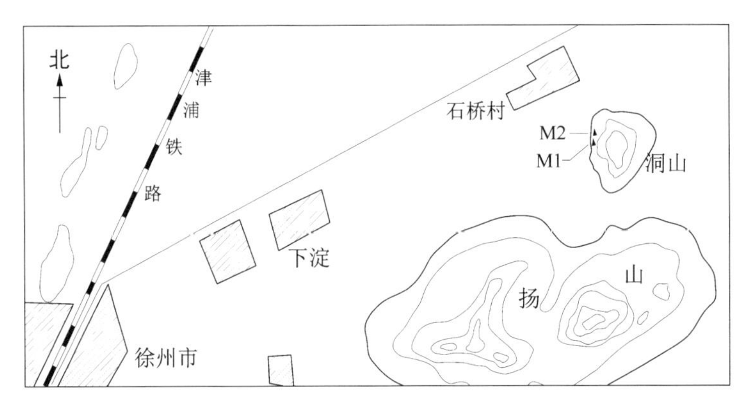

图 2－3－12　东洞山楚王、王后陵墓位置示意图

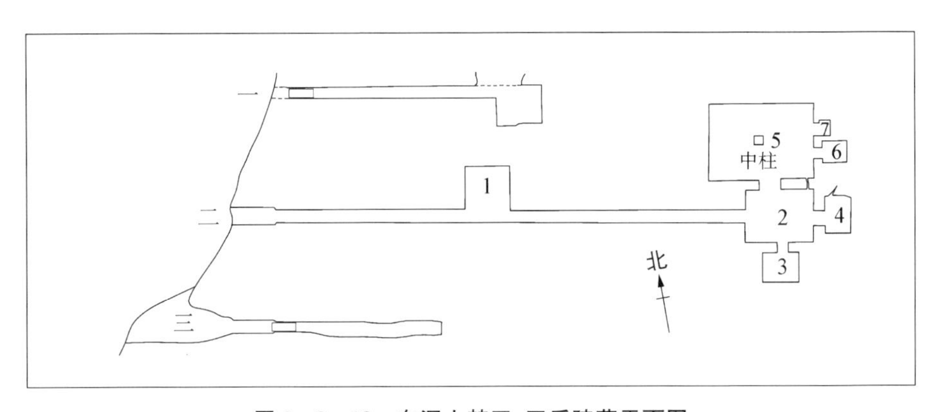

图 2－3－13　东洞山楚王、王后陵墓平面图

一号墓(M1)全长 61 米,最宽处 16.5 米,总面积约 210 平方米,由斜坡墓道(图 2－3－14)、甬道(图 2－3－15)、墓室三部组成。因早已被盗,在明正统二年(公元 1437 年)编撰的《彭城志》中就已被称为“仙人洞”。二号墓(M2)全长 24.2 米,最宽处 16.5 米,总面积 37.24 平方米,由甬道、墓室两部组成,平面成刀形。二号墓与一号墓平行,在其北约 10 米(图 2－3－16)。三号墓在一号墓南约 10 米,据 1997 年的发掘表明,三号墓“墓道、甬道规模不小,但无墓室,且出土文物较少,明显带有尚未完成的特征”①。

① 梁永:《西汉楚王与楚王墓》,《中国名城》1997 年第 3、4 期,第 64～65 页。

图 2-3-14　东洞山楚王陵墓道

图 2-3-15　东洞山楚王陵甬道两侧的石刻

图 2-3-16　东洞山楚王后陵(M2)封门石

(二) 建筑形制

一号墓(M1)由墓道、甬道、墓室三部分组成。墓门前有长 4.2 米的斜坡状露天墓道,稍宽于墓门。北壁距墓门 18 米处,为一略呈正方形的耳室,正对墓门为前

图 2-3-17　东洞山楚王陵墓室内的石柱

室，其东、南两壁各有侧室，北壁通主室（后室）。主室东壁有大小两侧室，主室位于整个楚王、王后陵墓的中心[①]，内有长 1.0、宽 0.4 米的石柱（图 2-3-17），整个建筑形制与西汉龟山楚王陵墓建筑相似。

二号墓仅仅具有甬道与一个墓室，与 ·号墓相差悬殊。甬道内有两道封门，一为塞石，上石长 2.6、宽 0.8、厚 0.75 米，下石长 2.6、宽 0.82、厚 0.9 米；一为与之相距 3.5 米处的一堆碎石，估计应为已倒塌的第二道封门。

（三）建筑形制分析

研究认为，东洞山楚王陵墓，"每个墓室开凿得都很规整，四壁都有粗且深的凿痕，顶部都凿成平顶（图 2-3-18）。这种修建方式，以及甬道旁置一耳室的形制，都是徐州大型汉墓的特点"[②]。

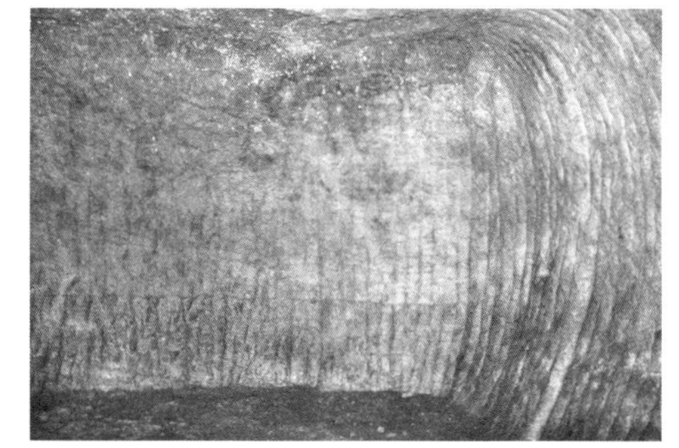

图 2-3-18　东洞山楚王陵 3 号墓室内景，石壁加工痕迹明显

东洞山楚王、王后陵墓建筑，三墓并列。二号墓与一号墓平行，在其北约 10 米。三号墓在一号墓南约 10 米，未发掘。从方位关系看，按传统礼制，三号墓的规格应该高一些[③]，而二号墓则可能是其他女性[④]。但 1997 年的发掘表明，三号墓"墓道、甬道规模不小，但无墓室，且出土文物较少，明显带有尚未完成的特征。"[⑤]，究竟是何原因，尚难断定。其三墓并列的情况，在西汉楚王、王后陵墓建筑中，独此一例，极为特殊。也

① 徐州博物馆：《徐州石桥汉墓清理报告》，《文物》1984 年第 11 期，第 22～40 页。
② 徐州博物馆：《徐州石桥汉墓清理报告》，《文物》1984 年第 11 期，第 22～40 页。
③ 见论文第九章《认读"汉代建筑画像石"的方法论》中，有关汉代"左右"方位部分内容。
④ 徐州博物馆：《徐州石桥汉墓清理报告》，《文物》1984 年第 11 期，第 22～40 页。
⑤ 梁永：《西汉楚王与楚王墓》，《中国名城》1997 年第 3、4 期，第 64～65 页。

许与西汉元帝渭陵有傅、王两位皇后合葬的情况,有某些相似之处,两皇后陵同样分别位于帝陵两边①。

东洞山一号墓面积比二号墓要大得多(图 2-3-19、20),与满城中山王陵墓、曲阜九龙山鲁王陵墓规模相近,二号墓出土文物均属女性,一号墓收集文物属男性,故一号墓应为楚王墓,二号墓应是楚王后墓。一号墓建筑形制与西汉龟山楚王陵墓建筑极为相似,共同表现了西汉中期楚王陵墓的特征。

图 2-3-19 东洞山楚王陵前室回望墓门

图 2-3-20 东洞山楚王陵主室通向东耳室 6

表 2-3-3 东洞山楚王、王后陵墓建筑形制表

位置	名称	规格		室顶	装饰
		大小及说明	面积/m²		
M1	墓道	长约 4.2 米,斜坡状		露天	
	甬道	长约 46.0、宽 1.2、高 1.78 米。	55.2	平顶	南壁中部有一天然裂隙
M2	甬道	长约 19.9、宽 1.1、高 1.82 米。内有两道封门	21.89	平顶	

① 刘庆柱,李毓芳:《西汉诸陵调查与研究》,文物编辑委员会编:《文物资料丛刊·第六辑》,北京:文物出版社,1982 年版,第 1~15 页。

续 表

位置	名称	规格		室顶	装 饰
		大小及说明	面积/m²		
	墓室 M2	长 4.3、宽 3.5、高 2.05 米。方形	15.05	平顶。转角处略有弧度	四壁有平行直线或曲线凿痕,宽 2、深 0.8 厘米,行距 7～9 厘米,最宽 14,窄约 2.2 厘米。东南壁有裂隙,填红黏土
1 室	耳室 M1	长 4.2、宽 4.0 米、略呈方形	16.8	平顶	南壁中部裂隙
2 室	前室 M1	长 6.8、宽 5.0 米	34	平顶	
3 室	南侧室 M1	长 3.5、宽 3.0 米	10.5	平顶	
4 室	东侧室 M1	长 3.5、宽 2.7 米	9.45	平顶	
5 室	主(后)室 M1	长 10.2、宽 7.2 米	73.44	平顶	
6 室	大侧室 M1	长 2.5、宽 2.2 米	5.5	平顶	
7 室	小侧室 M1	长 1.5、宽 1.1 米	1.65	平顶	
	其他	走廊、过道等	3.76		
合计			247.24		

第四节 南洞山楚王、王后陵与卧牛山楚王陵

一、南洞山楚王、王后陵

(一) 概况

南洞山位于徐州城南 12.5 公里铜山县潘塘乡,海拔 128.3 米的石灰岩小山东南侧,原名段山(图 2-4-1)。据民国十五年(公元 1926 年)《铜山县志》载:"城南

17 里段山上寺右有洞二";据两墓间有一石碑,阳面《南洞山义田》碑文云:"曾闻洞山为藏修之所居也,自正于天而成于人,大约皆属名山巨麓……"其阴面为《重修洞山寺记》(横上题"武侯洞")碑文:"徐州城南……原有古刹号曰洞山寺……龙正万历卅年岁戊午季夏吉日……"此碑至少说明,在明代以前该墓已被盗空。在楚王后陵墓距甬道口西壁 1 米处,有凿刻"至大□年"三字,至大是元朝武宗年号(公元 1308~1311 年),只有四年[1]。故可证明,该墓被盗更在此之前。

南洞山楚王、王后陵墓位于南洞山南半山坡上,墓向坐北朝南,两墓墓室相通(图 2-4-2、3)。楚王陵墓在东(编号 M1),楚王后陵墓在西(编号 M2),陵墓均由墓道、甬道、墓室三部组成。M1 主室内有与山体相连的石柱,其北边有水池及相应的排水设施,M1 面积为 288.45 平方米;M2 规模较 M1 要小,面积 116.36 平方米。

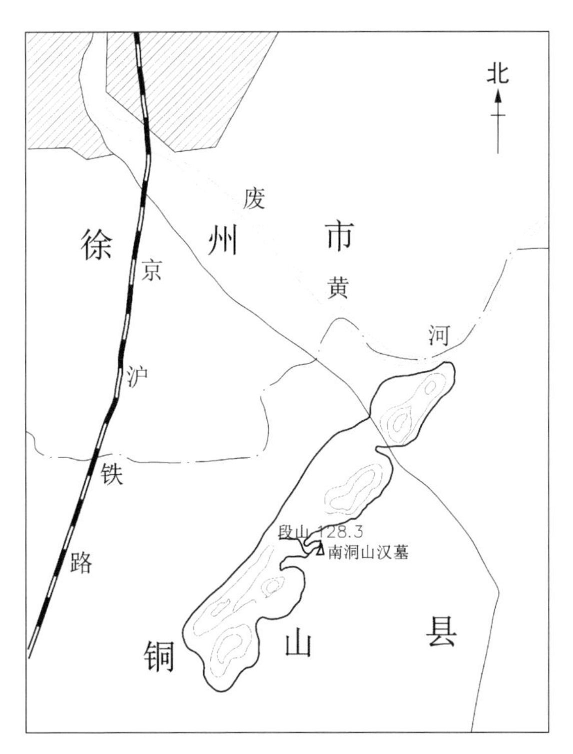

图 2-4-1 南洞山楚王、王后陵位置示意图

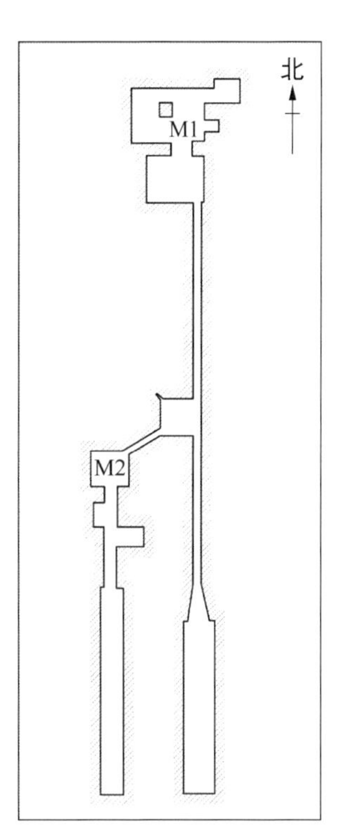

图 2-4-2 南洞山楚王、王后陵墓平面图

① 徐州市博物馆《南洞山汉墓调查记》未刊稿。

图 2-4-3　南洞山楚王、王后陵

(二) 建筑形制

1. 楚王陵(M1)建筑形制

M1 总长达 80 余米，由墓道、甬道、耳室、前室、后室、侧室组成：

墓道：露天开凿，呈喇叭状，分长方形与梯形两部分(图 2-4-4、5、6)。

图 2-4-4　南洞山楚王陵墓道

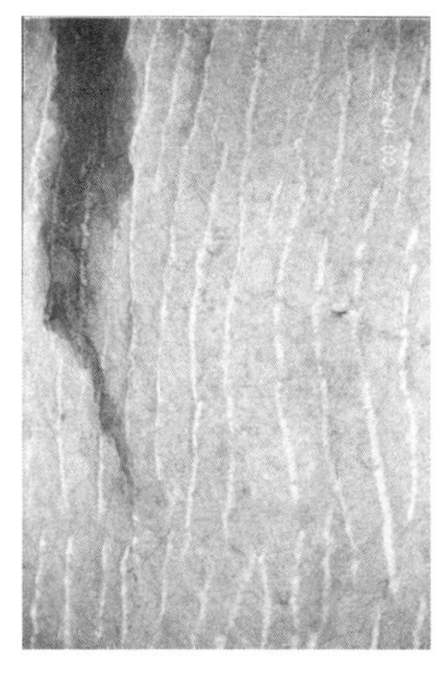

图 2-4-5
南洞山楚王陵墓道壁凿痕

甬道：墓道后为甬道，甬道内有三道封门(表 2-4-3)。其地面前低后高，且都低于各个墓室，形成甬道内自然的排水系统。M1 甬道剖面呈凸字型，应是对建筑回廊形式的模拟，这在用石块砌成的回廊中比较多，如徐州拉犁山东汉墓[①]。其方法是在甬道高 1.40 米处斜向开凿(垂直高度约为 0.05 米)，再垂直开凿至甬道顶部。

图 2-4-6 南洞山楚王陵墓道回望

前室：在甬道的末端。其南壁由甬道东壁东延 0.2 米，西壁西延 6.10 米，略呈长方形。北壁在距东壁 1.55 米处有 2.30 宽的通道和主室相通。通道东部有宽 0.85 米的二层台阶，比西部高 0.10 米。在满城汉墓中也有类似情况存在[②]，此在徐州西汉楚王陵墓中仅见，原因或是为放置随葬品，或为二次开凿的缘故，或是不同等级道路的体现。

后室：内有擎天柱，呈抛物线形，造型极其优美。其东侧耳室顶较特殊，近主室为平顶，后部呈抛物线与后壁相交。后室东北角为侧室，壁面开凿规整。

2. 楚王后陵(M2)建筑形制

M2 与 M1 相距仅 8 米，由墓道(图 2-4-7)、甬道、东西耳室、主室及与 M1 相连的通道组成：

图 2-4-7 南洞山楚王后陵墓道

墓道：长方形，在距墓道口 5 米处墓道的东壁上，有一东西长方形的槽；距墓道口 19 米处又有一长方形的槽，槽长 30、宽 28、深 20 厘米，墓道的西壁大部崩塌，与东壁两槽对应处已不存，推测原先也有相应的两个凿槽[③]。笔者认为有可能是施工搭建之用。

① 徐州市文物管理委员会给江苏省文物管理委员会的报告《关于请批准徐州汉代王陵墓群为全国重点文物保护单位的报告》，1992 年 2 月。

② 中国社会科学院考古研究所等：《满城汉墓发掘报告》，北京：文物出版社，1980 年版，第 28 页。

③ 徐州博物馆《南洞山汉墓调查记》未刊稿。

甬道：位于墓道正中，有东、西两耳室。耳室内北高南低，但相对高度仍较为一致，既利于行走，又便于排水。

主室：正对甬道，其北壁有过道与M1相连。

表2－4－1　南洞山、龟山楚王、王后陵墓建筑排水系统对照表

序号	甬　　道	墓　　室
南洞山	地面前低后高，且都低于各个墓室，形成甬道内自然的排水系统	所有墓室都是由室内向甬道方向向下倾斜，以利于自然排水。整个墓葬从后往前成一个大斜坡状逐渐降低，形成自然排水系统
龟山	地面两侧凿有排水沟，宽、深各10厘米左右	墓室地面四边都和甬道一样开凿有宽、深各10厘米左右的排水沟。墓内结水通过甬道流入墓道渗水井，整个墓葬形成科学、完整的排水系统
用途	排除墓室内流出的渗透水	排除墓内集水（通过石裂隙的渗透水）

表2－4－2　南洞山楚王、王后陵墓建筑形制表

位置	名　称	规　　格		室顶	装　饰
		大小及说明	面积/m^2		
M1	墓道	全长26.4米，喇叭状，分长方与梯形两部。长方形长21.9、宽4，梯形长4.5、南宽2.5、北宽1.1、深7.5～8米		露天	凿痕粗深，历历在目
	甬道	全长约48.20米，底宽1.10、顶宽0.85～1.10米，高1.75～1.85米。模仿回廊形式建筑	53.02	凸形顶	
M2	墓道	全长26.10、底宽约2.40、顶宽2.30、高2、北部深8.20米	62.64	露天	洗凿平整
	甬道	长约11.75、宽1.10、高1.80米	12.925	平顶	
1室	前耳室M1	长4.50、宽4.30、四周高1.60米，中部高1.95米。其距甬道口18.61米。地面西北高、东南低，成斜坡状，以利排水	19.35	拱形顶，略似穹窿	西、北两壁相交处有一不规则天然裂隙

续　表

位置	名　称	规　　格		室顶	装　饰
		大小及说明	面积/m²		
2室	前室M1	长7.40、宽5.60、高2.3米，略呈长方形。北壁距东壁1.55米处有通道与主室连。地面西高东南低，较甬道又高0.15米，以利排水	41.44	平顶	凿痕清晰可辨，极其规整
	过道(一)M1	长2.25、宽2.3、高1.75米，较前室高0.30米	5.175	平顶	
3室	后(主)室(一)M1	长9.40、宽6.50、高1.7～1.8米，长方形。内有擎天柱，距南壁3.25米，长1.2、宽1.1，高1.75米，长方形。柱上端为抛物线形。室内西、北部比东、南部高出较多	61.1	基本为平顶	墓顶从西北向东南有一较大的裂隙
4室	后耳室M1	前部为高于主室的斜面，后一部分宽0.90米，比前部高0.10米。长1.95、宽1.4、高1.8米，长方形	2.73	靠主室平顶，后呈抛物线	凿痕可辨
5室	侧室M1	长2.9、宽2.7、高1.95米，长方形。凿痕间距16～17、深2厘米，较规整	7.83	平顶	开凿规整
	过道(二)M1	长1.45、宽1.45、高1.80米。北壁与主室北壁呈一直线	2.103	平顶	
6室	东耳室M2	长3.60、宽2.20、高1.75米，长方形。距甬道口4.80米。地面成斜面	7.92	平顶	开凿规整
7室	西耳室M2	长2.80、宽1.40、高1.80米，长方形。转角处开凿不规整。地面后高前低，前部较甬道口略高	3.92	平顶，后壁与顶以弧线交，	
8室	主室(二)M2	长4.5、宽4.7、室顶高3.33米，长方形。四壁高1.8米。顶中部有不规则裂隙，长3、宽2米，边缘经凿击	21.15	穹窿形顶	

续 表

位置	名 称	规 格		室顶	装 饰
		大小及说明	面积/m^2		
	过道通M1、M2	长 6.5、宽 1.2、高 1.80 米。底部较主室高出	7.8	平顶	
	其他	过道、走廊等	95.707		
合计			404.81		

表 2-4-3 南洞山、龟山楚王、王后陵墓建筑封门形制对照表

墓葬名称	甬 道	墓 室
南洞山M1	在距甬道口 2.15 米处,甬道两壁有一对对称的臼窝,距地 1.20 米。东臼窝长 16、宽 15、深 6 厘米。在距甬道口 9.37 米处,甬道两壁也有一对对称的臼窝,距地 0.92 米。东臼窝长 43、宽 22、深 7.5 厘米;西臼窝长 46、宽 20、深 10 厘米。在距甬道口 18.6 米处的东壁上对称的臼窝,距地 0.92 米。东臼窝长 28、宽 23、深 8 厘米;西臼窝长 15、宽 15、深 8 厘米。甬道内共有三道封门	利用封门石封门
M2	距甬道口 1.1 米处,甬道两壁上各有两个相对称的凹槽,上槽稍偏南。东壁上凹槽长 17、宽 10、深 7 厘米,下凹槽长 46、宽 12.5、深 4 厘米,两者间距 40 厘米。西壁上凹槽长 12、宽 13.5、深 5 厘米,下凹槽长 20、宽 8、深 15 厘米,两者间距 70 厘米。距甬道口 4 米处,亦有东西对称的两个凹槽,槽南北横向,长 60、宽 20、深 8 厘米	耳室与主室相连接的过道内,也有东西对称的门槽,呈南北横向,外深内浅,应是墓内封门
龟山	地面及顶部凿有 9 组长方形凹槽,每组 4 个,地面和顶部各 2 个,可能是作封门使用	墓室之间无封门

(三) 建筑形制分析

南洞山楚王、王后陵墓建筑形制与龟山楚王刘注、王后陵墓建筑,东洞山西汉楚王、王后陵墓建筑形制等非常相似,特别与龟山楚王刘注、王后陵墓建筑形制更显相同:

(1) 两墓的墓道都呈喇叭状,都有长长甬道,并且做工、规格极为相近。仅南洞山壁面未经打磨,地面未凿排水沟,而是利用地面高差形成自然排水系统。

(2) 两墓内部都相连。区别仅是南洞山使用通道,龟山为壶门形式而已。都是"同茔异域"葬制。通道的作用,应该都是为墓主灵魂之往来。

(3) 两墓内部都有“木构瓦顶”的“明器式”建筑。

(4) 两墓排列都有明确的主次关系，即楚王陵墓居主位，王后陵墓居次位。

因此，可以认定徐州南洞山西汉楚王、王后陵墓建筑的年代与龟山、东洞山应大体相近。

需要指出的是：(1) M2 主室顶为穹窿形，为徐州西汉楚王陵墓中少见。在满城汉墓中，其南、北耳室，后室都是为穹窿顶[①]，中山王刘胜死于汉武帝元鼎四年(公元前 113 年)二月。山东省曲阜九龙山汉墓三号墓东室，也为穹窿顶[②]。虽然该墓尚不能断定是哪一代鲁王，但其最早也只能到武帝元光六年(即公元前 129 年，《汉书·景十三王传》)。南阳地区唐河湖阳罐山竖穴石室墓，墓顶凿成穹窿形，是西汉中期或偏晚的墓葬[③]。有学者研究认为南洞山楚王、王后陵墓墓主是“第九位楚王刘嚣或第十一位楚王刘衍墓的可能性最大”[④]，如果此论正确，那么南洞山西汉楚王陵墓的开凿年代大约处于公元前 51 至公元前 3 年之间。由此可见，它是目前我国考古发掘汉代(也是我国古代)墓葬中，使用穹窿顶最早实例之一，大大早于东汉时使用砖砌穹窿顶墓葬，将我国建筑史上出现穹窿顶的时间提前了许多年[⑤]。因此，这对于我们研究汉代建筑史具有重要意义。至于有学者认为秦始皇陵墓中出现穹窿顶[⑥]，由于目前没有考古资料可证，尚不能判断。当然，需要说明的是，考古资料表明，早在新石器时代晚期宁夏菜园文化遗址中发现的窑洞式房址，“F3 房顶塌落后仍然保持穹窿形，这是极为罕见的，为复原窑洞式房屋的形制提供了可靠的依据，同时，也对我们推定土洞墓的起源启发甚大”，因为“这些土洞墓的形制，酷似于菜园林子梁遗址中的窑洞式房屋”[⑦]。此外，根据考古资料，目前发现时代最早的窑洞居室是甘肃宁县阳孤发现的 F10，已出现穹窿顶[⑧]。稍后的陕西武功赵家来院落居址，房 11 屋顶同样采用穹窿顶[⑨](图 2－4－9)等，可见建筑史上使用穹窿

---

① 中国社会科学院考古研究所等：《满城汉墓发掘报告》，北京：文物出版社，1980 年版，第 15、17 页。

② 山东省博物馆：《曲阜九龙山汉墓发掘简报》，《文物》1972 年第 5 期，第 39～44 页。

③ 南阳地区文物工作队：《唐河湖阳罐山石洞墓》，《中原文物》1986 年第 1 期，第 11～13 页。

④ 梁勇，梁庆谊：《西汉楚王墓的建筑结构及排列顺序》，王中文主编：《两汉文化研究·第 2 辑》，北京：文化艺术出版社，1999 年版，第 188～203 页。

⑤ 北京科学出版社主编：《中国古代建筑技术史·第一册》，台湾：博远出版有限公司，1993 年 5 月版，第 67 页。

⑥ 王学理：《秦始皇陵研究》，上海：上海人民美术出版社，1994 年版，第 68 页。

⑦ 韩小忙：《略论宁夏境内发现的土洞墓》，《考古》1994 年第 11 期，第 1028～1036 页。

⑧ 庆阳地区博物馆：《甘肃宁县阳孤遗址试掘简报》，《考古》1983 年第 10 期，第 869～876 页。

⑨ 梁星彭，李淼：《陕西武功赵家来院落居址初步复原》，《考古》1991 年第 3 期，第 245～251 页。

顶之早。联系古代文献也可说明问题。“宫”者，室也[①]。释名曰：宫，穹也，屋见垣上穹窿也[②]。从这可知我国最早的宫，应当指穹窿顶的室。

图 2－4－8 南洞山楚王后陵墓道回望

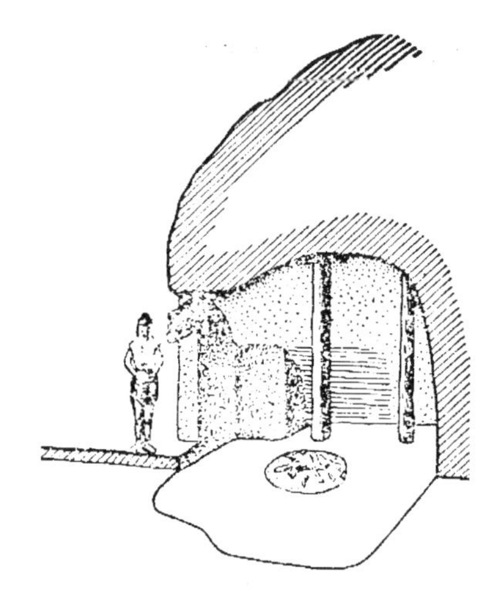

图 2－4－9 陕西武功赵家来院落居址，房 11 穹窿顶

（2）南洞山南坡下距楚王陵墓约 250 米处，发现墙基遗迹。遗迹在墓葬口南向偏东处，具体做法是：先在斜山坡上挖出地槽砌墙，以土和石块嵌缝，墙砌好后又在墙内外填置碎石和杂土。墙长约 15 米，往西延伸约 50 米转向北，墙高约 3 米，向北延伸长度不明。墙体石块较大，一般长 2 米、宽 0.55 米、厚 0.50 米；开凿痕迹粗且深。此建筑遗迹很可能是汉代墓祀建筑遗址，原因是：其一，汉代墓葬石块凿痕与此墙相同；其二，这一带地面发现大量汉代绳纹瓦片；其三，墙外淤土内的碎石子和墓门稍外地面和地下也相同；其四，据县志记载，有可能是洞山寺一类的建筑遗迹，砌墙的目的或是形成较高平台，以防水土流失。但洞山寺年代不会太早，且明代以后，南洞山并无大的工程，何以竟能将石墙埋没，除非是人为。因此，其为明代以后建设遗迹可能性不大[③]。因此，此处建筑遗迹或可能是汉代陵寝建筑遗迹。

① （东汉）许慎撰，臧克和、王平校订：《说文解字新订》卷七，北京：中华书局，2002 年版，第 488 页。
② （唐）欧阳询：《艺文类聚》第六十二卷《居处部二》，北京：中华书局，1965 年版，第 1111 页。
③ 徐州博物馆《南洞山汉墓调查记》未刊稿第 3、4 页。

(3) M1 东侧耳室顶较特殊,近主室为平顶,后部呈抛物线与后壁相交。类似情况,在陕西神木柳巷村汉墓中也有发现,“墓的后室在拱券的基础上,后壁又以四角攒尖式回收,与拱顶吻合的建筑手法却是新的发现”①(图 2-4-10)。与楚元王刘交陵耳室,也较相似②。

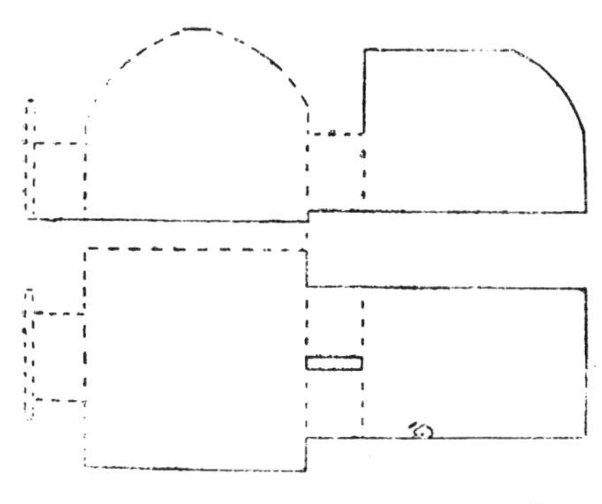

图 2-4-10 陕西神木柳巷村汉墓

(4) 南洞山楚王、王后陵墓整个墓室,都是北高南低,甬道地面又低于墓室,形成了墓室、甬道内自然的排水系统。西汉龟山楚王后陵墓第二室,其地面“北高南低,略呈倾斜状,显然是便于排水而特意设计的”③。这是我国西南地区东汉崖墓中常见的排水方式,或“从防潮角度考虑,墓室平面凿成二至三级平台,使墓室前低后高,便于排水”④,或“墓底前低后高分上下两级”⑤,或“墓室平面逐渐倾斜,内高外低”⑥等。有学者研究认为,“这种由外到里凿成的斜坡形墓道,狭长形的过道以及‘单翼’或‘双翼’的侧室的形式,正是(四川地区,笔者加注)东汉崖墓结构的典型特征”⑦。或许存在着某种渊源关系⑧。

可见,虽然具体方式有别、地区不一,但总体思路却是一致的。

---

① 吴兰等:《陕西神木柳巷村汉画像石墓》,《中原文物》1986 年第 1 期,第 14~16 页。
② 徐州市文化局提交给徐州市检察院起诉处文件《关于铜山县楚王山汉墓群一号墓被盗情况的报告》,1999 年 10 月 18 日。
③ 南京博物院,铜山县文化馆:《铜山龟山二号西汉崖洞墓》,《考古学报》1985 年第 1 期,第 119~133 页。
④ 何志国:《四川绵阳河边东汉崖墓》,《考古》1988 年第 3 期,第 219~226 页。
⑤ 方建国,唐朝君:《四川简阳县夜月洞发现东汉崖墓》,《考古》1992 年第 4 期,第 383~384 页。
⑥ 四川乐山市文管所:《四川乐山市中区大湾嘴崖墓清理简报》,《考古》1991 年第 1 期,第 23~32 页。
⑦ 刘志远:《成都天回山崖墓清理记》,《考古学报》1958 年第 1 期,第 87~103 页。
⑧ 详见本书第七章“因山为陵”葬制初探。

二、卧牛山楚王陵[①]

（一）概况

卧牛山是位于徐州市西部九里区火花乡火花村村南的一座石灰岩质小山，海拔高 21.35 米，山体东西长约 64 米，南北宽约 74 米。山上土层较薄，故植被多为杂草，树木生长不佳；卧牛山坡南为韩山，山上有汉墓[②]；山北侧不远是黄河故道（古汴水）。面山背水，风水形胜绝佳。

西汉卧牛山楚王陵（编号卧牛山一号墓，M1）在卧牛山山坡东北麓，坐南向北，是利用石灰岩裂隙溶洞开凿而成的横穴崖洞墓，1980 年被发现和发掘(图 2－4－11、12)。陵墓由斜坡墓道(图 2－4－13)、甬道(即门廊，图 2－4－14)、墓室三部分组成，全长约 40 米，室内面积共约 100 平方米。墓室又可分为前室、主室、侧室等三室，并有过道(即长廊)。墓内有瓦木建筑遗迹(图 2－4－15)，部分地面用石板铺地，墓室中部分裂隙以石块封堵(图 2－4－16)。墓葬年代为西汉末王莽时期，墓主为第十二代楚王刘纡。

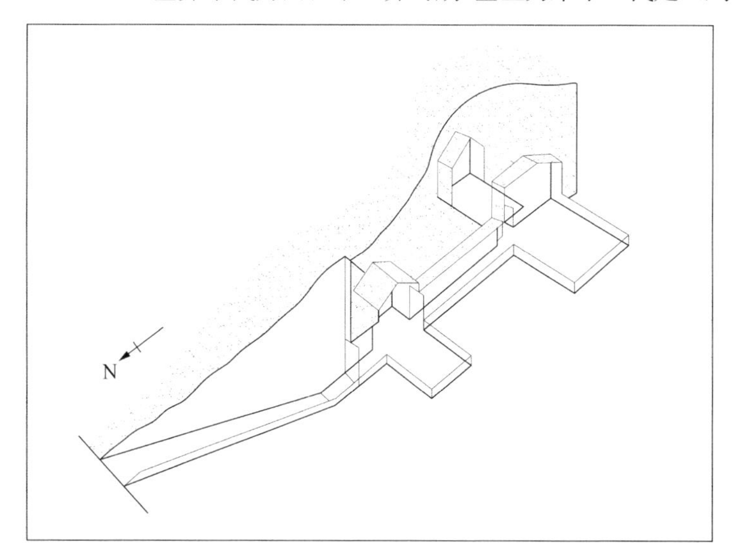

图 2－4－11　卧牛山楚王陵透视图

---

① 本处考古资料：政协铜山县文史资料研究委员会编：《铜山文史资料第 8 辑》，徐州：铜山报社印刷厂，1988 年版；郭殿崇、魏桂粤、陈德编著：《历史文化名城——徐州》之《卧牛山汉墓》，北京：解放军文艺出版社，1991 年版；徐州市两汉文化研究会编：《两汉文化研究——徐州市首届两汉文化学术讨论会论文集》，北京：文化艺术出版社，1996 年版；彭卿云：《中国历史文化名城词典(续编)》，上海：上海辞书出版社，1997 年版：第 237 页；

② 徐州博物馆：《徐州韩山西汉墓》，《文物》1997 年第 2 期，第 26～43 页。

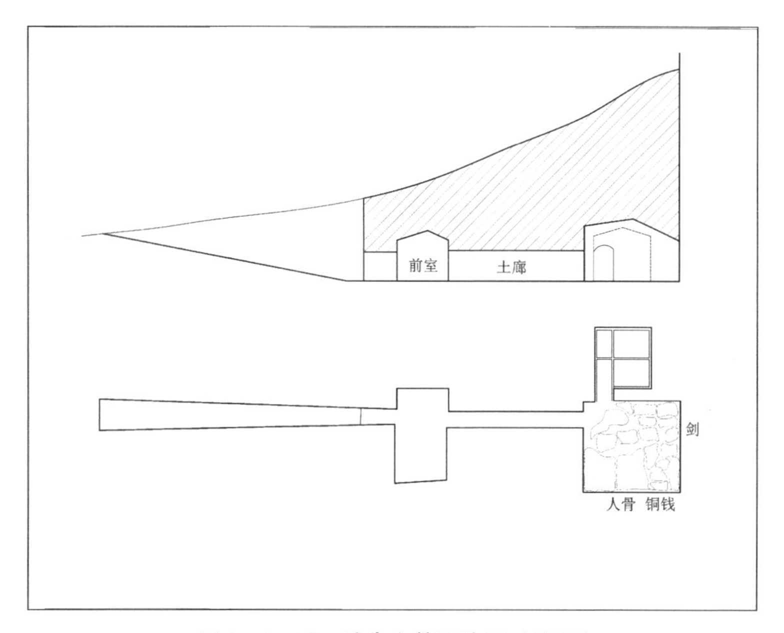

图 2-4-12 卧牛山楚王陵平、剖面图

图 2-4-13 卧牛山楚王陵墓道

图 2-4-14 卧牛山楚王陵前甬道

图 2-4-15　卧牛山楚王陵出土瓦件

图 2-4-16　墓室裂隙及封堵

(二) 建筑形制

卧牛山楚王陵墓由墓道、甬道、前室、长廊、主室、侧室等六部分组成①。墓道系在石灰岩山体上开凿而成，距山体表面约 4 米，最深处为 6 米。墓道后为甬道（即门廊），其与前室之间有装门的门枢痕迹。前室与主室间有通道相连，大量的筒瓦、板瓦散落在主室四壁周围，显是“明器式”建筑遗迹。筒瓦为二分之一圆，长 57、直径 15 厘米，瓦面饰绳纹，部分刻划为三节。板瓦长 37、宽 33～30 厘米，上面饰绳纹，背面饰弦纹。瓦当仅有一块，半圆形。整个墓室底部均凿有排水沟，排水沟宽 10、深 4 厘米。纵横交叉，通往墓道。随葬器物陶器还有罐、狗、鸡、猪圈、盆等，另有铜器、铁器等。

(三) 建筑形制分析

徐州周围山体中石灰岩溶洞较多，有些被古人因地制宜地利用为崖洞墓。例如：如有学者考证的恒魋石室（为北洞山西汉楚王后陵，图 2-4-17、18、19、20、21）②、两山口南洞山墓、洞山的石室墓（未经正式发掘）等皆然。西汉卧牛山楚王

① 徐州市博物馆、铜山县图书馆：《铜山卧牛山汉墓清理报告》未刊稿，第 1 页。

② 梁勇，梁庆谊：《西汉楚王墓的建筑结构及排列顺序》，王中文主编：《两汉文化研究·第 2 辑》，北京：文化艺术出版社，1999 年版，第 188～203 页。

陵是徐州地区发现的又一例利用天然溶洞，开凿而成的崖洞墓。由于这些墓葬都早已被盗，仅留下空洞的墓室。故卧牛山楚王陵墓建筑，就为判断其他墓葬的年代提供了可靠的依据①。

图 2-4-17　恒魋石室入口

图 2-4-18　恒魋石室石柱

图 2-4-19　恒魋石室内望

图 2-4-20　恒魋石室外望

① 徐州博物馆《卧牛山汉墓调查记》未刊稿。

图 2-4-21　恒魋石室侧视

卧牛山楚王陵墓建筑中不但有“明器式”建筑的遗迹，且随葬器物陶器中还有罐、狗、鸡、猪圈、盆等，另有铜器、铁器等①。特别要提出的是，随葬品中有陶猪圈，亦出土有大量的筒瓦、板瓦、瓦当等构成“明器式”建筑的材料。因此，该墓葬除利用木构瓦顶的“明器式”建筑，来模拟墓主生前所居的真实建筑外，还用随葬的建筑明器来进一步加以补充，这正是西汉末年社会经济倒退、生产力下降的表现，虽然是诸侯王陵墓也运用建筑明器，来代表其生前拥有的建筑财富②。同时也说明此时葬俗已发生了变化，预示着在建筑明器逐步出现的同时，“明器式”建筑已经逐渐消亡，表现出崖洞墓向砖室墓过渡时期的葬制特征。

表 2-4-4　卧牛山楚王陵墓建筑形制表

编号	名称	规　　格		室顶	装　饰
		大小及说明	面积/m^2		
	墓道	全长约 18.0 米，成倾角 15 度斜坡，入口端宽 2 米、末端宽 1 米，高约 2 米。内填夯打过的红色黏土。		露天隧道	
	甬道	长约 2.4、宽 1.05、高 1.80 米。与前室之间有装门枢的槽臼，但未发现门。	2.52	平顶	四壁平整，凿痕清晰
1 室	前室	南北长 3.60、宽 5.90、正脊高 3.20 米，	21.24	两坡顶	
	过道	长 9.4、宽 1.05、高 1.8 米，通前室与主室。	9.87	平顶	四壁整齐划一
2 室	主室	南北长 6.6、宽 5.60、高 4.0 米，地面满铺石板，四周散落瓦片。出土有陶猪圈。	36.96	两坡顶	南壁有溶洞，用石块堵塞

---

① 徐州博物馆《江苏铜山县卧牛山汉墓清理》未刊稿；李银德：《徐州汉墓的形制与分期》，徐州博物馆编：《徐州博物馆三十年纪念文集》，北京：北京燕山出版社，1992 年版，第 108～125 页。

② 见本书第十章《汉代建筑明器随葬思想初探》有关内容。

续 表

编号	名称	规格		室顶	装饰
		大小及说明	面积/m²		
3室	侧室	位于主室的东侧,长4.0、宽3.8、高1.8米,长方形。	15.2		地面上有一小溶洞
	其他	过道、走廊等	14.21		
合计			约100		

第五节 土山彭城王、王后陵与拉犁山汉墓

一、土山彭城王、王后陵

(一)概况[①]

土山位于徐州市区云龙山北麓(图2-5-1),是一座高18米,周长225米的人工夯砌土丘(图2-5-2)。"夯层厚21～35厘米,土色灰褐相间,层与层之间用'扎'(即碎瓦片),显得层次异常清晰"[②]。

有关土山的古籍记载较多。《水经注校》载:"今彭城南,有项羽戏马台,台之西南山麓上,即其(指范增)冢也。"[③]《魏书·地形志中》(卷一百六中):"彭城……有亚父冢、楚元王冢……"[④]《宋书·张畅传》:"魏主既至,登城南亚父冢……"[⑤]也指此。明正统《徐州府志》:"西楚范增墓,在城南里许,古名亚父冢……"《徐州志》(中国方志丛书·华中地方·第430号):"亚父冢在城南一里许,昔楚国汉

① 此处考古资料:李银德:《徐州土山东汉墓出土封泥考略》,《文物》1994年第11期,第75～80页;阎孝慈:《徐州的汉代王侯墓》,《徐州师范学院学报》1988年第1期,第93～97页;阎孝慈:《玉衣和玉面饰——徐州近年来考古的重要发现》,《徐州师范学院学报》1979年第2期,第59～62页。

② 王恺:《徐州土山汉墓葬年考》,徐州博物馆编:《徐州博物馆三十年纪念文集》,北京:北京燕山出版社,1992年版,第87～95页。

③ 陈桥译:《水经注校释》,杭州:杭州大学出版社,1999年版:第454页。

④ (梁)沈约著:《二十五史(全本)宋书 南齐书 梁书 陈书 魏书 北齐书》,乌鲁木齐:新疆青少年出版社,1999年版:第1148页。

⑤ (梁)沈约著:《宋书(一)卷一至卷六十六》,北京:大众文艺出版社,1999年版:第213页。

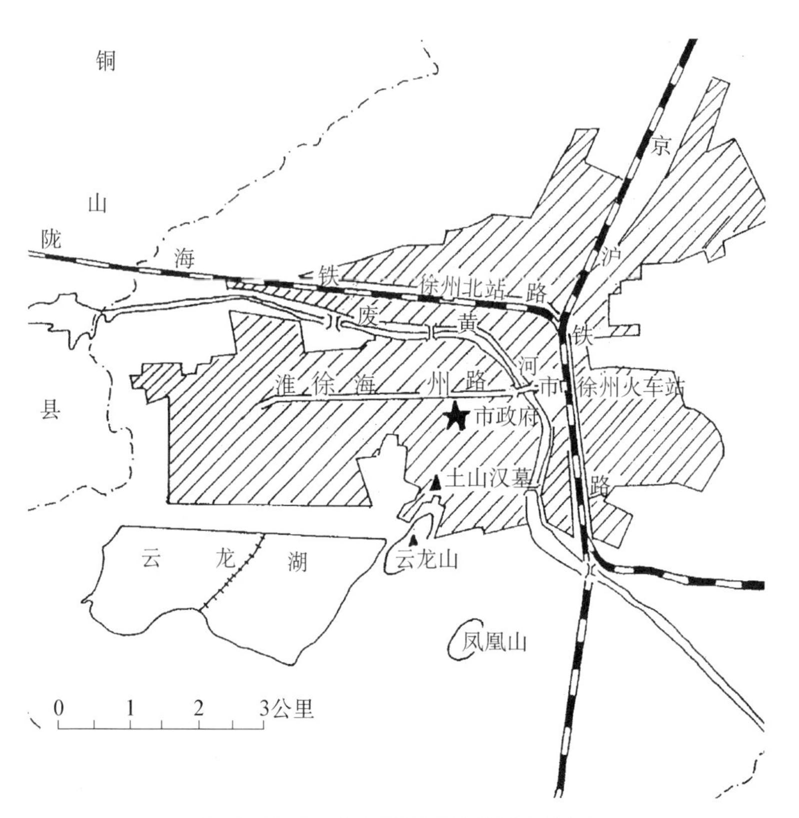

图 2-5-1　土山彭城王陵位置示意图

图 2-5-2　土山彭城王陵发掘之前

王……”同治《徐州府志·古迹考》:“范增墓在城南里许,古名亚父冢。”《铜山县志·古迹考》:“范增墓在城南里许,古名亚父冢……”等。千百年来,史不绝书。因一直讹传是范增墓,故民间俗称其为“亚父冢”。然而,考古发掘证实为东汉某彭城王或王后陵,有学者研究认为是王后陵墓[①],属砖石结构,分一、二号两墓。

一号墓:位于土山西北部,1969年发现,1970年南京博物院在徐州有关部门配合下清理了该墓[②]。

二号墓:1977年发现,位于土山南坡,位居土山中心,南向,其规模更大且占据土山中心位置,应为主墓,年代与一号墓接近。同年,徐州博物馆对二号墓进行部分清理,清理了耳室、墓道等,因墓室年久受压,出现塌塌现象,未继续进行,已被划入新建的徐州博物馆(图2-5-2)。

(二) 建筑形制

一号墓墓室南北向,包括甬道、前室、后室三部(图2-5-3),墓葬为砖石结构,总长8.6米,面积23.2平方米(图2-5-4)。墓道居北,长度不明,宽3.9米。甬道前为封门石墙,后为前室,平面呈十字形,是东汉时期的砖室墓常见平面形式,在土坑墓中也有[③]。墓顶为弧形砖券顶,墓底青砖铺砌,中间略高,利于排水。一号墓属平地起建,砌好后夯筑高大的封土。墓的封土墙、甬道及墓顶分别砌条石(即黄肠石,图2-5-5、6、7、8)。其建造材料有三种:长方形砖、扇形砖(券砖,每块重达70余斤)、条石(即黄肠石,上有刻铭)。出土陶器有:猪圈、灶、井、壶、罐等。陶猪圈一角为厕所,实际上为圈厕,两者相通,平面方形,四周是一脊两坡顶的围墙,四阿式屋顶。类似这种形制的猪圈,在东汉墓出土物中常见。(见本书附录三、四、五有关内容)

二号墓构筑方式与一号墓同,亦为砖室墓,有多个墓室,出土陶鸡、陶鸭、陶井等。因目前无任何具体考古资料,详细情况不明。

---

① 王恺:《徐州土山汉墓葬年考》,徐州博物馆编:《徐州博物馆三十年纪念文集》,北京:北京燕山出版社,1992年版,第87~95页。

② 南京博物院:《徐州土山东汉墓清理简报》,《文博通讯》1977年第9期,第18页。

③ 黄增庆:《广西贵县新牛岭第三号西汉墓葬》,《考古》1957年第2期,第64~65页。

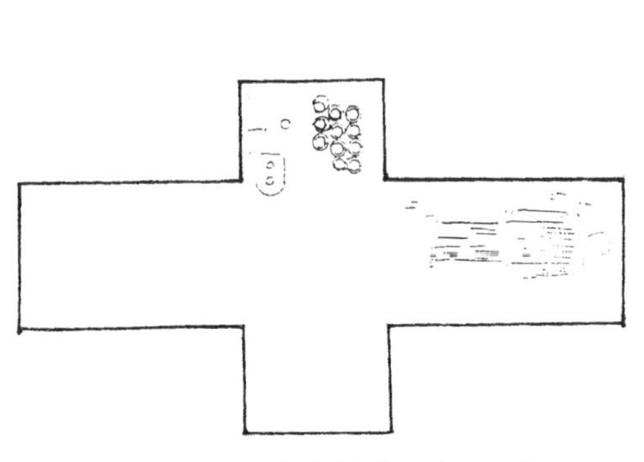

图 2-5-3　土山彭城王陵平面图

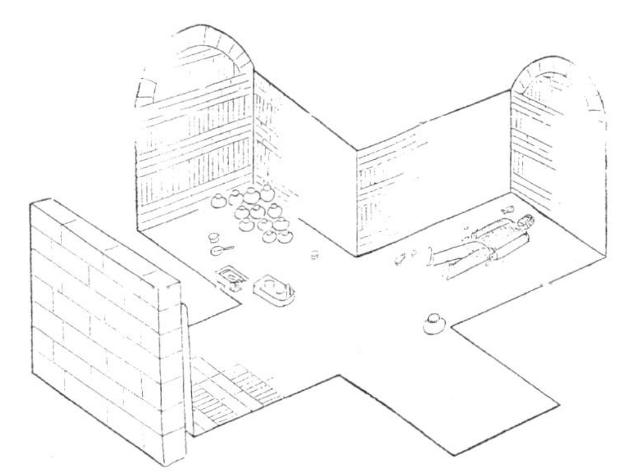

图 2-5-4　土山彭城王陵透视图

图 2-5-5　土山彭城王陵黄肠石

图 2-5-6　土山彭城王陵黄肠石纹样

图 2-5-7　土山彭城王陵望扩建中的徐州博物馆

图 2-5-8　土山彭城王陵黄肠石展陈

表 2-5-1 土山彭城王陵使用建筑材料表

<table>
<tr><th>序号</th><th>使用材料</th><th>规格</th><th>纹饰或文字</th><th>使用位置</th><th>砌筑方法</th></tr>
<tr><td rowspan="3">1</td><td rowspan="3">长方形砖</td><td rowspan="3">长 46、宽 23、厚 11.5 厘米</td><td rowspan="3">多数为素面,少数背面印席纹</td><td rowspan="3">砌筑墓壁和铺地,少数砌券</td><td>甬道后部两壁为一丁三顺四组</td></tr>
<tr><td>前室为一丁二顺七组</td></tr>
<tr><td>后室与甬道一样</td></tr>
<tr><td>2</td><td>扇形砖(券砖)</td><td>稍有差异,一般下宽 29、上宽 39、中高 48、厚 11.5 厘米</td><td>背面均印席纹</td><td>砌券</td><td>券顶下扇形砖,上长方形砖,黄泥浆抹缝,“并列式”券法</td></tr>
<tr><td>3</td><td>条石</td><td>长 90～32、宽 70、厚 35.5 厘米</td><td>石面经过加工,铭刻有 2～11 不等的文字</td><td>砌筑封门墙与甬道前端墓壁,墓顶也用之封盖</td><td>叠砌</td></tr>
</table>

表 2-5-2 土山彭城王陵建筑形制表

<table>
<tr><th rowspan="2">编号</th><th rowspan="2">名称</th><th colspan="2">规　　格</th><th rowspan="2">室顶</th><th rowspan="2">装饰或砌法</th></tr>
<tr><th>大小及说明</th><th>面积/m²</th></tr>
<tr><td></td><td>封门墙</td><td>有 7 层,每层 5 块,共用 35 块黄肠石砌成</td><td></td><td></td><td></td></tr>
<tr><td></td><td>墓道</td><td>居北,宽 3.9 米,长度不明</td><td></td><td></td><td></td></tr>
<tr><td></td><td>甬道</td><td>长约 2.8、宽 1.98、高 2.80 米,长方形。其前端两壁用 23 块条石叠砌而成,后端用长方形砖砌筑。</td><td>5.544</td><td>券顶</td><td>二横一竖</td></tr>
<tr><td>1 室</td><td>前室</td><td>东西向长方形,长 5.38、宽 2.30、高 4.58 米,用长方形砖砌筑</td><td>12.374</td><td>券顶</td><td></td></tr>
<tr><td>2 室</td><td>后室</td><td>长方形,长 3.51、宽 2.04、高 2.81 米,除无条石,余均于甬道同。</td><td>7.1604</td><td>券顶</td><td>后壁刷一层白灰,砖缝间亦嵌白灰</td></tr>
<tr><td>合计</td><td></td><td></td><td>约 25.08</td><td></td><td></td></tr>
</table>

(三)建筑形制分析

土山汉墓封土分层交替夯筑的现象,颇有所见。譬如,在广西贵县汉墓中也多有发现,有用“一层木炭和一层白膏泥相互交替着往上填充,每层厚 10 至 20 厘米不等”①,有用“黑灰两色土相互混杂层层夯实堆成,每层厚 35 厘米左右”②;有在二

① 广西壮族自治区文物工作队:《广西贵县北郊汉墓》,《考古》1985 年第 3 期,第 197～215 页。

② 广西壮族自治区文物工作队:《广西贵县罗泊湾二号汉墓》,《考古》1982 年第 4 期,第 355～364 页。

层台与木椁之间，“用一层木炭一层黄土相间填实至椁顶”[①]。在徐州龟山楚王陵南墓道夯土中也是如此，“墓道内以红黏土夯实，每层夯土之间夹一层碎石子”[②]；西安缪家寨村清理的汉墓，其夯土是一层红一层白[③]。需要说明的是，南方地区由于地势卑湿，墓葬中夯打痕迹，不易存在[④]。因此要仔细甄别，或不易轻言南方夯土有无。此外，四川省绵阳永兴双包山二号西汉木椁墓八层封门石，也是一层砾石加一层填土，依次而上至墓室门额处[⑤]。

一号墓墓底青砖铺砌，中间略高，利于排水，这样的情况在汉墓中常见。徐州韩山东汉墓，墓室地面中间高，两侧底[⑥]。河北望都汉墓“墓室底部中间凸起四面低凹”[⑦]；长沙地区的东汉砖室墓葬，“一般后室都高于前室与中室”，同样也应是排水所需[⑧]。四川新都区发现汉代砖室墓中，铺地砖靠四壁处均向下倾斜，以利排水[⑨]。

土山楚王陵条石（即黄肠石）上有刻铭。有学者认为此为便于检查质量、标明顺序、方位等[⑩]，这种情况在汉代诸侯王陵中较多。譬如：

汉代帝陵亦然。邙山东汉帝陵多经盗掘[⑪]，出土了很多标有年号、大小等的黄肠石[⑫]。

河北省定县北庄中山简王陵，出土的扇形砖上也有发现[⑬]。与徐州临近的河南永城梁国王室墓群，其中保安山二号墓绝大部分塞石上，都刻有文字，并在墓壁和部分塞石上发现朱书文字，它们一起说明了制作时间、排列顺序和封堵位置、墓

① 广西壮族自治区文物工作队：《广西贵县风流岭三十一号西汉墓清理简报》，《考古》1984年第1期，第59～62页。

② 徐州博物馆：《江苏铜山县龟山二号西汉崖洞墓材料的再补充》，《考古》1997年第2期，第36～46页。

③ 《西安缪家寨村清理了汉墓一座》，《文物参考资料》1956年第2期，第70～71页。

④ 广州市文物管理委员会：《三年来广州市古墓葬的清理和发现》，《文物参考资料》1956年第5期，第21～32页。

⑤ 四川省文物考古研究所，绵阳市博物馆：《绵阳永兴双包山二号西汉木椁墓发掘简报》，《文物》1996年第10期，第13～29页。

⑥ 徐州博物馆：《徐州市韩山东汉墓发掘简报》，《文物》1990年第9期，第74～82页。

⑦ 姚鉴：《河北望都县汉墓的墓室结构和壁画》，《文物参考资料》1954年第12期，第47～63页。

⑧ 吴铭生：《长沙市郊战国墓与汉墓出土情况简介》，《文物参考资料》1956年第4期，第21～22页。

⑨ 四川省博物馆：《四川新都县发现一批画像砖》，《文物》1980年第2期，第56～57页。

⑩ 王恺：《徐州土山汉墓葬年考》，徐州博物馆编：《徐州博物馆三十年纪念文集》，北京：北京燕山出版社，1992年版，第87～95页。

⑪ （南朝宋）范晔：《后汉书》卷七十二《董卓列传第六十二》，北京：中华书局，1965年版，第2327页。

⑫ 李南可：《从东汉“建宁”“熹平”两块黄肠石看灵帝文陵》，《中原文物》1985年第3期，第81～84页；陈长安：《洛阳邙山东汉陵试探》，《中原文物》1982年第3期，第31～36页。

⑬ 河北省文化局文物工作队：《定县北庄汉墓出土文物简报》，《文物》1964年第12期，第26～40页。

葬某部位的名称和相对位置，表明施工进度和完成某项工程量、或直接说明墓葬某部位的名称和用途等[①]。

一般汉代墓葬同样如此。洛阳涧滨东汉黄肠石墓中，“石块分长方形、条形、方形和扇面形四种。四块石头侧面用朱砂书写符号：‘十’‘‖’‘≠’。其他大部分石块上也均有朱砂字迹，但已模糊不清。这些符号当是营建墓葬时石料位置的编号”[②]。

洛阳市周山路西汉中期昭帝时期石椁墓，“在椁室顶盖和左右两壁及墓门的石板内壁上，都有朱书的编号数字。盖顶石北起 4 块石板依次书‘一’至‘四’；石门东西两扇各书‘东石’、‘西石’；东壁上部北起第一块石板书‘东上第一?’，第三块石板书‘东上第四’；西壁上部北起第一块石板书‘西上第一’，第三块石板书‘西上第三’”“从朱书编号的顺序来看，石椁的构筑是事先经过筹划而由北向南，由里向外依次铺砌的”[③]。

洛阳西汉卜千秋壁画墓，墓顶脊砖从里(西)往外(东)，按照砖边刻出编号顺序排砌[④]。

洛阳市宜阳县牌窑西汉画像砖墓，墓砖上书写有“西北上、西北下，东北上、东北下，东南上、东南下”等红色字迹表示其位置[⑤]。

其实，早在西汉初的长沙靖王吴著陵，其木椁上就刻有“足”“东”“西”“南足”等字[⑥]等。这些实例说明，汉代陵墓此方面前后思想一致，仅表现形式有别而已。

土山现高 18 米，研究表明汉每尺合今为 23.1 厘米[⑦]，故其封土约高八丈。《汉律》“列侯坟高四丈，关内侯以下至庶人各有差”(《周礼·春官·冢人》郑玄注引)[⑧]。《后汉书·礼仪制下》注引《汉旧仪》中有关西汉诸帝寿陵曰：“天子即位明年，将作大匠营陵地，用地七顷，方中用地一顷，深十三丈，堂坛高三丈，坟高十二

① 赵志文，贾连敏：《永城保安山二号墓文字试析》，《中原文物》1999 年第 1 期，第 74～82 页。

② 洛阳市第二文物工作队：《洛阳涧滨东汉黄肠石墓》，《文物》1993 年第 5 期，第 24～26 页。

③ 洛阳市第二文物工作队：《洛阳周山路石椁墓》，《中原文物》1995 年第 4 期，第 25～27 页。

④ 洛阳博物馆：《洛阳西汉卜千秋壁画墓发掘简报》，《文物》1977 年第 6 期，第 1～12 页。

⑤ 洛阳地区文管会：《宜阳县牌窑西汉画像砖墓清理简报》，《中原文物》1985 年第 4 期，第 5～12 页。

⑥ 湖南省博物馆：《长沙砂子塘西汉墓发掘简报》，《文物》1963 年第 2 期，第 13～24 页。

⑦ 金其鑫：《中国古代建筑尺寸设计研究》，合肥：安徽科学技术出版社，1992 年版，第 98 页附表 1～2。另据吴承洛：《中国度量衡史》，北京：商务印书馆，1957 年版，第 51 页；天石：《西汉度量衡略说》，《文物》1975 年第 12 期，第 79～89 页等，认为王莽尺为 0.2304 米。据国家计量总局编：《中国古代度量衡图录》，北京：文物出版社，1981 年版，第 6～18 页，传世与出土的现存古尺并结合文献记载，自东汉到魏晋间一尺合今制皆在 23～24 厘米左右。矩斋：《古尺考》，《文物参考资料》1957 年第 3 期，第 25～28 页，东汉建初六年铜尺，一尺合今 23.5 厘米。

⑧ 王恺：《徐州土山汉墓葬年考》，徐州博物馆编：《徐州博物馆三十年纪念文集》，北京：北京燕山出版社，1992 年版，第 87～95 页。

丈，武帝坟高二十丈”;《后汉书·礼仪志》注引《古今注》云:“明帝显节陵山方三百步，高八丈”,《帝王世纪》同此[①]。由此可见，一千八百多年前的土山汉墓当初的规模一定颇为惊人。

一号墓的封土墙、甬道及墓顶分别砌黄肠石（即“黄肠题凑”，流行于汉代社会上层的一种葬制。如以石椁代替木椁则为“黄肠石”[②]，全国各地多有出土，见表2-5-3)。石上有字，如“左湖石官工田阳治”“左大石官工左寅治”“左人石官工左旦治”“张仲石宋巨治”“官十四年省苑伯沤第十六”等（图2-5-9、10)，说明汉代有官设的修建坟墓的专门机构。相关文献都有记载。《后汉书》载“将作大匠起冢茔”;《后汉书·光武十王列传》记载东海恭王疆死后，皇帝派:“将作大匠留起陵庙”。

表2-5-3　汉代部分使用“黄肠石”墓葬统计表

墓葬名称	使用砖形制				砌法	黏接物	黄肠石	资料来源
	形状	长	宽	厚				
河北定县北庄汉墓	条形	45	23	11	二平一竖	白灰	有4 000余块，174块有刻铭或题字。石长、宽各约1、厚0.25米	河北省文化局文物工作队《河北定县北庄汉墓发掘报告》，《考古学报》1964年2期，第127页。河北省文化局文物工作队《定县北庄汉墓出土文物简报》,《文物》1964年第12期，第28页
	楔形	45	上39 下30	11				
山东东平王陵山汉墓	条形	47	20	12	二平一竖	白灰	主要用于墓门部分。个别石上有菱形纹和穿壁纹图案。	山东省博物馆《山东东平王陵山汉墓清理简报》,《考古》1966年第4期，第189页
	楔形	—	—	—				
洛阳东关墓	条形	47	23	10～11	一平一竖 二平一竖 三平一竖 四平一竖	白灰	无刻铭，长60、宽约50、厚约60厘米。还有楔形石，用法同楔形砖	《洛阳东关东汉殉人墓》,《文物》1973年第2期，第55页
	楔形	46～47	上39 下26	22				

① 杨宽:《中国古代陵寝制度史研究》，上海：上海古籍出版社，1985年版，第239页，附表二东汉陵寝规模。
② （南朝宋）范晔:《后汉书》志第六《礼仪下》，北京：中华书局，1965年版，第3144页。

续 表

墓葬名称	使用砖形制				砌法	黏接物	黄肠石	资料来源
	形状	长	宽	厚				
土山一号墓	条形	46	23	11.5	二平一竖	白灰	长32～90、宽70、厚35.5厘米。部分有刻铭。墓室上复石不明	南京博物院《徐州土山汉墓清理简报》,《文博通讯》1977年第9期,第18页
	楔形	48	上39 下29	11.5				
孟津送庄墓	条形	—	—	—	—	—	出石约10立方米,大小不一。大者长97、宽71、厚35厘米,小者长70、宽70、厚47厘米。10块有刻铭	《孟津送庄汉黄肠石墓》,《河南文博通讯》1978年第4期,第30页
	楔形	—	—	—				
洛阳涧滨东汉黄肠石墓	条形	48	24	12	二平一竖		石块分长方形、条形、方形和扇面形四种。四块石头侧面用朱砂书写符号:"＋""‖""≠"。其他大部分石块上也均有朱砂字迹,但已模糊不清。这些符号当是营建墓葬时石料位置的编号	洛阳市第二文物工作队《洛阳涧滨东汉黄肠石墓》,《文物》1993年第5期,第24页
	楔形							

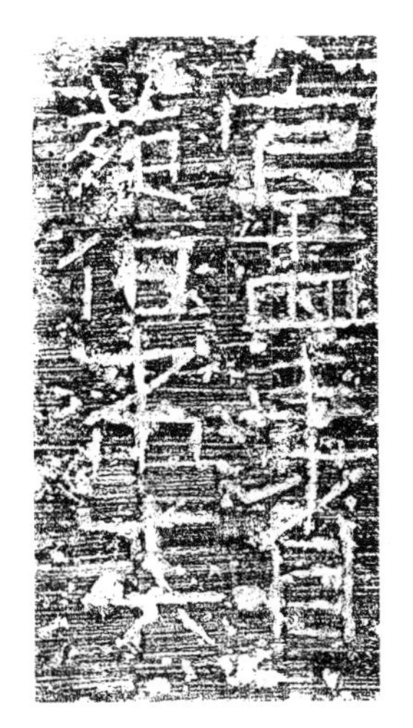

图2-5-9 土山彭城王陵黄肠石刻铭一

图2-5-10 土山彭城王陵黄肠石刻铭二

非但如此，汉代各种丧葬用品也已进行专业化生产。如徐州本地张山汉墓，“墓中前室北壁一石与茅村乡檀山一散存画像石无论是技法、风格均无差异，内容也基本一致，只是檀山一石石质略差，……可见二石应是相互因袭，或出自一工匠之手，再次表明东汉时确有专门从事画像石雕刻的工匠群存在”①。

此种情况在全国已发掘汉墓中都有证实。如山东潍坊市发现汉画像石墓中，“上述画像石无论从构图还是雕刻都给人一蹴而就的感觉，似应表明画像石的制作已具有商业化的特点，而商业化又与画像石的兴衰密不可分”②。此外，四川出土的画像砖中，也曾发现“一模所制”相同的画像砖六、七方③，这同样说明专业化生产的存在。甚至于汉代墓葬上用来祭“祖”的石室祠建筑，同样“是一种商品化的石室祠，成为比较普遍、固定的形式”④。

二号墓是土山汉墓的主墓，且笔者认为：此墓为王陵可能性较大，因为一号墓、二号墓应该是属于同一封土下的“同茔异穴”（即史书所载的“同坟异藏”）葬制，这种葬制一般用于夫妇或家族墓葬中，属于并穴合葬，在早期的石椁墓葬中也有发现⑤。这种埋葬方式流行于先秦，是在氏族宗法制度下实行的“族坟墓”制度之重要特征，直到汉代昭、宣以后才逐渐消失，而被同穴合葬制所代替。在徐州本地就有龟山楚王刘注、王后陵，南洞山西汉楚王、王后陵墓等，只不过后两者陵墓是利用自然山体而不是人工夯筑的封土。

自然山体下“同茔异穴”葬制诸侯王陵墓如：满城汉墓（中山王陵），永城梁王陵，曲阜九龙山鲁王陵等。

人工封土下“同茔异穴”葬制，在全国其它地方也多有发现。如：属于诸侯墓葬的长沙马王堆汉墓⑥；属于诸侯王陵的北京市大葆台西汉木椁一、二号墓，属燕王及其王后（夫人）⑦；河南淮阳北关一号汉墓与其北侧的墓葬，属于陈王刘崇及其王后⑧；江苏邗江县杨寿乡宝女墩汉墓，属于广陵王及其妻妾⑨。其他如贵州安顺宁谷汉墓东汉时期 M5、M10“从墓室宽度来看均不是合葬墓，但两墓共在一封土包

① 徐州博物馆：《江苏徐州市清理五座汉画像石墓》，《考古》1996 年第 3 期，第 28～35 页。
② 迟延璋，王天政：《山东潍坊市发现汉画像石墓》，《考古》1995 年第 11 期，第 1054～1055 页。
③ 冯汉骥：《四川的画像砖墓及画像砖》，《文物》1961 年第 11 期，第 35～42 页。
④ 徐建国：《徐州汉画像石室祠建筑》，《中原文物》1993 年第 2 期，第 53～60 页。
⑤ 商丘地区文化局：《河南夏邑吴庄石椁墓》，《中原文物》1990 年第 1 期，第 1～6 页。
⑥ 湖南省博物馆等：《长沙马王堆二、三号汉墓发掘简报》，《文物》1974 年第 7 期，第 39～48 页。
⑦ 北京市古墓发掘办公室：《大葆台西汉木椁墓发掘简报》，《文物》1977 年第 6 期，第 23～29 页。
⑧ 周口地区文物工作队等：《河南淮阳北关一号汉墓发掘简报》，《文物》1991 年第 4 期，第 34～46 页。
⑨ 扬州博物馆，邗江县图书馆：《江苏邗江县杨寿乡宝女墩新莽墓》，《文物》1991 年第 10 期，第 39～61 页。

内,一前一后……估计是相互有联系的两座墓……"[①],贵州兴义、兴仁地区的汉墓中,也发现了同一封土堆下的夫妇合葬墓[②]。山西朔县西汉木椁墓,发掘报告称为并穴墓葬[③]。安徽省霍邱张家岗六个古墓同一封土,同时安葬[④]。江西南昌青云谱有关汉代墓葬埋在同一封土堆中[⑤]。云南昭通在"桂家院子的这一座,在一封土堆下至少已有四个墓室(包括过去挖掉的两个墓室在内),而封土尚余一半以上,这就证明了当时不仅有夫妇合葬风气,且可能几代人都埋在一冢之内。四个室的方向不一致,墓砖也有不同,可知埋葬的时代有先后,因已封之室不宜多次开拆,并且一个墓室也不能容纳过多的棺椁,故有此一坟数室的现象,或即古代的附葬。不过一般的附葬,多半是同一茔地而各自为墓,如近年发现的河北无极县甄氏墓群、陕西华阴宏农杨氏墓群均属此例。像这样若干墓室同埋在一座封土下的例子,还是不多的"[⑥]。河南荥阳苌村汉代壁画墓同样采用"同茔异穴"葬制[⑦]等。这些都应是汉代合葬"同茔不同陵""同茔异穴"葬制思想影响下的结果。

土山一号墓出土的陶猪圈(图 2-5-11)与徐州十里铺汉画像石墓[⑧](图 2-5-12)、拉犁山东汉墓(图 2-5-13)出土的陶猪圈形制较为相似,均为方形一角带有四坡顶的厕所,利用弧形梯上下。十里铺陶圈四坡顶有脊,土山、拉犁山无脊,且形制较为精细,估计其年代最晚。三者的弧形梯形制也较为接近,土山与拉犁山几乎如出一辙。这一方面说明徐州地区汉墓的相互关系,另一方面也说明了它们的具体年代应是相近的。

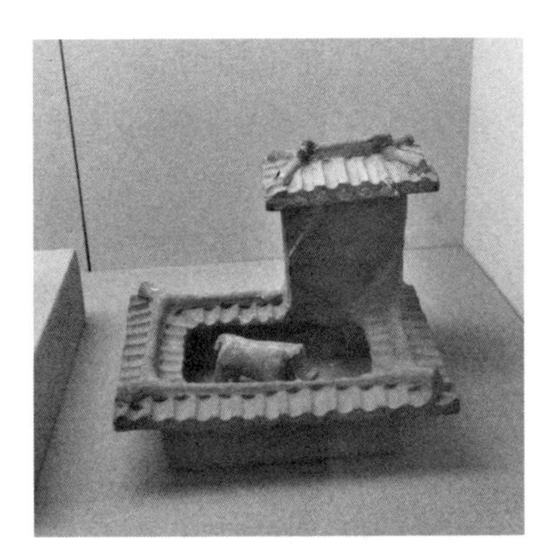

图 2-5-11 土山彭城王陵圈厕

---

① 严平:《贵州安顺宁谷汉墓》,文物编辑委员会编:《文物资料丛刊·第四辑》,北京:文物出版社,1981 年版,第 132~134 页。

② 贵州省博物馆考古组:《贵州兴义、兴仁汉墓》,《文物》1979 年第 5 期,第 20~35 页。

③ 屈盛瑞:《山西朔县西汉并穴木椁墓》,《文物》1987 年第 6 期,第 53~60 页。

④ 安徽省博物馆清理小组胡悦谦等:《霍邱张家岗古墓发掘简报》,《文物参考资料》1958 年第 1 期,第 53~55 页。

⑤ 江西省文物管理委员会:《江西南昌青云谱汉墓》,《考古》1960 年第 10 期,第 24~29 页。

⑥ 云南省文物工作队:《云南昭通桂家院子东汉墓发掘》,《考古》1962 年第 8 期,第 395~399 页。

⑦ 郑州市文物考古研究所等:《河南荥阳苌村汉代壁画墓调查》,《文物》1996 年第 3 期,第 18~27 页。

⑧ 江苏省文物管理委员会等:《江苏徐州十里铺汉画像石墓》,《考古》1966 年第 2 期,第 66~83 页。

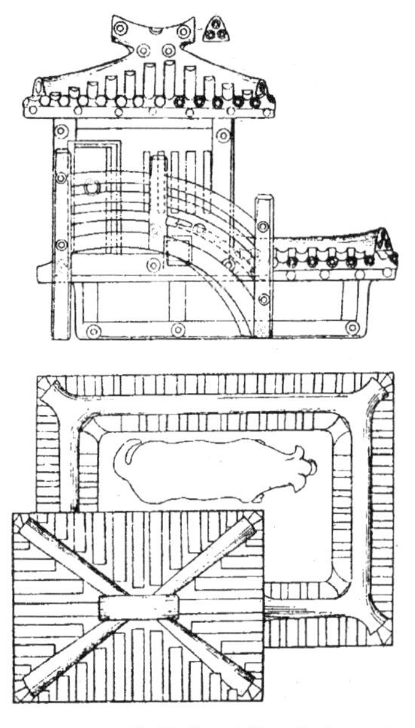

图 2-5-12　徐州十里铺汉墓出土的陶圈

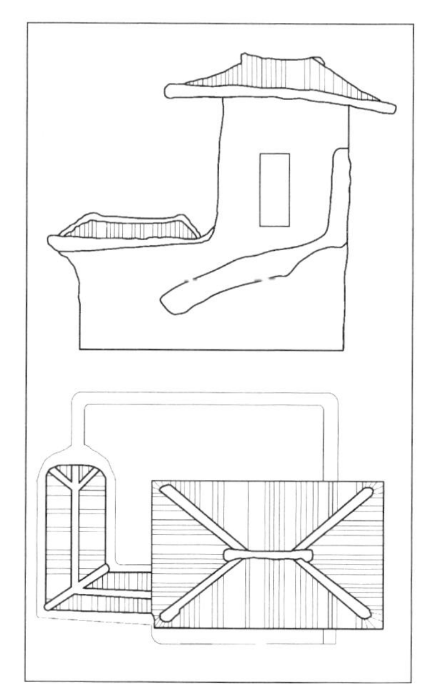

图 2-5-13　拉犁山陶圈

二、拉犁山汉墓

(一) 概况①

拉犁山位于徐州市西南云龙湖南岸风景区，为东北西南走向的山体，距徐州市区约 4 公里，海拔 236.1 米，属泉山区奎山乡(图 2-5-14)。

拉犁山北部与猪山(海拔 141.1 米)、大山头(海拔 119.1 米)相连，西有长山。拉犁山与长山间是平坦的开阔地，其间有源于汉王乡的玉带河水流入云龙湖，这在当时人的眼中是"累世隆盛"的风水宝地。

① 此处考古资料：朱浩熙：《古今徐州》，上海：上海社会科学院出版社，1987 年版：第 77 页；《江苏文物综录》编辑委员会编：《江苏文物综录》，南京博物院，1988 年版：第 34 页；耿建军：《徐州市拉犁山二号东汉石室墓》，中国考古学会编：《中国考古学年鉴 1990》，北京：文物出版社，1991 年版：第 208～209 页；徐州市两汉文化研究会编：《两汉文化研究——徐州市首届两汉文化学术讨论会论文集》，北京：文化艺术出版社，1996 年版：第 385 页；彭卿云主编：《中国历史文化名城词典(续编)》，上海：上海辞书出版社，1997 年版：第 237 页；夏凯晨：《拉犁山汉墓开放维修工程完工》，徐州年鉴编纂委员会编：《徐州年鉴 1998》，徐州：中国矿业大学出版社，1999 版：第 290 页；唐云俊主编：《江苏文物古迹通览》，上海：上海古籍出版社，2000 年版：第 62 页。

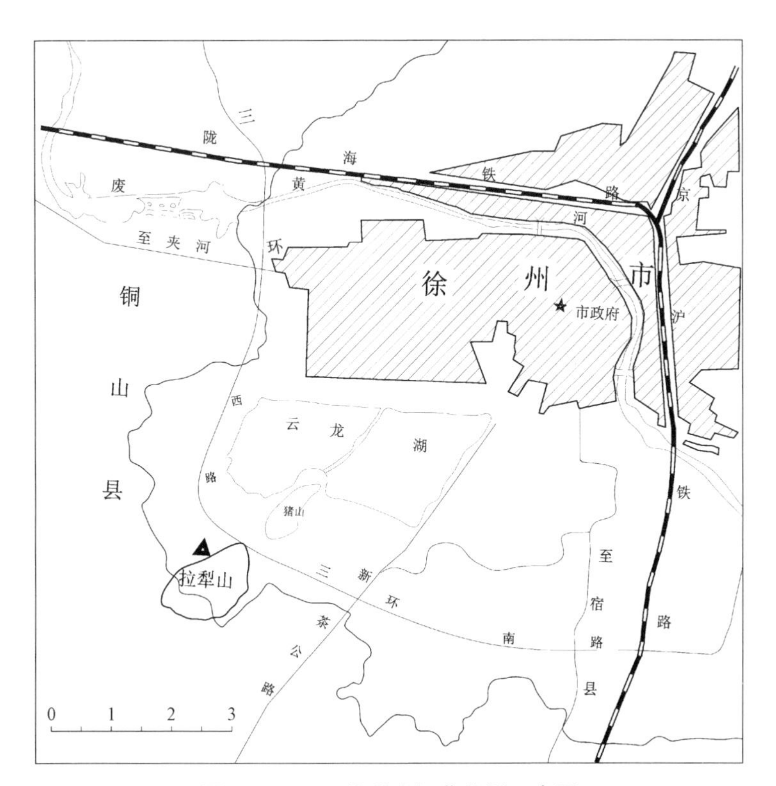

图 2－5－14　拉犁山汉墓位置示意图

拉犁山汉墓在拉犁山北麓的第二级台地上，两墓东西并列，坐南朝北，为平地砌建的东汉时期的画像石室墓，墓上夯筑坚固的封土，墓葬周围台地是用红色黏土夯筑而成，分为 M1、M2 两座墓葬。

M1 封土呈圆锥形，底部直径 21～29 米，高约 5 米，墓室均为用石料以石灰勾缝垒砌而成。共九个墓室、一个回廊，总面积约 60 平方米(图 2－5－15、16)。

M2 在西 M1 约 30 米，底部每边长约 20 米，封土高 4 米，墓室构筑方法与 M1 相同。共有 5 个墓室，总面积 30 多平方米(图 2－5－17)。墓的石门和门楣及前后室的藻井均刻有图案。

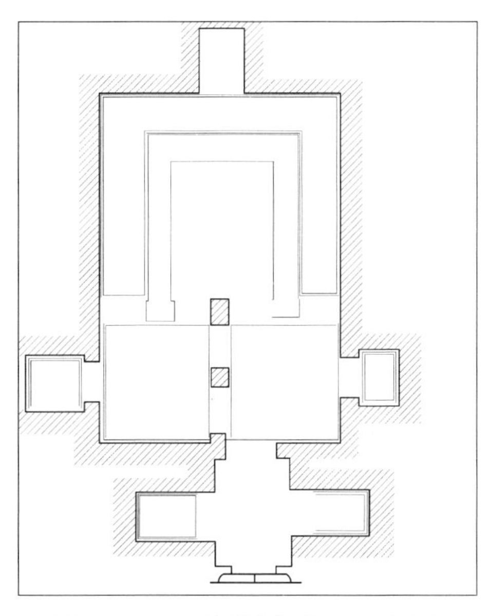

图 2－5－15　拉犁山汉墓 M1 平面图

图 2－5－16　拉犁山汉墓 M1 外观

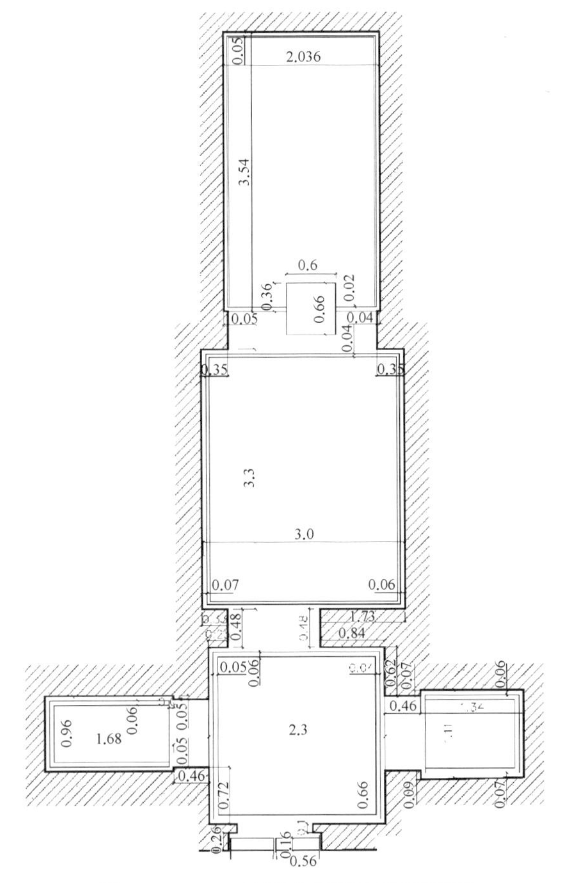

图 2－5－17　拉犁山汉墓 M2 平面图

(二) 建筑形制

图 2-5-18 拉犁山汉墓 M1 十六棱柱

M1 分前、中、后室及回廊四部分,由前室及其左、右耳室,两个中室及其左、右耳室,后室、后藏室及回廊等组成。总长 13.7、宽 9.0 米,最高处 3.44 米。墓室均由大石条砌成,各室大条石构件均经过精细雕琢,非常平整。M1 两中室间有带覆盆式柱础及栌斗的十六棱石柱(图 2-5-18),高 1.4 米,其上有过梁;中室与耳室间亦有过梁。墓室均叠涩成顶,地面平铺石板,四周均凿排水沟槽①。

M2 由前室(图 2-5-19)及其左、右耳室,中室及后室(图 2-5-20)组成(图2-5-21),墓室东西长约 10.0、宽 6.0 米。砌筑方法基本同 M1。其中室与后室之间有一高 1 米的抹角四棱石柱。在石门内侧、门楣及前、后室藻井均雕刻有朱雀、青龙、九头兽等奇禽瑞兽,以及莲花、铺首衔环、锯齿纹等图案。雕刻技法有浅雕、浅浮雕、高浮雕三种。M2 出土陶器有猪圈(图 2-5-13)、井、陶楼(图 2-5-22、23)、锅灶等建筑明器。出土残损铜缕玉衣(图 2-5-24)。

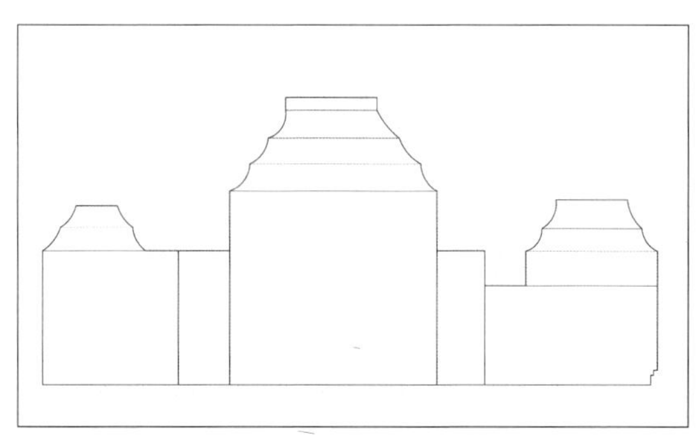

图 2-5-19 拉犁山汉墓 M2 剖面图

图 2-5-20 拉犁山汉墓 M2 第一室

① 邓毓昆主编:《徐州胜迹》,上海:上海人民出版社,1990 年版,第 90 页。

图 2-5-21　拉犁山汉墓 M2 后室顶

图 2-5-22　拉犁山汉墓 M2 出土的陶楼

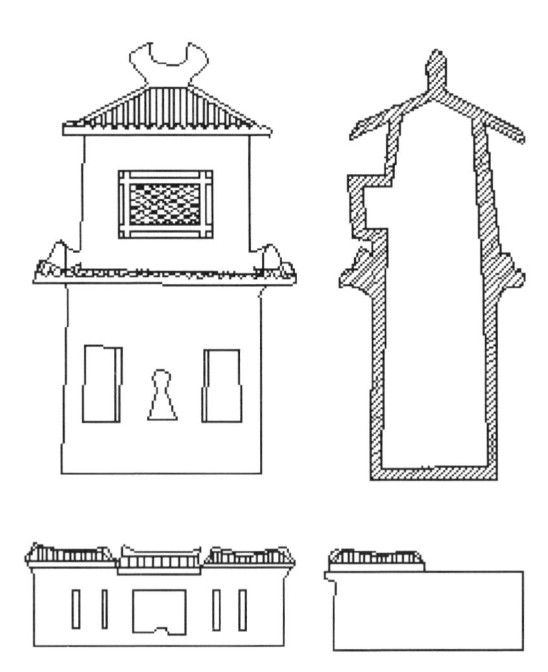

图 2-5-23　拉犁山汉墓 M2 出土的陶楼线条图

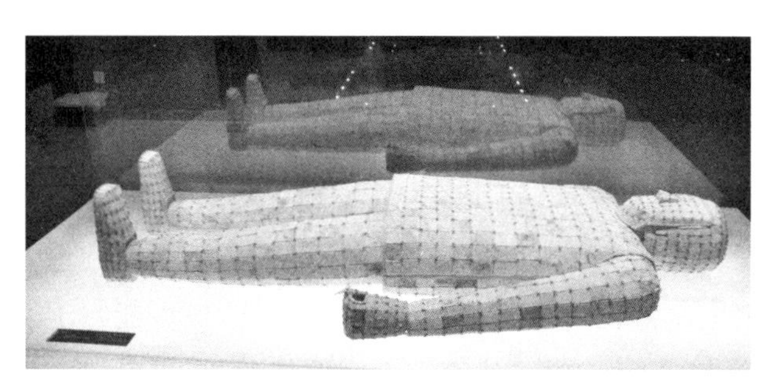

图 2-5-24　拉犁山汉墓 M2 出土的铜缕玉衣(修复后)

(三)建筑形制分析

拉犁山汉墓藻井刻有莲花图案。在1969年发掘的甘肃武威雷台东汉墓葬中，其前、中、后室都有"以墨线勾边，用红、黄、灰、白等色绘成的莲花图案的藻井"[①]，河南荥阳苌村汉代壁画墓拱券顶上，也描绘有莲花图案和菱形图案的藻井[②]，河南密县打虎亭汉代壁画墓"墓顶绘有莲花、菱形图案"[③]等。它们的墓葬思想是一致的，都是受佛教影响下的墓顶处理方法，以莲花代表无忧无虑的另一世界。拉犁山汉墓回廊，据唐河汉墓刻石文字，知此回廊应名为"藏阁"[④]。

墓室地面还有完整的排水系统；封门采用带门枢的双扇大石门，它被墓门外另有的一石门抵着，双扇大石门可以较为灵活地启闭。这种情况在全国其他地区汉墓中，也有发现。如湖北省随县发现的一座东汉石室墓，"门为两扇合封，上下各有枢纽，可以朝外开关"[⑤]。这些都表明汉代匠师高超的建筑技艺。

需要说明的是：据徐州地区有关方面的研究人员的意见认为徐州拉犁山汉墓建筑是属于"东汉时期分封于徐州的某代刘氏王侯的可能性最大"[⑥]，或认为是"东汉王侯陵墓或是僚属官员的墓葬"[⑦]。而在徐州上报给国家申请汉代诸侯王陵墓

---

① 甘博文：《甘肃武威雷台东汉墓清理简报》，《文物》1972年第2期，第16～24页。

② 郑州市文物考古研究所等：《河南荥阳苌村汉代壁画墓调查》，《文物》1996年第3期，第18～27页。

③ 河南省文化局文物工作队：《河南密县打虎亭发现大型汉代壁画墓和画像石墓》，《文物》1960年第4期，第51～52页。

④ 南阳地区文物工作队等：《唐河汉郁平大尹冯君孺人画像石墓》，《考古学报》1980年第2期，第239～262页。

⑤ 李元魁，毛在善：《随县唐镇发现带壁画宋墓及东汉石室墓》，《文物》1960年第1期，第77页。

⑥ 邓毓昆主编：《徐州胜迹》，上海：上海人民出版社，1990年版，第92页。

⑦ 江苏省省级文物保护单位登记表《拉犁山汉墓》，"历史沿革"一节。

建筑全国重点文物保护单位的报告中，又进一步将其认定为徐州汉代王陵墓群之级别较高的官吏墓葬①。

据笔者统计全国已经发掘发表的所有汉代墓葬资料研究认为(见本书附录二)，凡是出现建筑明器的墓葬，很少是汉代诸侯王陵墓建筑。因为，汉代墓葬中随葬建筑明器，或是自身经济实力尚不十分雄厚、墓葬建筑本身建造不能满足墓主阴间所用，或是不能完全体现其经济财力的一种补充②；也可能归于汉代墓葬等级制度所限造成③。因此，拉犁山汉墓建筑也不应例外，它很可能属于汉代高等级勋贵或官吏。

拉犁山汉墓 M1 内采用石柱、过梁等，既扩大内部空间，又较为美观；承载了上部巨大的压力，又能节省石料，说明东汉时期的匠师对石材力学性能比起前代有很大提高。

特别是拉犁山汉墓建筑内部构造精细，全部石料都经打磨抛光；大石条由下而上层层砌筑，坚固严密、线条挺拔优美；石料质量优良、施工技术精湛。由此，拉犁山汉墓建筑历经 2 000 余年的风雨和地震，而所有建筑构件无一错缝与变形，石缝中锥插不能入，实为我国古代建筑史上的奇迹。

表 2-5-4　拉犁山汉墓建筑形制表

编号	名称	规格		室顶	装饰
		大小及说明	面积/m^2		
M1	墓道甬道	无墓道、甬道			
M2	墓道甬道	无墓道、甬道			
1 室	前室 M1	长 3.35、宽 1.9 米。石板铺地，四周凿有沟槽排水	6.365	录顶状叠涩顶	地面和壁基抹白石灰
2 室	左耳室 M1	长 1.9 米、宽 1.15 米	2.185	叠涩顶	
3 室	右耳室 M1	长 1.93 米、宽 1.09 米	2.1	叠涩顶	
4 室	左中室 M1	长 2.673、宽 2.799 米	7.482	叠涩顶	
5 室	右中室 M1	长 2.696 米、宽 2.799 米	7.546	叠涩顶	

① 徐州市文管会:《关于请批准徐州汉代王陵墓群为全国重点文物保护单位的报告》，1992 年 2 月。

② 见论文第十章《汉代建筑明器随葬思想初探》有关内容。

③ 北京市文物工作队:《北京西郊发现汉代石阙清理简报》，《文物》1964 年第 11 期，第 13～22 页。石阙铭文中有“欲厚显祖，□无余日。□焉匪爱，力则迴于」制度……”。

续 表

编号	名称	规格		室顶	装饰
		大小及说明	面积/m^2		
6室	中左耳室M1	长1.427米、宽1.327米	1.89	叠涩顶	
7室	中右耳室M1	长0.98米、宽1.33米	1.303	叠涩顶	
8室	后室M1	长3.6米、宽2.6米	9.36	叠涩顶	壁面置棺床处白灰厚4厘米
9室	后藏室	长1.079米、宽1.61米	1.74	叠涩顶	
10室	前室M2	长2.3米、宽2.0米、高2.74米	4.6	录顶	
11室	前左耳室M2	长1.7米、宽1.0米、高1.85米	1.7	录顶	
12室	前右耳室M2	长1.4米、宽1.1米、高1.75米	1.54	录顶	
13室	中室M2	长3.1米、宽3.0米、高3.6米	9.3	录顶	
14室	后室M2	长3.5米、宽2.4米、高2.5米	8.4	录顶	
	其他	走廊、过道等	M1、M2:4.46		
合计			M1:60 M2约30		

第三章　汉代楚(彭城)国石室墓葬建筑考

第一节　建筑分期

一、出现

石室墓:全部用石材砌筑而成的墓葬。

至今为止,我国最早的石棺墓葬例,发现于新石器时代仰韶文化元君庙墓地[①](图3-1-1)。辽宁牛梁河红山文化"女神庙"与积石冢群,冢内排列的石棺墓[②],也是较早的石室墓葬之一。徐州地区睢宁县古邳镇苗庄墓石椁板上,发现刻有"石椁"字样[③]。据此,有学者认为此类墓葬应称作石椁墓较恰当,而不能称石室、石匣、石棺墓[④]。还有人称石棺葬(只有石板砌筑的小墓葬,无木棺)为石墓[⑤]。这种

① 黄河水库考古队:《陕西华县柳子镇第二次发掘的主要收获》,《考古》1959年第11期,第585～597,591页。该墓呈长方形,穴内有二层台。人骨架周围堆砌了3～4层砾石,形成一个"石棺"。

② 辽宁省文物考古研究所:《辽宁牛梁河红山文化"女神庙"与积石冢群发掘简报》,《文物》1986年第8期,第1～17,97～101页。

③ 王恺:《徐州地区的石椁墓》,《江苏社科联通讯》1980年第13期,第19～23页。

④ 燕生东、刘智敏:《苏鲁豫皖交界区西汉石椁墓及其画像石的分期》,《中原文物》1995年第1期,第79～98页。谭长生先生认为(谭长生:《中国境内石构墓葬形式的演变略论》,《华夏考古》1994年第4期,第53～45页),石质结构的墓葬在全国很多地区已有发现,主要集中在东北地区、中原地区、西南地区以及新疆等地。童恩正先生认为(《试论我国从东北至西南的边地半月形文化传播带》,文物出版社编辑部编:《文物与考古论集》,北京:文物出版社,1987年版,第17页):"石棺是我国古代边地民族常见的一种葬具,它出现于新石器时代后期,延续至铁器时代;但其鼎盛时期,却在铜器时代。……进入铜器时代以后,石棺葬发展成为我国北部和西部边地民族普遍的葬式。"其分布"从东北开始,沿华北的北部边缘(大致以长城为界)向西,在甘青地区折向西南,经青藏高原东部直达云南西北部的横断山脉地区",形成一半月形文化传播带。

⑤ 李鉴昭:《睢宁县土山发现汉代石墓群》,《文物》1957年第3期,第81～82页;张恺慈:《徐州市建筑工地发现汉代文物》,《文物》1957年第1期,第81页。

石棺墓中如果存在画像石,就称为画像石棺墓,如徐州市北郊檀山发现的汉画像石墓①、墓山画像石棺墓②(图 3－1－2)、徐州市沛县栖山画像石棺墓③等。如果石板构筑的墓室较大,能容纳木棺,就成为石椁墓,如徐州市绣球山西汉石椁墓④。同样,构成石椁墓的石板中,如果存在着画像石,就是画像石椁墓,如徐州市檀山画像石椁墓⑤。

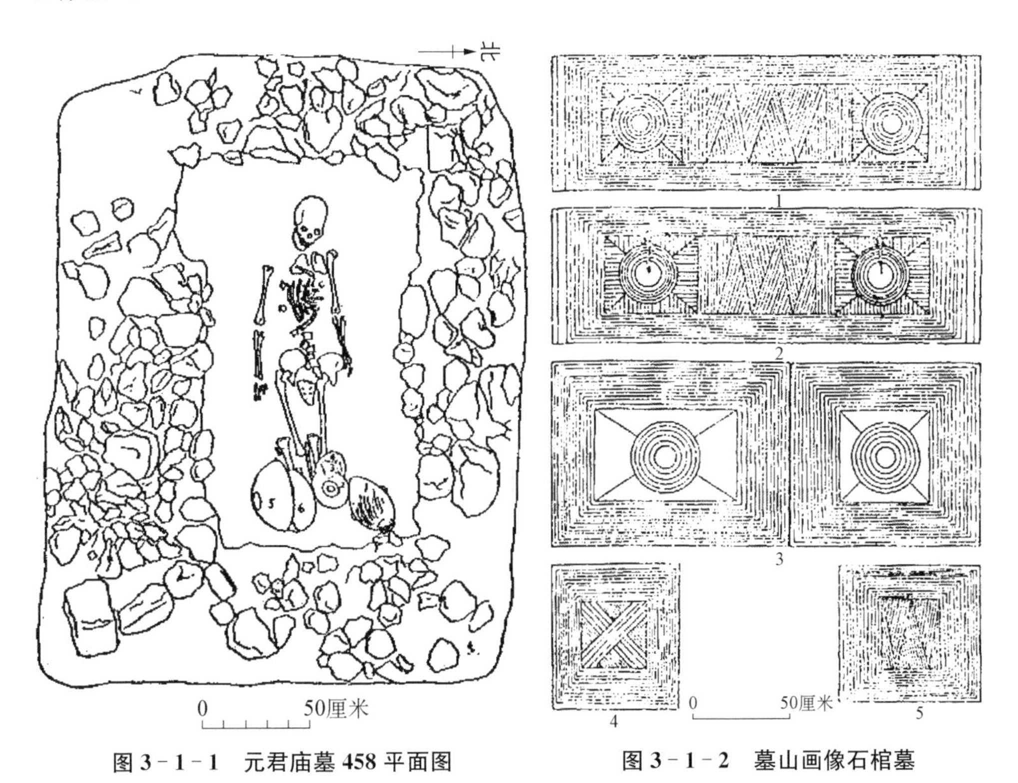

图 3－1－1　元君庙墓 458 平面图　　**图 3－1－2　墓山画像石棺墓**

因此,笔者认为,从墓葬形制及所形成的空间效果来看,严格来讲,石室墓葬类型应有石椁墓、石棺墓、石洞墓等之分。本章仅讨论用石材构筑的石洞墓(即通常所谓的石室墓),这种类型石室墓在汉代楚(彭城)国最早大约出现在西汉

---

① 张寄庵:《徐州市北郊檀山发现的汉画像石墓》,《文物》1960 年第 7 期,第 70 页。

② 徐州博物馆:《江苏徐州市清理五座汉画像石墓》,《考古》1996 年第 3 期,第 28～29 页。该文还对徐州地区的汉代画像石棺(椁)墓进行了研究。

③ 徐州市博物馆、沛县文化馆:《江苏沛县栖山汉画像石墓清理简报》,《考古》编辑部编:《考古学集刊(2)》,北京:中国社会科学出版社,1982 年版,第 106～112 页。

④ 徐州博物馆:《徐州绣球山西汉墓清理简报》,《东南文化》1992 年 3、4 合期,第 107～118 页。

⑤ 徐州博物馆:《江苏徐州市清理五座汉画像石墓》,《考古》1996 年第 3 期,第 29～30 页。

末、东汉初[1]，其主要表现为汉画像石墓，且一般石室墓葬的建筑形制与汉画像石墓一致。

由此，本章对汉代楚（彭城）国石室墓葬建筑的研究，实际上限定为对汉代楚（彭城）国画像石墓葬建筑的研究。有关前两种墓葬形制，可参见燕东升、刘智敏所著《苏鲁豫皖交界区西汉石椁墓及其画像石的分期》一文[2]等。

我们研究汉画像石墓葬，应先讨论其出现的年代。不同地区出现的年代也略有不同。

山东：据蒋英炬先生在《关于汉画像石产生背景与艺术功能的思考》一文注释4中认为，汉画像石出现的年代早到西汉武、昭时期[3]；蒋先生在《有关"鲍宅山凤凰画像"的考察与管见》[4]一文中，进一步具体指出山东临沂庆云山石椁墓画像[5]，完全可以作为武、昭时期的例证。

有研究者认为，从近年发现的新资料看，画像石在西汉文、景时就已用来建筑椁室，起源在孔孟之乡的鲁邹旧地[6]。

河南：河南唐河县石灰窑村发掘的画像石墓最迟可到西汉晚期[7]，该文作者进一步认为可以将南阳地区的汉画像石墓起源的时代向前追溯。

河南"南阳地区的画像石墓中早期的属于西汉晚期到东汉初年，个别的可能早到西汉中期"[8]。王建中先生在《试论画像石墓的起源——兼谈南阳汉画像石墓出现的年代》一文中指出，赵寨砖瓦厂的相对年代在西汉后期元帝至成帝之间，"它的发现说明，南阳汉代画像石墓出现的年代大致早于国内其他地区，即出现于西汉后期(公元前48～9年)"[9]。

---

① 徐州博物馆：《论徐州汉画像石》，《文物》1980年第2期，第44～55页。该文认为："就其形制、随葬品和带有纪年石刻题铭的画像石及雕刻技法进行分析，我们认为徐州地区汉画像石开始于西汉末、东汉初，兴盛于东汉中、末叶，结束于魏晋。徐州画像石大体可分为前、后两期。"即前期：西汉末至东汉初。其后为后期。

② 燕东生、刘智敏：《苏鲁豫皖交界区西汉石椁墓及其画像石的分期》，《中原文物》1995年第1期，第79～98页；另王恺：《苏鲁豫皖交界地区汉画像石墓墓葬形制》一文有关于石椁墓内容，南阳汉代画像石学术讨论会办公室编：《汉代画像石研究》，北京：文物出版社，1987年版，第53～61页。尤振尧：《略述苏北地区汉画像石墓与汉画像石刻》，南阳汉代画像石学术讨论会办公室编：《汉代画像石研究》，北京：文物出版社，1987年版，第62～74页。该文也有相关内容。

③ 蒋英炬：《关于汉画像石产生背景与艺术功能的思考》，《考古》1998年第11期，第90～96页。

④ 蒋英炬：《有关"鲍宅山凤凰画像"的考察与管见》，《文物》1997年第8期，第37～42页。

⑤ 临沂市博物馆：《临沂的西汉瓮棺、砖棺、石棺墓》，《文物》1988年第10期，第71～75页。

⑥ 王超：《邹县发掘一处西汉家族墓地》，《齐鲁晚报》1991年5月2日，第1版。

⑦ 南阳地区文物队、唐河县文化馆：《河南唐河县石灰窑村画像石墓》，《文物》1982年第5期，第79～84页。

⑧ 宋治民：《论新野樊集汉画像砖墓及其相关问题》，《考古》1993年第8期，第741～750页。

⑨ 王建中：《试论画像石墓的起源——兼谈南阳汉画像石墓出现的年代》，南阳汉代画像石学术讨论会办公室编：《汉代画像石研究》，北京：文物出版社，1987年版，第1页。

赵成甫先生认为"湖阳墓早于南阳已发掘的所有画像石墓",南阳汉画像石墓兴起于西汉中期[①]。通常,学者们都把西汉时期的画像石作为汉画像石的滥觞阶段[②](但也有人持不同意见[③])。

河南永城芒山柿园梁国国王壁画墓葬中,发现该墓葬"水井四方形,长约1米、深1米余,顶部有盖,是用正方形的石板制成,上有阴线刻石像,内容为鸟、菱形纹饰等,可称为画像石的雏形"[④]。笔者调查发现,梁孝王陵墓厕所石板上有常青树、菱形纹图案,堪称目前最早的有明确纪年的汉画像石。

江苏:徐州地域与全国其它石室墓葬较集中地区比较,出现时间大体也是如此。研究表明,徐州地区最早出现石室墓可追溯到西汉初、中期的石棺墓[⑤]。而最早的有明确纪年的徐州画像石墓,是在铜山县汉王乡东沿村发现的一座东汉元和

---

① 赵成甫:《南阳汉画像石墓兴衰刍议》,《中原文物》1985年第3期,第71~74页。

② 表3-1 汉画像石分期文章一览表

序号	作(著)者	论文	出处
1	李发林	《略谈汉画像石的雕刻技法及其分期》	《考古》1965年第4期,第199~204页
2	蒋英炬 吴文祺	《试论山东汉画像石的分布、刻法与分期》	《考古与文物》1980年第4期,第108~114页
3	吴文祺	《再论山东汉画像石的刻法与分期》	《中国考古学会第九次年会会议论文第3辑》
4	信立祥	《汉画像石的分区与分期研究》中有关苏鲁豫皖汉画像石的分期部分	俞伟超主编《考古类型学的理论与实践》,北京:文物出版社,1989年版,第262~285页
5	王恺	《苏鲁豫皖交界地区汉画像石墓与墓葬形制》	南阳汉代画像石学术讨论会办公室编:《汉代画像石研究》,北京:文物出版社,1987年版,第53~61页
6	王恺	《苏鲁豫皖交界地区汉画像石墓的分期》	《中原文物》1990年1期,第53~63页
7	阎根齐	《商丘汉画像石探源》	《中原文物》1990年1期,第41~44页

③ 燕生东、刘智敏:《苏鲁豫皖交界区西汉石椁墓及其画像石的分期》,《中原文物》1995年第1期,第79~98页。作者认为:"两汉石椁(室)墓葬形制变化较为复杂,各种等级(东汉时期中高级官吏开始大量使用刻有画像的石室墓)的墓室结构变化不一样;某些画像从题体到表达形式延续数百年而'永恒不变';就是雕刻技法,也较为复杂:不同的物像往往使用不同的雕刻技法,一种雕刻技法常常延续数百年。……笔者的倾向是:必须以石椁(室)墓分期断代为基础,以各类画像排列组合模式的变化为重点,以某一时期典型画像石墓为标尺,参考画像在墓室的空间分布、雕刻技法、墓主人身份的变化(因其对画像内容、主题、表现手法有较大影响)等方面进行分期,才能更准确地反映其发展主脉和变化趋势。"

④ 阎道衡:《永城芒山柿园发现梁国国王壁画墓》,《中原文物》1990年第1期,第32页。

⑤ 江苏省文物管理委员会、南京博物院:《江苏徐州、铜山五座汉墓清理简报》,《考古》1964年第10期,第504~519页;徐州博物馆:《江苏徐州奎山西汉墓》,《考古》1974年第2期,第120~122页。

三年(公元86年)的砖石混合结构墓葬[①]。也有学者根据该墓汉画像石刻画面上残留的石灰痕迹,和"在过去发掘的原葬汉画像石墓中,很少有一墓用两种石质并采用两种截然不同的雕刻技法",以及汉画像石规格、画面和铭文内容等,认为这是后人利用前人的一座再葬汉画像石墓[②]。果如此,则说明徐州地区汉画像石墓葬出现要更早。目前为止,该地域已发现再葬汉画像石墓多座(见本书附录二有关表格)。

汉代的墓葬与汉以前的墓葬在形制和构造上的区别主要在于,汉代的墓葬普遍用横穴式的洞穴作墓圹,用砖和石料建筑墓室,其特点是对现实生活中存在的建筑更进一步的模仿,应该说这是我国古代葬制上的一次划时代的变革。有学者研究南阳汉画像石墓认为,"南阳汉画像石墓一诞生便具备了第宅化建筑风貌的雏形。它的出现,是西汉时期封建地主阶级对旧葬俗的一次重大改革"[③]。这种变化从西汉初期就已经开始(徐州西汉初期的楚王陵墓,为"因山为陵"葬制的典型代表[④]),至西汉中期,中原地区已较为流行"空心砖墓"、小砖墓,而"西汉晚年开始出现的石室墓,到东汉时盛极一时。墓室中雕刻着画像,故称'画像石墓'。它们的分布,以山东省到江苏省的北部、河南省到湖北省的北部为最多,陕西省的北部和山西省的西部一带也颇为不少"[⑤]。

徐州汉画像石见于史籍最早的记载,是《后汉书·郡国志》注引伏滔《北征记》:"城北六里有山,临泗,有桓魋石椁,皆青石,隐起龟龙鳞凤之象。"[⑥]其所说的"龟龙鳞凤",正是汉画像石经常表现的内容。且就在古籍所记的该山上,曾发现一块汉画像石,或许就是伏滔当年所见的那块吧。

二、分期

据笔者粗略统计,到目前为止,徐州地区已发掘且有资料发表的汉代石室墓葬建筑有40座左右,其中,一般石室墓葬仅有6座,其余全部是汉画像石墓。可见,汉画像石墓占据了其中的绝大多数。迄今为止,徐州地区有明确纪年的汉画像石墓仅有三座(见下表)。

---

① 徐州博物馆:《徐州发现东汉元和三年画像石》,《文物》1990年第9期,第64~73页。

② 周保平:《徐州的几座再葬汉画像石墓研究——兼谈汉画像石墓中的再葬现象》,《文物》1996年第7期,第70~74页。

③ 闪修山:《汉郁平大尹冯君孺人画像石墓研究补遗》,《中原文物》1991年第3期,第75~79页。

④ 见本书第七章《"因山为陵"初探》有关内容。

⑤ 王仲殊:《中国古代墓葬概说》,《考古》1981年第5期,第449~458页。

⑥ 范晔撰、李贤等注:《后汉书》,北京:中华书局,2005年版,第2357页。

表 3-1-1 徐州地区有明确纪年的画像石墓表

序号	论(著)者	年代	资料出处
1	徐州博物馆	元和三年(公元86年)	《徐州发现东汉元和三年画像石》,《文物》1990年第9期,第64～73页
2	南京博物院 邳县文化馆	元嘉元年(公元151年)	《东汉彭城相缪宇墓》,《文物》1984年第8期,第22～29页
3	王献唐	熹平四年(公元175年)	《徐州市区的茅村汉墓群》,《文物》1953年第1期,第46～50页

根据现有资料,李银德先生将徐州地区汉代石室墓划分为二期,即早、晚期[①]。笔者参照之,将汉代楚(彭城)国石室墓也分为早、晚两期,早期为西汉末至东汉早期(西汉末—光武帝—章帝时期);其后为晚期(和帝时期—汉末)。也有学者将苏北地区汉画像石墓划分为早、中、晚三期[②]。

第二节 建筑形制

目前,徐州地区最早的砖室墓葬,是发现于新沂炮车镇的汉砖室墓,考古报告认为时间是“西汉末年或东汉初叶”[③],其次就是东汉前期(明帝、章帝年间)的刘楼东汉墓[④](图3-2-1)。而如前已述,画像石椁(棺)墓,出现于西汉初期;就是汉画像石墓最早也应出现于西汉末期。并且,汉代徐州地区的砖室(石)墓葬,较不发达,比汉画像石墓出现更晚。由此,笔者认为:早期汉代楚(彭城)国石室墓葬建筑的出现,并不是受到该地域砖室墓葬的影响,这与全国其他地区情况大不一样。汉代楚(彭城)国画像石墓直接来源于竖穴墓,包括石坑墓、石椁墓、石棺墓等。而后

① 李银德:《徐州汉墓的形制和分期》,《徐州博物馆三十年纪念文集》,北京:燕山出版社,1992年版,第116页。

② 尤振尧:《略述苏北地区汉画像石墓与汉画像石刻》,南阳汉代画像石学术讨论会办公室编《汉代画像石研究》,北京:文物出版社,1987年版,第62～74页。他认为:“早期:西汉末至东汉初,为画像石刻的产生阶段。……中期:东汉中、晚期,是画像石刻的鼎盛阶段。……晚期:东汉末年至魏晋时期,是画像石刻的衰亡阶段”等。每一期对应不同的墓葬特点、雕刻内容、技法特色等。

③ 李鉴昭、王志敏:《江苏新沂炮车镇发现汉墓》,《文物参考资料》1955年第6期,第120～121页。

④ 睢文、南波:《江苏睢宁县刘楼东汉墓清理简报》,文物编辑委员会编:《文物资料丛刊(4)》,北京:文物出版社,1981年版,第112～114页。

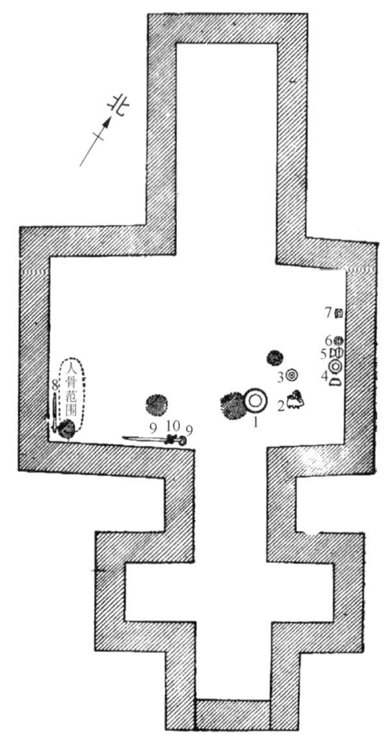

图 3-2-1　砖室刘楼东汉墓平面图

者正如有些学者认为的那样，又是对早期竖穴木椁墓葬的模仿[①]。

与徐州相邻的山东地区，同样如此。从近年发现的新资料看，山东地区"画像石在西汉文景时期就已经用来建筑椁室……后来的画像石室墓和砖石混建墓就是由画像石椁墓发展而来的"[②]。就建筑平面、空间形制而言，除使用材料不同外，砖室墓、砖石墓与石室墓之间平面形制、空间特征、构造方法等几乎一样(具体建筑形制，见表 3-2-1)。它们与汉画像石墓的区别，也许就是画像石数量相对较少[③]。徐州地区回廊形制汉画像石墓有燕子埠汉墓(图 3-2-2)、彭城相缪宇墓等。有趣的是，徐州地区还出土过东汉末年的石室壁画墓，壁画内容与画像石完全一致，和山东梁山、河北望都及辽宁发现的汉墓壁画都有相同之处。如断代正确，该墓作为徐州仅见的汉代壁画墓[④]，也许正说明了其时汉画像石墓葬的衰落。

汉代楚(彭城)国画像石墓的建筑方法，都是先以条石砌基础，上面竖立墓壁，墓壁上叠压横额(墓壁或横额之间一般有榫卯[⑤])，再用叠涩的方法构砌墓顶，最后

① 武利华：《徐州汉画像石研究综述》，《徐州博物馆三十年纪念文集》，北京：燕山出版社，1992 年版，第 130 页；(日)山下志保著、夏麦陵节译：《画像石墓与东汉时代的社会》，《中原文物》1993 年第 4 期。该文同样认为："(B 区)初期的画像石墓模仿了木椁墓的结构，但到了Ⅲ期时几乎看不到这种影响了。很显然画像石墓在结构上完全因袭了砖室墓"。

② 杨爱国：《汉代的忠孝观念及其对汉画艺术的影响》，《中原文物》1993 年第 2 期，第 61～66，79 页。

③ 尤振尧：《略述苏北地区汉画像石墓与汉画像石刻》，南阳汉代画像石学术讨论会办公室编：《汉代画像石研究》，北京：文物出版社，1987 年版，第 62～74 页。

④ 葛治功：《徐州黄山陇发现汉代壁画墓》，《文物》1961 年第 1 期，第 74 页。

⑤ 南京博物院、邳县文化馆：《东汉彭城相缪宇墓》，《文物》1984 年第 8 期，第 22～29 页。在石棺(椁)墓葬中，棺(椁)板之间同样如此，例如，徐州市博物馆、沛县文化馆：《江苏沛县栖山汉画像石墓清理简报》，《考古》编辑部编：《考古学集刊 2》，北京：中国社会科学出版社，1982 年版，第 106 页。有关汉画像石墓分期研究论文中，事例较多。如王恺：《苏鲁豫皖交界地区汉画像石墓墓葬形制》，南阳汉代画像石学术讨论会办公室编：《汉代画像石研究》，北京：文物出版社，1987 年版，第 53～61 页。

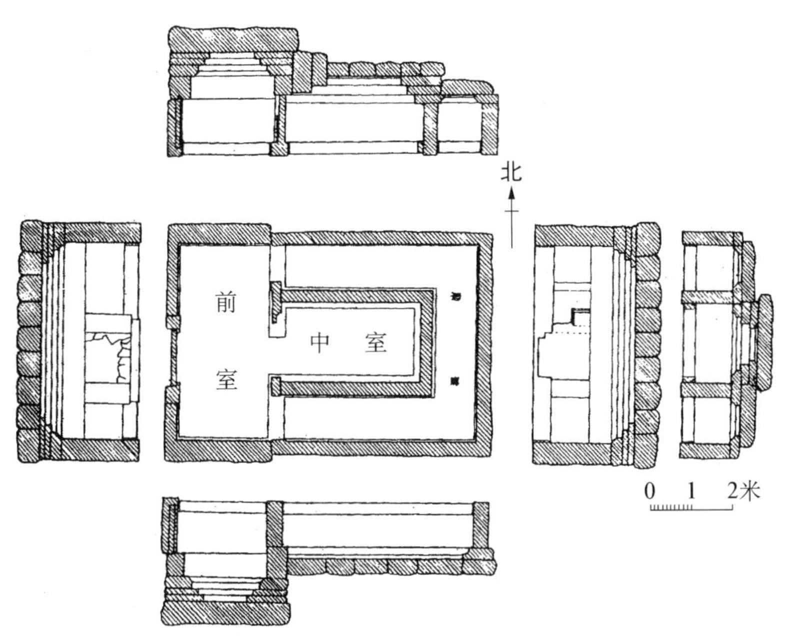

图 3－2－2　燕子埠汉墓平面图

用石板封顶[①];铺地一般也为石板,或有用青砖铺地[②]。

徐州邳县白山故子两座画像石墓[③]、青山泉白集东汉画像石墓(图 3－2－3)[④]、徐州茅村汉画像石墓(图 3－2－4、5)[⑤]均有雕刻着直棂窗的画像石,江苏高淳县

---

① 周保平:《徐州的几座再葬汉画像石研究——谈汉画像石墓中的再葬现象》,《文物》1996 年第 7 期,第 70～74 页;江苏省文物管理委员会、南京博物院:《江苏徐州、铜山五座汉墓清理简报》,《考古》1964 年第 10 期,第 504～519 页,等等。江苏省文物管理委员会:《江苏徐州汉画像石》,北京:科学出版社,1959 年版。也有采用平铺顶的特例,见徐州博物馆、新沂县图书馆:《江苏新沂瓦窑汉画像石墓》,《考古》1985 年第 7 期,第 614～618,626 页。其后室采用"九块大小不等的石板拼合平铺覆盖"。

② 南京博物院《徐州茅村画像石墓》,《考古》1980 年第 4 期,第 347～352 页;江苏省文物管理委员会、南京博物院:《江苏徐州、铜山五座汉墓清理简报》,《考古》1964 年第 10 期,第 504～519 页;徐州博物馆、新沂县图书馆:《江苏新沂瓦窑汉画像石墓》,《考古》1985 年第 7 期,第 614～618,626 页;南京博物院、邳县文化馆:《东汉彭城相缪宇墓》,《文物》1984 年第 8 期,第 24 页。

③ 南京博物院、邳县文化馆:《江苏邳县白山故子两座东汉画像石墓》,《文物》1986 年第 5 期,第 17～30 页。王德庆:《江苏邳县白山的汉画像石墓和遗址》,《考古通讯》1956 年第 6 期,第 65 页。该文中有"西有门和棂窗",两者所指,不知是否为同一墓葬。

④ 南京博物院:《徐州青山泉白集东汉画像石墓》,《考古》1981 年第 2 期,第 137～150 页。

⑤ 南京博物院:《徐州茅村画像石墓》,《考古》1980 年第 4 期,第 347～352 页。

（现南京市高淳区）檀村东汉画像砖墓，墓室左、右、后三壁开有三扇直棂假窗[①]。且前两者的倚柱和壁柱均刻有瓜棱纹[②]（图 3-2-6、7）。也许这其中有外来因素的影响。

图 3-2-3　白集汉墓直棂窗

图 3-2-4　茅村汉墓直棂窗

图 3-2-5　茅村汉墓直棂窗细部

① 陈兆善：《高淳县檀村东汉画像砖墓》，中国考古学会编：《中国考古学年鉴 1987》，北京：文物出版社，1988 年版，第 141 页。

② 王德庆：《江苏邳县白山的汉画像石墓和遗址》，《考古通讯》1956 年第 6 期，第 65 页。该文也提到汉画像石墓内"中间支四根八棱石柱分隔，……"，不知是否与《江苏邳县白山故子两座东汉画像石墓》一文中，有重复的一座墓。

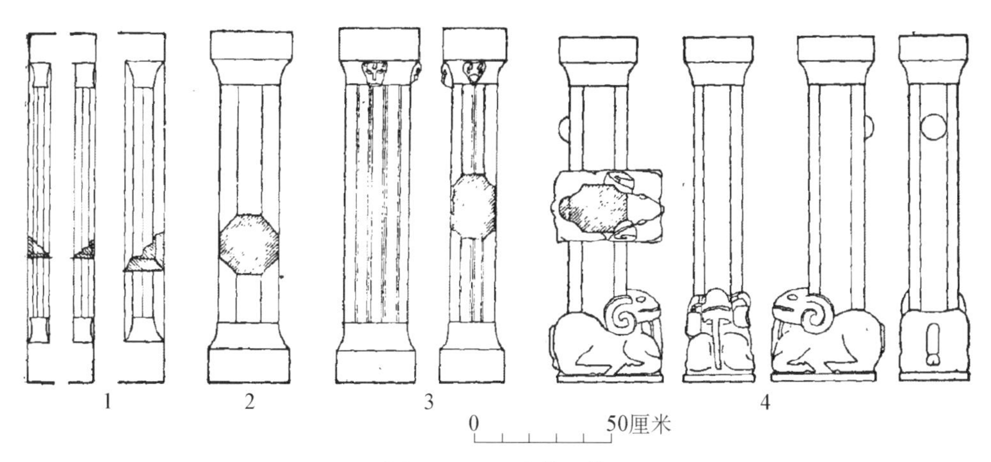

图3-2-6　白集石柱

江苏铜山斑井一号墓出土蟠龙石柱(图3-2-8);新沂瓦窑汉画像石墓,亦出现盘龙石柱,柱身雕盘龙,柱础素面无纹(图3-2-9)[①]。这样的情况,在浙江海宁长安镇汉画像石墓中,也有发现,只不过后者是雕刻的画像石[②](图3-2-10)。

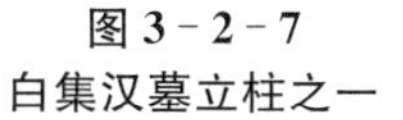

图3-2-7
白集汉墓立柱之一

图3-2-8　铜山斑井一号墓出土蟠龙石柱

图3-2-9　新沂瓦窑汉画像石墓盘龙石柱

① 徐州博物馆、新沂县图书馆:《江苏新沂瓦窑汉画像石墓》,《考古》1985年第7期,第614~618、626页。
② 岳凤霞、刘兴珍:《浙江海宁长安镇画像石》,《文物》1984年第3期,第47~53页。

图 3-2-10　海宁长安镇汉画像石墓前室北壁盘龙柱

汉代楚(彭城)国画像石墓壁使用石材朝向墓室内面一般加工较平整,且墓葬中还出现过四壁装饰漆绘木板的情况[①],或许当时实际生活中建筑也是如此。

有学者认为,采用叠涩顶"不仅节约用材,又坚固,而且增加空间面积,在建筑学上是非常好的设计,无疑是工匠们长期实践中总结出来的知识"[②]。徐州贾汪地区石室墓葬,发现中室有采用"拱式石梁建筑,把南北两端压力减少,同时把顶口裁为两半,分散了顶盖的压力。这种拱形结构要比条形的优越,不易折断"[③]。

汉代楚(彭城)国画像石墓的建筑形制较为完备。彭城相缪宇墓遗留墓垣建筑(图 3-2-11),是极重要的考古资料,目前全国仅有 6 例(见本书第七章注释中的统计表)。缪宇墓垣墙基础为夯土和碎石,墙体由加工过的条石叠砌四层而成,最下一层条石宽 0.84 米、高 0.30 米;第二层宽 0.77 米、高 0.36 米,上部抹角处凿刻

① 南京博物院、邳县文化馆:《东汉彭城相缪宇墓》,《文物》1984 年第 8 期,第 22～29 页。
② 南京博物院:《徐州青山泉白集东汉画像石墓》,《考古》1981 年第 2 期,第 137～150 页。
③ 南京博物院:《徐州贾汪古墓清理简报》,《考古》1960 年第 3 期,第 32～33 页。

凹弧;第三层宽 0.71 米、高 0.47 米;第四层宽 0.71～0.80 米、高 0.14～0.20 米,顶面凿成屋檐状坡面,浮雕瓦垄、瓦当,瓦当饰云纹,大瓦当直径 10.0 厘米、小瓦当直径 5.0 厘米(图 3-2-12)。北墙复原后通高 1.35 米,内侧上下垂直,外侧上部略内收,顶部檐缘外伸①。

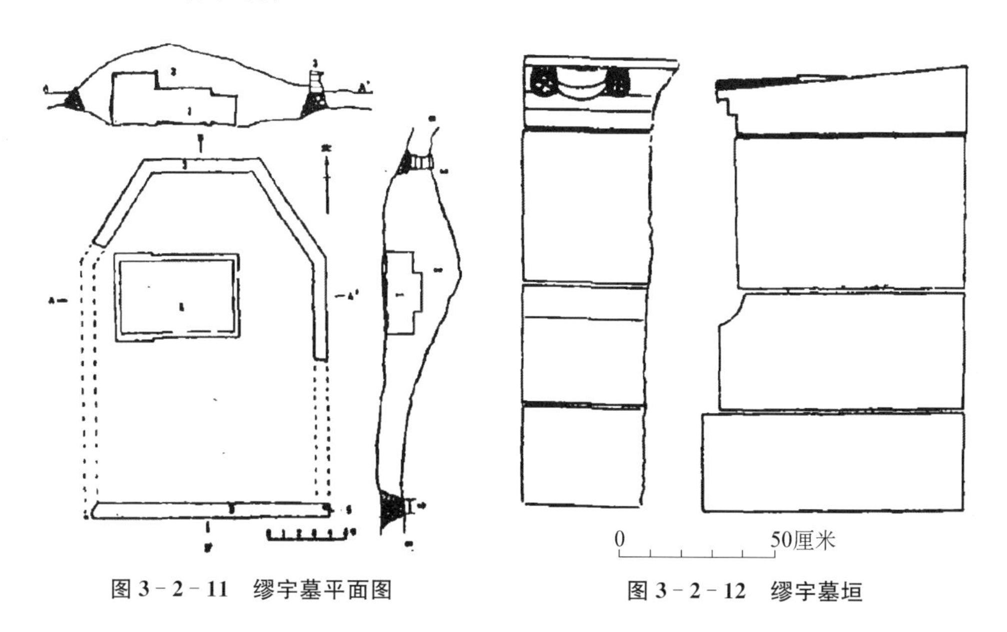

图 3-2-11 缪宇墓平面图

图 3-2-12 缪宇墓垣

目前,已知徐州地区两汉砖石墓建筑等级最高的是土山彭城王(王后)陵,石室墓葬建筑等级则是拉犁山一、二号汉墓(彭城王侯或僚属),在本书第二章第五节中已经有较详尽的论述,这里从略。

徐州地区比较重要的汉画像石墓葬有:茅村汉墓、白集汉墓、十里铺汉墓(砖石墓)、缪宇墓、白山故子两座汉墓等,本书仅介绍前两座墓葬。

表 3-2-1 汉代楚(彭城)国石室墓葬建筑早期、晚期对照表

分期	砌筑及形制特点	墓室平面	典型墓葬资料	备 注
早期	壁石板砌筑,且一般有画像石刻,顶用石板直接横铺。	前后室,后室置棺	铜山汉王“元和三年”画像石墓	详见附录一表 1-3

① 南京博物院、邳县文化馆:《东汉彭城相缪宇墓》,《文物》1984 年第 8 期,第 22～29 页。有关帝陵垣墙资料等,可见该文 28 页。

续 表

分期	砌筑及形制特点	墓室平面		典型墓葬资料	备 注
晚期	个别墓石板有穿壁纹图案，墓主身份低。	1	单室墓	狮子山砖瓦二厂M3	详见附录一表1－2
	由横前室和竖后室组成。墓顶极少平顶，多为叠涩顶，口径由大到小，一般2～3层，最多7层，最后用小石板封闭顶口。墓室结构复杂，较大的设耳室、回廊等；有些在地面上设石祠堂和墓垣。另双后室一般设双门。	2	凸字形单后室	茅村M2	详见附录一表3－8
				周庄汉墓	详见附录一表3－4
			凸字形双后室	邳县白山故子M1	详见附录一表2－9
				新沂瓦窑汉墓	详见附录一表3－11
			凸字形三后室	邳县郇楼汉墓	
				铜山县洪楼汉墓	详见附录一表3－4
	方法同2，普遍设耳室，耳室附于前室或中室左右侧，或兼而有之，一般左右对称。同时一般还带有回廊，有建于墓室四周或一侧等，个别墓前还建有祠堂。	3	前、中、后三室墓	铜山县苗山汉墓	详见附录一表3－4
				拉犁山M1	详见附录一表4－2
				茅村汉画像石墓	详见附录一表2－1
				青山泉白集东汉画像石墓	详见附录一表3－9
				利国画像石墓	详见附录一表3－6
				岗子一、二号墓	详见附录一表3－6

第三节　汉画像石墓举要

一、茅村汉画像石墓

(一) 概况

茅村汉画像石墓位于徐州市北12公里的铜山县茅村乡凤凰山东麓。其西为山峰，北为丘陵，南为河流，东为平原，墓向朝东，是背山面水的风水宝地。

该墓建于东汉灵帝熹平四年(公元175年)，六朝时被盗，宋代又重新利用。墓室用条石砌成,分前、中、后三室及四个侧室和一个长廊,墓室内部东西长 14 米,南北宽 6.9 米,建筑面积达 70 余平方米(图 3-3-1)。各室高低不一,中室最高约 3 米,前后室高约 2 米。其前、中两室四壁有画像石 18 块,浅浮雕,内容丰富,为一座典型的汉画像石墓。

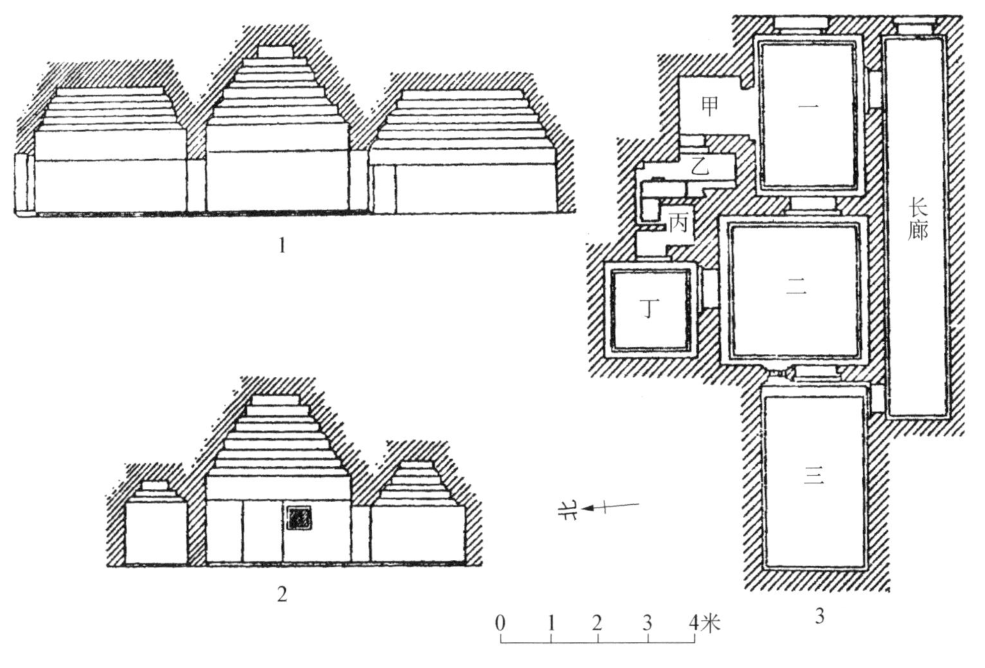

图 3-3-1 茅村汉墓平面图

表 3-3-1 茅村汉画像石墓建筑形制表

序号	墓室	规格		墓顶	壁面装饰
		大小及说明	面积/m²		
1	前室	3.15＊2.15	6.773	叠涩顶	四壁上部均有汉画像石。西壁下门两边有画像石
2	中室	2.84＊2.85	8.094	叠涩顶	四壁上下均有画像石。大部分是表现墓主生前享乐生活的场面
3	后室	3.67＊2.12	7.780	叠涩顶	壁面加工平整,经过打磨
4	甲侧室	1.17＊1.25	1.463	叠涩顶	同上
5	乙侧室	2.08＊0.75	1.56	叠涩顶	同上

续 表

序号	墓室	规格		墓顶	壁面装饰
		大小及说明	面积/m²		
6	丙侧室	0.58 * 0.83+ 0.66 * 0.5	0.811	叠涩顶	同上
7	丁侧室	2.01 * 2.01	4.04	叠涩顶	同上
8	长廊	1.23 * 8.0	9.84	叠涩顶	同上
9	其他	过道、走廊等	29.639		
合计			70 余		

图 3-3-2 茅村汉墓前室与中室门洞

(二) 建筑形制

茅村汉画像石墓墓室均用条石砌成，其间灌有灰浆，铺地也为条石。这种石板间利用有黏结材料的方法，在徐州石室墓中多有发现。如徐州黄山陇发现的汉代壁画墓石板间“用石灰勾缝，坚固异常”[①]。还有石板间用泥浆或瓦片、泥浆抹缝(缝隙较大时)的情况[②]。在徐州市小山子石棺墓葬中，也用石灰勾缝[③]。

茅村汉墓墓室叠涩成顶，逐渐缩小，最上和井口相似，以大石条覆盖后再覆土成坟[④]。前(图 3-3-2、3)、中、后三室位于一条轴线上，四个侧室(图 3-3-4、5)和长廊(图 3-3-6)分别在两边。画像雕刻在墓门门楣上、前室四壁上部(图 3-3-7)及中室四壁上下，余室均无[⑤]，共 18 幅。

---

① 葛治功:《徐州黄山陇发现汉代壁画墓》,《文物》1961 年第 1 期,第 74 页。
② 南京博物院:《徐州茅村画像石墓》,《考古》1980 年第 4 期,第 347～352 页。
③ 江苏省文物管理委员会、南京博物院:《江苏徐州、铜山五座汉墓清理简报》,《考古》1964 年第 10 期,第 504～519 页。
④ 《茅村汉画像石墓》,邓毓昆主编:《徐州胜迹》,上海:上海人民出版社,1990 年版,第 93 页。
⑤ 王献唐:《徐州市区的茅村汉墓群》,《文物参考资料》1953 年第 1 期,第 46～50 页。

图 3-3-3　茅村汉墓前室回望

图 3-3-4　茅村汉墓侧室之一

图 3-3-5　茅村汉墓侧室之二

图 3-3-6　茅村汉墓长廊(局部)

图 3-3-7　茅村汉墓前室一侧画像石(局部)

墓门东向，入内为长方形前室，后为近正方形中室，再后是放置死者棺木的后室。后室与中室之间，除有相通的门户外，还有直棂窗相隔。可见，前室是迎来送往的前庭、中室是活动的前堂、后室是安息的后寝，整个墓葬模拟了阳间的“前堂后寝”建筑。三室葬制、二室葬制均准此[①]。

二、白集汉画像石墓

(一) 概况

白集位于徐州市东北约30公里，属铜山县青山泉乡。这一带四周环山，石料丰富，汉画像石墓常有发现。

该墓采用平地起坟方法建造。周围一片平地，墓葬高出现地面约2米多，现存封土东西24.97、南北30.0米(图3-3-8、9)。

图3-3-8　五十年代白集汉墓外景

图3-3-9　白集汉墓陈列馆

汉墓由祠堂与墓室两部分组成。祠堂在前，墓室在后，两者位于一个中轴线上，全部用当地盛产的青石料建筑，受到山东地区墓祠形式的影响和发展[②]。该祠堂并非立于地面之上，而是用块石围成一圈后，封于土中[③]。

---

① 见本书第十章《汉代“建筑明器”随葬思想初探》有关内容。并且，笔者认为，就是一室葬制，由于受到等级、经济等因素的限制，在形式上没有将“前堂后寝”表现出来。但这时的甬道、墓道等，往往兼有了祭祀、储藏等类似前堂的功能。从这个角度看，也许我们可以认为，其哲学思想仍然是要竭力保持“前堂后寝”的格局。

② 南京博物院：《徐州青山泉白集东汉画像石墓》，《考古》1981年第2期，第137～150页。该文148页，对汉代墓葬前的祠堂建筑，作了初步探讨。

③ 徐建国：《徐州汉画像石室祠建筑》，《中原文物》1993年第2期，第53～60页。

(二) 建筑形制

1. 祠堂

面阔一间 2.19、进深 1.5 米(均以内壁计,下同),顶部已塌(图 3-3-10)。以两块石板横列平铺作室底,其下由碎石夹拌砂浆土夯打砌基。门向正南,无门楣、门扉等,东、西、北三壁均用整石凿成,竖砌在室底石板基座上,其间连以子母榫,坚固结实。由东西山墙残迹推断,屋顶原为悬山式,檐、椽和瓦可能与已经发掘的汉代石室祠堂一样[①],都用整块石料凿成。山墙现高 1.98 米,加上底部及屋顶,通高当在 2 米以上。复原见图(图 3-3-11)[②]。

图 3-3-10
白集汉墓祠堂屋顶残石

图 3-3-11　石室白集祠堂复原图

2. 墓室

位于祠堂后 8.56 米,墓向朝南,三室制,基本在一条轴线上,左右对称(图 3-3-12)。由于墓葬是对现实生活中居住建筑的模拟,因此,这实际上反映了墓主身前建筑,是严格按照礼制要求建造的[③]。中室两侧分别有一耳室,两个后室,全长 8.85 米。中室三立柱中,以西立柱造型最为别致,并且通向各室均有倚柱作为装饰。西后室面积大且高(图 3-3-13),东后室面积小且低(图 3-3-14)。按"男尊女卑"之制,则西为男性墓主,东为女性墓主[④]。整个墓室都建成前低后高,中部又高于四周,形成墓葬内部的自然排水系统。

---

① 关于汉代祠堂建筑资料,见论文第九章注释有关内容。

② 徐建国:《徐州汉画像石室祠建筑》,《中原文物》1993 年第 2 期,第 53～60 页。

③ 见论文第十章有关内容。

④ 南京博物院:《徐州青山泉白集东汉画像石墓》,《考古》1981 年第 2 期,第 137～150 页。

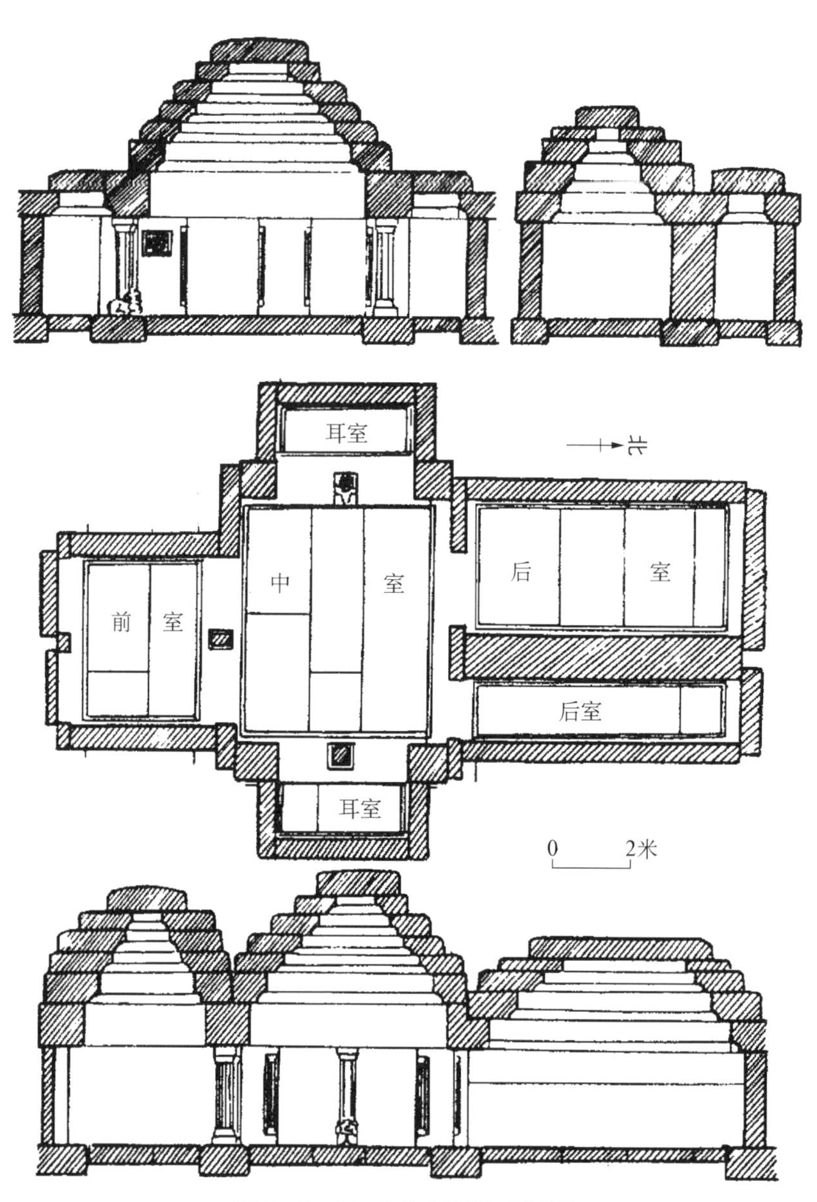

图 3－3－12　白集汉墓平、剖面图

图 3-3-13　白集汉墓西后室

图 3-3-14　白集汉墓东后室

表 3-3-2　白集汉墓建筑形制表

序号	墓室	规格		墓顶	地面、壁面、顶面装饰
		大小及说明	面积/m^2		
1	前室	2.13 * 2.16 * 2.97(高)	4.572	叠涩顶	用三块石板铺地;石板砌壁;顶部用四层条石叠涩而上,缩小成3.96平方米的顶口,以方形石板盖顶
2	中室	3.9*2.4*3.15(高)	9.36	叠涩顶	五块石板铺地;壁面石板刻装饰倚柱,柱身瓜棱涂绘朱色;顶部用五层条石叠涩而上,缩小成长0.75、宽0.45米的顶口,以藻井石盖顶
3	东后室	3.24 * 0.66 * 1.65(高)	2.138	叠涩顶	一块石板铺地;石板砌壁;顶部一层条石叠涩成顶口
4	西后室	3.24 * 1.65 * 2.37(高)	5.346	叠涩顶	四块石板铺地;石板砌壁;室顶用三层条石叠涩成顶口
5	东耳室	1.50 * 0.60 * 1.65(米)	0.9	叠涩顶	一块石板铺地;石板砌壁;顶部一层条石叠涩成顶口
6	西耳室	1.56 * 0.54 * 1.65(米)	0.842	叠涩顶	一块石板铺地;石板砌壁;顶部一层条石叠涩成顶口
7	其他	过道、走廊等	约6		
合计			约30		

第四节　建筑形制分析

一、经济发达文化与石室墓墓室多寡

统计表明，徐州地区已发掘的汉代石室墓葬建筑，绝大多数都是汉画像石墓，这无疑说明了汉代楚(彭城)国经济、文化之发达。因为汉画像石墓比较起一般墓葬来说，需要消耗更多的人力、物力，没有较雄厚的经济基础是不可能的。发现的汉画像石墓葬中石材上刻铭，动辄“直万”“五百万”就可证明[①]。当然，如果没有汉时发达的墓葬思想，缺少了文化习俗需求，也是不可能出现的。

与此同时，它也说明汉代楚(彭城)国科技之进步。汉画像石雕刻，必然要具备先进的冶铁炼钢技术、加工技术及各种各样发达的工具。

还可以说明徐州作为汉文化最重要的发源地之一，其高度发达的汉画像石与其它地区相互之间必然具有的深刻影响。汉代汉画像石已经是专业化的加工制作，徐州本地的汉墓中也可说明专门从事汉画像石雕刻的工匠群的存在[②]，说明汉代商品经济之发达。这些都佐证徐州汉代墓葬文化所具有的重要历史地位。

徐州地区石室墓葬早期，已出现前、后分室的情况，在全国来说也是相当早的。或许，这也对应了“南阳汉画像石墓一诞生便具备了第宅化建筑风貌的雏形”[③]。但是，徐州三室墓葬的出现相对要晚得多。笔者认为，这应该与徐州地区石室墓葬发达，砖室墓葬相对较弱，有很大的关系。毕竟利用石室墓葬，来建造更大的模拟现实生活建筑物的三室墓葬要更为困难(受限于人力、物力、时间等)，而利用砖室墓葬则相对较容易。一般认为“三室墓的前室象征庭，中室即明堂，后室(后寝)即

① 据山东微山两城画像石刻题铭。山东省博物馆等:《山东汉画像石选集》图32，济南:齐鲁书社，1982年版。另《水经注·育水条》记:“蜀郡太守姓王，字子雅，南阳西鄂人，有三女无男，而家累千金。父没当葬，女自相谓曰:先君生我姊妹，无男兄弟，今当安神玄宅，翳灵后土，冥冥绝后，何以彰吾君之德? 各出钱五百万，一女筑墓，二女建楼”。(北魏)郦道元:《水经注》，北京:时代文艺出版社，2001年版，第239页。

② 徐州博物馆:《江苏徐州市清理五座汉画像石墓》，《考古》1996年第3期，第28～35页。

③ 闪修山:《汉郁平大尹冯君孺人画像石墓研究补遗》，《中原文物》1991年第3期，第75～79页。

'正藏'。三室墓的两侧亦往往辟有耳室。"[①]目前,最早发现采用这种葬制的是河南唐河新店一座西汉末年画像石墓(即唐河汉郁平大尹冯君孺人画像石墓[②],图 3-4-1)。其他各地三室墓,基本上准此。

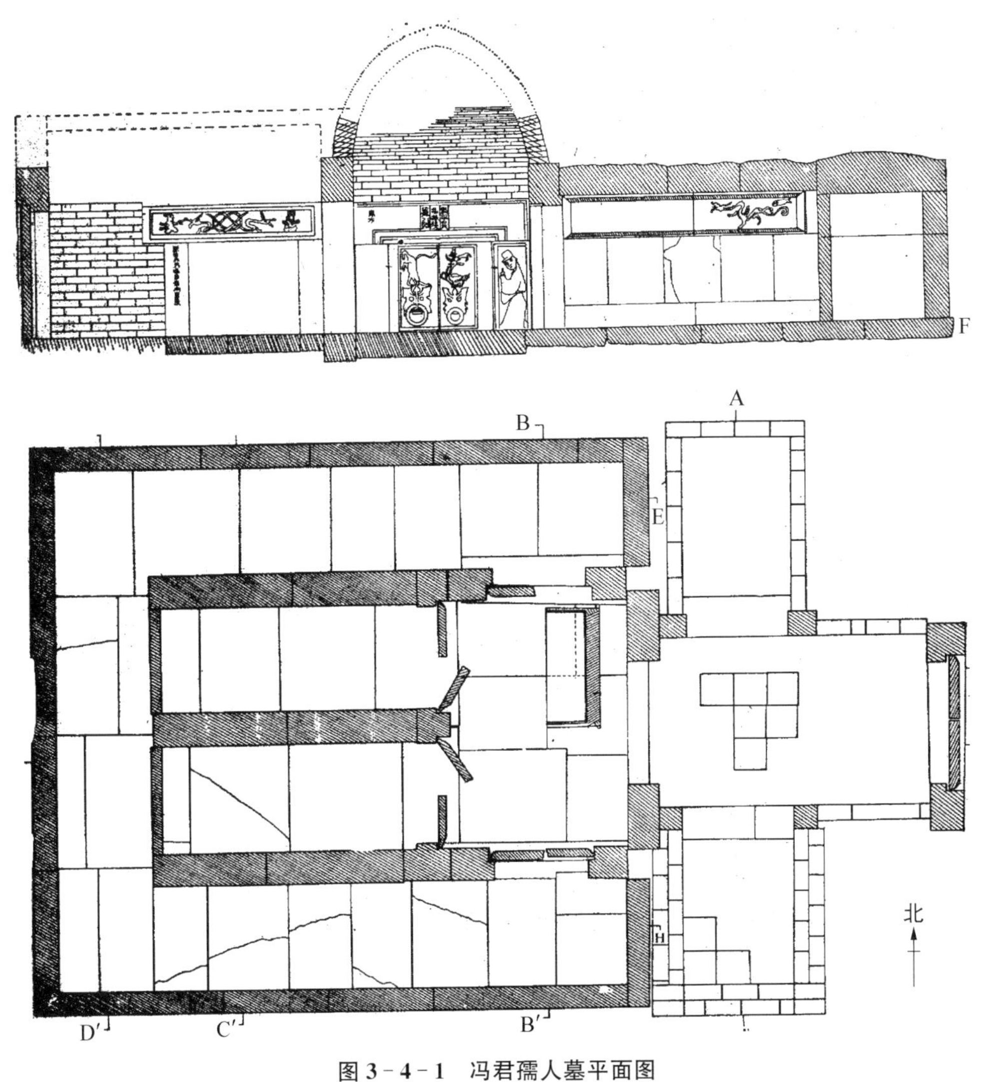

图 3-4-1　冯君孺人墓平面图

① 李如森:《汉代"外藏椁"的起源与演变》,《考古》1997 年第 12 期,第 59～65 页。

② 南阳地区文物队、南阳博物馆:《唐河汉郁平大尹冯君孺人画像石墓》,《考古学报》1980 年第 2 期,第 239～262 页。

二、画像内容与墓室位置紧密相连

我们要注意有关汉画像石墓墓葬形制与画像石位置的关系。

毫无疑问,汉画像石必然有一定的使用制度和用意。这是因为,汉画像石墓葬本身就是对生活中实际建筑的模拟。有学者研究南阳地区的汉画像石墓,认为墓葬中的汉画像石排列存在着一定的规律,"门柱刻门吏、奴婢等画像,门扉刻白虎铺首衔环或朱雀铺首衔环画像,门楣、墓壁刻二龙交尾、二龙穿环、应龙、神人、羽人、异兽、斗兽、兽斗、田猎、舞乐百戏、车骑出行、神话传说、历史故事等画像,墓顶刻日、月、星宿"[①](图 3-4-2);"墓门门楣、门框、门扇的画像内容与逐疾辟邪,严守门户的思想有关;主室门框的画像内容,与保护死者的思想有关;前室画像石的内容反映了墓主人生前的种种活动,似把前室作为迎来送往的客厅。主室是墓主人停放尸体处,画像题材多系历史故事并和'升仙'思想有关。侧、后室无画像,是放置随葬品的地方。墓室顶部多刻日、月、星宿、长虹等图,表示天空"[②]。

图 3-4-2　墓门画像石

1. 横额　2. 左竖框　3. 右竖框　4. 左门扇　5. 右门扇

有学者研究大量实例后,认为"神仙境界,人间生活与历史文化三大部分内容构成画像内容的主体,占据墓室中的主要地

① 南阳地区文物队:《方城党庄汉画像石墓——兼谈南阳汉画像石墓的衰亡问题》,《中原文物》1986 年第 2 期,第 45～51,120 页。"此时期(西汉晚期)的画像内容在墓中的位置已显示出一定的规律性。一般是在墓门楣正面刻画出二龙穿壁或二龙交尾、车骑出行或逐瘟驱魔等内容;门柱正面多刻门吏,但仍有少量图案存在;门扉正面图像大多为朱雀和白虎铺首衔环相对刻于墓门两扉之上。新莽之前的墓葬,其墓门仅在正面有画像,此时的墓门背面也出现门吏、武士之类的画像。墓室内多刻画舞乐百戏、拜谒宴饮以及反映儒家思想的历史故事等。此时个别纯石结构的墓葬顶部还出现了天文星象方面的画像";发展到东汉早、中期,"多数墓中画像内容显示出格式化的倾向,如门扉正面大都是白虎铺首衔环画像,驱鬼辟邪之意更加突出,西汉时的朱雀和白虎相对并列于门扉的画像较为少见;墓门楣正面多刻逐疫辟邪、祥瑞升仙图像;墓门立柱正面仍为门吏画像,且门吏上方常出现诸如熊、朱雀、仙鹤、多头神鸟等神禽瑞鸟。另外还有少量的建筑或装饰图案等画像,但这些画像一般所占画面极小,具有浓厚的装饰意味"。以上见:李陈广、韩玉祥、牛天伟:《南阳汉代画像石墓分期研究》,《中原文物》1998 年第 4 期,第 52～54 页。这说明墓葬中画像石内容是前后继承,不断发展变化的。

② 周到、李京华:《唐河针织厂汉画像石墓的发掘》,《文物》1973 年第 6 期,第 26～40 页。

位。虽然各个墓中这几部分的比重不尽一致,但是它们各部分在墓室中的分布位置却大体相同,反映出一定的规律。综合汉代画像石墓的画像分布情况,可以看出:表现神仙天界的画像大多安排在墓室的顶部或四壁上部(包括上横额)。描写墓主人世生活场景的画面则安排在墓室四壁的中部。表现历史故事的画像或安排在生活场景之下,或穿插在生活场景之中。前室是墓主男性的外部活动世界,重现墓主的政务、交际、出行等活动。中室(无中室者亦安排在前室一部分)是庄园中的庭堂部分,表现日常享乐的宴饮百戏,以及财产田地等内容安排在这里。后室象征墓主的内寝及后园,表现寝卧、宴饮等家室活动。中小型的画像石墓往往不在后室刻画图像"(图 3－4－3),"对比自西汉晚期兴起的汉代彩绘壁画墓中各种内容壁画的分布情况,可以得出相同的结论";且作者认为"画像石墓中的分布规律,不仅仅是一种简单的偶合,而具有相当丰富的内在含义。实际上,它反映出汉代人们的宇宙观与人生观,是汉代人们企图在墓室中重现天地宇宙与人生模式的体现"①。

图 3－4－3 阙砖

徐州地区汉画像和装饰图案,同样如此。汉画像石中表现"历史故事和神话传说大都发现于祠堂四壁。祠堂是供后人祭祀的场所,布置这类内容,当与宣扬'孝悌'思想,祈告墓主升仙有关。不设祠堂的墓葬,这类内容则分别布置在前堂或中室。此外,车马出行、宾主宴饮、歌舞杂技等画像也主要设置在前室和中室。后室是放置死者棺木的地方,一般不雕刻画像,往往只在后壁雕刻凤凰双双交颈,以表示夫妻恩爱。《大傩图》《蹶张图》等都刻在后室门口,当与打鬼辟邪,保护墓主安全升仙有关。'耳室'即'外藏椁',象征仓库所在,室内多不另刻画像。但从结构保存完整的几座墓的情况看,耳室的门口往往雕刻兵器架、马厩或有关烹饪等画像,从这些画像内容和出土随葬品中,可以判断出这种耳室原应分别为武器库、马厩和厨房一类建筑。"②

其实,这种现象在四川出土的汉画像砖墓中,也有发现。冯汉骥先生研究认为"阙砖(代表了门前的阙观,笔者加)以后的各画像砖的排列,在墓中似无一定的顺

① 赵超:《汉代画像石墓中的画像布局及其意义》,《中原文物》1991 年第 3 期,第 18～24 页。

② 尤振尧:《略述苏北地区汉画像石墓与汉画像石刻》,南阳汉代画像石学术讨论会办公室编:《汉代画像石研究》,北京:文物出版社,1987 年版,第 62～74 页。

序”，但是冯先生接着写道“大体上言之，阙砖以后，则砌车马和出行等画像砖，再后砌生产及室宇等画像砖，最后则为墓主的生活及行乐等画像砖”[①]（图3－4－4）。远在大漠戈壁滩上的嘉峪关汉代画像砖墓，其画像砖的排列特点是“前室除庖厨饮宴及农耕、放牧外，主要反映狩猎、军事等内容，似专为表现男主人的生活；而中室与后室则多反映桑蚕绢帛等内容，似为表现女主人的生活内容”[②]。仔细分析一下，我们可以发现它们的排列有很多的相似之处。并且笔者认为，它们的墓葬思想内容、表现形式、使用方法是较为一致的，只是两者的材料不同而已，或者可以认为汉画像砖与汉画像石是孪生姐妹。有关两者之间的关系，颇值得深究。宋治民先生在《论新野樊集汉画像砖墓及其相关问题》一文中有较为深刻的论述，认为樊集画像砖是南阳画像石的源头[③]（笔者认为，其结论应该仅是针对南阳地区而言）。汉代壁画墓葬中，墓室壁画的题材内容和在墓葬中的具体位置，同样是密切相关的[④]。以上事例，都说明了汉代各种艺术之间，具有同样的艺术指导思想、相近的表现手法。

图3－4－4　武梁祠汉画像石

关于徐州地区汉画像石墓的缘起，李银德先生认为：“西汉晚期由于社会经济衰败，墓葬的规模已经大为缩小。全部用石板构筑的石椁墓是新出现的墓葬形制，部分椁板上出现画面简单的阴线刻物像，这种石椁画像墓，应是本地区流行于整个东汉时期画像石墓的起源”[⑤]；“徐州画像石墓兴起于西汉晚期，源于石椁墓。石椁墓在徐州西汉墓中属中小型墓葬，说明徐州画像石墓最初起源于社会的下层。这

① 朱锡禄编著：《武氏祠汉画像石》，济南：山东美术出版社，1998年版，第33页图。

② 嘉峪关市文物清理小组：《嘉峪关汉画像砖墓》，《文物》1972年第12期，第24～41页。

③ 宋治民：《论新野樊集汉画像砖墓及其相关问题》，《考古》1993年第8期，第741～750页。

④ 汤池：《汉画典范　爱不释手——读〈洛阳汉墓壁画〉》，《文物》1997年第9期，第94～95页。

⑤ 李银德：《徐州汉墓的形制与分期》，《徐州博物馆三十年纪念文集》，北京：燕山出版社，1992年版，第114页。

种下层社会因地取材的葬俗是很难被囿于传统礼制的汉代统治阶级接受的,这也是徐州画像石墓中第Ⅰ、Ⅱ类所占比例较小的原因所在(Ⅰ类指列侯墓葬、Ⅱ类指二千石以下官吏)”①。徐州地区发现的西汉竖穴墓葬,平面形制与木椁墓完全一致,也可作为证明②。

笔者认为,这种石椁墓也许又受到了早在仰韶文化时期就已出现的彩绘或泥塑的陶缸(即瓮棺)葬具的影响③,而后者正是后世各种彩绘葬具的源头(图3-4-5)。顺带说明,有人认为石棺葬起源于对石的崇拜④。亦有学者不赞同:居住在山区的民族“有丰富的石料。他们充分利用了山区多石的自然条件,就地取材建造坟墓,所以‘石棺葬’并不是出于对石的崇拜”⑤。或许,后者更有说服力。

图3-4-5 彩陶

由此,我们同样认为,徐州地区汉画像石墓的产生也是由于徐州地区广泛存在石材,这一客观条件下的自然结果,具有一定的地域特点。徐州地区的砖室墓葬则是在竖穴岩坑墓、石椁墓、石室墓葬等之后出现的。更何况,整个徐州地区“迄今未见汉画像砖墓发现,尽管该地区当时亦盛行砖室墓。究其原因,除了徐州附近多山、雕刻画像的石料丰富的原因外,更重要的是经济发达,尤与冶铁业的发展直接相关”⑥。综上所述,笔者认为,徐州地区汉画像石墓是直接来源于竖穴墓(包括石坑墓、石椁墓等)。

这与全国其他地区不同。南阳画像石是“受到了樊集画像砖的强烈影响,甚至可以

① 李银德:《徐州汉画像石墓墓主身份考》,《中原文物》1993年第2期,第36~39页。

② 徐州博物馆:《江苏徐州奎山西汉墓》,《考古》1974年第2期,第120~122页;邱永生:《铜山县凤凰山战国西汉墓群》,中国考古学会编:《中国考古学年鉴1987》,1988年版,第138页。

③ 河南省文物考古研究所:《河南汝州洪山庙遗址发掘》,《文物》1995年第4期,第4~11页;王鲁昌《论彩陶纹“×”和“Ж”的生殖崇拜内涵——兼析生殖崇拜与太阳崇拜的复合现象》,《中原文物》1994年第1期,第32~37页;王晓:《浅谈中原地区原始葬具》,《中原文物》1997年第3期,第93~100页。赵春青:《洪山庙仰韶彩陶图略考》,《中原文物》1998年第1期,第23~28页,“该遗址1号墓出土的100多件‘伊川缸’上,多施有彩绘,图案内容有天象、人物、动物、植物和装饰图案等”,等等。

④ 李绍伊:《我国文化考古研究新成果 石棺葬起源于对石的崇拜》,《人民日报》1985年12月23日,第1版。

⑤ 景爱:《石棺葬起源于对石的崇拜吗?》,《文物天地》1986年第2期,第44~48页。

⑥ 尤振尧:《苏南地区东汉画像砖墓及其相关问题的探析》,《中原文物》1991年第3期,第52~61页。

说南阳画像石在某些方面是樊集画像砖的继承和发展”[①]；赵成甫先生在《南阳汉代画像石砖墓关系之比较》一文中，明确认为“南阳的画像石墓起源于樊集画像砖墓”[②]。有学者研究商丘地区汉画像石的产生，同样认为是受到空心砖墓的影响或启发[③]。“南阳汉画像石墓的形制来源于空心大砖墓，空心砖墓又来源于战国木椁墓。……这就是画像石源于空心砖，反过来又给空心砖以影响”[④]。也就是说，发展到东汉时期的“画像砖很可能是接受了画像石艺术的影响，而大大地向前发展了一步”[⑤]。这正

① 宋治民：《论新野樊集汉画像砖墓及其相关问题》，《考古》1993 年第 8 期，第 741～751 页。

② 赵成甫：《南阳汉代画像石砖墓关系之比较》，《中原文物》1996 年第 4 期，第 78～83 页。

③ 阎根齐：《商丘汉画像石探源》，《中原文物》1990 年第 1 期，第 41～44 页。河南永城芒山柿园梁国国王壁画墓葬中，发现该墓葬水井“是用正方形的石板制成，上有阴线刻石像，内容为鸟、菱形纹饰等，可称为画像石的雏形”。有人认为，这正可以作为汉画像石墓起源于壁画墓的有力证明。

④ 周到：《河南汉画像石考古四十年概论》，《中原文物》1989 年第 3 期，第 46～50，59 页。

⑤ 周到、吕品、汤文兴：《河南画像砖的艺术风格与分期》，《中原文物》1980 年第 3 期，第 8～14 页。该文对南阳画像砖进行了分期（见下表）。

表 3－2　南阳汉画像砖分期表

分期	形制	技法	题　材	地　点
西汉时期	空心砖	阴线刻	功曹、执戈小吏、虎逐鹿、跪射、虎、马、朱雀、仙鹤、鸵鸟、鹰、鸟、变形纹、百乳纹、乳钉纹、乳钉柿蒂纹、云雷纹、菱形纹、五铢乳钉纹、双龙菱形纹	洛阳、郑州、禹县
东汉早期		浅浮雕	侍吏、骑射、猎虎、猎鹿、斗虎、斗牛、舞剑、饮牛、喂羊、演奏、“燕王、王相、武军”“狗咬赵盾”“孝子保”、西王母、东王公、羽人乘龙、羽人乘麟、三足乌、九尾狐、玉兔捣药、“东井灭火”、锥牛、斗猪、建鼓舞、长袖舞、斗鸡、凤阙、宫阙、方相氏、苍龙、白虎、犬逐鹿、虎逐鹿、猴熊相斗、夔、铺首衔环、植物	郑州、巩县、禹县、淅川县、郾城县、鄢陵县、洛阳
		阳线刻	拥彗门吏、亭长、持棨戟门吏、骑射、骑乘、宫阙、象人射凤、苍龙、鸵鸟、龟、鹤、鲫、井、树、龙纹、套环纹、方形 S 纹、菱形 S 纹、菱形纹、波浪纹、连续工字纹、连续山字纹	郑州、禹县、巩县、淅川县
		阴线刻	苍龙、朱雀、斗鸡、铺首衔环、菱形纹	郑州
		阴刻施阳线	庭院、骑射、人物、树、石、朱雀、青雀、铺首、∽纹、柿蒂云纹、柿蒂纹、云勾纹、方形云雷纹、百乳纹、钱纹	郑州、新乡、禹县
东汉晚期	空心砖方砖或长条砖	高浮雕	执盾门吏、伎乐、人物、“孔子问童子”、盘舞、材官蹶张、羽人乘飞廉、羽人六搏、鼓舞、“泗水取鼎”、牛车、建筑、青龙、白虎、套瑗、二龙穿环	新野县、南阳县
东汉早期晚期均有	小砖	阳线刻	虎逐鹿、双鱼、双犬、飞鸿、青龙、白虎、对饮、马、雄鸡、亚字纹、回字纹、动物变形纹、蚕变形纹、连环纹、菱形纹、钱纹、兽面纹、菱形四字纹、菱形方格纹、菱形田字纹、菱形五字纹、波浪纹、“门入憩”“大富昌乐未央”“元和三年”	许昌县、禹县、舞阳县、叶县、襄城县、漯河、郾城县、淅川县、内乡县、泌阳县

说明了画像石与画像砖等艺术之间的相互影响。当然,南阳汉画像石与全国各地的画像石、壁画或版画(图 3-3-6)之间,即它与其他形式的艺术(漆画、帛画、版画等),以及其他地区的画像石之间,也有着千丝万缕的联系①。

图 3-4-6 彩绘版画

正如有学者所论,徐州地区"盛行 400 多年的石构墓葬是和徐州的地质条件分不开的。徐州地处鲁南丘陵,境内冈峦密布,为建造石构墓葬提供了就地取材的便利条件。同时由于石材较木材价廉和坚固,更符合汉代(徐州)人营造千秋之宅的思想"②。由此"可见这些不同地区的汉画像石艺术主要是各自独立发展的,当然它们之间有着相互的交流和影响"③。

表 3-4-1 《考古》有关汉代楚(彭城)石室(棺、椁)墓葬表

(资料截止日期至 1999 年底)

序号	作(著)者	论文名称	期(卷)号、页码
1	朱江等	江苏铜山考古	1956 年 3 期,第 58～60 页
2	王德庆	江苏邳县白山的汉画像石墓和遗址	1956 年第 6 期,第 65 页
3	王德庆	江苏铜山安乐乡周庄村发现汉墓	1957 年 1 期,第 57 页
4	王德庆	江苏铜山东汉墓清理简报	1957 年第 4 期,第 33～38 页
5	南京博物院	徐州贾汪古墓清理简报	1960 年第 3 期,第 32～33 页

① 河南省博物馆:《南阳汉画像石概述》,《文物》1973 年第 6 期,第 16～25 页。
② 李银德:《徐州汉墓的形制与分期》,《徐州博物馆三十年纪念文集》,北京:燕山出版社,1992 年,第 124 页。
③ 宋治民:《论新野樊集汉画像砖墓及其相关问题》,《考古》1993 年第 8 期,第 741～751 页。

续 表

序号	作(著)者	论文名称	期(卷)号、页码
6	江苏省文物管理委员会、南京博物院	江苏徐州、铜山五座汉墓清理简报	1964年第10期,第504～519页
7	南京博物院	徐州茅村画像石墓	1980年第4期,第347～352页
8	南京博物院	徐州青山泉白集东汉画像石墓	1981年第2期,第137～150页
9	徐州博物馆	江苏新沂瓦窑汉画像石墓	1985年第7期,第614～618、626页
10	徐州博物馆	江苏徐州市清理五座汉画像石墓	1996年第3期,第28～35页

表3-4-2 《文物》有关汉代楚(彭城)石室(棺、椁)墓葬表

(资料截止日期至1999年底)

序号	作(著)者	论文名称	期(卷)号、页码
1	王献唐	徐州市区的茅村汉墓群	1953年第1期,第46～50页
2	李鉴昭	江苏铜山发现两汉六朝墓葬群	1954年第8期,第141页
3	李鉴昭	睢宁县土山发现汉代石墓群	1957年第3期,第81～82页
4	张寄庵	徐州市北郊檀山发现汉画像石墓	1960年第7期,第70页
5	葛治功	徐州黄山陇发现汉代壁画墓	1961年第1期,第74页
6	南京博物院、邳县文化馆	东汉彭城相缪宇墓	1984年第8期,第22～29页
7	南京博物院、邳县文化馆	江苏邳县白山故子两座东汉画像石墓	1986年第5期,第17～30页
8	仝泽荣	江苏睢宁墓山汉画像石墓	1997年第9期,第36～40页

表3-4-3 其他有关汉代楚(彭城)石室(棺、椁)墓葬表

(资料截止日期至1999年底)

序号	作(著)者	论文名称	出 处
1	徐州市博物院	徐州绣球山西汉墓清理简报	《东南文化》1992年3、4期,第107～118页
2	邱永生	徐州青山泉水泥二厂一、二号汉墓发掘简报	《中原文物》1992年1期,第91～96页

续 表

序号	作(著)者	论文名称	出 处
3	陈永清	邳县发现东汉彭城相缪宇画像石墓	《文博通讯》29 期 1980 年 2 月
4	李银德	徐州市屯里拉犁山东汉石室墓	中国考古学会编:《中国考古学年鉴 1986》,北京:文物出版社,1988 年版,第 123 页
5	邱永生	铜山县前沿子村东汉纪年画像石	中国考古学会编:《中国考古学年鉴 1986》,北京:文物出版社,1988 年版,第 141 页
6	王恺	徐州市屯里村东汉石室墓	中国考古学会编:《中国考古学年鉴 1987》,北京:文物出版社,1988 年版,第 141 页
7	耿建军	徐州小金山西汉墓	中国考古学会编:《中国考古学年鉴 1990》,北京:文物出版社,1991 年版,第 204 页
8	耿建军	徐州拉犁山二号东汉石室墓	中国考古学会编:《中国考古学年鉴 1990》,北京:文物出版社,1991 年版,第 208 页
9	夏凯晨	江苏邳县栖山汉画像石墓清理简报	《考古》编辑部编:《考古学集刊 2》,1982 年,第 106 页
10	邱永生	徐州发现纪年汉画像石墓	《中国文物报》1989 年 6 月 16 日,第 2 版

第四章　汉代楚(彭城)国砖室(石)墓葬建筑考

第一节　建筑分期

一、出现

砖室(石)墓:就是全部采用砖或砖材、石材结合砌筑而成的墓葬建筑。

汉代楚(彭城)国砖室(石)墓葬建筑,经过科学考古发掘且有资料发表者,据笔者粗略统计一共有28座(资料截止于2000年9月,表见本章末)。其中,砖室墓18座,砖石墓10座。确定年代最早的是新沂炮车镇砖室墓,报告认为是"西汉末年或东汉初叶"[①];最迟可至东汉末年[②];规模最大要数九女墩汉墓[③](图4-1-1)。

由此可见,徐州砖室(石)墓葬建筑比汉画像石墓要晚,且它们在徐州地区汉代墓葬中,所占比例较小。尤其是相对于全国其它地区发达的砖室(石)墓葬建筑而言,徐州地区相对没有广泛采用,砖材料使用种类也较少。

目前为止,徐州地区汉代铭文几何纹砖仅发现一例[④];在新沂县炮车镇[⑤]、睢宁

---

① 李鉴昭、王志敏:《江苏新沂炮车镇发现汉墓》,《文物参考资料》1955年第6期,第120～121页。

② 李鉴昭:《江苏睢宁九女墩汉墓清理简报》,《考古通讯》1955年第2期,第31～33页;江苏省文物管理委员会,南京博物院:《江苏徐州、铜山五座汉墓清理简报》,《考古》1964年第10期,第504～519页。

③ 李鉴昭:《江苏睢宁九女墩汉墓清理简报》,《考古》1955年第2期,第31～33页。

④ 潘政、志清:《徐州发现东汉墓群——铭文几何纹砖系首次出土》,《扬子晚报》2000年5月27日第B2版。该文报道:"徐州市日前发现11座东汉墓群,有7座已遭破坏,经考古工作者抢救性发掘出一批珍贵文物,其中铭文几何纹砖在徐州地区尚属首次发现。这个大型汉墓群位于铜山县三堡镇新庄村。墓葬均为砖室墓,方向为东西向或南北向,四壁为青砖垒砌,底部铺成'人'字形。随葬品有钱币、陶圈、陶盘等,其中镶贴在墓壁的铭文几何纹砖美观雅致,是难得的艺术品。这些随葬品的发现,对研究东汉文化具有重要价值"。

⑤ 李鉴昭、王志敏:《江苏新沂炮车镇发现汉墓》,《文物》1955年第6期,第120～121页。

县距山、二龙山汉墓群中，曾经出土过席纹或瓦脊纹的墓砖[①]；在新沂唐店汉墓中，出土过内端印方格纹和放射纹的楔形砖[②]等(图 4-1-2。其他详见本章表 4-1-1)。

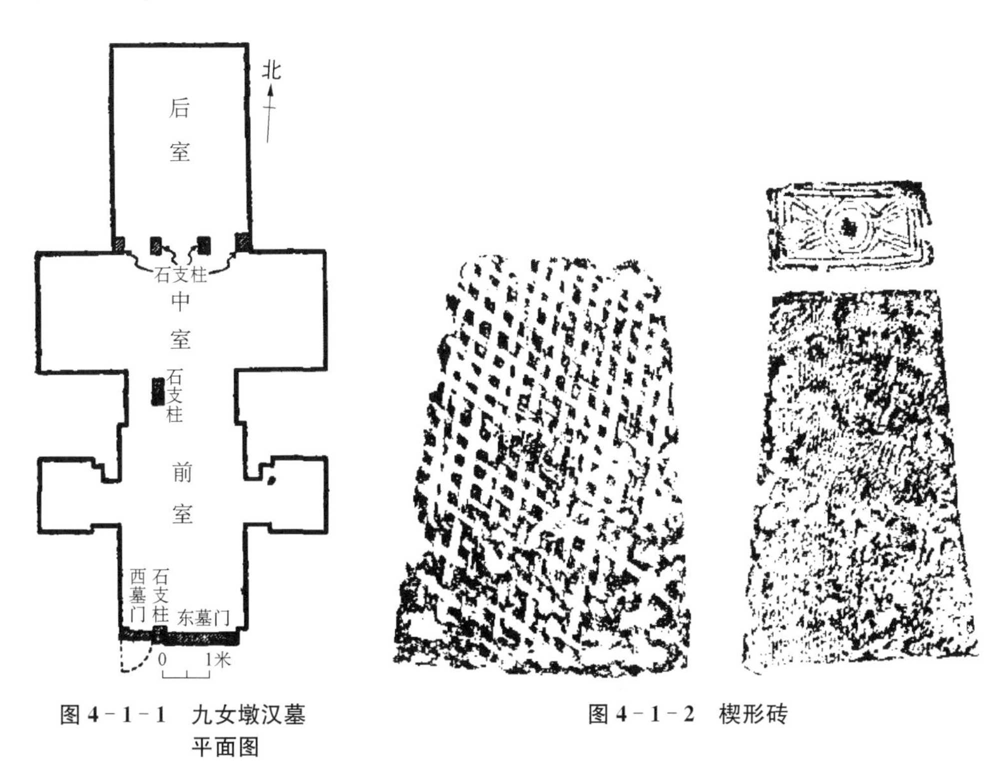

图 4-1-1 九女墩汉墓平面图

图 4-1-2 楔形砖

山东地区与徐州地理位置相临，情况也有相似之处。“山东地区用条砖铺砌墓底、砌造砖椁始见于青州戴家楼西汉墓(发掘资料存山东省文物考古研究所)，完整的砖室墓要到西汉晚期以后才出现”[③]。

相较于中原地区，在战国时期就已有较多的采用空心砖墓[④]。“在砖上刻写文字和利用条砖砌建墓室均始见于战国晚期的关中地区。西汉中期，砖室墓开始在中原地区流行。延至东汉后期，砖室、砖石墓葬建筑更成为绝对的主流”[⑤]。

① 佟泽荣:《江苏省睢宁距山、二龙山汉墓群调查》,《东南文化》1993 年第 4 期,第 36～46 页。

② 吴文信:《江苏新沂东汉墓》,《考古》1979 年第 2 期,第 188～189 页。

③ 黄展岳:《早期墓志的一些问题》,《文物》1995 年第 12 期,第 51～58 页。

④ 王仲殊:《中国古代墓葬概说》,《考古》1981 年第 5 期,第 449～458 页。

⑤ “中原地区从西汉前期流行空心砖墓，到西汉晚期用小砖墓代替”青海省文物考古工作队:《青海大通县上孙家寨一一五号汉墓》,《文物》1981 年第 2 期,第 16～21 页。

二、分期

依据时间顺序，对应于石室墓葬建筑，参照李银德先生的划分方法[①]，笔者同样将汉代楚（彭城）国砖室（石）墓葬建筑，划分为早、晚两期：

早期：西汉末至东汉早期（西汉末—光武帝—章帝）

晚期：东汉晚期（和帝—东汉末）。

表 4-1-1　汉代楚（彭城）国砖室（石）墓葬建筑早、晚期对照表

<table>
<tr><th>分期</th><th colspan="4">砌筑及形制特点</th><th colspan="2">墓室平面</th><th>典型墓葬资料</th></tr>
<tr><td rowspan="3">早期</td><td rowspan="2">砖室</td><td colspan="3" rowspan="2">墓葬全部用青砖砌成，砌法均为二顺一丁。多室墓出现三室制</td><td>1</td><td>单室墓</td><td>驼龙山汉墓</td></tr>
<tr><td>2</td><td>多室墓</td><td>刘楼汉墓</td></tr>
<tr><td>砖石</td><td colspan="3">墓葬用砖石混筑而成，墓门由双扇石门、门额、地栿组成，墓壁也用石板砌筑，个别用砖砌，墓底以长方形砖铺地</td><td></td><td>单室墓</td><td>利国刘湾汉墓</td></tr>
<tr><td rowspan="10">晚期</td><td>砖室</td><td colspan="3">一般较小，单室、无墓道。砌法均为二顺一丁，墓底用长方形砖、楔形砖错缝平铺。墓室一般长 3 米余、宽 0.6 米，个别甚至宽不足 0.5 米</td><td></td><td>单室墓</td><td>奎山砖瓦厂墓群</td></tr>
<tr><td rowspan="9">砖石</td><td rowspan="2">A</td><td colspan="2" rowspan="2">墓葬主体建筑使用石料，即四壁用石板砌成，顶部用楔形砖砌成</td><td rowspan="2"></td><td rowspan="2"></td><td>东甸子 M1</td></tr>
<tr><td>黄山垅 M1</td></tr>
<tr><td rowspan="7">B</td><td rowspan="7">墓葬主体建筑使用砖构成，局部使用石材</td><td rowspan="5">墓门包括门扉、额、地栿等全部用石材砌成，墓室和挡土墙全部用砖砌成。规模较小。并用条石砌筑封门墙和甬道前端两壁</td><td rowspan="5">1</td><td rowspan="5">单室墓</td><td>韩山 M1</td></tr>
<tr><td>韩山 M2</td></tr>
<tr><td>黄山垅 M2</td></tr>
<tr><td>利国 M1</td></tr>
<tr><td>土山 M1</td></tr>
<tr><td rowspan="2">除墓门外，墓内各室立柱也用石材。墓道、甬道、墓室均为砖砌，地面用长方形、楔形砖。规模较大</td><td rowspan="2">2</td><td rowspan="2">多室墓</td><td>十里铺汉墓</td></tr>
<tr><td>九女墩汉墓</td></tr>
</table>

① 李银德：《徐州汉墓的形制和分期》，《徐州博物馆三十年纪念文集》，北京：燕山出版社，1992 年版，第 116 页。

第二节 建筑形制

一、砖室墓

就墓室而言,虽然汉代楚(彭城)国砖室墓葬建筑在早期就已出现单室、多室等平面形式,但一直到东汉晚期,多数砖室墓葬都还仅有一个墓室,表现出发展的停滞性(具体原因,见本章第三节)。

墓砖:一般使用的墓砖可划分为长方形砖、楔形砖两种。通常长方形砖铺地、砌壁,铺地成席纹(即"人"字纹[①])或平铺,也有用楔形砖铺地,如十里铺汉墓[②](图4-2-1)。在广州东山东汉墓中,还有用木板铺地的情况[③]。墓壁砌法多用三顺一丁,睢宁县刘楼东汉墓采用二顺一丁法[④]。楔形砖用来起券,建造墓顶。墓砖花纹较少,墓壁一般不再另行处理。

值得注意的是新沂炮车镇汉砖室墓。考古发掘报告认为是"穹窿形建筑的古墓"[⑤],其年代被定为"西汉末年或东汉初叶"。如文中结论正确,或许它是我国目前已知汉代砖室墓葬中,采用此建筑形制的最早砖室墓葬。

睢宁县刘楼汉墓出土有铜缕玉衣(发掘报告认为"可能另有银缕玉衣"),且为前、中、后三室制(参见第三章图3-2-1),墓砖铭文中有"司空"字样等,或与下邳国王族有关[⑥],可为汉代楚(彭城)国砖室墓葬的代表。

二、砖石墓

汉代楚(彭城)国砖石墓葬的表现,比起砖室墓葬要杰出的多。由早期几乎全

---

① 吴文信:《江苏新沂东汉墓》,《考古》1979年第2期,第188~189页;潘政、志清:《徐州发现东汉墓群——铭文几何纹砖系首次出土》,《扬子晚报》2000年5月27日第B2版。

② 江苏省文物管理委员会、南京博物院:《江苏徐州十里铺汉画像石墓》,《考古》1966年第2期,第66~83页。

③ 广州市文物管理委员会:《广州东山东汉墓清理简报》,《考古通讯》1956年第4期,第12~17页。

④ 睢文、南波:《江苏睢宁县刘楼东汉墓清理简报》,文物编辑委员会:《文物资料丛刊·第4辑》,北京:文物出版社,1981年版,第112页。发掘报告称为"二横一竖法"。

⑤ 李鉴昭、王志敏:《江苏新沂炮车镇发现汉墓》,《文物参考资料》1955年第6期,第120~121页。

⑥ 睢文、南波《江苏睢宁县刘楼东汉墓清理简报》,文物编辑委员会:《文物资料丛刊·第4辑》,北京:文物出版社,1981年版,第114页。

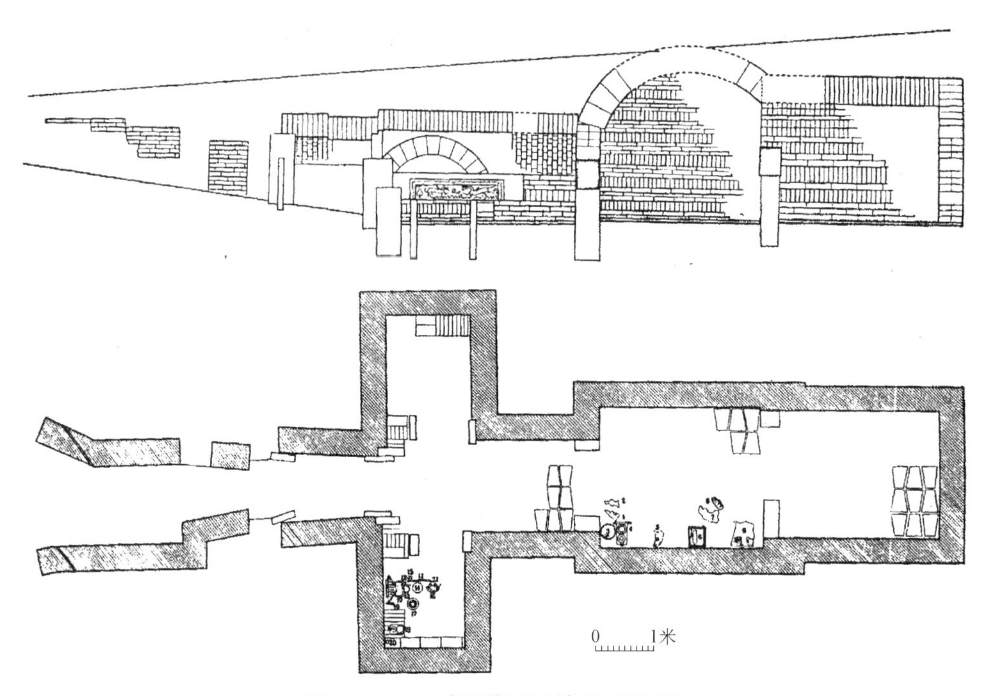

图 4-2-1 砖石墓十里铺平、剖面图

为单室墓,发展为以多室墓葬为主,且墓葬中一般都有画像石。笔者认为,这应该是徐州独特地形条件下的必然结果,由于石料资源丰富、石室墓葬的发达,限制了砖室墓葬的发展,但也为砖室(石)墓葬建筑材料、技术等提供了保证。当然,这也是汉代徐州地区人民的葬俗使然,"物不朽者,莫不朽于金石"①。同时这些墓葬也很好地表现了当时人们的科技水平,因为在砖石墓葬中,石材正是使用在整个墓葬的主要受力部位和受力结点上,如作为门楣、门框、过梁、立柱、墙基等,并使用于墓室之间的连接处,以加强墓葬的整体性②。

砖室(石)墓葬主要用材为砖(一般分长方形砖、楔形砖两种)、石(一般石材、刻铭石材、画像石)及黏结材料等。长方形砖用来砌墓壁(一般还有部分墓壁使用石造③),砌

① 严可均:《全上古三代秦汉三国六朝文》,北京:中华书局,1958 年版,第 876 页。有关汉画像石产生的原因,可见本书第六章中有关内容。

② 江苏省文物管理委员会,南京博物院《江苏徐州十里铺汉画像石墓》,《考古》1966 年第 2 期,第 66~83 页。

③ 南京博物院:《徐州土山东汉墓清理简报》,《文博通讯》1977 年第 15 期,第 18~22 页;李鉴昭:《江苏睢宁九女墩汉墓清理简报》,《考古》1955 年第 2 期,第 31~33 页;江苏省文物管理委员会、南京博物院:《江苏徐州、铜山五座汉墓清理简报》,《考古》1964 年第 10 期,第 504~519 页;徐州博物馆、赣榆县图书馆:《江苏赣榆金山汉画像石墓》,《考古》1985 年第 9 期,第 793~798 页。

法多三顺一丁,也有二顺一丁砌法。

楔形砖起券(也有墓道、甬道壁使用的情况[①]。),有“并列式”券法(图4-2-2)、“联锁式”券法[②]等,也有使用石板覆盖墓顶[③]。徐州市铜山县茅村乡大山汉画像石墓(图4-2-3);贾汪青山泉张山汉画像石墓,前室为石结构用叠涩顶、后室为砖结构用拱券顶[④]。笔者认为,这应反映了石室墓与砖室墓过渡期的特征。

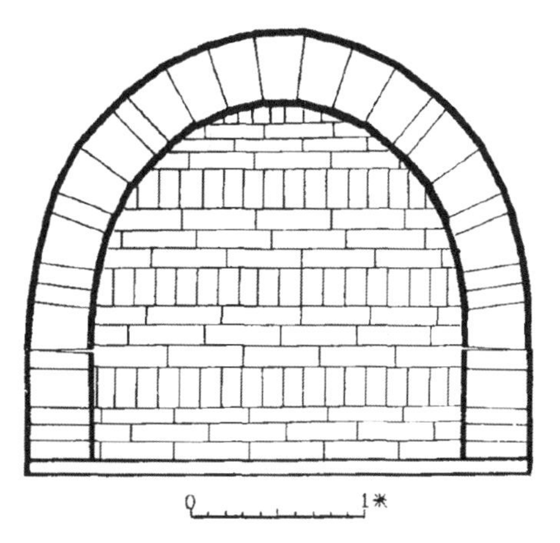

图4-2-2 后室楔形砖券顶

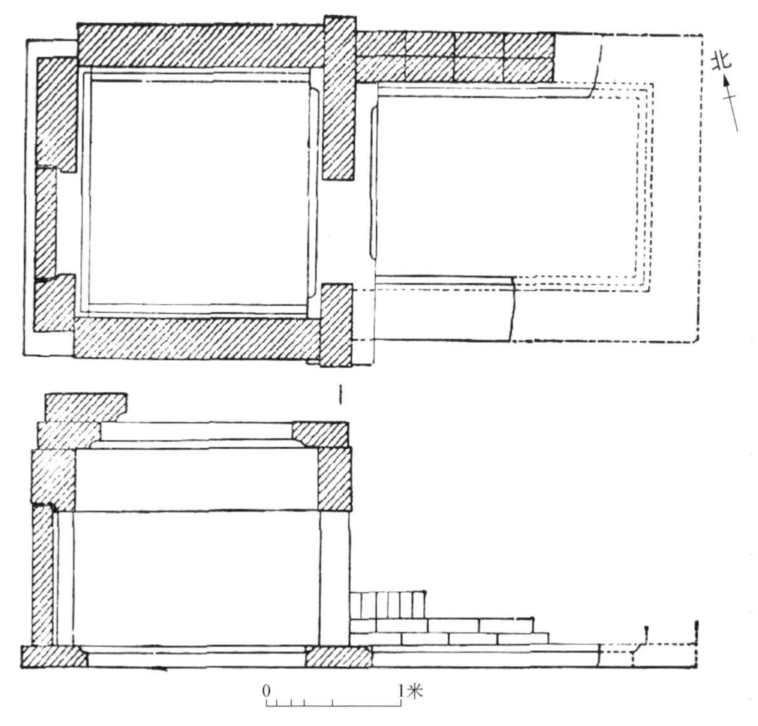

图4-2-3 大山汉墓平、剖面图

① 李鉴昭:《江苏睢宁九女墩汉墓清理简报》,《考古》1955年第2期,第31~33页(用于墓道,面被石灰粉饰);江苏省文物管理委员会、南京博物院:《江苏徐州十里铺汉画像石墓》,《考古》1966年第2期,第66~83页。

② 江苏省文物管理委员会、南京博物院:《江苏徐州十里铺汉画像石墓》,《考古》1966年第2期,第66~83页。

③ 徐州博物馆、赣榆县图书馆:《江苏赣榆金山汉画像石墓》,《考古》1985年第9期,第793~798页。

④ 徐州博物馆:《江苏徐州市清理五座汉画像石墓》,《考古》1996年第3期,第28~35页。

铺地材料有长方形砖[①]、楔形砖[②]、石板[③]等多种。铺地纹样有席纹[④]、斜坡形纹[⑤]、平铺[⑥]等。典型汉代楚(彭城)国砖室(石)墓葬建筑有:土山彭城王(后)墓、九女墩汉墓、十里铺汉墓等。

第三节　建筑形制分析

一、砖室墓葬的渊源及地域特点

砖室墓葬来源于木椁墓,且砖木合构墓,可认为是木椁墓和砖室墓之间的一种过渡形式。这种形式的汉墓,在两广地区发现较多。譬如:

广西北海市盘子岭东汉墓 M10、M12、M23 等[⑦]。

广西合浦县母猪岭东汉墓,更发现其几种不同的形式:"它与前高后低的二级二层木椁墓相类似,所不同的是墓壁或墓底开始用砖。有的用砖铺底,四壁仍是木架;有的墓壁用砖而底板、盖顶、封门仍用木料;有的墓底、墓壁和封门均用砖砌而盖顶用木料。这种墓葬形式在两广地区都见于东汉前期。在广西的平乐、梧州、贵县及广州等地均有发现平乐银山岭 M117 只在墓底铺有一层青砖,梧州旺步 M2 也只在墓底铺砖(图 4-3-1)。而这次 M6 除顶部不用砖外,墓壁、墓底和封门均为砖砌。如果说平乐银山岭 M117 是砖木合构墓的雏形,那么这次发掘的 M6 则是(砖木合构墓)完全成熟的代表"[⑧]。

广州地区东山东汉墓中也有发现[⑨]。由此,有学者认为"广州地区的两汉墓葬在结构上经历了由竖穴木椁墓再到砖室墓的发展过程"[⑩]。

梳理资料可知,这种砖木合构的汉代墓葬,在全国各地都有发现。例如:

---

① 江苏省文物管理委员会等:《江苏徐州、铜山五座汉墓清理简报》,《考古》1964 年第 10 期,第 504～519 页。
② 江苏省文物管理委员会、南京博物院:《江苏徐州十里铺汉画像石墓》,《考古》1966 年第 2 期,第 66～83 页。
③ 徐州博物馆、赣榆县图书馆:《江苏赣榆金山汉画像石墓》,《考古》1985 年第 9 期,第 793～798 页。
④ 徐州博物馆:《江苏徐州市清理五座汉画像石墓》,《考古》1996 年第 3 期,第 28～35 页。
⑤ 江苏省文物管理委员会等:《江苏徐州、铜山五座汉墓清理简报》,《考古》1964 年第 10 期,第 504～519 页。
⑥ 江苏省文物管理委员会、南京博物院:《江苏徐州十里铺汉画像石墓》,《考古》1966 年第 2 期,第 66～83 页。
⑦ 广西壮族自治区文物工作队:《广西北海市盘子岭东汉墓》,《考古》1998 年第 11 期,第 48～59 页。
⑧ 广西文物工作队、合浦县博物馆:《广西合浦县母猪岭东汉墓》,《考古》1998 年第 5 期,第 36～44 页。
⑨ 广州市文物管理委员会:《广州东山东汉墓清理简报》,《考古通讯》1956 年第 4 期,第 12～17 页。
⑩ 白云翔:《香港李郑屋汉墓的发现及其意义》,《考古》1997 年第 6 期,第 27～34 页。

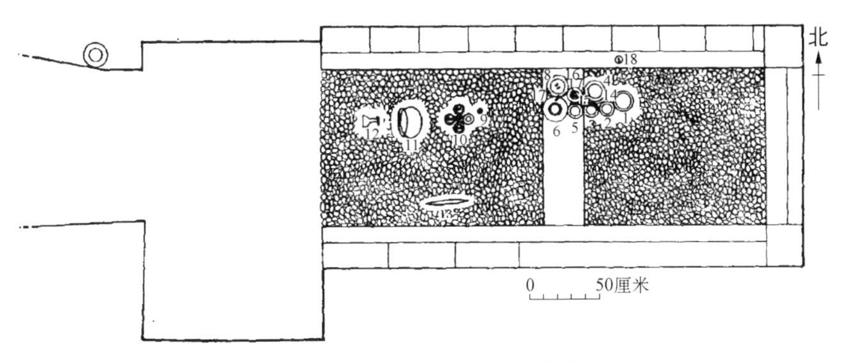

图 4-3-1　银山岭砖木合构墓

1—5. 陶罐　6、7. 陶壶　8. 陶四系罐　9、18. 陶五联罐盖　10. 陶五联罐　11. 铜鍪
12. 陶灯　13. 铁刀　14. 铁镰　15. 铁锄　16. 铁锅架　17. 铁刮刀

湖北荆沙市(现荆州市),“3 号墓结构为砖木结合,外为砖椁,内为木椁……特别是砖木结合墓的发现,为研究江陵地区乃至整个江淮流域砖室墓出现时间、形成与发展过程提供了不可多得的实物资料”①。湖南省长沙五里牌汉墓葬,清理过一座砖坑墓,没有发现券顶,应该也是砖木合构墓葬②。北方不少地区的汉墓,同样经历了这一过程。

山东省莱西县岱野西汉木椁墓,木椁外四周用灰色砖垒砌③(图 4-3-2)。

图 4-3-2　莱西县岱野砖木合构墓

① 荆州博物馆:《湖北荆沙市瓦坟园西汉墓发掘简报》,《考古》1995 年第 11 期,第 985～996 页。
② 湖南省博物馆:《长沙五里牌古墓葬清理简报》,《文物》1960 年第 3 期,第 38～50 页。
③ 烟台地区文物管理组、莱西县文化馆:《山东莱西县岱野西汉木椁墓》,《文物》1980 年第 12 期,第 7～16 页。

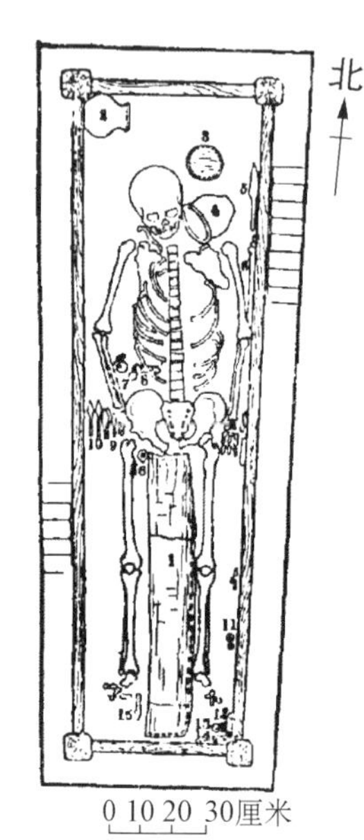

图 4－3－3
扎赉诺尔合构墓

1. 桦书皮弓　2. 陶壶　3. 桦树皮圆牌　4. 陶罐　5. 铁矛头　6. 弯身形骨饰片　7、8. 铁环首刀　9. 骨镞　10、15. 铁镞　11、13、14、16. 骨饰　12. 铁衔

河北省邯郸五郎村汉墓，也有在砖室上平铺木板，可能相当于椁的作用①。

内蒙古扎赉诺尔汉墓发掘中发现，“全部墓葬为竖穴土圹内放桦木棺，在 M25 和 M30 的土圹与木棺中间还立砌一周土坯”②(图 4－3－3)，这种情况与两广地区的砖石合构墓葬如出一辙，只不过前者用土坯，后者用砖而已。且内蒙古文物工作组在包头市曾经清理过砖木合构墓葬，在土坑中墓室四壁用砖砌成，其内与木椁墓形制相似③。

山西有的墓葬在墓道中出现柱槽的遗迹，同时在墓道中靠近墓口处有建筑遗迹，遗留有真实的建筑材料，“这种墓葬中有木构架的墓室，与过去在山西浑源毕村 M1 发现的那种墓结构(《山西浑源毕村西汉木椁墓》，《文物》1980 年 6 期)，可能也与这两座墓相似。这种木构架墓室土圹墓的发现，为探讨汉代土圹木椁墓向砖室墓的演变，提供了很有价值的资料”④(图 4－3－4)。

江浙一带这种砖木合构墓葬，同样屡有发现。江苏吴县窑墩汉墓，墓室四周有 1 米多高的错缝平砌砖墙⑤。浙江省绍兴漓渚东汉墓⑥、南京栖霞山⑦等地也发现过。

目前，汉代墓葬在我国发掘数量很大，规律性的结论往往不易总结，表明了各地汉墓的地域性特色。如广州发现的汉墓，就类型可以被分为土坑、木椁和砖室三种，而没有石室墓和洞室墓，这些正是南方木材多、雨量大、土质松、地下水位高等自然因素综合作用的结果⑧。当然，有些特征还是较一致的，如对于砖室墓葬来讲，河南南阳地区“从汉代墓葬总的发展情况看，在砖室墓中，单室早，分为前、后室的墓晚，后者是在前者的基础上发展起来的”⑨，而“两广地区的砖室墓，东汉前期

① 唐云明等：《邯郸五郎村清理了五十二座汉墓》，《文物》1959 年第 7 期，第 72～73 页。
② 内蒙古文物工作队：《内蒙古扎赉诺尔古墓群发掘简报》，《考古》1961 年第 12 期，第 673～680 页。
③ 内蒙古文物工作组：《包头市西郊汉墓清理简报》，《文物参考资料》1955 年第 10 期，第 59～62 页。
④ 河北省文物考古研究所：《河北阳原县北关汉墓发掘简报》，《考古》1990 年第 4 期，第 322～328 页。
⑤ 吴县文物管理委员会、张志新：《江苏吴县窑墩汉墓》，《文物》1985 年第 4 期，第 91～93 页。
⑥ 浙江省文物管理委员会：《浙江绍兴漓渚东汉墓发掘简报》，《考古通讯》1957 年第 2 期，第 6～12 页。
⑦ 葛家瑾：《南京栖霞山及其附近汉墓清理简报》，《考古》1959 年第 1 期，第 21～23 页。
⑧ 黎金：《广州的两汉墓葬》，《文物》1961 年第 2 期，第 47～53 页。
⑨ 宋治民：《论新野樊集汉画像砖墓及其相关问题》，《考古》1993 年第 8 期，第 741～750 页。

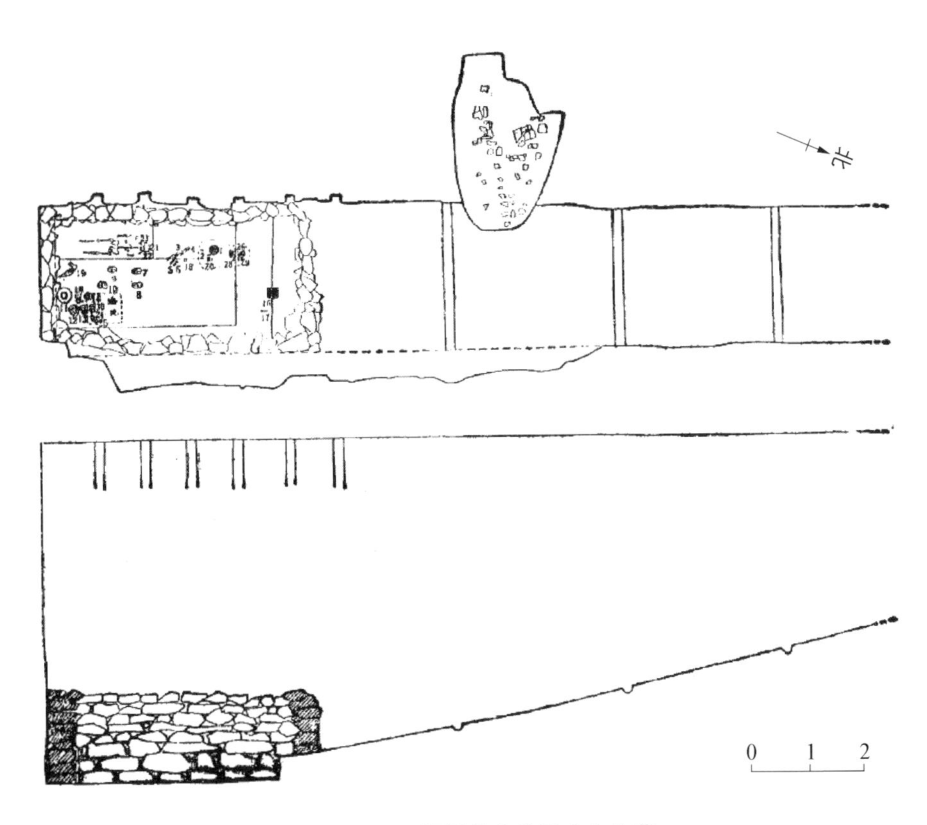

图 4-3-4 阳原县北关砖木合构墓

1. 铜镜 2. 铁削 3. 铁刀 4. 玉带钩 5、6. 铜带钩 6、7—10. 鎏金铜虎 11. 铜钟 12. 铜钫 13—15、30. 鎏金铜铺首 16. 铁器 17. 铁器(锈蚀) 18. 石片 19. 鹿角 20. 木梳 21—23. 玛瑙珠 24—25. 环纽 26—29. 漆器铜环纽

绝大多数都是小型单室墓,大型墓则出现于东汉中、晚期,盛行于东汉后期"①,又"依据广州汉墓的发掘资料,……可证明大庸东汉砖室墓的发展演变逻辑顺序为单室到双室再到多室"②。也有人认为,汉代"砖室墓的结构可分为较复杂的与简单的两种"③,实际上也划分为单室、多室。

笔者认为,徐州地区汉代砖室墓葬的出现晚于石室墓,这与全国其他地区不同,或可以说正相反,说明了汉墓形制发展的复杂性。正是由于汉墓形制的复杂性,在别的地方是有一定规律性的内容或结论,到另一个地方也许就很不适用。例如:

---

① 广西壮族自治区文物工作队:《广西贵县北郊汉墓》,《考古》1985 年第 3 期,第 197~215 页。

② 湖南省文物考古研究所等:《湖南大庸东汉砖室墓》,《考古》1994 年第 12 期,第 1078~1096 页。

③ 湖南省文物管理委员会:《耒阳西郊古墓清理简报》,《文物参考资料》1956 年第 1 期,第 37~42 页。

“据孙太初先生对‘梁堆’汉墓的综合研究，认为可分为三种类型，1 型墓为纯砖室结构墓，时代为东汉中、晚期；2 型墓为长方形砖、石混合结构墓，时代在东汉至晋；3 型墓为覆斗形纯石室墓，在东晋时期最为流行。总的发展趋势是从纯砖室结构发展到纯石室结构”①。

又如有学者认为，湖南衡阳地区“西汉时期的博山炉、鐎壶及鼎、盒、壶、钫等，到东汉时为井、仓、屋及猪圈、鸡埘所代替，表明了时代的进步、生产的发展”②“明器有陶屋、灶、井、仓、釜、甑、鸡埘等，但未出现东汉中晚期的那种庄园楼阁、田园模型器”③等。

这些也许是仅就某一地区的认识而言，放到全国其他地区或许就有问题④。

二、墓室券顶的象征性及阴阳观念

汉代楚（彭城）国砖室（石）墓葬绝大多数采用券顶的构筑方法，这与其他地区是一致的。

有学者认为，汉代券顶砖室墓的券顶，是“天似盖笠”观念的重现⑤。这种将墓顶当作天穹的观念，在全国的汉画像石墓葬中，确实早有表现。例如：

河南省唐河针织厂汉画像石墓，“墓室顶部多刻日、月、星宿、长虹等图，表示天空”⑥；

山东济宁发现一座东汉墓中“墓室内刻有星象图。后室顶藻井中心浮雕一直径为 0.82 米的圆轮；藻井叠涩下层东南角石上嵌入两个直径 3.3 厘米的铜质帽形器，其邻三个石孔周围有铜锈痕迹，孔内铜嵌钉尚存，间距 10～20 厘米；墓室北廓北壁上方七个孔中亦含有铜嵌钉，石孔周围锈迹较明显，间距 10～48 厘米。二种帽形器形制相同，皆为圆形，顶部鼓起，边部突出，背部伸出一插片。经分析，盖石圆轮应是象征太阳的；帽形器组成的两组星象图相同，其形状均与洛阳西汉壁画墓中的第 2 幅壁画大体相同（夏鼐《洛阳西汉壁画墓中的星象图》，《考古》1965 年第 2

---

① 大理州文物管理所：《云南大理大展屯二号汉墓》，《考古》1988 年第 5 期，第 449～456 页。

② 衡阳市文物工作队：《湖南衡阳市凤凰山汉墓发掘简报》，《考古》1993 年第 3 期，第 239～247 页。

③ 衡阳市文物工作队：《湖南衡阳荆田村发现东汉墓》，《考古》1991 年第 10 期，第 919～926 页。

④ 见本书第十章《汉代建筑明器随葬思想初探》有关内容。

⑤ 赵超：《汉代画像石墓中的画像布局及其意义》，《中原文物》1991 年第 3 期，第 18～24 页。

⑥ 周到、李京华：《唐河针织厂汉画像石墓的发掘》，《文物》1973 年第 6 期，第 26～40 页；张新斌：《汉代画像石所见儒风与楚风》（《中原文物》1993 年第 1 期，第 59～63 页）一文认为：“类似的天象图在南阳市郊、南阳县及唐河县等均有发现，它们一般都刻在盖顶石上，以象征天空，内容有髦头蚩尤旗、日傍云气、苍龙戴月、青龙回首、白虎七将、七政星明、日月相望、白虎执义等，天文星象构成了该区汉画像石的一大特点”。

期),前者似为‘五车星’,后者似为‘北斗七星’。将五车星与太阳组合一起刻于墓顶,表明是将墓顶象征天穹,同时也反映了灵魂升天的迷信观念”[①](图4-3-5)。在孝堂山郭氏祠三角石梁底部也有石刻的星象图[②],武梁祠画像石中也曾经出现过北斗星图[③](图4-3-6)。

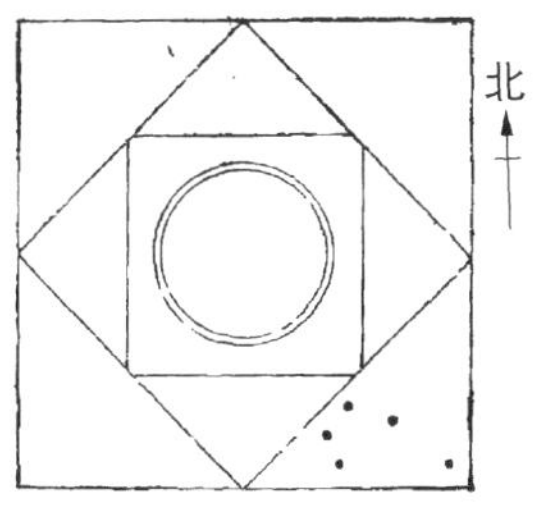

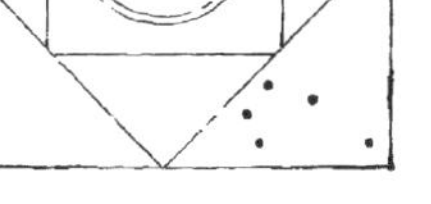

图4-3-5　墓顶

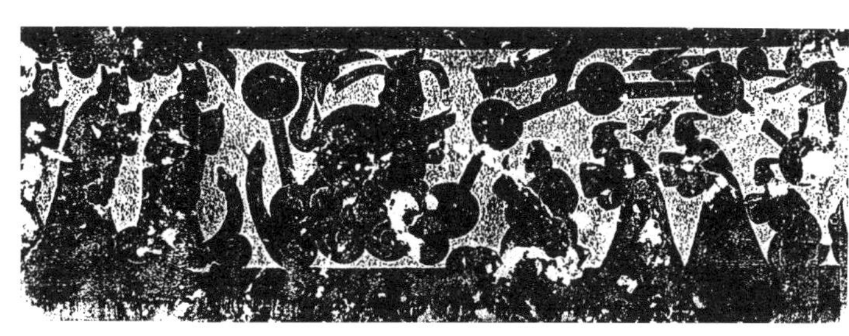

图4-3-6　北斗星图

非但如此,陕西省米脂汉画像石墓中,更出现了“前室顶部置太阳刻石,太阳染成红色;后室顶部置月亮刻石,月亮染成黑色。……这象征墓中有日月照临,也可能是日月同辉的意思。……后来把日月同升、日月同宫、日月对照都叫作日月合璧,古人认为这是难逢的‘祥瑞’”[④],这种天象可称为“阴阳调和”,可致“时和气茂”“四海宴如”及夫妇和睦。“阴阳合德而刚柔有体”[⑤]。这种星象图在南阳地区出土汉画像石中,屡有发现[⑥];四川成都市郊出土的“日神、月神”也是此义。有学者研究认为,代表月亮的蟾蜍,是由蛙的形象逐步演化而来的[⑦](图4-3-7)。

图4-3-7　月中蟾蜍

并且,有人进一步研究了蛙纹与蛙图腾崇拜[⑧]等。有学者认为“实际上(画像石在墓葬中的分布

① 济宁市博物馆:《山东济宁发现一座东汉墓》,《考古》1994年第2期,第127～134页。
② 罗哲文:《孝堂山郭氏墓石祠》,《文物》1961年z1期,第44～55页。
③ 朱锡禄编著:《武氏祠汉画像石》,济南:山东美术出版社,1986年,第40页图35。
④ 陕西省博物馆、陕西省文管会写作组:《米脂东汉画像石墓发掘简报》,《文物》1972年第3期,第69～73页。
⑤ 杨天才、张善文译注:《周易　系辞下》,北京:中华书局,2011年版,第626页。
⑥ 河南省博物馆:《南阳汉画像石概述》,《文物》1973年第6期,第16～25页。
⑦ 黄明兰,郭引强:《洛阳汉墓壁画》,北京:文物出版社,1996年,第27页图9。
⑧ 如鱼:《蛙纹与蛙图腾崇拜》,《中原文物》1991年第2期,第27～36页。

规律),它反映出汉代人们的宇宙观与人生观,是汉代人们企图在墓室中重现天地宇宙与人生模式的体现。在墓室中重现宇宙的想法,远在汉代以前便已产生。《史记·秦始皇本纪》记载'……上具天文,下具地理'"。"汉代画像石(砖、壁画)墓中的画像布局,正是汉代人们宇宙观、人生观的集中体现"[①]。

陈江风先生列出了伏羲、女娲颇富哲学意义的标准配置:"伏羲—规—圆—天—太阳—阳性—男人—丈夫;女娲—矩—方—地—月亮—阴性—女人—妻子"[②]。当然,我们对汉代墓葬出土画像石中,"出现的众多天文图像,而这些图示多半只标出日月星宿大致排列位置,并不是完全写实,除了授以墓主岁时的客观描绘,更主要是出于丧葬目的,以天之吉象表示良好的意图和祝福,把客观存在与愚妄的巫术目的相结合。因此,有星象图就是占星图之说"[③]。

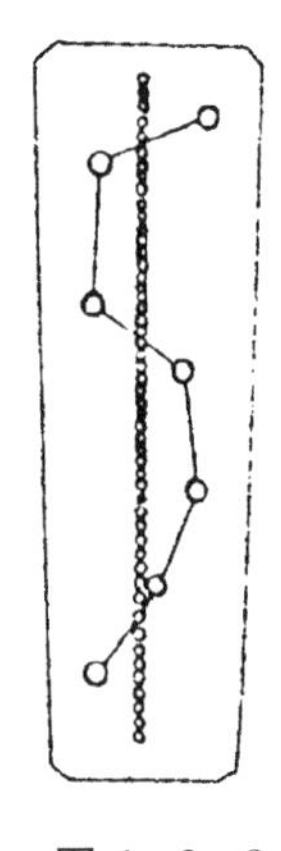
图 4-3-8 星象图

研究表明,早在殷代存在的俯身葬就已包含了阴阳观念:"俯身为男性(即夫),仰身为女性(即妻)。并葬双方一般男性墓穴较浅,女性墓穴较深,也可以说是男阳女阴,且男左女右,两个墓穴紧并"[④]。并且"有资料显示,在母系氏族社会的中晚期,先民们已经懂得阴阳相感生子的道理"[⑤]。顺便插一句,在山东临沂金雀山周氏墓群 14 号墓棺盖上,发现钉有三十三颗鎏金柿蒂花铜钉[⑥],不知是不是对天象的抽象。江苏铜山县发现明木椁墓,其答板上还有镂空的北斗七星图[⑦](图 4-3-8)。甚至有学者认为,汉画像石中的牛与车,分别刻绘于对称的画像石上,"寓意了墓主夫妻二人生前相依为命,死后也不分离,就象牛挽车一样,一前一后不能分开"[⑧]。

在汉代壁画墓中也同样如此。华东文物工作队勘查清理山东梁

① 赵超:《汉代画像石墓中的画像布局及其意义》,《中原文物》1991 年第 3 期,第 18～24 页。在该文中作者列举了各地的汉代画像石、砖、壁画等,进行了生动有力的说明。

② 陈江风:《从濮阳西水坡 45 号墓看"骑龙升天"神话母题》,《中原文物》1996 年第 1 期,第 65～71 页。

③ 李宏:《原始宗教的遗绪——试析汉代画像中的巫术、神话观念》,《中原文物》1991 年第 3 期,第 80～85 页。

④ 孟宪武:《试析殷墟墓地中常见"异穴并葬"墓的性质》,安阳:安阳国际商史会论文,1987 年 9 月。

⑤ 李真玉:《试析汉画中的蟾蜍》,《中原文物》1995 年第 3 期,第 34～37 页。作者引用《周易　系辞下》云:"天地\/组,万物化醇;男女构精,万物化生"。"乾坤,其《易》之门邪!乾,阳物也;坤,阴也。阴阳合德而刚柔有体。以体天地之撰,以通神明之德"。杨天才、张善文译注:《周易　系辞下》,北京:中华书局,2011 年版,第 625、626 页。

⑥ 临沂市博物馆:《山东临沂金雀山周氏墓群发掘简报》,《文物》1984 年第 11 期,第 41～58 页。

⑦ 王德庆:《江苏铜山县孔楼村明木椁墓清理》,《考古通讯》1956 年第 6 期,第 76～77 页。

⑧ 张晓军:《浅谈南阳汉画像石中牛的艺术形象》,《中原文物》1985 年第 3 期,第 75～80 页。

山县的彩绘汉墓,"墓顶中间绘有日、月,四周有云"[①]。这是由于"当时把整个墓葬视为一个死者所居的天地,所以把墓顶当作天空"[②]。

河南洛阳卜千秋墓,主室的墓顶及墓门内上额处绘制了人首鸟身像、彩云、女娲、月亮、羽人、双龙、朱雀、白虎、仙女等,同样是把墓顶处理成天穹[③](图4-3-9)。洛阳烧沟 M61,其主室用空心砖砌成。顶部两侧为斜坡,中央为平顶。在平顶上彩绘了日、月、星、云图等天象;两侧的斜坡上绘制了白虎、龙、凤、熊等图案;在隔墙的三角砖上绘制了鹿、玉璧、熊、狼、天马、猿、羽人等形象[④],这些图案在汉代壁画墓与画像石墓中都是用来表现天穹与神仙境界的。

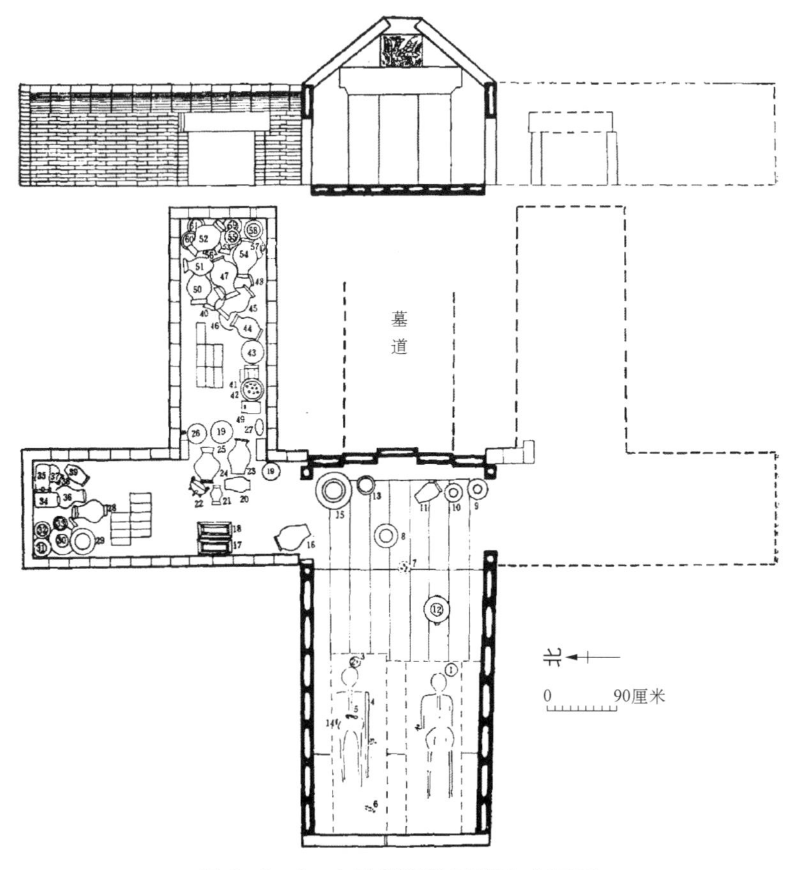

图 4-3-9 卜千秋汉壁画墓平、剖面图

① 《华东文物工作队勘查清理山东梁山县的彩绘汉墓》,《文物参考资料》1954 年第 10 期,第 138~139 页。

② 俞伟超:《中国古墓壁画内容变化的阶段性》,《文物》1996 年第 9 期,第 65~66 页。

③ 洛阳博物馆:《洛阳西汉卜千秋壁画墓发掘简报》,《文物》1977 年第 6 期,第 1~12 页。

④ 河南省文化局文物工作队:《洛阳西汉壁画墓发掘报告》,《考古学报》1964 年第 2 期,第 107~125 页。

这在汉代以后的墓葬中，也可得到证明，如陕西省咸阳市胡家沟西魏侯义墓，其墓顶仍可见到朱红色星座的残迹[①]。

图 4-3-10　三足乌

此外，我国古人追求阴阳和谐。此种观念在墓葬中的具体表现，就是出现表示阴阳的祥瑞物，如三足乌（图 4-3-10）、九尾狐、蟾蜍、玉兔等四种形象，一阴一阳为一组，使一阴一阳结合[②]。“天则有日月，地则有阴阳”“男女构精，万物化生”。可见，这种阴阳两个系列的思想，宇宙、人类都是如此。

有学者指出，圆拱形、拱券形、人字坡形、覆斗形、穹窿形等在古代建筑中使用过的顶部建筑形式，同样都可以表现出天穹的含义来[③]。

有研究者认为，汉画像石中出现伏羲、女娲的形象，除了象征阴阳两性以外，还代表了汉代“音乐神”的形象[④]。并且，“汉代画像中对始祖与生殖这种具有原始意义的对偶神（如伏羲、女娲，笔者注）也分阴阳二位。在洛阳卜千秋汉墓壁画中，伏羲女娲分列日月两侧，就是象征阴阳。在徐州画像石中，伏羲女娲作为始祖的同时，又兼司日月，为‘日精’‘月精’，这种神职有相对的地域性（图 4-3-11）。同样是伏羲女娲，山东画像中多持规矩，徐州和四川的多手捧日月，而河南南阳多持芝草等。但刻在墓室中目的是一样的，即借助其超自然的力量以庇护人类灵魂”[⑤]。

图 4-3-11　伏羲女娲图

① 咸阳市文管会、咸阳市博物馆：《咸阳市胡家沟西魏侯义墓清理简报》，《文物》1987 年第 12 期，第 57～68 页。

② 陈江风：《大汶口一块汉画像石内容辨正》，《文物》1988 年第 11 期，第 35 页。

③ 赵超：《式、穹窿顶墓室与覆斗形墓志——兼谈古代墓葬中“象天地”的思想》，《文物》1999 年第 5 期，第 72～82 页。

④ 牛耕：《汉代画像中的音乐神形象》，《中原文物》1988 年第 3 期，第 58～61 页。

⑤ 李宏：《原始宗教的遗绪——试析汉代画像中的巫术、神话观念》，《中原文物》1991 年第 3 期，第 80～85 页。李陈广：《汉画伏羲女娲的形象特征及其意义》，《中原文物》1992 年第 1 期，第 33～37 页。

古籍记载,同样如此。《说文》释曰:“阴阳在天地间交午。”汉代董仲舒认为:“天地之阴阳当男女,人之男女当阴阳。”[①]《淮南子·主术训》:“天气为魂,地气为魄。”《说文解字》:“魂,阳气也;魄,阴气也。”《礼记·礼器》云:“大明生于东,月生于西,此阴阳之分,夫妇之位也”,此条注云:“大明,日也”。《礼记·昏义》记载:“故天子之与后,犹日之与月。”《礼记·礼器》云:“君立于阼以象日,夫人在西房以象月。”这里的日、月都是指帝、后,亦指夫、妻,仍然是“夫妇之位”的意思。而《史记·魏其武安侯列传》中太史公曰:“武安之贵在日、月之际”,则是以日、月指汉武帝和他的母亲,但还是指男女二性。其他如《史记·外戚世家》记王太后怀孕时,梦见一轮红日滚入自己的怀中,而生汉武帝。《汉书·元后传》载元后的母亲李氏怀孕时,梦见一轮皎月投进自己怀中,而生汉元帝的皇后王政君。元后驾崩,扬雄称之为:“太阴之精,沙麓之灵”,《汉书》解释为:“太阴之精”一词为“月也”[②]等,都是如此。

研究表明,在谶纬迷信盛行的汉代,人们确实不仅仅用月、日来表现阴阳,它们还可以表现“夫”与“妇”,从而象征男女(帝后、夫妻等)二性、阴阳二气。《文苑英华》卷三《日月如合璧赋》云:“望乌兔之交集,瞻斗牛而既觏,惟圆制象而其圆正之形,王以称此,贞明之候,可以袭承天意,可以敬授人时”,是说明天象与人事的感应,祈求天下休明、夫妻和合之意。不仅如此,《礼制·郊特牲》载:“魂气归于天,形魄归于地,故祭求诸阴阳之义也”,《礼记·曲礼》贾公彦疏云:“夫精气为魂,身形为魄”。也就是在古人的观念中,阳世间的个人本身也是一个魂与魄(神与形)的“阴阳结合体”。就是说,魂的性质为“阳”,质性“清”,为“天气”,故能上升与天;魄的性质为“阴”,质性“浊”,为“地气”,故归于地下。这与《三五历纪》云:“天地开辟,阳清为天,阴浊为地”神话传说相吻合,也许当时的人们思想中就有着远古思绪的遗留。而汉代人丧葬中的“复”礼(即叫魂),则是这种魂魄观念的具体实践[③]。

类似的古代文献还有不少。《吕氏春秋·禁塞》记载“费神伤魄”,高诱注:“魂,人之阳也,阳精为魂,阴精为魄”。《淮南子·说山训》曰:“魄问于魂”,高诱注:“魄,人阴神也,魂,人阳神也”。而汉代墓葬中出土的、有关这样的解除文字较多。熹平

---

① 董仲舒:《春秋繁露·循天之道》,北京:中华书局,2011年版,第211页。

② 陈江风:《“羲和捧日、常羲捧月”画像石质疑》,《中原文物》1988年第2期,第59～62页。《续汉书·天文志》刘昭注引张衡《灵宪》:“日者,阳精之宗,积而成鸟,像乌而有三趾。阳之类,其数奇”,“月者,阴精之宗,积而成兽,象兔”。严可均辑:《全后汉文 下》,北京:商务印书馆,1999年版,第566页。

③ 国光红:《殷商人的魂魄观念》,《中原文物》1994年第3期,第12～17页。

元年(公元172年)朱书云:“生人上就阳,死人下归阴”[①]。熹平四年(公元175年)朱书云:“死人归阴,生人归阳”[②]等。

相关研究表明,以日月表示性别的观念起源很早。“以男为阳,以女为阴就可能起源于两性有不同图腾的观念(程德祺:《原始社会初探》216页)。……我国原始社会彩陶上常见绘有鸟纹、蚌纹图形,大概与此不无关系”[③]。且“‘三角纹’实为鱼纹,并且构成对顶鱼纹”,而“对顶鱼纹表示雌雄媾和、生殖繁衍”[④](图4-3-12)。

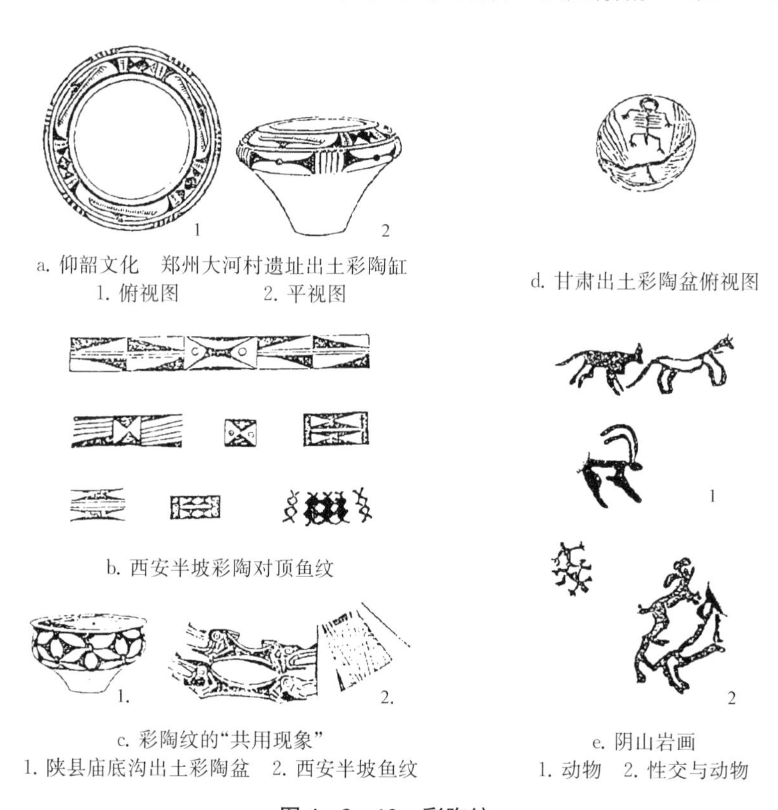

图4-3-12　彩陶纹

① 王育成:《洛阳延光元年朱书陶罐考释》,《中原文物》1993年第1期,第71～81页。

② 王育成:《洛阳延光元年朱书陶罐考释》,《中原文物》1993年第1期,第71～81页。

③ 吕品:《河南汉画所见图腾遗俗考》,《中原文物》1991年第3期,第42～49页。

④ 王鲁昌:《论郑州大河村彩陶的生殖崇拜图纹》,《中原文物》1995年第2期,第43～45页。有学者研究认为:“半坡、姜寨的鱼纹并非女阴象征,而是图腾徽号”。何星亮:《半坡鱼纹是图腾标志,还是女阴象征》,《中原文物》1996年第3期,第63～69页。还有学者认为:“鱼是周人的图腾”,“这种抽象的鱼纹所传达的意义与最初的写实鱼纹是相同的”,“不是原始人所画的东西与原物体之间没有相似之处,而是原始人总是描绘他们所认为的物体最为神秘的部分,这些神秘的相似之处没有被我们所认识”田凯:《中国彩陶与原始思维》,《中原文物》1997年第3期,第89～92页。

有学者认为:“在中国古代埋葬制度中,因夯筑而得以残留的封冢遗迹以及更晚的穹窿顶墓室结构,也是天圆地方观念的直观反映。……传统的封树制度及穹窿顶墓室结构与方形墓穴的配合,正是盖天宇宙论(即天圆地方论)的立体体现”[①]。而作为墓葬建筑源头实际生活中的真实建筑,应该更是如此。其实,楚人至迟在战国时已开始以特有的方式在宗庙祠堂与墓穴内描绘天文图像,模拟出灵魂的归宿处所,希冀人与自然合一而不朽,《天问》王逸注可为证明[②]。

三、汉代楚(彭城)国砖室(石)墓葬建筑技术及该葬制发展缓慢原因

有关汉代楚(彭城)国砖室(石)墓葬的砌筑方法,有研究者认为,“徐州的东汉砖室墓、砖石混合墓盛行二顺一丁的砌筑方法。三顺一丁仅见于十里铺汉画像石墓、韩山东汉墓、檀山村西峰山一号墓及青山泉张山汉画像石墓等少数几座。班井村 1 号墓不仅主体为三顺一丁,局部亦见四顺一丁、二顺一丁。这在徐州东汉早期砖室墓及砖石混合墓中尚未发现,中晚期墓葬中亦较少见,恰恰反映魏晋时期盛行的三顺一丁的砌壁方法从无到有,从少到多的发展过程。班井村 1 号墓为这一过程又增加一例”[③]。

笔者研究汉代楚(彭城)国砖室(石)墓葬建筑结构技术表明,此时已达到了较高的水平。墓葬中的梁、柱、基础等需要较大承载和应力集中的部位,一般都使用能够承受较大荷重、整体性强的石材。这样既满足承载力的要求、形成了较大墓室内部空间,又提高了墓葬的整体性。全国其他地区汉代砖石墓葬也同样如此。河南南阳县英庄汉画像石墓中,“墓门、主室门楣、门柱、前室大梁、主室隔墙等主要部位共使用二十五块石料。其他部位系砖砌”[④]。南阳市第二化工厂发掘的 21 号画像石墓同样是砖石混合砌筑,“石材主要用作墓门和墓室的门楣、立柱、门扉及墓室四角并墓壁中间的立柱、立柱以上承托券顶的横梁”[⑤](图 4-3-13)。南阳市商丘地区永城太丘二号汉画像石墓,“在墓室结构上,继承传统的营造技法,在用料上,无论是

---

① 冯时:《河南濮阳西水坡 45 号墓的天文学研究》,《文物》1990 年第 3 期,第 52～60 页。

② 李建:《楚文化对南阳汉代画像石艺术发展的影响》,《中原文物》1995 年第 3 期,第 21～24 页。《天问》王逸注曰:“《天问》者,屈原之所作也。屈原放逐,忧心愁悴……见楚有先王之庙及公卿祠堂,图画天地、山川、神灵、奇玮谲诡,及古圣贤怪物行事。周流罢倦,休息其下,仰见图画,因书其壁,呵而问之”。楚之先王宗庙、公卿祠堂顶部绘图是天文之象无疑。王逸撰:《楚辞章句》,上海:上海古籍出版社,2017 年版,第 67 页。

③ 徐州市博物馆:《江苏铜山县班井村东汉墓》,《考古》1997 年第 5 期,第 40～45 页。

④ 南阳地区文物工作队、南阳县文化馆:《河南南阳县英庄汉画像石墓》,《文物》1984 年第 2 期,第 25～37 页。

⑤ 南阳市文物工作队:《南阳市第二化工厂 21 号画像石墓发掘简报》,《中原文物》1993 年第 1 期,第 77～81 页。南阳市文物研究所:《南阳中建七局机械厂汉画像石墓》,《中原文物》1997 年第 4 期,第 35～47 页,同样该墓“石料主要用于门楣、门柱、过梁、梁柱等处”。

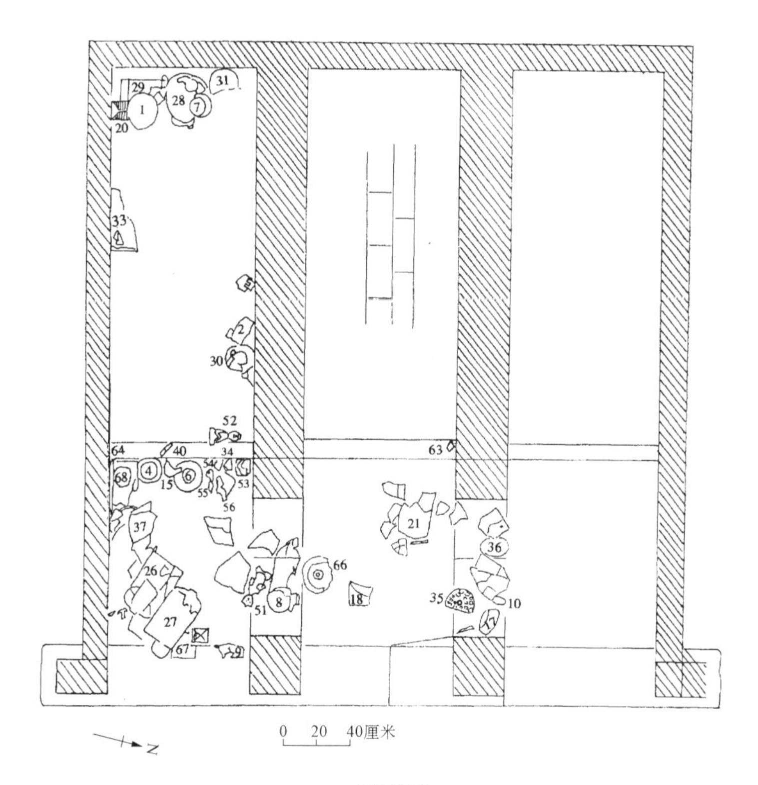

a. 平面图

1—3. 陶敦 4、5. 陶井 6、7. 陶磨 8、9. 陶狗 10—12. 陶杯 13. 陶鸡 14—16. 陶釜 17. 陶体 18、19. 陶盘 20、67. 陶猪圈 21、22. 奁盒 23—25. 圆盒 26—31. 陶仓 32. 大口尊 33、68. 陶灶 34—39. 器盖 40—50. 耳杯 51—60. 陶俑 61、62. 案足 63. 陶饼 64. 铁镢 65. 铁匕首

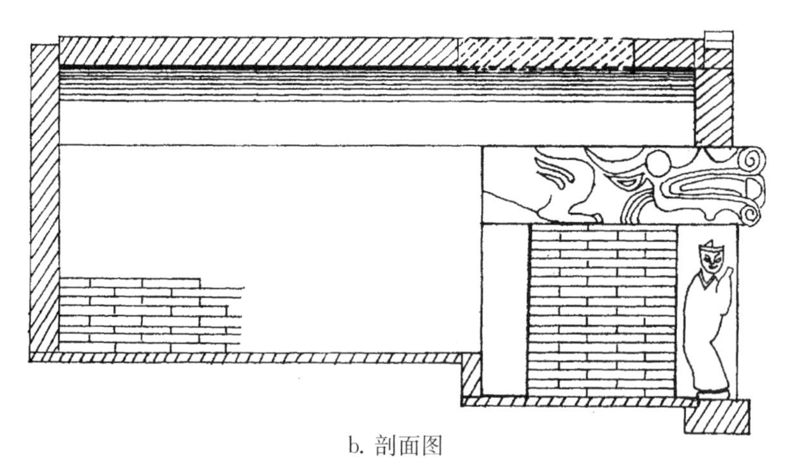

b. 剖面图

图 4－3－13 南阳中建七局机械厂汉画像石墓

铺地的石块,顶梁的立柱,墓室的过梁,墓边的堵板,以及封顶的条石、盖石,均打制得较为规整。在组装时采用叠、扣、卡、压、连、拼的方法,十分严谨,结构坚固,为研究古代建筑,提供了珍贵的资料"①。河南永城前窑汉代石室墓,墓葬中"南北两边搭成'八'字形坡壁,上部用两端都刻有燕尾槽的石块压顶,两斜坡石条上端插入顶部石块的燕尾槽内。两坡石条均为19块,其大小完全相同,每块长2.36、宽0.36、厚0.6米,下端刻有不对称的燕尾槽,扣在两直壁上部。顶部石板亦为19块,每块长2.16、宽0.36、厚0.6米。两端均刻成不对称的燕尾槽,分别扣在两坡石条之顶端。两坡石条外部叠放5层石板,其一端都加工成斜面,很紧凑地顶在两坡石条外部。整个墓室的内轮廓为平脊'八'字顶,外轮廓似长方形的巨大石匣。石砌墓室上部覆以夯土"②(图4-3-14)。对比西汉楚元王刘交陵,后者石材加工精细程度及受力等都不如前者,可见石砌墓葬建筑技术发展的清晰脉络。说明古人在认识上的发展。

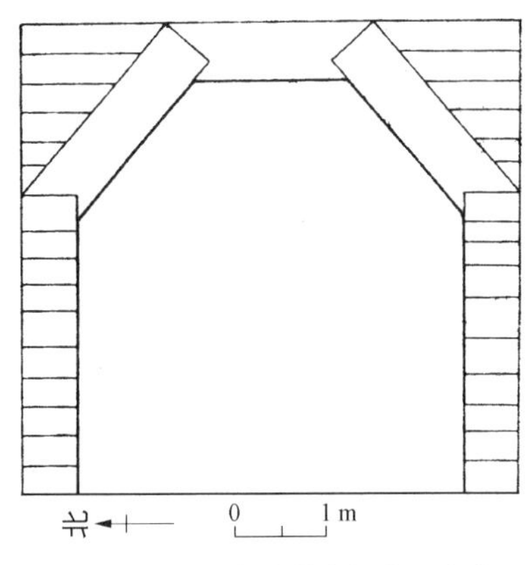

图4-3-14 永城前窑汉代石室墓

汉代砖室墓葬亦然,表明此时墓葬建筑设计水平、施工预制技术之高超。研究表明,汉代墓葬中"所用墓砖不一定要待墓主死后才做,而可以事先烧制(如广州以往发现有纪年文字的晋墓中,往往有几个年号的墓砖同在一处,上下相距多年)"③。洛阳市宜阳县牌窑西汉画像砖墓,不但墓砖上书写有"西北上、西北下,东北上、东北下,东南上、东南下"等红色字迹表示其位置,而且"整个墓葬经过周密设计,各部位的砖均根据结构需要而特意制成,使之构成坚固、整齐、美观的空心砖墓室"④。

石材同样如此。如"南阳汉画像砖、石形制种类,大都依墓室结构要求而特意烧制或琢凿而成。画像石的形制,由于以石为质,硬度高,难度大,故多为规则的长方体石条,只是在长宽、厚薄比例上,随墓室需要的不同而稍加变化。画像砖则由于泥坯的可塑性强,工匠们的几何学知识得以充分运用,便出现了诸多式样的素面砖、画像砖"⑤(图4-3-15),该文作者将其划分为长方形空心画像砖、楔形砖及其

① 永城县文管会、商丘博物馆:《永城太丘二号汉画像石墓》,《中原文物》1990年第1期,第23～27页。
② 商丘地区文化局、永城县文化馆:《河南永城前窑汉代石室墓》,《中原文物》1990年第1期,第7～12页。
③ 广州市文物管理委员会:《广州动物园东汉建初元年墓清理简报》,《文物》1959年第11期,第14～18页。
④ 洛阳地区文管会:《宜阳县牌窑西汉画像砖墓清理简报》,《中原文物》1985年第4期,第5～12页。
⑤ 魏忠策、高现印:《南阳汉画像砖石几何学应用浅见》,《中原文物》1995年第2期,第76～82页。

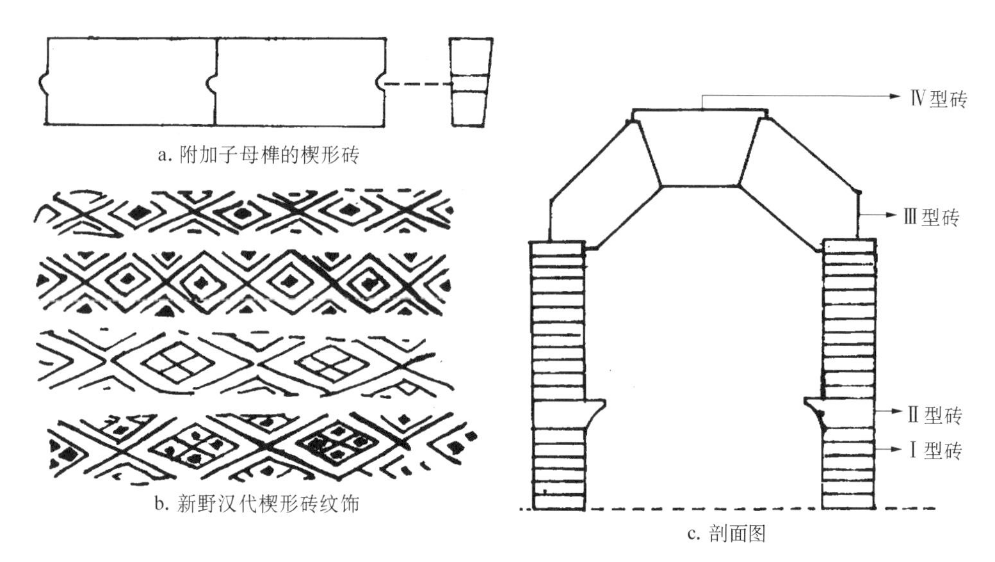

a. 附加子母榫的楔形砖

b. 新野汉代楔形砖纹饰

c. 剖面图

图 4-3-15　新野南关墓、墓砖

子母榫砖、特制多边形素面砖等，可谓巧夺天工。

在纯砖室墓中，还有类似增强整体性的圈梁结构。如太原金胜村一座汉墓，“四壁以单砖交互平砌，墓顶用子母砖砌成船篷顶式样，顶的上部北段和中段有突出高 16 厘米的单砖券箍各一道”①。有学者认为，汉代人一般把龙首用于墓室过梁，象征吉祥②(图 4-3-16、17)。这些表明汉代匠师对于砖石材料各自的力学性能已经比较清楚，能够合理地加以使用，从而将墓葬功能、结构与材料力学性能、装饰等较好地结合在一起。考古资料表明，早在成都十二桥商代建筑遗址中，就已经使用了类似于现代地圈梁的结构形式③(图 4-3-18)。说明我国古人对结构整体性早有体验。

图 4-3-16　龙首

① 李奉山:《太原金胜村 9 号汉墓》,《文物》1959 年第 10 期,第 84 页。

② 南阳市文物研究所:《南阳中建七局机械厂汉画像石墓》,《中原文物》1997 年第 4 期,第 35～47 页。作者引证:班固《西都赋》:“树中天之华阙,丰冠山之朱堂,因瑰材而究奇,抗应龙之虹梁”。南阳市博物馆:《南阳县王寨汉画像石墓》,《中原文物》1982 年第 1 期,第 12～16 页,前室过梁“依石材长短雕刻成立体应龙”。

③ 四川省文物管理委员会等:《成都十二桥商代建筑遗址第一期发掘简报》,《文物》1987 年第 12 期,第 1～23 页。

a. 内景

b. 局部

图 4－3－17　山东沂南汉画像石墓中柱斗栱

值得注意的是,在潼关吊桥汉代杨氏墓葬中,还发现有两层砖券并且采用"弧壁"支撑的特例,"顶的两层券砖中间,夹有 10 厘米厚的黄土,黄土下还有 1.5 厘米厚的石灰泥一层;结构上最特殊的是前后室两壁均用砖竖立作弧形支撑,两壁支撑的高度不同"①。而洛阳涧西 16 工区 82 号汉墓"券顶以上的填土中,用小砖筑成四道悬臂似的弓形拱,似为保护墓顶的"②(图 4－3－19、20)。在洛阳涧滨东汉黄肠石墓中,还出现过墓顶内外两层起券,内侧用扇面形黄肠石,外侧扇面形砖③等。这都使我们窥见汉代人在建筑技术上所做的不懈努力。

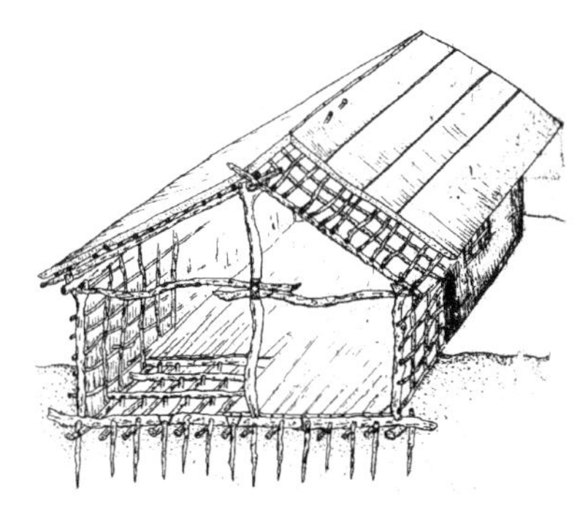

图 4－3－18　十二桥商代建筑遗址

相对于发达的石室墓葬、较发达的砖石墓葬而言,汉代楚(彭城)国砖室墓葬则显得有些单薄。具体来讲,就是砖的种类和花纹较少,空心砖极少,画像砖几乎没有。徐州狮子山楚王陵墓 E4 室门用空心砖封堵。空心砖出现于徐州地区,很值得研究,也许我们可以得出其他地区砖室墓葬(空心砖墓、小砖墓、画像砖墓等),对汉代楚(彭城)国曾经产生过影响,但并没有在该地区发展起来。

在全国其他地区的汉墓中,砖室墓葬的表现则相当突出。甚至地处偏远地区的广西贵县发掘的北郊汉墓,"墓壁用两种花纹砖砌成,一种是正面压印方格纹,侧

① 陕西省文物管理委员会:《潼关吊桥汉代杨氏墓群发掘简记》,《文物》1961 年第 1 期,第 56～66 页。

② 河南省文化局文物工作队第二队 16 工区发掘小组:《洛阳涧西 16 工区 82 号墓清理记略》,《文物》1956 年第 3 期,第 45、50 页。

③ 洛阳市第二文物工作队:《洛阳涧滨东汉黄肠石墓》,《文物》1993 年第 5 期,第 24～26 页。

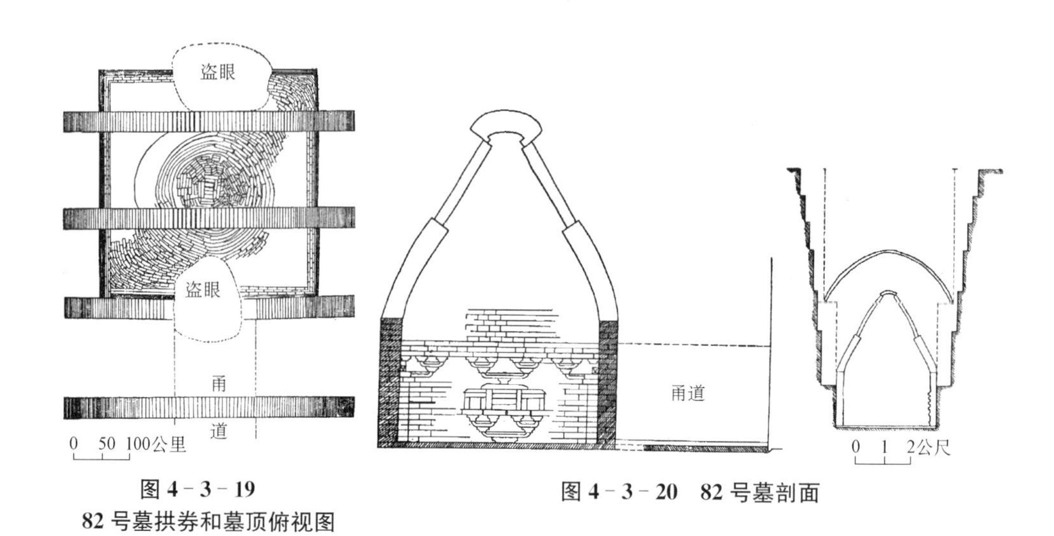

图 4-3-19
82 号墓拱券和墓顶俯视图

图 4-3-20 82 号墓剖面

面压印五铢钱纹或几何纹;一种是在砖的两头各压印一对凤鸟,突出平面。两种砖均长 36、宽 16.5、厚 5 厘米。在建造墓壁时,首先把前一种砖横列,然后再纵列凤鸟花纹砖,层层相互交替往上平砌"[1],整个墓葬极其精致。1969 年发掘的甘肃武威雷台东汉墓,其"墓门及墓室墙壁,均以青砖和涂黑色砖组成各种菱形图案和以红、黑色线纹作为壁饰;以简练的方法,造出了彩绘、纹饰极为精致工整的墓室建筑"[2]。

靠近中原的山东省禹城汉墓(与徐州地区较近),使用经过"设计的预制"墓砖更是达二十多种[3],从中我们可以窥见山东汉画像砖种类之多。

与徐州地区接近的江苏中部扬州(图 4-3-21)及苏南高淳(图 4-3-22)等地

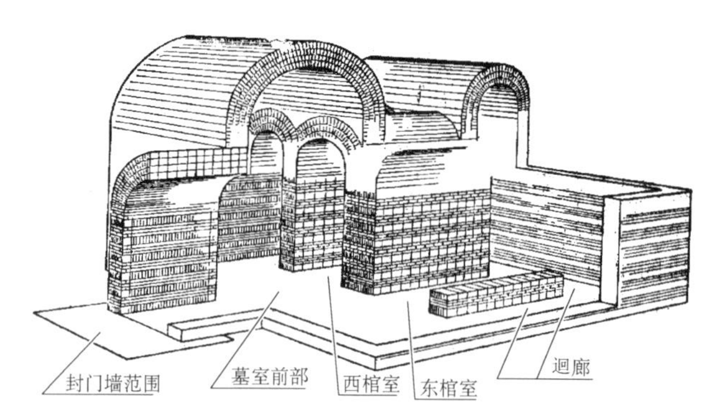

图 4-3-21 邗江甘泉二号汉墓

① 广西壮族自治区文物工作队:《广西贵县北郊汉墓》,《考古》1985 年第 3 期,第 197~215 页。
② 甘博文:《甘肃武威雷台东汉墓清理简报》,《文物》1972 年第 2 期,第 16~24 页。
③ 山东省文物管理委员会:《禹城汉墓清理简报》,《文物》1955 年第 6 期,第 77~81 页。

汉画像砖种类也较为丰富。从全国范围来看，地处南北的湖南(图 4－3－23)、辽宁(图 4－3－24)等地同样如此。更不用说著名的河南、四川等地的画像砖、空心砖了，这方面的事例不胜枚举。

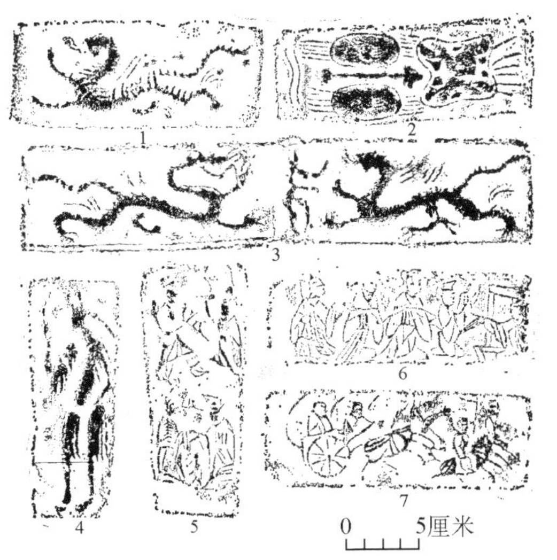

a. 画像砖拓本

1. 虎纹 2. 图案画像 3. 龙纹 4. 羽人

5. 孔子见老子 6. 人物故事 7. 出行图

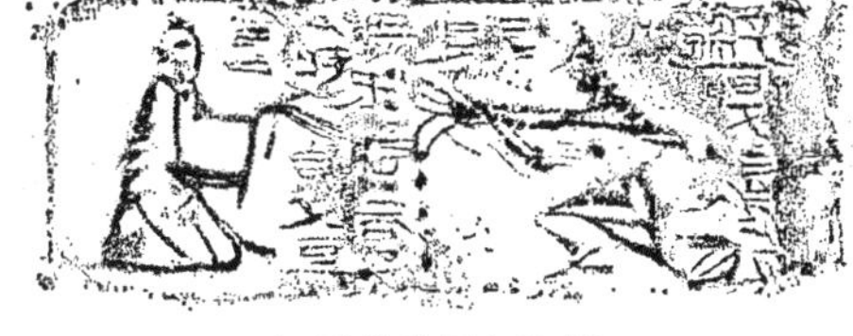

b. 画像砖拓本(3/5)

图 4－3－22 高淳画像砖

图 4－3－23 湖南墓砖

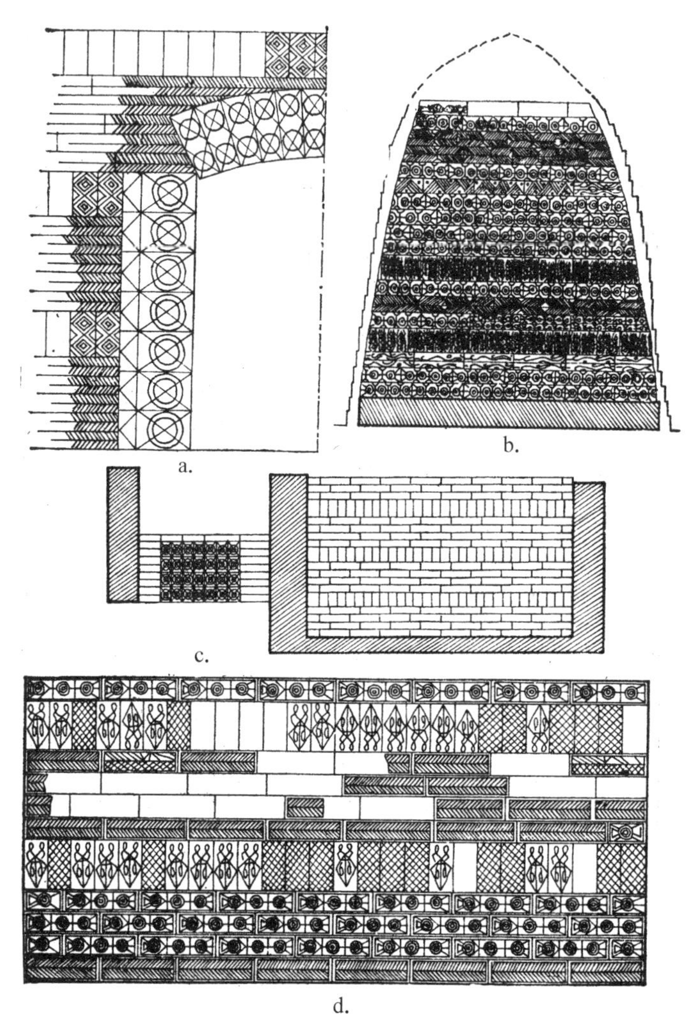

图 4－3－24　辽南花纹砖

由此，我们可以得出，汉代楚（彭城）国砖室墓种类很少的原因，正是由于自然条件影响和决定了人们的丧葬习俗，是我国古人“因地制宜”思想的必然结果。

其他地区砖室墓葬中，还屡屡发现仿木结构门楼。潼关吊桥汉代杨氏墓群，“这些墓的形制庞大，都有仿木结构的门楼”[①]（图 4－3－25）；甘肃酒泉县下河清汉

① 陕西省文物管理委员会：《潼关吊桥汉代杨氏墓群发掘简记》，《文物》1961 年第 1 期，第 56～66 页。

墓,“墓门三层拱券,上有‘檐墙’设施,檐墙高1.10、宽2.05、厚0.17米,雕有斗拱,坐斗外浮雕马头,形式和一号墓略同。……17号墓也是一座大型的砖室墓……该墓墓门结构,是在门洞三层发券上再砌一层陡砖,陡砖上又以砖的侧面雕成八角形平铺四层成檐状,显得非常别致。雕砖上再平铺三层到门顶”①;河北省定县北庄中山简王陵墓墓室中,更出现使用“澄泥砖”、以磨砖对缝砌筑的精致做法②。徐州地区无一发现。

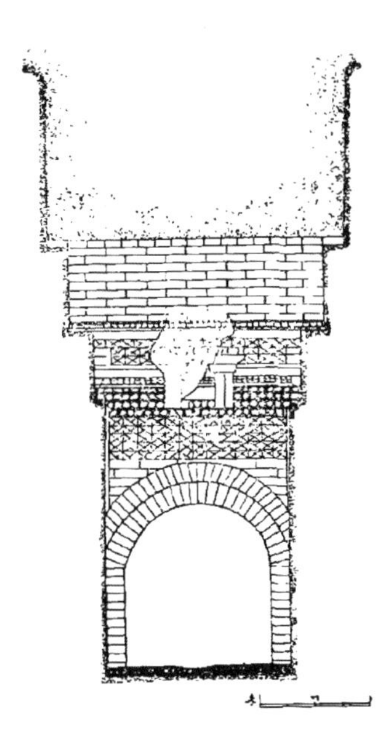

图4-3-25 杨氏墓门楼:墓7门楼立面图

徐州地区丰富的石料资源、缺乏黏土资源、木材短缺等的现实环境,促进了该地域石室墓葬的迅速发展,顺带也发展了砖石墓葬;又由于石室墓葬利用自然条件,较好地满足了汉代徐州人的墓葬思想、生活习俗等,而得到了充分的运用;而砖室(石)墓葬的资源来源受限,则处于相对次要的地位,这应该就是徐州地区石室墓葬发达,砖室(石)墓葬发展相对较晚、较慢、数量和种类均较少的真正原因吧。

随着汉末石室墓葬的衰落,砖石墓葬便自然地就走到了历史的前台。

表4-3-1 汉代楚(彭城)国砖室(石)墓葬建筑用材统计表

墓葬名称	使用砖形制						砌法	地面	黏接	石材	资料来源
	形状	花纹及色彩	长	上宽	下宽	厚					
土山一号墓	条		46	23	11.5		二平一竖		白灰	黄肠石长32~90厘米、宽70厘米、厚35.5厘米。部分有刻铭。墓室上复石不明。	徐州土山汉墓清理简报·《文博通讯》1977年9期
	楔		48	39	29	11.5					

① 甘肃省文物管理委员会:《甘肃酒泉县下河清汉墓清理简报》,《文物》1960年第2期,第55~56页。
② 河北省文化局文物工作队:《定县北庄汉墓出土文物简报》,《文物》1964年第12期,第26~40页。

续　表

墓葬名称	使用砖形制							砌法	地面	黏接	石材	资料来源
	形状	花纹及色彩		长	上宽	下宽	厚					
十里铺汉画像石墓	条	青灰色、红色		35	17.5		7.3	二平一竖三平一竖	楔形砖	白灰泥浆	石材使用于横额、支柱、门扉三处，均安装于各室的相接处，部分有画像。	江苏徐州十里铺汉画像石墓·《考古》1966年2期66页 睢宁九女墩汉墓与之相仿，然无尺寸
	楔	一面印席纹	1	44	29	22	11.5					
				42	27	19	11					
				38	28	19	7.7					
				36	28	20	7.5					
		一面印斜绳纹，有的横头印同心圆	2	30.5	24	17	7.2					
				31	24	17.5	7					
				30.5	20.5	14	7					
				31	21	15	7					
				32	22	15	7					
				32.5	21	14	7					
				33	22.5	15.5	7					
黄山砖石墓	条		1	48	20		11	二平一竖	条砖斜坡形		石材用于门柱、门额、门扉部分墓壁，有些有画像。	江苏徐州、铜山五座汉墓清理简报·《考古》1964年10期第504页
			2	52	24		12					
	楔		1	27	34	24	11					
			2	32	26	20	11					
新沂东汉墓	条	M1		42	24		8	三平一竖	席纹		无。楔形砖未知	江苏新沂东汉墓·《考古》1979年2期188页
	条	M3		37	18.5		5.5	三平一竖	席纹		无。楔形砖未知	
	条	M4		40	23		9	三平一竖	席纹		无	
	楔	向内端印方格纹和放射纹		40	33	23	9					
大山画像石墓	条			38	19		9	二平一竖			前室石结构，后室石基础。	江苏徐州市清理五座汉画像石墓·《考古》1996年3期28页(总220)
	楔											
张山画像石墓	条	侧面十字穿环图案						三平一竖	长方砖人字形		石材门扉、基础，部分石壁	
	楔											

续　表

墓葬名称	使用砖形制						砌法	地面	黏接	石材	资料来源
	形状	花纹及色彩	长	上宽	下宽	厚					
班井村东汉墓	条		30	15		6	二平一竖三平一竖四平一竖	前室楔形砖后室长方砖		石材门额、门扉、门柱、地栿、石柱、隔梁等，	江苏铜山县班井村东汉墓·《考古》1997年5期40页(总328)
	楔		40	25.5	17	8					
			30	26	20	8					
徐州韩山东汉墓	条	砖上无花纹	29	14.5		6	三平一竖四平一竖				《徐州韩山东汉墓发掘简报》，《文物》1990年9期74页
	楔		29	22.5	17	6					
睢宁县刘楼	条	灰黑色	48	24		12	二平一竖			砖室墓	《江苏睢宁县刘楼东汉墓清理简报》，《文物资料丛刊》4期114页
	楔		48	40	28	12					
	楔							席纹			

备注：《赣榆金山汉画像石墓》《新沂县炮车镇》等也是砖室(石)墓，砖形制或难辩、或未交代。

表4-3-2　汉代楚(彭城)国砖室(石)墓葬资料统计表

(资料截止日期至1999年底。)

序号	作(著)者	论文名称	刊物、日期、页码	备注
1		江苏睢宁县发现古墓葬1	《文物》1954年5期100页	
2	李鉴昭	江苏铜山发现两汉六朝墓葬群2、3	《文物》1954年8期143页	1座
3	李鉴昭　王志敏	江苏新沂炮车镇发现汉墓1	《文物》1955年6期120页	
4	李鉴昭	江苏睢宁九女墩汉墓清理简报3	《考古》1955年2期31页	
5	江苏省文物管理委员会等	江苏徐州十里铺汉画像石墓3	《文物》1966年2期66页	
6	江苏省文物管理委员会等	江苏徐州、铜山五座汉墓清理简报2、3	《考古》1964年10期504页	1座

续 表

序号	作(著)者	论文名称	刊物、日期、页码	备注
7	吴文信	江苏新沂东汉墓1	《考古》1979年2期188页	3座
8	徐州博物馆 赣榆县图书馆	江苏赣榆金山汉画像石墓3	《考古》1985年9期793页	
9	佟泽荣	江苏省睢宁距山、二龙山汉墓群调查1	《东南文化》1993年4期	
10	徐州博物馆	江苏徐州市清理五座汉画像石墓2、3	《考古》1996年3期28页	2座
11	徐州博物馆	江苏铜山县班井村东汉墓3	《考古》1997年5期40页	
12	邱永生	徐州市韩山东汉墓3	《中国考古学年鉴》1987年	
13	南京博物院	徐州土山东汉墓清理简报3	《文博通讯》15期1977年9月	1
14	睢文　南波	江苏睢宁县刘楼东汉墓清理简报1	《文物资料丛刊》4期112页	
15	潘政　志清	徐州发现东汉墓群——铭文几何纹砖系首次出土1	《扬子晚报》2000年5月27日	11座

第五章　汉代楚(彭城)国竖穴(洞室)墓葬建筑考

第一节　建筑分期

一、出现

竖穴墓:古代墓葬构造形式之一。先自地面向下挖掘一长方形垂直穴作为墓室,葬入后用土填(夯)实。这种墓制从新石器时代以来一直流行。土坑墓:葬具和随葬品安置后,土坑空隙处及墓坑上部用填土夯(填)筑[①]。徐州竖穴(洞室)墓葬建筑准此。

据笔者粗略统计,徐州地区考古资料已发表的汉代竖穴(洞室)墓葬建筑约34座左右,其中竖穴洞室墓有12座。这些竖穴(洞室)墓葬绝大多数是岩坑墓,年代一般都属于西汉时期。相对而言,土坑墓极少(如邳州二龙山古墓群、新沂三里沟汉墓群[②]),且其年代一般属于东汉时期。

有人认为,汉代楚(彭城)国竖穴洞室墓葬是由竖穴墓发展而来,"竖穴崖洞墓,是西汉时期流行于徐州地区的中、小型墓葬的主要形式。如铜山江山汉墓,徐州子房山汉墓、铜山龟山一号汉墓等(图5-1-1)。……竖穴崖洞墓是由早期的竖穴墓(或竖穴石椁墓)演变而来的,后者近年在徐州地区发现的有小金山汉墓、铜山吕梁汉墓、睢宁苗庄汉墓等处,(以及近年发现的刘艺墓,图5-1-2。笔者加注)时代多为西汉初年,而竖穴崖洞墓的大量流行则在西汉中期及以后"[③]。

---

① 北京市文物研究所编:《中国古代建筑辞典》,北京:中国书店,1992年版:第307页。

② 唐云俊主编:《江苏文物古迹通览》,上海:上海古籍出版社,2000年版,第64～65页。

③ 徐州市博物馆:《江苏铜山县荆山汉墓发掘简报》,《考古》,1992年第12期,第1092～1097,1154～1156页。

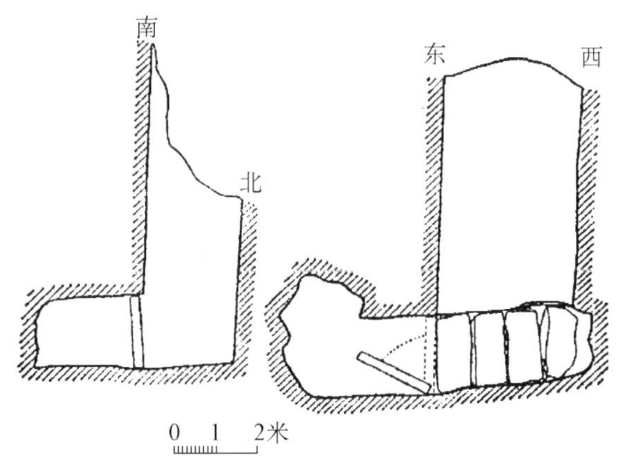

图 5-1-1　龟山一号汉墓

图 5-1-2　刘艺墓

竖穴崖洞墓葬形制的出现,实际上也应是受到其他类型墓葬形制的影响所致,如土洞墓、空心砖墓、小砖墓等。因为"横穴墓的最初形式是土洞墓,战国中期在关中地区出现,而后在关中和三晋地区流行"①;而"土洞墓与窑洞式居室有关"②(图5-1-3)。西汉早、中期,中原地区又相继出现了横穴式空心砖墓和小砖墓(亦称"砖室墓")③等。甚至洛阳市周山路石椁墓,由"竖穴墓道、土洞耳室、土洞墓室和

① 见本书第七章《"因山为陵"初探》有关内容。

② 谢瑞琚:《试论我国早期土洞墓》,《考古》,1987年第12期,第1097~1104页。

③ 罗二虎:《四川崖墓的初步研究》,《文物》,1998年第2期,第133~167,257~260页。

石椁室组成”[①],或可作为土洞墓与石室墓之间的过渡形态(图5-1-4)。

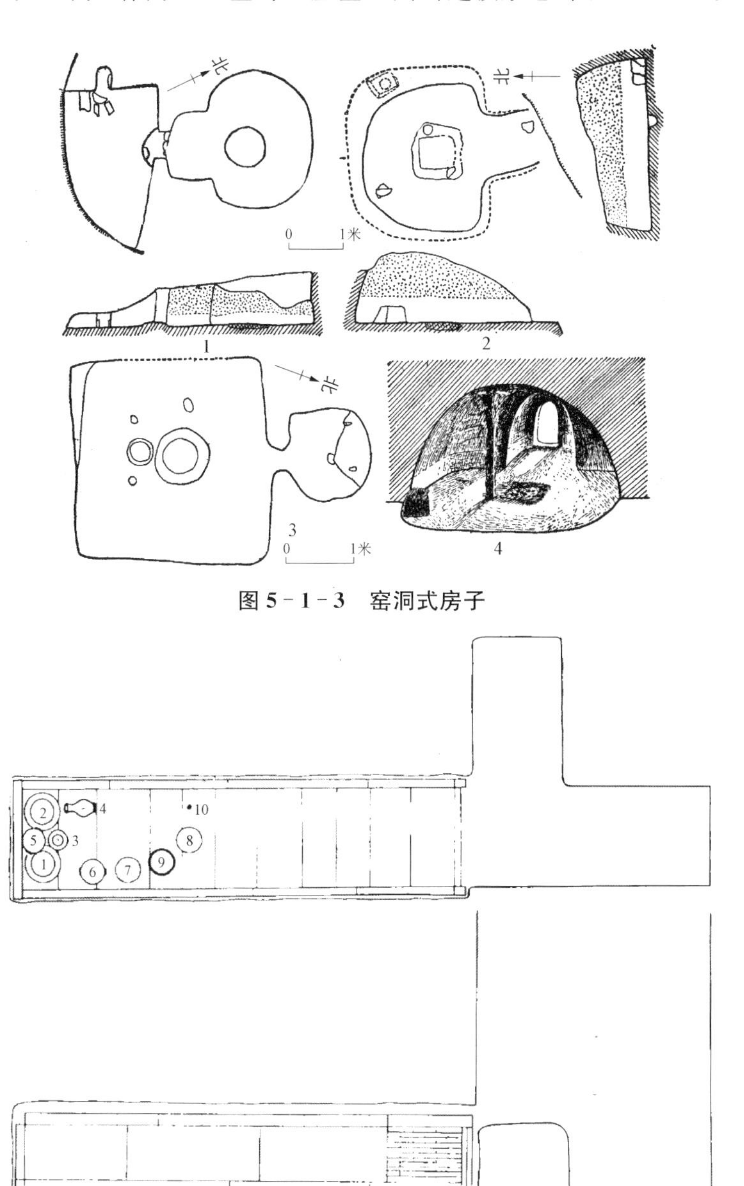

图5-1-3　窑洞式房子

图5-1-4　周山路石椁墓平、剖面图:M1766平、剖面图

1、2. 大陶壶　3、4. 小陶壶　5、6. 陶鼎　7、8. 陶敦　9. 铜盆

① 洛阳市第二文物工作队:《洛阳周山路石椁墓》,《中原文物》,1995年第4期,第25～27页。

笔者认为，墓葬形制由纯竖穴墓向竖穴崖洞墓，再向横穴式墓葬发展演变，也即由竖向空间向横向空间的变化，应是一般墓葬形制发展变化的普遍规律①。或许，西汉楚元王刘交独创的横穴式"因山为陵"葬制，对其国内或临近地区，曾产生过一定的影响。并且，这也可反证，横穴墓葬在西汉楚国内已有一定的思想基础。

目前，徐州地区尚没有发现属于东汉时期的竖穴岩坑（洞）墓葬。

二、分期

有关徐州地区石椁墓葬（全属于竖穴墓葬）最早的文字记载，是春秋时"宋桓司马为石椁"②。

差不多与此同时，古籍记载吴王阖闾葬女："阖闾痛之，葬于国西阊门外，凿池积土，文石为椁，题凑为中。"③可见使用画像石椁墓之早，其缘起更应在此之前。

目前，我国考古发现最早的石椁墓可到战国，是云南弥渡苴力发现的战国石墓④（图 5－1－5）。石椁墓葬用不规则的石块砌成，直到西汉前期的山东临沂刘疵

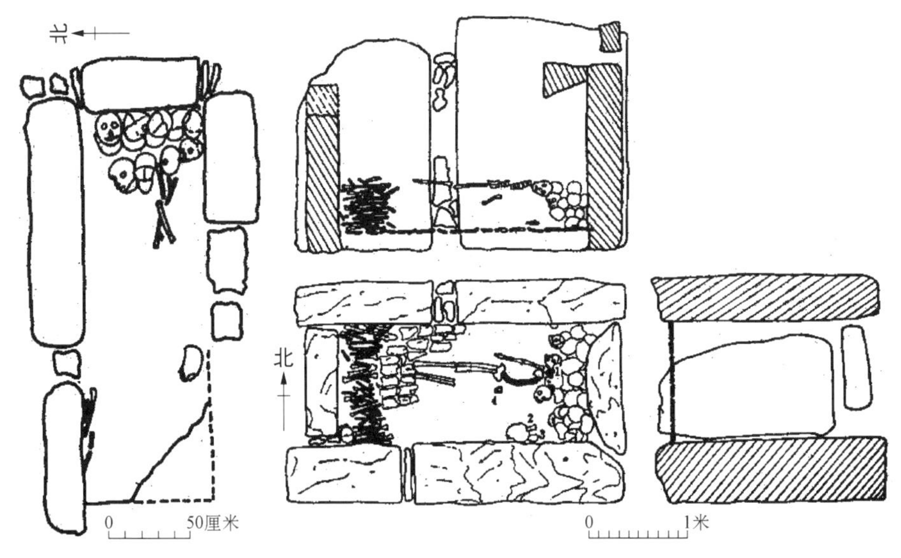

图 5－1－5　云南弥渡苴力战国石墓

① 详见本书第七章《"因山为陵"初探》、第十章《汉代建筑明器随葬思想初探》有关内容。

② 东汉・班固：《汉书・刘向传》，杭州：浙江古籍出版社，2000 年，第 647 页。

③ 东汉・赵晔：《吴越春秋・阖闾内传》，长春：时代文艺出版社，2008 年版，第 36 页。

④ 云南博物馆文物工作队：《云南弥渡苴力战国石墓》，《文物》，1986 年第 7 期，第 25～30 页。

墓仍然变化不大[①](图5-1-6)。当然,石椁墓中出现画像者比没有画像石的墓葬时代要晚一些。且此时石椁板一般都经过加工,这应该是在铁制加工工具较发达以后的事情。“根据以往考古发现,西汉武帝以后的冶铁、炼钢的技术和规模都较前有显著的发展,铁制生产工具使用更加普遍。这就使得各种较大规模工程的开发和兴修具备了有利的条件。小龟山西汉墓的发现又为此提供了一个例证。从此墓的竖井和墓室的壁面上,可以看到整齐的凿痕,凿痕既粗且深”[②],可见当时凿石工具之锋利(图5-1-7)。

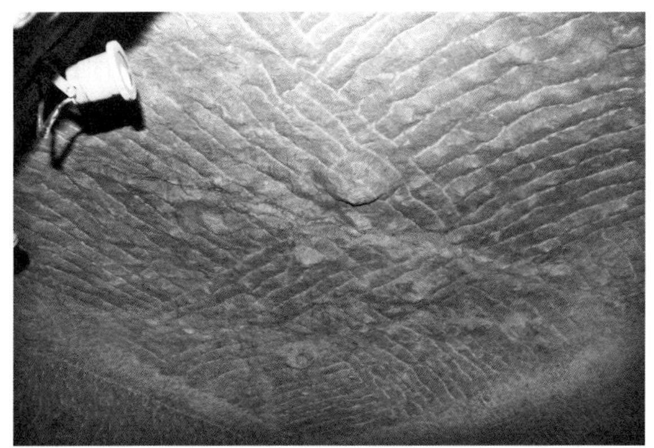

图5-1-6 西汉刘疵墓

图5-1-7 龟山楚王后陵前室顶部凿痕

西汉晚期由于社会政治动荡和社会经济的快速衰败,整个墓葬规模大为缩小。而此时出现了全部用石板构筑的石椁墓,且部分椁板上出现画面简单的阴线刻画像。这种画像石椁墓,正是徐州地区画像石墓的缘起。而在河南永城芒山柿园发现的梁国国王壁画墓(西汉初期),该墓葬中的画像水井被认为是画像石的雏形[③],两种情况虽然有异,但更有助于我们认识汉画像石起缘之丰富。毕竟,任何一种新事物的出现,都是受到多方面影响的结果。

---

① 临沂地区文物组:《山东临沂西汉刘疵墓》,《考古》,1980年第6期,第493～495页。

② 南京博物院:《铜山小龟山西汉崖洞墓》,《文物》,1973年第4期,第21～22,46,23～35页。

③ 阎道衡:《永城芒山柿园发现梁国国王壁画墓》,《中原文物》,1990年第1期,第32页。

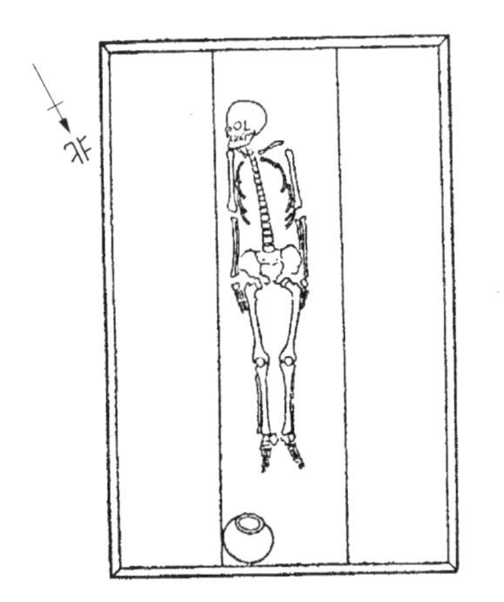

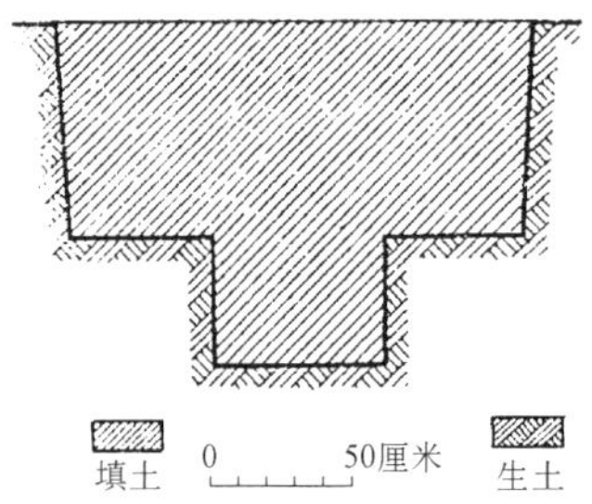

图 5－1－8 竖穴土坑墓:刘林 M201

东汉时由于地面石室墓、砖室墓、砖石墓等的流行,竖穴墓葬逐渐被淘汰。而东汉中晚期的土坑墓葬,是徐州已经发现东汉墓葬中,形制最简陋的。长方形土坑竖穴墓葬中,仅少数有简单的木棺,其余直接掩埋于土中,而能够见到随葬品的则少之又少,即使是极其简陋的随葬品。以至出现“七座墓中总共只出土七件随葬遗物”①的情况(图 5－1－8)。它们是当时社会经济衰落的必然产物,也是社会普通阶层生活贫困的真实写照。

据此,按照竖穴墓葬形制发展的历程,我们将徐州地区的竖穴墓葬,划分为四个时期,即西汉早期(汉初至武帝元狩五年)、西汉中期(武帝至宣帝时期)、西汉晚期(元帝至王莽时期)、东汉时期(整个东汉)②。

第二节 建筑形制

汉代楚(彭城)国竖穴(洞室)墓葬建筑,在西汉时期主要是竖穴岩坑墓葬,发表资料中属于西汉初期的土坑墓,仅奎山汉墓一座③(图 5－2－1)。这类竖穴岩坑墓葬形制,基本上有两种不同的形式:“一是在竖穴接近底部的墓壁侧面凿出一至二个洞室作为墓室,同时竖穴也作为一个墓室,放置棺木或随葬品。这种形制的墓葬往往还凿有二层台或用作放置随葬品的壁龛,如徐州子房山汉墓,徐州铜山江山汉墓。另一种形制是不开凿洞室,只在竖穴的底部开凿出两个并列的墓圹(图 5－2－2),或将竖穴坑底凿平,直接放置棺木和随葬品,个别亦凿出小龛放置部分随葬品,陶楼汉墓即属于后者”④。

---

① 南京博物院:《江苏邳县刘林遗址的汉墓》,《考古》,1965 年第 11 期,第 589～591 页。

② 李银德:《徐州汉墓的形制与分期》,《徐州博物馆三十年纪念文集》,北京:北京燕山出版社,1992 年版,第 108～125 页。

③ 徐州博物馆:《江苏徐州奎山西汉墓》,《考古》,1974 年第 2 期,第 121～122 页。

④ 徐州博物馆:《徐州市东郊陶楼汉墓清理简报》,《考古》,1993 年第 1 期,第 14～21,98～99 页。

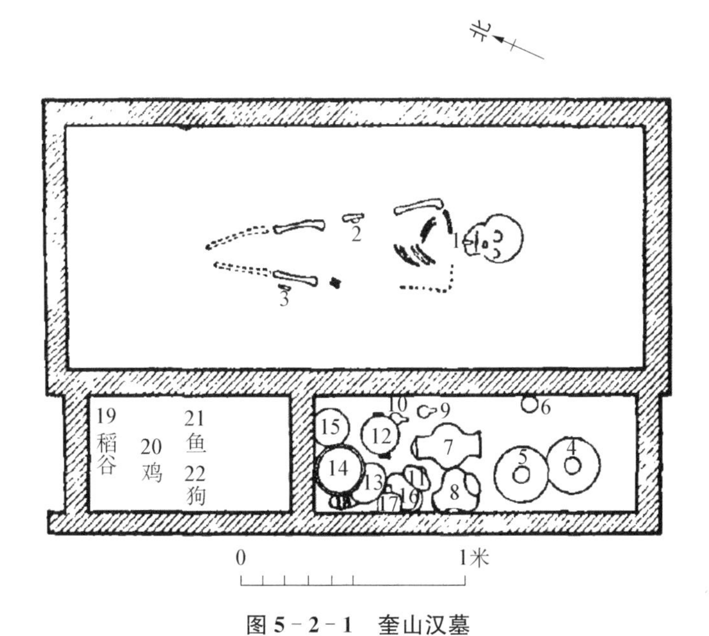

图5-2-1 奎山汉墓

1. 玉龙 2、3. 玉琢 4、5. 瓿 6. 铜镜 7、8. 壶 9、10. 陶勺 11、18. 彩绘陶壶 12、16. 鼎 13、15. 盒 14. 彩绘陶盘 17. 彩绘陶匜(未注明质料的为原始瓷器)

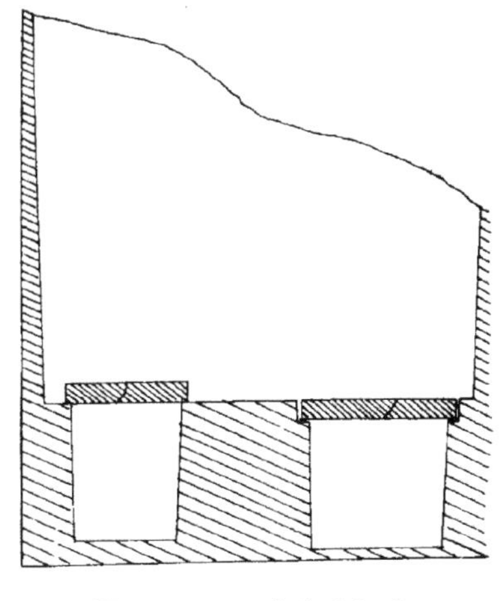

图5-2-2 小金山汉墓

在竖穴墓道与开凿的洞室之间往往用大石板隔开,如江山西汉墓①、小龟山崖洞墓②、子房山汉墓M2等。绣球山西汉墓M1,存在有四个墓室,可认为是竖穴墓葬中的特例③(图5-2-3)。发展到东汉时期,岩坑竖穴墓几乎完全消失,被土坑竖穴墓葬所取代。其时,出现了在竖穴墓葬中,构筑砖石结构单室墓的新类型④。除竖穴这一特点以外,其他与砖室(石)墓葬形制(包括材料、构筑方法、平面、空间等),并无不同。有人研究汉代楚(彭城)国墓葬建筑在山体中的位置后,认为"徐州地区已发现或发掘的西汉中

① 江山秀:《江苏省铜山县江山西汉墓清理简报》,载《文物资料丛刊》第1辑,文物出版社,1977年版,第105~110页。

② 南京博物院:《铜山小龟山西汉崖洞墓》,《文物》,1973年第4期,第21~35页。

③ 徐州博物馆:《徐州绣球山西汉墓清理简报》,《东南文化》,1992年第3、4合期,第107~118,277页。

④ 徐州博物馆:《徐州市韩山东汉墓发掘简报》,《文物》,1990年第9期,第74~82页。

小型汉墓一般埋在山顶，而东汉大型墓葬(群)都埋在山坡上”①。

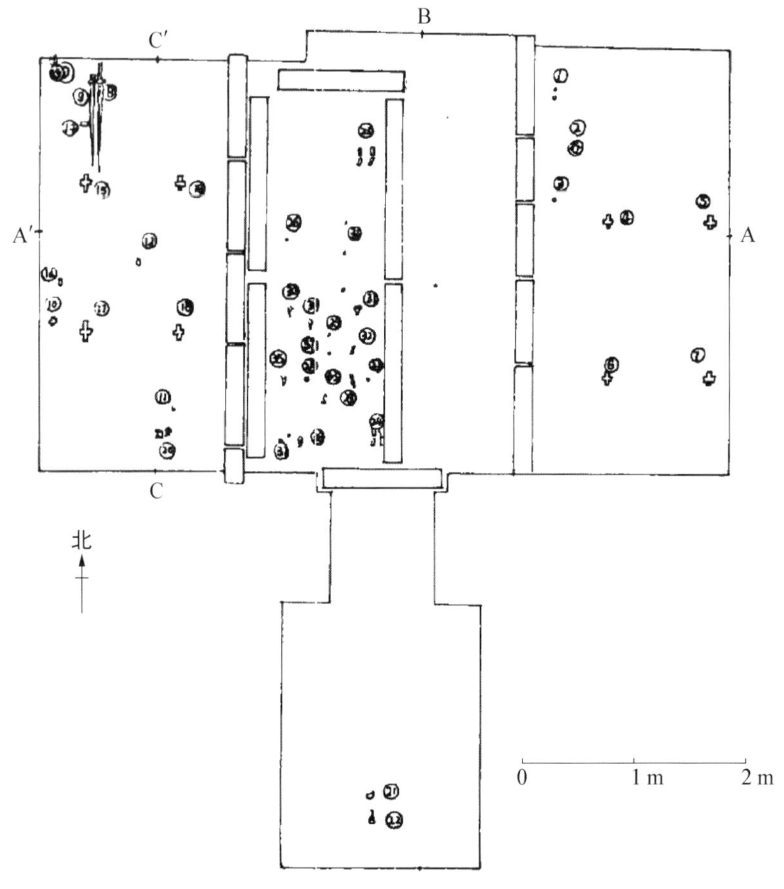

图 5-2-3　绣球山汉墓 M1

在汉代楚(彭城)国竖穴(洞室)墓葬竖穴墓道填土中，往往设置多层防盗的石板(或还有封门作用②。图 5-2-4)，也有简陋的仅见大石块③。有学者认为，类似于李屯西汉墓“墓葬结构是徐州地区西汉早、中期较为流行的一种形式。西汉早期，为了防盗，此类竖穴墓填土中多设有石板，如后楼山汉墓、韩山汉墓、九里山汉墓、子房二号汉墓以及绣球山一号汉墓等。至西汉中期以后，竖穴填土中多已不填

---

① 徐州博物馆：《徐州市韩山东汉墓发掘简报》，《文物》，1990 年第 9 期，第 74～82 页。

② 徐州博物馆：《徐州绣球山西汉墓清理简报》，《东南文化》，1992 年第 3、4 合期，第 107～118，277 页。

③ 江山秀：《江苏省铜山县江山西汉墓清理简报》，载《文物资料丛刊》第 1 辑，文物出版社，1977 年版，第 105～110 页。

石板,全部用土夯实,洞室以石板封堵,如小龟山一号汉墓、琵琶山二号汉墓、万寨八号汉墓等,李屯汉墓即属此类"[①]。

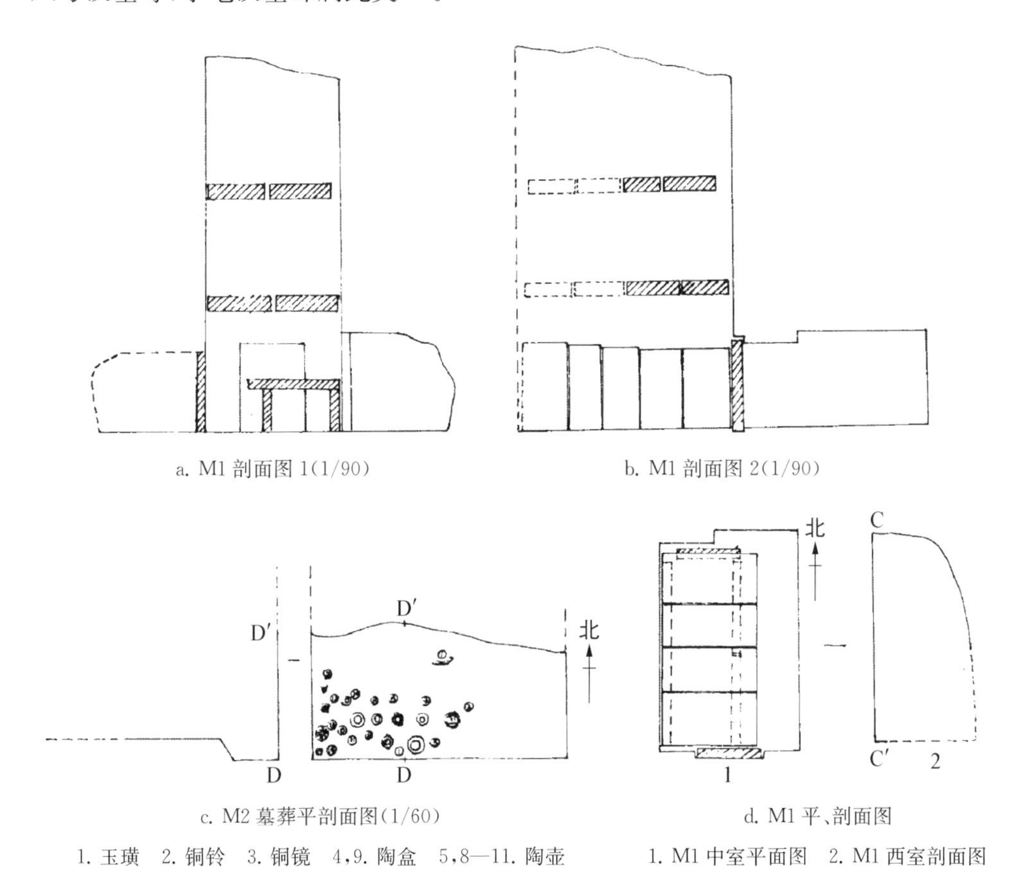

a. M1 剖面图 1(1/90)　b. M1 剖面图 2(1/90)

c. M2 墓葬平剖面图(1/60)　d. M1 平、剖面图

1. 玉璜　2. 铜铃　3. 铜镜　4,9. 陶盒　5,8—11. 陶壶　1. M1 中室平面图　2. M1 西室剖面图

图 5-2-4　绣球山汉墓平、剖面图

其实,早在战国时期的新疆地区竖穴墓葬中,就已经出现了用石块分层填埋的情况。并且,墓葬中随葬了臼、磨盘、熨斗等,与后世西汉时期在中原及其周围地区流行的葬制,极其相似[②](图 5-2-5)。其竖穴洞室墓葬中也填有许多石块,可惜的是考古报告无具体说明,无法进一步深究。值得注意的是,徐州米山汉墓 M2,竖穴墓道中放置的"第二层石板为子母榫相扣合"[③],从而使石板的放置遵循了一定的顺序,增强了防盗性能。

① 徐州博物馆:《江苏铜山县李屯西汉墓清理简报》,《考古》,1995 年第 3 期,第 220～225,293～294 页。

② 新疆文物考古研究所:《新疆新源铁木里克古墓群》,《文物》,1988 年第 8 期,第 59～66 页。

③ 徐州博物馆:《江苏徐州市米山汉墓》,《考古》,1996 年第 4 期,第 36～44,100～101 页。

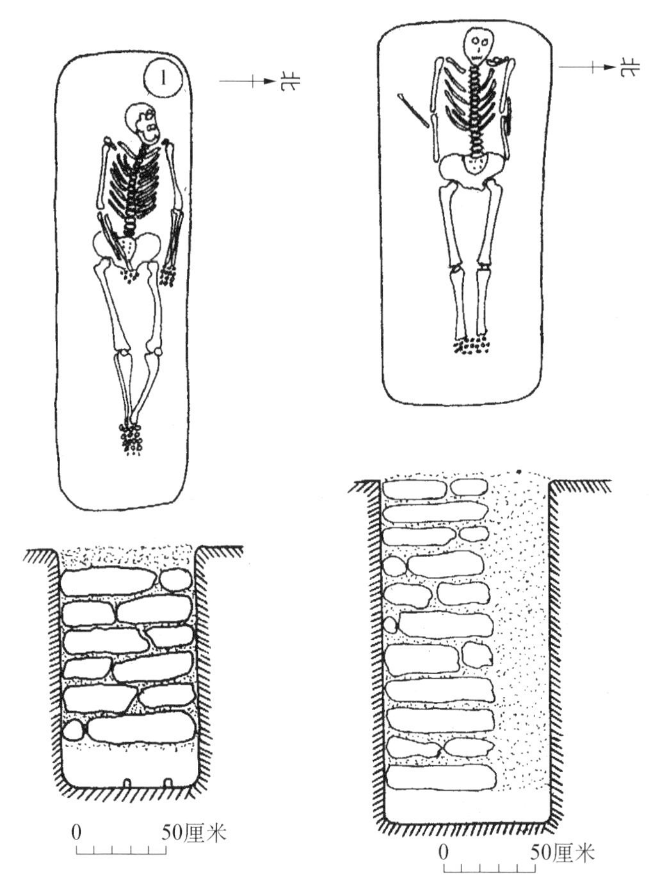

图 5－2－5 新疆墓

徐州地区竖穴(洞室)墓葬建筑的墓壁，一般加工都较规整，几近笔直。(也有少数墓葬壁面粗糙，如东郊陶楼汉墓[①]。)其中，土坑墓葬因加工较易，自不待言[②]。岩坑墓葬，如徐州市韩山西汉墓、西汉宛朐侯刘艺墓、后楼山西汉墓、东甸子西汉墓、东郊陶楼汉墓、九里山汉墓、铜山县李屯西汉墓、米山汉墓、绣球山西汉墓、小金山西汉墓及琵琶山二号汉墓(虽然此两座墓不是垂直而下，然壁面尚规整，仅较为粗糙。)都是如此。铜山县小龟山西汉崖洞墓虽然不似它们那样十分规整，但“井壁基本垂直”[③]。墓葬壁面凿痕规律整齐、清晰明显，既粗且深。说明当时的加工技

① 徐州博物馆:《徐州市东郊陶楼汉墓清理简报》,《考古》,1993 年第 1 期,第 14～21,98～99 页。
② 南京博物院:《江苏邳县刘林遗址的汉墓》,《考古》,1965 年第 11 期,第 589～591 页。
③ 南京博物院:《铜山小龟山西汉崖洞墓》,《文物》,1973 年第 4 期,第 21～35 页。

术、加工工具已相当先进。因山体石质较差，绣球山西汉墓 M1 墓道壁不平处，以残瓦补平[①]。有趣的是，徐州市米山汉墓“在距墓口 4 米处，东西两壁各向外伸出 0.1 米，可能是为了放下墓室上的石板”[②](图 5－2－6)，这种情况与长沙马王堆一号汉墓如出一辙，仅两者墓葬等级、山体材质不同而已(马王堆为土，米山是岩)，认为马王堆汉墓是“由于椁室巨大，加之椁室只外填塞木炭和白膏泥”的缘故[③]。

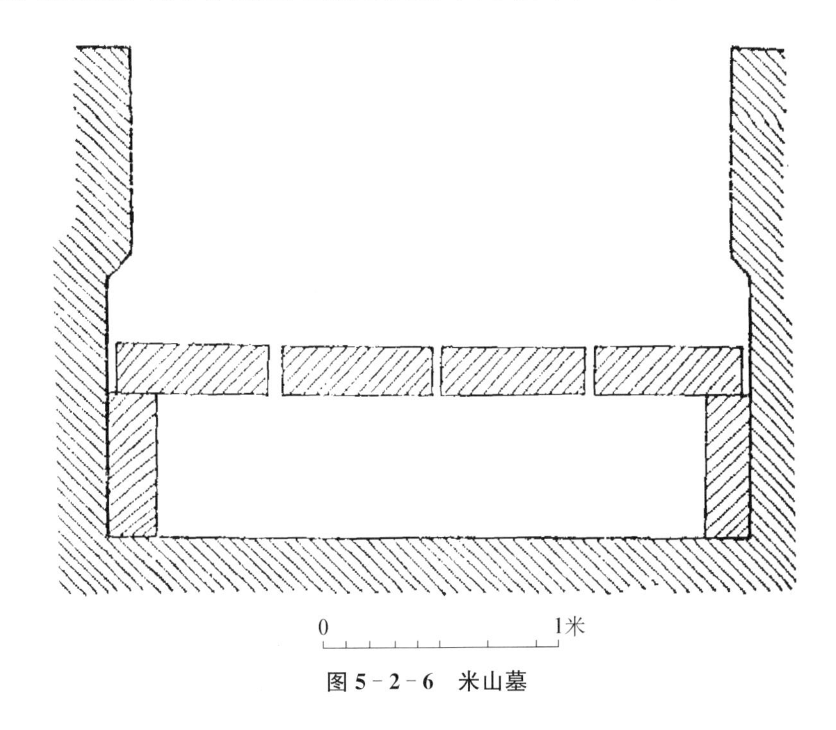

图 5－2－6　米山墓

此外，徐州后楼山西汉墓墓道较特殊。该墓“墓道除北壁较为完整以外，其余三壁多用石块镶补，特别是东壁，自墓道口至平台(其墓道北壁较高，上部凿有一平台。据附近群众反映，平台上原有一层排列不很规则的石板)，几乎全部用石块对缝垒砌”[④]。该墓夯土层与层之间以碎石片相隔，与徐州九里山汉墓[⑤]、绣球山西汉

① 徐州博物馆：《徐州绣球山西汉墓清理简报》，《东南文化》，1992 年第 3、4 合期，第 107～118，277 页。
② 徐州博物馆：《江苏徐州市米山汉墓》，《考古》，1996 年第 4 期，第 36～44，100～101 页。
③ 湖南省博物馆，中国科学院考古研究所：《长沙马王堆一号汉墓・上集》，北京：文物出版社，1973 年版，第 4 页。
④ 徐州博物馆：《徐州后楼山西汉墓发掘简报》，《文物》，1993 年第 4 期，第 29～45 页。
⑤ 徐州博物馆：《江苏徐州九里山汉墓发掘简报》，《考古》，1994 年第 12 期，1063～1067 页。

墓M1[1]、西汉宛朐侯刘艺墓相同[2],在徐州本地土山彭城王(后)也是如此,其他各地也有发现[3]。徐州韩山西汉墓M1、M2,因石壁不整,其"口部缺处垒砌石块",或"以碎石片堆砌成规则墓口"[4]。徐州市簸箕山西汉宛朐侯刘艺墓,"墓口岩体不规整,以长方形石块砌筑数层,高0.5至0.6米,使墓口平齐规整"[5]。徐州市米山汉墓M1,"墓口石壁缺失处以石块垒砌,其中南壁石块垒砌高达1.5米";其M4同样如此[6]。联系楚王陵墓中,存在对墓室内壁、地面修补的情况[7],也许我们可以得出,对不规整的墓道(包括口部、壁面等)、墓室内壁、地面等进行平整处理,是西汉楚国墓葬建筑中一个普遍性的特征。与徐州地区相近的河南永城梁王陵也是如此。

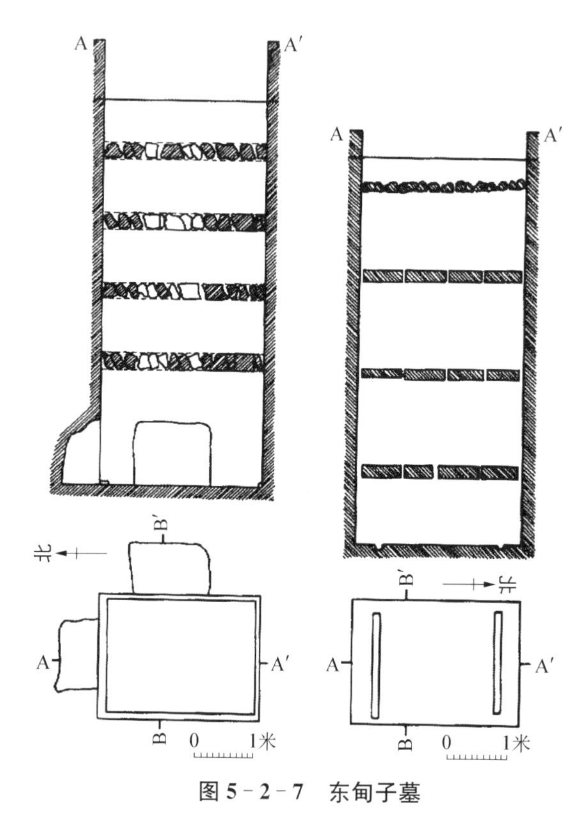

图5-2-7 东甸子墓

竖穴墓葬中还存在排水设施。徐州韩山西汉墓M2,"墓底南北两端有对称的两个梯形水道,贯穿墓底东西,水道上宽0.25米、下宽0.2米、深0.05米"[8]。在徐州市东甸子西汉墓M3的底部南北两侧,也各有一条东西向沟槽,"沟长2.1、宽0.15、深0.06米。这与徐州韩山M2相似,应为墓内的排水设施"[9](图5-2-7)。

① 徐州博物馆:《徐州绣球山西汉墓清理简报》,《东南文化》,1992年第3、4合期,第107～118、277页。

② 徐州博物馆:《徐州西汉宛朐侯刘艺墓》,《文物》,1997年第2期,第4～21页。

③ 见本书第二章第五节《土山彭城王、王后陵墓、拉犁山汉墓(王侯或僚属墓)》中,有关《土山彭城王、王后陵墓建筑形制分析》部分。

④ 徐州博物馆:《徐州韩山西汉墓》,《文物》,1997年第2期,第26～43页。

⑤ 徐州博物馆:《徐州西汉宛朐侯刘艺墓》,《文物》,1997年第2期,第4～21页。

⑥ 徐州博物馆:《江苏徐州市米山汉墓》,《考古》,1996年第4期,第36～44、100～101页。

⑦ 见本书第二章有关楚王陵墓。

⑧ 徐州博物馆:《徐州韩山西汉墓》,《文物》,1997年第2期,第26～43页。

⑨ 同上。

在全国其他地区汉代竖穴墓葬中同样有发现,表明汉代墓葬建筑对排水的重视①。

表 5-2-1 汉代楚(彭城)国竖穴(洞室)墓葬建筑形制表

<table>
<tr><th>分期</th><th colspan="4">墓葬形制特征</th><th>典型墓葬资料</th></tr>
<tr><td rowspan="10">西汉早期</td><td rowspan="2">1</td><td colspan="3" rowspan="2">石坑墓。与中原地区土坑墓结构完全相同,直接将葬具和随葬品放置在竖井底部,再填土夯实。均为单葬</td><td>子房山 M3</td></tr>
<tr><td>铜山县大泉小山子汉墓</td></tr>
<tr><td rowspan="6">2</td><td rowspan="6">竖穴石椁墓。在竖井底部凿出石坑,坑边留出台阶覆盖石板,形成椁室,葬具放置其中</td><td>a</td><td>单椁墓。即在竖井内凿出一个石坑,上面用四块石板覆盖,部分随葬品放置在墓主足端棺外</td><td>金鼎山汉墓</td></tr>
<tr><td rowspan="3">b</td><td rowspan="3">带边箱单椁墓。即比单椁墓,在一边凿出边箱放置随葬品。边箱可为一个或分成二至三个</td><td>徐州小山子汉墓</td></tr>
<tr><td>奎山塔汉墓</td></tr>
<tr><td>奎山西营子汉墓</td></tr>
<tr><td rowspan="2">c</td><td rowspan="2">双椁墓。竖井底部凿有两个椁室,中间有隔梁以承椁板。这类墓葬双椁内各有一棺和随葬品,为同穴异室夫妇合葬墓</td><td>小金山汉墓</td></tr>
<tr><td>米山汉墓</td></tr>
<tr><td rowspan="2">3</td><td colspan="3" rowspan="2">较 2 式单棺墓葬增加了壁龛</td><td>子房山汉墓 M1</td></tr>
<tr><td>九里山汉墓</td></tr>
<tr><td rowspan="3">西汉中期</td><td>1</td><td colspan="3">与西汉早期 1 式墓相同。合葬墓已出现,竖井墓道较宽</td><td>蟠桃山 M1</td></tr>
<tr><td>2</td><td colspan="3">与合葬墓较为流行相一致的是双椁墓流行,墓道也较宽</td><td></td></tr>
<tr><td>3</td><td colspan="3">与西汉早期 3 式墓葬相同</td><td>琵琶山汉墓</td></tr>
<tr><td rowspan="4">西汉晚期</td><td rowspan="2">1</td><td rowspan="2">墓葬长、宽分别不超过 3 米和 2 米</td><td>a</td><td>岩坑墓</td><td>吕梁 M2</td></tr>
<tr><td>b</td><td>土坑墓</td><td>邳县刘林汉墓</td></tr>
<tr><td>2</td><td colspan="3">竖穴双椁夫妇合葬墓,隔梁变窄,并在墓主肩部位置凿出相通的小门,两椁室只有一组随葬品</td><td>吕梁 M9</td></tr>
<tr><td>3</td><td colspan="3">壁龛变浅、变小</td><td>吕梁 M4</td></tr>
<tr><td>东汉时期</td><td>1</td><td colspan="3">长方形土坑竖穴墓。墓主足部竖插一块画像石刻,墓内无随葬品,仅有一墓有二枚棺钉</td><td>北郊檀山集汉墓</td></tr>
</table>

① 见本书第六章有关汉代墓葬排水部分内容。

表 5-2-2 汉代楚(彭城)国岩坑竖穴(洞室)墓葬墓道形制表

序号	墓葬名称	夯土	石板	
			层	大小、加工
1	小龟山西汉崖洞墓	夯层厚约 20 厘米		
2	后楼山西汉墓	红色黏土,厚 20 厘米,层与层间有碎石片	3	第 1 层五块,长 2.3、宽 0.6、厚 0.28 米
				第 2 层 6 块,长 2.3、宽 0.58、厚 0.25 米
				第 3 层 6 块,长 2.3、宽 0.6、厚 0.2 和 0.3 米
3	宛朐侯刘艺墓	红黏土夯实,厚 10～15 厘米	9	1 至 9 层,大小及数量每层不一,12 块为多,即南北向 4 块,东西向 3 块。厚在 0.4～0.6 米之间,最厚者 1 米左右
				7 至 9 层封石,长方形多,排列较规整
4	韩山西汉墓 M1	厚 15 厘米左右,上黑土,下黏土	2	每层均为 5 块,大小相近,长 2.2、宽 0.6、厚 0.3 米
	韩山西汉墓 M2	厚 16 厘米左右,红黏土	2	每层均为 5 块,大小相近,长 2.4、宽 0.65、厚 0.3 米
5	东甸子西汉墓 M1	红黏土与沙土掺合着夯填,较为坚实。厚约 5～5.5 厘米	4	每层 4 块,东西放置
	东甸子西汉墓 M3	夯土填埋	4	3 层石板,每层 4 块,东西放置,大小相近,长 2.05～2.2、宽 0.6～0.85、厚 0.2～0.25 米
				1 层小石块
6	铜山县荆山汉墓	黄色粉土,散夯,厚 20～30 厘米		
7	九里山汉墓	夯土层不明显	8	东部 8 层,每层 10 块,东西两排,每排 5 块,直径 0.55～0.75 之间
			8	西部 1 层石板,南北并列 4 块,石板大小相近,长 2.2、宽 0.53、厚 0.30 米
				西部 7 层规整石块,每层 12 块,东西 3 排,每排 4 块,直径在 0.65～0.9 米之间
8	铜山李屯西汉墓	红黏土夯实,厚 20 厘米		

续 表

序号	墓葬名称	夯土	石板	
			层	大小、加工
9	米山汉墓 M1	红黏土夯实,内含绳纹陶片	1	5块石板,南北放置;长1.36、宽0.68、厚0.25米
	米山汉墓 M2	红黏土夯实,夯土纯净	2	每层均4块,东西放置,大小相近,宽0.7、厚0.22米
	米山汉墓 M3	红黏土夯实,厚约10厘米	4	第一、三层,每层4块,东西放置;第二、四层,每层3块,南北放置,宽0.7～0.9、厚约0.2米
	米山汉墓 M4	凿出的碎石直接填入,未夯实	1	夯土台上4块石板,宽0.65、厚0.21米
10	小金山西汉墓	红黏土夹碎石块夯实,厚9厘米	1	石板宽度不一,0.47～0.9米,厚约0.16米
11	绣球山西汉墓 M1	红黏土夯实,厚10厘米	2	每层平铺石板8块(实存4块),东西两排并列;规格大致相当,呈不规则长方形,长1.15、宽0.83、厚0.2米
12	琵琶山二号汉墓	红黏土夯实		盖板石不见了
13	小金山西汉墓	红黏土夹碎石块夯实	1	石板4块
14	铜山县江山西汉墓	红黏土夯实		上部填大石块防盗
15	子房山西汉墓 M1	填土夯实		
	子房山西汉墓 M2	填土夯实	3	井口、井中、墓室各一层,长1.7～1.8、宽0.8、厚0.2～0.3米
	子房山西汉墓 M3	填土夯实		

第三节　建筑形制分析

一、从岩坑向土坑演化

汉代楚（彭城）国竖穴（洞室）墓葬建筑，在西汉时主要表现为岩坑竖穴墓和竖穴洞室墓，土坑竖穴墓很少。但东汉时期，岩坑竖穴墓几乎完全消失，被土坑竖穴墓葬取而代之。表现了这类墓葬发展演变的进程。

统计资料表明，迄今尚未见竖穴周边附带有洞室的土坑墓。笔者认为，原因就在于该地区不存在黄土地被覆盖的条件。但值得注意的是，如前所述，出现了在竖穴墓葬中，构筑砖石结构单室墓的新类型[①]，如徐州市韩山两座东汉墓是土坑竖穴砖石结构墓葬[②]（图 5－3－1）。该墓与平地砌建的砖室（石）墓葬一样，石材都是使用在地袱、门柱、门额等要求增加强度、增大跨度等受力结点部位；壁面以素面砖砌筑，楔形砖起券，砌筑方法都与砖室（石）墓葬一致。墓室地面中间高、两侧低起自然排水作用。实际上，除了土坑竖穴这一点以外，别的特征与砖室（石）墓葬完全相同。联系岩坑竖穴墓葬在东汉时期的消失，这很可能正代表了东汉时，受砌筑的砖室（石）墓葬影响，竖穴墓葬发展变化后的新形式。并且，此两座土坑竖穴砖石结构墓葬门额的上方，都有砖砌的挡土墙，对比其他地区砖室墓葬中，屡屡发现仿木结构门楼，如潼关吊桥汉代杨氏墓群[③]（图 4－3－24）、甘肃酒泉县下河清汉墓[④]等。笔者认为，也许这是对东汉时期实际生活中，存在着的这种建筑形式的模拟。

需要说明的是，由于徐州地区汉代地下水位较高，不存在较厚的地被覆盖条件，因此不能满足汉代人不朽的要求，所以土坑墓葬很少，能够发现的土坑墓葬数量就很有限。并且，由于墓葬形制相对次要、简单，故本文基本上未对其进行论述。对于一些特殊墓葬形式，如瓮棺葬、瓦棺葬等，基于同样的原因，也没有涉及。

---

① 徐州博物馆：《徐州市韩山东汉墓发掘简报》，《文物》，1990 年第 9 期，第 74～82 页。

② 徐州博物馆：《徐州市韩山东汉墓发掘简报》，《文物》，1990 年第 9 期，第 74～82 页。

③ 陕西省文物管理委员会：《潼关吊桥汉代杨氏墓群发掘简记》，《文物》，1961 年第 1 期，第 56～66 页。

④ 甘肃省文物管理委员会：《甘肃酒泉县下河清汉墓清理简报》，《文物》，1960 年第 2 期，第 55～58，50 页。

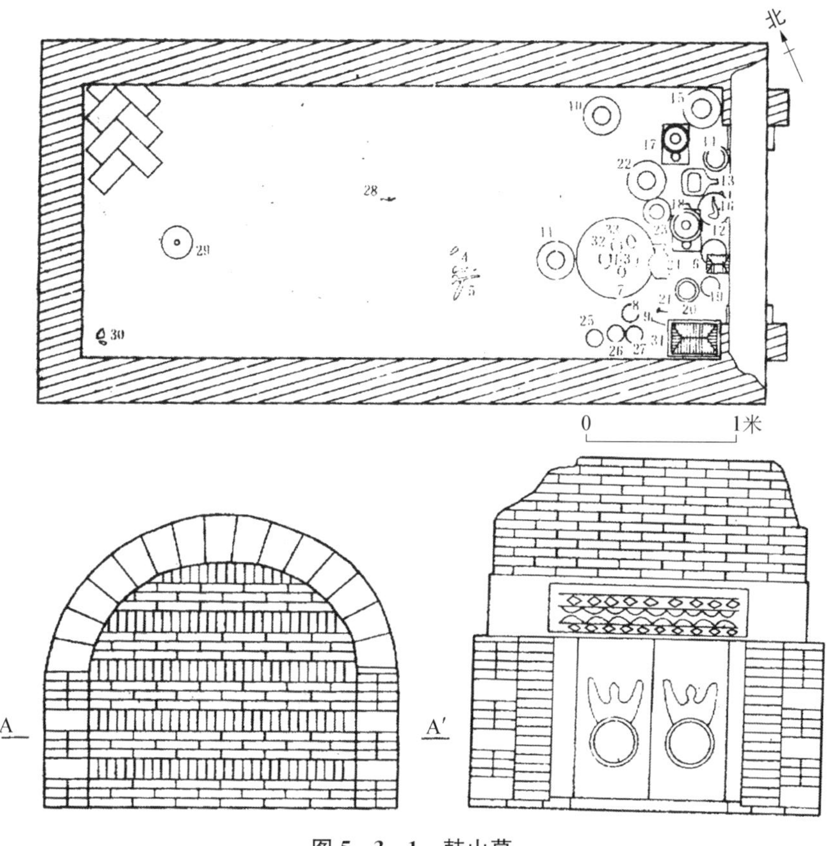

图 5-3-1 韩山墓

二、“与天接近”的丧葬思想

西汉楚国竖穴(洞室)墓葬建筑,与中原地区流行的土坑墓较相似。稍为不同的是,中原地区竖穴墓一般在竖穴墓道旁另开凿墓室。而徐州地区竖穴墓是在山顶的岩石上开凿垂直竖井式墓坑,无墓道,直接在竖井底部建造墓室①。“徐州四面环山,西汉时期竖穴墓十分流行。这种竖穴墓与中原地区洞室墓不同,一般都开凿在小山的顶部。中原一带的洞室墓,竖穴往往只作为墓道,而徐州的竖穴一般都用作为墓室”②。有学者研究河南南阳、商丘、苏北、鲁西南等地的竖穴石椁墓后发现,它们的时代都在西汉晚期或稍早,并认为石椁墓在初期流行阶段,差别不大,都

① 李银德:《徐州汉墓的形制与分期》,《徐州博物馆三十年纪念文集》,北京:北京燕山出版社,1992 年版,第 108～125 页。

② 徐州博物馆:《徐州东郊陶楼汉墓清理简报》,《考古》,1993 年第 1 期,第 14～21,98～99 页。

是受木椁墓的启发而产生的新的丧葬形式;经过一段时间的发展,在融合了较多当地独特的风俗之后,才各呈异彩,显露出鲜明的地方特征[①]。

前已述及,“徐州地区已发现或发掘的西汉中小型汉墓一般埋在山顶,而东汉大型墓葬(群)都埋在山坡上”[②]。其内在因缘,笔者认为正反映了竖穴墓葬向横穴墓葬发展后的必然选择。早期,竖穴墓葬埋葬于山顶上,必然要向下发展。

墓葬选择山头埋葬,有学者研究认为,这是对天体和自然物的崇拜结果,且“在自然崇拜中,汉代尤重山川神灵之祠”[③]。何况“在汉代人的潜意识中,高山、建木(即天梯)、云、鸟等是(汉代人升仙,笔者注)直接媒介、自然媒介,而远古即存的诸多祭祀活动则构成了与其心态密切结合的间接媒介、人为媒介”[④]。可见山川崇拜已渗透至时人的思想深处。

远古时期的祭祀,都是于高处筑坛,是远古人类对“天高而远”的共同认识,“高处筑坛,高上加高,缩短了人与天之间的距离,当更便于巫觋与上天的沟通”[⑤]。而作为此时祭坛建筑组合一部的墓葬,同样也有这样的寓意在内。

笔者认为,这应是原本自然界中存在的山体,被人类利用来作为墓葬的根本原因。

三、第宅化的葬制趋向

随着西汉初期出现的“因山为陵”葬制与横穴墓葬的逐渐流行,表现出由仅以分割象征居室的木椁墓向完全仿照居室建筑的空心砖墓、砖室墓、崖洞墓及石室墓过渡、变化的趋势,也反映了人们的丧葬观念普遍发生了重大变化。并且,随着汉代经济发展、私有欲望的增强、厚葬观念的盛行等原因,发展到要在墓葬建筑上“完全复原宇宙空间及社会人文环境的尝试”[⑥]。

俞伟超先生曾指出:“可以汉武帝前后为界线,分为两大阶段:前一阶段的成熟形态即通常所谓的‘周制’;‘汉制’是后一阶段的典型形态。”[⑦]

---

① 商丘地区文化局:《河南夏邑吴庄石椁墓》,《中原文物》,1990年第1期,第1～6页。

② 徐州博物馆:《徐州市韩山东汉墓发掘简报》,《文物》,1990年第9期,第74～82页。

③ 李宏:《原始宗教的遗绪——试析汉代画像中的巫术、神话观念》,《中原文物》,1991年第3期,第80～85页。

④ 李国华:《浅析汉画像石关于祭祀仪礼中的供奉牺牲》,《中原文物》,1994年第4期,第71～75页。

⑤ 张德水:《祭坛与文明》,《中原文物》,1997年第1期,第60～67页。

⑥ 赵超:《汉代画像石墓中的画像布局及其意义》,《中原文物》,1991年第3期,第18～24页。

⑦ 俞伟超:《汉代诸侯王与列侯墓葬的形制分析》,《中国考古学会第一次年会论文集》,北京:文物出版社,1980年版,第332～337页。

何况,徐州地区的西汉楚元王刘交陵,本身就是横穴式石洞崖墓葬的源头[①]。又如"横穴墓的最初形式是土洞墓,战国中期在关中地区出现,而后在关中和三晋地区流行"[②]。因此,横穴式墓葬逐渐代替了竖穴式墓葬,而成为各种墓葬形制的共同规律。而横穴式墓葬,顾名思义,要求横向发展,则其墓葬主体就不可能像竖穴式墓葬那样,凛然位居于山顶。而是要求有横向的墓室空间,必然要向下位移。由此,横穴式墓葬就逐渐地转移到山坡或山脚;地下水位低时,甚或平地起坟了。流风所及,东汉时期徐州地区"大型墓葬(群)都埋在山坡上",就成为了历史的必然。西汉梁孝王、王后陵墓甬道坡度朝下的原因正缘于此。

徐州市竖穴墓葬中,出土过瓦当、板瓦、筒瓦。东甸子西汉墓"封土上部及其周围有空心砖和大量的板瓦、筒瓦、瓦当残片,纹饰和式样较多"[③]。绣球山西汉墓竖穴墓道的夯土中,发现有瓦当、筒瓦和板瓦的残片[④]。而郭庄汉墓陶瓦当"寿福无疆",是发现于墓室中的随葬品,徐州地区文字瓦当也以郭庄汉墓为首次发现[⑤](图 5-3-2)[⑥]。

图 5-3-2 郭庄汉墓瓦当

表 5-3-1 汉代楚(彭城)国竖穴(洞室)墓葬统计表

序号	作(著)者	论文名称	刊物、日期、页码	墓葬年代	备注
1	南京博物院	铜山小龟山西汉崖洞墓	《文物》1973 年 4 期 21 页	西汉中期	洞室
2	徐州博物院	徐州市韩山东汉墓发掘简报	《文物》1990 年 9 期 74 页	东汉中期,M2 中偏晚	土坑竖穴砖石结构
3	徐州博物院	徐州后楼山西汉墓发掘简报	《文物》1993 年 4 期 29 页	西汉早期	洞室

① 周学鹰、刘玉芝:《"因山为陵"初探》,中国建筑学会建筑史学分会第四次年会论文,2000 年。

② 宋·乐史:《太平寰宇记》,北京:中华书局,1985 年版。

③ 徐州博物馆:《徐州东甸子西汉墓》,《文物》,1999 年第 12 期,第 4～18 页。

④ 徐州博物馆:《徐州绣球山西汉墓清理简报》,《东南文化》,1992 年第 3、4 合期,第 107～118,277 页。

⑤ 邱永生:《徐州郭庄汉墓》,《考古与文物》,1993 年第 1 期,第 15～16 页。

⑥ 有关汉代出土瓦件的墓葬统计,以及它们的各种使用情况,可参见本书第八章《"建筑式"明器与"明器式"建筑》一文中有关内容,及注释部分有关表格。

续　表

序号	作(著)者	论文名称	刊物、日期、页码	墓葬年代	备注
4	徐州博物院	徐州西汉宛朐侯刘艺墓	《文物》1997年2期4页	景帝三年	洞室
5	徐州博物院	徐州韩山西汉墓	《文物》1997年2期26页	西汉早期	洞室
6	徐州博物院	徐州东甸子西汉墓	《文物》1999年12期4页	西汉早期偏晚—景帝末至武帝初	有壁龛
7	朱江等	江苏铜山考古	《考古》1956年3期59页	年代无	
8	南京博物院	江苏邳县刘林遗址的汉墓	《考古》1965年11期589页	东汉	土坑
9	徐州博物馆	江苏徐州奎山西汉墓	《考古》1974年2期121页	西汉初期	
10	徐州博物馆	江苏铜山县荆山汉墓发掘简报	《考古》1992年12期1092页	宣帝时或稍晚	洞室仓猪圈
11	徐州博物馆	徐州市东郊陶楼汉墓清理简报	《考古》1993年1期14页	上武帝元狩五年—下武帝末年	4座墓,陶仓猪圈
12	徐州博物馆	江苏徐州九里山汉墓发掘简报	《考古》1994年12期1063页	文帝五年—武帝	洞室
13	徐州博物馆	江苏铜山县李屯西汉墓清理简报	《考古》1995年3期220页	西汉中期	洞室仓猪圈井
14	徐州博物馆	江苏徐州市米山汉墓	《考古》1996年4期36页(总324)	西汉早期偏晚	2座
15	徐州博物院	徐州小金山西汉墓清理简报	《东南文化》1992年2期191页	西汉初期	
16	徐州博物院	徐州绣球山西汉墓清理简报	《东南文化》1992年3、4期107页	西汉早期偏晚	2座
17	耿建军	徐州琵琶山二号汉墓发掘简报	《东南文化》1993年1期162页	武帝至昭帝	2座墓1洞室1壁龛
18	邱永生	铜山县凤凰山战国西汉墓群	《中国考古学年鉴》1987年138页	西汉	4座

续 表

序号	作(著)者	论文名称	刊物、日期、页码	墓葬年代	备注
19	邱永生	铜山县小山子西汉墓	《中国考古学年鉴》1987年139页	西汉	
20	耿建军	徐州小金山西汉墓	《中国考古学年鉴》1990年204页	西汉早期	洞室
21	梁勇	徐州市陶楼西汉墓	《中国考古学年鉴》1990年204页	西汉中期	2座
22	邱永生	徐州郭庄汉墓	《考古与文物》1993年1期15页	西汉早期	洞室
23	江山秀	江苏省铜山县江山西汉墓清理简报	《文物资料丛刊》1期105页	西汉前期(B.C.175～B.C.118)	洞室
24	徐州博物馆	江苏徐州子房山西汉墓清理简报	《文物资料丛刊》4期59页	西汉初期	3座墓,1壁龛、1洞室
25	邱永生	徐州发现纪年汉画像石墓	中国文物报1989年6月16日		

第六章　汉代楚(彭城)国墓葬建筑综述

第一节　无与伦比的汉代楚(彭城)国诸侯王陵

一、各具特征的五个发展阶段

以上四章(除第一章外),本书从徐州地区汉代楚(彭城)国墓葬的构筑方法出发,分形制对“因山为陵”、石室墓、砖室(石)墓、竖穴墓(包括岩坑、土坑)等,汉代墓葬主要类型,分别进行了较为深入的研究。它们中有最早采用“因山为陵”葬制的楚元王刘交陵,有被评为“1995 年全国十大考古发现之首”的狮子山楚王陵,有主体与附属建筑合一极其独特的北洞山楚王陵等。其中“因山为陵”葬制、规模宏大的崖洞墓,是西汉楚国诸侯王陵采用的形式,并以楚元王刘交陵为最早。它们完整地体现了这种独特葬制从产生、发展到成熟、衰亡的历史过程,表明了其向砖室墓、砖石墓、石室墓等的演变进程。且此种“因山为陵”葬制,从出现到使用“明器式”建筑[①],进而“明器式”建筑与建筑明器共存,到“明器式”建筑消失、完全采用建筑明器,发展脉络颇为清晰。由此,它们在我国墓葬建筑历史研究中占据了很重要的地位。这些诸侯王陵可划分为五个发展阶段(有学者根据建筑结构、内部装饰特征,将其中的西汉楚王陵分为三式[②]):

第一阶段:以楚王山汉墓、狮子山汉墓为代表。建筑特征是:(1) 狮子山楚王陵墓天井距主峰约 30 米与楚元王刘交陵开凿于山峰之上极其相似(后者为巨大竖穴石砌洞室墓),它们与其后诸楚王陵墓墓道皆凿于山脚之下,墓室穿凿于山腹之中,大不一样。(2) 这一阶段楚王陵都有硕大的天井,并且开凿质量远高于墓室,

① 周学鹰、田小冬:《“明器式”建筑》,《室内设计与装修》2000 年第 5 期,第 78～79 页。

② 梁勇、梁庆谊:《西汉楚王墓的建筑结构及排列顺序》,王中文主编,夏凯晨、及巨涛副主编:《两汉文化研究・第 2 辑》,北京:文化艺术出版社,1999 年版,第 188～203 页。

棺床不似其他楚王陵那样放置在最后。墓室窄小,带有新石器时代以来竖穴墓向横穴墓过渡的特点。(3) 此阶段楚王陵建筑墓道、甬道、墓室等加工技术都较粗糙,墓顶形式较简单,墓道宽大,甬道较宽、较短。(4) 此时楚王陵占据整座山头,规模巨大,形制雄伟,与全国同期的西汉诸侯王陵一样,如永城梁王陵、满城汉墓、山东曲阜九龙山汉墓、广州南越王陵等,就是"垒土为山"的长沙马王堆汉墓也表达了同样的思想。(5) 楚元王刘交陵首创"因山为陵"葬制。

此阶段楚王陵墓占据整座山头,规模巨大,形制雄伟,反映了汉早期经济发达、文化繁荣、整个社会各方面蓬勃发展的特点。楚元王刘交陵是我国目前最早采用"因山为陵"葬制的诸侯王陵,并且其主室墓顶采用石砌拱形顶,也是我国目前已知最早者,在该陵墓中出现耳室,同样属于最早者之一……,这些对于我们研究汉代陵墓建筑史都具有重要的意义。

第二阶段:以驮蓝山楚王陵、北洞山楚王陵为代表。此阶段楚王陵建筑的特征是:(1) 楚王陵墓墓道宽度和高度较前有所变小,但墓道宽度和高度仍在 2 米左右;其余形制较前有大的变化,没有天井。(2) 墓室的布局除早期的前、中、后三室及武库、御府外,增添了厕所、浴间、柴房、水井等。(3) 墓室对称开凿,墓顶形式多样,有两面坡平顶、四面坡、覆斗顶(盝顶)等,后世所见屋顶,几乎均具备无遗。(4) 各室皆设封门,墓室四壁雕刻精细,并像地面建筑一样对室壁加以装饰,或涂以朱砂、丹漆,或抹以澄泥。但没有像四川崖墓那样,"墓壁立面成梯形,上面凿刻方格,内填刻编织纹,与篾席相似,或即象征以篾席饰壁之意"①。楚王陵墓室四壁和墓顶的装修程序,是先开凿成较规整的墓室;接着打磨,雕刻精细,使壁面基本平整;再像地面建筑一样对室壁加以装饰,先抹以澄泥,少则一、二层,多则四、五层,最后涂以朱砂、丹漆等②。如若遇到石裂隙,则先在裂隙中,开凿水道,再用相应尺寸石料补之,使之与整个壁面或顶面保持一致。(5) 北洞山楚王陵"墓道后段的两耳室中部均安放了长方体石柱,而这种在墓室中设置中心柱的方式被其后的墓葬所采用,特别是一些大面积、大跨度的墓室更是如此"③。(6) 陵墓的形制和结构更贴近地面建筑。

---

① 四川省文物管理委员会:《四川忠县涂井蜀汉崖墓》,《文物》1985 年第 7 期,第 49～95、97、99～106 页。

② 梁勇、梁庆谊:《西汉楚王墓的建筑结构及排列顺序》,王中文主编,夏凯晨、及巨涛副主编:《两汉文化研究・第 2 辑》,北京:文化艺术出版社,1999 年版,第 188～203 页。

③ 孟强、钱国光:《西汉早期楚王墓排序及墓主问题的初步研究》,王中文主编,夏凯晨、及巨涛副主编:《两汉文化研究・第 2 辑》,北京:文化艺术出版社,1999 年版,第 169～187 页。

此阶段的楚王陵反映了汉代楚王国经济继续发展，竖穴墓特征已无，横穴墓已发展完备。墓主对世俗生活更加关注，陵墓中满足生活使用要求的墓室大量增加，对地面建筑模拟程度加强，为下一阶段墓葬中“明器式”建筑的出现，提供了思想基础。

第三阶段：以龟山楚王、王后陵，东洞山楚王、王后陵为代表。这一阶段楚王(后)陵的形制和结构都发生了明显的变化：(1) 楚王、王后陵墓间距缩小，一般为10米左右，有些陵墓之间凿有壶门相通。(2) 因受专制等级制度所致，楚王、王后陵建筑规模相差甚大，王后陵墓室数量仅为王陵的三分之一左右，面积甚至仅为十分之一左右。王后陵的规模、墓室数量、大小、出土文物的数量、质量等，均小于或低于王陵。(3) 楚王、王后陵均采用“同茔异穴”葬制；有以壶门相通，有平行置。多男左女右。(4) 陵上封土、防洪排水沟消失。(5) 墓道由长变短，由30～40米缩短到10米左右，使陵墓更具有隐蔽性。(6) 甬道由短变长、由宽变窄，2米左右变为1米左右，甬道中塞石(即封堵甬道、墓道的巨大石条，如山东曲阜九龙山西汉鲁王墓有出土，上刻字“王陵塞石广四尺”①，故依名)由两列变为一列，封堵严密且加多道封门。(7) 墓道或甬道两侧耳室数量由多变少，或由4～6个变为1个，(或耳室数量较多，但功能单一，如：小龟山西汉楚王、王后陵，数量较多，但功能仅为车马库。)由轴线对称变为不对称。但整个陵墓仍然具有完整、成熟的设计思想，处理手法更加丰富多彩，体现了汉代建筑形制多样、规模巨大、豪华壮丽的景象，表现了高度发达的建筑成就，这已被考古发掘所证实②，联系古代文献记载，也同样可以说明问题③。(8) 封门方式由各室都设，改为在甬道内除塞石外，再用多道封门；墓

---

① 山东省博物馆：《曲阜九龙山汉墓发掘简报》，《文物》1972年第5期，第39～44、54、65页。

② 刘致平：《西安西北郊古代建筑遗址勘查初记》，《文物》1957年第3期，第5～12、3～4页；王世仁《西安市西郊工地的汉代建筑遗址》，《文物参考资料》1957年第3期，第11～13页；祁英涛：《西安的几处汉代建筑遗址》，《文物参考资料》1957年第5期，第57～58页；辽宁省文物考古研究所姜女石工作站：《辽宁绥中县“姜女石”秦汉建筑群址石碑地遗址的勘探与试掘》，《考古》1997年第10期，第36～46、97～100页等。汉代建筑发掘资料较多，墓葬资料更是数不胜数，较有代表性的诸侯王墓有：(1) 长沙马王堆汉墓，(2) 广州南越王墓，(3) 河北满城汉墓，(4) 徐州狮子山楚王墓等。

③ **表6-1 部分汉代建筑方面的文献一览表**

序号	古籍或论著	内　容
1	刘志远：《四川汉代画像砖反映的社会生活》，《文物》1975年第4期，第45～55、79～80页	四川汉代画像砖正是在这样的历史背景下产生的，因而反映剥削阶级奢侈生活的画面较多。地主们住的是“坛宇显敞，高门纳驷”的甲第(如“甲第”图砖)，“结阳城之延阁(长廊)，观飞榭乎云中(高楼)”(如“庭院”图砖)，院房里禁锢着为他们腐朽服务的妖童美妾，倡讴伎乐，庖厨杂役。他们宴饮享乐，朱门车马客，红烛歌舞楼，男女杂坐，合樽促席，“一醉累月”

(转下页)

(接上页)

续 表

序号	古籍或论著	内 容
2	范晔:《后汉书·张禹传》,北京:中华书局,1965年版	禹将崇入后堂饮食,妇女相对,优人管弦,铿锵极乐,昏夜乃罢
3	范晔:《后汉书·班彪列传上·两都赋》,北京:中华书局,1965年版	内则街衢洞达,闾阎且千,九市开场,货别隧分;人不得顾,车不得旋,阗城溢郭,傍流百廛,红尘四合,烟云相连。于是既庶且富,娱乐无疆,都人士女,殊异乎五方;游士拟于公侯……
4	范晔:《后汉书·第五伦传》,北京:中华书局,1965年版	蜀地肥饶,人吏富实,掾吏家资多至千万,皆鲜车怒马,以财货自达
5	范晔:《后汉书·樊宏传》,北京:中华书局,1965年版。	开广土田三百余顷……其所起庐舍,皆有重堂高阁,陂渠灌注,又池鱼牧畜,有求必给
6	范晔:《后汉书·仲长统传》,北京:中华书局,1965年版	井田之变,豪人货殖,馆舍布于州郡,田亩连于方国。……豪人之室,连栋数百,膏田满野,奴婢千群,徒附万计,船车贾贩,周于四方。废居积贮,满于都城。琦赂宝货,巨室不能容,马牛羊豕,山谷不能受。妖童美妾,填乎绮室,倡讴伎乐,列乎深堂
7	范晔:《后汉书·卢植传》,北京:中华书局,1965年版	(马)融,外戚豪家,多列女倡歌舞于前
8	常璩:《华阳国志》,山东:齐鲁书社,2010年版	故工商致结驷连骑,豪族服王侯美衣,嫁娶设太牢之厨膳,归女有百两之车。送葬必高坟瓦椁,祭奠而羊豕夕(牺)牲
9	王延寿:《鲁灵光殿赋》,萧统主编:《昭明文选·卷十一》,北京:中华书局,1997年版	图画天地,品类群生,杂物奇怪,山神海灵,写载其状,托之丹青,千变万化,事各缪形,随色象类,曲得其情。上纪开辟,遂古之初,五龙比翼,人皇九头,伏羲鳞身,女娲蛇躯,洪荒朴略,厥状睢盱。焕炳可观,皇帝唐虞,轩冕以庸,衣裳有殊,下及三后,淫妃乱生,忠诚孝子,烈士贞女,贤愚成败,靡不载叙,恶以诫世,善以示后
10	左思:《蜀都赋》,萧统主编:《昭明文选·卷四》,北京:中华书局,1997年版	亦有甲第,当衢向术,坛宇显敞,高门纳驷
11	左思:《三都赋》,萧统主编:《昭明文选·卷四》,北京:中华书局,1997年版	若其旧俗,终冬始春,吉日良辰,置酒高堂,以御嘉宾……羽执竞,丝竹乃发,巴姬弹弦,汉女击节。……纡长袖而屡舞,翩跹跹以裔裔。合樽促席,引满相罚,乐饮今夕,一醉累月
12	班固:《西都赋》,萧统主编:《昭明文选·卷四》,北京:中华书局,1997年版	屋不呈材,墙不露形。以藻绣,络以瑜连。随侯明月,错落其间。金工衔壁,是为列钱。翡翠火齐,流耀含英。悬黎垂棘,夜光在焉。文物1982-3-68
13	李尤:《德阳殿赋》,萧统主编:《昭明文选》,北京:中华书局,1997年版	连壁组之润漫,杂虬文之蜿蜒(《艺文类聚》六二)
14	李尤:《东观赋》,萧统主编:《昭明文选》,北京:中华书局,1997年版	上承重阁,下属周廊

(转下页)

室不用木、石封门，也不似以前对称。(9) 陵内不再专门设置厕所、浴室、甲库等。但整个陵墓功能上更加突出宴饮、游乐、厕所、浴室、武库等世俗生活，反映歌舞升平的汉代盛世[①]。(10) 墓顶形式多样，有坡顶、拱顶、双拱顶、四角攒尖等样式，(江苏省连云港市东海县尹湾汉墓中，也曾经出土陶房一件四角攒尖顶，较特殊[②]。)但开凿不规整，主要目的似为建造预留空间而已。(11) 除耳室外均砌筑木构瓦房，即"明器式"建筑[③]，装饰主要集中于此。(12) 墓室内壁由早期的精雕细琢变为粗糙，保留粗壮有力、深且宽的凿痕，不做涂抹处理。(13) 出现高大柱厅。主要墓室有边长近1米的方形柱，室内高达4米，空间气势恢宏。(14) 陪葬墓无近臣、属臣，多为楚王家族成员等。

由以上两陵可见，陵墓建筑对现实生活中建筑的模拟要求进一步增强，以至出现了"木构瓦顶"的"明器式"建筑，作为实际建筑物的替代品。从而对陵墓建筑本身的装饰处理减少了热情。柱厅的出现，说明古代匠师建筑设计水平、对山岩力学认识以及施工经验等均有所提高。楚王陵与王后陵之间间距缩小，流露出由"同茔异穴"向"同穴合葬"葬制发展的信息。以上是徐州汉代第三阶段楚王(后)陵墓建

(接上页)

续　表

序号	古籍或论著	内　　容
15	李尤:《平乐观赋》,萧统主编:《昭明文选》,北京:中华书局,1997年版	大厦累而鳞次,承迢尧之翠楼
16	崔骃:《大将军临洛观赋》,欧阳询主编:《艺文类聚》,北京:中华书局,1965年版	处崇显以闲敞,超绝邻而特居。列阿阁以环匝,表高台而起楼
17	仲长统:《昌言》,马国翰:《玉函山房辑佚书》,上海:上海古籍出版社,1990年版	今为宫室者,……起台榭则高数十百尺,壁带加珠玉之物
18	佚名:《三辅黄图校释》,北京:中华书局,2005年版	说未央宫"黄金为壁带,间以和氏珍玉,风至其声玲珑然也"
19	刘歆:《西京杂记》,葛洪:《西京杂记全译》,贵阳:贵州人民出版社,1993年8月,第2页	说赵飞燕德阳宫"壁带往往为黄金釭,含蓝田壁,明珠、翠羽饰之"

① 叶继红:《试谈徐州西汉楚王墓的形制与分期》,王中文主编,夏凯晨、及巨涛副主编:《两汉文化研究(第一辑)》,北京:文化艺术出版社,1996年版,第258～264页。

② 连云港市博物馆:《江苏东海县尹湾汉墓群发掘简报》,《文物》1996年第8期,第4～25、97～98、100、2页。

③ 周学鹰、田小冬:《谈"明器式"建筑》,《室内设计与装修》2000年第5期,第78～79页。

筑的特征。

第四阶段:以南洞山楚王陵、王后陵,卧牛山楚王陵为代表。其时:(1)甬道更显窄长,墓道坡度较小。(2)墓室数量减少,陵墓规模明显减小。(3)墓室顶出现穹窿、檐枋等结构。(4)主要墓室中仍然构筑"明器式"建筑,但同时也有建筑明器。西汉南洞山楚王、王后陵建筑M2(即王后陵)主室顶为穹窿形,是我国目前考古发掘中已知采用此种形式顶最早的之一。因此,这对于我们研究汉代建筑史具有相当重要的意义。

因西汉末年社会经济衰败,诸侯封国实力缩减等诸方面的原因,这一阶段的楚王陵规模减小,粗陋简约。墓葬中"明器式"建筑与建筑明器共存的现象,一方面是由于社会经济力衰退,引起陵墓规模缩小,从而不得不用作为实际建筑物象征物的建筑明器补充;一方面也反映了汉代墓葬形制的变化。这与其他地区西汉中期以后,墓葬中随葬的建筑明器越来越多的趋势相一致。体现了徐州汉代第四阶段楚王(后)陵墓建筑的特征。

第五阶段:以土山彭城王、王后陵,拉犁山汉墓为代表。它们是徐州地区仅已发掘的两座东汉诸侯王或家属近臣等的陵墓建筑。由于徐州地区东汉彭城王侯墓葬发现、发掘较少,尚难加以论述,分段较难。然也可得出如下结论:(1)"因山为陵"葬制被新兴的砖石墓、石室墓取代,其时汉画像石墓较兴盛。(关于画像石墓始于何时,见本章第二节有关内容。目前尚未发现此种类型墓葬用于诸侯王陵墓建筑的实例,只是在河南永城芒山柿园梁国国王壁画墓葬中,发现该墓葬"主室与各耳室之间有下水设施,集中流向最后一个耳室即水井室。水井四方形,长约1米、深1米余,顶部有盖,是用正方形的石板制成,上有阴线刻石像,内容为鸟、菱形纹饰等,可称为画像石的雏形"[①]。笔者考察认为,梁孝王、王后陵墓厕所蹲坑石板上刻绘有常青树、菱形纹图像,可认为是目前最早的有明确纪年的汉画像石。有人认为,这正可以作为汉画像石墓起源于壁画墓的有力证明。)(2)与西汉初期的楚元王刘交陵一样,墓室顶起券。(3)形制更趋向于仿阳间住宅,甚或平地起坟(拉犁山汉墓),或可称为"封土宅居"。甚至有人认为,"南阳汉画像石墓一诞生便具备了第宅化建筑风貌的雏形"[②]。

徐州地区比较重要的东汉墓葬,尚有茅村汉画像石墓、白集汉画像墓、缪宇墓、

---

① 阎道衡:《永城芒山柿园发现梁国国王壁画墓》,《中原文物》1990年第1期,第32页。

② 闪修山:《汉郁平大尹冯君孺人画像石墓研究补遗》,《中原文物》1991年第3期,第75~79页。

邳县白山故子汉墓等。它们的主人都不属于诸侯王、诸侯，故此处暂不讨论。“因山为陵”葬制虽已不再被一般诸侯王陵所采用，但它深刻地影响了东汉的帝陵，魏晋帝陵、隋唐帝陵等亦然[①]。其时，墓葬中“明器式”建筑已完全消失，建筑明器大量涌现，新的墓葬思想已完全确立。砖室(石)墓、石室墓等逐渐流行开来，室顶起券、形制更趋向于模仿阳间住宅，甚或平地起坟等，表现出徐州汉代第五阶段东汉诸侯王陵墓建筑的特征。

二、“事死如生、事亡如存”观念下第宅化倾向

这种情况出现的根本原因，在于此时的墓葬建筑模拟现实生活建筑能力比起早期的竖穴式墓葬要强得多。

西汉初期出现的“因山为陵”葬制与横穴墓葬逐渐流行，表现了由仅以分割象征居室的木椁墓(图 6－1－1)，向完全仿照居室建筑的空心砖墓、砖室墓、崖洞墓及石室墓过渡、变化的趋势，反映出人们的丧葬观念普遍发生了重大变化[②]。并且，随着汉代经济发展、私有欲望的增强、厚葬观念的盛行等，发展到要在墓葬建筑上“完全复原宇宙空间及社会人文环境的尝试。人们不仅要将现有的庄园、器物带至冥间享用，而且要将庄园以外的田地、池陂、作坊等财产也带到阴世继续占有。限于条件，不可能以实物殉葬，只能退而采取象征的形式”[③]。因此，汉代人要求墓葬进一步模拟现实生活中的建筑。

汉代墓葬单从建筑材料来区分，就有木椁或铜棺墓、崖洞墓、空心砖墓或空心画像砖墓、砖室或砖室壁画墓、画像石墓、画像砖墓等，每一种又包含多种多样的平面布局。针对这种情况，俞伟超先生指出：“可以汉武帝前后为界线，分为两大阶段：前一阶段的成熟形态即通常所谓的‘周制’；‘汉制’是后一阶段的典型形态”[④]。

有学者认为，所谓“汉制”与“周制”并没有本质上的区别，只不过“汉制”除了存在墓葬平面布局“第宅化”以外，还有空间立体造型方面的“第宅化”。“墓葬在平面

---

① 徐苹芳：《中国秦汉魏晋南北朝时代的陵园和茔域》，《考古》1981 年第 6 期，第 521～530 页。唐朝时期，“至贞观十年(636 年)营建昭陵时，依山为陵始成定制”。孙新科：《试论唐代皇室埋葬制度问题》，《中原文物》1995 年第 4 期，第 41～48 页。

② 我国古代陵墓建筑的主要发展，应可归纳为二点：一是，由抽象模拟地面建筑，向逐渐具象地模拟地面建筑演进；二是由相对单一的地下墓室，向地下墓室与地面建筑结合的方向演化(可以明孝陵为集大成者)。汉代恰是其中的重要变革期之一。

③ 赵超：《汉代画像石墓中的画像布局及其意义》，《中原文物》1991 年第 3 期，第 18～24 页。

④ 俞伟超：《汉代诸侯王与列侯墓葬的形制分析——兼论“周制”“汉制”与“晋制”的三阶段性》，《中国考古学会第一次年会论文集》，北京：文物出版社，1979 年，第 332～338 页。

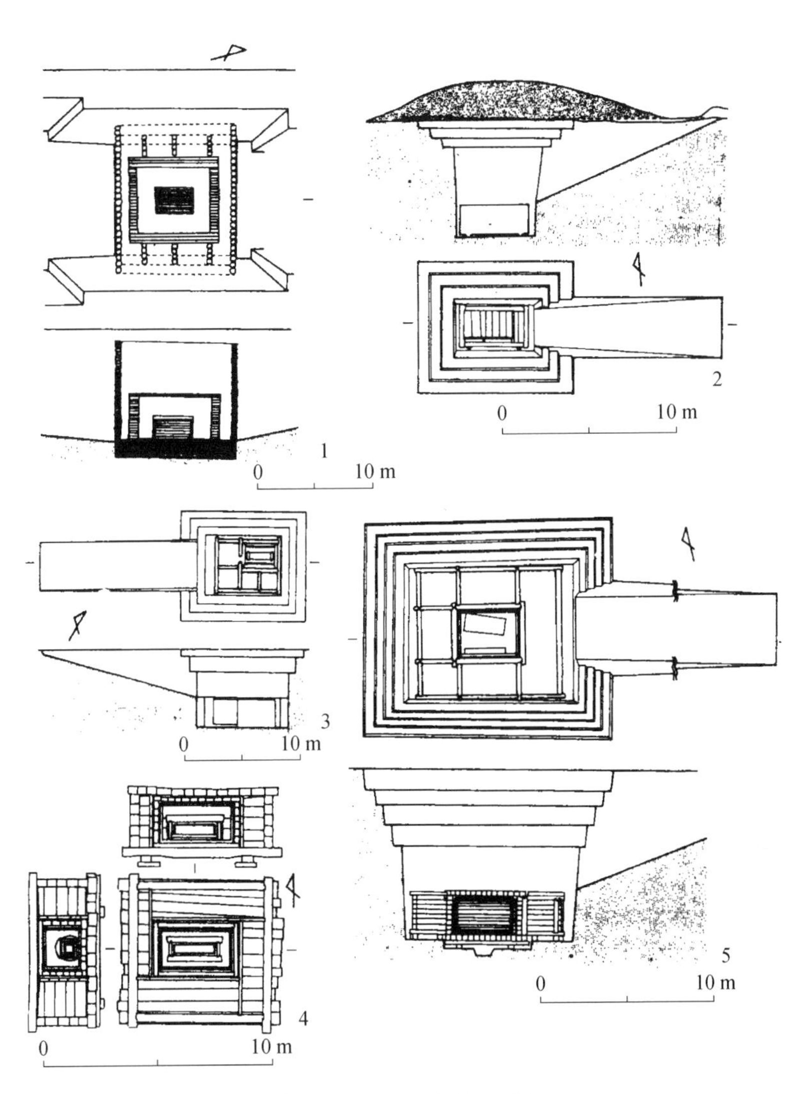

图 6-1-1　战国木椁墓

布局和空间立体造型这两个方面的第宅化,我们称之为'完全的第宅化',这就是'汉制'。我们说,'汉制'的后一方面的第宅化更有意义,因为它是一种创新,是'汉制'与'周制'的区别所在。'周制'下的土坑木椁墓,以建筑学的角度衡量,好比不同大小的木头匣子的套叠,算不上一座真正的建筑物。而汉代大型画像石墓,从其诞生时日起,即俨然以一座地下住宅建筑物的面目出现,确切点说,是地面住宅建筑之缩影。这不能不说是一次墓葬史上的划时代的变革"(图 6-1-2),而"汉代画像石墓的诞生是以石洞崖墓的发展为前提的”①,西汉楚元王刘交陵又是石洞崖墓葬的源头②。对其他诸侯王国必然具有深远的影响③。

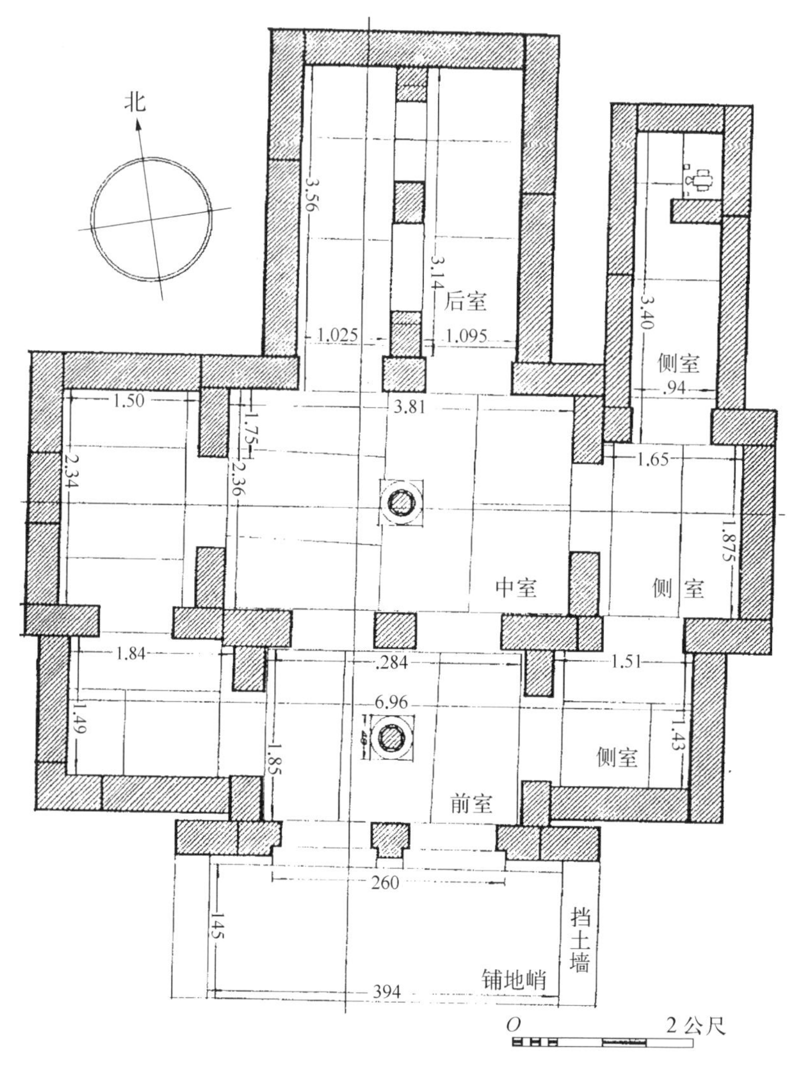

图6-1-2　沂南画像石墓

① 吴曾德、肖元达:《就大型汉代画像石墓的形制论“汉制”——兼谈我国墓葬的发展进程》,《中原文物》1985年第3期,第55~62页。

② 周学鹰、刘玉芝:《“因山为陵”初探》,《华中建筑》,2004年第B07期,第119页。

③ 刘玉芝:《徐州汉代文物资源保护与利用刍议》,王中文主编,夏凯晨、及巨涛副主编:《两汉文化研究(第一辑)》,北京:文化艺术出版社,1996年版,第393~402页。

由以上分析可知,与全国其他地区诸侯王陵相比,汉代楚(彭城)王国陵墓建筑有不少独特之处:

(1) 西汉楚王陵皆采用“因山为陵”形制,东汉彭城王陵采用石室墓或砖室(石)墓。反映了“横穴式”墓葬从出现、发展、成熟到流行的全过程。并且,横穴式“因山为陵”葬制,是汉代诸侯王一级或帝陵特有的形制。[①]

(2) 西汉楚王陵采用“因山为陵”葬制,序列完整,发展轨迹明显,反映了楚王陵从发生、发展到衰败的完整过程。且每个时期都有典型的陵墓代表,墓主人身份较为明确,对研究“因山为陵”葬制形成、发展、变化等具有重要意义。

(3) 环城汉墓圈,全国仅见。

(4) 汉代陵墓中使用“明器式”建筑、“明器式”建筑与建筑明器共存、“明器式”建筑消失到建筑明器流行,发展脉络清晰。

(5) 墓葬施工技术精湛,令人叹为观止。

有鉴于此,对徐州地区汉代楚(彭城)王国墓葬建筑进行研究,深入了解其建筑形制、墓葬思想、建筑技术等,具有相当重要的意义。

徐州地区汉代石室墓葬丰富,形制也较完备,尤其可贵者,这些墓葬中汉画像石墓占据了相当大比例。从而地处苏北的徐州,与山东鲁南地区一起,成为我国汉画像石四大中心地区之一。相对于徐州地区发达的石室墓葬而言,徐州地区的砖室、砖石墓葬则显得比较单薄。并且,没有画像砖墓,砖室墓葬中,砖的种类也较少。竖穴墓葬中,岩坑墓发展脉络较清晰,而土坑墓葬则相当少。

汉代墓葬是我国古代葬制最具特色的时期,也是发展变化基本定型的时期。秦汉之前,多为土(岩)坑“竖穴”或“横穴”土洞墓等;至汉,出现“竖穴”岩墓向“横穴”岩墓过渡的形式,进而流行“横穴”“因其山,不起坟”。

西汉中期后,普遍的墓葬形式也由过去的竖坑式改为横穴式。而“这两类墓葬形式都从观念上彻底改变了对墓葬的认识,即从过去对纵向的深浅发展的考虑改变为对横向的广阔延展的设计。这就触发了一系列的变化,如由过去单一的空间(存放棺椁)变为多元空间;由起初仿多格棺椁的功用到后来仿地面寝宫或阳宅的多厅室功用等”[②]。汉代墓葬文化之丰富,类型之繁多,成为后世之源,反映了当时社会文化、经济、哲学、艺术、习俗等各方面内容。

---

① 梁勇、梁庆谊:《西汉楚王墓的建筑结构及排列顺序》,王中文主编,夏凯晨、及巨涛副主编:《两汉文化研究(第二辑)》,北京:文化艺术出版社,1999年版,第188～203页。

② 顾森:《汉画像艺术探源》,《中原文物》1991年第3期,第1～9页。

"非壮丽不足以重威，慎终而追远"①。这是汉代陵墓留给后人的深刻印象，徐州汉代诸侯王陵墓完整体现了这一过程。因此，楚国陵墓建筑在我国汉代诸侯王陵墓建筑研究中具有无与伦比的价值。

第二节　汉代陵墓建筑排水

徐州汉代诸侯王陵墓建筑都极其重视墓内外的排水。或在墓外开凿泄洪的深沟，或在墓内开凿规整的排水沟，或利用墓室内外高差形成自然排水，或同一墓室内中间高、四边底形成排水等。这些在本书第二章各单个王侯陵墓中，已有详细论述，这里不在重述。同样情况在全国各地汉墓中都有发现，且形制非常丰富。譬如：

四川崖墓中均有出水沟。彭山县（现四川省眉山市彭山区）崖墓，"出土的阴沟筧筒有二种，一种粗糙，系整个，一头大一头小，由大小头接榫；一种为双合筒，是用半圆筒两片直合而成一筧筒，有子口接榫。均属绳纹灰陶"②。四川荥经水井坎沟岩墓，有地面凿成7～9度斜坡，以便于排水，无另外的排水沟；也有在墓室一侧开沟，经立柱柱脚人工凿成的石洞与墓道的水沟相连，墓道的石沟内填小砾石，上盖大砾石③。四川忠县涂井蜀汉崖墓中还有用条石砌筑排水沟的情况④（图6-2-1）。四川省大邑县一座西汉土坑墓中，"墓底中间还铺砌有一行东头宽120、西头宽50厘米的卵石，并从行中又向北铺砌一条较窄的卵石沟，一直延伸到墓坑外很远的地方，长达16.1（北端已被早年修房破坏）。这条沟用三层（近墓坑处仅两层）卵石砌成，宽50、深约40厘米，沟底部南高北低。很明显，这是为墓坑排水而砌的"⑤（图6-2-2）。

重庆江北寺的东汉砖墓，"墓室地面铺有长46、宽22.5、厚6厘米的长方形素砖……但在墓门前宽20厘米处地面是用鹅卵石填平，而不用砖，是墓内的排水设

① 司马迁：《史记・萧相国列传》，北京：中华书局，1982年版，第2013页。
② 梅养天：《四川彭山县崖墓简介》，《文物》1956年第5期，第64～65页。
③ 赵殿增、陈显双：《四川荥经水井坎沟岩墓》，《文物》1985年第5期，第23～28页。
④ 四川省文物管理委员会：《四川忠县涂井蜀汉崖墓》，《文物》1985年第7期，第49～95、97、99～106页。
⑤ 宋治民、王有鹏：《大邑县西汉土坑墓》，《文物》1981年第12期，第38～43、53页。

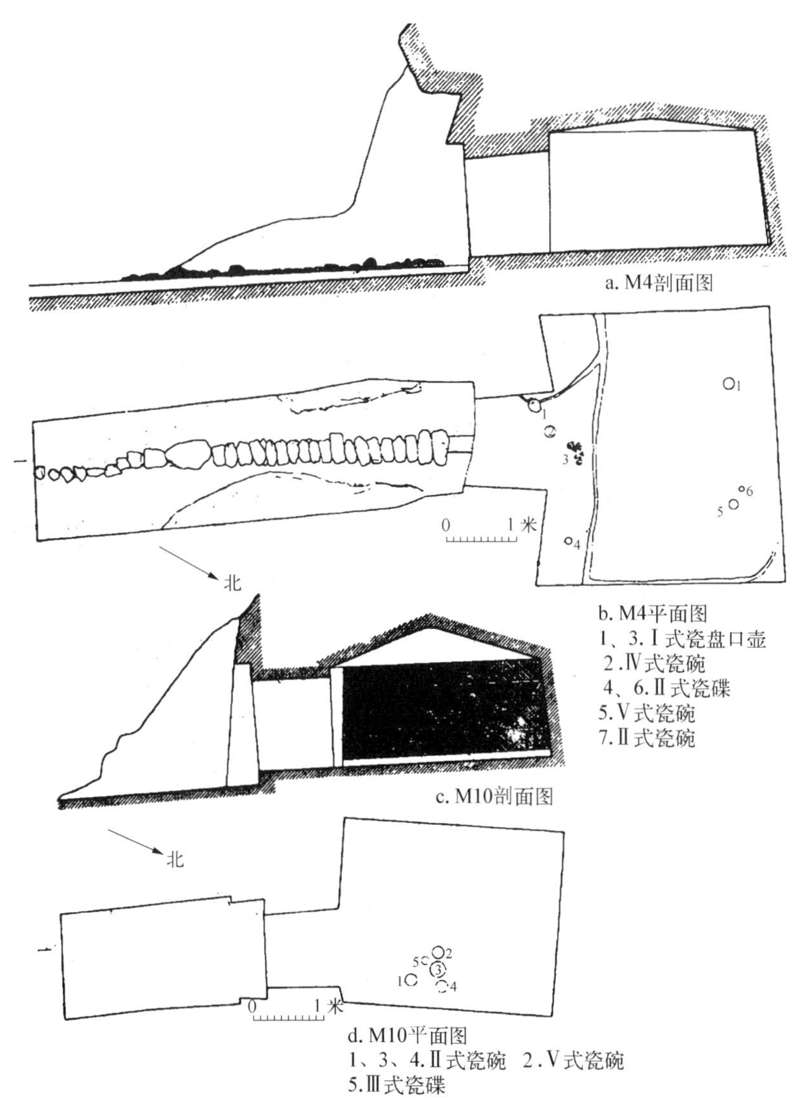

图 6-2-1　石板排水

备。铺底转之下又铺有一层鹅卵石”①。凉山西昌发现的汉墓，其 M1“墓西南角有一条长 20 米的排水道，分两段筑成，前 10 米用三块长方砖砌成三角形，后 10 米用两筒瓦合成”，M101“底砖直铺，靠近墓壁两侧的底砖有意向下倾斜铺砌，形成排水道”；M501“甬道中有一条用两块长方形砖和底砖构成的三角形排水道，残长 1.6

① 沈仲常：《重庆江北相国寺的东汉砖墓》，《文物》1955 年第 3 期，第 35～49 页。

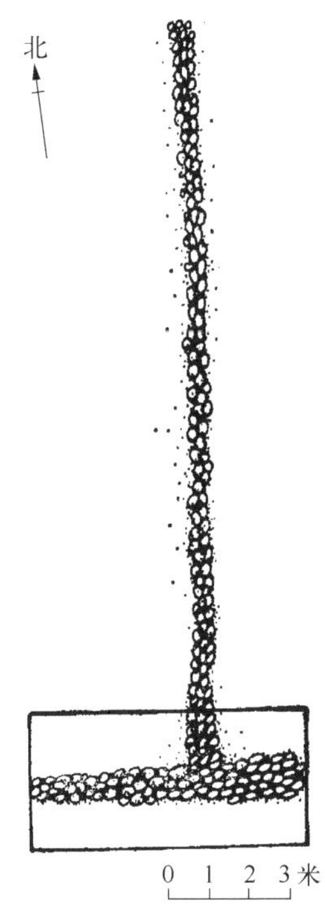

图 6-2-2 卵石排水

米”[①]。

广州汉墓中，还有用海沙填复排水沟、用绳纹大瓦筒作排水管的情况[②]。

湖北省武昌何家垅清理的汉代墓葬发现，“墓葬不论规模大小，大多有水道或水管”[③]。

江苏邗江县杨寿乡宝女墩新莽墓排水沟，“整个墓底用鹅卵石铺平，……此墓设有排水沟，从墓后向西偏北方向延伸，已知长度为 114 米（如果资料正确，这将是全国最长的排水沟，笔者注），排水沟两壁竖立木板，中间以鹅卵石填实，宽 0.6、深 0.6 米”[④]。同样也是诸侯王陵墓的河南淮阳北关一号汉墓，其“左右耳室中部稍高，四周近壁处有宽 5、深 5～10 厘米的排水沟槽”“墓前室中部铺地砖稍高，四周较低”[⑤]。

山东省安丘地区画像石墓，墓室地面“自前而后逐室升高”[⑥]。由此可见，各地汉代墓葬对排水都很重视，有些设施、方法还较接近。

一般来讲，国内带墓道的西汉陵墓，墓道多位于墓坑纵向的一端，而排水沟则伸向墓道[⑦]。而重庆却发现了排水沟从与墓道相反的方向伸出墓外，如“临江支路 M3 的斜坡墓道位于墓坑横端，墓坑外以多块薄石板并列为排水沟盖排水沟从与墓道相背的方向伸出墓外，这是较为特殊的（该沟主干道宽约 25 厘米，最深处约 20 厘米）”[⑧]（图6-2-3）。

---

① 凉山州博物馆：《四川凉山西昌发现东汉、蜀汉墓》，《考古》1990 年第 5 期，第 419～428、487～488 页。

② 黎金：《广州的两汉墓葬》，《文物》1961 年第 2 期，第 47～53 页。

③ 《文物工作报导》，《文物》1955 年第 2 期，第 154 页。

④ 扬州博物馆、邗江县图书馆：《江苏邗江县杨寿乡宝女墩新莽墓》，《文物》1991 年第 10 期，第 39～61、104 页。

⑤ 周口地区文物工作队等：《河南淮阳北关一号汉墓发掘简报》，《文物》1991 年第 4 期，第 34～46、102～103 页。

⑥ 山东省博物馆：《山东安丘汉画像石墓发掘简报》，《文物》1964 年第 4 期，第 30～38、73～74 页。

⑦ 中国社科院考古研究所、河北省文物管理处：《满城汉墓发掘报告》，北京：文物出版社，1980 年版，第 11 页图四；中国科学院考古研究所：《长沙发掘报告》，北京：科学出版社，1957 年版，第 93 页图七十；单先进：《长沙汤家岭西汉墓清理报告》，《考古》1966 年第 4 期，第 181～188、3～5 页。

⑧ 重庆市博物馆：《重庆市临江支路西汉墓》，《考古》1986 年第 3 期，第 230～242、293～294 页。

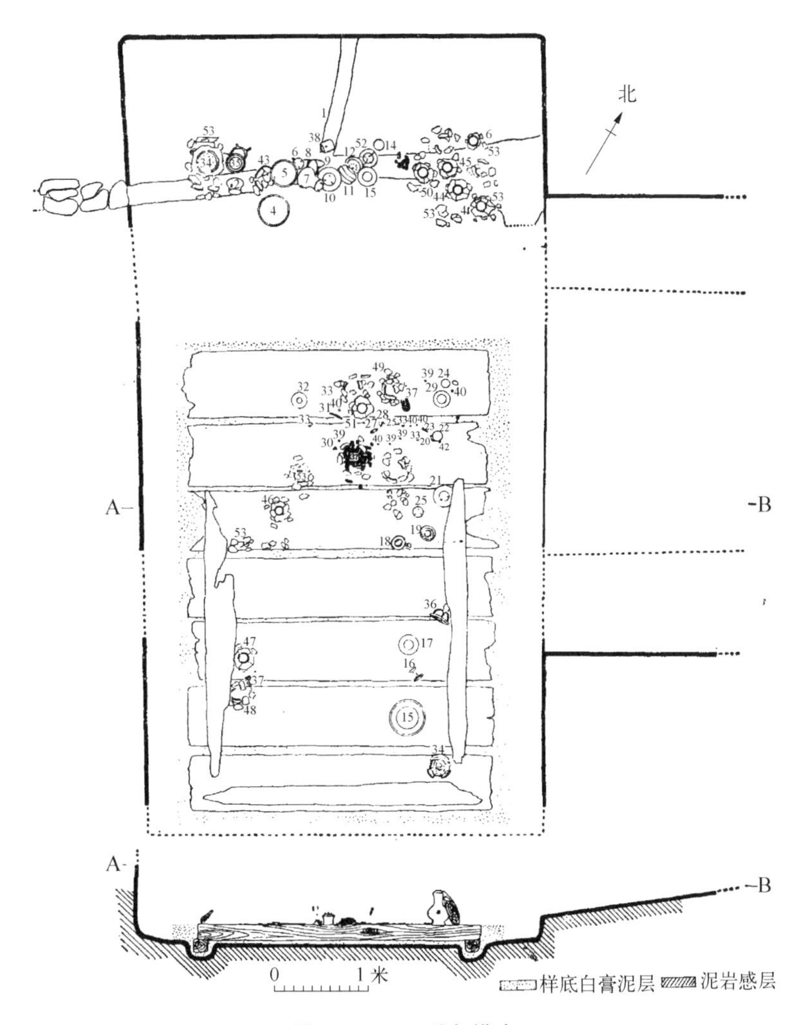

图 6-2-3 反向排水

汉代墓葬对排水的重视，正反映了汉代人实际生活中建筑对排水之重视。在汉代建筑遗址中，发现了较多的卵石散水，如西安西北郊的汉代太庙遗址①、汉杜陵陵园遗址(图 6-2-4)等。

广东五华狮雄山汉代建筑遗址中，在墙基础的外缘有河卵石铺砌的散水面②。

甚至处在边远地区的现内蒙古自治区发现的汉代古城遗中，也发现保存较好

① 刘致平:《西安西北郊古代建筑遗址勘查初记》,《文物》1957 年第 3 期，第 5～12、3～4 页。

② 广东省文物考古研究所等:《广东五华狮雄山汉代建筑遗址》,《文物》1991 年第 11 期，第 27～37 页。

图 6-2-4 汉阳陵南门阙鹅卵石散水

的房基周围地面,"全用 30 至 40 厘米的河光石密集铺砌"[①],作为防水。现今发掘的汉代窑址,清理出"坯棚、排水设施、蓄水池和镶边石水坑等建筑设施"[②],也可见排水设施之完备。

当然,早在秦始皇陵北边的建筑遗迹中,就已出现用河光石铺砌的散水[③]。并且,有陶或青石制的水道[④];秦汉骊山汤建筑遗址中也发现有陶质水管道[⑤],管道两侧和顶部并有砖砌的防护设施。

其实,更早在商代早期的城市遗址中,"其地下设置排水沟道,长达 800 余米,落差为千分之二,直通东二城门路下,排到城外"[⑥]。可见,相关建筑排水设计思想之成熟。

第三节 风水术对汉代楚(彭城)王国陵墓建筑的影响

一、源远流长的风水术

目前,有关风水学说的起源在我国可以上溯至新石器时代。其时"巫师是人与神之间的中介,传达神的旨意,是人与神的代言人,是一切巫术活动的组织者和执行者。如卜筮的地点、卜筮的方式、祭祀的对象、规模、使用的祭器、仪式的安排、人死后埋葬的方式、神判等,自然就成为巫师考虑的事情。……从这个意义上讲,巫

① 内蒙古文物工作队:《1959 年呼和浩特郊区美岱古城发掘简报》,《文物》1961 年第 9 期,第 20～25 页。
② 洛阳市第二文物工作队:《洛阳轴承厂汉代砖瓦窑场遗址》,《中原文物》1995 年第 4 期,第 7～16 页。
③ 临潼县博物馆、赵康民:《秦始皇陵北二、三、四号建筑遗迹》,《文物》1979 年第 12 期,第 13～16 页。
④ 王学理:《秦始皇陵研究》,上海人民出版社,1994 年版,第 57 页。
⑤ 唐华清宫考古队:《秦汉骊山汤遗址发掘简报》,《文物》1996 年第 11 期,第 4～25、97、1 页。
⑥ 赵芝荃:《关于汤都西亳的争议》,《中原文物》1991 年第 1 期,第 17～22 页。

师就是古代礼制的制定者”[①]。“巫术是最早的艺术,巫觋灵祝是最早的艺术家,祭神和宗教仪式所产生的第一艺术产品就是歌舞”[②]。

因此,在原始时期人的心目中,营国、建宅与造墓、甚至出行、狩猎等一切方面,都是一个有机联系的整体,“从社会的发展过程来看,用金、石、草、木等占问吉凶的巫术,产生很早,处在原始的民族差不多都有”[③]。“筮法应和占卜一样,是由原始社会就流传下来的一种占卜方法”[④]。

大汶口文化墓葬中出土筮法、占卜用的龟甲正好是上述说法的用力证据[⑤]。“那里存在机缘因素,因而在希望和恐惧之间动摇不定的情绪广为传播,那里就有巫术”[⑥]。

发展到“虞夏商周三代之圣王,其始建国营都日,必择国之正坛,置以为宗庙”[⑦],它运用于墓葬之中,就是风水。甲骨文中大量“乍(作)邑”的“卜宅”刻辞,实际是风水活动的最早记录。“公刘迁豳”“周公营洛”也无不是科学杂糅迷信的活动。在陕西省西安市张家坡发现的“王君穴”刻骨,确实表明西周中期择穴而葬的礼俗存在[⑧]。

汉代“画像石是墓室祠堂的装饰艺术,它直接关系到人们与鬼神冥世的沟通,这种形式分布地范围之广、数量之多,说明鬼神观念在民众心理中所占的比重”[⑨]。正如本书第一章所述,“汉代可以说是一个神学的时代”“任何思想文化成果都只有在‘天人感应’和‘五行终始’之下才得以绵延”[⑩]。

二、汉代“相墓”如“相宅”

“死是生的延续”这一观念早已注入了古人的思想意识深处。因此,“相墓”与

---

① 张得水:《新石器时代典型巫师墓葬剖析》,《中原文物》1998年第4期,第27～34页。
② 李宏:《原始宗教的遗绪——试析汉代画像中的巫术、神话观念》,《中原文物》1991年第3期,第80～85页。
③ 高亨:《周易杂论》,济南:齐鲁书社,1979年版,第14页。
④ 汪宁生:《八卦起源》,《考古》1976年第4期,第242～245页。
⑤ 王树明:《大汶口文化墓葬中龟甲用途的推测》,《中原文物》1991年第2期,第22～26、36页。
⑥ 乌格里诺维奇:《艺术与宗教》,北京:三联书店出版社,1987年版,第49页。
⑦ 墨子:《墨子・明鬼篇》,北京:中华书局,2011年版。
⑧ 张长春:《说“王君穴”——1983～1986年沣西发掘资料之四》,《文物》1991年第12期,第87～89、75页。
⑨ 李宏:《原始宗教的遗绪——试析汉代画像中的巫术、神话观念》,《中原文物》1991年第3期,第80～85页。
⑩ 同上。

"相宅"一样受到重视①。有学者认为:"汉代墓葬的朝向,往往与地形,尤其与风水有关。汉代人对墓葬的要求,有双重的意义,既要对死者负责(安宁、快乐、早入仙界),又要对生者负责(福佑、子孙昌隆)"②。"汉代选择墓地与丧期的相墓术,用墓的方位、丧祭时日、墓室环境建立起祖灵与后世的联系。'世俗信祸祟,以为人之疾病死亡、及更患被病、戮辱欢笑,皆有所犯''起攻、移徙、祭祀、丧葬、行作、入宫、嫁娶……(《论衡·祟鬼辩》)。汉画中对丧葬礼仪的描绘主要有吊唁、送葬、祭祀三个方面的内容"③。

秦昭王七年(公元前300年),号称秦国智囊的樗里子卒,葬于后来的西汉长安城武库所在地,并且预言:"后百岁,是当有天子之宫夹我墓"。《后汉书·袁安传》记载:"初,安父没,母使其访求葬地。道逢三书生,问安何之?安为言其故。生乃指一处,云:葬此地,当世为上公。须臾不见,安异之。于是遂葬其所占之地,故累世隆盛焉"。这些令当时人孜孜以求的记载,实际上正说明了汉时人对堪舆学已经非常重视,以及汉代人在墓葬上浓厚的功利目的。

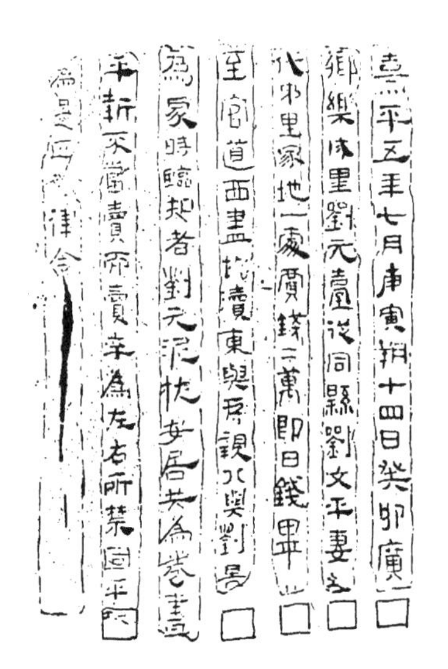
熹平五年七月庚寅朔十四日癸卯廣□
鄉樂成里劉元臺從同縣劉文平妻□
代夷里冢地一處賈錢二萬即日錢畢□
至官道西盡[illegible]墳東與[illegible]親水與劉[illegible]□
為冢時臨知者劉元泥枕安居共為券書
平折不當賣而賣辛為左右所禁固平[illegible]
[illegible]律令

图6-3-1　汉代买地券

《论衡·解除篇》中记载汉代缮治房舍时"解土"的办法:"世间缮治宅舍,凿地掘土,功成作毕。解谢土神,名曰解土。为土偶人,以像鬼形,令巫祝延以解土神。"开挖坟墓,同样是要触犯土神的事,用像鬼形的艺术形象来作为祭祀对象,取得解除,是当时的普遍习俗,汉代墓葬中曾经出土大量用于解除巫术的铭刻材料,如镇墓陶瓶、铅(砖)券、买地券等可为证明(图6-3-1)。

有学者认为汉画像石墓中,出现的一些面目狰狞的鬼怪画像,如持斧钺者、材官蹶张、神荼、郁垒等,以及墓葬中出土的铅人、铜镜、式盘、白石、刚卯及雄黄等药物,也是出于这样的目的④。

有研究者认为,四川地区"画像崖墓均在红砂

① 王学理:《秦始皇陵研究》,上海:上海人民出版社,1994年版,第25页。

② 顾森:《汉画像艺术探源》,《中原文物》1991年第3期,第1～9页。该文中还列举了1966年4月四川郫县出土的王孝渊碑文加以说明。

③ 杨爱国:《汉代的忠孝观念及其对汉画艺术的影响》,《中原文物》1993年第2期,第61～79页。

④ 赵超:《滕州汉画像石中的持幡图与墓中解除习俗》,《中原文物》1999年第3期,第34～38页。

岩的山体中开凿,墓向决定于崖面走向,而于类型、时代没有直接关系。墓道有否或长短也往往决定于崖面陡峭与否,也与类型、时代无多大关系"[①]。笔者认为,早期决定墓址、墓向的最主要因素应该是汉代人浓重的风水观念,绝非其他;当然随着墓葬建筑的发展,逐渐有其他各种观念加入。

汉代盛行卜择墓地的堪舆之风,陵前要求一平如砥,以对周围形成高屋建瓴之势。陵前一般有绿水环绕,山水相依,地势开阔。这在汉代帝王眼中,可谓是"藏风聚气""累世隆胜"的风水宝地。刘炜先生认为,西汉九陵都分布于咸阳原上,大致出于两个方面的原因:一是汉代已盛行卜择吉地的堪舆之风;二是咸阳原地势一平如砥,居高临下,广阔雄伟,这在西汉诸帝的眼里,是块"累世隆盛"的风水宝地[②]。

汉代楚(彭城)国王陵墓选址也同样如此(详见下表),且在选址上极其重风水也是一大特点。

表 6-3-1　汉代楚(彭城)国诸侯王陵墓地形形胜表

陵墓名称	地形环境
楚王山刘交陵	楚王陵墓位于楚王山北坡,与山主峰浑然一体,墓向朝东。墓群东西排列。楚王山周围一片平原,其东为黄河故道(古泗水)
狮子山楚王陵	楚王陵墓位于狮子山南坡,墓向朝南,山南一片平原。其北是羊鬼山、西北是绣球山,西北约 600 米外是当地最大的骆驼山。西 2 000 米处为故黄河(古泗水),由西北向东南缓缓流过
驮蓝山楚王、王后陵	驮蓝山有东西并列的两山头,墓向朝南,山体呈东北至西南走向。西南约 1.5 公里处有东洞山楚王陵,南约 1 公里处有蟠桃山。东距京杭大运河 3 公里
北洞山楚王陵	楚王陵位于北洞山南坡,墓向朝南。南 600 米为京杭大运河,隔河与琵琶山相望,东南隅为桓山
龟山楚王、王后陵墓	楚王、王后陵墓位于龟山西脚下,坐东朝西。龟山东南为小孤山,西南为大孤山,南为绵延不断的九里山。龟山东、西、北三面地势平坦,十分开阔
东洞山楚王、王后陵墓	汉墓位于东洞山西北麓,坐东朝西。东洞山周围地势平坦,其西偏北 500 米处是鸭子山,南侧 1 000 米有一列东西走向山丘,向东分别为广山、羊山、黑头山、老龙潭山、爬山等,东北有蟠桃山、陶家山,二山北为驮蓝山
南洞山楚王、王后陵墓	汉墓位于南洞山(即段山)南麓,坐北朝南。山北为连接东南到西北的王山、曹山,南面是大片平原

① 唐长寿:《岷江流域汉画像崖墓分期及其它》,《中原文物》1993 年第 2 期,第 47～52 页。
② 刘炜:《西汉陵寝概谈》,《中原文物》1985 年第 2 期,第 65～68 页。

续 表

陵墓名称	地形环境
卧牛山楚王陵墓	汉墓位于卧牛山东北麓，坐北朝南。山坡南为韩山和云龙湖，隔湖群山连绵，南坡地势平坦，山北侧不远即为黄河故道（古汴水）
东汉土山彭城王、王后陵墓	位于云龙山东北麓。二号墓居中，南向。一号墓居北，北向，较为特殊。该地南为云龙山，余脉一直向西延伸，远处群峰绵延；山北不远处为户部山（即传说中项羽戏马台）。山南、东、东北面为平原，地势高旷。再东是黄河故道（古泗水）
东汉拉犁山墓	汉墓位于拉犁山北麓的第二台地上，其北部与猪山、大山头相连接。西有长山，拉犁山与长山间为一平坦的开阔地，其间有源于汉王乡的玉带河水流入云龙湖

第四节　丰富多彩的汉代楚（彭城）国画像石墓

一、经济繁荣，技术先进

产生汉楚（彭城）国画像石墓葬的原因众多。

以徐州为中心的苏北地区，分布着许多石灰岩青石丘陵[①]。两千多年前的西汉时期，“徐州地势平坦，海拔很低，原野上沼泽湖泊星罗棋布”[②]，地下水位相对较高，不存在西北黄土高原厚厚的地被覆盖条件，这样一来就失去了向下深挖的地理基础[③]，当时人很可能就现有地形条件加以利用。

古代徐州有汴水（由河南商丘至徐州这一段称古获水）、泗水过境，是当时的交通枢纽[④]。徐州丰沛地带秦汉时的气候，据竺可桢先生研究，正处于中国历史上第二个温暖期，温暖多雨，属亚热带气候，条件优越，又由于交通发达，促进了这一地

---

① 尤振尧：《略述苏北地区汉画像石墓与汉画像石刻》，南阳汉代画像石学术讨论会办公室编《汉代画像石研究》，北京：文物出版社，1987 年版，第 71 页。

② 刘磐修：《汉代徐州农业初探》，王中文主编，夏凯晨、及巨涛副主编：《两汉文化研究（第二辑）》，北京：文化艺术出版社，1999 年版，第 47～60 页。

③ 范晔：《后汉书・礼仪志下》，北京：中华书局 1965 年版，刘昭注引《汉旧仪》载汉帝陵方中用地一顷，深十二丈。

④ 王林绪、孙茂洪主编：《徐州交通史》，徐州：中国矿业大学出版社，1988 年版，第 15 页。

区经济的发展。睢宁[①]、洪楼[②]、青山泉[③]等地(图6-4-1),都发现有反映汉代社会生产的纺织、农耕画像石。

图6-4-1　纺织画像石

汉代徐州地区的冶铁业很发达。《汉书·地理志下》:"彭城有铁。"中华人民共和国成立以来的考古发现也可证明。例如,1956年铜山县利国就曾发现过许多铁农具、铁兵器和汉代炼铁炉[④]。1978年1月在徐州南洞山楚王陵附近,一座小型汉代砖室墓中,曾发现"五十炼钢剑",剑把正面有隶书错金铭文"建初二年蜀郡西工官王□造五十炼……"等21字[⑤]。徐州子房山西汉墓M2出土的铁锛,经检验是固体脱碳钢,早于北京大葆台西汉燕王墓(前80年)出土的环首刀和簪[⑥]。说明这一技术早在我国西汉时,就已经得到广泛应用。且该墓葬中弃置较多这样的铁锛,表明徐州地区汉代冶铁业的发达[⑦](狮子山楚王陵也有)。

正如有学者指出,"只有铁制工具的普遍使用,才能使汉代画像石雕刻技术的产生和发展成为可能"[⑧]。

古籍记载也可以从反面加以证明,如"昔者夫子居于宋,见桓司马自为石椁,三年而不成"[⑨]。由此可见,在铁制工具还不普及的春秋时期,造石椁之困难。

二、传承久远,文化发达

徐州地处黄淮两大水系之间,是黄河、长江两大文化的过渡带。加之繁荣的经济,频繁的文化交流,使汉代徐州在中国文化史上谱写了辉煌灿烂的篇章。她西泽

① 尤振尧:《睢宁双沟东汉画像石刻"农耕图"的剖析》,《江苏哲学社会科学联合会论文选·考古学》,南京:南京博物院出版社,1980年版。

② 段拭:《江苏铜山洪楼东汉墓出土纺织画像石》,《文物》1962年第3期,第31~32、29~30页。

③ 王黎琳等:《论徐州汉画像石》,《文物》1980年第2期,第44~45页。有关山东出土纺织汉画像石、酿酒画像石等,见吴文祺:《从山东汉画像石图象看汉代手工业》,《中原文物》1991年第3期,第33~41页。

④ 南京博物院:《利国驿古代炼铁炉的调查及清理》,《文物》1960年第4期,第24~25页。

⑤ 徐州博物馆:《徐州发现东汉建初二年五十湅钢剑》,《文物》1979年第7期,第51~52页。

⑥ 北京市古墓发掘办公室:《大葆台西汉木椁墓发掘简报》,《文物》1977年第6期,第23~29、84~85页。

⑦ 徐州博物馆:《江苏徐州子房山西汉墓清理简报》,《文物资料丛刊》1981年第4期,第59~69页。

⑧ 阎根齐:《商丘汉画像石探源》,《中原文物》1990年第1期,第39~42页。

⑨ 阮元:《十三经注疏》,北京:中华书局,1980年版。

中原关、洛文化,北融齐、鲁文化,南浸楚、越文化;在固有的古东夷文化基础上,逐渐形成了具有地域特色的徐州楚汉文化,其发展演化与历史渊源可略述如下:

1. 古东夷文化

古东夷文化是以古东夷族为主体,始于新石器时代的大汶口——龙山文化,完于春秋战国之际[①],是山东、苏北地区的古地域文化。大量考古资料表明,在中原文明的起源问题上确有东夷人的重大贡献在内[②]。“这些夷人氏族、部落和方国确有许多文化因素成为黄河文明和中国传统文化的重要组成部分”[③]。“东夷史前文化是辉煌灿烂的。这辉煌灿烂的文化正是植根于发达的经济基础之上的”[④]。徐州地区古文化先后派生出两个东夷文化子系统:彭方国文化(又称“彭祖文化”)、徐夷文化。

徐州古东夷文化先后经历了史前(夏商时期的奴隶制)、三代方国,东周三阶段。史前文化与山东龙山文化相近,以蛋壳黑陶、肥足陶、卜骨卜甲为代表;三代时则以素面陶鬲、殉人、石社崇拜、人祭、俎豆礼器及土敦墓葬制为特征[⑤];东周则以青铜文化、方国官制、治国思想等为特色。

2. 荆楚文化

荆楚文化原为长江中下游区域文化。其道家哲理、文学、手工艺、鬼神观等,迥异于他域。最早可追溯到新石器时代江汉地区的屈家岭文化。

楚在商末时开始形成国家。周初为子爵小国;在公元前700年到公元前447年内,楚先后灭申、勋、萧等四十多小国,“土数圻”,成为春秋诸霸之首[⑥]。春秋末,楚惠王时,“是时越已灭吴而不能正江、淮北,楚东侵、广地至泗上”[⑦]。此时楚国势力已达泗水。周赧王二十九年(公元前286年),齐、楚、魏联合伐宋,三分其地,丰邑隶属楚国,其政治、经济、文化、习俗、艺术等,深受荆楚文化影响。如荆楚文化图

---

① 王健:《徐州汉代文化的渊源和特色》,《中国名城·徐州特刊》,扬州:中国名城编辑部1997年第3～4期,第94页。

② 逄振镐:《论中国古文明的起源与东夷人的历史贡献》,《中原文物》1991年第2期,第37～42、84页。

③ 唐嘉弘:《黄河文明与中国传统文化导论》,《中原文物》1990年第2期,第13～18页。

④ 刘俊勇:《试论东夷史前经济》,《中原文物》1994年第4期,第23～26页。

⑤ 南京博物院:《江苏铜山丘湾古遗迹的发掘》,《考古》1973年第2期,第71～79、138～140页;俞伟超:《铜山丘湾商代社祀遗迹的推定》,《考古》1973年第5期,第296～298、295页;王宇信、陈绍棣:《关于江苏铜山丘湾商代祭祀遗址》,《文物》1973年12期,第55～58页。

⑥ 何光岳:《楚灭国考》,上海:上海人民出版社,1990年版。

⑦ 司马迁:《史记·秦本纪》,北京:中华书局,1982年版,第186页。

腾龙凤,吸收演变为汉文化的龙凤观,成为汉民族及中华民族的精神支柱[①]。公元前233年,秦破楚于蕲,楚将项燕自杀,秦入楚都寿春,虏楚王负刍,楚亡[②]。

纵观楚国东渐,历时三四百年间,先进的荆楚文化随着政治、军事攻势,对徐州等被占地产生了深远影响。战国末年,江淮地区作为楚文化的中心地区,亦已成为当地文化的绝对主流;作为楚国大后方的徐州,留下了荆楚文化的深深烙印[③]。徐州地区汉画像石墓等汉画像雕刻的龙、凤、导魂鸟、长袖舞(又称楚舞)等舞乐博戏内容,都与楚文化吻合。徐州出土的汉代文物则更体现出对荆楚文化的承袭关系。例如,1958年邳县刘林发掘战国墓出土铜器上的铭文、鱼鳞纹、折带纹等;1989年邳县房亭河与运河交汇处出土楚国时的货币;邳县戴庄乡胜阴山上九女墩出土成组编钟、磬,铸造技术先进,明显受"楚人好乐"文化观念的影响。

文献中有关荆楚文化的记述丰富。《史记·货殖列传》载:"越、楚则有三俗。夫自淮北沛、陈、汝南、南郡,此西楚也。其俗剽轻,易发怒,地薄,寡于积聚。""荆楚勇士,奇材剑客"[④]"徐、僮、取虑、彭城、东海都属之徐州"。古籍中关于刘邦作楚辞,善楚歌,喜楚舞,着楚衣,食楚食等记载甚多[⑤]。楚之国号久命于徐州等。

如上所述,徐州自春秋以来一直主要受荆楚文化影响,至战国末年而成为典型的荆楚文化所在地。至今我国发掘的东周墓葬中,大半是楚墓。"楚人是对中国古代天文科学做出突出贡献的民族"[⑥]。楚文化从初见形迹之后,席卷了长江中下游,发展迅速[⑦]。汉朝是楚人缔造的,它以"汉"见称,在汉文化之中,既有先秦中原文化的因素,也有楚文化的因素,当然还有其他文化的因素[⑧]。有人认为汉代的艺术精神,应来源于以秦楚两种文化为主体的融合[⑨]。楚国"信巫鬼、重淫祀",而汉

---

① 白光华:《两汉文化的形成及其特色》,王中文主编,夏凯晨、及巨涛副主编:《两汉文化研究(第一辑)》,北京:文化艺术出版社,1996年版,第54～65页;程东辉等《两汉文化成因探源》,王中文主编,夏凯晨、及巨涛副主编:《两汉文化研究(第一辑)》,北京:文化艺术出版社,1999年版,第81～89页。

② 司马迁:《史记·秦本纪》,北京:中华书局,1982年版,第187页。

③ 武利华:《楚文化对徐州地区的影响》,《江苏省考古学会年会学术论文》,1981年;盛储彬:《徐州地区楚文化及其对两汉文化的影响》,徐州市两汉文化研究会编:《两汉文化研究——徐州市首届两汉文化学术讨论会论文集》,北京:文化艺术出版社,1996版:第143～152页。

④ 班固:《汉书·李广苏建传》,北京:中华书局,1962年版。

⑤ 司马迁:《史记》,北京:中华书局,1982年版;班固:《汉书·李广苏建传》,北京:中华书局,1962年版等

⑥ 李建:《楚文化对南阳汉代画像石艺术发展的影响》,《中原文物》1995年第3期,第21～24页。

⑦ 张正明:《楚墓与楚文化》,《中原文物》1989年第2期37～40页;李玉洁:《试论楚文化的墓葬特色》,《中原文物》1992年第2期,第27～31页。

⑧ 张正明:《楚文化的发现和研究》,《文物》1989年第12期,第57～62、56页。

⑨ 袁济喜:《两汉精神世界》,北京:中国人民大学出版社,1994年版。

代艺术正是继承了先秦的理性精神，并与楚文化的浪漫情调相结合，形成了自己独特的艺术风格[①]。

3. 齐鲁文化

齐鲁文化即儒文化。鲁国，圣人孔丘之乡；齐国，亚圣孟轲之乡。齐鲁大地是儒文化的发祥、发展之地。徐州与齐、鲁两地毗邻，甚或共辖一区。文化传播，一方面取决于该地区与文化中心的距离，一方面取决于该地域自身的特质。在这两个方面，徐州均占优势。《汉书 · 地理志》载：沛、彭等地“其民犹有先王遗风，重厚多君子，好稼穑”，故易于容纳齐鲁儒文化。至两汉，除齐鲁之地外，徐州成为儒文化之中心，也成为汉初儒学最早复苏的地区[②]，儒家思想成为徐州楚汉文化的灵魂。“在西汉初，基本上可以说‘汉文化就是楚文化’。但至汉武帝时，‘罢黜百家，独尊儒术’，改正朔，易服色，确立各种立礼制，逐渐形成以儒为主要特色的汉文化”[③]。

4. 中原文化

中原文化即华夏文化，主要产生于黄河中游地区，古称“中国”，是中华民族形成和发展的摇篮。农业和商业经济、政治、文化均较发达。又因地理位置优越，各方人文荟萃，历史文化沉积，其渗透和融合给徐州楚汉文化以多方面影响。

当然，文化影响是相互的。徐州自古交通发达，在楚汉文化的形成演化过程中，所受其他文化影响当不止这些。如：关中文化(秦文化)，因秦朝一统天下，推广秦制，秦始皇东巡，数经徐州，秦文化必当东渐于徐[④]。此外，佛教的传人与道教的产生等，都于徐州有直接的关系[⑤]，而汉初七十余年的黄老思想，无为之道，便是楚文化中道家的学说运用于政治学而已[⑥]等。

徐州楚汉文化，是在融合百族文化形成鲜明特色的新文化，这也对应了徐州的汉代墓葬文化。

三、历史悠久，艺术精湛

由于汉代徐州地区经济、文化、科技的高度发达，又由于该地区独特的地形条

---

① 吕品：《河南汉代画像砖的出土与研究》，《中原文物》1989 年第 3 期，第 51～59 页。

② 王云度：《略论徐州在两汉文化中的地位》，王中文主编，夏凯晨、及巨涛副主编：《两汉文化研究(第一辑)》，北京：文化艺术出版社，1996 年版，第 4～12 页。

③ 吕品：《“盖天说”与汉画中的悬壁图》，《中原文物》1993 年第 2 期，第 1～9 页。

④ 司马迁：《史记 · 秦本纪》，北京：中华书局，1982 年版，第 189 页。

⑤ 王云度：《略论徐州在两汉文化中的地位》，王中文主编，夏凯晨、及巨涛副主编：《两汉文化研究 · 第一辑》，北京：文化艺术出版社，1996 年版，第 4～12 页。

⑥ 王铁：《汉代学术史》，上海：华东师范大学出版社，1995 年版，118 页。

件,加以其他地区墓葬文化的相互影响,以及西汉初期活跃的时代思想、丧葬习俗等因素综合作用下,促使汉代楚(彭城)国画像石墓葬的产生、发展,从而诞生了丰富多彩的徐州汉画像石艺术。至东汉,而达到了其发展的高峰。"物之不朽者,莫过于金石"①,汉画像石艺术在丧葬文化中大量出现,应该说是基于这样一种心理因素。

这种现象的出现,亦与我国古人早已存在的灵石崇拜有关。"在中国,灵石崇拜以玉石崇拜为最突出"②。而这样的心理,笔者认为,又是与远古时已存在并一直流传到当时的"盖天说"宇宙观有直接的关系。"以玉作六器,以礼天地四方;以苍璧礼天,以黄琮礼地"③。"玉璧之所以象天,除了其直观的譬喻象征意义外,玉石艳丽晶莹的光泽、流动如云的彩纹及滑腻如脂的质地,都可能使古人把它和云的彩纹和彩霞璀璨变化无穷的天联系起来。《论衡·谈天篇》:'儒书言:共工与颛顼争为天子不胜,怒而触不周之山,使天柱折,地维绝。女娲销炼五色石以补苍天,断鳌足以立四极'。女娲补天是一则很古老的神话传说,《淮南子》等书都有记载。东汉的王充认为五色石指的就是玉石,因此,他说:'如审然,天乃玉石之类也'。……我们可以从这些记载中看出,古人把天和玉联系在一起的原因,是认为天和玉有相似的属性,不然,怎么能用熔化了的玉液去补天呢!另外,战国人们认为天帝来往和仙人居住的地方都和玉有关,如《山海经》所载仙人西王母居住的昆仑山即因产玉又叫'玉山'。玉是仙人的美食,食玉大概可以长生。屈原《涉江》云:'驾青虬兮白螭,吾与重华游兮瑶之圃。登昆仑兮食玉英,吾与天地兮比寿,以日月兮齐光'。又《远游·琬琰》,蒋骥注云:'玉名,《山海经》:稷泽多白玉,皇帝是食是饷'。新莽时的铜镜常见'尚方作镜真大巧,上有仙人不知老,渴饮玉泉饥食枣,寿如金石天之保兮'的铭文。道家更认为以玉裹尸可以肉身升仙,《抱朴子》云:'金玉在九窍,则死者为之不朽'。近年来考古发现的金缕玉衣等,都是这种思想的反映。说明玉在古代人的心目中,具有极为崇高神圣的地位"④(图6-4-2)。

图6-4-2 挂壁画像砖

① 严可均:《全上古三代秦汉三国六朝文》,北京:中华书局,1965年版,第876页。
② 陈江风:《汉画像中的玉璧与丧葬观念》,《中原文物》1994年第4期,第67~70页。
③ 郑玄注:《周礼·春官·大宗伯》,上海:上海古籍出版社,2010年版。
④ 吕品:《"盖天说"与汉画中的悬壁图》,《中原文物》1993年第2期,第1~9页。

以石作地神的象征,古今有之。“殷人之礼,其社为石”①。“社之主,盖用石为之”②。社神即地神。“社,地主也”③。“社,祭土,而主阴气也”④。现代的一些民族,仍以石作为地神(社)的象征,如黔东南苗族、侗族、海南黎族、台湾地区高山族、蒙古族等⑤。我国考古发现的新石器时代祭坛遗址,“既可以祭天,也可以礼地,可以说,祭天礼地是其主旋律”,反映了“天地相通”的观念⑥。至于以玉作为个人道德修养的比附,古籍中屡见不鲜⑦。且以玉作各种各样的装饰等,可以说这种“崇玉”思想存在于我国古人生活中的方方面面。

当然,与全国其他汉画像石集中地区相一致的是,汉画像石的产生还是“当时政治思想和信仰的支配”⑧。有学者认为春秋时期早已存在的用石造墓的风气,和秦代就有的刻石记事以图不朽的方法等,都为画像石墓的产生提供了条件,由石室墓发展成为画像石墓是很自然的⑨。

顾森先生深入研究了汉画像石与商周青铜器之间的关系,并且认为“三代的这些陶范和石范,是汉石刻和汉砖的先声,是汉画像技法的源头之一”⑩。“汉代的画像石,不是突然出现的艺术形式,而是继承了商以来器物纹饰,根据汉代的审美需求而创造出来的一种新的艺术形式”⑪(图 6-4-3、4)。

---

① 刘安:《淮南子·齐俗训》,北京:中华书局,2009 年版。

② 郑玄注:《周礼·春官·小宗伯》之“军社”,上海:上海古籍出版社,2010 年版。

③ 许慎:《说文解字·社》,北京:中华书局,1996 年。

④ 阮元:《十三经注疏》,北京:中华书局,1980 年。

⑤ 何星亮:《中国自然神与自然崇拜》,上海:上海三联书店,1992 年版,第 113~114 页。

⑥ 张德水:《祭坛与文明》,《中原文物》1997 年第 1 期,第 60~67 页。该文引用车广锦先生发现寺墩遗址及莫角山遗址的结构布局,与玉琮的形制有惊人的相似之处(车广锦:《玉琮与寺墩遗址》,《中国文物报》1995 年 12 月 31 日)、张光直先生“琮的方、圆表示的地和天,中间的穿孔表示天地之间的勾通”(张光直:《考古学专题六讲》,北京:文物出版社,1986 年版)。作者认为“鹿台岗Ⅰ号祭坛与玉琮更是惟妙惟肖。该祭坛内圆外方,圆室代表天空,方室代表大地,十字形通道代表四极,即东、南、西、北四方,端点为天地连接处,反映了‘天地相通’的观念”。

⑦ 古人论玉,孔子有十一德之说,管子有九德说。东汉徐慎集前人言而举五德说:“玉,石之美,有五德,……”由此可见,以玉比德的观念对玉之审美的影响。古人辩玉,首先看重的是玉之寓意的美德,然后才是美玉本身所具有的天然色泽和纹理,即“首德次符”说,由此,佩玉由单纯的服饰变为实用、审美与修养三位一体的伦理人格化佩戴标志。《周礼·玉藻》强调的就是佩玉对人的道德行为的修养。“凡带必有佩玉……君子无故,玉不去身,君子玉比德焉”。等等,参见:李宏:《玉佩组合源流考》,《中原文物》1999 年第 1 期,第 63~73;卢兆荫:《玉德·玉符·汉玉风格》,《文物》1996 年第 4 期,第 47~54 页。

⑧ 阎根齐:《商丘汉画像石探源》,《中原文物》1990 年 1 期,第 39~42 页。

⑨ 寿新民:《商丘地区汉画象石艺术浅析》,《中原文物》1990 年第 1 期,第 43~50 页。

⑩ 顾森:《汉画像艺术探源》,《中原文物》1991 年第 3 期,第 1~9 页。

⑪ 刘兴珍:《漫谈汉代画像石的继承与发展》,《中原文物》1993 年第 2 期,第 17~22 页。

图 6－4－3　战国《水陆攻战铜鉴》图

图 6－4－4　武氏祠攻战图

还有学者认为汉代画像石的主题就是为了“追求不朽”。“汉代人对现实浓重的依恋,对超越生命所做的努力,是艺术获得永久魅力的精神母题”,并且“汉代画像石艺术主题的形成,来自社会与文化传统的双重制约”等①。汉代墓葬中曾经出土的舜花画像石,也可作为汉代人希望灵魂不灭,生死轮回观念的具体体现和有力证明②。

有学者研究南阳汉画像石墓认为,“南阳汉画像石墓一诞生便具备了第宅化建筑风貌的雏形。它的出现,是西汉时期封建地主阶级对旧葬俗的一次重大改革。

① 李宏:《追求不朽——汉代画像石主题论》,《中原文物》1990 年第 1 期,第 69～73 页。作者对于汉代艺术的主题追求从四个方面进行了阐述:1. 昭令德以示子孙;2. 富贵权势,传于无穷;3. 长生无极,千秋万岁;4. 永恒的生命运动,等等,论述较为严谨。

② 南阳市文物工作队:《南阳市第二华工厂 21 号画像石墓发掘简报》,《中原文物》1993 年第 1 期,第 77～81 页。

从地层深处、充满压抑感的土圹里一跃而进入宽敞华丽的'第宅'，对'事死如生'的封建地主阶级来说，无疑是一种精神安慰和意识刺激。于是，汉画像石墓在厚葬之风的推助下，竞相效仿，流行开来"①。

笔者认为，汉画像石中有关战争题材画面的出现，不论其反映的是何方、何次具体的战争内容（详可见《胡汉战争画像考》一文②。），都可以说明汉画像石中有关社会生活内容的存在，因为在我国古代神话中似乎缺少神仙世界的战争。这也许可以说明随着画像石艺术自身的发展，其题材内容不可避免地要有带有社会生活的痕迹；并且这种世俗生活的内容，随着汉画像石艺术的发展而越来越多，也就是说汉画像石的题材是现实与虚拟的有机结合，片面强调某一方面都是不全面的认识。这诚如有些学者指出的那样，"汉人的信仰是复杂的，在他们那里，既有儒家礼教、谶纬神学，又有原始巫术的遗风；既有对幽冥世界的信仰，又有对升仙的渴望"③。

特别要指出的是，有学者认为，东汉桓灵之际的社会风气，因政治腐败而僭越现象严重，不能将车骑画像石作为考定墓主人官爵的依据，只能作为墓主身份的参考④。有学者研究汉代墓葬中的门阙使用制度后，同样得出类似结论⑤。四川岷江地区的画像崖墓，"总的看来，单室制墓与双室制墓的差别所表现的，不是墓主人官职的有无和大小，而是财富的多寡，两类墓制对应的是墓主人的社会地位"⑥，也可证明。

当然，"决定汉代画像石在内容、构图及气势方面诸多特点的关键是儒、楚风尚，其哲学背景则是先秦时期的儒鲁文化和庄楚文化。从汉画像石的艺术风格来看，在其发展过程中明显地与其他艺术成果进行了交流和借鉴"⑦。

---

① 闪修山：《汉郁平大尹冯君孺人画像石墓研究补遗》，《中原文物》1991 年第 3 期，第 75～79 页。

② 赵成浦、赫玉建：《胡汉战争画像考》，《中原文物》1993 年第 2 期，第 13～16 页。

③ 孟强：《关于汉代升仙思想的两点看法》，《中原文物》1993 年第 2 期，第 23～30 页。

④ 王步毅：《褚兰汉画像石及其有关物像的认识》，《中原文物》1991 年第 3 期，第 60～67 页。

⑤ 唐长寿：《汉代墓葬门阙考辨》，《中原文物》1991 年第 3 期，第 67～74 页。该文作者讨论了汉代墓葬中门阙的 6 种表现形式，对汉代墓上石阙与墓主人的身份进行统计后，认为"立阙与否，与官阶似无多大关系，阙为重楼与否，有副阙与否，也不一定与官阶的高低相称"，并且"门阙作为墓主身份地位的标志意义是很有限的。从汉代文献看，国家对墓葬制度是重视的，但对墓上建筑的最重要的规定似乎是历史上出现较早的坟丘"，"很难说墓葬中出现门阙就意味着墓主生前住宅中有门阙，甚至于意味着墓主的身份达到了那一级"。

⑥ 唐长寿：《岷江流域汉画像崖墓分期及其它》，《中原文物》1993 年第 2 期，第 47～52 页。

⑦ 张新斌：《汉代画像石所见儒风与楚风》，《中原文物》1993 年第 1 期，第 62～63 页。

何况,“任何时期的艺术,都是该时期思想意识的反映。它们不单经受经济基础的制约,而且还受被统治阶级所拥有的哲学、宗教、政治、道德等意识形态的影响,在不同的意识形态下,孕育产生了各个特定历史时期的艺术审美观,从而产生反映这种审美观念的艺术品。这些艺术品在继承传统风格的基础上,根据新的审美时尚,加以创新提高”①。

还有学者认为汉画像石中,反映车骑、庖厨、井、酒具、宰牲、狩猎等内容的画面,实际是汉代人送葬及升仙思想的反映:“在汉代人的潜意识中,高山、建木(天梯)、云、鸟等为具象构成,是其(指当时人的升仙思想)具象媒介、自然媒介,而远古即存的诸多祭祀活动则构成了与其心态密切结合的间接媒介、人为媒介。祭祀活动中那些绵古流传的一些礼仪或风俗,表明了历史延续性和特定的共通性。在汉代的丧葬祭祀活动中,车骑送葬(行士丧礼及即夕礼,方相为车骑之先导)——郊祭(墓地及宗庙之祀)供牲——行乐送灵构成完整的程序。供奉牺牲则是其中重要内容之一。……汉画像石作为为死人服务的艺术形式之一,较全面地反映了汉代丧葬风俗和祭祀仪礼,供奉牺牲的内容也做了较为详尽的描绘”②等。

四、源远流长,发展演化

徐州地区的汉画像石墓与其他地区来源有所不一。

赵成浦先生在《南阳汉代画像石砖墓关系之比较》一文中,明确认为“南阳的画像石墓起源于樊集画像砖墓”③。

又如有学者认为,“南阳汉画像石墓的形制来源于空心大砖墓,空心砖墓又来源于战国木椁墓。就河南而言,豫南发现的春秋战国的墓葬多以方木作椁,战国晚期出现了以特制的空心大砖代木作椁的趋势,木、砖椁墓并存。西汉初多为空心大砖作椁,木椁墓就很少见到了。汉武帝以后,又出现了画像石与空心大砖同时存在的情况。这很明显是这样一个公式:木椁—木椁空心砖—空心砖墓画像石。早期的空心砖为奕状纹,西汉初演变成柿蒂纹,当画像石出现以后,空心砖上也出现了

① 刘兴珍:《漫谈汉代画像石的继承与发展》,《中原文物》1993 年第 2 期,第 17～22 页。
② 李国华:《浅析汉画像石关于祭祀仪礼中的供奉牺牲》,《中原文物》1994 年第 4 期,第 71～75 页。
③ 赵成浦:《南阳汉代画像石砖墓关系之比较》,《中原文物》1996 年第 4 期,第 78～83 页。

画像，这就是画像石源于空心砖，反过来又给空心砖以影响”①。正是这种相互影响，使得发展到东汉时期的“画像砖很可能是接受了画像石艺术的影响，而大大地向前发展了一步”②。

王建中先生在《试论画像石墓的起源——兼谈南阳汉画像石墓出现的年代》中指出，赵寨砖瓦厂的相对年代在西汉后期元帝至成帝之间，“它的出现说明，南阳汉

① 周到：《河南汉画像石考古四十年概论》，《中原文物》1989 年 3 期 46～50、59 页。周到、吕品、汤文兴：《河南画像砖的艺术风格与分期》，《中原文物》1980 年第 1 期，第 8～14 页。

② 周到、吕品、汤文兴：《河南画像砖的艺术风格与分期》，《中原文物》1980 年第 1 期，第 8～14 页。该文对南阳画像砖进行了分期(引见下表)。

表 6－2　南阳汉画像砖分期表

分期	形制	技法	题　　材	地点
西汉时期	空心砖	阴线刻	功曹、执戈小吏、虎逐鹿、跪射、虎、马、朱雀、仙鹤、鸵鸟、鹰、鸟、变形纹、百乳纹、乳钉纹、乳钉柿蒂纹、云雷纹、菱形纹、五铢乳钉纹、双龙菱形纹	洛阳、郑州、禹县
东汉早期		浅浮雕	侍吏、骑射、猎虎、斗虎、斗牛、舞剑、饮牛、喂羊、演奏、“燕王、王相、武军”“狗咬赵盾”“孝子保”、西王母、东王公、羽人乘龙、羽人乘麟、三足乌、九尾狐、玉兔捣药、“东井灭火”、锥牛、斗猪、建鼓舞、长袖舞、斗鸡、凤阙、宫阙、方相氏、苍龙、白虎、犬逐鹿、猴熊相斗、夔、铺首衔环、植物	郑州、巩县、禹县、淅川县、郾城县、鄢陵县、洛阳
		阳线刻	拥彗门吏、亭长、持戟门吏、骑射、骑乘、宫阙、象人射凤、苍龙、鸵鸟、龟、鹤、鲫、井、树、龙纹、套环纹、方形 S 纹、菱形 S 纹、波浪纹、连续工字纹、连续山字纹	
		阴线刻	苍龙、朱雀、斗鸡、铺首衔环、菱形纹	郑州
		阴刻施阳线	庭院、骑射、人物、树、石、朱雀、青雀、铺首、“∽”纹、柿蒂云纹、柿蒂纹、云勾纹、方形云雷纹、百乳纹、钱纹	郑州、新乡、禹县
东汉晚期	空心砖方砖或长条砖	高浮雕	执盾门吏、伎乐、人物、“孔子问童子”、盘舞、材官蹶张、羽人乘飞廉、羽人六搏、鼓舞、“泗水取鼎”、牛车、建筑、青龙、白虎、套瑗、二龙穿环	新野县、南阳县
东汉早期晚期均有	小砖	阳线刻	虎逐鹿、双鱼、双犬、飞鸿、青龙、白虎、对饮、马、雄鸡、亚字纹、回字纹、动物变形纹、蚕变形纹、连环纹、菱形纹、钱纹、兽面纹、菱形四字纹、菱形方格纹、菱形田字纹、波浪纹、“门入憩”“大富昌乐未央”“元和三年”	许昌县、禹县、舞阳县、叶县、襄城县、漯河、郾城县、淅川县、内乡县、泌阳县

代画像石墓出现的年代大致早于国内其他地区，即出现于西汉后期(前48～9年)”[①]。

赵成浦先生认为“湖阳墓早于南阳已发掘的所有画像石墓”，南阳汉画像石墓兴起于西汉中期[②]。前已述及，梁孝王、王后陵墓厕所石板上出现汉画像石，作为已知最早的有明确纪年的汉画像石，值得深入研究。

商丘地区汉画像石的产生，同样被认为是受到空心砖墓的影响或启发，且“商丘汉画像石也与比它稍早的当地空心砖花纹和壁画墓壁画有着一脉相承的关系”[③]。商丘地区的“画像石墓是有其自身的发展脉络的，即石椁、石室壁画墓到画像石墓。画像由简到繁以至画像石墓的消失，线索清晰可寻，是否自成系统，还有待于新的更多的发掘资料来证实”[④]。

与此不同的是，笔者认为：徐州地区汉画像石墓直接来源于竖穴墓(包括石坑墓、石椁墓等)，而后者正如有些学者认为的那样，又是对早期竖穴木椁墓葬的模仿[⑤]。与徐州相邻的山东地区，同样如此，“从近年发现的新资料看，画像石在西汉文景时期就已经用来建筑椁室……后来的画像石室墓和砖石混建墓就是由画像石椁墓发展而来的”[⑥]。

当然，各地汉画像石有一致性，也存在各地的地方特色，即各地出土的画像石在题材内容、艺术风格上有着一致性的一面。然而，悠久而深厚的文化积淀，必然又使它们呈现出不同的区域性内涵与艺术表现形式[⑦]。“各地的汉画像石就题材上讲，都有其不同的特点，如果说山东的汉画像石是以历史故事为主反映了儒家的忠臣义士思想，南阳的汉画像石是以宴乐、出行、羽化升仙为主反映汉朝上层阶级生死观念的话，那么永城的汉画像石却别具一格，以远古神话、祥禽瑞兽为主反映了受楚文化思想的深刻影响”[⑧]。

---

① 王建中：《试论画像石墓的起源》，《汉代画像石研究》，北京：文物出版社，1987年版，第1～11页。

② 赵成浦：《南阳汉画像石墓兴衰刍议》，《中原文物》1985年第3期，第71～74页。

③ 阎根齐：《商丘汉画像石探源》，《中原文物》1990年第1期，第39～42页。

④ 寿新民：《商丘地区汉画像石艺术浅析》，《中原文物》1990年第1期，第43～50页。

⑤ 武利华：《徐州汉画像石研究综述》，《徐州博物馆三十年纪念文集》北京：北京燕山出版社，1992年版，第130页；(日)山下志保著、夏麦陵节译：《画像石墓与东汉时代的社会》，《中原文物》1993年第4期，第79～88。该文同样认为：“(B区)初期的画像石墓模仿了木椁墓的结构，但到了Ⅲ期时几乎看不到这种影响了。很显然画像石墓在结构上完全因袭了砖室墓”。

⑥ 杨爱国：《汉代的忠孝观念及其对汉画艺术的影响》，《中原文物》1993年第2期，第61～79页。

⑦ 李建：《楚文化对南阳汉代画像石艺术发展的影响》，《中原文物》1995年第3期，第21～24、64页。

⑧ 周到：《试论河南永城汉画像石》，《中原文物》1987年第2期，第140～143页。

从艺术造型来讲，“陕北的画像石，在造型上粗厚有力、稚拙有趣；南阳的画像石，在强烈的运动中加大变形幅度，显得雄健飞动。还有四川的奔放轻利、苏北的素朴简洁，外轮廓不同效果的追求，使个性风格有了崭露头角的机会”①。

从艺术构图角度而言：“山东、江苏构图比较满，称为密集型，画像石往往分格表现，一块石面上分多层，一层一个主题，整块画面往往集中了不同时空的许多内容。而南阳则称为疏朗型，一块石面只表现一个主题”②。

并且，同一地区不同的地方的汉画像石，亦有各自不同的特征。例如：

有学者研究苏鲁区所谓儒风画像石，与南阳区所谓楚风画像石后，认为“汉画像石的儒楚风尚归根到底属于区域文化间冲突与融合的具体表现”③。

南阳地区的“汉画之所以有洪流奔跃的磅礴气韵，主要因为它抓着了艺术形象的实质——力量和运动”④。

河南商丘汉画像石，具有“主题思想明确、构图严谨、形神兼备、生动活泼的地方特征”⑤，而不同于南阳汉画像石的粗放古拙⑥。从表现题材来讲，商丘汉画像石从它的产生到逐步消失都是以珍禽异兽、祥瑞辟邪占主导地位，也与南阳以宴乐、出行、羽化升仙为主要内容来反映汉代上层阶级生死观念不同⑦。此外，“商丘地区画像石在构图方面，很少用分格表现，一般地讲是一个石面一个主题，但布局比南阳严密些，比较讲究对称、图案化”⑧。

可见，各地出土的石刻画像从形式到风格上都有着明显的地方特色，由于地域与民俗的差异，同一文化圈的文化，也会表现出不同的艺术风采。

汉代画像砖墓葬也是如此。如江苏省苏南地区“高淳固城东汉画像砖的墓砖的形制和内容，皆与四川成都、德阳及河南新野、邓县一带所见的明显不同”⑨。并且，在江苏省苏南地区六朝时代的墓葬中，还曾经出土过大型砖印壁画的特殊情

---

① 李宏：《汉赋与汉代画像石刻》，《中原文物》1987年第2期，第144～149页。

② 寿新民：《商丘地区汉画像石艺术浅析》，《中原文物》1990年第1期，第43～50页。

③ 张新斌：《汉代画像石所见儒风与楚风》，《中原文物》1993年第1期，第59～63页。

④ 李陈广、韩玉祥：《南阳汉画像石的发现与研究——纪念南阳汉画馆创建六十周年》，《中原文物》1995年第3期，第1～7页。

⑤ 永城市文管会、商丘博物馆：《永城太丘二号汉画像石墓》，《中原文物》第1990年第1期，第23～27页。

⑥ 周到：《试论河南永城汉画像石》，《中原文物》1987年第2期，第140～143页。

⑦ 阎根齐：《商丘汉画像石探源》，《中原文物》1990年第1期，第39～42页。

⑧ 寿新民：《商丘地区汉画像石艺术浅析》，《中原文物》1990年第1期，第43～50页。

⑨ 尤振尧：《苏南地区东汉画像砖墓及其相关问题的探析》，《中原文物》1991年第3期，第50～59页。

况,也有人称其为"砖刻"[①]。

但是,各地的画像石,一般遵循着大致同一的思维规律,共处于一个同一的发展阶段上,但创造出彼此不同的表现形式与艺术风格[②]。由此可见,各地汉画像石(砖)种类之丰富。

还要注意的是,各地的汉画像石基本是作为汉墓建筑材料使用的,又用来装饰墓室,是汉墓建筑的一种特殊结构和艺术形式。这种结构与艺术形式、内容巧妙结合的事例,在我国汉代的各种艺术中,都可以找到。而汉代砖室墓、砖石墓、画像石墓等,更是结构与装饰、思想内容等结合的典范,这也与中国其他古建筑类型的特点完全一致。

地面存在的汉代石室祠建筑(即通常所称的石室、石庙、石祠、食堂等)亦然。"汉石室祠的画像石既是建筑组成的结构构件,又是建筑内部的绘画装饰"[③](图 6-4-5)。

与任何事物的发展规律一样,各地汉画像石墓都经历其产生、发展、兴盛、衰落和消亡的过程[④]。东汉末年社会动荡,徐州首当其冲。"汉献帝初平四年(公元 193 年),曹操攻陶谦于彭城(今徐州),'凡杀男女数十万人,鸡犬无余,泗水为之不流,自是五县城保,无复行迹。'后经几次混战,徐州终归曹操。自此直到南北朝时期,徐州一直处于混乱和战争之中。其时经济凋敝,土地荒芜,人口大减,加之魏晋倡薄葬,所以至东汉初平四年后,徐州地区已经丧失了产生汉画像石墓所需要的稳定的社会环境和丰裕的经济基础,汉代厚葬的时尚也已改变。因此徐州汉画像石墓消失的年代不会晚于东汉末年,这在徐州地区的考古发掘中已得到证实"[⑤]。

这与其他地区汉画像石墓的情况基本相同。如南阳,"东汉晚期,尤其是东汉末期,由于战乱造成的经济崩溃,使南阳汉画像石墓由兴盛开始衰落,并且随着时

① 参见南京博物院:《江苏丹阳胡桥南朝大墓及砖刻壁画》,《文物》1974 年第 2 期,第 44～56;也有称其为"砖印",见南京博物院:《试谈"竹林七贤及荣启期"砖印壁画问题》,《文物》1980 年第 2 期,第 18～23、36 页;亦有称"拼镶砖画",见杨泓:《东晋、南朝拼镶砖画的源流及演变》,《文物与考古论集》,北京:文物出版社,1987 年版,第 217～227 页。

② 陈江风:《汉画像"神鬼世界"的思维形态及其艺术》,《中原文物》1991 年第 3 期,第 10～17 页。

③ 徐建国:《徐州汉画像石室祠建筑》,《中原文物》1993 年第 2 期,第 53～60 页。

④ 南阳地区文物队:《方城党庄汉画像石墓——兼谈南阳汉画像石墓的衰亡问题》,《中原文物》1986 年第 2 期,第 45～51、120 页。王恺:《苏鲁豫皖交界地区汉画像石墓的分期》,《中原文物》1990 年第 1 期,第 51～61 页。

⑤ 周保平:《徐州的几座再葬汉画像石墓研究——兼谈汉画像石墓中的再葬现象》,《文物》1996 年第 7 期,第 70～74 页。

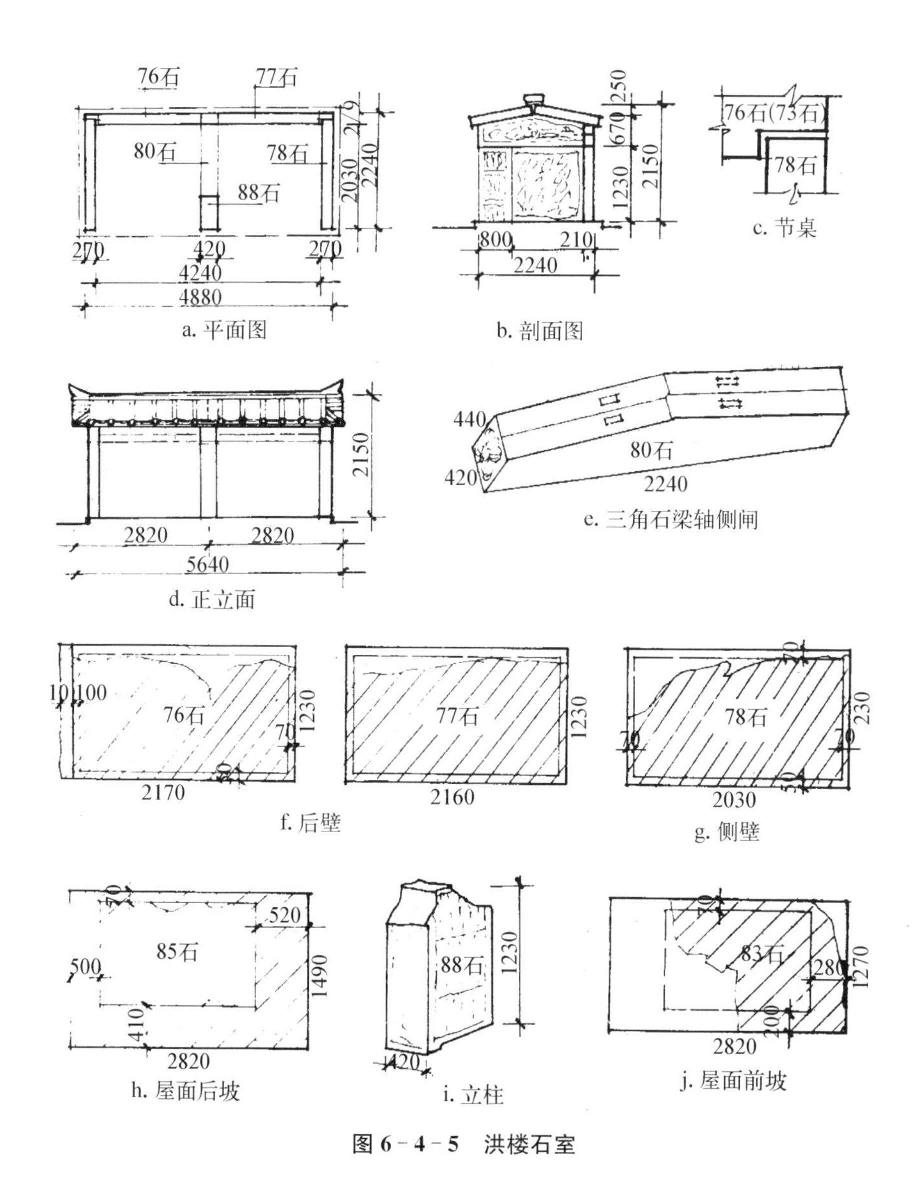

图 6－4－5　洪楼石室

间的推移,其衰落情况也逐步加快,到了东汉末期,南阳汉代画像石墓已经进入它的最后阶段——即消亡时期"[①]。

陕西、山西等,"晋西北与陕北的画像石存在一定的渊源关系,正是由于政治变

① 南阳地区文物队:《方城党庄汉画像石墓——兼谈南阳汉画像石墓的衰亡问题》,《中原文物》1986 年第 2 期,第 45～51、120 页。

故,使画像石由陕北传到了晋西北”[1]。

但是,在东汉末期的一些大墓中,使用了大量规整的石材,却不刻一幅画像。赵成浦先生认为,“画像内容由丰富到简单最后完全废弃的事实,表明埋葬风俗发生了变化”[2]。此说甚确。

① 山西省考古研究所等:《山西离石再次发现东汉画像石墓》,《文物》1996年第4期,第13～27页。

② 赵成浦:《南阳汉画像石墓兴衰刍议》,《中原文物》1985年第3期,第71～74页。

下　篇

汉代墓葬建筑相关问题研究

第七章　“因山为陵”初探

第一节　引　言

“因(依、以)山为陵、凿山为藏(葬)”是我国古代丰富多彩的葬制中的一种，它将墓葬埋在山体之中，利用自然山体为依托，由此形成的特殊形制及背依大山所造成的恢宏气势，的确与众不同。从字面意义来讲，它应该有两种基本形式：其一是山岩中开凿的竖穴墓室(即一般所谓的竖穴墓)；其二是山岩中开凿的横穴墓室(即一般所谓的横穴洞室墓)。当然，还有一种先在山岩中开凿竖穴，后用条石砌筑墓室的情况，笔者也将其归为后一种。前者，可认为是出现于西汉早期之前；此后，由于横穴洞室墓的逐渐流行开来而逐步消失。通常情况下所认为的“因山为陵”葬制，仅指的是后一种，本文所讨论的“因山为陵”也是如此。

有关这一葬制的记载，目前所能见到的最早历史文献是《汉书・文帝纪》：“霸陵山川因其故，无有所改”“治霸陵瓦器，不得以金、银、铜、锡为饰。因其山不起坟”；《三辅旧事》云：“汉文帝霸陵不起山陵，稠种柏数”；《汉书・楚元王传》中，更进一步记载“孝文皇帝居霸陵北临侧，意凄怆悲怀，顾谓群臣曰：‘嗟乎！以北山石为椁，用纻絮斮陈漆其间，岂可动哉。’张释之进曰：‘使其中有可欲，虽锢南山犹有隙；使其中无可欲，虽无石椁，又何戚焉。’夫死者无终极，而国家有废兴，故释之之言为无穷计也。孝文悟焉，遂薄葬不起坟”。由此，在西汉 11 座帝陵中，汉文帝霸陵成了唯一一座“因山为陵”的帝陵。

但是，笔者研究发现，我国历史上最早“因山为陵”的陵墓并不是汉文帝霸陵，而是西汉第一代刘姓楚王——楚元王刘交陵，现位于江苏省徐州市楚王山北麓[1]。有

---

① 叶继红：《浅谈徐州西汉楚王墓的形制与分期》，王中文主编，夏凯晨、及巨涛副主编：《两汉文化研究(第一辑)》，北京：文化艺术出版社，1996 年，第 261 页。

关这一墓葬，历史上文献记载较多。《后汉书·郡国志》注引《北征记》载“（彭）城西二十里有山，山阴有楚元王墓。”《魏书·地形志》称之为“同孝山”，并载“彭城西有楚元王冢。”《水经注》载：“获水又冬径同孝山北，山阴有楚元王冢，上圆下方，累石为之，高十余丈，广百许步，径十余坟悉结石也”等。

这里有个问题需要说明一下，即我们要讨论的“因山为陵”是利用自然界存在的山体，代替人工夯筑的封土，作为陵墓的主体。有关夯土技术在龙山文化时期已经使用①。按上面《水经注》记载，似乎楚元王冢成为“结石墓”，而不是“因山为陵”的墓葬了。

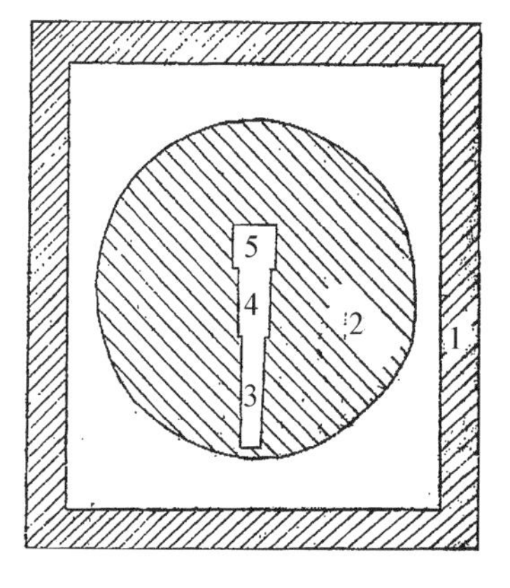

图 7-1-1　定县墓垣

1. 墓垣　2. 封土　3. 墓道
4. 前室　5. 后室

笔者认为，《水经注》的记载当然应作为我们分析论证的依据，但我们还应该结合现代考古学的研究成果，来加以说明。调查表明，二十世纪六十年代，徐州楚王山汉墓群一、三、四号墓石砌的护坡墙被当地群众拆除，石料拉去他用，现仅残留痕迹。这当然不能证明墓葬“结石”的情况，但至少可以说明确有石砌的（也就是“结石”的）“护坡墙”。或许封土“结石”的“石山”本身，正寓意了其所具有的“禁錮之意”，传递了西汉初期葬制变化的消息（表 7-1-1）。在河南省密县打虎亭汉代画像石墓和壁画墓墓冢的底部，也发现了残存的用大青石错缝筑成的石垣基础，尚残留一至三层②。其更早的源头，也许就是新石器时代已经存在的积石冢，以石垒墙，以石筑墓，以石封顶③。除此以外，还有如河北定县 40 号汉墓那样，在墓葬外围一圈石垣的情况（表 7-1-2，图 7-1-1）。而安徽褚兰汉画像石一号墓、二号墓“都为大石块建筑的中型大墓，墓室建在土圹内，上面封土成冢，四周均设矮垣，墓冢南侧立一小祠堂”④，形制发展较为完备。

---

① 安金槐：《谈谈城子崖龙山文化城址及其有关问题》，《中原文物》1992 年第 1 期第 1～6 页。“城子崖龙山文化城垣的城墙筑法和王城岗龙山文化城垣的城墙筑法基本相同。都是在修筑城墙之前，先在城墙底部挖出城墙的基础槽或基础沟，然后在基础槽或基础沟的底部开始填入土层和分层夯实，作为城墙的坚实基础。继之在基槽墙基之上，再分层夯筑城墙的地上部分”。这至少说明近五千年前，夯土技术就已出现。

② 安金槐，王与刚：《密县打虎亭汉代画象石墓和壁画墓》，《文物》1972 年第 10 期第 49～55 页。

③ 辽宁省文物考古研究所：《辽宁牛梁河红山文化“女神庙”与积石冢群发掘简报》，《文物》1996 年第 8 期；魏运亨、卜昭文：《红山文化遗址又发现五千年前金字塔式巨型建筑》，《中国文物报》1990 年 2 月 8 日，第一版；《红山文化遗址又有惊人发现》，《光明日报》1989 年 12 月 23 日，第 1 版。

④ 王步毅：《褚兰汉画像石及其有关物像的认识》，《中原文物》1991 年第 3 期第 60～67 页。

表 7-1-1 全国西汉早、中期采用"因山为陵"葬制的诸侯王陵墓统计表
(资料统计时间止于 1999 年底)

序号	陵墓名称	死亡时间	考古资料来源	有关古籍
1	楚元王刘交陵	汉文帝元年(B.C.179)	梁勇、梁庆滇:《西汉楚王墓的建筑结构及排列顺序》,《两汉文化研究·第二辑》,北京:文化艺术出版社,1999 年版:第 193 页	《史记·楚元王世家》《汉书·楚元王传》
2	永城梁孝王墓(保安山一号墓)	景帝中元六年(B.C.144)	《永城西汉梁国王陵与寝园》,郑州:中州古籍出版社,1996 年版	《史记·梁孝王世家》《汉书·文三王传》《曹操别传》
3	广州南越王一主赵佗墓	建元四年(B.C.137)	墓葬未被发现	晋王范《交广春秋》曰:"佗之葬也,因山为坟,……"
	广州南越王二主赵眛墓	约元朔末、元狩初(B.C.122)	广州市文物管理委员会等:《西汉南越王墓》,北京:文物出版社,1991 年版	《史记·南越列传》《汉书·南越列传》
4	满城汉墓一号墓	元鼎四年(B.C.113)	《满城汉墓发掘报告》,北京:文物出版社,1980 年版	《汉书·诸侯王表》《汉书·地理志下》《汉书·中山靖王胜传》等
	满城汉墓二号墓	未知,但研究表明"二号墓稍晚于一号墓。"	《满城汉墓发掘报告》,北京:文物出版社,1980 年版:第 337 页	
5	山东曲阜鲁王墓	无法确定墓主,但据《汉书·景十三王传》孝景三年始封的鲁恭王……二十八年薨(B.C.129),故该墓时间当不会太早	山东省博物馆:《曲阜九龙山汉墓发掘简报》,《文物》1972 年第 5 期:第 39～54 页	《汉书·诸侯王表》《汉书·景十三王传》
6	山东曲阜九龙山三号汉墓	鲁孝王刘庆忌	同上	宣帝甘露三年
7	山东曲阜九龙山四号汉墓	鲁王或王后	同上	西汉中期
8	山东曲阜九龙山五号汉墓	鲁王或王后	同上	西汉中期

续 表

序号	陵墓名称	死亡时间	考古资料来源	有关古籍
9	江苏徐州市狮子山西汉墓的发掘与收获	楚王	《考古》，1998 年第 8 期，第第 1 页	西汉早期
10	江苏铜山龟山楚工、工后陵墓	楚襄王刘注及其大人	《考古学报》，1985 年第 1 期，第 119 ~133 页	武帝元鼎二年
11	山东临淄齐王墓	齐王刘襄	《考古学报》，1985 年第 2 期，第　页	文帝时期
12	江苏徐州北洞山楚王墓	楚王	《文物》，1988 年第 2 期，第 2～18 页	文帝时期
13	山东省巨野	昌邑哀王刘骨专武帝天汉四年—武帝后元二年(B.C.97～B.C.87)	山东省菏泽地区汉墓发掘小组：《巨野红山西汉墓》，《考古学报》1983 年第 4 期，第 471 页	《史记・汉兴以来诸侯王年表》《汉书・诸侯王表》《汉书・外戚传》
14	山东长清双乳山	济北王刘宽武帝天汉四年—武帝后元二年(B.C.97～B.C.87)	山东大学考古系、山东省文物局　长清县文化局：《山东长清县双乳山一号汉墓发掘简报》，《考古》1997 年第 3 期，第 1 页；任相宏：《双乳山一号汉墓墓主考略》，《考古》1997 年第 3 期，第 10 页	《汉书・济北王传》
15	徐州南洞山西汉楚王王后陵墓	西汉某代楚王及其夫人		西汉中、晚期

表 7－1－2　汉代出现石垣墓葬统计表

序号	资料	具体内容
1	河北省文物研究所：《河北定县 40 号汉墓发掘简报》，《文物》1981 年第 8 期，第 1～10 页	这座大墓周围过去还有城垣，在发掘中经过钻探调查得知，城垣平面为长方形，南北长 145、东西宽 127 米，墙基厚 11 米左右
2	新疆社会科学院考古研究所：《新疆阿拉沟竖穴木椁墓发掘简报》，《文物》1981 年第 1 期，第 18～22 页	墓葬上部都有块石封堆，四周围以卵石，成矩形石垣，墓葬中木椁成井干式结构
3	嘉峪关市文物清理小组：《嘉峪关汉画像砖墓》，《文物》1972 年第 12 期，第 24～36 页	墓葬的四周尚有围墙的痕迹，墓葬券顶以上均有砖砌的门楼形式照墙

续 表

序号	资料	具体内容
4	解华英:《山东邹城市车路口东汉画像石墓》,《考古》1996年第3期,第36～40页	类似于缪宇墓情况。该墓葬的封土外约1米左右有用大青石块错缝筑起的1米多高的石垣,墓葬形制也基本相同
5	王步毅:《褚兰汉画像石及其有关物像的认识》,《中原文物》1991年第3期,第60～67页	一号墓、二号墓"都为大石块建筑的中型大墓,墓室建在土圹内,上面封土成冢,四周均设矮垣,墓冢南侧立一小祠堂"。"墓垣为长方形,匡抱在墓冢的四周,与土冢紧接在一起。垣墙底矮,墙顶雕成瓦垄,墙面满刻菱纹、水波纹
6	南京博物院,邳县文化馆:《东汉彭城相缪宇墓》,《文物》1984年第8期,第22～29页	此墓愿有墓园,依北高南低的山坡地形建筑,周围有石砌墓垣。地面垣墙已破坏殆尽,仅余部分墙基和墙石
7	徐州博物馆:《徐州东甸子西汉墓》,《文物》1999年第12期,第4～18页	M1封土四周有墓垣,由2～3层直径0.3～0.5米的不规则石块砌筑而成。墓垣的上径9.7、下径12.2、高0.5～0.8米。M3也有
8	徐州博物馆:《徐州西汉宛朐侯刘艺墓》,《文物》1997年第2期,第4～21页	墓上原有封土,封土四周以石块垒砌墓垣,现仅存局部

其实,早已有学者认识到,"凿山为藏的大型崖洞墓是汉代新兴的一种墓葬形式。楚王山一号墓可以说是目前所知最早的一座"①。但在"因山为陵"葬制初期,不可避免地要带有竖穴墓与封土墓两者的特点。由本章可见,该墓为大型甲字型凿山为藏的墓葬,有石砌室墓、墓道、甬道(内有塞石,这是目前已知最早的),并带有耳室(图2-1-9)②,其墓上有封土,正是处于原创时期过渡葬制的表现,整个墓葬仍属于"因山为陵"葬制。在近年的山东省长清县双乳山汉墓中(图7-1-2),也发现了覆斗形的封土底部曾经存在有1米多高的石砌墙体③,该墓同样也是属于"因山为陵"的诸侯王陵墓、平面也为甲字形等,相似之处较多;只是年代为武帝晚期,比刘交陵墓要晚。它们都是处于"因山为陵"葬制的早期形态。

需要补充说明的是,楚元王陵墓中出现的耳室形态也属于壁龛向耳室变化的

① 孟强,钱国光:《两汉早期楚王墓排序及墓主的初步研究》,王文中主编,及巨涛、夏凯晨、刘玉芝副主编:《两汉文化研究(第二辑)》,北京:文化艺术出版社,1999年,第172页。

② 有关楚元王刘交陵的详细图照,请参看本书第二章第一节。

③ 山东大学考古系等:《山东长清县双乳山一号汉墓发掘简报》,《考古》1997年第3期第1～26页。

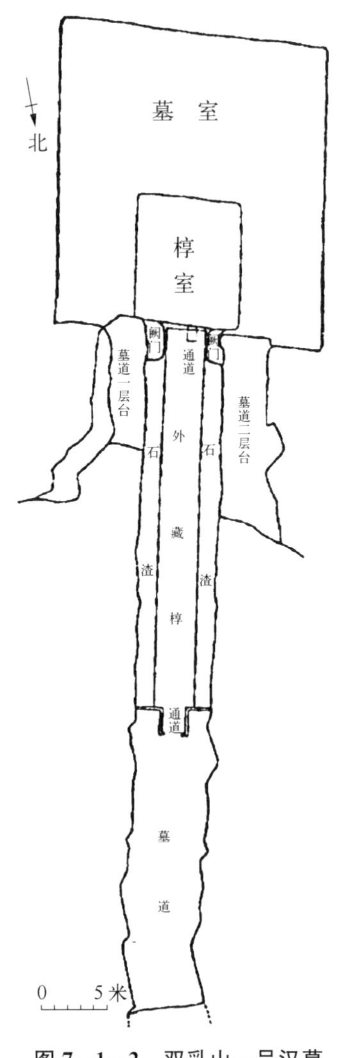

图7-1-2 双乳山一号汉墓

初始阶段,是目前已知最早的耳室之一(笔者认为,最早的耳室出现在"秦始皇陵陪葬墓,有竖穴土圹墓和竖穴土圹洞室墓两种,都带有斜坡墓道和壁龛,有的有耳室。"①),也是"外藏椁"发展演变的结果。有关学者对此进行了深入的研究,"关于'外藏椁'的起源,有两点是毋庸置疑的:一是商代后期墓内二层台上和墓外殉人坑中掩埋的墓主人的亲信侍从和姬妾,当殉人制度在春秋时期行将消亡时,他们便逐渐演变成'外藏椁'之一的'婢妾之藏'。二是商代前期即已出现,后期广为流传的车马坑,它的原意是象征墓主人的等级地位。在由殉葬实用车马向模型明器或车马饰件过渡的历史进程中,便渐渐地变成了'外藏椁'之一的'车马厩',以象征其财富,不再作为墓主人身份的标记。还有一点,即壁龛与后来作为'外藏椁'组成部分的耳室有直接的演变关系。因为一方面,无论是壁龛还是耳室,它们都是作为墓室的主要附属结构而存在的。壁龛与耳室的位置大都处于墓室入口处的头骨前面、人架的左右或墓道与墓室的两侧。另一方面,壁龛与耳室的用途皆是存放陶器或粮食的地方,只不过到了汉代耳室所放陶器或炊具较前有些增加罢了。当壁龛变为耳室之后,则往往一个耳室置陶器,象征庖厨,另一耳室放置车马明器,象征车马厩"②。

当然,早在裴李岗文化第四期遗址中已经出现了壁龛,随葬品放置在其内,这是后来墓葬中出现专门放置随葬品的耳室的雏形③。

---

① 黄展岳:《秦汉陵寝》,《文物》1998年第4期第19~27页。

② 李如森:《汉代"外藏椁"的起源与演变》,《考古》1997年第12期第59~65页。

③ 王晓:《裴李岗文化葬俗浅议》,《中原文物》1996年第1期第76~80页。同样属于裴李岗文化的密县莪沟,发现了9座专门挖有壁龛的墓葬。

楚王山墓室先开凿后砌石的情况，在徐州北洞山西汉楚王墓(附属建筑)①、广州南越王墓②(图7-1-3)、河南永城西汉末期某代梁王墓③、梁孝王墓(前甬道)④、山东长清县双乳山济北王刘宽陵墓⑤、山东省巨野昌邑哀王刘髆墓⑥也出现过(图7-1-4)。它们都是诸侯王陵墓，也都是在山崖中开凿的竖穴墓穴内，后砌墓室，除徐州北洞山楚王陵墓以外，其余墓葬建筑形制与楚元王刘交陵较为接近，只是时间上比楚元王刘交陵要晚。特别要提出的是巨野昌邑哀王陵墓墓室上先用木料覆盖，再在上面全铺四层方石，这正是竖穴土坑木椁墓的遗留。该墓向朝东、位于半山腰上筑封土、甲子形平面、属于相邻地区、也是诸侯王陵墓等，与楚元王陵、双乳山济北王刘宽陵(刘宽陵墓朝北)相似，很值得进一步深入研究。这种情况在河南省永城县前窑的一座西汉晚期的墓葬中，也发现过(推测墓主人为皇亲国戚或郡国豪族)⑦。

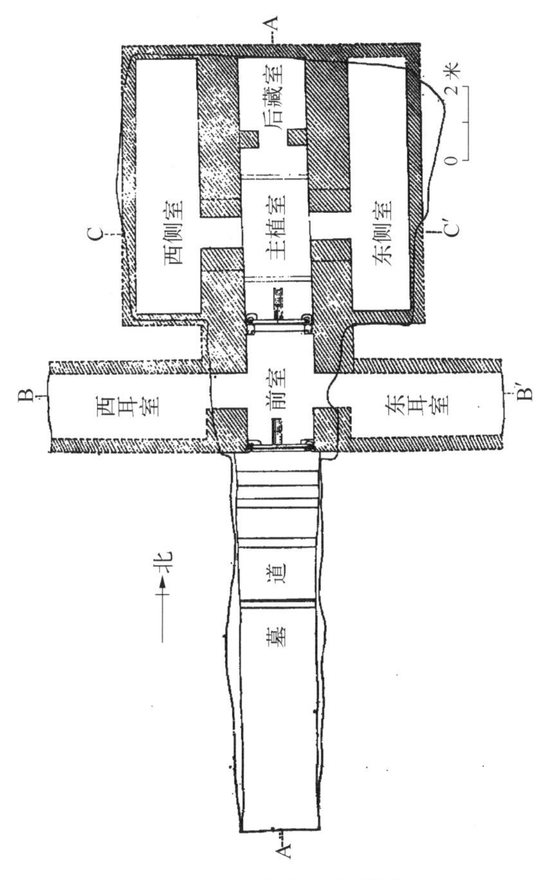

图7-1-3　南越王墓平面图

---

① 徐州博物馆，南京大学历史系考古专业:《徐州北洞山西汉墓发掘简报》,《文物》1988年第2期第2～18页。

② 广州市文物管理委员会等:《西汉南越王墓》,北京:文物出版社,1991年,第8页。

③ 河南省文物考古研究所编:《永城西汉梁国王陵与寝园》,郑州:中州古籍出版社,1996年,第13页。

④ 刘永信:《梁孝王墓地宫的建筑艺术》,《中原文物》1984年第2期第84～87页。

⑤ 山东大学考古系，山东省文物局，长清县文化局:《山东长清县双乳山一号汉墓发掘简报》,《考古》1997年第3期第1～26页;任相宏:《双乳山一号汉墓墓主考略》,《考古》1997年第3期第10～15页。

⑥ 山东省菏泽地区汉墓发掘小组:《巨野红山西汉墓》,《考古学报》1983年第4期第471～499页。

⑦ 商丘地区文化局，永城县文化馆:《河南永城前窑汉代石室墓》,《中原文物》1990年第1期第7～12页。

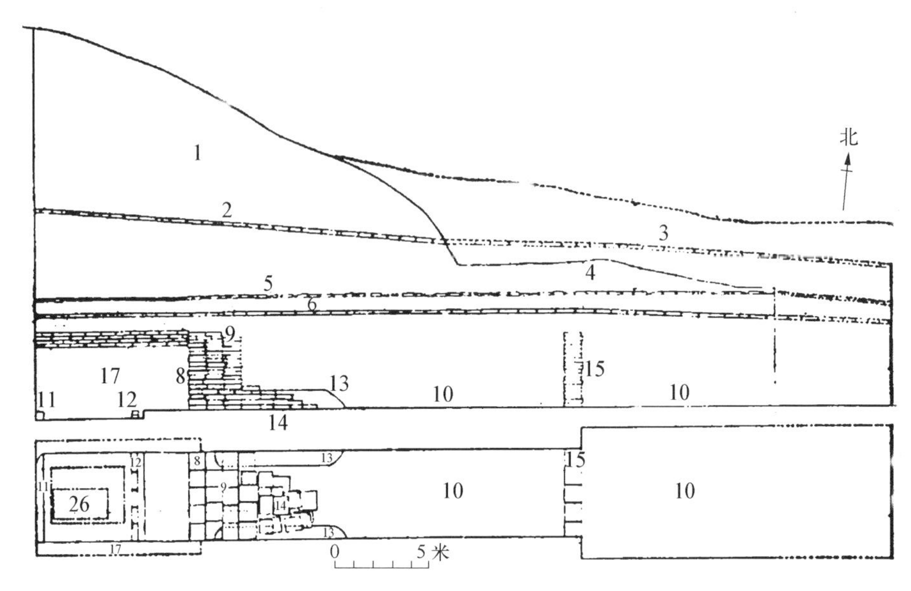

图7-1-4　红土山墓平、剖面图

有学者认为，广州南越王墓的墓制构思与中原凿山为藏的诸侯王墓是一致的①；更有人认为“该墓的结构形制与中原同时期的诸侯王墓是一致的”②；虽然也有学者研究认为“实际上，象岗山墓各室的布局与用途也均与中原诸侯王墓不同。这些不同的特点，应是本地传统文化因素所造成的”③。

笔者认为，还是该文前面的论述较为合理，“正像一些研究者所指出的那样，这三座墓（指长沙陡壁山曹墓、象鼻嘴一号墓这两座长沙王墓及广州象冈西汉南越王墓，笔者注）与中原诸侯王墓的葬制有一定相同之处，反映了西汉时期各诸侯王在丧葬礼仪上的统一性。但是，仔细对比这三座墓与中原诸侯王墓的形制，又会发现有许多不同点，表现在统一性中还存在着诸多差异性”④，毕竟全国各地墓葬形制之间是相互交叉影响的，不能简单地将其局限于某一种地方性的传统。譬如，在山西省朔县，曾经发掘过一座西汉中晚期的大型竖穴木椁墓，在“土圹两壁分别竖立木柱，上面横铺木板构成甬道。……墓室内用木材置前后两个椁室，相当于前堂后

---

① 广州象岗汉墓发掘队：《西汉南越王墓发掘初步报告》，《考古》1984年第3期第222～230页。

② 麦英豪等：《广州象岗南越王墓墓主、葬制、人殉诸问题刍议》，《广州研究》1984年第4期第68～72页。

③ 高崇文：《西汉长沙王墓和南越王墓葬制初探》，《考古》1988年第4期第342～347页。

④ 高崇文：《西汉长沙王墓和南越王墓葬制初探》，《考古》1988年第4期第342～347页。

室”[1](图 7-1-5)。我们认为,这可作为黄土高原地区、中原地区以及全国其他地区墓葬相互影响的较好的例证。

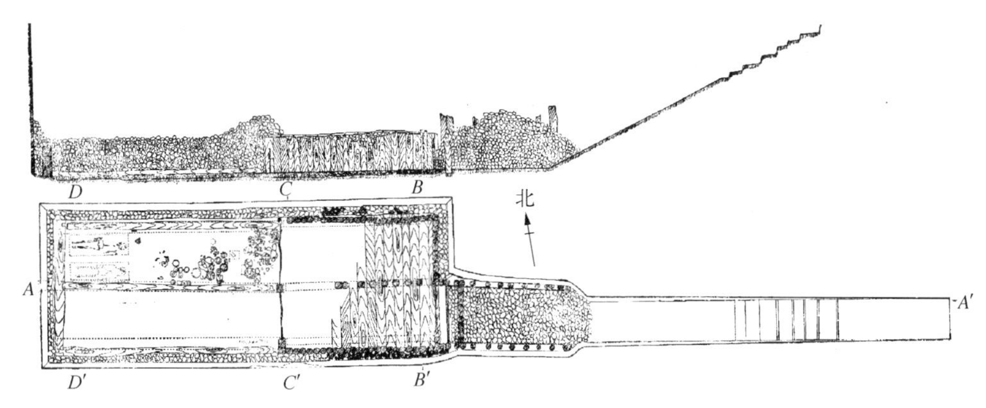

图 7-1-5 朔县木椁墓平、剖面图

再如长沙咸家湖西汉曹墓,是一座带墓道的大型岩坑竖穴木椁墓,应该也是受其他地区影响下,在传统木椁墓基础上,葬制发生变化的结果[2]。比楚元王陵晚的徐州狮子山楚王陵,虽然比楚元王刘交陵规模宏大,结构更为复杂,但其巨大的天井,同样应具有竖穴墓的特点,“大竖穴、小墓室也许正是这座崖墓的特点,天井是竖穴遗风的表现”[3]。另“楚王山一号汉墓从其规模、形制、出土器物判断(尚应加上古代文献,笔者注),为西汉早期王级墓葬无疑”[4]。由以上分析可知,即使刘交墓上有封土,甚或其封土上又有“结石”,也并不影响我们将其作为目前已知最早的“因山为陵”墓葬加以讨论。

楚王山汉墓群“现在可明显看到的大型封土堆有四处,其中一号墓‘凿山为藏(葬)’,其余均系封土。一号墓“依山为陵,面向东方,气势雄大……其东南面与楚王山主峰相连,浑然一体”(详见本书图 2-1-9)[5],充分表现了这一独特葬制的恢

---

① 山西省平朔考古队:《山西省朔县西汉木椁墓发掘简报》,《考古》1988 年第 5 期第 432~441 页。

② 长沙市文化局文物组:《长沙咸家湖西汉曹(女巽)墓》,《文物》1979 年第 3 期第 1~15 页。

③ 叶继红:《试谈徐州西汉楚王墓的形制与分期》,王中文主编,夏凯晨、及巨涛、刘玉芝副主编:《两汉文化研究(第一辑)》,北京:文化艺术出版社,1996 年,第 261 页。

④ 孟强、钱国光:《两汉早期楚王墓排序及墓主的初步研究》,王中文主编,夏凯晨、及巨涛、刘玉芝副主编:《两汉文化研究(第二辑)》,北京:文化艺术出版社,1999 年:第 172 页;刘尊志:《西汉前三代楚王年龄及其墓葬浅析》,王中文主编,夏凯晨、及巨涛、刘玉芝副主编:《两汉文化研究(第二辑)》,北京:文化艺术出版社,1999 年,第 235 页。

⑤ 邓毓昆主编:《徐州胜迹·楚王山汉墓群》,上海:上海人民出版社,1990 年,第 58 页。

弘、壮丽。

那么，汉文帝霸陵采用“因山为陵”的思想根源在哪儿？楚元王刘交陵既然是最早的“因山为陵”的陵墓，其思想来源又何在？楚元王刘交陵有没有对汉文帝霸陵产生影响？它们之间的关系如何？这些问题值得进一步探讨。

也曾有学者指出汉文帝霸陵“因其山不起坟并非空穴来风，风源应是楚”[①]。笔者认为，此说确有相当的道理，但还可深入研究一下前面的几个问题。

第二节　汉文帝霸陵“因山为陵”的渊源

汉文帝刘恒是公元前196年，即高祖11年被立为代王，公元前179年即帝位[②]的。汉承秦制，依汉礼仪，皇帝即帝位第二年即开始营陵[③]。汉代诸侯王陵墓之制与天子略同，也是即位之初即开始营建。楚元王刘交是高祖六年（公元前201年）被封，二十三年（公元前179年，也就是汉文帝元年薨）[④]。由于现楚王山麓楚元王刘交墓，尚没有发掘，具体情况不明，但该墓1997年曾被盗：“考古人员曾前往调查，对此墓形制有所了解。该墓为大型甲字形凿山为藏的石室墓，有斜坡墓道，墓道两侧各发现一间耳室，墓道南壁较细致。甬道较短，甬道后部有一主墓室，该室面积较大，顶为石砌穹窿顶（笔者注：由有关资料所示，应为拱券顶，并且是我国目前所知的最早的石砌拱券顶）”[⑤]。可见，就陵墓规模、葬仪两方面看，从汉文帝即位到楚元王去世短短的几个月内，楚元王是不可能从汉文帝那儿得到“灵感”的，只能相反。这从时间上证明了楚元王刘交陵确是早于汉文帝霸陵。

---

① 梁勇，梁庆谊：《西汉楚王墓的建筑结构及排列顺序》，王中文主编，夏凯晨、及巨涛、刘玉芝副主编：《两汉文化研究（第二辑）》，北京：文化艺术出版社，1999年，第193页。

② 汉·班固撰、唐·颜师古注：《汉书·文帝纪》，中华书局，1962年，第105页。

③ 《史记·秦始皇本纪》：“始皇初即位，穿治郦山”（汉·司马迁撰：《史记》中华书局，1959年，第265页）；《后汉书·礼仪志》大丧条下刘昭注补引《汉旧仪》：“天子即位明年，将作大匠营陵也”（宋·范晔撰、唐·李贤等注：《后汉书》，中华书局，1965年，3144页）。《文献通考·王礼》：“汉法，天子即位一年而为陵。天下贡赋三分之一供宗庙，一供宾客，一供山陵”（元·马端临撰：《文献通考》，中华书局，1986年，第1115页）。《晋书·索綝传》：“汉天子即位一年而为陵。”（唐·房玄龄等撰：《晋书》，中华书局，1974年，第1651页）

④ 汉·班固撰、唐·颜师古注：《汉书·楚元王传》，中华书局，1962年，第1921页。

⑤ 孟强，钱国光：《两汉早期楚王墓排序及墓主的初步研究》，王中文主编，夏凯晨、及巨涛、刘玉芝副主编：《两汉文化研究（第二辑）》，北京：文化艺术出版社，1999年，第170页。

西汉初，吕后崩，大臣诛诸吕，迎代王（汉文帝）要立之。代王曰：“奉高祖宗庙，重事也。寡人不佞，不足以称。愿请楚王计宜者，寡人弗敢当。”[①]。可见此时在汉刘氏宗室王朝中，贵为叔父的楚元王刘交的至尊地位。甚至在文帝即位后，有司请立太子时，文帝还说：“楚王，季父也。春秋高，阅天下之义理多矣……”[②]“文帝尊宠元王，子生，爵比皇子”[③]，从这些都可以看出楚元王的特殊地位。“文帝与楚国前二代刘姓楚王关系密切”[④]，由此可见，他们的思想对汉文帝产生比较大的影响是可以想见的。

此外，第二代楚王刘郢（《汉书》记为刘郢客），随文帝出入左右，力主薄葬[⑤]。另据近年考古发掘的江苏有铜山县龟山二号西汉崖洞墓南墓甬道内的塞石刻铭内，有楚夷王刘郢的“薄葬遗训”：“如果将刘郢的‘遗训’与汉文帝的薄葬思想相比较，就会发现两者有许多相同或相似之处，仅仅是在薄葬程度及文字繁简上略有差异。……从时间上讲，刘郢的薄葬‘遗训’比文帝遗诏要早一些，因此，文帝很可能是吸收了刘郢的薄葬思想”[⑥]。

与此同时，汉文帝是由诸侯王“龙飞帝位”，他对当时处于刘氏宗室尊位的楚元王表示出特殊的敬意，也是可以想见的。因此，我们可以设想汉文帝认同楚元王葬制，坚持了“薄葬”。并且笔者认为汉文帝霸陵在两汉诸帝陵葬制中的“唯一性”，正是受了楚元王的影响，而不被当时长安“覆土起坟”的传统陵制所认同，这同时又说明了传统习俗思想的深厚影响。并且，汉文帝霸陵“因山为陵”，实际上是从平地挖坑，再用条石砌筑墓室[⑦]，既不是纯粹的“平地起坟”，也不是成熟的“因山为陵”，本身就是竖穴墓与横穴墓葬之间的过渡形制，这正说明其时属于此种葬制的初期。其墓室石砌，与楚元王陵墓一致，也说明了它们之间应该存在一定的关系。

另一方面，历史上客观存在的葬陵被盗的事实极多。早在春秋时期“宋未亡而东冢掘，齐未亡而庄公冢掘，国存而仍若此，又况灭名之后乎！此爰而厚葬之

---

① 汉・班固撰、唐・颜师古注：《汉书・文帝纪》，中华书局，1962年，第105页。

② 汉・班固撰、唐・颜师古注：《汉书・文帝纪》，中华书局，1962年，第111页。

③ 汉・班固撰、唐・颜师古注：《汉书・楚元王传》，中华书局，1962年，第1923页。

④ 耿建军：《从龟山汉墓刻铭看西汉早期簿葬思想的产生》，王中文主编，夏凯晨、及巨涛副主编：《两汉文化研究（第一辑）》，北京：文化艺术出版社，1996年，第254页。

⑤ 徐州博物馆：《江苏铜山县龟山二号西汉崖洞墓材料的再补充》，《考古》1997年第2期第35～46页。

⑥ 徐州博物馆：《江苏铜山县龟山二号西汉崖洞墓材料的再补充》，《考古》1997年第2期第35～46页。

⑦ 狮子山楚王陵考古发掘队：《狮子山楚王陵出土文物座谈会纪要》，王恺等编著：《2 000天和两千年——廿世纪徐州最大的考古发现》，徐州：徐州汉兵马俑博物馆内部资料，1999年，第60页。

故也”[①]。“吴王阖闾违礼厚葬十有余年,越人发之。及秦惠、文、武、昭、庄襄五王,皆作大丘陇,多其瘗藏,咸尽发掘暴露,甚足悲也。秦始皇葬于骊山之阿,下锢之泉,上崇山坟……项籍燔其宫室营宇,往者咸见发掘”[②]“自古及今,未有不亡之国;无不亡之国者,是无不掘之墓也”[③]“其葬愈厚,丘陇弥高,宫庙甚丽,发掘必速”[④],等等情况极多。这也应是促使汉文帝悲怀感慨的重要原因,他认为“以北山石为椁,用纻絮斮陈漆其间”的“因山为陵”思想也必有禁锢之意吧!也有学者研究认为,《汉书》中的这一记载,“是中国古代文献中首次明确提到防盗设施”[⑤]。

总而言之,在以上几个方面因素的综合影响下,汉文帝终于一反祖宗旧制,采取“因山为陵”的葬制,开创了我国后世帝王采用此种葬制的先河。而对其有着直接影响的楚元王刘交“因山为陵”原创性的根源,虽然由于历史文献无载而难以考证,但笔者认为,可以从以下几个方面进行一定的探讨。

第三节　楚元王陵“因山为陵”的思想渊源

一、秦汉以前帝王“垒土为山”“筑陵以象山”的传统陵制的直接影响

笔者认为,楚元王刘交“因山为陵”原创性所受到的最直接影响,恰恰又是来自“垒土为山”的传统坟丘墓葬制。研究表明,“中国古代坟丘最早出现于春秋晚期,战国时期已流行,到汉代基本定型”,它由“墓上祭祀性建筑发展而来。自最早的地面享堂,经高台享堂、阶台式坟丘等形式,最后演变为形如覆斗的四棱台形坟丘”[⑥]。“垒土为山”,虽不是自然山体,但其遗留至今的高大土丘,仍有无比震撼人

---

① 宋・范晔撰、唐・李贤等注:《后汉书》,中华书局,1965年,第3151页。
② 汉・班固撰、唐・颜师古注:《汉书・楚元王传附刘向传》,中华书局,1962年,第1955页。
③ 许维遹撰、梁运华整理:《吕氏春秋・安死篇》,中华书局,2009年,第225页。
④ 汉・班固撰、唐・颜师古注:《汉书・楚元王传附刘向传》,中华书局,1962年,第1955页。
⑤ 杨爱国:《先秦两汉时期陵墓防盗设施略论》,《考古》1995年第5期第436～444页。
⑥ 张立东:《初论中国古代坟丘的起源》,《中原文物》1994年第4期第52～55页。作者文中注2进一步论述:“长江下游地区西周时期的土墩墓,是在平地放置棺椁和随葬品,然后用土堆成馒头形土墩。红山文化中的积石冢,冢内数十人列棺而葬。二者均与中原地区的坟丘不是一个系统,自应另当别论。近年,有的学者主张商代已有坟丘。见高去寻:《殷代墓葬已有墓冢说》,《台湾大学考古人类学刊》第41期,1980年。”

心的魅力，可以想见当时之威仪。众所周知，我国古代建筑发展到春秋战国时期极为崇尚高台，作为礼制建筑之一的墓葬建筑也同样如此，古典文献有关这方面的记载较多。如：“为京丘，若山陵”①；高注：“合土筑之，以为京观，故谓之京丘”；公元前335年赵肃侯起寿陵②；“秦惠文、武、昭、庄襄五王，皆大作丘垅，多其瘗藏”③；“世之为丘垄也，其高大若山，其树之若林；其设阙庭，为宫室，造宾阼也，若都邑”④。虽然秦始皇陵并没有采用“因山为陵”的葬制，但秦始皇陵“垒土为山”的高大土丘（图7－3－1），“陵上封土数重的形制，在古代亦许体现丧葬中的等级制度。秦始皇陵自是采用最高形制的”⑤，这可谓“前无古人、后无来者”，成为千古之绝唱。因此，创造了丰功伟业的秦王朝，对后世人们影响之巨大，是不言自明的。

图7－3－1 秦始皇陵原貌

楚元王刘交从小受诗于鲁，因秦始皇焚书坑儒而未能竟业。但他贵为楚王，仍遣其子去长安从旧师继续学习，直至卒业。并且楚元王刘交本人当时尚有《元王诗》传世，可见其受传统礼仪影响之深。在刘氏王朝创业过程中，刘交跟随乃兄汉高祖刘邦出生入死，很长时间身处三秦⑥，则其必然要受当时文化中心之一——关中文化的深刻影响，传统的“垒土为山”葬制，对其思想必然有所触动。况且在刘交之前的西汉王朝前期诸帝，包括乃兄高祖刘邦都是采取的这一传统葬制（汉代士人也多采用覆土形葬制，且高低等级森严）（表7－3－1）。早在“战国后期的荀子在《礼论》中曾经指出，对于丧葬，尽管有‘有衣衾少多厚薄之数’，但总是‘使生死始终若一’，为此，墓葬的本身一定会反映出封建的等级关系、墓主生前的地位和相应的财富观念”⑦。更有学者明确提出“幽灵世界只不过是现实世界的模拟。在等级森

① 许维遹撰、梁运华整理：《吕氏春秋·禁塞篇》，中华书局，2009年，第170页。
② 汉·司马迁撰：《史记·赵世家》，中华书局，1959年，第1802页。
③ 汉·班固撰、唐·颜师古注：《汉书·楚元王传附刘向传》，中华书局，1962年，第1955页。
④ 许维遹撰、梁运华整理：《吕氏春秋·安死篇》，中华书局，2009年，第224页。
⑤ 瓯燕：《始皇陵封土上建筑之探讨》，《考古》1991年第2期第157～158页。
⑥ 汉·班固撰、唐·颜师古注：《汉书·楚元王传附刘向传》，中华书局，1962年，第1921页。
⑦ 王正书：《上海福泉山西汉墓群发掘》，《考古》1988年第8期，第694～717页。

严的封建社会里，同样有严格按等级埋葬的礼制”[1]。有专家研究牛梁河红山文化遗址认为：“红山先民的祭祀活动可能至少有三个层次，女神庙和方圆形祭坛的组合是最高层次，东山嘴方形和圆形的祭坛组合次之，单独方形或圆形的祭坛再次之”[2]，这对于我们研究墓葬的等级制度应该有所启迪。还有学者认为，三《礼》所载的棺椁制度等级，是在战国后期的楚墓中出现，最终在西汉初年形成的[3]。

表 7-3-1　中国古代墓葬等级制度表

	古籍或论著		内　　容
棺椁	1	王仲殊：《中国古代墓葬概说》，《考古》1981 年第 5 期第 449～458 页	据记载，周代的棺椁制度有严格的等级，即所谓“天子棺椁七重，诸侯五重，大夫三重，士再重”
	2	《礼记・檀弓上》(第 2801 页)	“天子之棺四重”，郑注：“尚深邃也，诸公三重，诸侯再重，大夫一重，士不重”。郑玄指棺而言，未及椁，故士葬应是一椁一棺
	3	《荀子・礼论篇》(王先谦撰：《荀子集解》，1988 年，第 359 页)	天子棺椁七重，诸侯五重，大夫三重，士再重
	4	《庄子・杂篇・天下》(王先谦撰：《庄子集解》，中华书局，第 289 页)	天子棺椁七重，诸侯五重，大夫三重，士再重
	5	《礼记・丧大记》(第 3437 页)	天子六綍四碑，君四綍二碑，大夫二綍二碑，士二綍无碑，庶人至皁，不得引绋下棺
	6	《后汉书・礼仪志》(宋范晔撰、唐李贤注：《后汉书》，中华书局，1965 年，第 3152 页)	诸侯王、公主、贵人皆樟棺洞朱云气画，公、特进(侯)樟棺黑漆，中二千石以下坎侯(箜篌)漆
丘封	1	《周礼・春官宗伯・冢人》(第 1697 页)	贾公彦疏：“案春秋纬曰：天子坟高三仞，树以松；诸侯半之，树以柏；大夫八尺，树以药草；士四尺，树以槐；庶人无坟，树以杨柳”
	2	《周礼・春官・冢人》(第 1697 页)	以爵等为丘封之度，与其树数郑注：“别尊卑也。王公曰丘，诸臣曰封。汉律曰：列侯坟高四丈，关内侯以下至庶人各有差”“天子之棺五层，诸侯四层，大夫三层，士二层，庶人有棺无椁”

① 傅举有：《关于长沙马王堆三号汉墓的墓主问题》，《考古》1983 年第 2 期，第 165～172 页。

② 卜工：《牛梁河祭祀遗址及其相关问题》，《辽海文物学刊》1987 年第 2 期。

③ 李玉洁：《试论我国古代棺椁制度》，《中原文物》1990 年第 2 期，第 81～84 页。

续 表

		古籍或论著	内 容
丘封	3	《吕氏春秋·孟冬季》(许维遹撰、梁运华整理:《吕氏春秋集释》,中华书局,2009年,217页)	茔(营)丘垅之大小、高卑、厚薄之度,贵贱之等级
	4	《礼记·月令》(第2991页)	茔丘垅之大小、高平,厚薄之度,贵贱之等级
	5	《盐铁论·散不足篇》(王利器校注:《盐铁论校注》,中华书局,1992年,第353页)	古者不封不树,……及其后,则封之,庶人之坟半仞,其高可隐
	6	《白虎通·崩薨篇》(清·陈立撰:《白虎通疏证》,中华书局,1994年,第559页。)	天子坟高三仞,诸侯半之,卿大夫八尺,士四尺,庶人无坟
	7	《太平御览·礼仪部》卷五百五十七(中华书局,第2520页)	天子树松,诸侯树柏,卿大夫树杨,士树榆
	8	杨宽:《中国古代陵寝制度史研究》上海:上海古籍出版社,1985年:第157页	主要在第七部分:历代陵寝制度和身份等级制。文中论述详尽、生动
玉衣或用玉	1	《后汉书·礼仪志下》(宋范晔撰、唐李贤注:《后汉书》,中华书局,1965年,第3152页)	帝崩,黄锦缇缯金缕玉柙如故事。诸侯王、列侯始封,贵人、公主毙,皆令赠……玉匣银缕,大贵人、长公主铜缕
	2	《周礼·冬官考工记·玉人》(第1994页)	天子用全,上公用龙,侯用瓒,伯用埒
	3	《说文解字·第一上》(许慎撰、段玉裁注:《说文解字注》,中华书局,2012年,第11页。)	瓒,三玉二石也,从玉赞声;礼,天子用全纯玉也;上公用龙,四玉一石,侯用瓒,伯用埒,玉石半,相埒也。汉代仍流行
其他	1	李朝全:《口含物习俗研究》,《考古》1995年第8期第724~730页	"饭""含"
	2	《周礼·掌客》:(第1945页)	上公食四十,侯伯三十二,子男二十四
	3	《周礼·司士》疏(第1835页)	天子、诸侯载柩三束,大夫、士二束
	4	《礼记·曲礼下》(第2748页)	天子死曰崩,诸侯曰毙,大夫曰卒,士曰不禄,庶人曰死。在床曰尸,在棺曰柩
	5	《礼记·王制》(第2888页)	天子七日而殡,七月而葬。诸侯五日而殡,五月而葬。大夫、士、庶人三日而殡,三月而葬

续　表

		古籍或论著	内　　容
其他	6	《礼记·丧大记》(第3434页)	君盖用漆,三衽三束;大夫盖用漆,二衽二束;士盖不用漆,二衽二束。郑注、孔疏略
	7	《礼记·丧大记》(第3420页)	君锦衾,大夫缟衾,士缁衾,皆一,衣十有九称
	8	《礼记·丧大记》(第3439页)	棺椁之间,君容柷,大夫容壶,士容甒
	9	《礼记·丧大记》疏(第3436页)	天子生有四注屋,四面承溜。有四、三、二、一之分
	10	《礼记·杂记》(第3397页)	"天子千人执綍","诸侯执綍者五百人""大夫之丧,其升正柩也,执引者三百人"
	11	《汉官仪》	天子十二旒,三公九(旒),卿、诸侯七旒
	12	《公羊·桓公二年传》东汉何休注(汉·何休注、唐·徐彦疏、刁小龙整理:《春秋公羊传注疏》,上海古籍出版社,2014年,第86页)	(西周)天子用九鼎,诸侯用七鼎,卿大夫用五鼎,士用三鼎
	13	胡培翚《仪礼正义》疏(胡培翚撰:《仪礼正义》,商务印书馆,1933年,第13册,第73页)	凡贰车之数,天子十二、上公九、侯伯七、子男五、孤卿大夫三、士二乘也
	14	《周礼》(第1420页)《仪礼》(第2274页)《礼记》(第3193页)	(东周)天子、诸侯用九鼎,卿用七鼎,大夫用五鼎,士用三鼎至一鼎

备注:

1. 有关用鼎制度,可参见:俞伟超、高明《周代用鼎制度研究》,《先秦两汉考古学论集》文物出版社985年版第71、91～92页。郭德维《楚国的"士"墓辨析》,《楚文化研究论集》第一集,荆楚书社1987年版。刘彬徽《论东周时期用鼎制度中楚制与周制的关系》,《中原文物》1991年2期50页等。

2. "棺椁制度等级的形成是在西汉初年",李玉洁:《试论我国古代棺椁制度》,《中原文物》1990年2期第82页。该文还对有关棺椁制度的其他问题,进行了探讨。

因此,无论是从礼仪要求,还是从个人思想感情上来说,在葬制上楚元王刘交都会尽量依据传统。这从现今楚元王墓也可以看出,其墓坐西朝东,位置最西;陪葬墓在其北侧,向东排开。如前所述,楚元王墓处于独创的"因山为陵、凿山为藏(葬)"的早期,虽然较为充分地利用了自然山体,但仍然有高大的封土,封土外尚有"结石"。其余随葬墓也都是采取的夯土堆积的传统葬制,明显地继承了当时"东向为尊""垒土为山"的葬仪传统,与西汉前期帝陵处理手法完全一致[①]。"垒土为山"

① 刘庆柱,李毓芳:《西汉诸陵调查与研究》,《文物资料丛刊(第六辑)》,北京:文物出版社,1992年版,第1页。

“因山为陵”，两者虽然所用材料有一定的区别，但其墓葬最终的形象和主导思想却是一致的。因此，可以进一步认为前者正是后者的“源头”。

二、西汉初期的社会变革思想的影响

刚刚推翻了秦朝的汉王朝，百废待兴，此时“汉家政权初定，尚谈不到什么礼制”①，新兴的西汉王朝充满了旺盛的生命力和积极进取的创新精神。汉承秦制，但各方面都有所创造，如绘画、雕刻等②。在学术思想方面，由法家而黄老③。在墓葬方面同样也多有变革，汉初“在墓形制度上，使用着包括‘明堂’、‘后寝(室)’、‘便房’‘梓宫’‘黄肠题凑’等的‘正藏’和‘外藏椁’是否已成定制，尚需进一步研究”④。“马王堆三座汉墓，反映西汉初期葬制出现混乱现象：比如层层包裹的衣衾制度，用一定数量的鼎并有‘遣册’简牍的随葬制度，都属于旧礼制的范畴。但是同先秦相比，在一些重要的方面却有了突破，例如利苍墓的棺椁层数，并不合于旧礼制的规定。这说明……经过激烈的斗争，至西汉前期，反映奴隶社会传统思想的礼乐制度已日趋崩溃。”⑤又如“横穴墓的最初形式是土洞墓，战国中期在关中地区出现，而后在关中和三晋地区流行”⑥。西汉早、中期，中原地区又相继出现了横穴式的空心砖墓和小砖墓(亦称“砖室墓”)⑦，可见发展变化之快。且洛阳市周山路石椁墓，由“竖穴墓道、土洞耳室、土洞墓室和石椁室组成”⑧，可作为土洞墓与石室墓之间的过渡形态。有学者进一步归纳洛阳市战国西汉墓的发展脉络是：“带壁龛和二层台的竖穴墓→纯竖穴墓(以出土陶罐为主)→Ⅰ型、Ⅱ型、Ⅳ型洞室墓→Ⅲ型洞室墓→空心砖椁墓，时代大致为战国中期→战国晚期→秦及西汉初期→西汉中期”⑨。

---

① 王振铎：《论汉代饮食器中的卮与魁》，《文物》1964年第4期，第1～12页。

② 吴曾德：《汉代画像石》，北京：文物出版社，1984年版，第16页。

③ 王铁：《汉代学术史》，上海：华东师范大学出版社，1995年版，第1页。

④ 俞伟超：《汉代诸侯王与列侯墓葬形制分析——兼论“周制”“汉制”与“晋制”的三个阶段性》，《中国考古学会第一次年会论文集》，北京：文物出版社1980年版，第332页。

⑤ 湖南省博物馆等：《长沙马王堆二、三号汉墓发掘简报》，《文物》1974年第7期，第39～49页。

⑥ 罗二虎：《四川汉代砖石室墓的初步研究》，《考古学报》2001年第4期，第453～482页。

⑦ 罗二虎：《四川崖墓的初步研究》，《文物》1998年第2期，第133～167页。

⑧ 洛阳市第二文物工作队：《洛阳周山路石椁墓》，《中原文物》1995年第4期第25～27页。

⑨ 洛阳市第二文物考古队：《洛阳邙山战国西汉墓发掘报告》，《中原文物》1999年第1期，第4～26页。“从战国中晚期到西汉初、中期百余年间，是我国古代墓葬制度日益完善定型的一个关键时期，作为埋葬制度的一种重要体现，墓葬形制的变化最为明显，从竖穴土坑墓到土洞墓，再到空心砖墓，几种形制之间有明显的继承与延续。……当然，由于受环境、贫富等因素的制约，反映在墓葬形制上就表现为各种墓型在一定的时期内交叉存在，但这并不影响整个墓葬形制发展的总趋势”。

这种变革情况，在目前全国各地发掘的汉墓中都有所体现。临沂银雀山西汉墓“随葬器物中也出现了较特殊的现象。如早期的3、4号墓出土了陶模型器灶、井、磨、臼及陶狗等。这些器物在中原等地区常出现在西汉中叶以后的墓葬里，陶狗一般出现在东汉墓里。这是值得进一步注意的现象。一方面用鼎、盒、壶等陶礼器随葬，仍保留着旧奴隶制等级葬俗的残存；另一方面新的封建制的发展，在葬俗上也引起了变化，反映财富多少和生活日用的模型器出现了。这种现象正反映出西汉早期的社会特点，新兴的地主阶级在各个领域逐步战胜残余的奴隶主复辟势力”①；另外随葬器物也发生了较为显著的变化，“从考古资料看，这种在器物上构图以表现一定生活情景的风气，在战国时已很流行。以狩猎为题材的图案花纹，在当时的铜器和漆器上也已发现不少。但这种情况到西汉时期却较为罕见了。这表明随着绘画艺术的发展，这种有一定局限性的表现方法已不能适应越来越丰富的思想内容和美术题材的需要，所以逐渐被壁画、帛画等更有表现力的艺术方式所代替”②。这些变革的根本原因在于时代精神发生了变化。“每个形势产生一种精神状态，接着产生一批与精神状态相适应的艺术品”③。

由此我们有理由认为，汉代墓葬形式出现变革，也是当时时代精神、社会习俗发生变化的必然反映。综上所述，我们可以得出结论：楚元王“因山为陵”葬制正是汉初新兴的一种墓葬形式，其初期带有的竖穴墓与封土墓两者的特点，是处于过渡时期葬制的表现，整个墓葬也正是属于“因山为陵”葬制发展的初期。

三、山川崇拜和“因山筑城、因河为塞”思维的延伸

我国古代一直存在着对自然山体的崇拜。封建帝王每隔一定的时间，就要举行祭祀仪式来祭奠各地的名山。有关这方面的古籍记载极多④。殷周之时，祭祀

① 山东省博物馆、临沂文物组：《临沂银雀山四座西汉墓葬》，《考古》1975年第6期，第363～351页。

② 洛阳市文物工作队：《洛阳西汉墓发掘简报》，《考古》1983年第1期，第49～52页。

③ 丹纳：《艺术哲学》，合肥：安徽文艺出版社，1991年版，第103页。

④ 《史记·五帝本纪》载尧舜之时“望于山川”（中华书局，1959年版，第24页），以及《汉书》《后汉书》等有关章节。此外，如《尔雅·释天》：“祭天曰燔柴，祭地曰瘗埋，祭山曰庋，祭川曰浮沉”郭璞注曰：浮沉为投祭于水中，或浮或沉。孙炎认为：庋悬也是要埋的，埋于山足曰庋，埋于山上曰悬。郑玄也认为：“祭山林曰埋，川泽曰沉，顺其性也”。[清·阮元校刻：《十三经注疏》（嘉庆刊本），北京：中华书局，2009年版，第5676页]；《山海经》：“悬以吉玉是也”（袁珂：《山海经校注》，上海：上海古籍出版社，1980年版，第121页）《管子·形势》：“山高而不崩，则祈羊至……渊沉而不涸，则沉玉极”（黎翔凤撰：《管子校注》，北京：中华书局，2004年版，第1166页）。《礼记·祭法》：“有天下者祭百神”（清·阮元校刻：《十三经注疏》（嘉庆刊本），北京：中华书局，2009年版，第5676页），诸侯次之，《礼记·王制》：“祭名山大川之在其地者”（转下页）

山川活动频繁，陈梦家先生在《殷虚卜辞综述》分析甲骨卜辞附有详细的论述。纵观西周春秋史料，可以看到战争、立君、出行、患病、灾害、会盟、祭祀、临时有事等均要进行祭祀。汉代宗教的特点是多神教，"山林川谷丘陵，能出云，为风雨，见怪物，皆曰神"①，其时应处于我国原始宗教发展的第三阶段②。人们出于功名目的，对自然界的天地、日月星辰、山川河流等，都进行祭祀祈求，以盼得到诸神庇佑恩施。有学者认为，对天体和自然物的崇拜，是原始宗教的一个组成部分，并且"在自然崇拜中，汉代尤重山川神灵之祠"③。何况"在汉代人的潜意识中，高山、建木（即天梯）、云、鸟等是（汉代人升仙，笔者注）直接媒介、自然媒介，而远古即存的诸多祭祀活动则构成了与其心态密切结合的间接媒介、人为媒介"④。可见山川崇拜已经渗透至当时人的思想深处。远古时期的祭祀，都是于高处筑坛，是远古人类对"天高而远"的共同认识，"高处筑坛，高上加高，缩短了人与天之间的距离，当更便于巫觋与上天的沟通"⑤。而作为此时祭坛建筑组合一部分的墓葬，应该有这样的寓意在内，也许这对后世的"因山为陵"也起过一定的影响。

"山川之灵，足以纲纪天下者，其守为神"⑥。也就是山川都有守护的神灵，它们都执掌风雨，且可以施惠或施罚于民。正是由于山川总是与仙人修道、求仙祈生

（接上页）[清・阮元校刻：《十三经注疏》（嘉庆刊本），中华书局，2009 年，第 2891 页]，卿大夫、士、庶人均有不同规定。《礼记・曲礼》："天子……祭山川……岁遍；诸侯方祀……祭山川……岁遍"[清・阮元校刻：《十三经注疏》（嘉庆刊本），北京：中华书局，2009 年版，第 2746 页]。《公羊传・僖公三十一年》："天子祭天，诸侯祭土；天子有方望之事，无所不通，诸侯山川有不在其封内者，则不祭也"[清・阮元校刻：《十三经注疏》（嘉庆刊本），北京：中华书局，2009 年版，第 4914 页]。《国语・周语》："昔我先王之有天下也，规方千里，以为甸服，以供上帝、山川、百神之祀"（上海师范学院古籍整理组点校：《国语・鲁语》，上海古籍出版社，1978 年，第 54 页）。《礼记・月令》："凡在天下九州之民者无不咸献其力，以共皇天上帝、社稷寝庙、山林名川之祀"[清・阮元校刻：《十三经注疏》（嘉庆刊本），北京：中华书局，2009 年版，第 2998 页]。《周礼・春官宗伯・大宗伯》："禋祀祀昊天上帝，以实柴祀日月星辰，以槱燎（积木烧之）祀司中、司命、风师、雨师，以血祭祭社稷、五祀、五岳，以埋沉祭山林川泽，以副辜（即牲畜）祭四方百物"[清・阮元校刻：《十三经注疏》（嘉庆刊本），北京：中华书局，2009 年版，第 1633 页]。可见根据天、地、人等对象的不同，祭祀方法也不相同，祭祀的名称也不相同。

① 清・阮元校刻：《十三经注疏》（嘉庆刊本），《礼记・祭法》，北京：中华书局，2009 年版，第 3445 页。

② 据《国语・楚语下》观射父所述，我国史前的原始宗教经历了"民神不杂""民神杂糅""绝地天通"三个阶段。（上海师范学院古籍整理组点校：《国语・楚语》，上海：上海古籍出版社，1978 年版，第 559 页）

③ 李宏：《原始宗教的遗绪》，《中原文物》1991 年第 3 期，第 80～85 页。

④ 李国华：《浅析汉画像石关于祭祀仪礼中的供奉牺牲》，《中原文物》1994 年第 4 期，第 71～75 页。

⑤ 张德水：《祭坛与文明》，《中原文物》1997 年第 1 期，第 60～67 页。

⑥ 上海师范学院古籍整理组点校：《国语・鲁语》，上海古籍出版社，1978 年版，第 213 页。

及死后羽化升仙等密切联系在一起，名山大川被赋予了神圣的含义，在人们心目中有着至尊崇高的地位[①]。汉代除了帝王祭祀泰山、嵩山等天下名山以外，就是地方也要同时祭祀各地的山丘。如河北省石家庄市南部的元氏县，境内封龙山上存有几通汉代碑刻，其一为《白山神君碑》"是根据古代祈报风俗为祭祈白石山神而立的，碑文中称：'白石神君居九山之数，参三条之一，兼将军之号，秉斧钺之威。体连封龙，气通北岳，幽赞天地，长育万物，触石而出，肤寸而合，不终朝日，而雨沾洽，前石国县，屡有祈请，指日刻期，应时有验……'。碑文的内容无疑是歌颂'白石将军'即'白石神君'的"[②]。可见，汉代人是将山体完全拟人化了。这种层次不同的祭祀，形式不一，但都是祈求国家兴旺、五谷丰登、种族繁衍等。同样情况在汉代社会的社稷祭祀中也是如此。如当时一国之中，既有"国社""侯社"，又有"官社""乡社"。国社可以"一岁三祠，皆太牢具，使有司祠"《后汉书·祭祀志》。而"……夫穷鄙之社也，叩盆拊瓴，相和而歌，自以为乐矣"[③]。此外，当时还禁止进山采伐，以免泻地气。

其实早在秦始皇时代，大将蒙恬率领大军北击匈奴，就已"因山筑城、因河为塞"驻军防守。早在春秋战国时期，各诸侯国也有利用山川地形修筑长城。更早在新石器时代的内蒙古大青山石城，形状也是"因山坡地形而异"[④]，这种对地势充分利用"因地制宜"的思想，也许对后来的"因山为陵"葬制的产生，有一定的启示，毕竟"因山为陵"葬制也是对山体的直接利用。

四、"因山为陵"葬制是山岩中开凿竖穴墓葬的进一步发展

在山岩中开凿竖穴墓葬，历史悠久。研究表明，早在新石器时代晚期红山文化遗迹，辽宁省牛梁河第五地点一号冢中心大墓就是如此。该墓葬开凿于基岩内，有封石和石棺[⑤]。这也许是已知最早在竖穴墓中，采用石砌葬具的事例。辽宁抚顺市甲帮发现石棺墓，"墓室修筑在山的阳坡上，南北向。墓圹长方形，圹内用大小不

---

① 张湘：《中国山水画渊源浅谈》，《中原文物》1985年第2期，第88～92页。

② 李金波：《元氏汉碑刍议》，《中原文物》1990年第1期，第62～68页。

③ 何宁撰：《淮南子集释》，北京：中华书局，1998年版，第541页。

④ 包头市文物管理所：《内蒙古大青山西段新石器时代遗址》，《文物》1986年第6期，第485～496页；徐光冀：《赤峰英金河、阴河流域石城遗址》，《中国考古学研究》，北京：文物出版社，1986年版，第82页。

⑤ 辽宁省文物考古研究所：《辽宁牛梁河第五地点一号冢中心大墓（M1）发掘简报》，《文物》1997年第8期，第1～8页。

等的石板砌筑，……年代相当于春秋时期”[①]。以上两墓葬都是竖穴墓，它们不但开凿在山体岩石中，而且运用石板砌筑石棺，与楚元王刘交陵用石材砌筑墓室，如出一辙。只不过容纳墓主人尸体的空间高矮、大小有别，但它们的思想基础是一致的，毕竟石棺也是对死者生前日常所居建筑物的模拟[②]。发展到战国时期的湖北省随县的曾侯乙墓，开凿在丘陵的岩石中，规模甚大，但没有墓道，而且墓室的形状也不规整，它已经出现了横穴“因山为陵”墓葬的某些特征，是极其罕见的特例[③]。但这反映出，经过千百年来的演化，横穴式“因山为陵”墓葬形制，已经初现端倪。而“宁夏境内发现最早的土洞墓为新石器时代晚期的菜园文化时期（公元前2300～公元前2000年），最晚的为西夏时期（公元1038～1227年）。……从形制对比分析，时代较早的土洞墓一般为竖穴墓道，晚期发展为长斜坡（或阶梯状）、多天井墓道”[④]。因此，楚元王刘交陵采用横穴式“因山为陵”葬制，也就具备了一定的思想基础和历史渊源。从这个意义上讲，“因山为陵”葬制是对早已经存在的山岩中开凿竖穴墓葬进一步发展；而早期竖穴墓葬中用石板砌筑石棺，是竖穴墓与“因山为陵”葬制间的过渡形态。

五、汉代楚都彭城（现今徐州市）特殊的地理、地形条件

徐州市四周环山，极目所及，满是丘陵。两千多年前的西汉时期，“徐州地势平坦，海拔很低，原野上沼泽湖泊星罗棋布”[⑤]，地下水位相对较高，不存在西北黄土高原厚厚的地被覆盖条件，这样也就失去了向下深挖的地理基础[⑥]，不能较好地满足传统葬制的深埋要求。这就有可能促使汉人不得不根据当时的地形条件，加以变通，由“向下”而“向上”考虑，充分利用遍布徐州的丘陵。

同样，在“长江以南的东南地区，如安徽省屯溪市、江苏省句容县、金坛县等地，发现一些西周墓葬，筑有坟丘，是由于特殊的地理环境所造成的。……因为这一带

---

① 抚顺市博物馆徐家国：《辽宁抚顺市甲帮发现石棺墓》，《文物》1983年第5期，第44页。

② 参见论文第十章《建筑明器随葬思想初探》第二部分第三节。

③ 王仲殊：《中国古代墓葬概说》，《考古》1981年第5期，第449～458页。

④ 王仲殊：《中国古代墓葬制度》，《中国大百科全书·考古卷》，北京：大百科全书出版社，1986年版，第665页。

⑤ 刘磐修：《汉代徐州农业初探》，王中文主编，夏凯晨、及巨涛、刘玉芝副主编：《两汉文化研究（第二辑）》，北京：文化艺术出版社，1999年版，第49页。

⑥ 《后汉书·礼仪志下》刘昭注引《汉旧仪》载汉帝陵方中用地一顷，深十三丈。见宋·范晔撰、唐·李贤等注：《后汉书》，中华书局，1965年版，第3144页。

地势低下，向地下挖掘墓圹容易出水，在当时缺乏防潮材料的情况下，采用从平地上堆筑起坟丘的办法是比较合适的”[①]。“‘再则秦汉时盛行择墓地于高敞之处，以求吉地良冢。’（《吕氏春秋・节丧》）‘凡葬必于高陵之上。’（《史记・淮阴侯列传》）‘（信）母死，贫无以葬。然乃行营高敞地，令其傍可置万家’”[②]。并且由于流风所及，此种利用高亢之地作为坟茔，在当时甚至只有有钱人才能买得起[③]。在如此的情况下，楚元王刘交就有可能“因地制宜”地根据现有的地理、地形条件，原创性地采用“因山为陵”的创举，巧妙地满足了封建帝王葬仪的要求[④]。此外，目前我国其他地区的横穴式“因山为陵”的西汉王陵，都是武帝时期前后开凿的，唯独徐州地区的诸侯王陵开凿于文景前后，这既可以说明徐州“楚王的墓葬形制对其他诸侯王应有一定的影响”[⑤]，也进一步交代了徐州地区“因山为陵”葬制确实大大早于全国其他地区。

第四节　结　论

综上所述：最早见于历史记载的汉文帝霸陵之所以采用“因山为陵”这一独特葬制，实是受楚元王刘交陵的深刻影响；楚元王刘交原创性“因山为陵”的思想根源，却又来自“垒土为山”“筑陵以象山”的传统葬制，是传统陵制影响、时代变革思想、楚国地理地形条件及楚元王刘交综合创造的结果。这一葬制，虽然在汉文帝后西汉诸帝陵中无一受到影响，但它对于汉代富庶地方诸侯王陵的影响却是巨大的，现今在河北满城、河南永城、山东曲阜等地均有所发现。徐州地区的汉代诸侯王陵，更是几乎无一不是采用的这一葬制。这种葬制深刻地影响了东汉帝陵，魏晋帝

---

① 杨宽：《中国古代陵寝制度史研究》，上海：上海古籍出版社，1985年版，第7页。

② 罗二虎：《四川崖墓的初步研究》，《考古学报》1998年第2期，第133～167页。

③ 河南省文化局文物工作队：《1955年洛阳涧西区小型汉墓发掘报告》，《考古学报》1959年第2期，第75～94页。

④ 需要说明的是：在大一统的封建社会中，无论什么物质、思想建设，多半是封建统治阶级思想意志的体现；同样情况，见王学理：《秦始皇陵研究》，上海：上海人民出版社，1994年版，第26页。

⑤ 刘玉芝：《徐州两汉文物资源保护与利用刍议》，王中文主编，夏凯晨、及巨涛、刘玉芝副主编：《两汉文化研究（第二辑）》，北京：文化艺术出版社，1999年版，第398页。

陵、隋唐帝陵等亦然[1]。时光流逝，这一独特的葬制随着汉代中原地区与周边四夷的频繁交流而深刻地影响到四方，四川崖墓有可能就是其中较为突出的代表[2]。汉代独创性的"因山为陵"不但深刻地影响到当时，而且深远地影响了后世。因此进一步深入探讨徐州地区汉墓"因山为陵"形制的源头，具有特别重要的意义。

① 徐苹芳：《中国秦汉魏晋南北朝时代的陵园和茔域》，《考古》1981 年第 6 期第 521～530 页。唐代时期，"至贞观十年（636 年）营建昭陵时，依山为陵始成定制"。孙新科：《试论唐代皇室埋葬制度问题》，《中原文物》1995 年第 4 期，第 41～48 页。

② 罗二虎：《四川崖墓的初步研究》，《考古学报》1998 年第 2 期，第 133～167 页。

第八章　“建筑式”明器与“明器式”建筑

第一节　引　言

《文汇报》1999年1月13日载文《竖穴洞室内竟有建筑·徐州发现王莽时期合葬墓》，该文报道曰：“该墓结构为竖穴洞室，建于王莽时期，墓室长约4.5米，宽约3.5米，高约1.5米。虽不大，但保存完好。墓为夫妻合葬墓，墓室内有建筑。墙壁为木板结构，屋顶部覆有十排大板瓦，每排四块。建筑物的墙壁及棺木均涂有生红及黑褐色漆，这在该市发现的汉墓中尚属首次，墓中出土文物丰富并保存完好”（图8-1-1～4）。

图8-1-1　复原的“明器式”建筑

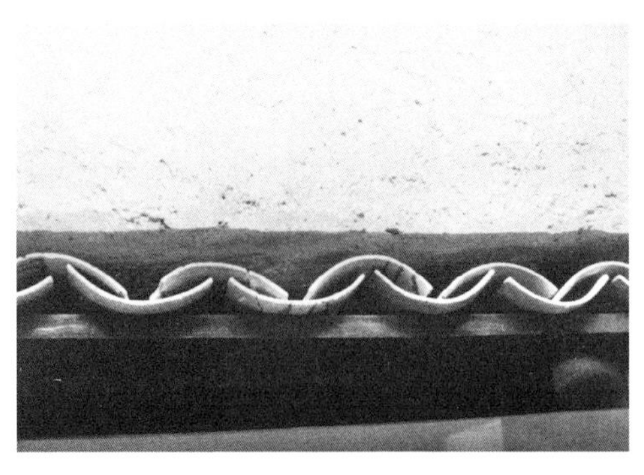

图8-1-2　复原的“明器式”建筑瓦顶局部

笔者到徐州新建的博物馆参观，看到了复原展示的此“建筑”。经认真仔细研究，认为此所谓“建筑”，应属于“明器式”建筑，不是建筑明器，更不是真正的建筑。

因此，笔者就此报道，发表拙文《谈“明器式”建筑》[①]。随着研究逐步深入，又发现需要进一步提出“建筑式”明器的概念，并明确它们之间的区别与联系，而不能笼统将它们混为一谈。

① 周学鹰、田晓冬：《谈“明器式”建筑》，《室内设计与装修》2000年第5期，第78～79页。

图8-1-3 复原的"明器式"建筑内部棺床

图8-1-4 复原的"明器式"建筑前的部分随葬品

由此，我们需要认识什么是"建筑式"明器？它有那些特点与形式？它与明器、建筑明器、"明器式"建筑以及真正的（即实际生活中）建筑的区别与联系是什么？以及为何提出"建筑式"明器、"明器式"建筑的概念等。

第二节 明器、建筑明器、"建筑式"明器与"明器式"建筑

一、明器

我国古代墓葬建筑随葬的器物，一般包括奠器与明器[①]。奠器：可认为是祭奠的实用器，也就是日常用具与实奠品，即用来祭奠的一些器物，如铜鼎、豆、鬲等，它们是实用器。在湖南地区的汉墓建筑中，曾发现用于随葬的、残毁的实用器，可作为证明[②]。而明器则不然（明，通冥，古人所谓阴间、地府），它们是专为随葬而制造的各种各样模拟与生活、生产有关的用品，如灶、盆、壶、案、杯、化妆盒、服饰[③]、饮食用具、家具、钱币、珍宝、水田（图8-2-1）、池塘、锸、犁、车、船、各种人与动物俑以及"建筑模型"（包括仓房、椎房、厨房、圈房、楼阁、房屋、阙观、甚至成组的院落）

① 陈公柔：《士丧礼、既夕礼中所记载的丧葬制度》，《考古学报》1956年第4期，第67～84页。但也有学者认为随葬的器物中，有明器，也有奠器。参见：沈文倬：《对"士丧礼、既夕礼中所记载的丧葬制度"几点意见》，《考古学报》1958年第2期，第29～38页。

② 零陵地区文物工作队：《湖南永州市鹞子山西汉"刘疆"墓》，《考古》1990年第11期，第1002～1011页。

③ 高同根：《浚县出土东汉陶鞋》，《中原文物》1984年第4期，第12页。

图 8-2-1 水田模型

等。有些明器模拟现实生活中实用器具的大小，有些与实用器相比却极小①。通常，墓葬建筑中使用的明器来自两个方面：一是死者家族自己预备；一是来自亲友的馈赠（称为赙礼、赙金或赙仪等）②。这种馈赠的现象，在楚曾侯乙墓中就已经出现③。上述现象产生的直接根源，都在于我国古人"事死如事生、事亡如事存"的忠孝礼制观念④、"谓死如生"的丧葬思想⑤。这些用品随葬的目的，无非是供墓主之灵在阴间生活所需。"汉代人们受其宗教观念及魂魄观念的影响，葬俗中表现出对死者的礼遇仿若生者"⑥。

二、建筑明器

在回答什么是"建筑明器"之前，我们首先交代一下"建筑模型"。建筑模型，"就是根据建筑设计图样或设计构思，按缩小的比例，用易于加工的材料制成的样品，用以表现建筑物或建筑群的面貌和环境关系，这种缩小比例的样品称为建筑模型"⑦。据此，我们将古代墓葬内随葬的明器中各种各样表现几近真实的"建筑模型"，称为"建筑明器"。它们有各种近似的比例和大小，色彩有灰陶、红陶⑧、绿釉，

---

① 墓葬建筑中发现的"钵、豆、壶、盘等均高不过5厘米左右，是专门为随葬的冥器"。参见：金殿士：《辽宁省喀左县三台子乡发现西汉墓葬》，《文物》1960年第10期，第74～76页。

② 长沙西汉刘骄墓中，随葬的漆盘上书写他人名号："杨主家般（盘）"。参见：陈直：《长沙马王堆一号汉墓的若干问题考述》，《文物》1972年第9期，第30～35页。古代典籍《史记》《汉书》《后汉书》中封建帝王赠送大臣葬具的相关记载，不胜枚举。另，杨树达：《汉代婚丧礼俗考》第二章"丧葬 · 第十三节"有丧葬赙赠之各种情况，上海：上海古籍出版社，2000年版，第150页。江苏省扬州市（故汉代广陵国）一带，考古发掘的西汉木椁墓，往往出有木牍，明确记载着各种赙赠的情况。

③ 随县擂鼓墩一号墓考古发掘队：《湖北随县曾侯乙墓发掘简报》，《文物》1979年第7期，第1～24页；湖北省博物馆：《曾侯乙墓》，北京：文物出版社，1989年版，第467页。

④ （清）阮元校刻：《十三经注疏（清嘉庆刊本）· 礼记正义》卷第五十二《中庸第三十一》，北京：中华书局，2009年版，第3535页。

⑤ （汉）王充著，黄晖撰：《论衡校释》卷第二十三《薄葬篇》，北京：中华书局，1990年版，第961页。

⑥ 重庆巫山县文物管理所、中国社会科学院考古研究所三峡工作队：《重庆巫山县东汉鎏金铜牌饰的发现与研究》，《考古》1998年第12期，第77～86页。

⑦ 陈维玲编写：《建筑大词典》"建筑模型"条，北京：地震出版社，1992年版，第196页。

⑧ 甘肃省博物馆：《甘肃武威磨咀子汉墓发掘》，《考古》1960年第9期，第15～28页。

按质地又可分为石、木(图 8-2-2)、陶、铜(图 8-2-3)或铁等。

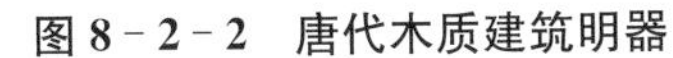
图 8-2-2 唐代木质建筑明器

图 8-2-3 云南祥云大波那战国铜棺

在拙文《谈“明器式”建筑》中,笔者提出了“明器式”建筑的概念,现进一步加以概括:“明器式”建筑,是我国古代人们利用实际的建筑材料如木材、瓦、石材等,在墓葬建筑内较为示意性建设的、模拟现实生活中建筑的一种构筑物。“明器式”建筑处在墓室与棺椁之间,也有在墓道内部靠近墓口处出现的特殊情况[①]。它一般要同时利用两种或两种以上真实的建筑材料(但也有例外[②])。“明器式”建筑规模上一般比“建筑明器”要大得多,也不是对实际建筑物的逼真再现,只是对实际生活中建筑示意性的模拟,示意建筑物的存在而已。当然,需要说明的是,有极个别墓葬中出现石制的、真实的建筑构件,而无“明器式”建筑的情况[③]。也有墓葬建筑外墓道上有木构瓦顶的建筑遗迹,应该是与祭祀有关的建筑物,这不是我们所谓的“明器式”建筑(如河北阳原三汾沟汉墓 M9);直接用木构架来搭建墓室也要除外(如河北阳原三汾沟汉墓 M5,图 8-2-4)[④]。

---

① 有的墓葬在墓道中出现柱槽的遗迹,并且在墓道中靠近墓口处有建筑遗迹,遗留有真实的建筑材料,这也可认为是“明器式”建筑的情况之一。参见:河北省文物考古研究所:《河北阳原县北关汉墓发掘简报》,《考古》1990 年第 4 期,第 322～328 页。

② 满城汉墓中,有“木构瓦顶”的“明器式”建筑存在,其后室尚有纯为石构的“明器式”建筑。参见:中国社会科学院考古研究所编辑:《满城汉墓发掘报告》,北京:文物出版社,1980 年版,第 19 页。

③ 米士诫:《洛阳一座东汉墓》,《考古》1959 年第 6 期,第 317～318 页。

④ 河北省文物研究所等:《河北阳原三汾沟汉墓群发掘报告》,《文物》1990 年第 1 期,第 1～18 页。

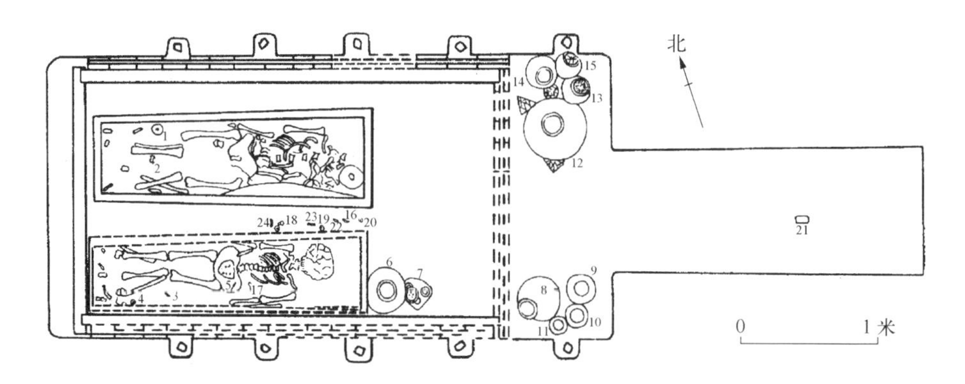

图 8－2－4　河北阳原三汾沟汉墓 M5 平面图

1. 铜镜　2、3. 铁镊子　4、18. 铜钱　5. 铜镞　6、8、13、15. 陶壶　7. 陶灶　9～12、14. 陶罐　16、22～24. 铅衔镳　17. 铜带钩　19. 铅饰片　20、21. 铁臿

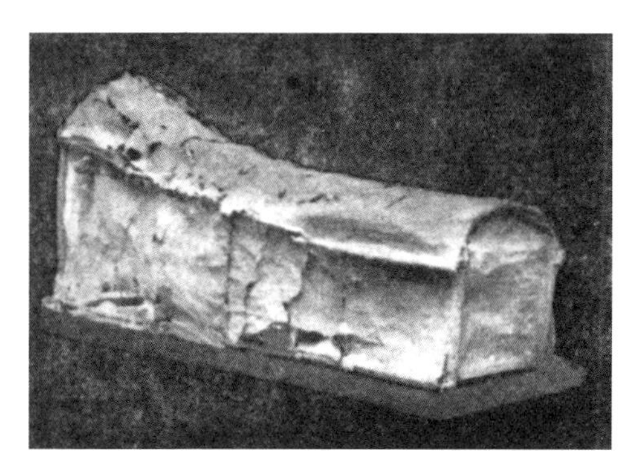

图 8－2－5　纸棺

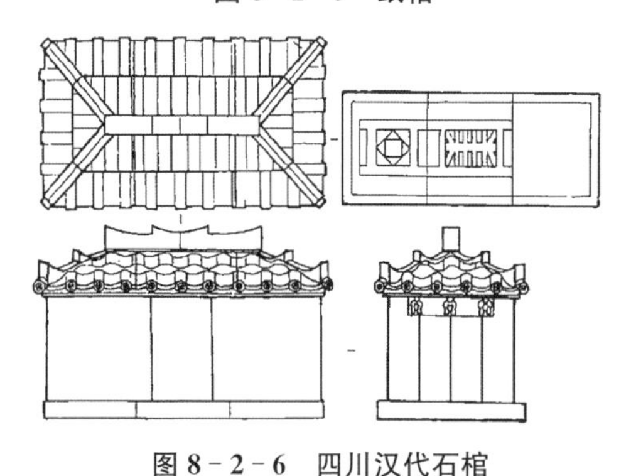

图 8－2－6　四川汉代石棺

三、“建筑式”明器

至于笔者所谓的“建筑式”明器，规模比“明器式”建筑要小，但又比“建筑明器”要大，如同放大的“建筑明器”。然而，在模拟真正建筑形象上又不及“建筑明器”那么逼真。它通常仅利用一种材料，如石、铜、木、陶等(甚或有纸，图 8－2－5)，其本身就是作为装殓死者的棺材而使用的丧葬明器，是墓室中的“小墓室”。

概括地讲，“建筑式”明器就是在墓葬中使用的、模拟真正建筑形象、规模上比“建筑明器”大、作为装殓死者的棺材而使用的丧葬明器(图 8－2－6)。因此，从建筑艺术特征来看，“明器式”建筑、“建筑式”明器，都反映了我国古人丰富的想象力，表达了高度的抽象性，在我国汉代同期的各种艺术(如画像砖石、壁画、帛画、雕刻等)中，都有这种示意性特点①。在哲

① 周学鹰:《认读“汉代建筑画像石”的方法论》,《同济大学学报(社会科学版)》2000 年第 3 期,第 9～16 页。

学思想上，它们都是前面所提到的我国古人“事死如生”丧葬观的产物。

我们知道棺椁作为葬具，自产生之日起，就有作为墓主亡灵安身之所的蕴意。如《荀子・礼论》云：“故圹陇，其貌象（像）室屋也”。秦代之前，由于受到木棺椁葬具材料的限制，（所形成的空间毕竟有限）或因其时的礼制观念尚未有此要求，在表现“室宅”的意念方面，多是棺椁之间的分格，这样的分格也应是对实际建筑的抽象模拟[①]。但是，云南祥云战国大波那铜棺已具象表现出干栏式建筑形象，值得重视。

西汉初期，出现棺椁之间相互开门窗，或棺内做天花板的形式[②]。西汉时期进一步发展，又逐渐出现了一种利用棺椁葬具本身的形象，来模拟真实建筑的葬制，也就是笔者所谓的“建筑式”明器[③]，以表现墓主亡灵的安身之所。这应有意对应了墓主生前实际生活中的“后寝类建筑”，毕竟现实生活中存在的一切是所有想翅膀展开的前提。东汉时，这种模拟的真实性又更进一步[④]（图 8－2－7）。至北魏后期，“在贵族官僚的墓中，使用一种石椁，其形状完全模仿房屋。这种房屋形石椁，在此后的隋唐墓中更为流行”[⑤]。隋唐时代，更出现了完全模仿真实建筑的石棺[⑥]（图 8－2－2）。此后，“有的墓里，用房屋形木椁代替石椁，山西省寿阳北齐库狄回

---

① 周学鹰：《四出羡道与“天圆地方”说》，《同济大学学报（社会科学版）》2001 年第 3 期，第 32～37 页。

② 扬州博物馆、邗江县文化馆：《扬州邗江县胡场汉墓》，《文物》1980 年第 3 期，第 1～10 页；扬州博物馆印志华：《扬州邗江县郭庄汉墓》，《文物》1980 年第 3 期，第 90～92 页；扬州博物馆：《扬州西汉“妾莫书”木椁墓》，《文物》1980 年第 12 期，第 1～6 页；扬州博物馆、邗江县图书馆：《江苏邗江胡场五号汉墓》，《文物》1981 年第 11 期，第 12～23 页；扬州博物馆：《江苏仪征胥浦 101 号西汉墓》，《文物》1987 年第 1 期，第 1～19 页；扬州博物馆：《扬州平山养殖场汉墓清理简报》，《文物》1987 年第 1 期，第 26～36 页；扬州博物馆：《江苏邗江姚庄 101 号西汉墓》，《文物》1988 年第 2 期，第 19～43 页；扬州博物馆：《扬州东风砖瓦厂汉代木椁墓群》，《考古》1980 年第 5 期，第 417～425 页；云梦县文物工作组：《湖北云梦睡虎地秦汉墓发掘简报》，《考古》1981 年第 1 期，第 27～47 页；广西壮族自治区文物工作队：《广西贵县罗泊湾二号汉墓》，《考古》1982 年第 4 期，第 355～364 页；广州市文物管理委员会：《广州西村西汉木椁墓简报》，《考古》1960 年第 1 期，第 11～15 页；王仲殊：《墓葬略说》，《考古通讯》1955 年第 1 期，第 62 页等。由上述考古资料可证，也许这是西汉时期原楚文化地区，及受其影响所及地区一种特色较为鲜明的墓葬形制。

③ 江西省历史博物馆、贵溪县文化馆：《江西贵溪崖墓发掘简报》，《文物》1980 年第 11 期，第 1～25 页。

④ 乐山市崖墓博物馆：《四川乐山市沱沟嘴东汉崖墓清理简报》，《文物》1993 年第 1 期，第 40～50 页；高文编：《四川汉代石棺画像集》，北京：人民美术出版社，1998 年版，图 65。另外，高文、范小平：《四川汉代画像石棺艺术研究》，《中原文物》1991 年第 3 期，第 27～34 页，对四川省的画像石棺进行了详细的论述，并将画像石棺划分为四种类型：（1）反映现实社会的生活场景。（2）反映天堂社会的理想化生活场景。（3）反映神怪仙妖传说或图腾的画面。（4）装饰性图案。

⑤ 王仲殊：《中国古代墓葬概说》，《考古》1981 年第 5 期，第 449～458 页。

⑥ 祁英涛：《中国古代建筑的脊饰》，《文物》1978 年第 3 期，第 62～70 页；杭德州、閆磊：《长安县南里王村唐韦泂墓发掘记》，《文物》1959 年第 8 期，第 12 页图 13。

洛墓便是难得的一例”[1]。其实，这种木质房形棺椁汉代就有[2](图 8-2-8)。往后虽然没有一直发展下去，但棺椁葬具作为表现墓主亡灵安身之所的“室宅”的意念，却一直延续下来，从未中断[3]。

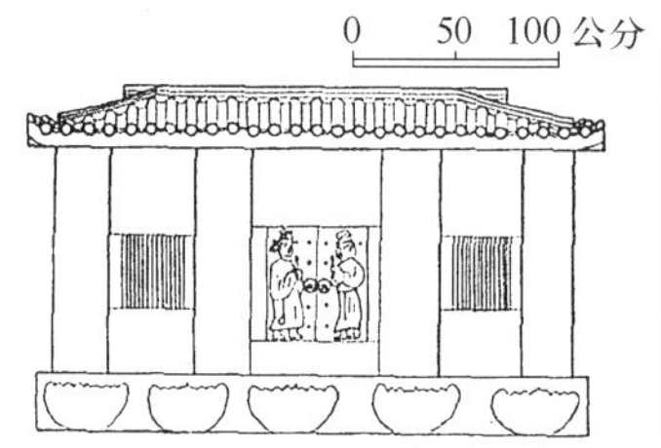

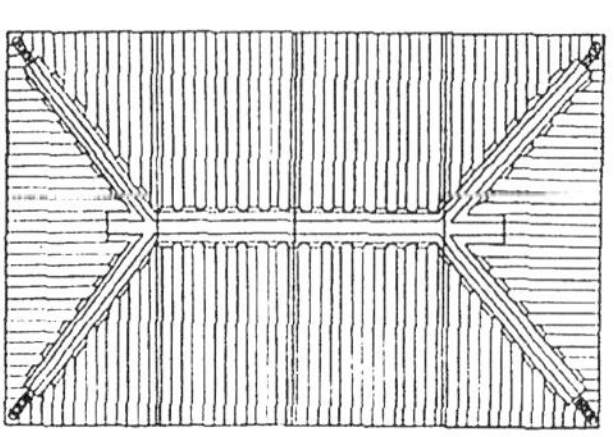
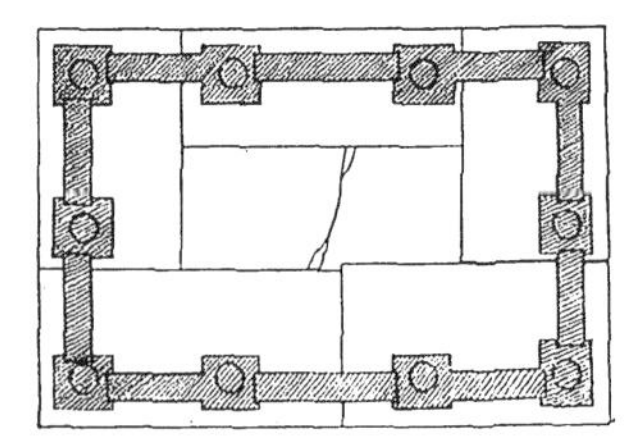

图 8-2-7 石椁

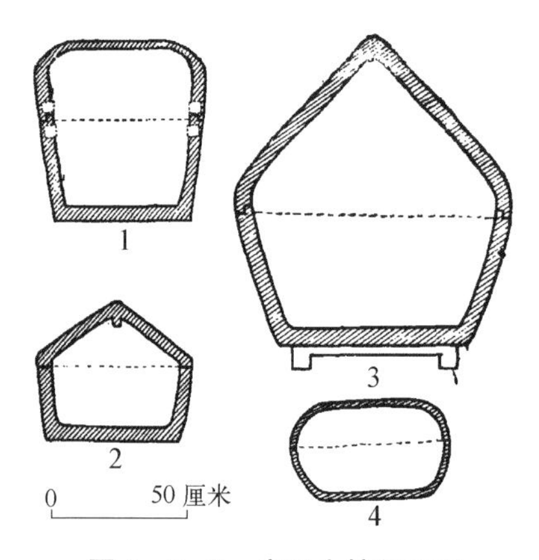

图 8-2-8 房形木棺剖面图
1. M13 棺 1 2. M12 棺 10
3. M12 棺 1 4. M6 棺 1

四、“明器式”建筑

西汉初期，百废待兴，新兴的西汉王朝充满了旺盛的生命力和积极进取的创新精神。汉承秦制，但各方面都有所创造，在墓葬制度上同样如此，“商周以来的传统的葬制已经发生了变化……出现了大量的横穴式‘崖墓’”[4]。且西汉初期的崖洞墓葬中，“表现出早期墓葬制作精细，而后期制作粗糙，向墓室内搭建木结构建筑的方向发展”[5]。根据笔者统计历年来的考古发掘资料所得到的研究结果表明(表 8-2-1)，“明器式”建筑一般仅出现于西汉中期以后采用“因山为陵”葬制的墓葬建筑之中，个别可晚至西汉末期，随着西汉后期砖室墓葬建筑的逐渐流行而被淘汰。其原因有：

① 王仲殊：《中国古代墓葬概说》，《考古》1981 年第 5 期，第 449～458 页。

② 江西省历史博物馆等：《江西贵溪崖墓发掘简报》，《文物》1980 年第 11 期，第 4 页图八。

③ 王良钦：《临汝县发现一个明代陶棺》，《文物》1957 年第 8 期，第 84～85 页。棺上题字仍然表明了“万年之所”的意义；四川省博物馆文物工作队：《四川彭山后蜀宋琳墓清理简报》，《考古通讯》1958 年第 5 期，第 18～26 页，该文中“图四：石棺、座复原图(正视)”，完全模拟建筑式样。

④ 王仲殊：《中国古代墓葬概说》，《考古》1981 年第 5 期，第 449～458 页。

⑤ 徐州博物馆：《江苏铜山县龟山二号西汉崖洞墓材料的再补充》，《考古》1997 年第 2 期，第 36～46 页。

表 8-2-1 全国汉代出土瓦当、筒(板)瓦墓葬统计表

(资料自《文物》《考古》《中原文物》《考古学报》《考古与文物》,2000 年 10 月止。不包括有“明器式”建筑的墓葬)

序号	作(著)者	资料出处	备注
1	李鉴昭	《江苏无锡郊区清理西汉墓葬一座》,《文物参考资料》1955 年第 1 期,第 130 页	红绳纹残瓦片一块,它的内面有凸起的小圆点乳丁纹
2	李鉴昭	《江苏睢宁九女墩汉墓清理简报》,《考古通讯》1955 年第 2 期,第 31～33 页	出土残瓦当一件,文中未说明使用
3	广州市文物管理委员会	《广州市东郊东汉砖室墓清理纪略》,《文物参考资料》1955 年第 6 期,第 61～76 页	“在东室前的羡道处……‘万岁’二字的瓦当和筒瓦残片”
4	孟昭林	《河北昌黎县发现古代石器和墓葬》,《文物参考资料》1956 年第 2 期,第 68 页	出土时有数十块大型板瓦如衣甲状重叠或球形。瓦是汉代大型板瓦,色砖红,表面作精细规则的绳纹
5	李嘉	《安徽省文管会在芜湖清理了汉、宋墓各两座》,《文物》1956 年第 2 期,第 71 页	墓葬为砖室墓,墓内发现“细绳纹灰瓦片”
6	梅养天	《四川彭山县崖墓简介》,《文物参考资料》1956 年第 5 期,第 64～65 页	“出土的残瓦当,均有极均匀优美的图案,并有大吉羊(羊字残缺)隶字”
7	罗福颐	《内蒙古自治区托克托县新发现的汉墓壁画》,《文物参考资料》1956 年第 9 期,第 43 页	“残瓦片若干”
8	江苏省文化局	《省文化局组织文物工作组清理调查徐州市区古墓葬》,《文物参考资料》1956 年第 10 期,第 78 页	墓葬被破坏,在墓地上捡到汉代的莲瓣形瓦当,该墓情况不明
9	李正光　彭青野	《长沙沙湖桥一带古墓发掘报告》,《考古学报》1957 年第 4 期,第 33～67 页	文中描述为“在前室中部的墓砖底下,有一条墓沟,里面装置着筒形的沟瓦,由此直通至前室与后室相接之处,筒瓦两端接口处有……”
10	陕西省文管会	《长安县三里村东汉墓葬发掘简报》,《文物参考资料》1958 年第 7 期,第 62～65 页	发现了两种瓦当

续 表

序号	作(著)者	资料出处	备注
11	陕西省博物馆 陕西省文物管理委员会合编	《陕北东汉画像石刻选》,北京:文物出版社,1959 年版,第 125 页	文内"陕北东汉画像石墓调查、清理经过"一节
12	河南省文化局文物工作队	《一九五五年洛阳涧西区小型汉墓发掘报告》,《考古学报》1959 年第 2 期,第 75～94 页	文中认为是作枕头使用,或"都出土在头的附近。";另外,该文中讨论瓦棺墓葬时,"一式为骨架上下用瓦合起……,二式仅在骨架上用瓦覆盖……"
13	四川省博物馆	《成都凤凰山西汉木椁墓》,《考古》1959 年第 8 期,第 413～418 页	"在后室中出土许多残瓦片,有筒瓦、平瓦两种,上有绳纹。"
14	山西省文物管理委员会 山西省考古研究所	《山西孝义张家庄汉墓发掘记》,《考古》1960 年第 7 期,第 40～52 页	出土"长乐未央"瓦当
15	河南省文化局文物工作队	《河南沈丘附近发现古代蚌壳墓》,《考古》1960 年第 10 期,第 16～17 页	墓中"出有半瓦当一件"
16	黎金	《广州的两汉墓葬》,《文物》1961 年第 2 期,第 47～53 页	"其中一座墓在土沟中放上带绳纹的圆形大瓦筒作排水管"
17	天津市文物管理处	《天津北郊发现一座西汉墓》,《考古》1972 年第 6 期,第 16～17 页	墓壁由一层筒瓦砌成。筒瓦子口朝上,层层竖立,四壁相连,上部用筒瓦和半瓦当覆盖。棺底均铺垫陶片、筒瓦和板瓦碎片
18	周到 李京华	《唐河针织厂汉画像石墓的发掘》,《文物》1973 年第 6 期,第 26～40 页	"门外用方砖、板瓦、石板混合封门"
19	定县博物馆	《河北定县 43 号汉墓发掘简报》,《文物》1973 年第 11 期,第 8～20 页	两种卷云纹瓦当
20	洛阳博物馆	《洛阳东汉光和二年王当墓发掘简报》,《文物》1980 年第 6 期,第 52～56 页	二件。为半圆形,纹饰为卷云纹,直径 13 厘米
21	安阳地区文管会 南乐县文化馆	《南乐宋耿洛一号汉墓发掘简报》,《中原文物》1981 年第 2 期,第 6～12 页	出土实用瓦当与陶仓楼瓦当纹饰相同,从文中图看还有板瓦

续 表

序号	作(著)者	资料出处	备注
22	刘得祯	《甘肃灵台县出土一件青铜圆盘连三釜》,《文物》1981 年第 12 期,第 58 页	垫土中发现零星汉代瓦片及木板灰,具体情况不明
23	洛阳市文物工作队	《洛阳西工东汉壁画墓》,《中原文物》1982 年第 3 期,第 18～24 页	圆瓦当一件,圆心位置为四叶瓣纹,其外为四辐射线平分瓦面为四区,区内饰卷云纹,卷云纹外饰齿锯纹一周(图五) 筒瓦二块,残。瓦面一饰平行细长绳纹;一饰交叉绳纹 板瓦四块,残。瓦面饰平行细长绳纹。
24	洛阳市文物工作队	《洛阳唐寺门两座汉墓发掘简报》,《中原文物》1984 年第 3 期,第 34～42 页	筒瓦 5 件,内部饰布纹,外部饰绳纹。M1:长 40 厘米、宽 13.2 厘米,表面涂白粉,墨书文字五行,第一行开初几字为“永康元年十月”(永字刚出土时很清楚,现已看不清了)其余大部分字迹模糊(图七)。 瓦当 6 件,圆形,周边凸出,内饰云雷纹
25	洛阳市文物工作队	《洛阳东关夹马营路东汉墓》,《中原文物》1984 年第 3 期,第 43～49 页	筒瓦 1 件(M15:46)。尖唇,外饰绳纹,长 32 厘米
26	广西壮族自治区文物工作队	《广西贵县北郊汉墓》,《考古》1985 年第 3 期,第 197～215 页	瓦三件,半圆筒形,内面有布纹,外面印方格纹间草叶纹。残长 12 厘米
27	南阳市博物馆	《南阳市独山西坡汉画像石墓》,《中原文物》1985 年第 3 期,第 36～39 页	陶瓦当一件。圆形,直径 14 厘米,纹饰为对称云状纹
28	河南省文物研究所	《禹县东十里村东汉画像石墓发掘简报》,《中原文物》1985 年第 3 期,第 51～54 页	筒瓦二件,略残。残长 24 厘米、宽 12.8 厘米
29	洛阳市第二文物工作队	《洛阳市南昌路东汉墓发掘简报》,《中原文物》1987 年第 3 期,第 33～36 页	瓦当 6 件,均为云纹圆瓦当
30	嘉兴市文化局	《浙江嘉兴九里汇东汉墓》,《考古》1987 年第 7 期,第 666～668 页	墓葬中“发现有交叉绳纹板瓦二块”

续　表

序号	作(著)者	资料出处	备注
31	河南省文物研究所　新郑工作站	《新郑县东城路古墓群发掘报告》,《中原文物》1988年第3期,第15～23页	文中图1-5,筒瓦,但文中无介绍
32	河北省文物研究所　张家口地区文化局	《河北阳原三汾沟汉墓群发掘报告》,《文物》1990年第1期,第1～18页	墓道上有建筑。瓦有板瓦和筒瓦两种,均为泥质灰陶。……根据建筑遗迹和建筑材料分析,应属与祭祀活动有关的瓦顶木构建筑物
33	凉山州博物馆	《四川凉山西昌发现东汉、蜀汉墓》,《考古》1990年第5期,第419～428页	M1"墓西南角有一条长20米的排水道,分两段筑成,前10米用三块长方砖砌成三角形,后10米用两筒瓦合成"
34	徐州博物馆	《徐州市韩山东汉墓发掘简报》,《文物》1990年第9期,第74～82页	墓内扰土中有汉代绳纹瓦片
35	肖景全　郭振安	《辽宁抚顺市刘尔屯村发现两座汉墓》,《考古》1991年第2期,第182～184页	随葬品中有两块筒瓦,"两件相扣成筒形,竖立于M1室内北部,用意不明"
36	周口地区文物工作队　淮阳县博物馆	《河南淮阳北关一号汉墓发掘简报》,《文物》1991年第4期,第34～46页	2件,注诸侯王陵墓
37	洛阳市文物工作队	《洛阳机车工厂东汉壁画墓》,《文物》1992年第3期,第27～34页	陶瓦当三件。皆饰有卷云纹
38	衡阳市文物工作队	《湖南衡阳市凤凰山汉墓发掘简报》,《考古》1993年第3期,第239～247页	"下水道底用板瓦铺设。板瓦长38、宽30厘米"
39	连云港市博物馆	《江苏东海县尹湾汉墓群发掘简报》,《文物》1996年第8期,第4～25页	出土陶瓦当一件
40	洛阳市文物工作队	《洛阳李屯东汉元嘉二年墓发掘简报》,《考古与文物》1997年第2期,第7页图七	出土圆瓦当二件
41	洛阳市文物工作队	《河南洛阳市东汉孝女黄晨、黄芍合葬墓》,《考古》1997年第7期,第13～15页	瓦当1件,上有"津门"二字,"洛阳东汉墓出土的少量瓦当,一般不带瓦身,用于衬垫棺木"洛阳市文物工作队

续 表

序号	作(著)者	资料出处	备注
42	洛阳市文物工作队	《河南洛阳市第3850号东汉墓》,《考古》1997年第8期,第80～85页	2件
43	微山县文物管理所	《山东微山县汉画像石墓的清理》,《考古》1998年第3期,第8～16页	文中无说明
44	南阳市文物工作队	《南阳市第二化工厂21号画像石墓发掘简报》,《中原文物》1993年第1期,第80～84页	瓦当1件,残,宽沿,近沿饰一周凸弦纹,中区为草叶纹和乳钉纹,中心为两周凸弦纹。 另该墓葬“券顶外部用瓦片楔缝”
45	彭山县文管所	江口崖墓1985年清理资料	彭山崖墓M951出土陶器中有瓦当
46	洛阳市第二文物工作队	《洛阳市南昌路东汉墓发掘简报》,《中原文物》1995年第4期,第17～24页	瓦当,1件,标本92CM1151:45,已残,中心作半球状乳凸,外绕一周圆线,对出辐射线四条平分瓦当为四区,每区之间绕以卷云纹,半径7.4、厚1.5厘米(文中图三) 筒瓦,1件,标本92CM1151:125,尖唇,长32.4、宽13厘米(文中图四)
47	南阳市文物研究所	《南阳市教师新村10号汉墓》,《中原文物》1997年第4期,第24～29页	文中图二:3、4、6标注瓦当,无说明
48	邱永生	《徐州郭庄汉墓》,《考古与文物》1993年第1期,第15～16页	瓦当,1件,圆形。当面由内外弦纹圈相连的双直界线,划分为四个扇面形区间,每区模印一阴文篆字,自右而左,由上而下竖排直读,文为“寿福无疆”。心部圆形,当中为一直竖而突出的长方体,其两侧立对称二鸟,鸟引颈振翅,作翩翩起舞势。当面径16.5厘米。边廓高于当面,宽0.7厘米,廓内有一副线圈。当背有相连的筒瓦残留,并向内微侈。筒瓦之一半遗有明显的以绳索切割的痕迹,另一半残长5.5厘米、壁厚1.6～1.8厘米
49	洛阳市文物工作队	《洛阳李屯东汉元嘉二年墓发掘简报》,《考古与文物》1997年第2期,第2～8页	瓦当2件。有宽边,圆心作半球状凸起,外圈有弦纹一周并对出辐射线四条,平分瓦当为四区,每区之间绕以卷云纹。直径13厘米

一是在于后者本身较为接近实际生活中的真实建筑，而无须使用这种方式；

二是由于后者更为直接地表现了“室宅”“万岁之宅”“神舍”的思想，进而无须在墓葬建筑中搭建各种“明器式”建筑[1]，或是利用画像石刻等[2]；

三是因为开凿山石墓室较为困难，限制也多，且其模仿真实建筑的最终效果也不如后者等。由此，使得“明器式”建筑成为仅见于西汉一定历史时期的独特葬制。至于河北省文物研究所《蠡县汉墓发掘记要》一文中称：“采集到四块卷云纹瓦当，说明墓内可能还有建筑，但已焚毁……”[3]。此墓为砖室墓，据该文断其为东汉中期。笔者认为，此墓断代较恰当。但仅据该墓葬建筑中出“四块卷云纹瓦当”，尚不能认为该墓内一定有建筑。

汉墓中出现筒瓦、瓦当较多（表 8－2－4），情况较为复杂。有些墓葬“右方头骨下出有甬（疑为‘筒’之误，笔者注）瓦，当是作枕头用的”[4]；又有墓道中使用瓦当贴砌的情况[5]；且还有墓葬建筑中出土底为瓦当的陶罐，不知与此有否关系[6]。当然，还可能是因墓葬早年被盗，原先地面上的陶片、瓦片等混入墓室中[7]。

有学者研究南阳汉代画像石墓分期时已经注意到了东汉晚期的画像石墓中，残存的部分陶器主要器形中有瓦当[8]（但未深入探讨）。何况，墓葬中出土瓦当的情况，并不仅是汉代墓葬建筑中才有。辽阳三道壕的晋代石椁墓中，曾经发现有“太康二年八月造”瓦当[9]；在集安县高句丽时期的古墓中也多有发现[10]。青海省西宁市南滩明代祁秉忠墓，其“墓门为门楼式，顶部铺设板瓦及筒瓦”[11]。

联系前文所引报载资料，该墓葬规模为 4.5×3.5×1.5 米，而没有说明所称

---

① 周学鹰、田晓冬：《谈“明器式”建筑》，《室内设计与装修》2000 年第 5 期，第 78～79 页。

② 陕西省博物馆、陕西省文物管理委员会：《陕北东汉画像石刻选集》，北京：文物出版社，1959 年版，第 27 页。

③ 河北省文物研究所：《蠡县汉墓发掘记要》，《文物》1983 年第 6 期，第 45～52 页。

④ 河南省文化局文物工作队：《一九五五年洛阳涧西区小型汉墓发掘报告》，《考古学报》1959 年第 2 期，第 75～94 页；王增新：《辽宁辽阳县南雪梅村壁画墓及石墓》，《考古》1960 年第 1 期，第 16～19 页。

⑤ 徐州博物馆、南京大学历史系考古专业：《徐州北洞山西汉墓发掘简报》，《文物》1988 年第 2 期，第 2～18 页。

⑥ 张安礼：《山东莒县征集一件汉代陶罐》，《考古》1995 年第 11 期，第 984 页。

⑦ 蒋宝庚等：《山东省文物管理处清理了东平县芦泉屯的汉墓五座》，《文物参考资料》1955 年第 12 期，第 160～161 页。

⑧ 李陈广、韩玉祥、牛天伟：《南阳汉代画像石墓分期研究》，《中原文物》1998 年第 4 期，第 50～58 页。

⑨ 东北博物馆：《辽阳三道壕两座壁画墓的清理工作简报》，《文物参考资料》1955 年第 12 期，第 49～58 页。

⑩ 集安县文物保管所：《集安县上、下活龙村高句丽古墓清理简报》，《文物》1984 年第 1 期，第 64～70 页。

⑪ 青海省文物管理委员会：《西宁南滩明祁秉忠墓清理情况》，《文物》1959 年第 11 期，第 73～75 页。

“建筑”的大小。据笔者在新建徐州市博物馆二楼展厅中所见，该复原“建筑”比这要小，约 2.5×1.8×1.4 米(图 8－1－1)。地面明显有双棺排列的遗迹，各种随葬品散落其上。从规模上来看，如此“建筑”显然不可能是真正的建筑。而作为墓主身后“双棺排列”的安身之所，它应是对其生前后寝类建筑的象征。即便其顶部的板瓦是真实的(这正是“明器式”建筑特征之一)，它也只能是对墓主生前生活中真正建筑示意性的模拟，只不过这种示意性相对来说较为具象而已，属于“明器式”建筑之一。

据研究，汉代宫殿建筑中已经出现砖砌的墙壁①。此时的宫殿建筑已经较为精致，如“在未央宫遗址发掘中发现了用‘干摆’砌法(即‘磨砖对缝’)的墙和精致的铺地板房屋，也使我们对汉代建筑的精致程度有了新的认识”②。在西安的几处汉代建筑遗址中，发现“土坯墙的砌法相当规则，墙皮抹灰分为三层，底层似麦秸泥，中层为草泥，面层为极薄的白灰，抹擦平滑，比之现代的抹灰技术毫无逊色。三处遗址的方砖尺寸皆近似，长宽各 34 厘米，厚为 4 厘米，都是十字缝铺墁，砖缝平直，砖外四边有明显的摩擦痕迹(只是平磨，与清代通用的砍磨方法不同，清代的砍磨方砖是将砖的四边斜砍后再磨光棱角。这里只是平磨，砖缝可以密合)。汉白玉石柱础的表面打磨得非常光平。石子路的铺墁也很精致。从以上所述这些细部结构的处理，可以使我们认识到当时的建筑工程技术水平已有了相当高度的发展”③。

此外，早在秦汉骊山汤建筑遗址中，发现了贴面砖④；秦始皇陵园便殿遗址中，发现了大批贴面用的青石板⑤。秦始皇陵墓北边的建筑遗址中，出现了石灰石板贴面的壁柱和“用很美的线雕菱纹铺地石的铺地”⑥等。在汉未央宫建筑遗址中，同样有墙壁用石板贴面的情况⑦。

---

① 中国社会科学院考古研究所长安城工作队：《汉长安城未央宫西南角楼遗址发掘简报》，《考古》1996 年第 3 期，第 19～27 页。

② 傅熹年：《考古所四十年成果展随笔》，《考古》1991 年第 1 期，第 76～78 页。

③ 祁英涛：《西安的几处汉代建筑遗址》，《文物参考资料》1957 年第 5 期，第 57～58 页。

④ 唐华清宫考古队：《秦汉骊山汤遗址发掘简报》，《文物》1996 年第 11 期，第 4～25 页。

⑤ 黄展岳：《秦汉陵寝》，《文物》1998 年第 4 期，第 19～27 页。

⑥ 临潼县博物馆赵康民：《秦始皇陵北二、三、四号建筑遗迹》，《文物》1979 年第 12 期，第 13～16 页。

⑦ 中国社会科学院考古研究所汉城工作队：《汉长安城未央宫第四号建筑遗址发掘简报》，《考古》1993 年第 11 期，第 1002～1011 页。

汉代墓葬建筑中还有不少磨砖的事例。望都汉墓的“券顶用方砖磨成上大下小的扇形砖”[①]。在河南省密县打虎亭汉代画像石墓和壁画墓中，使用的特制大砖，砖面都是经过精细的打磨[②]。洛阳东关一座东汉时期殉人墓葬中，使用的小砖除背面外，其余各面都经过磨制，而该墓葬中使用的扇面形砖各面都经过磨制[③]。山西离石发现东汉画像石墓，墓壁使用的条砖经过磨制[④]。1972年3月，贵州黔西县汉墓中，还发现石室墓葬将砌筑墓壁的石板内壁加工磨平的情况[⑤]。1990年至1991年之间发掘的洛阳机车厂东汉壁画墓，其使用的石材是两面磨光[⑥]。河南省永城县太丘一号汉画像石墓葬中，墓壁石材也被琢磨光滑[⑦]。山西离石马茂庄东汉画像石墓中，出土的一块半圆形画像石，直径0.95米、高0.44米，而厚度仅为0.06米[⑧]，并且正、背面均有画像，完全可以代表汉代石作加工技术水平，从中我们更应该看到汉代建筑技术水平。

汉代中原地区民居墙壁建筑材料一般为垒土或版筑[⑨]，或使用贴面砖[⑩]，也曾经出现过用瓦片砌成的隔墙[⑪]。处于边关的居延汉代遗址中出现夯土墙外贴土坯的情况[⑫]。地处汉代相对落后的现湖北省宜昌市，发现一座汉代军垒，已经用砖砌筑[⑬]。由此，我们可以断定，汉代墙壁或有用木之制，但应不是主流。譬如汉代相

① 姚鉴：《河北望都县汉墓的墓室结构和壁画》，《文物参考资料》1954年第12期，第47～63页。

② 安金槐、王与刚：《密县打虎亭汉代画像石墓和壁画墓》，《文物》1972年第10期，第49～62页。

③ 余扶危、贺官保：《洛阳东关东汉殉人墓》，《文物》1973年第2期，第55～62页。

④ 山西省考古研究所等：《山西离石再次发现东汉画像石墓》，《文物》1996年第4期，第13～27页。

⑤ 贵州省博物馆：《贵州黔西县汉墓发掘简报》，《文物》1972年第11期，第42～47页。

⑥ 洛阳市文物工作队：《洛阳机车工厂东汉壁画墓》，《文物》1992年第3期，第27～34页。

⑦ 李俊山：《永城太丘一号汉画像石墓》，《中原文物》1990年第1期，第15～24页。

⑧ 山西省考古研究所等：《山西离石马茂庄东汉画像石墓》，《文物》1992年第4期，第14～40页。

⑨ 王世仁：《西安市西郊工地的汉代建筑遗址》，《文物》1957年第3期，第11～12页；祁英涛：《西安的几处汉代建筑遗址》，《文物参考资料》1957年第5期，第57～58页；刘致平：《西安西北郊古代建筑遗址勘查初记》，《文物》1957年第3期，第5～11页等。有关汉代建筑方面的发掘资料较多。

⑩ 据中国社会科学院考古研究所编著：《汉杜陵陵园遗址》，北京：科学出版社，1993年版；且早在秦代建筑遗迹中已有发现，临潼县博物馆赵康民：《秦始皇陵北二、三、四号建筑遗迹》，《文物》1979年第12期，第13～16页。考古发掘汉代城市遗址也已证明，见中国社会科学院考古研究所汉城工作队：《汉长安城未央宫第三号建筑遗址发掘简报》，《考古》1989年第1期，第33～43页；中国社会科学院考古研究所汉城工作队：《汉长安城未央宫第二号遗址发掘简报》，《考古》1992年第8期，第724～732页，另该文中还有用土坯包墙的情况，参见文中727页。

⑪ 中国社会科学院考古研究所汉城工作队：《汉长安城未央宫第二号遗址发掘简报》，《考古》1992年第8期，第724～732页。

⑫ 甘肃居延考古队：《居延汉代遗址的发掘和新出土的简册文物》，《文物》1978年第1期，第1～25页。

⑬ 屈定富、常宝琳：《宜昌市发现一座古代军垒》，《文物》1987年第4期，第93～94页。

对落后的山林、蛮夷地区，有用木墙壁、木城墙[1]，是有地区性的特殊建筑（现日本建筑，可能就是受此影响而沿用至今；至于“编木为壁”的“亳社”建筑，则是为了适应礼制要求[2]）。至于汉时处于蛮夷之地的崇安汉城二号建筑遗址中，“殿堂四周未发现墙基，或许说明其四周无墙或为木板墙”[3]，则很可能是南方地区气候、习俗、经济或技术等因素使然。当然，这种木墙壁，或可能用于有特殊用途的建筑，如用于储藏粮食的“京”等[4]。甘肃居延汉代遗址的发掘中，也曾经发现木构建筑的遗迹[5]，应该是属于有防御用途的特殊建筑。这种情况不会出现于河北、山东、江苏徐州等汉代经济、技术较发达的地区。东汉时，一般房屋也已用砖砌筑，甚至还有房屋建筑中出现砖墙、砖柱的情况[6]。

另考古发掘表明，早在新石器时代，就已经使用人造轻骨料，造出了经久耐用、近似现代混凝土的居住面，平整光洁，用铁器叩击有清脆声[7]。龙山文化时期古城遗址，城内发掘出成排的房基，有的还铺有木地板[8]；且此时期“在继续沿用木骨泥墙的同时，开始出现土坯砌墙的新技术”[9]。河南省淮阳县平粮台龙山文化古城，不但出现了陶排水管，而且“（房基）有高台建筑，普遍使用土坯作为建筑材料”[10]。以上资料，都可以直接或间接地说明，发展到汉代时的我国古代建筑，应该已经达到较高的水平。

---

① （南朝宋）范晔撰，（唐）李贤等注：《后汉书》卷五十七《杜栾刘李刘谢列传第四十七·刘陶》，北京：中华书局，1965 年版，第 1847 页。

② 郑杰祥：《释亳》，《中原文物》1991 年第 1 期，第 61～66 页；张锴生：《商“亳”探源》，《中原文物》1993 年第 1 期，第 22～28 页。

③ 福建省博物馆、厦门大学人类学系：《崇安汉城北岗二号建筑遗址》，《文物》1992 年第 8 期，第 20～34 页。

④ “《王祯农书》卷十六曰：‘京，仓之方者……南方垫湿，离地嵌板作室，故方，即京也。’说明‘京’是建于地面上的方形粮仓，仓体系木板制成，汉代南方普遍使用的干栏式方仓都应是‘京’”。张锴生：《汉代粮仓初探》，《中原文物》1986 年第 1 期，第 93～101 页。

⑤ 甘肃居延考古队：《居延汉代遗址的发掘和新出土的简册文物》，《文物》1978 年第 1 期，第 1～25 页。

⑥ 陈明达：《建国以来所发现的古代建筑》，《文物》1959 年第 10 期，第 37～43 页。

⑦ 甘肃省文物工作队：《甘肃秦安大地湾 901 号房址发掘简报》，《文物》1986 年第 2 期，第 1～12 页；王德培：《关于探索中国文明起源的几点看法》，《中原文物》1990 年第 2 期，第 26～30 页；耿铁华：《中国文明起源的考古学研究》，《中原文物》1990 年第 2 期，第 21～25 页。

⑧ 许天申、曹桂岑：《河南文物研究所发掘郝家台遗址》，《中国文物报》1986 年 7 月 25 日，第一版。

⑨ 耿铁华：《中国文明起源的考古学研究》，《中原文物》1990 年第 2 期，第 21～25 页。

⑩ 曹桂岑：《淮阳平粮台城址社会性质探析》，《中原文物》1990 年第 2 期，第 91～94 页。

至于其“墙面”色彩“外黑内赤”，一方面是汉代崇尚土德的结果[①]，所谓“表里洞赤”[②]；另一方面也是原始葬制的遗传，在秦汉及之前的墓葬中经常见到（如棺木、漆器等）[③]，其根源可能与原始生殖崇拜有关[④]。在我国甘肃卓尼苍儿遗址中，曾经出土“内涂朱”“表面印有黑色柏类叶痕”的女阴石雕可为证明[⑤]。当然，也有棺木外涂朱漆[⑥]，或内外均涂朱漆[⑦]，或内外均涂黑漆[⑧]，或里为朱漆、外漆焦茶漆色[⑨]。春秋时期的木椁墓葬中，也出现过棺板髹漆两层，里黑外红的情况[⑩]。漆器中也有“外髹朱漆，内髹黑漆”的特例[⑪]。

---

① （汉）班固撰，（唐）颜师古注：《汉书》卷二十五上《郊祀志第五上》，北京：中华书局，1962 年版，第 1212 页。有学者研究认为：“古代以青、黄、赤、白、黑五种颜色为正色。五色相比，人们历来似乎更崇尚黄色。这种崇尚表现在服装染织上，古代人至少在西周时就显示出尚黄的特点。《诗经·豳风·七月》：‘载玄载黄……为公子裳’，是指把丝麻织品染成黑色或黄颜色为贵族做衣裳。汉代人尚黄的来由一是因袭了先秦时期的习俗，二是由于汉为土德，土为黄色，因尚黄。《汉书·武帝纪》：‘色上黄，数用五’。洛阳发现的汉墓壁画图案中的人物服饰着色不乏黄色’。‘甬道东壁立人像，戴束带冠，着浅黄色’。史料中关于汉尚黄的记载很丰富，除了前面所述，还有不少古文中亦有所反映。例如乐府民歌的《陌上桑》：‘缃绮为下裙，紫绮为上襦’，缃即为浅黄色”。“汉代人除了尚黄外，还具有喜欢色彩鲜艳的特点”。参见：郎保湘：《洛阳汉墓出土的有关服饰文化资料》，《中原文物》1995 年第 2 期，第 72～75 页。但是，不知该文作者从何处得出汉代崇尚土德的结论。

② （南朝宋）范晔撰，（唐）李贤等注：《后汉书·志第六·礼仪下·大丧》，北京：中华书局，1965 年版，第 3141 页。

③ 汉代墓葬发掘资料较多。其中较有代表性的诸侯王墓葬建筑有：(1) 长沙马王堆汉墓，(2) 广州南越王墓，(3) 河北满城汉墓，(4) 徐州狮子山楚王墓等；较有代表性的地区有：广州、山东、江苏、湖南、河北、河南、陕西、山西等。

④ 泉州历史文化中心主编：《泉州古建筑·第三编〈璀璨历史文化的回声〉·第二节泉州古代图腾文化与生殖崇拜》（李雄飞），天津：天津科学技术出版社，1991 年版，第 147～153 页。

⑤ 甘南藏族自治州博物馆：《甘肃卓尼苍儿遗址试掘简报》，《考古》1994 年第 1 期，第 14～22 页。

⑥ 绵阳博物馆、绵阳市文化局：《四川绵阳永兴双包山一号西汉木椁墓发掘简报》，《文物》1996 年第 10 期，第 5 页；南京博物院：《江苏邗江甘泉东汉墓清理简况》，《文物资料丛刊·第 4 辑》，北京：文物出版社，1981 年版，第 117 页。

⑦ 绵阳博物馆、绵阳市文化局：《四川绵阳永兴双包山一号西汉木椁墓发掘简报》，《文物》1996 年第 10 期，第 4～12 页。

⑧ 金雀山考古发掘队：《临沂金雀山 1997 年发现的四座西汉墓》，《文物》1998 年第 12 期，第 17～25 页；临沂市博物馆：《山东临沂金雀山周氏墓群发掘简报》，《文物》1984 年第 11 期，第 41～58 页；屠思华：《江苏凤凰河汉、隋、宋、明墓的清理》，《考古通讯》1958 年第 2 期，第 45～47 页。

⑨ 南京博物院、扬州市博物馆：《江苏扬州七里甸汉代木椁墓》，《考古》1962 年第 8 期，第 400～403 页。

⑩ 信阳地区文管会等：《固始白狮子地一号和二号墓清理简报》，《中原文物》1981 年第 4 期，第 23～30 页。

⑪ 广西壮族自治区文物工作队：《广西贵县风流岭三十一号西汉墓清理简报》，《考古》1984 年第 1 期，第 59～62 页；宁夏考古研究所固原工作队：《宁夏固原北原东汉墓》，《考古》1994 年第 4 期，第 334～337 页。

五、"明器式"建筑、"建筑式"明器的特点与类型

考古发掘资料表明,目前我国许多地区,都有类似于徐州地区汉代墓葬中发掘的"建筑"存在。在徐州本地汉墓中,已经发现有多座墓葬建筑中存在这样的"建筑"[①](墓中有砖、瓦遗存,年代越晚,此种墓越多。此论仅指西汉时期流行的洞室墓)。而汉代墓葬建筑中,棺椁葬具模拟建筑形象的情况,同样时有所见。

由此,笔者统计了《考古》《考古学报》《考古与文物》《文物》《中原文物》等历年发表的资料,以及有关汉代物质、文化研究的各种论著,编制了表格(具体分类,见表 8-2-2、8-2-3)。它们或为"明器式"建筑,或是"建筑式"明器。很明显,它们都不与汉代人们实际生活中使用的真正的建筑物完全一致。

表 8-2-2 "明器式"建筑分类表

类型	使用材料	例 证	资料来源
1	木、瓦	"在后室中出土许多残瓦片,有筒瓦、平瓦两种,上有绳纹。"并且,此墓中出土残木器,"这几块残木器,可能是一件木屋的残件"	四川省博物馆:《成都凤凰山西汉木椁墓》,《考古》1959 年第 8 期,第 417 页。文中没有交代出土残木器位置,无法深入讨论
		"发现室内似原有瓦顶木屋,但已坍塌,瓦片遍地。"	山东省博物馆:《曲阜九龙山汉墓发掘简报》,《文物》1972 年第 5 期,第 40 页
		"采集到四块卷云纹瓦当,说明墓内可能还有建筑,但已焚毁"。此墓可暂时存疑	河北省文物研究所:《蠡县汉墓发掘记要》,《文物》1983 年第 6 期,第 46 页
		刘胜墓及其妻窦绾墓前室内有瓦顶木屋(已坍毁)	《满城汉墓发掘报告》,北京:文物出版社,1980 年,第 16 页
		"当时墓内有模仿地面上木结构的建筑,因年久而无存"	《永城西汉梁国王陵与寝园》,郑州:中州古籍出版社,1996 年,第 11 页
		"瓦片,除第一、第十室外,其余各室均有发现,……当时各室都有仿地面的木构建筑存在。"	南京博物院、铜山文化馆:《铜山龟山二号崖洞墓》,《考古学报》1985 年第 1 期,第 125 页

① 南京博物院、铜山县文化馆:《铜山龟山二号西汉崖洞墓》,《考古学报》1985 年第 1 期,第 119～133 页;李银德:《徐州汉墓的形制与分期》,《徐州博物馆三十年纪念文集》,北京:北京燕山出版社,1992 年版,第 114 页。

续　表

类型	使用材料	例　证	资料来源
1	木、瓦	徐州南洞山西汉楚王、王后陵墓	徐州博物馆:《南洞山汉墓调查记》未刊稿
		徐州卧牛山汉墓	《徐州汉墓的形制与分期》,《徐州博物馆三十年纪念文集》,北京:燕山出版社,1992 年,第 114 页
		《竖穴洞室内竟有建筑・徐州发现王莽时期合葬墓》	《文汇报》1999.1.13 号载文
2	石	刘胜陵墓"后室中尚有纯为石构的建筑"	《满城汉墓发掘报告》,北京:文物出版社,1980 年,第 19 页。本文图 8-3-1

表 8-2-3 "建筑式"明器分类表

类型	使用材料	例　证	资料来源
1	石	四川崖墓中石棺建筑形象	罗二虎:《四川崖墓的初步研究》,《考古学报》1988 年 2 期,第 136 页图二-5。本文图 8-3-2
		"建筑形"的画像石棺	乐山市崖墓博物馆:《四川乐山市沱沟嘴东汉崖墓清理简报》,《文物》1993 年 1 期,第 47 页;高文编:《四川汉代石棺画像集》,北京:人民美术出版社,1998 年,图 65。本文图 8-3-3
		隋大业四年(公元 608 年)李小孩石棺,整体为三间歇山顶"建筑"	祁英涛:《中国古代建筑的脊饰》,《文物》1978 年 3 期,第 63 页
		该文墓三石棺"棺盖雕成五脊屋廊式"	刘志远:《成都天迴山崖墓清理记》,《考古学报》1958 年 2 期,第 93 页
		在长安县南里王村发掘的唐韦炯墓中出土的石椁建筑形象	陕西省文物管理委员会:《长安县南里王村唐韦炯墓发掘记》,《文物》1959 年 8 期,第 8 页文中图 13 石椁建筑形象。本文图 8-2-6
2	铜	曾出土"建筑形"的铜棺	云南省文物工作队:《云南祥云大波那木椁铜棺墓清理简报》,《考古》1964 年 12 期,第 608 页图三。本文图 8-2-3

续 表

类型	使用材料	例　证	资料来源
2	铜	"广西合浦西汉晚期木椁墓中出土干阑式结构铜屋"。该文未注其用途,本文暂作为棺材之用	祁英涛:《中国早期木结构建筑的时代特征》,《文物》1983 年 4 期,第 70 页图十六:1。本文图 8-3-4
3	木	"建筑形"木棺	江西省历史博物馆、贵溪县文化馆:《江西贵溪崖墓发掘简报》,《文物》1980 年 11 期,第 4 页图八。本文图 8-2-7

表 8-2-4 "明器式"建筑与"建筑式"明器比较表

名称	概　念	使用材料	流行时间	模拟真实建筑物的程度	所处位置	思想渊源
『明器式』建筑	它是我国古人利用实际的建筑材料如木材、瓦、石材等,在陵墓中较为简单建设的、模拟现实生活中真实存在的建筑。	木、瓦、石等加工成的实际使用的建筑材料。	主要是在西汉中期以后"因山为陵"的洞室墓中采用。个别年代晚至西汉末	较为抽象	墓室与棺材间,相当于椁	都是对墓主生前后寝类建筑的象征,对死者生前生活的真正建筑示意性的模拟,是古人"事死如事生、事亡如事存"的忠孝礼制丧葬观念的产物
『建筑式』明器	它是在陵墓中使用的,模拟真正建筑形象,规模上比"建筑明器"要大,作为装殓死者的棺材而使用的丧葬明器。	木、石、铜	西汉至清	较为具体,但又比现代意义上的"建筑模型"要差一些	作为棺材使用	

第三节　结　论

综上所述,笔者认为:"明器式"建筑(图 8-3-1),主要是在西汉中期以后,采用"因山为陵"形制的墓葬建筑中,使用的一种独特的葬制,个别西汉末期墓葬中也有出现(如前文所引报道)。至东汉初期,由于砖室墓、石室墓和砖石墓流行开来,而被淘汰。此时墓葬中使用的"建筑明器"逐渐增多,其遗留成为今天我们研究汉代建筑历史的一个重点。

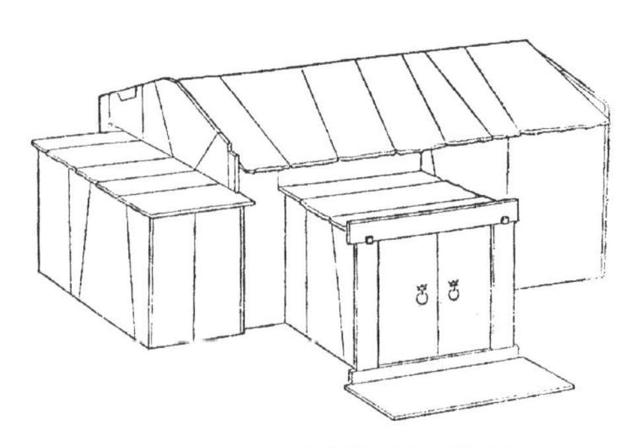

图 8－3－1　后室“明器式”建筑

“建筑式”明器(图 8－3－2、3、4)，是西汉初期以后出现的，利用棺材葬具模拟实际建筑的特殊葬制，其最初来源可认为是带门窗、天花的木棺椁；随着墓葬形制的发展而不时地有所变化。到汉唐之际，发展成为利用木、铜、石等材料制成的模拟建筑形象的各种棺材。这种葬制，虽然在其后历史发展中，并非一直原封未动地保持下来(即其后世表现形式有所变化，模拟实际建筑程度有强有弱)，但它们的思想却是前后一致、一脉相承的，它几乎贯穿我国封建社会。

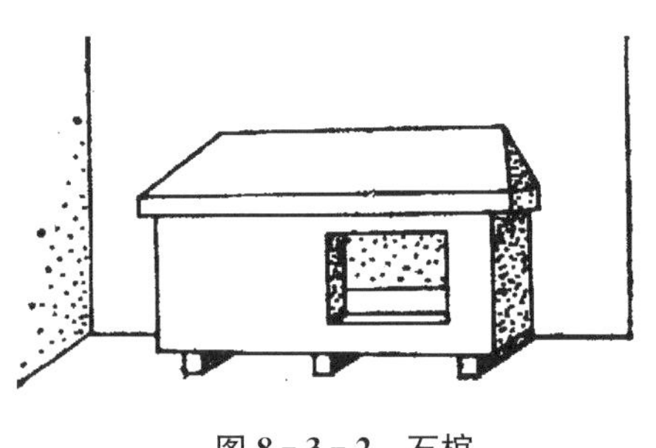

图 8－3－2　石棺

图 8－3－3　画像石棺

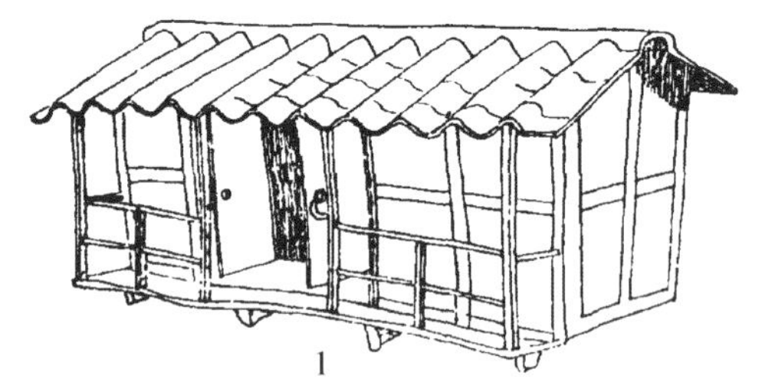

图 8－3－4　铜屋

“明器式”建筑与“建筑式”明器、“建筑明器”的内涵是不同的。“明器式”建筑相当于包容在墓葬建筑内部的又一层“建筑”，可认为类似于“椁”(使用于棺木之外)；“建筑式”明器一般直接作为棺材使用；而“建筑明器”只是墓葬建筑中使用的随葬品。需要指出的是，从时间上来讲，它们之间有交差存在的时期。如徐州卧牛山西汉楚王陵墓建筑中不但有“明器式”建筑的遗迹，还随葬有汉墓中常见的“建筑明器”——猪圈等[①]。可见，在该陵墓中，除了用木构瓦顶的“明器式”建筑来模拟墓主生前所居的真实建筑外，还利用随葬的“建筑明器”来进一步加以补充，而这正是西汉末年社会经济倒退、生产力下降的表现，反映了葬俗的变化，表现了崖洞墓向砖室墓过渡时期必然存在的葬制特征。

据此，“明器式”建筑是使用实际的建筑材料，如瓦、木、砖、石等；采用单坡、双坡、四坡或平顶等屋顶形式，形成类似实际建筑的形象。它不是“建筑明器”，规模上比“建筑明器”大得多；也不是对实际建筑的逼真再现，没有较多的建筑细部；其实质与“建筑式”明器一样，都是对现实生活建筑的程度不同的示意性的模拟，抽象地表示死者生前生活建筑的存在，是我国古代“事死如生”观念的产物。《文汇报》载文徐州发现的该竖穴洞室中的“建筑”，属于“明器式”建筑类型之一。

本文是笔者就徐州发现的这一汉墓，粗略谈一谈“建筑式”明器、“明器式”建筑及“建筑明器”。这一发现是目前我国已经发掘的汉代墓葬中，少见的保存完整的木构瓦顶“明器式”建筑形象，对于我们研究汉代墓葬建筑文化确是提供了颇为重要的实物资料，具有相当重要的学术价值。

---

① 徐州博物馆：《江苏铜山县卧牛山汉墓清理》未刊稿；李银德：《徐州汉墓的形制与分期》，《徐州博物馆三十年纪念文集》，北京：北京燕山出版社，1992 年版，第 114 页。

第九章　认读“汉代建筑画像石(砖)”的方法论

第一节　引　言

汉画像石(砖)是汉代佚名的画家或雕刻家在石(砖)材上的艺术创作，它形象而生动地反映了汉代社会生产、生活的各个方面，是我国古代文化遗产中的瑰宝。众所周知，汉文化在中华民族史中占有极其重要的地位，而这种地位形象地显现，莫过于汉代画像艺术[①]。

汉画像石(砖)种类繁多，表现形式多样，有作为贴面的画像石[②]、有表面被涂抹的画像石(表9-1-1)、有墨线(或朱绘)勾画的画像石(表9-1-2)、有刻画结合的画像石(表9-1-3)，“还有若干汉画像石的下部存有隶书文字，标明在墓葬中的位置”[③]，且当时已经能够预制生产；另外还有“题刻画像石”[④]。顺带要说明的是，早期墓中画像石使用很少[⑤]；且有一墓葬中同时使用画像石与壁画的情况[⑥]。建筑学家可以从中看到形式多样、丰富多彩的汉代建筑样式，借以研究实物已荡然无存的汉代建筑(汉代墓前祠堂、阙观建筑、墓葬建筑除外。表9-1-4)；美术家可以从这些作品简练的构图、明快的线条、绚丽的色彩，来感受艺术孕育期那种蓬勃向上的生命活力。研究证实，刚完成的汉画像石表面涂绘有鲜丽的色彩(表9-1-5)，

---

① 李宏：《原始宗教的遗绪——试析汉代画像中的巫术、神话观念》，《中原文物》1991年第3期，第80～85页。

② 戴应新、李仲煊：《陕西绥德县延家岔东汉画像石墓》，《考古》1983年第3期，第234页“墓大门……”

③ 山西省考古研究所等：《山西离石马茂庄东汉画像石墓》，《文物》1992年第4期，第14～40页。

④ 泗水县文管所：《山东泗水南陈东汉画像石墓》，《考古》1995年第5期，第390～395页。

⑤ 南阳地区文物队等：《河南唐河县石灰窑村画像石墓》，《文物》1982年第5期，第19～24页。

⑥ 济南市文化局文物处：《山东济南青龙山汉画像石壁画墓》，《考古》1989年第11期，第984～995页。

画像砖也同样如此[①]。有学者认为“无论是画像石或是画像砖，最后一道工序应是上色和彩绘”[②]。书法家、历史学家及各种各样的专门学家都可以从中了解到自己所需要的知识信息。

表9-1-1　部分表面被涂抹的画像石论文表

序号	作(著)者	资料来源
1	嘉祥县文管所朱锡禄	《嘉祥五老洼发现一批汉画像石》,《文物》1982年第5期,第71～78页
2	济宁地区文物组、嘉祥县文管所	《山东嘉祥宋山1980年出土的汉画像石》,《文物》1982年第5期,第60～70页
3	淄博市博物馆	《山东淄博张庄东汉画像石墓》,《考古》1986年第8期,第717～726页

表9-1-2　部分墨线(或朱绘)勾画的画像石论文表

序号	作(著)者	资料来源
1	河南省文化局文物工作队	《河南襄城茨沟汉画像石墓》,《考古学报》1964年第1期,第111～135页
2	戴应新、李仲煊	《陕西绥德县延家岔东汉画像石墓》,《考古》1983年第3期,第233～237页
3	济南市文化局文物处、平阴县博物馆筹建处	《山东平阴新屯汉画像石墓》,《考古》1988年第11期,第961～974页
4	徐州博物馆	《江苏铜山县龟山二号西汉崖洞墓材料的再补充》,《考古》1997年第2期,第36～49页。此图为朱绘画像
5	山西省考古研究所等	《山西离石马茂庄东汉画像石墓》,《文物》1992年第4期,第14～40页
6	徐州博物馆	《江苏铜山县龟山二号西汉崖洞墓材料的再补充》,《考古》1997年第2期,第36～49页

① 冯汉骥:《四川的画像砖墓及画像砖》,《文物》1961年第11期,第35～42页;洛阳市文物工作队一队张湘:《洛阳新发现的西汉空心画像砖》,《文物》1990年第2期,第61～66页;李灿:《安徽亳县大寺区、城关区发现古遗址及汉墓》,《文物参考资料》1955年第10期。

② 顾森:《汉画像艺术探源》,《中原文物》1991年第3期,第1～9页。作者列举了陕北榆林、四川成都羊子山、河南南阳赵寨等地的画像砖、石墓葬中残留的色彩进行了说明。

表 9－1－3　部分刻画结合的画像石论文表

序号	作(著)者	资料来源
1	陕西省博物馆、陕西省文物管理委员会合编	《陕北东汉画像石刻选》,北京:文物出版社,1959 年版:第 10 页
2	河南省文化局文物工作队	《河南南阳杨官寺汉画象石墓发掘报告》,《考古学报》1963 年第 1 期,第 111～143 页
3	陕西省博物馆、陕西省文管会写作小组	《米脂东汉画象石墓发掘简报》,《文物》1972 年第 3 期,第 69～73 页
4	山西省考古研究所等	《山西离石再次发现东汉画像石墓》,《文物》1996 年第 4 期,第 13～37 页
5	郑州市文物考古研究所、荥阳市文物保护委员会	《河南荥阳苌村汉代壁画墓调查》,《文物》1996 年第 3 期,第 18～32 页

表 9－1－4　部分汉代墓葬前存在祠堂建筑论文表

序号	作(著)者	资料来源	备　注
1	罗哲文	资料可参见《孝堂山郭氏墓石祠》,《文物》1961 年第 Z1 期,第 44～55 页。山东历城孝堂山郭氏祠(曾属历城、肥城,现属于山东长清)	文中有:“汉代墓前石室画象有金乡朱鲔祠(公元一世纪),济宁两城山刘安石祠(?)(113 年),嘉祥武氏祠(145～167 年)等;汶上县天凤三年(16 年)路公食堂(即享堂)、济宁永建五年(130 年)永建食堂、鱼台建康元年(144 年)文叔阳食堂,亦系墓前建筑,(与石祠同一类建筑)……”另有《水经注》中有关汉代石祠记载
2	安金槐、王与刚	《密县打虎亭汉代画象石墓和壁画墓》,《文物》1972 年第 10 期,第 49～65 页	《水经注》中有关汉代石祠记载,该墓葬周围发现有石头建筑物的基础
3	骆承烈等	《嘉祥武氏墓群石刻》,《文物》1979 年第 7 期,第 90～92 页	山东嘉祥武氏祠
4	南京博物院	《徐州青山泉白集东汉画像石墓》,《考古》1981 年第 2 期,第 137～146 页	有关祠堂建筑历史文献记载,也可参考本期
5	济宁地区文物组、嘉祥县文管所	《山东嘉祥宋山 1980 年出土的汉画像石》,《文物》1982 年第 5 期,第 60～70 页	

续 表

序号	作(著)者	资料来源	备 注
6	蒋英炬	《汉代的小祠堂——嘉祥宋山汉画像石的建筑复原》,《考古》1983 年第 8 期,第 741～751 页	
7	朱锡禄	《武氏祠汉画像石》,济南:山东美术出版社,1986 年版	
8	信立祥	《论汉代的墓上祠堂及其画像》,《汉代画像石研究》,北京:文物出版社,1987 年版	该文统计有明确纪年的石室祠有 14 座
9	徐建国	《〈徐州汉画像石室祠建筑〉补说》,王文中主编,夏凯晨、及巨涛、刘玉芝副主编:《两汉文化研究(第 2 辑)》,北京:文化艺术出版社,1999 年版:第 338 页	有较为详实的资料统计
10	徐建国	《徐州汉画像石室祠建筑》,《中原文物》1993 年第 2 期,第 53～60 页	作者统计徐海地区发现汉画像石室祠有 24 处之多
11	王步毅	《褚兰汉画像石及有关物像的认识》,《中原文物》1991 年第 3 期,第 60～67 页	
12		《宿县出土汉熹平三年画像石》,《中国文物报》1991 年 12 月 1 日第 1 版	经考证为地面石室祠构件,名为"邓掾石室"

备注:1. (南朝宋)范晔撰,(唐)李贤等注:《后汉书》卷八十二下《方术列传第七十二下·徐登》,北京:中华书局,1965 年版:第 2742 页。载为赵柄立祠室,此种事例(如 937 页),该书极多,可见汉代立祠之普遍也。

表 9-1-5 有关汉画像砖石表面涂抹色彩的论文表

序号	作(著)者	资料来源
1	河南省文化局文物工作队	《河南南阳杨官寺汉画象石墓发掘报告》,《考古学报》1963 年第 1 期,第 111～143 页
2	绥德县博物馆	《陕西绥德汉画像石墓》,《文物》1983 年第 5 期,第 28～32 页
3	刘志远遗作	《成都昭觉寺汉画像砖墓》,《考古》1984 年第 1 期,第 63～68 页
4	南京博物院、邳县文化馆	《江苏邳县白山故子两座东汉画像石墓》,《文物》1986 年第 5 期,第 17～30 页
5	顾承银、卓先胜、李登科	《山东金乡鱼山发现两座汉墓》,《考古》1995 年第 5 期,第 385～389 页;另文中认为:"M2 出土的画像石画面上施彩绘的现象,在陕西、河南等地的汉画像石中比较常见,在山东地区西汉画像石中未见报道,该画像石的出土为研究山东地区汉画像石装饰艺术提供了新的资料。"

续 表

序号	作(著)者	资料来源
6	河南省文化局文物工作队	《河南禹县白沙汉墓发掘报告》,《考古学报》1959 年第 1 期,第 61～96 页
7	河南省文化局文物工作队	《河南襄城茨沟汉画像石墓》,《考古学报》1964 年第 1 期,第 111～135 页,第后室藻井画像石一段
8	南京博物院、邳县文化馆	《江苏邳县白山故子两座东汉画像石墓》,《文物》1986 年第 5 期,第 17～30 页
9	南阳市文物研究所	《河南省南阳县辛店乡熊营画像石墓》,《中原文物》1996 年第 3 期,第 8～16 页
10	周到、吕品、汤文兴	《河南汉画像砖的艺术风格与分期》,《中原文物》1980 年第 1 期,第 8～14 页
11	南阳市博物馆	《南阳县赵寨砖瓦厂汉画像石墓》,《中原文物》1982 年第 1 期,第 1～4 页
12	南京博物院、邳县文化馆	《东汉彭城相缪宇墓》,《文物》1984 年第 8 期,第 22～29 页
13	李鉴昭	《江苏睢宁九女墩汉墓清理简报》,《考古通讯》1955 年第 2 期

正如著名历史学家翦伯赞先生所指出的那样:“这些石刻画像(指汉画像石)假如把它们有系统地搜辑起来,几乎可以成为一部绣像的汉代史”①;鲁迅先生也曾赞誉“唯汉人石刻,气魄深沉雄大”②。由此可见,汉画像石是研究汉代社会极其宝贵的实物资料,具有十分重要的历史文化价值。

目前,我国境内很多地区都有汉画像石出土,通常公认为国内比较集中的有四个地区,它们是河南南阳、四川中部、陕西北部、江苏苏北和山东大部(此两省通常合并为一区。表 9－1－6),都是汉代政治、经济、文化相对较为发达的地区。一般来说,汉画像石存在的位置有下列四种情况:一是石碑或墓志铭上③,

① 翦伯赞:《秦汉史・序》,北京:北京大学出版社,1999 年第二版:第 6 页。

② 鲁迅:《鲁迅书信集・下卷》,北京:人民文学出版社,1976 年版:第 837 页。有关鲁迅先生对汉画像石研究方面的资料有:胡冰:《鲁迅对石刻画像的搜集与研究》,《文物参考资料》1953 年第 11 期;北京鲁迅博物馆、上海鲁迅纪念馆:《鲁迅藏汉画选(一)》,上海:上海人民美术出版社,1986 年版;北京鲁迅博物馆、上海鲁迅纪念馆:《鲁迅藏汉画选(二)》,上海:上海人民美术出版社,1991 年版。

③ 清朝同治年间发现的平邑县孝禹碑,此碑现存山东省博物馆;南阳发现的东汉石建宁三年(170 年)许阿瞿墓志。引见:尤振尧:《略论东汉彭城相缪宇墓的发掘及其历史价值》,《南京博物院集刊》1983 年第 6 期;徐州邳县燕子埠汉画像石,见徐州博物馆:《论徐州汉画像石》,《文物》1980 年第 2 期,第 44～55 页。这种情况在汉代以后也有,如河南省文化局文物工作队曾经发现的一块造像碑,曹桂岑:《郑州发现东魏造像碑》,《文物》1963 年,第 7 期第 51～53 页。

二是石阙上[①],三是墓前祠堂(又名石室、享堂、墓庐等,有人认为,“汉代地下墓室的前室也称为小祠堂”[②],这应该是就前室的使用性质——祭祀而言。汉代还出现丧葬中送赙礼赠小祠堂的情况[③]。有关其来源,有学者研究认为,“除从汉画像能看到东夷族团的痕迹外,石室建筑也当源于东夷族团的巨石建筑”[④]。)[⑤]中,四是汉画像石墓室内[⑥],以最后一种情况为最多。除此以外,还有画像崖墓、画像石棺等。

表 9-1-6 汉画像石四个中心论资料表

序号	作(著)者	资料来源
1	吴曾德	《汉代画像石》,北京:文物出版社,1984 年版:第 2 页
2	河南省博物馆	《南阳汉画像石概述》,《文物》1973 年第 6 期,第 16～25 页
3	常任侠	《河南新出土汉代画像石刻试论》,《文物》1973 年第 7 期,第 49～53 页
4	信立祥	《中国汉代画像石研究》,(日)东京:同成社,1996 年版
		《汉画像石的分区与分期研究》,俞伟超主编:《考古类型学的理论与实践》,北京:文物出版社,1989 年版
5	信立祥、俞伟超	《中国大百科全书·考古学·汉画像砖墓》,北京:中国大百科全书出版社,1986 年版
6	山东省博物馆、山东省文物考古研究所	《山东汉画像石选集》,济南:齐鲁书社,1982 年版:第 1 页
7	米如田	《汉画像石墓分区出探》,《中原文物》1988 年第 2 期,第 53～62 页
8	宋治民	《战国秦汉考古》,成都:四川大学出版社,1993 年版
9	王恺	《苏鲁豫皖交界地区汉画像石墓墓葬形制》,南阳汉代画像石学术讨论会办公室编:《汉代画像石研究》,北京:文物出版社,1987 年版:第 53 页

① 刘敦桢:《山东平邑县汉阙》,《文物参考资料》1954 年第 5 期,第 29～32 页;吕品:《中岳汉三阙》,《河南文博通讯》1979 年第 3 期,第 45～47 页;徐文彬:《略论四川石阙及其雕刻艺术》,《艺苑掇英》1979 年第 7 期;冯一下:《四川汉阙的价值》,《四川文物》1984 年第 4 期,第 58～59 页等,不胜枚举。

② 蒋英炬:《汉代的小祠堂——嘉祥宋山汉画像石的建筑复原》,《考古》1983 年第 8 期,第 741～751 页。

③ 曾昭燏、黎忠义、蒋宝庚:《沂南古画像石墓发掘报告》,北京:文化部文物管理局,1956 年版:第 30 页。

④ 徐建国:《徐州汉画像石室祠建筑》,《中原文物》1993 年第 2 期,第 53～60 页。

⑤ 徐建国:《徐州汉画像石室祠建筑》,《中原文物》1993 年第 2 期,第 53～60 页。

⑥ 吴曾德:《汉代画像石》,北京:文物出版社,1984 年:第 1 页。这种汉画像石墓近几十年来发掘极多,石棺画像:临沂市博物馆:《临沂的西汉瓮棺、砖棺、石棺墓》,《文物》1988 年第 10 期,第 68～75 页;四川省博物馆李复华,郫县文化馆郭子游:《郫县出土东汉画象石棺图象略说》,《文物》1975 年第 8 期,第 63～65 页;四川省博物馆,郫县文化馆:《四川郫县东汉砖墓上的石棺画像》,《考古》1979 年第 6 期,第 495～503 页;高文编著:《四川汉代石棺画像集》,北京:人民美术出版社,1998 年版。墓室中的画像,深圳博物馆编:《中国汉代画像石画像砖文献目录》,北京:文物出版社,1995 年版。不胜枚举。

目前所知最早有明确纪年的汉画像石，应是在河南省永城梁孝王、王后墓葬之中。芒山柿园发现的梁国国王壁画墓是西汉初的一座国王墓葬，可能晚于梁孝王（汉武帝前后）。墓内有两块阴刻画像石头（水井石），内容为菱形纹、鸟纹、树叶纹等，已具备画像石的基本特征，为画像石的雏形①。且该墓葬中"主室顶部西半部分有大型彩色壁画，面积南北长 5.5 米、宽 3.5 米，中间是一条头东南、尾东北的巨龙，两边是白虎和朱雀，四周绕以云气纹等装饰图案，由红、白、黑、蓝等多种颜料绘成"②。这可作为汉画像石墓起源于壁画墓的有力证明③。

汉画像石描绘了汉代人们生产、生活的各个方面，如宴饮、歌舞、杂耍、庖厨、狩猎、耕作、纺织、盐井、征战、讲经等，也有表现历史故事和当时人哲学思想意识的各种神话、升仙题材。总之，有关汉代的一切无所不有。

由于"每个刻有画像的墓葬或石祠都是汉代丧葬习俗、祭祀风俗的反映，画像石首先是墓葬或祠堂的建筑或装饰材料，因而，汉画艺术必然会积淀着深厚的民俗意识"④。可见，画像石本身也是一种对于墓室的装饰，不论其内容如何，都具有浓厚的装饰图案味，"商丘地区的画像石更是如此。……有相当一部分画像石上面全是装饰性图案，这些图案多为四方连续菱形穿环图案、四方连续十字穿环图案、二方连续十字穿环图案等。画面是穿环图案，四周往往也有图案花边，看来这些图案主要是起装饰墓室的作用了"⑤（图 9－1－1）。且"汉画像石是墓室祠堂的装饰艺术，它直接关系到人们与鬼神冥世的沟通，这种形式分布地范围之广、数量之多，说明鬼神观念在民众心理中所占的比重"⑥。可见汉画像艺术内容之庞杂。不少汉

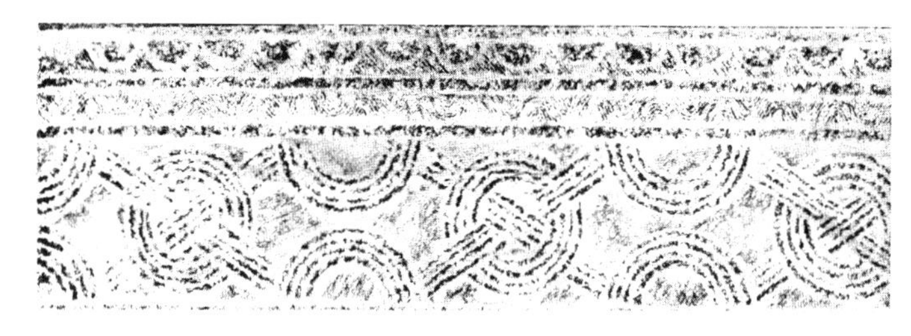

图 9－1－1　穿环图案

① 阎根齐：《商丘汉画像石探源》，《中原文物》1990 年第 1 期，第 39～42 页。

② 阎道衡：《永城芒山柿园发现梁国国王壁画墓》，《中原文物》1990 年第 1 期，第 32 页。

③ 当然，有关汉画像石墓的起源较为复杂，详可见本书第六章有关内容。

④ 崔华、牛耕：《从汉画中的水旱神画像看我国汉代的祈雨风俗》，《中原文物》1996 年第 3 期，第 75～83 页。

⑤ 寿新民：《商丘地区汉画象石艺术浅析》，《中原文物》1990 年第 1 期，第 43～50 页。

⑥ 李宏：《原始宗教的遗绪——试析汉代画像中的巫术、神话观念》，《中原文物》1991 年第 3 期，第 80～85 页。

画像石(砖)都描绘有建筑物形象，本文暂名此种包含建筑形象的汉画像石(砖)为"汉代建筑画像石(砖)"。正是由于"汉代建筑画像石(砖)"在汉代建筑历史研究、汉代历史研究、甚至整个中国历史研究都有重要的价值，众多专家学者都对此做过深入的探讨，取得了较多的成果。

笔者认为：在相当一部分有关"汉代建筑画像石(砖)"的研究中，由于认读方法的欠妥，造成了对"汉代建筑画像石(砖)"的错误认识，得出了一些不正确的结论，进而直接影响了对汉代建筑、汉代建筑历史乃至于对整个汉代历史的研究。有鉴于此，本文将笔者研究汉画像石(砖)的一点点体会写出来，以澄清一些认识上的误区。同时由于汉画像石(砖)内容太多，非这篇短文所能全部涉及；故本文只讨论与建筑有关的汉画像石(砖)——"汉代建筑画像石(砖)"；且仅讨论认读它的一些基本但十分重要的方法，借以正确理解"汉代建筑画像石(砖)"中的建筑及其有关的内容，这些方法对认识一般的汉画像石(砖)也有一定的借鉴作用。

此外我国汉代的图形印中也有"与汉代画像石、画像砖相似的阙楼、昭车出行等"①(图 9-1-2)。笔者认为，也许它们的源头是殷代早已存在的族徽图形似的铭文②(图 9-1-3)。其实，早在商丘地区春秋时期的墓葬中，出土的"陶尊，肩部阴刻两房屋，其一房顶、墙、门窗俱全，皆用斜方格线表示；其二为包式房屋，屋顶用平行线表示，刻划简单明快"③(图 9-1-4)，这或许是较早的"建筑画像陶"。也许，最早的"建筑画像石"，应该是出现于边远地区的内蒙古阴山、狼山地区岩画中，

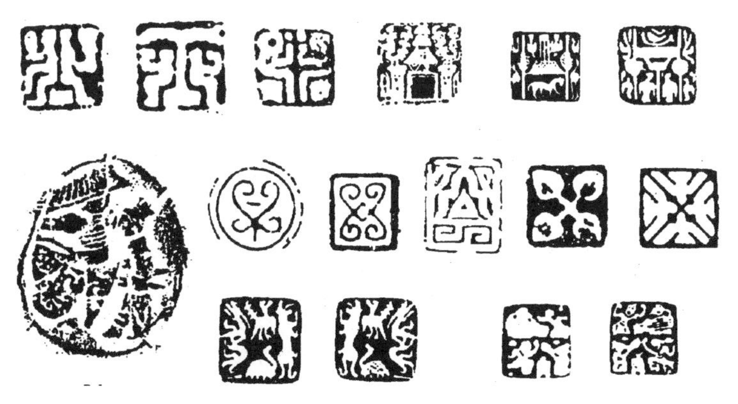

图 9-1-2 图形印

① 牛济普：《汉代图形印》，《中原文物》1994 年第 3 期，第 64～71 页。

② 郑若葵：《殷墟"大邑商"族邑布局初探》，《中原文物》1995 年第 3 期第 88 页图三、91 页图四。

③ 商丘地区文管会等：《夏邑县杨楼春秋两汉墓发掘简报》，《中原文物》1986 年第 1 期，第 7～10 页。

所有描绘帐棚、房屋或洞穴的建筑画[①](图 9－1－5)。

图 9－1－3　族徽

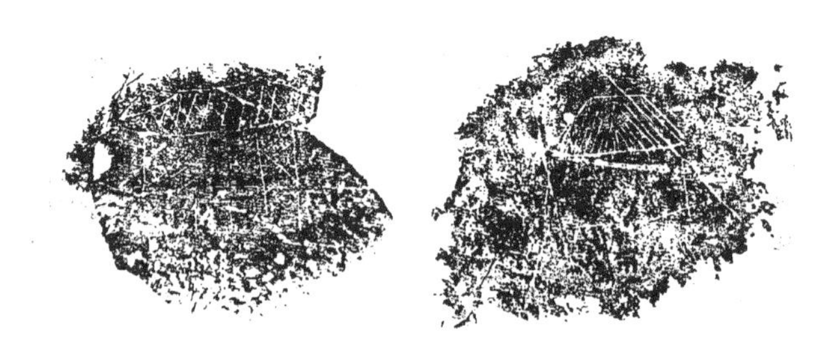

图 9－1－4　陶尊

① 盖山林:《内蒙阴山山脉狼山地区岩画》,《文物》1980 年第 6 期,第 1～12 页。

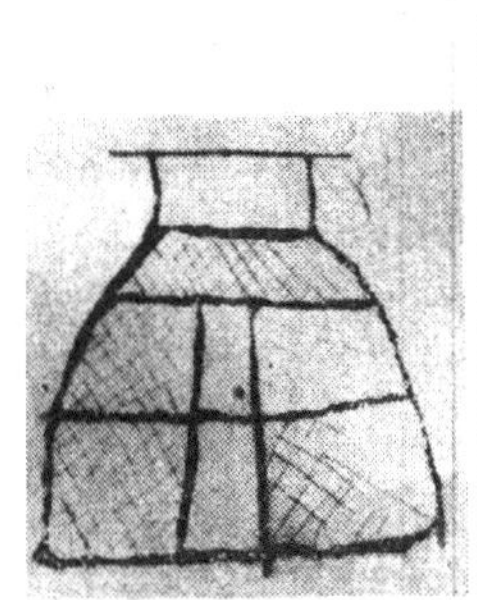

图9-1-5 阴山岩画

第二节 正确认读"汉代建筑画像石(砖)"的基本方法

笔者认为,正确认读"汉代建筑画像石(砖)"有以下几个切要注意的基本方法:

一、"三维透视"的空间角度

从"三维透视"(也即空间场景)的角度来认读汉代建筑画像石(砖),类似我国特有的"一点""多点"或"散点"透视。应该认识到汉代建筑画像石(砖),仅仅是用二维的平面图画,来表达三维的时空变幻内容。

汉画像石(砖)是汉代艺术家以石(砖)材为原材料所进行的绘画或雕刻,其艺术渊源应该与同时期的书法、绘画、雕刻、雕塑等都是一致的。也就是说,其创作的基本技法,应与前几者是相同或相近,这一点毫无疑问,较好理解。"汉代的雕工刻师们面对的实际上是平面意义的'石面'而不是立体意义的'石块',他们以刀代笔、以石为帛,同所有的平面处理的造型艺术一样,也是从两度的平面开始显示对空间形体的把握"[①]。"汉画像石与绘画的区别,主要就在于它是以刀代笔,取石为纸,其形象和绘画一样,都是用线条勾勒出来的"[②]。这从汉画像石艺术表现手法上也可以明显地

① 陈浩:《汉代画像石刻的空间表现》,《徐州博物馆三十年纪念文集》,北京:燕山出版社,1992年版:第149页。

② 王良启:《试论汉画像石的艺术成就》,《中原文物》1986年第4期,第83~86页。

看出来[①]。甚至于有些画像石墓本身就是石刻与彩绘相结合的，如山东沂南曾经发现一座石刻彩绘汉墓[②]，山东峄县城南发现的带雕刻及壁画的古墓[③]。而江苏省文物管理委员会在江都凤凰河工程，发现有汉代木椁墓中，椁室隔板是有浮雕建筑形象的木板[④]；与之很近的扬州邗江县胡场汉墓中，出土有木雕建筑版画[⑤]；山东诸城县西汉木椁墓的棺底，出土有一幅彩绘木版画："四神画像石刻，在西汉中期以前尚不多见，板画当是四神画像演变之前身"[⑥]（图 9－2－1）。这些现象应该是木椁墓与壁画墓、画像砖石墓等，相互影响的结果，表现了汉代不同艺术之间的密切关系。

图 9－2－1　彩绘版画

据考古发掘资料研究表明，汉画像石的制作可概括为以下几步：采石、打磨（早期无此步骤[⑦]）、绘画、刻或雕刻[⑧]。实际上，还有最后的上色，因此，汉画像石"把绘

① 常任侠：《河南新出土汉代画像石刻试论》，《文物》1973 年第 7 期，第 49～53 页："值得注意的是线条的运用……"；内蒙古文物工作队、内蒙古博物馆：《和林格尔发现一座重要的东汉壁画墓》，《文物》1974 年第 1 期，第 8～29 页："和林格尔汉墓壁画，构图……它跟汉石刻画像虽然质感和效果殊异，但具有同样'深沉雄大'（鲁迅语）的汉代艺术的典型风格。"；陈少丰、宫大中：《洛阳西汉卜千秋墓壁画艺术》，《文物》1977 年第 6 期，第 13～16 页："中国画的重要表现手段之一的线描，其功能在这一墓室壁画中得到了相当出色的发挥。……盛行于汉代的建筑物壁画，是与卷轴画并行甚至更为重要的绘画艺术形式。"

② 黎文忠：《山东沂南发现石刻彩绘汉墓》，《文物参考资料》1954 年第 5 期。

③ 《山东峄县城南有带雕刻及壁画的古墓》，《文物参考资料》1955 年第 4 期。（未找到作者）

④ 江苏省文物管理委员会：《江都凤凰河二〇号墓清理简报》，《文物参考资料》1955 年第 12 期。椁室隔板有浮雕建筑，年代为西汉末东汉初。

⑤ 扬州博物馆、邗江县文化馆：《扬州邗江县胡场汉墓》，《文物》1980 年第 3 期，第 1～12 页。木雕建筑版画。

⑥ 诸城县博物馆：《山东诸城县西汉木椁墓》，《考古》1987 年第 9 期，第 778～786 页。

⑦ 李宏甫：《连云港市锦屏山汉画像石墓》，《考古》1983 年第 10 期，第 896 页结尾处。"前期画像的雕刻方法，是先把石料凿平，未经打磨，用阴线刻出轮廓，然后细部稍加修整。这种雕刻风格，与河南东汉初期的杨官寺汉墓极为相似。山东肥城栾镇村墓中发现的建初八年（公元 83 年）画像石，也有相似之处。"徐州博物馆：《论徐州汉画像石》，《文物》1980 年第 2 期，第 44～55 页。

⑧ 陕西省博物馆、陕西省文物管理委员会合编：《陕北东汉画像石刻选》，北京：文物出版社，1959 年版：第 10 页。

画、雕刻和设色三者结合在一起,成为汉代艺术中一份珍贵的资料"[①]。大量的出土汉画像石(砖)中可以很明显地看出,汉代石(砖)刻匠师对于线条的处理已经十分娴熟,他们能根据不同对象的各自需要而灵活运用,与同时期的绘画(壁画、帛画、漆画等)几乎完全一致[②]。在河南偃师"杏园壁画对人物的刻画,能根据不同的对象,运用不同的线描技法,粗细刚柔交错使用,使人物形象神采奕奕。……对照西汉、东汉不同时期的壁画,如洛阳烧沟西汉壁画墓中的'二桃杀三士',河北望都一号墓,辽宁营城子壁画墓及内蒙古和林格尔壁画墓中,都可以举出许多实例来说明古代匠师在人物神态刻划和点睛上的高深造诣。通过对比,既可以认识它们之间的继承和发展关系,又可以加深理解传统技法在用线上的功力,画师不仅注意了造型上的准确,而且特别注意发挥线本身的表现力"[③](图 9-2-2)。

图 9-2-2　杏园壁画

1—2. 河南洛阳西汉墓壁画《饮宴图》人物眼神的刻画
3—4. 辽宁营城子汉墓壁画人物眼神的刻画
5—7. 河北望都一号东汉墓壁画人物

① 南京博物院:《徐州青山泉白集东汉画像石墓》,《考古》1981 年第 2 期,第 137～146 页。该文认为:"所有砌建墓室的石料,朝向墓室的一面,都经过平整手续,在需要雕刻图象的石面上,都用墨线绘出画像的轮廓(部分仍有遗留),再用刀剔除不需要的地方,并在留下的画面雕刻细部,最后在画面有关部位填绘朱红色"。

② 常任侠:《河南新出土汉代画像石刻试论》,《文物》1973 年第 7 期,第 49～53 页:"值得注意的是线条的运用。中国绘画的构图,是以线条为主的。现存中国古老的绘画,当数长沙出土的战国帛画和西汉非衣帛画,其形象就是用线条勾勒而出,然后填以色彩。这种线条的运用,发展为后世中国绘画的'骨法',而后的各种皱擦的画法,也多从线条变化而来。而汉代的石刻画像,不论是河南石刻画像的起地平刻,还上是孝堂山等地石刻画像的阴刻,构图也主要是线条。这是不同于欧洲的浮雕而为中国石刻画像所独具的艺术风格。中国石刻画像艺术的这种风格同中国绘画艺术的风格是相互辉映,完全一致的"。

③ 徐殿魁、曹国鉴:《偃师杏园东汉壁画墓的清理与临摹札记》,《考古》1987 年第 10 期,第 945～954 页。

汉画像石墓中也同样如此。山东省潍坊市发现的汉画像石墓,"画像对线条的运用是很娴熟的,不仅边栏的直线、物象轮廓线,而且物象细部如口鼻等曲线也是一气呵成"[①];山东省诸城县凉台画像石,以刀代笔,线条流畅[②](图9-2-3、4)。"河南画像石完全是线的世界,是线的沉重、剪影式的石头轮廓音乐般地活起来了,是线把艺术形象的神韵显示出来,是线表达了作者利用自然升华为艺术的审美感受"[③]。河南画像砖对"线条的运用,不管表现的是人物或动物,仅用寥寥数笔,便勾画出一幅幅形神毕肖的生动形象。构图的简洁,用线的娴熟都达到了较高的艺术水平"[④](图9-2-5)。马王堆汉墓出土的缯画(即帛画)"流畅的线条如春蚕吐

图9-2-3 诸城百戏:舞乐、百戏、拷打、髡刑图(摹本)

图9-2-4 诸城庖厨:庖厨图(摹本)

① 迟延璋、王天政:《山东潍坊市发现汉画像石墓》,《考古》1995年第11期,第1054～1055页。

② 诸城县博物馆任日新:《山东诸城汉墓画像石》,《文物》1981年第10期,第14～21页。

③ 周到:《河南汉画像石考古四十年概论》,《中原文物》1989年第3期,第46～51页。

④ 吕品:《河南汉代画像砖的出土与研究》,《中原文物》1989年第3期,第51～59页。

丝,纤细而富有弹性,是后世盛赞的所谓‘高古游丝描’”①(图 9-2-6)。更何况早在甘肃天水放马滩战国秦墓中出土的木板画,已经“用笔简练,线条娴熟”②(图9-2-7)。此外,“近日,宝鸡市考古队在该市仝家崖遗址发掘出土了距今 6 000 至 7 000 年的重要文物……出土的陶盆表饰的起笔、运笔、收笔痕迹,说明毛笔远中 6 000 至 7 000 年前已经发明”③。由此,甚至有学者认为,“尽管汉画像石中有凸面、凹面、弧面、平面等几种雕法,但其主体都是线条,主要的特点和绘画差不多,大部分画像石的线条艺术特点,类似绘画中的‘没骨画法’”④。甚至有人认为,汉画像石“是装饰画与浮雕、线雕相结合的产物”⑤。

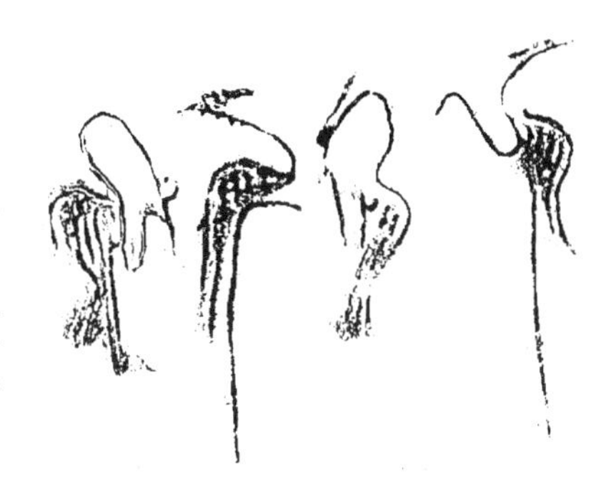

图 9-2-5 四鹤图

图 9-2-6 马王堆汉墓帛画

图 9-2-7 木版画线条

① 傅举有:《马王堆缯画研究——马王堆汉画研究之一》,《中原文物》1993 年第 3 期,第 99～107 页。

② 甘肃省文物考古研究所、天水市北道区文化馆:《甘肃天水放马滩战国秦汉墓群的发掘》,《文物》1989 年第 2 期,第 1～14 页。“洛阳汉画像艺术更擅长于线条的运用和富于版画的意趣,……洛阳空心砖画像则更显得线条的娴熟流畅,刚柔相济,有着本地区鲜明的风格和特点”,洛阳市文物工作队一队张湘:《洛阳新发现的西汉空心画像砖》,《文物》1990 年第 2 期,第 61～66 页。

③ 秦剑:《新石器时代已用砖》,《文汇报》2000 年 4 月 26 日。

④ 山东省文物考古研究所蒋英炬、吴文祺:《试论山东汉画像石的分布、刻法与分期》,《考古与文物》1980 年第 4 期,第 108～114 页。

⑤ 徐州博物馆:《论徐州汉画像石》,《文物》1980 年第 2 期,第 44～55 页。

虽然由于材质的差异，汉画像石(砖)与它们的表现手法略有区别，但基本的艺术技法和创作思想是一致的，这一点较易理解，有关例证比比皆是。中国绘画“特有的多点或散点透视”的方法(笔者认为尚应加上“特有的一点透视”，有关内容论述在后)，在汉代绘画中已具雏形，在汉画像石(砖)中都有所表现。研究表明，汉代的透视技法与前代相比有较大发展，已比较成熟①。有人研究汉赋与汉画像石刻的关系后认为，“汉赋与汉画像石产生的时空感，是造成装饰效果的第一因素。二者在视角度上，都采用了平列散点透视法，形象不重叠，视野开阔，往往在一个平面上出现远近八方不同的对象，不受任何空间局限来展现事物”②，这种囊括万事万物的宏大气魄，是汉赋与汉画像石共同的特征。周到先生研究河南汉画像石认为，“河南画像石不像现代画所用的交点透视法，而是中国传统的表现形式，即散点透视法。它用各种表现方法：(1) 平行横列式；(2) 斜线横列式；(3) 上下叠压法；(4) 高低区格法；(5) 满堂鸟瞰法”③。特别要提出的是，曾有学者深入研究了汉画像石与毕加索抽象画之间的内在联系④(图 9-2-8)。因此：汉画像石中的画面，仅仅是三维立体空间的二维表现，仅仅是静止的画面表现了变幻的时空内容，其所表现的汉代单个(或极其有限的群体)建筑形象，必然是实际存在的建筑院落空间的抽象图示。

图 9-2-8　侍者进食图

当然，“有很多学者认为，中国传统绘画中存在着一种不同于西方的‘焦点透视’的‘散点透视’。但也有人认为，中国传统绘画根本就不存在所谓的‘散点透视’(徐州博物馆《徐州画像石》，江苏美术出版社 1985 年)。实际上，汉画像石的构图常常是几个视点的组合，而这些视点的选择，又都是因为能够以此来得到最具物象审美特征的形象结构。这种情况，在古埃及的

① 山西省考古研究所、梁地区文物管理处、离石县文物管理所：《山西离石再次发现东汉画像石墓》，《文物》，1996 年第 4 期，第 13～37 页。有关汉画像石的制作步骤部分内容。

② 李宏：《汉赋与汉代画像石刻》，《中原文物》1987 年第 2 期，第 144～149 页。该文进一步认为“功利性与装饰性的统一，是汉赋与汉画像石在构成方式上主要的相似点”等。

③ 周到：《河南汉画像石考古四十年概论》，《中原文物》1989 年第 3 期，第 46～51 页。

④ 雍启昌：《追回十七个世纪》，《文汇报》1987 年 5 月 15 日版(未找到资源)载文；刘剑林：《毕加索与徐州汉画像石》，王文中主编，夏凯晨、及巨涛、刘玉芝副主编：《两汉文化研究(第二辑)》，北京：文化艺术出版社，1999 年版：第 360 页。

绘画艺术中就已经存在了。……在中国传统绘画中,特别是为数众多的山水画,严格地讲,其中并没有什么真正意义上的透视,即使是写实的工笔画家,也不是按照西方绘画模式那样去作画的,而较为普遍的是二维平面构图形式。因此,通观中国的传统绘画,严格的透视法则是从未被遵循的。而汉画像石作为绘画与雕刻的结合,也不能超出这个范围。也可以这样说,汉画像石的‘透视’其实就是在一幅画像中视点的组合及其相互关系问题”①。其实,有关此类画像,著名考古学家马承源先生,早有精辟的论述②。著名建筑历史学家傅熹年先生,对我国古代建筑画透视技法也有系统的论述③。

汉画像石(砖)艺术既然是我国传统艺术的瑰宝,它也必然是我国源远流长的艺术长河中的一个必不可少的中间环节;它既是对前代艺术的批判继承,又是后世艺术创新发展的基础。具体来讲,不论是新石器时代的彩陶纹,商代盛行的阴线刻甲骨文字,战国青铜器上的宴饮、攻战图(也有人认为是“都试”,即地方官检阅民兵④。),还是玉器上的纹饰等,都已从艺术的技法和风格方面为汉画像石的出现奠定了基础⑤。

---

① 刘照建、刘圣华:《略论徐州汉代画像石的艺术特色》,王文中主编,夏凯晨、及巨涛、刘玉芝副主编:《两汉文化研究(第二辑)》,北京:文化艺术出版社,1999 年版:第 379 页。

② 马承源:《漫谈战国青铜器上的画像》,《文物》1961 年第 10 期,第 26～30 页。“所有这类图像,都有明确的主题,也有为体现主题的各个分阶段内容。每一部分的图像内容都服从于主题思想而进行布局,并能有机地结合起来,尽管这种结合还不是成熟和完善的,但毕竟是前所未有的。我们如果把它与汉代的画像艺术做一些比较,就可发现战国青铜器上的画像乃是汉画像的真正的先驱。

……战国青铜器上的画像的构图风格,有很明显的特色。在那时,智慧的匠师,擅长于处理画面的空间,即使是一小块空间的处理,都是认真严肃的,其特点是最大限度地利用每一块空间,采用了不同事件的连续展开和多层排列相结合的方法进行构图,物象的排列和配置非常得体,表现的事件很多,场面很有声色,但却不使人感到紊乱。……从比较原始的静止的表象,进而能够准确地描绘大画面上的人类的活动,并且画像上的每一个个体,在作者意图中都有明确的目的和一定的地位,这在艺术的观察力和表现技能上,是一个飞跃的进步。……一切画像都是在绘画的线条上雕刻或塑印出来的,因此虽然不是原来的绘画,却是绘画的雕刻化,在相当程度上保留了绘画的本来面貌”等。类似这样精辟的论述,在这篇文章中比比皆是。

③ 傅熹年:《中国古代的建筑画》,《文物》1998 年第 3 期,第 75～94 页。

④ “劳干在其《论鲁西画像三石——朱鲔石室、孝堂山、武氏祠(附图)》一文中[史语所集刊(1939 年)8 卷 1 期],谓汉代石刻画像中之攻战图,并非真正意义上的战争,而是都试。都试者,即地方官检阅民兵。换言之,即战争之演习。劳氏曾举出许多例证,证明其说。不论劳氏之说是否尚有商榷之处,但是一说也。惟关于石刻画像之历史的索引,乃是一门学问,我在这里,只是指出石刻画像在艺术史上的地位,因而不论这些攻战图是真的战争,抑或是战争的演习,总可以表现当时战争之具体内容。”以上见:翦伯赞:《秦汉史》,北京:北京大学出版社,1999 年第二版:第 578 页注[1]。

⑤ 吴曾德:《汉代画像石》,北京:文物出版社,1984 年版:第 16～17 页;马承源:《漫谈战国青铜器上的画像》,《文物》1961 年第 10 期,第 26～30 页。

有学者研究晋东南战国墓葬中出土青铜器图案后认为,“不论是长冶还是潞城的铜器图案上,在画面布局和建筑的空间意识上,不是让人们去获得某种神秘、紧张的灵感、悔悟或激情,而是提供某种明确、实用的观念情调,正所谓‘可望、可行、可游、可居’种种。……图案中那种由几部分不同生活战斗场面而组成一幅完整内容的构图方式与技巧,不仅体现了先秦的理性实践精神,而且使其进一步发展广大。如果联系汉代墓中那种分块叙述墓主人生平的画像石、画像砖,其渊源正在于此”①(图 9-2-9),也就是认为有机的几个部分内容在同一画面中的表现,这于后世中国绘画的散点透视是完全一致的。“全景式的构图是中国山水画的一个显著特点,画面中景物位置,人山比例,全然根据画面需要而进行构图。‘画家的眼睛不是从固定角度集中于一个透视的焦点,而是流动着飘瞥上下四方,一目千里,把握大自然的内部节奏,把全部景界组织成一幅气韵生动的艺术画面’。《荀子·解蔽篇》说:‘从山上望牛者若羊,而求羊者不下牵也,远蔽其大也;从山下望木者若箸,而求箸者不上折也,高蔽其长也’。可见,远在战国时期,人们对空间透视问题,即近大远小的规律已有认识和掌握。

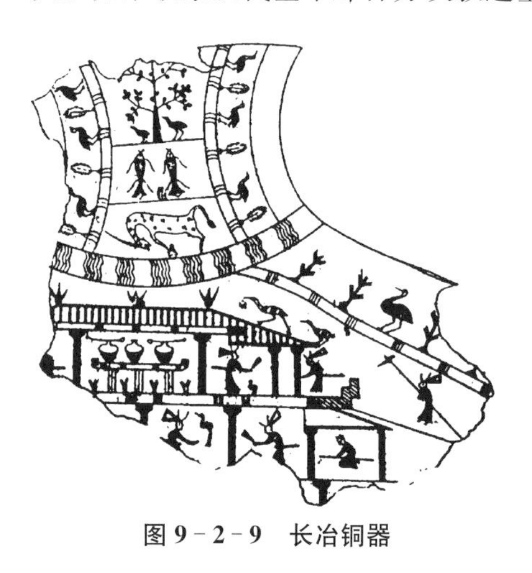

图 9-2-9 长冶铜器

汉代画工这种全景式的大构图,也就是‘散点透视法’,意在避免狭隘的‘目有所极故所见不周’的局限性。这是我国与西洋焦点透视法根本不同的具有民族特色的构图方法。北宋郭熙提出‘三远论’(高远、深远、平远),画山水景物用三远透视可以不受空间的局限,画家能更自由地在画面上安排景物。三远论就是在传统的透视基础上,对中国透视学的总结”②。还有人认为,“中国人向来喜欢完整,讨厌残缺,在现实画面中,由于透视关系,总是存在着近大远小,视线有时被物体挡住的现象,使观者得不到完整的认识,在汉画像石中不存在这种遗憾。画中房子多为正面,房中人物活动一览无余,人物多为全身,画面一般不重叠,再热闹的场面,打仗也好,出行也好,生活场面也好,都是这样。艺术工匠们为了更完整、更清楚地表

① 侯毅:《长治潞城出土铜器图案考释》,《中原文物》1989 年第 1 期,第 47～52 页。

② 张湘:《中国山水画渊源浅谈》,《中原文物》1985 年第 2 期,第 88～92 页。

现内容,往往把在纵深活动的人和物,处理为横向的上下左右排列,这个特点可以说是汉画像石中常见的表现方法。如山东有的画像石图象排得满满的,但却互不重叠,每个人和动物的姿态都很完整。一般认为古人不懂透视,其实也不尽然,古人追求的不是对自然现象的单纯模拟,而是经过艺术加工,以完美的形式表现其内容。就是说从主观精神去理解对象,古人观察事物是用眼和心同时进行,不是在一个定点上看事物,其视域是整体,不仅看事物的表面,还可看到事物的内里,以至前后上下无所不包,即后世所认为的'移动透视'或叫'不定点透视'"[①]。

本杰明·马齐在二十世纪三十年代著文,试图证明汉画的平面布局和散点透视源于画家"有意识的选择","而非出于对线性透视的无知"[②]。

这些都说明,汉画像石透视技法已经较为成熟。特别是汉武帝时期所盛行的建筑壁画与雕画,更是直接提供了艺术技法准备[③]。且此时经过汉代初期几十年的休养生息,社会生产得到极大的发展,财富激剧增加,积累了极其雄厚的经济基础[④]。同时,更是由于汉时风靡全社会的"事死如事生、事亡如事存"的灵魂不死、羽化成仙的理想观念的直接影响。汉画像石刻艺术,还是封建统治阶级装饰祠堂、石阙、墓室的需要[⑤]等。多方面的综合作用,促使了汉画像石艺术的顺利诞生。

---

① 寿新民:《商丘地区汉画象石艺术浅析》,《中原文物》1990年第1期,第43～50页。

② 巫鸿:《国外百年汉画像研究之回顾》,《中原文物》1994年第1期,第45～50页。

③ 翦伯赞:《秦汉史》十一章《两汉时代的意识诸形态》第五节,北京:北京大学出版社,1999年第二版:第568～570页。

④ 此时为使社会生产得到极大的发展,采取了一系列有力的措施。其中,较得力的有两条,一是土地改革、还地于民;如:(汉)班固撰,(唐)颜师古注:《汉书》卷一下《高帝纪第一下》,北京:中华书局,1962年版:第54页:"民前或相聚保山泽,不书名教。今天下以定,令各归其县,复故爵田宅。吏以文法教训,辩告勿笞辱。民以饥饿自买为人奴婢者,皆免为庶人。"。二是罢兵归田、招募流民,解决了农村劳动力缺乏的问题;如同上书引:"诸侯子在关中者,复之十二岁,其归者,半之。""军吏卒会赦,其亡罪而亡爵及不满大夫者,皆赐爵以大夫。故大夫以上赐爵各一级,其七大夫以上,皆令食邑;非七大夫以下,皆复其身及户,勿事……且法以有功劳行田宅。";(汉)司马迁撰,(南朝宋)裴骃集解,(唐)司马贞索隐,(唐)张守节正义:《史记》卷五十四《曹相国世家第二十四》,北京:中华书局,1982年版:第2029页:"举事无所变更,一遵萧何约束."。经过汉初几十年的休养生息,终于出现了"文景之治"的繁荣局面。如(汉)班固撰,(唐)颜师古注:《汉书》卷二十四上《食货志第四上》,北京:中华书局,1962年版:第1135～1136页:"(西汉高帝至武帝之初)'七十年间,国家亡事,非遇水旱,则民人给家足,都鄙廪庾尽满,而库府余财。京师之钱累百钜万,贯朽而不可校。太仓之粟陈陈相因,充溢露积于外,腐败不可食。众庶街巷有马,阡陌之间成群,乘　牝者,摈而不得会聚。守闾阎者食粱肉;为吏者长子孙;居官者以为姓号。人人自爱而重犯法,先行谊而黜愧辱焉。"见:白光华:《从汉初经济的发展看西汉宰相制度的变化》,王文中主编,夏凯晨、及巨涛、刘玉芝副主编:《两汉文化研究(第二辑)》,北京:文化艺术出版社,1999年版:第73页。

⑤ 吴文祺:《从山东汉画像石图象看汉代手工业》,《中原文物》1991年第3期,第33～41页。

“每个形式产生一种精神状态,接着产生一批与(此)精神状态相适应的艺术品”[①]。

综上所述,在观察汉代建筑画像石时,应遵循我国汉时各种艺术共有的规律,从“一点(或散点、多点)透视”的角度,即从三维空间场景的角度出发,认识到汉代建筑画像石仅仅是用二维的平面图画,来表达三维的时空变幻内容。由于画面本身面积有限、表现方法和手段的局限,聪明的汉代匠师采用了类似“透视”“连环画式”(也可称为“过程式”)或者“抽象画式”等方法,不拘一格、极其高明地满足了汉时人的时空观要求,表达了完整的墓葬思想。

因此,我们不能仅仅拘泥于二维平面的绘画,而要从时空流传变幻的角度来认读汉代建筑画像石(包括汉画像石),才可能得出较全面的正确结论。

二、按照“自下而上、自右而左”的顺序

在认读一幅分层(格)的较大的汉画像石时,一般应遵循“自下而上、自右而左”的顺序,有时甚至是“连环画式”(也可称为“过程式”)的认读顺序;同时又必须认识到整个画像石的画面内容又是连续不断的、有机的整体,不宜人为地、生硬地将其割裂为零碎而互不相干的各个局部。一般说来,这样的画面,或是“自右而左、自下而上”的表现了由阙门外到堂室内,主客迎来送往的过程;或者是表达墓主企盼由“下界到上界、由凡间到天国”,即由人变神的“羽化成仙”的理想过程。

1. 先看“由下而上”

我们中国人的传统观念认为:事物生长的过程是自下而上,即自地而天。上为天,覆盖一切;下为地,吐生万物,称为“天覆地载”。远古时代的《易经》,其卦符的阴阳叠加,六十四卦全部都是自下而上的方法和顺序,表达了我国古人的天地观;考古出土的汉代地图的方位(甚至可以说几乎所有我国古代地图。但在甘肃省天水市放马滩秦墓中曾经出土七块木板地图,与现代地图方位相同[②],值得注意。),都是“上南下北”,南为天,北为地,这同样体现了“由下而上”“由地而天”的认识顺序[③]。汉画像石(砖)也是将此种顺序和方法,使用于汉画像石(砖)墓墓室的内壁画像(图 9－2－10),它是古人“事死如事生、事亡如事存”观念的直接产物。它或者被用来表现墓主生前各种各样的奢侈豪华的寄生生活,或者被用来表现其企盼死

① 丹纳:《艺术哲学》,合肥:安徽文艺出版社,1991 年版:第 103 页。
② 何双全:《天水放马滩秦墓出土地图初探》,《文物》1989 年第 2 期,第 12～25 页。
③ 马王堆汉墓帛书整理小组:《长沙马王堆三号汉墓出土地图整理情况》,《文物》1975 年第 2 期,第 17～24 页。

图 9-2-10 武梁祠汉画像石

后能够列身仙班、继续仙界生活的理想场面。也有人认为，进入墓门(墓门即象征神人分界之处)以后，就表示进入了仙国①。我们认为，汉画像石应该不仅只是表现生前，它同时也必然表现了死后，这是"二位一体"的关系，生前的一切实在是死后所希冀的全部物质基础，即死后所希冀的一切必须以生前的一切物质为前提；而死后所希冀的一切又是对生前的美好生活的高度抽象，即是生前一切的延伸和发展。

有学者认为，"现实和幻想既是矛盾的两个方面，又有着内在的联系，现实是幻想的基础，幻想是现实的升华。所以商丘汉画像石的内容将天上、人间、仙境、幻影揉为一体，是现实主义和浪漫主义相结合的产物"②。甚至有人认为，"人们向往美好的生活，无论是逆境还是顺境，总是希望死后能进入无忧无虑的天堂。因此，在民间石刻匠人心目中，天堂世界的生活类似现实社会的皇家宫廷生活"③。

笔者认为，应不仅是皇家宫廷生活，还有社会上有一定地位的官吏、富豪等，毕竟不是每个匠人都有见识皇帝宫廷的机会。实际上，整个"汉画像艺术的题材，包含了神话、历史和现实三者的因素"④。高文、范小平两位先生，对四川省的画像石棺进行了详细的论述，并将画像石棺艺术按其内容划分为四种类型：(1) 反映现实社会的生活场景。(2) 反映天堂社会的理想化生活场景。(3) 反映神怪仙妖传说

① (1)"使整个墓室充满了神秘的气氛，说明它所反映的并不是墓主生前的'哀荣录'，而是想象中的死后所生活的'极乐世界'，山东省博物馆：《山东安丘汉画象石墓发掘简报》，《文物》1964 年第 4 期，第 30～38 页。(2)"汉画像石作为人们死后灵魂的归属和寄托的墓中装饰，创造者主观上所要表达的并不是身前生活的再次展现，而是死后人们灵魂如何得到安置和在另一世界超现实的享受。"王黎琳：《徐州汉画像石研究中公认现象的再认识》，徐州博物馆编：《徐州博物馆三十年纪念文集》，北京：燕山出版社，1992 年版，第 166 页。但该文 167 页，又称："作为灵魂不死的汉画像石，所反映的'生活图'内容，不仅仅是墓主生前生活的反映和再现，更多的是死后所希冀享受的生活。……汉画像石中的这类题材，客观上反映了汉代社会的现实生活，而其主观意图则是在塑造墓主人理想的天国生活。因此，不能简单地将汉画像石中的这类内容说成是墓主人生前生活的真实反映。"。笔者认为此论较贴切。

② 张华亭：《试论商丘汉画像石的艺术形式》，《中原文物》1994 年第 3 期，第 58～63 页。

③ 高文、范小平：《四川汉代画像石棺艺术研究》，《中原文物》1991 年第 3 期，第 25～32 页。

④ 王今栋：《汉画像中马的艺术》，《中原文物》1984 年第 2 期，第 26～31 页。

或图腾的画面。(4) 装饰性图案等①。

当然,也有学者认为,"人类思维的发展客观上存在着阶段性差异,古人认识与表现世界并不完全与我们同步。古人用各色艺术装饰墓葬,是为了表现一种遥远而深沉的精神寄托,他们无意于在墓葬中反映阳世——人类社会,而是要建构一个理想的、舒适的'另一个世界'——他们确信存在的'神鬼世界'。因此,当代人把这些艺术符号确认为古代社会生活在人们头脑中的反映,而古人则把这些符号建构起来的空间视为'另一世界'的实体存在。尽管这世界并非实体,而是凭借人的'想象力'创造的一个虚无缥缈的精神世界。然而,诚如康德所说:'想象力是一个创造的认识功能,它有本领从真正的自然界所呈现的素材中,创造另一个想象的自然(《审美判断力的分析》)。……汉画像上的职官队伍都是地道的冥府地吏:亭长是'墓门亭长'或'魂门亭长'一类打鬼捉妖的冥吏;'二千石'是'地下二千石';'令''丞'是阴间的'家令'、'家丞'。这些冥官与墓主人生前的生活根本没有丝毫的关系。对死亡者阴间生活的假设与表现,囿于人类认识与思维规律的局限,其理想图景的创造只能以现实生活为蓝本。因此,根据汉画像中的各种图景,可以推知汉代社会的状况。但是,汉画像的刻绘目的不在于表现现实生活状况,因此不宜做出反映墓主生前生活的简单结论。汉画像'神鬼世界'荟萃了各类艺术形象,形成了中国石刻艺术宝库中一条绚烂的艺术画廊,紧紧围绕亡灵这一主题,建构成一个由各类形象组成的复杂的形象系统。此结构包蕴着三个子系统:灵魂升天及天界诸神形象系统、死者躯体身后生活形象系统、冥界鬼魅形象系统"②;作者进一步认为,"由于原始思维集体表象的遗留,汉代人的观念中到处充斥着不可理喻的神秘力量,有形的存在与无形的存在互渗现象极为普遍"③。即认为汉画像石中的画面,在汉代人心目中是实际上的主观存在,这并不影响我们对汉画像石(砖)客观内容的讨论。顾森先生认为:"汉画像石中反映的内容和题材,是流行于民间的思想,不能尽用史书典籍去套""至少在公元前一、二千年的商周时代的那些精美绝伦的青铜器上,无论从雕刻的多层面和阴阳纹,都能看到汉石刻各类技法的反映。……三代的这些陶范和石范,是汉石刻和汉砖的先声,是汉画像技法的源头之一""汉画像石从画面结构看,多具有一石多层和每层不限内容连续镌刻的特点。按汉代人的说法,就是'后

① 高文、范小平:《四川汉代画像石棺艺术研究》,《中原文物》1991 年第 3 期,第 25～32 页。
② 陈江风:《汉画像"神鬼世界"的思维形态及其艺术》,《中原文物》1991 年第 3 期,第 10～17 页。
③ 陈江风:《汉画像"神鬼世界"的思维形态及其艺术》,《中原文物》1991 年第 3 期,第 10～17 页。

人见前人履底,前人见后人项,如画重累人矣。’东汉·马第伯《封禅仪记》,《续古文苑·卷十》‘雕文刻画,罗列成行。摅骋技巧,委蛇有章’东汉·武梁碑文,见宋·洪适《隶释·卷六》。这种分层安排各种内容和每层各种形象‘罗列成行’的格式,可以直接在春秋战国的青铜器上找到根据。……如果不限制以人物内容为主,则这种分层铸刻内容的结构就普遍存在于商周青铜器中。汉画像和汉代许多工艺品这种分层安排画面,直接继承了商周青铜器的手法”[①]。综上所述,汉画像石墓中画像的存在应该是为了表达墓主企盼死后能够继续享受生前的美好生活、永保灵魂不死的强烈愿望,代表了汉时代人的“时代理想”。

当然,我们认为,汉画像石在墓葬中的出现规律也许应该是这样的:开始仅仅是升仙、驱鬼等鬼神思想,发展到后期也同样出现了纯装饰性的图案。或者可以说各种艺术的发展规律都是如此。如墓葬中随葬的玉璧来言,“从红山文化、良渚文化遗址中的玉璧随葬,到春秋战国时玉璧置于棺盖,再到汉时玉璧或置棺盖,或绘于棺盖、锦幡,最终刻绘于崖墓甬道、画像石墓中,直至泛化成为一种集体无意识的装饰图案,其观念与心理基础都是相同的”[②]。因为,随着这种艺术的广泛使用,其原先所包含的神秘的宗教等哲学意味,已经不再为后来的人们所知晓;而这种艺术图形却正好相反,它们广为人们所熟知[③]。同时,这种艺术形式的发展,其本身所具有的原始性、神秘性特点,必然会越来越少,其中有些就演变成为人们使用的纯装饰性图案也就很自然了。有学者认为“对墓室建筑进行装饰本身就是汉代忠孝

① 顾森:《汉画像艺术探源》,《中原文物》1991 年第 3 期,第 1～9 页。

② 陈江风:《汉画像中的玉璧与丧葬观念》,《中原文物》1994 年第 4 期,第 67～70 页。

③ 如:“在史前遗存中我们还会发现一些似乎是作为佩带的装饰品而制作的雕刻动物形体,如红山文化中的玉龙,良渚文化中的玉牌、环等。这些东西是后来动物形玉佩祖型,它们的起源同样也和偶像崇拜有关。它们并不是简单的装饰品,而是一种护身符,人们将其佩带在身上是为了避邪、为了求其护佑”。尚民杰:《史前时期的偶像崇拜》,《中原文物》1998 年第 4 期,第 21～26 页。“汉画铺首来源于青铜兽面纹,其根则是原始的巫术,并从巫术中分化出来。从中我们可以看出艺术从再现到表现,又从表现到装饰的变化过程。那么‘当艺术变为一种纯审美或纯粹的形式美的装饰时期,艺术常常要求本身就会走向衰亡。这时,艺术开始摆脱这种状况,要求注入新鲜的、具体的、明确的内容,而又走向再现或表现(李泽厚:《美的历程·美学四讲》,合肥:安徽文艺出版社,1994 年版)’”。“汉画中的铺首显然已摆脱了宗教祭祀的外衣,在原有的实用功能逐渐消褪之后,实用的痕迹仍在底层积淀着,给人以一种形式美、装饰美,是汉代‘羽化升仙’主题思想笼罩下艺术体现的陪衬和附属,意象上已由顶礼膜拜的信仰转至自然平淡的追求。这正验证了装饰艺术上的一条定律:实用的东西丧失实用性之后,转化为神物,人们仍图其形以膜拜,于是转化成宗教祭仪的点缀品,也作为神媒的象征;宗教祭仪衰微之后,神物转化成礼俗的象征;礼俗崩溃后再抽象而成为纯粹的装饰图案”。谭淑琴:《试论汉画中铺首的渊源》,《中原文物》1998 年第 4 期,第 58～65 页。

观念的重要表现”[1]。而我国“秦代的统治者更明确提出：‘上者不美不饰，不足以一民’。汉代的萧何则说：‘非壮丽无以重威’。一个‘一民’，一个‘重威’，他们把美的设计与帝王的权威联系在一起”[2]。孔子也认为“文质彬彬，而后君子”。《虞书・益稷》“予观古人之象，日月星辰……，以五彩彰施于五色作服”。炎黄时代的人们观察天地间的万物，将自然界的形态、色彩进行一定的艺术加工并施之于服饰上，反映了人们对自然美的反映和追求[3]。早在裴李岗文化时期的墓葬中，已经出现了“劳动工具、生产用具和装饰品兼而有之”的情况[4]，这可以证明处于新石器时代早期的人们，已经对装饰产生了一定的需求。

图 9-2-11
临沂帛画

与此同时，我们还应联系汉代人的宇宙观，“因而更应从表面现象深入探究其内涵，依据汉代人们宇宙观念去解析画像的含义。汉代人认为宇宙存在着由上天到地下高低共 4 个层次的构成，最高的是上帝所居的天上的诸神世界，其次是以西王母住的昆仑山为代表的仙人世界，下面是死者生前居住的人间现实世界，最后是死者灵魂所在的地下世界”[5]。也有人认为是三个层次，“汉代自汉武帝‘罢黜百家、独尊儒术’后，董仲舒的天人合一论成为封建专制主义统治的理论基础。在这种理论的影响下，人们往往把宇宙分成上、中、下三个层次。董仲舒在《春秋繁露・王道通三》中把‘王’字的三横释为天、地、人，就是一个很好的证明，长沙马王堆一号汉墓的画幡(图 9-2-6)、临沂帛画等都可为证(图 9-2-11)。

东汉时期这一思想已渗透到社会生活的各个领域。汉代的祠堂正是在这种思想影响下发展的。祠堂从西汉初期兴起，到东汉中后期形式上基本定系形，内部画面的排放组合也形成了一定的规律。东汉石室祠堂因循了早已定型的土木结构的祠堂，一座小小的祠堂被当时的人们看成一个完整的宇宙空

① 杨爱国：《汉代的忠孝观念及其对汉画艺术的影响》，《中原文物》1993 年第 2 期，第 61～67 页。
② 张秀英：《中国书画装裱及其美学内涵》，《中原文物》1993 年第 2 期，第 100～103 页。
③ 彭景荣：《先秦服饰文化论纲》，《中原文物》1993 年第 4 期，第 73～76 页。
④ 王晓：《裴李岗文化葬俗浅议》，《中原文物》1996 年第 1 期，第 76～81 页。
⑤ 杨泓：《汉画像石研究的新成果——评〈中国汉代画像石研究〉》，《考古》1997 年第 9 期，第 93～96 页。

间,并把这个空间依次划分为天界、仙界、人间三个世界。祠堂顶部象征着天上世界,两侧壁的最高部位象征着仙人世界,壁画的其他部分象征着人间世界。石刻画像按其内容被安排在象征三个世界的位置上。从已经发现的汉代石室祠堂来看,很少例外”①(参见图 9-2-10)。“汉人眼中的世界分为天界、人间、地界(幽都)三界,天界实际上又是人间生活的延伸”②,等等。不论是四个或三个层次,总之都是存在着不同种类的生活情态,它们必然拥有各自特定的表现形式。江苏赣榆金山一座汉画像石墓中,有一幅汉画像石,“一人站立在一个半圆形的球体上,球上有山川河流,象征地球,人仰视太空,上有‘太阳’(金乌),是一幅反映汉代天、地、人的图像”③,极其有趣。

汉代人将墓顶当作天穹,在全国的汉画像石墓葬中,早有表现。如河南省唐河针织厂汉画像石墓,“墓室顶部多刻日、月、星宿、长虹等图,表示天空”④;又如山东济宁发现一座东汉墓中墓室内刻有星象图⑤。在孝堂山郭氏祠三角石梁底部也有石刻的星象图⑥,武梁祠画像石中也曾经出现过北斗星图⑦。而陕西省米脂汉画像石墓中,更出现了“前室顶部置太阳刻石,太阳染成红色;后室顶部置月亮刻石,月亮染成黑色。……这象征墓中有日月照临……古人认为这是难逢的‘祥瑞’”⑧。这些星象图在南阳地区出土汉画像石中,屡有发现⑨。在汉代壁画墓中也同样如此。这是由于“当时把整个墓葬视为一个死者所居的天地,所以把墓顶当作天空”⑩。这在汉代以后的墓葬中,也有证明,如陕西省咸阳市胡家沟西魏侯义墓,其墓顶仍可见到朱红色星座于残迹⑪。古代墓葬中,有时将表现阴阳的祥瑞物,如三足乌、九尾狐、蟾蜍、玉兔四种形象,一阴一阳为一组,使一阴一阳结合,这是汉

① 周保平:《徐州洪楼两块汉画像石考释》,《中原文物》1993 年第 2 期,第 40～46 页。
② 李黎阳:《试论山东安丘汉墓人像柱艺术》,《中原文物》1991 年第 3 期,第 86～89 页。
③ 徐州博物馆、赣榆县图书馆:《江苏赣榆金山汉画像石》,《考古》1985 年第 9 期,第 793～798 页。
④ 周到、李京华:《唐河针织厂汉画像石墓的发掘》,《文物》1973 年第 6 期,第 26～40 页。
⑤ 济宁市博物馆:《山东济宁发现一座东汉墓》,《考古》1994 年第 2 期,第 127～136 页。
⑥ 罗哲文:《孝堂山郭氏墓石祠》,《文物》1961 年第 4～5 期第 50 页图 2。
⑦ 南京博物院、山东省文物管理处:《沂南古画像墓发掘报告》,北京:文化部文物管理局,1956 年版。骆承烈等:《嘉祥武氏墓群石刻》,《文物》1979 年第 7 期,第 90～92 页。
⑧ 陕西省博物馆、陕西文管会写作小组:《米脂东汉画象石墓发掘简报》,《文物》1972 年第 3 期,第 69～73 页。
⑨ 河南省博物馆:《南阳汉画像石概述》,《文物》1973 年第 6 期,第 16～25 页。
⑩ 俞伟超:《中国古墓壁画内容变化的阶段性》,《文物》1996 年第 9 期,第 63～64 页。
⑪ 咸阳市文管会咸阳市博物馆:《咸阳市胡家沟西魏侯义墓清理简报》,《文物》1987 年第 2 期,第 57～68 页。

代人祈求阴阳和谐思想的表现[①]。而且，从墓葬中全部画像石的分布情况去探讨，可以看出汉代人们在建筑汉画像石墓时，是有意识地将它看作一个完整的宇宙模型来布置[②]。由此，“汉墓中升仙图的位置，因其设想的是向天上的飞升，所以，大都在墓室的顶部、四壁以及门额上，石棺、漆棺和铭旌上也时有发现”[③]。其实，“目前国内外学术界对缯画（即帛画）不同的解释有数十种之多，但是，认为内容的主题为墓主人升天，则是一致的。因为整个缯画内容不管多么离奇和复杂，但一系列图像都是墓主人通往仙境之路：从墓主人死亡、享受人间祭祀图开始，到方士引导墓主人成仙的出行图，再到墓主人乘龙轻扬而上进入天国成仙图，都表现墓主人在通往天国之路和进入天国之后的景象”[④]。换句话说，其表现的正是由人间而天国的过程。因此，长沙、临沂等地出土的帛画，其分层分格的表现手法，代表了天、人、地三层次，这是对汉画像石类似情况的最好证明（图 9-2-6、9-2-11）。

因此，汉画像石在墓室中的出现必然具有一定规律性。“这种墓室的顶部多饰有天文图象；室内多刻历史、神话故事以及墓主人生前的生活场面；墓门及门柱上常刻一些吉祥辟邪之神灵，重台楼阁、卫士及奴婢的形象；门楣多饰以角祗之戏以及一些驱魔逐疫为题材的画像”[⑤]。有学者研究大量的事例后，认为“神仙境界，人间生活与历史文化三大部分内容构成画像内容的主体，占据墓室中的主要地位。虽然各个墓中这几部分的比重不尽一致，但是它们各部分在墓室中的分布位置却大体相同，反映出一定的规律。综合汉代画像石墓的画像的分布情况，可以看出：表现神仙天界的画像大多安排在墓室的顶部或四壁上部（包括上横额）。描写墓主人世生活的画面则安排在墓室四壁的中部。表现历史故事的画面或安排在生活场景之下，或穿插在生活场景之中。前室是墓主男性的外部活动世界，重现墓主的政务、交际、出行等活动。中室（无中室者亦安排在前室一部分）是庄园中的庭堂部分，表现日常享乐的宴饮百戏，以及财产田地等内容安排在这里。后室象征墓主的内寝及后园，表现寝卧、宴饮等家室活动。中小型的画像石墓往往不在后室刻画图

---

① 陈江风：《大汶口一块汉画像石内容辨正》，《文物》1988 年第 11 期，第 35 页。

② 赵超：《式、穹窿顶墓室与覆斗形墓志——兼谈古代墓葬中“象天地”的思想》，《文物》1999 年第 5 期，第 72～82 页。

③ 吕品：《“盖天说”与汉画中的悬璧图》，《中原文物》1993 年第 2 期，第 1～9 页。

④ 傅举有：《马王堆缯画研究——马王堆汉画研究之一》，《中原文物》1993 年第 3 期，第 99～107 页。

⑤ 张晓军：《浅谈南阳汉画像石中牛的艺术形象》，《中原文物》1985 年第 3 期，第 75～80 页。

像”。“对比自西汉晚期兴起的汉代彩绘壁画墓中各种内容壁画的分布情况,可以得出相同的结论”,作者并且认为“画像石墓中的分布规律,不仅仅是一种简单的偶合,而具有相当丰富的内在含义。实际上,它反映出汉代人们的宇宙观与人生观,是汉代人们企图在墓室中重现天地宇宙与人生模式的体现。在墓室中重现宇宙的想法,可能远在汉代以前便已产生。《史记·秦始皇本纪》记载:‘……以水银为百川江河大海,机相灌输,上具天文,下具地理”[①]。其原因正是由于“汉画像石墓及墓上祠堂的画像内容表现了汉人的宇宙观,不同的画面按其内容雕刻于墓或祠堂的不同位置,顶部代表着人们想象的天上图景”[②]。

有学者从建筑的角度认为,“建筑的空间平面造成了三个图像群体,分绘于室顶、山墙和内壁。这三个群体表现了汉代思想的三项基本概念:室顶的祥瑞图反映了‘天’或‘天命’;山墙上的西王母和东王公象征了‘仙’或‘仙界’;内壁上的图像则表现了‘人界’或一部汉代人眼里的中国通史”[③]。因此汉画像石(砖)的设计意匠必然与整个墓葬思想一样,都是反映了“由下界到上界、由凡间到天国、由人到仙”的人间天上的全貌,表现了脱胎换骨、羽化成仙的完整过程,这从同时期的帛画艺术中已经得到证明[④],在它们之间必然存在着一定的相互关系。

汉代漆画同样如此。“漆画依内容可分二种:一种以社会生活为主题,表现狩猎、乐舞、宴饮、聘礼行迎等活动。第二种是以思想信仰为主题,引墓主人灵魂升天,逐鬼护灵等,往往以神、巫、鬼、怪和奇禽异兽作陪衬。漆画构图,信阳楚墓锦瑟升仙图,分节分段单独成幅,内容又有一定的联系;包山楚墓奁盒漆画,由于是圆形器,绘画围绕一周,情节连贯,似有长卷画的表现方法,给人场面宏大的感觉”[⑤](图9-2-12),可见其与同类型汉画像石之间也有着内在的联系。还有人研究认为汉画像石墓受到画像砖墓的影响[⑥]等。

以往某些学者对多层分格的大幅汉画像石,或认为是单个的互不相干的分层

---

① 赵超:《汉代画像石墓中的画像布局及其意义》,《中原文物》1991年第3期,第18～24页。

② 孟强:《关于汉代升仙思想的两点看法》,《中原文物》1993年第2期,第23～30页。

③ 巫鸿:《国外百年汉画像研究之回顾》,《中原文物》1994年第1期,第45～50页。

④ 安志敏:《长沙新发现的西汉帛画试探》,《考古》1973年第1期,第43～53页;孙作云:《长沙马王堆一号汉墓出土画幡考释》,《考古》1973年第1期,第54～63页;王伯敏:《马王堆一号汉墓帛画并无“嫦娥奔月”》,《考古》1979年第2期,第273～274页;徐州博物馆、赣榆县图书馆:《江苏赣榆金山汉画像石》,《考古》1985年第9期第796页第二〇石。

⑤ 蔡金法:《楚国绘画试析》,《中原文物》1992年2期,第32～38页。

⑥ 宋治民:《论新野樊集汉画像砖墓及其相关问题》,《考古》1993年第8期,第741～750页。

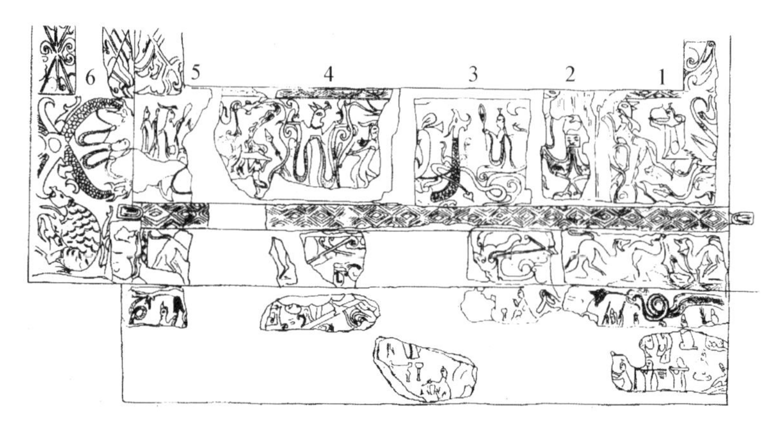

图 9－2－12　漆画

(格)画面(具体论述见后)[①],偶尔有人稍稍进一步地、模糊地认识到有些层(格)之间似乎有些关系,也不过是认为某几层(格)表现的是同样内容,整体的认识仍然是很不完整的[②]。

有人从风格上研究认为,“苏鲁区的汉画像石采用了分格表现的方法。……分层表现实际上是为了在有限的画面上表现更多的主题,是儒家重功利,讲实际的思想意念的反映。南阳区则为一石一画的表现方法。……汉画布局是以逐个墓葬作为构图单位,它与苏鲁区以单块石刻作为构图单位的儒风刻石,有明显区别”[③]。

笔者认为其实质应该是:多个这样貌似零碎局部的单个画面,有机地组成了思想较为完整的整块画面;又由多个这样的能够表达一定思想内容的各个整块画面,来共同烘托了全部墓葬完整的主题思想。也就是说,聪明的汉代匠师,运用过程式的连续的画面,类似后世的连环画。有学者甚或认为,“这就使以连环的形象系列表现神化成为汉画像很重要的特点”[④]。汉画像石中甚至有因为画面长度不够,而在画面中的一角补画一块的情况[⑤](图 9－2－13),还有连环画式表现丧葬礼仪的汉画像石[⑥](图 9－2－14)。

---

① 认为“许多石条上采用了分格表现法,即把整石划分成大小不等的格子,然后在每格中适当地布置题材,内容各不相联”,见陕西省博物馆、陕西省文物管理委员会合编:《陕北东汉画像石刻选》,北京:文物出版社,1959 年版:第 8 页。

② 徐州博物馆:《徐州汉画像石》,南京:江苏美术出版社,1985 年版:第 103 图(图版说明第 6 页)。

③ 张新斌:《汉代画像石所见儒风与楚风》,《中原文物》1993 年第 1 期,第 59～63 页。

④ 陈江风:《汉画像“神鬼世界”的思维形态及其艺术》,《中原文物》1991 年第 3 期,第 10～17 页。

⑤ 徐州博物馆:《徐州汉画像石》,南京:江苏美术出版社,1985 年版:图 30,利用一角进一步表现。

⑥ 王思礼等:《山东微山县汉代画像石调查》,《考古》1989 年第 8 期第 701 页文字、第 707 页图十。

图 9-2-13　连环画画像石

图 9-2-14　送葬图

这种思想在西汉中期稍后的洛阳卜千秋壁画墓中也已出现，“此墓壁画采用长卷式展开法，自东向西，一目了然”[①]。到汉末时期，表现得更加明显，如在江苏泗洪樊氏画像石墓内的“南北两壁及通道的每一块石面上雕刻一组画像，垒砌起来就形成了连景式的图象”[②]。它们整体、全面地显示了上述墓葬完整的设计意匠，表达了墓主们的时代心声。

有学者研究汉代壁画墓认为，“至于画面上端的红色横栏，我们认为可能代表天地分界线，横栏下的人物、车马，象征人间。该墓壁画色彩鲜艳，笔画流畅，同时在构图上布局合理，已出现了透视概念”[③]。这种情况在辽阳旧城东门里一座东汉壁画墓中，也有发现。画面下方画两道平行线，似表地面[④](图 9-2-15)。山西省

① 洛阳博物馆:《洛阳西汉卜千秋壁画墓发掘简报》,《文物》1977 年第 6 期,第 1～15 页。

② 淮阴市博物馆、泗阳县图书馆:《江苏泗阳打鼓墩樊氏画像石墓》,《考古》1992 年第 9 期,第 811～831 页。

③ 洛阳市文物工作队:《洛阳西工东汉壁画墓》,《中原文物》1982 年第 3 期,第 15～21 页。

④ 辽宁省博物馆等:《辽阳旧城东门里东汉壁画墓发掘报告》,《文物》1985 年第 6 期,第 25～45 页。

平陆枣园东汉墓,该墓“拱顶彩绘云气和日月星斗。……四壁绘山水、树木、房屋、牛耕、耧播等形象。其中从西壁的《牛耕图》和北壁的《耧播图》中已经明显地表现出由近及远的纵深空间感……,如果把墓室的上下左右空间壁画的多幅单场景绘画连续起来,便组合成全景式的天地人间景象”[①]。有研究者认为,汉画像石“在构图上,一种方法是左右衔接,不惜笔墨,鸿篇巨制,一气呵成,使人一目了然,增强了画面气势恢宏的力感。另一种方法是采用连环画式的分格叙述,故事性强,并使图像呈现出一种剪影的效果,十分生动,读来趣味盎然”[②]。

图 9-2-15 壁画透视

综上所述,“汉代墓葬虽然因地区不同,形制各异,但在汉代大一统思想影响下的墓室或祠堂中,其画像的上、中、下层次的安排是不能颠倒的”[③]。因此在解读这一类汉画像石时,就应该以整个墓葬的设计思想为出发点,理解各块局部的单个画面是其全部墓葬思想不可或缺的有机的组成部分;按照“由下而上”的认读顺序,才能够理解整块画面连续完整地传达了这一思想过程(不能由上而下,否则与“升仙”的顺序正好相反,变成了“由天国到人间”,就“下凡”了。)。

当然,从艺术渊源来讲,某些研究者认为,“以苏鲁区为代表的儒化了的汉画像石,其凝重而古朴的铺首衔环,或多或少地保留了商周青铜器的某些特点。其铺天盖

① 赫俊红:《中国早期绘画题材和构图的变化》,《中原文物》1999 年第 2 期,第 68～75 页。

② 邱永生:《徐州近年征集的汉画像石集粹》,《中原文物》1993 年第 1 期,第 64～70 页。

③ 周保平:《徐州洪楼两块汉画像石考释》,《中原文物》1993 年第 2 期,第 40～46 页。

地的繁密构图,分格表现的艺术手法,不留空地的补白及讴歌现实的生活素材,在战国时期中原地区的青铜纹饰中已极为常见。如河南汲县山彪镇出土的宴乐水陆攻战纹壶(《商周青铜纹饰》,文物出版社 1984 年 006),分格表现水战、陆战和宴乐内容,宴乐厅顶部用于补白的凤鸟,列队而游的鱼群,其艺术风格对汉画像石的影响是显而易见的。在汉代铜镜中,……均可见到平行线纹、连弧纹、锯齿纹等框边图案,其周边装饰多层边框的手法与汉画像石极为相似。反映了不同形式艺术的相互交流和影响。从南阳汉画像石的艺术渊源来看,战国漆器上的图案以凤最具代表性”①。

还有学者认为,“决定汉代画像石在内容、构图及气势方面诸多特点的关键是儒、楚风尚,其哲学背景则是先秦时期的儒鲁文化和庄楚文化。从汉画像石的艺术风格来看,在其发展过程中明显地与其它艺术成果进行了交流和借鉴”②。

2. 再论“自右而左”

首先,我们要探讨一下“左”“右”方位评判问题。一般地讲,我国传统上都是以所观察对象为中心的左右观;近代因西学影响,渐改为以观者为中心的左右思想,正好与传统相对,遂成左右相反的观念,本文中所论“自右而左”,是以现代观念为准。

我们已经知道,我国传统习惯一向是“以左为上,以右为下,自左而右”,其真实顺序即相当于现代的“以右为上,以左为下,自右而左”。实际上,早在《周礼·考工记》中,有关论述古代王城规划的思想时,表现得最为明显。其明确记载,以王宫居中,“左祖右社”。左是祖庙,位东侧;右是社稷,位西侧。东主生,西主死;东主出,西主入。……总是自左而右的顺序。汉代的官僚制度也与左右有关③,只不过此时的左、右是爵位,而非方位,在广州南越王殉葬的四个“夫人”中,有“右夫人”和“左夫人”一例可为证明④。

有学者认为“中国古代的书写顺序与天文顺逆有关。古人说“天文以东行为顺,西行为逆”(《汉书·天文志》),把左旋叫“顺行”,把右旋叫“逆行”,书写习惯是

---

① 张新斌:《汉代画像石所见儒风与楚风》,《中原文物》1993 年第 1 期,第 59～63 页。

② 张新斌:《汉代画像石所见儒风与楚风》,《中原文物》1993 年第 1 期,第 59～63 页。

③ (汉)司马迁撰,(南朝宋)裴骃集解,(唐)司马贞索隐,(唐)张守节正义:《史记》卷五十六《陈丞相世家第二十六》,北京:中华书局,1982 年版:第 2051～2064 页:惠帝、吕后时一度仿秦制,丞相分左右。此时“以右为上,以左为下”(现代顺序则为:“以左为上,以右为下”)。文帝元年,右丞相周勃谢病辞职,文帝则让左丞相陈平一相兼之。之后,西汉一直沿用未改。又(南朝宋)范晔撰,(唐)李贤等注:《后汉书》卷七十九下《儒林列传第六十九下·楼望》,北京:中华书局,1965 年版:第 2580 页:“十八年,代周泽为太常。建初五年,坐事左转太中大夫,后为左中郎将。”可见,东汉时仍以“左为下”。

④ 广州象岗发掘队:《西汉南越王墓发掘初步报告》,《考古》1984 年第 3 期,第 222～234 页。注意此例中右、左为古代认识顺序。

以左旋的方向及右行为主(此句的“右”“左”是按现代认识顺序。有趣的是,我国古代单个字书写是从右向左,整体排列顺序又是从左向右,本文加注)。这在汉字改行横排以前一直是个传统”①。且汉代家族墓葬的排列顺序上也是“由东而西”②,也可用来证明。汉代墓室与享堂位置关系来看,“墓室在西,享堂在东,这也许与汉代人以右为尊有关”③。

古籍记载同样如此。《礼记·礼器》云:“大明(太阳)生于东,月生于西,此阴阳之分,夫妇之位也”。《礼记·昏义》记载:“故天子之与后,犹日之与月”。《礼记·礼器》云:“君立于阼以象日,夫人在西房以象月”等。因此,我们可以推想,不论是书写还是绘画,汉时代人们都应该遵守这样的顺序。

有学者认为,“墓向朝东,排序尚左皆为楚国礼俗在冥宅中的反映。早在周代,楚人就尚左,与周礼尚右背道而驰。《左传·桓公八年》:‘楚人尚左,君必左,无与王遇’。此外,楚国的职官、军队等均以左为上、为先。这种礼俗和尚好一直延续到汉代仍盛而不衰”④。

由此,我们在观察这一类汉画像石(砖),一般应该遵循“自右而左”的原则。当然,需要指出的是,有人认为,汉代“所谓帝后合葬,一般是帝陵在西,后陵在东。这是古代西为上,东为下的缘故”⑤。而实际上,汉代帝后陵墓的位置关系是较复杂的,有时帝陵在西、后陵在东,有时帝陵在东、后陵在西,并无固定的规律。

综上所述,我们认为:遵循“自下而上、自右而左”的认读顺序,就会认识到,这一类汉画像石(砖)实为表现统一、盛大场面的完整画面,而不是一般论述中所认为的第一层(格)画面是什么,第二层(格)是什么,画面分为几层(格);其稍进一步的认识也仅仅是认为某几层(格)是有关系的或者表示了同样的内容等,都是拘泥于局部的、零碎的、各个部分的画面内容,而认识不到它是一个有机的传达完整思想的统一的整体(这方面的例证有一些,下文将约略举例说明)。有研究者认为,从时间上来讲,汉画像石采用几层(格)构图法,是东汉中晚期汉画像石的一个显著特点⑥,或认为分层分格是东汉画像石中常见的构图布局⑦。

---

① 李零:《马王堆汉墓“神祇图”应属辟兵图》,《考古》1991年第10期,第940～942页。

② 陕西省文物管理委员会:《潼关吊桥汉代杨氏墓群发掘简记》,《文物》1961年第1期,第56～66页。

③ 尤振尧:《略论东汉彭城相缪宇墓的发掘及其历史价值》,《南京博物院集刊》1983年第6期。

④ 闪修山:《汉郁平大尹冯君孺人画像石墓研究补遗》,《中原文物》1991年第3期,第75～79页。

⑤ 李南可:《从东汉“建宁”、“熹平”两块黄肠石看灵帝文陵》,《中原文物》1985年第3期,第81～84页。

⑥ 仝泽荣:《江苏睢宁墓山汉画像石墓》,《文物》1997年第9期,第36～40页。

⑦ 济南市文化局文物处等:《山东平阴新屯汉画像石墓》,《考古》1988年第11期,第961～974页。

有趣的是,还有人认为,汉代地上石祠堂画像与地下墓室画像石之间存在着密切的内在联系,并将它们作为整体来进行研究,“作者特别注意到在地上石祠堂的正壁(后壁),祭祀画像以下壁面下部的那组车马出行图像。与之相同的车马出行图像,在地下墓室之中则出现在横梁等较高的位置。它们上下对应联系,意味着墓内所葬死者乘坐车马,由地下墓室向上走出地下世界,上升到地上的祠堂,以享用子孙们祭祀……但将祠堂与墓室的画像有机的联系在一起作为整体来探讨其含义,则是研究汉画像内容的正确方法”[①]。

三、遵循古代建筑科学发展规律的综合考察法

在讨论画面的内容时,应联系汉时代人们的生活习俗、哲学思想观念、社会经济发展和当时的建筑技术水平,结合遗留至今的古代文献[②],尤其是更应该结合当前的考古学成果等来综合加以考察,而不能就画面所见的内容来论画面,如此得到的结论,必然是片面甚至错误的。

目前,我们所能了解的最早利用廊庑围合成廊院式的建筑是河南偃师二里头的商代宫殿建筑遗址[③],它利用廊庑围绕形成院落空间,体现了中国建筑最重要的特点之一——院落空间的雏形,使没有分隔的、开放的空间,变成为封闭的、内在的空间,就此点而言,说它在中国建筑史上是一个了不起的变革,具有划时代的极其重要的意义,应该说是恰如其分、毫不为过的。我们已知最早的四合院建筑是陕西岐山凤雏村的西周建筑遗址[④],它严谨的中轴对称所形成的层层递进的院落空间,就是与后世的四合院建筑相比也毫不逊色,说明商代以后又经过数百年的发展,至西周时期中国特色的院落式的建筑空间已经发展到较为成熟的阶段。从而,我们有充分的理由认为,与它们相比,不论是政治、经济,还是科技、文化都更为发达的中国汉代历史时期,其时的建筑同样不论是经济技术还是空间艺术水平,理应都是

---

① 杨泓:《汉画像石研究的新成果——评〈中国汉代画像石研究〉》,《考古》1997年第9期,第93~96页。

② “今天的考古学已在很大程度上证明了古史存在的真实性”。夷寅:《走进古史传说时代》,《中原文物》1998年第2期,第43~47页;“仰韶文化时期建筑技术的辉煌成就,特别是原始宫殿建筑和古城的发现,说明黄帝始筑宫室、城池的传说是言之有据的”。王星光:《炎黄二帝与科技发明》,《中原文物》1999年第4期,第25~33页。

③ 刘致平、王其明增补:《中国居住建筑简史——城市、住宅、园林(附四川住宅建筑)》,北京:中国建筑工业出版社,1990年版:第4页。

④ 陕西周原考古队:《陕西岐山凤雏村西周建筑基址发掘简报》,《文物》1979年第10期,第27~37页。

更加有所发展和进步，这已经为考古发现所证实[①]；并且考古资料更表明处于汉代蛮夷之地的百越地区，其建筑竟然也是采用的“四合院”形式，“崇安汉城城墙依山势夯筑，……中部高胡坪甲组建筑基址，呈中轴线对称布局，由大门、庭院、殿堂、厢房、天井、回廊等组成了封闭的群体”[②]（图 9－2－16）。并且，有学者进一步认为“中轴分明，左右对称，平面布局严谨，空间高低错落有致，与秦咸阳宫的有关宫殿建筑遗址的布局相当接近。……这种适合于中国古代社会宗法及礼教制度的建筑布局也逐渐为闽越人所接受”[③]。联系古代文献记载，也同样可以说明问题（表 9－2－1）。近年发掘的辽宁绥中县“姜女石”秦汉建筑群址，其建筑规模之巨大、布局之严谨真正令人惊叹[④]。因此，我们可以断言，这种“平面布局的中轴线，左右均衡对称的原则已是被广泛地应用着”[⑤]，汉代建筑形式是以中轴对称下的院落空间为主，附带有各种不同的庭院空间（图 9－2－17）。而一般汉画像石中，所谓的“楼阁式”建筑形式，（见后文，它们是院落空间的透视，或表现了高台建筑下部的情况，当然也确有表现楼房。）清楚说明了汉代院落中的单体建筑形式，应该是高台、高堂建筑，也有一定数量满足不同功用的干栏式、楼阁式建筑。

表 9－2－1　有关汉代建筑部分文献一览表

序号	古籍或论著	内　容
1	刘志远：《四川汉代画像砖反映的社会生活》，《文物》1975 年第 4 期，第 45～57 页	四川汉代画像砖正是在这样的历史背景下产生的，因而反映剥削阶级奢侈生活的画面较多。地主们主的是“坛宇显敞，高门纳驷”的甲第（如“甲第”图砖），“结阳城之延阁（长廊），观飞榭乎云中（高楼）”（如“庭院”图砖），院房里禁锢着为他们腐朽服务的妖童美妾，倡讴伎乐，庖厨杂役。他们宴饮享乐，朱门车马客，红烛歌舞楼，男女杂坐，合樽促席，“一醉累月”

① 刘致平：《西安西北郊古代建筑遗址勘查初记》，《文物》1957 年第 3 期，第 5～14 页；王世仁：《西安市西郊工地的汉代建筑遗址》，《文物》1957 年第 3 期（此期《文物》中未查有此篇文章）；祁英涛：《西安的几处汉代建筑遗址》，《文物》1957 年第 5 期，第 57～58 页；辽宁省文物考古研究所姜女石工作站：《辽宁绥中县石碑地秦汉宫城遗址 1993～1995 年发掘简报》，《考古》1997 年第 10 期，第 47～57 页等。有关汉代建筑方面的发掘资料较多。墓葬发掘资料更是数不胜数，较代表性的诸侯王墓有：（1）长沙马王堆汉墓，（2）广州南越王墓，（3）河北满城汉墓，（4）徐州狮子山楚王墓等。

② 吴春明：《崇安汉城的年代及族属》，《考古》1988 年第 12 期，第 1130～1136 页。

③ 林蔚文：《崇安汉城的外来文化因素及其评估》，《考古》1993 年第 2 期，第 169～175 页。

④ 辽宁省文物考古研究所姜女石工作站：《辽宁绥中县“姜女石”秦汉建筑群址石碑地遗址的勘探与试掘》，《考古》1997 年第 10 期，第 36～46 页。

⑤ 祁英涛：《西安的几处汉代建筑遗址》，《文物》1957 年第 5 期，第 57～58 页。

续 表

序号	古籍或论著	内 容
2	(汉)班固撰,(唐)颜师古注:《汉书》卷八十一《国张孔马传第五十一·张禹》,北京:中华书局,1962年版:第3349页《汉书·张禹传》	禹将崇入后堂饮食,妇女相对,优人管弦,铿锵极乐,昏夜乃罢
3	(南朝宋)范晔撰,(唐)李贤等注:《后汉书》卷四十上《班彪列传第三十上·班固》,北京:中华书局,1965年版:第1336页《后汉书·班彪列传上·两都赋》	内则街衢通达,闾阎且千,九市开场,货别隧分;人不得顾,车不得旋,阗城溢郭,傍流百廛,红尘四合,烟云相连。于是既庶且富,娱乐无疆,都人士女,殊异乎五方;游士拟于公侯……
4	(南朝宋)范晔撰,(唐)李贤等注:《后汉书》卷四十一《第五钟离宋寒列传第三十一·第五伦》,北京:中华书局,1965年版:第1398页《后汉书·第五伦传》	蜀地肥饶,人吏富实,掾吏家资多至千万,皆鲜车怒马,以财货自达
5	(南朝宋)范晔撰,(唐)李贤等注:《后汉书》卷三十二《樊宏阴识列传第二十二·樊宏》,北京:中华书局,1965年版:第1119页《后汉书·樊重传》	开广土田三百余顷……其所起芦舍,皆有重堂高阁,陂渠灌注,又池鱼牧畜,有求必给
6	(南朝宋)范晔撰,(唐)李贤等注:《后汉书》卷四十九《王充王符仲长统列传第三十九·仲长统》,北京:中华书局,1965年版:第1648页《后汉书·仲长统传》	井田之变,豪人货殖,馆舍布于州郡,田亩连于方国。……豪人之室,连栋数百,膏田满野,奴婢千群,徒附万计,船车贾贩,周于四方。废居贮积,满于都城。琦赂宝货,巨室不能容,马牛羊豚,山谷不能受。妖童美妾,填乎绮室,倡讴伎乐,列乎深堂
7	(南朝宋)范晔撰,(唐)李贤等注:《后汉书》卷六十四《吴延史卢赵列传第五十四·卢植》,北京:中华书局,1965年版:第2113页《后汉书·芦植传》	(马)融,外戚豪家,多列女倡歌舞于前
8	《华阳国志》未找到资源	故工商致结驷连骑,豪族服王侯美衣,嫁娶设太牢之厨膳,归女有百辆之徒车。送葬必高坟瓦椁,祭奠而羊豸夕(牺)牲
9	(清)严可均编:《全上古三代秦汉三国六朝文·全后汉文卷五十八·王延寿·鲁灵光殿赋》,北京:中华书局,1958年版:第1580页王延寿著《鲁灵光殿赋》	图画天地,品类群生,杂物奇怪,山神海灵,写载其壮,托之丹青,千变万化,事各谬形,随色象类,曲得其情。上纪开辟,遂古之初,五龙比翼,人皇九头,伏羲鳞身,女娲蛇躯,洪荒朴略,厥状睢盱。焕炳可观,皇帝唐虞,轩冕以庸,衣裳有殊,上及三后,瑶＊妃乱生,忠诚孝子,烈士贞女,贤愚成败,靡不载叙,恶以诫世,善以示后

续　表

序号	古籍或论著	内　容
10	(清)严可均编:《全上古三代秦汉三国六朝文·全晋文卷七十四·左思·蜀都赋》,北京:中华书局,1958年版:第3765页《蜀都赋》	亦有甲第,当衢向术,坛宇显敞,高门纳驷
11	(清)严可均编:《全上古三代秦汉三国六朝文·全晋文卷七十四·左思·蜀都赋》,北京:中华书局,1958年版:第3766页《三都赋》	若其旧俗,终冬始春,吉日良辰,置酒高堂,以御嘉宾……羽执竞,丝竹乃发,巴姬弹弦,汉女击节。……纡长袖而屡舞,翩跹跹以裔裔。合樽促席,引满相罚,乐饮今夕,一醉累月
12	(清)严可均编:《全上古三代秦汉三国六朝文·全后汉文卷二十四·班固·西都赋》,北京:中华书局,1958年版:第1205页《西都赋》	屋不呈材,墙不露形。以藻绣,络以瑜连。随侯明月,错落其间。金工衔壁,是为列钱。翡翠火齐,流耀含英。悬黎垂棘,夜光在焉。文物1982-3-68
13	(清)严可均编:《全上古三代秦汉三国六朝文·全后汉文卷五十·李尤·德阳殿赋》,北京:中华书局,1958年版:第1492页《德阳殿赋》	连壁组之润漫,杂虬文之蜿蜒(《艺文类聚》六二)
14	(清)严可均编:《全上古三代秦汉三国六朝文·全后汉文卷五十·李尤·东观赋》,北京:中华书局,1958年版:第1493页《东观赋》李尤	上承重阁,下属周廊
15	(清)严可均编:《全上古三代秦汉三国六朝文·全后汉文卷五十·李尤·平乐观赋》,北京:中华书局,1958年版:第1492页《平乐观赋》李尤	大厦累而鳞次,承迢尧之翠楼
16	(清)严可均编:《全上古三代秦汉三国六朝文·全后汉文卷四十四·崔骃·大将军临洛观赋》,北京:中华书局,1958年版:第1421页《临洛观赋》崔因	处崇显以闲敞,超绝邻而特居。列阿阁以环匝,表高台而起楼
17	(汉)仲长统撰:《昌言校注·阙题六》,北京:中华书局,2012年版:第362页《昌言》仲长统	今为宫室者,……起台榭则高数十百尺,壁带加珠玉之物
18	何清谷校释:《三辅黄图校释》卷之二《汉宫·未央宫》,北京:中华书局,2005年版:第115页《三辅黄图》	说未央宫"黄金为壁带,间以和氏珍玉,风至其声玲珑然也"
19	(汉)班固撰,(唐)颜师古注:《汉书》卷九十七下《外戚传第六十七下·孝成赵皇后》,北京:中华书局,1962年版:第3989页《西京杂记》	说赵飞燕德阳宫"壁带往往为黄金釭,含蓝田壁,明珠、翠羽饰之"

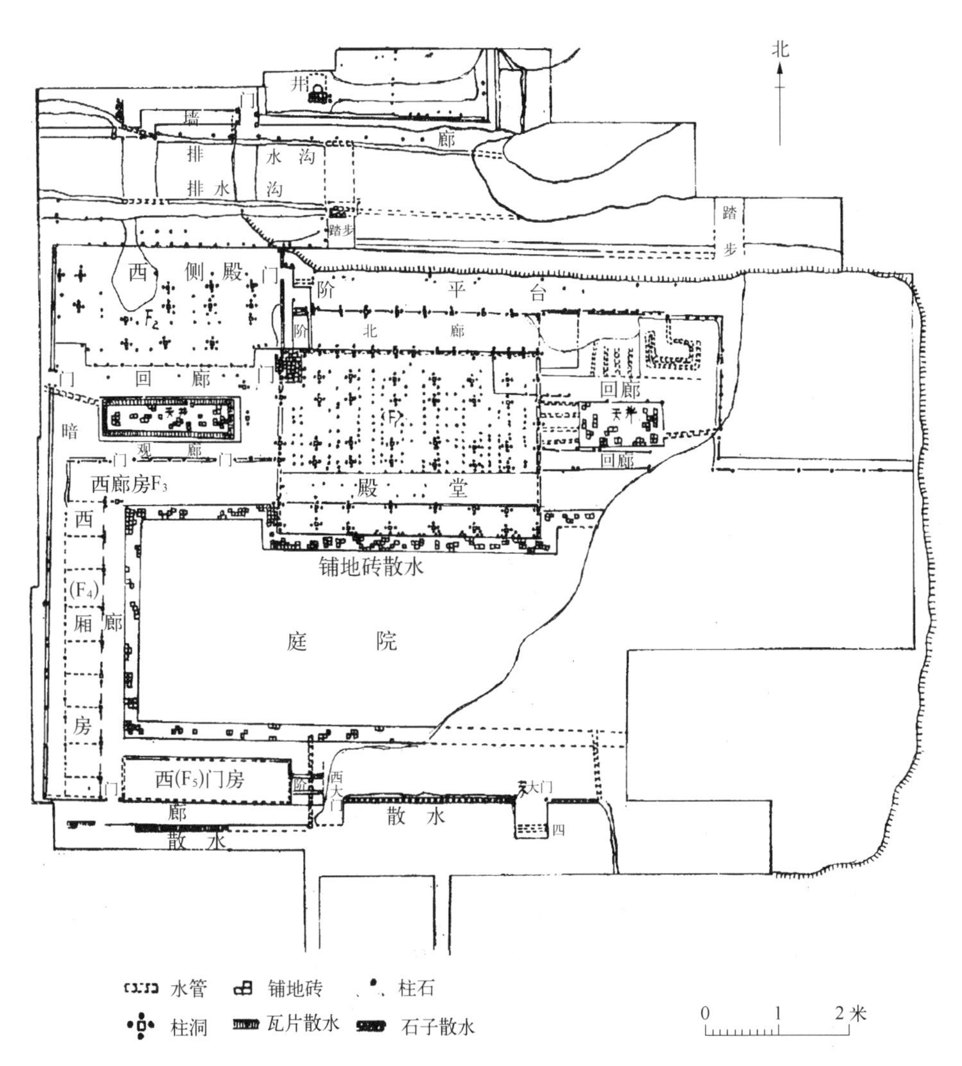

图 9-2-16 崇安汉城:高胡南坪甲组建筑群基址平面图

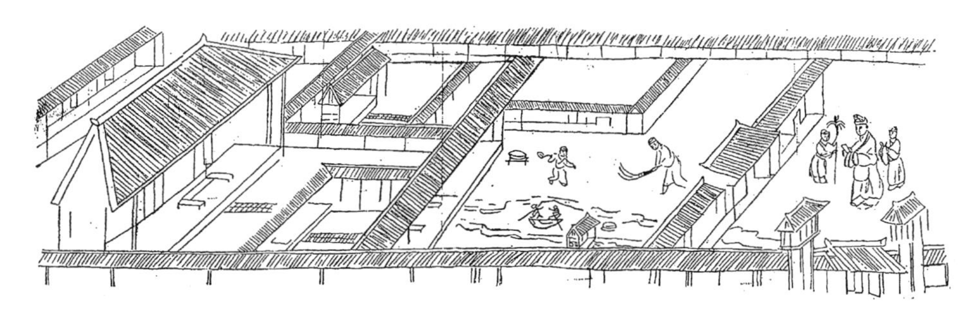

图 9-2-17 诸城庭院:庄园、庭院图(摹本)

此外，前文已述及，汉代建筑画像石仅是用二维的平面图画，来表达三维的时空变幻内容。由于汉画像石画面大小、表现方法、加工技术等的局限，它与所要表现的内容存在与这种形式之间存在着一些基本矛盾：

一是有限的画像石画面与表现广阔丰富的墓主生活内容；

二是画面的平面形式与所要表现空间性的场景内容；

三是画面截取的瞬间静止性与其所表现内容、时间的流动连续性等。

如何能够解决这些矛盾？这就是汉代石刻家们所伤脑筋的地方，而遗留至今的汉画像石就是他们神思妙想的完美结果。由于上面存在的不可避免的局限性，必然导致了汉画像石画面内容的“示意性”或“象征性”“装饰性”“标志性”的特点。“象征是画像艺术的又一重要表现手段。……如以‘五铢’图纹象征金钱与财勇的富足，以四面八方图纹（原名“柿蒂纹”）象征太阳的光芒死射，表现‘见日之光，天下大明’的吉祥意义。……比如何新在《诸神起源》中所揭示的汉画像以及其他文物中大量存在的‘十’字纹、‘十’字纹符号的深层含义中的太阳神崇拜观念”①。

当然，“画像构图并不呆板千篇一律，而是富有变化的。一般说来，早期画像的画面布局比较疏朗，不加点缀补白，主题非常突出，人物的神态和人物之间的情感联系非常鲜明，有疏朗、明晰、舒适之感。从中期开始，画面注意了必要的点缀补白，但这些装饰是为主题服务的。如在人物上面的空间加饰有垂幔②，表示是在庭堂之中；在龙、虎画面的空间加饰云气纹，更增强了动势；在升仙的车子上加饰乘托舆轮的流云，使车子犹如在太空飞驰，涂上了神秘的色彩；在野生动物和戈毕田猎的骑士足下加饰有突兀的山峰，表明是在高山峻岭间活动等。像这样的点缀补白，不仅美化了画面，而且有助于主题的鲜明，不是多余，而是非常必要的。晚期作品逐渐追求对称，画面较满，趋于装饰化”③。再如：利用鸡、猪、马等常见的家禽和牲口表示日常生活；利用小鸟等常见飞禽表示天空；利用鹤、狮子、龙、虎及众多的奇禽瑞兽代表仙家景象；利用简单的连弧纹代表室内装饰的帷幄；甚至仅仅利用几条鱼或细细的水流，就代表了广阔的池塘（图 9－2－16）。

有研究者认为，借助动物升仙的思想是道家的一贯传统，所以“在汉画中凡是

---

① 陈江风：《汉画像“神鬼世界”的思维形态及其艺术》，《中原文物》1991 年第 3 期，第 10～17 页。

② 在有些画像石中，结构简单的亭阁，刻画有帷幔装饰。由于帷幔成为当时广泛使用的物品，因而在许多画像石中，从刻画悬挂的帷幔发展为以垂幔纹（褰起的帏）作为画面边缘的装饰纹带。垂幔纹有的还刻画出下垂挂的帏组绶，但多数无组绶，简化为连弧纹”。卢兆荫：《略论两汉魏晋的帷帐》，《考古》1984 年第 5 期，第 454～467 页。

③ 周到、吕品：《南阳汉画像石简论》，《中原文物》1982 年第 2 期，第 41～47 页。

升仙的画面大都有各种灵禽神兽出没其间”[①]。甚至玄武也是人们升仙时所伴随之物[②]。“在众多战国帛画、汉画像中,人死灵魂升天导引者多是龙、凤、虎、鹿一类灵物。中国人以天国为最高理想,灵魂升天方为得其所”[③]。

在汉代壁画墓中,墓顶同样是天空的代表。一般都描绘有日、月、星象等,但其表现仍然是示意性的。如辽阳旧城东门里壁画墓,“棺室顶部绘有明月,明月周围有九十余个红色圆点,没有规律,也不符合天空星座的位置,因此所绘应是象征性的,只是用来表示夜空的繁星而已”[④]。四川汉代画像石棺艺术,画面中所反映出的幻觉或幻想,虽然不纯粹是抽象式的空想,并非完全没有生活依据。如“阙门”是通向美好的社会——天堂世界的大门,“太仓”就是粮仓,干栏式建筑,在汉代社会是存在的,“但是,其主题有的确实为‘非写实’,因而显示出一种象征性”[⑤]。汉代“壁画墓与画像石墓,都在努力造成一个完整的反映墓主生前所处宇宙与社会文化的时空范围。当然,由于各种条件的限制,这种再现的时空范围远远不能纤毫毕现,面面俱到,而只能采用高度概括抽象的形式,选择社会生活中最有代表性最为令人羡慕的典型场面作为各方面的反映。因此,除辟邪与单纯装饰的画面外,画像石墓以及壁画墓中每一块画像都代表了一个特定的宇宙空间或生活范畴,具有高度的象征意义”[⑥]。这同样也对应了汉画像石(砖)的表现技法等,不一而足。因此,我们在认读汉画像石时,应充分认识到它的这一特点。

由此,我们在讨论汉代建筑画像石中的建筑画面时,自然地就会认识到汉画像石中的建筑形象,具有相当的示意性,并不完全是现实生活中建筑的逼真表现,而是现实生活中建筑物的高度抽象。这本来就是我国绘画艺术的根本特点之一,而画像石由于材质的加工原因,这一特征表现的更加突出(如与画像石相比,西汉时期铜器上的画像已经有较多的细节描绘[⑦]。),其所表现的建筑的真实性是很有限的,不能完全就画面中的建筑来论建筑,否则就可能得到不全面的错误认识。

---

① 吕品:《“盖天说”与汉画中的悬璧图》,《中原文物》1993年第2期,第1～9页。

② 孙作云:《长沙马王堆一号汉墓出土画幡考释》,《考古》1973年第1期,第54～63页。

③ 陈江风:《从濮阳西水坡45号墓看“骑龙升天”神话母题》,《中原文物》1996年第1期,第65～71页。

④ 辽宁省博物馆辽阳博物馆:《辽阳旧城东门里东汉壁画墓发掘报告》,《文物》1985年第6期,第25～45页。

⑤ 高文、范小平:《四川汉代画像石棺艺术研究》,《中原文物》1991年第3期,第25～32页。

⑥ 赵超:《汉代画像石墓中的画像布局及其意义》,《中原文物》1991年第3期,第18～24页。

⑦ 郭勇:《山西省右玉县出土的西汉铜器》,《文物》1963年第11期,第4～15页。

四、整体思维的观念

应该认识到汉画像石的画面是由局部到整体，单个的整体又服从于全部的整体，而整个墓葬思想又是为了表现墓主企盼身后能够如生前一样继续享受美好的生活、羽化升仙、长生不死的愿望。这是多么强烈、多么崇高的理想啊！有关内容，前面已有详细述及，这里从略。

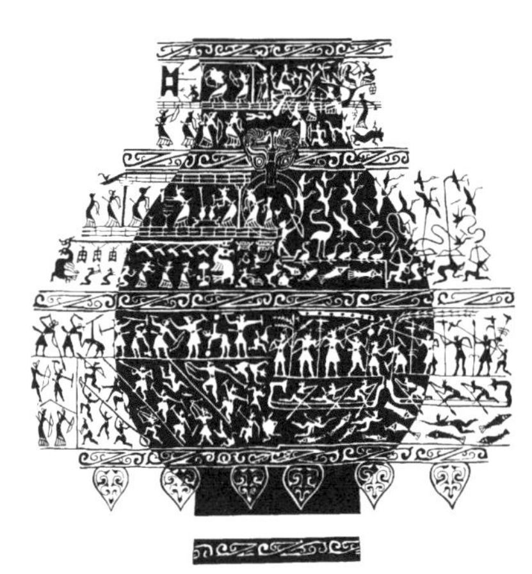

图 9－2－18　攻战图

综上所述，在认识分层（格）这一类型（图 9－2－18）或一般大幅的汉代建筑画像石（砖）的时候，一般应本着“由下而上、由右向左”，从局部到块体的顺序；还应认识到“局部与块体相连，块体与整体统一”原则，并且还应综合联系汉时的生活习俗、思想哲学观念、社会经济发展、建筑技术水平、遗留至今的古代文献、特别更要联系当前的考古发现等各个方面。以这样的认识顺序和思想方法，才可能正确理解画面的内容，得到的结论才应符合整块画面所要表达的完整思想，进而把握整个墓葬的主旨。

第三节　例　证

一、可简单概括为类似“一点透视”或立面图

例 1　尤振尧：《徐州青山泉白集东汉画像石墓》，《考古》1981 年第 2 期，第 143 页图 10－2（本文图 9－3－1）。

原报告没有对此画面进行说明。同一幅图出现在《徐州汉画像石》（江苏美术出版社 1985 年版）一书中为图 98。论著者云：“（画面）刻多层楼阁，上立凤凰；内有人宴饮、抚琴。”

笔者认为：此图从一点透视的角度来认识，或许会更好一些，应是用平面形式来表现空间层次。可以看出，它是表示层层空间、院院相连的豪宅形象，不是一幢楼阁，而是各不相连的厅堂在画面表现上的重叠。前面主体建筑较高大，后面稍低

矮,两者形制相似,符合人们认识的透视规律。表明了墓主生前豪华气派、死后升仙享乐的盛大场面。

图 9-3-1 建筑图

同理分析《巴蜀汉代画像集》一书图 48(49)的《双阙图》(本文图 9-3-2):实际也是类似于立面图的"一点透视"图,前面是作为建筑群人口标志并显示身份的双阙,后面是墓主生前所居或希望身后能够继续享乐的住所——多么气派的亭台楼阁啊。该书中的图 50(本文图 9-3-3)是较为特殊的建筑画面,运用本文所介绍的方法,则可以得出这样的结论:从透视的角度,画面类似一点透视,该图表现的是一幅升仙图,表示墓主企盼死后进入仙界的强烈欲望。双阙两边有神人侍候墓主的到来,奇禽瑞兽表现天上和人间的分界。画面中间是都柱,由它可进入上层的天界,仙界中有仙人捣药,天马、异兽及成仙的墓主。

图 9-3-2 双阙图

图 9-3-3 双阙

例 2 《迎宾宴饮图》，选自徐毅英主编《徐州汉画像石》，中国世界语出版社，1995 年版：第 25 页图 26（本文图 9-3-4）

图 9-3-4 迎宾宴饮图

原著云："画分两层。下层为迎宾场面，刻有子母双阙一对，阙内有两个持戟卫士肃立两旁，中间主人正在接见宾客。阙外，刻一轺车和一篷车，为宾客来途之状。上层为宴饮场面，根据汉代习俗，男女分席而坐，左为男宾客，右为女宾客"。

笔者认为：其解释画面内容是正确的，但还可进一步说明。与其认为画面是被分为上下两层，不如说是一幅统一画面的两个部分。

按上文提出的认识方法"由下而上、由右向左"，以透视的角度来看，最下面表示车马蹬蹬，宾客来到，主人迎出，阙外接风；宾主拜会之后，升堂入室，宴饮娱乐。上、下两层画面的分格线可以认为是透视情况之下前堂的室外地平线的自然存在，源于古代艺术家们对现实生活的仔细观察，也是实际生活中的自然现象。

有关类似例证，在汉代壁画墓中也所发现。"壁画中画面的下面画两道平行的黑线，似为表示地面"①。从残石的右上角来看，明显可见前堂建筑遮挡了后部后寝类建筑的底层。注意，被遮挡的才是干栏式楼阁建筑。画面对称布置的子母阙的母阙也正好遮挡了部分后面的前堂建筑。整个画面按这样的方法来认识，则可以得到会面、宴饮的完整过程；感受到由外而内、层层递进的建筑空间，交代了完整了故事情节，也使画面的思想内容一步步推向高潮，从而整个画面成为一个有机统一的不可分割的统一体。相信这样的认识，能够较为贴切创作者的意图与汉代人们的思想观念。

① 辽宁省博物馆辽阳博物馆：《辽阳旧城东门里东汉壁画墓发掘报告》，《文物》1985 年第 6 期，第 25～45 页。

例 3　龚廷万、龚玉、戴嘉陵编著:《巴蜀汉代画像集》,北京:文物出版社,1998 年版:图 57、67(本文图 9-3-5、9-3-6)

图 9-3-5　养老图

图 9-3-6　宴饮图

此外,还有一种较特殊情况,就是立面(甚至剖面)与透视相结合,形成立面(或剖面)透视,也可说是类似一点透视。如上文(图 9-3-5 养老图、图 9-3-6 宴饮图)等,都是这种手法的运用,类似情况,在我国战国时与建筑有关的青铜器图象中,已经出现[①];在同期的漆器和绘画中也有一样题材、风格的画面[②]。这种绘画风格,在山东临淄郎家庄出土的春秋末期的漆器上,能够看到渊源,而这幅漆画是目前我们所见到最早描绘建筑的图象[③]。本文前面所提的各种论点亦适用于此类作品,并不存在矛盾。

图 9-3-7　院落建筑图

例 4　《徐州汉画像石》,江苏美术出版社,1985 年版:图 32(本文图 9-3-7)。

原作者认为:“画面主体为对称式楼房,楼上三间各有两人对坐;楼下左右为马,中间当为驭者。楼顶上有一对凤凰,分列两边,作回顾状。”

笔者认为:按照前文所介绍的认识画像石(砖)解读法,从透视角度看,可认为它是示意性

① 寿新民:《商丘地区汉画象石艺术浅析》,《中原文物》1990 年第 1 期,第 43～50 页。
② 杨宗荣:《战国漆器花纹与战国绘画》,《文物》1957 年第 7 期,第 50～54 页。
③ 傅熹年:《中国古代的建筑画》,《文物》1998 年第 3 期,第 75～94 页。

表现院落式建筑的很好说明。画像石下方的建筑，表现了车马、门吏之所，是前大门院落空间及邻近的附属建筑空间的情况，后面是会客、宴饮的前堂，可明显地看出室内外有较大高差，以满足汉人席地而坐的要求。由于未见下方的支座，也没有看到屋顶上方的平座栏杆等，可确定它为一层建筑。

至于其三间并列的宴饮场面，则说明它是汉代一字形（或品字形）的"一主带两厢"的建筑形式的示意。并且，考古发掘资料表明，这种建筑形式早在春秋战国时就已出现，如陕西省凤翔马家庄春秋中期一号建筑群遗址，朝寝的两边置有左右厢房[①]；在晋国宗庙建筑遗址也同样如此[②]，在以往汉画像石中也有所发现[③]（图9－3－8）。而文献中所谓"室有东、西厢曰庙"[④]，就是证明。因此，此二层建筑，应是属于叠加另一院落空间的场景，而不仅是一幢两层楼的建筑。无论是文献还是出土文物资料中，都没有汉代大型建筑，上层住人、下层养马的人畜混居的情况（史书中称的蛮夷落后地区除外[⑤]，出土文物中也有下层养畜、上层为居人的建筑明器，但不应是豪门大户[⑥]）。极其注重儒家礼仪的汉代高官贵贾，豪门大户，用以会客、宴饮，显示身份、地位与权势，穷奢极欲的豪华场所，其下层却被用来养马，这恐怕说不过去。这既不符合起码的生活要求，也不符合封建礼仪要求。因此，不会被他们的思想感情所接受，因为"礼，作为

图9－3－8 "一主两厢"建筑图

① 陕西省雍城考古队:《凤翔马家庄一号建筑群遗址发掘简报》,《文物》1985年第2期,第1～30页。

② 山西省考古研究所侯马工作站:《侯马呈王路建筑群遗址发掘简报》,《考古》1987年第12期,第1071～1087页。

③ 南京博物院、邳县文化馆:《江苏邳县白山故子两座东汉画像石墓》,《文物》1986年第5期第17页图14;南京博物院:《徐州茅村画像石墓》,《考古》1980年第4期第347页图四－3。

④ 迟文浚、王玉华:《尔雅·音义通检》,长春:辽宁大学出版社,1996年版:第81页。

⑤ 范晔:《后汉书·张王种陈列传》(二十五史百衲本),杭州:浙江古籍出版社,1998年版:第823页。

⑥ 广西壮族自治区文物工作队:《广西贵县北郊汉墓》,《考古》1985年第3期209页图一六－1,原报告认为:"干栏式,上居人,下圈畜。上层平面成长方形,正面开一门……室内底左侧开一个四方形孔,长3.8、宽2厘米,可能是厕所坑穴或者是向牲口投草料的坑口。"笔者认为,这种干栏式建筑,作为生产性用房为多。即使其上居人(并发展为后世干栏式建筑),应处于汉时蛮夷之地的特殊情况,而不是汉代文化占主导地位发达地区的一般情况,非为主流。

中国古代精神文明的集中表现,它的产生与中国文明的形成是紧密联系在一起的。进入文明以后,仅夏、商、周三代,礼制延续一、二千年,虽春秋以后发生变化,但宗法等级制度和旧的礼制传统对秦、汉以来的中国社会,仍产生着不可忽视的影响。礼乐制度与中国古代文明表里相依、形影相随,应该承认它是中国文明固有的特点和组成部分",并且"从礼的内容来看,依照《周礼·大宗伯》的说法,包括吉礼、凶礼、军礼、宾礼、嘉礼等五个方面,涉及祭祀、征伐、田猎、朝娉、婚冠、宴燕、立储、丧葬等社会生活各方面,实际上还包含许多政治、法律、官制等内容"[①]。可见礼制,实际上也是等级制,深深地扎根于我国古人生活习俗之中。

再看同书中图33(本文图9-3-9),它被认为是:"画面采用侧面展现方法雕刻,左为宅前,右为屋后,主体为进深三间的楼房,由左而右,分二层和三层,屋前有阙,有鸟立于屋脊。楼中各间内都有人物活动,有的并坐,有的对谈,有的对饮;下层各间,有的置灶烹饪,有的则置酒坛之类的器物。"

图9-3-9 建筑图

笔者认为,它是纵横方向多个院落空间集中、示意性的表现。横向空间表现了大门、前堂、后寝等各个空间层次,其所谓二层、三层楼阁建筑,与其说是楼阁,倒不如说是空间的示意。否则建筑物中的多处错层,则难以理解。

对于空间层次,原解释也有模糊认识(即"主体为进深三间的楼房"),但由于没有认识到竖向画面却是表现了横向院落空间的内容,有储藏(车马、庖厨[②])、门房等第一个院落空间层次;有客、宴饮的前堂第二个院落空间层次;有后寝及与其相连的生活附房等第三个院落空间层次,它是对现实生活中纵、横两方向存在的,多路多进建筑空间院落,相当高明的概括性的表现,体现了高官贵要贾、层层叠叠,院落空间层次丰富、十分气派的建筑群落,而不仅是单幢数量极少的楼房。如果不以这种方法来认识,建筑层次就难以分得清楚,所得到的认识也是片面与有限的。

---

① 高炜:《中国文明起源座谈纪要》,《考古》1989年第12期,第1110~1121页。

② 刘振东:《中国古代陵墓中的外藏椁——汉代王、侯墓制研究之二》,《考古与文物》1999年第4期,第75~85页。

同理再来讨论如下两图,朱锡禄编著:《武氏祠汉画像石》,济南:山东美术出版社,1986年版,第82页图89,90(本文图9-3-10、9-3-11)。

图9-3-10　楼阁人物一

图9-3-11　楼阁人物二

图9-3-10为楼阁、人物。该书云:"第一层刻一座两层楼房,楼下两柱间有一马站立,马嘴下悬有马料袋。马后一人双手握马尾。柱外各有一人持戟立。楼上二人正面端坐,似为夫妇。二楼右方空处有一人立,左方残。楼檐上有一猴。第二层刻四人立。右主二人相对谈话,左方二人手均持笏,相互致意。第三层刻四人相对站立交谈,左二人手均持笏,右二人手抬至胸前致意。"

图9-3-11内容相似。原书曰:"第一层刻一个两层楼房。楼下柱间有一马站立。柱左一人执帚,柱右一人上楼梯。楼平台有二人坐,右方有一水鸟。楼顶屋脊上有两只朱雀。屋檐上有两只猫头鹰。第二层刻周公辅成王的故事。第三层刻一辆轺车,上乘二人。"

笔者认为:按照本文所提供的认识方法,图9-3-10则表达了一个完整的画面内容。由客来主迎,互相交谈到进入墓主的豪宅等连续的画面内容。建筑下一马,无非是显示附属储藏车马建筑的存在,所谓二人对坐的楼上,无非是表现前堂内建筑空间,而不会是人畜混居的下层养马、上层住人的奇特建筑。"二层屋顶"上部空间两边侍立的仆人也正显示了纵深方向空间的存在。以同样的方法来认识图

9-3-11,则会得到几乎一致的认识。要不然,不用说图 9-3-11 中屋顶形式奇特,就是两边人物,位于空中,亦难以理解。

至于画面是否是周公辅成王的故事,笔者认为倒不如说是表现墓主的场面。两幅画面的内容都是表现墓主生前的迎来送往或死后继续享受。类似于这样的画面较多,下面几幅图选自《山东汉画像石选集》一书(图 9-3-13、9-3-14),可以看到与上面举例很相似,读者可比照上文方法,自行分析。

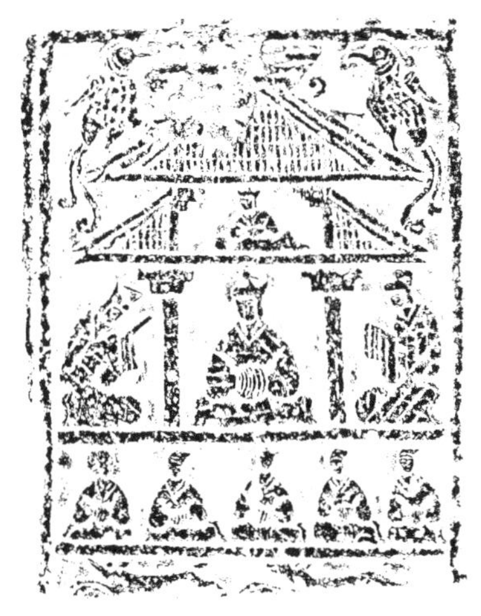

图 9-3-12 建筑一

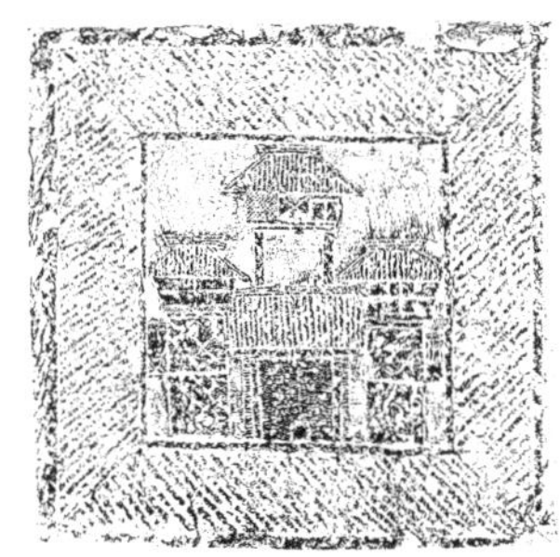

图 9-3-13 建筑二

图 9-3-14 建筑三

图 9-3-15 武梁画像

当然,也有些类似的汉画像石,可认为表现的是不同空间。但也可能是高台建筑的下部或前方的情况,需要注意分清情况,不能一概而论,如图 9-3-15 中所表示的“建筑”即是。

二、可简单概括为类似“多点(或散点)透视”

例1 南京博物院:《徐州青山泉白集东汉画像石墓》,《考古》1981年第2期,第141页图六-1、3(本文图9-3-16、9-3-17)

图9-3-16 庭院图

图9-3-17 建筑图 徐州汉画像石

先看图6-3(本文图9-3-17)。原著认为:“与上幅画的布局和内容大体相似,亦分为七格来表现。第一格中间一人髻发端坐,应是女性主人。左边刻奇禽异兽,可辨的有瑞鸟一、兽一、龟一;右边为玉兔捣药,形象与第四幅所见的相同。第二格为奇禽,第三格为异兽。异兽中有一‘雄虺九首’的怪兽,它作九个头、兽身有尾,曾见于山东沂南汉墓及武梁祠东阙,为一幅神话传说画。《天问》记楚先王庙壁画曰:‘雄虺九首,倏忽安在?’,东汉王逸注曰:‘虺,蛇别名也;倏忽,电光也,言有雄虺,一身九头,速及电光,皆何所在乎?’屈原弟子宋玉在《招魂》中说到南方鬼怪时,也说‘雄虺九首,往来倏忽,吞人以益其心些!’可见这类传说在战国、西汉时颇为流行。从第四格开始,至第七格止,主题着重表现迎宾。右边刻三层楼房一座(画面占第四至第六格),最上的一层楼房,窗门紧闭,有四人倚栏远眺。中间一层楼,窗门敞开,有三女子凭窗远望,一侍者在旁恭候。其左边轩房,住有六人,皆倚栏向下观望,屋前有鱼游于其中。底层为正屋,大门半掩,门上设铺首,有两侍者候立大门两侧，屋前宾主共七人，五人面向左方，应是主人方面，作拱手胸前向客人表示欢迎，右两人面向房屋，应是宾客，亦两手拱于胸前，向主人表示致意。第七格刻车马图。前导刻有两骑：二马并行，骑者都持长矛，随后有一辆轺车，车上坐一人，御者坐车前驾马。轺车后有一辆有篷大车，御者露出半个头。"

笔者认为，原著认为画面四至七格内容表示迎宾的盛大场面显而易见。但由于对整块画像石的思想内涵把握较少，故出现分格论述的情况。而不是将画面作为一个整体，从而使完整统一的画面内容变得较破碎，没有得出更正确的认识。同时由于原文认识方法欠妥，或对历史建筑缺乏认识，对画面中的建筑结论有误。实际上，按前文所述指导思想，则可以很能明显地看出，(由下往上)最初为宾客车骑陆续来到，主人出迎后，一起来到前堂，坐观宴乐，再向上为奇禽瑞兽，表示成仙得道的仙家景象，整块画像石很完整地表现了墓主祈盼死后能和生前一样继续享受并进入天国、成仙不死的思想，画面可认为是早期连环画的雏形。

从下往上，先地下后天上，先凡间后天国，与人的思想常识完全一致。同意了此认识方法，再来看画面中的所谓"三层楼"，则可以得出，它不仅仅是一座单幢的楼，而是层层递进、"庭院深深深几许"的豪宅。它由众多的小院落所组成：最下层建筑应是迎宾的外大门空间的示意，它与后面院落空间的前堂、后寝等都是处于同一中轴线上。通过它以后，则进入宴会宾客的前堂，主客欢愉、歌舞升平、钟鸣鼎食的景象历历在目，其后面则应是外人不能轻易入内的后寝院落空间，有封闭的墙垣，墓主的妻妾们只能在高楼上临窗而观。"外大门"与"前堂"的屋顶都十分完整，说明它们具有一定的独立性，也可以证明它们是高宅深院中的院落空间的示意，而不仅是单幢的楼。

至于后寝部分，可认为是高台式(或干栏式)建筑，其下部被前堂建筑所遮掩，只露出了上层建筑；它封闭的墙垣上开窗临望，可知表现的是楼阁建筑形象，与一般汉代建筑画像石中表现的二层建筑的窗牖形象一致，其上刻交叉的斜线表示窗牖，通过它可以临观。其旁边的附属建筑可认为是两层的楼房(即楼阁式建筑)的示意，也可以认为是一层，分别属于前堂与后寝不同的院落空间。至于有人将汉代建筑画像石中出现的类似阶梯跌落式建筑屋顶形象，认为是亚字形平面的"四阿重屋"(图 9-3-18)①。笔者认为这并不影响以上对画面中建筑的认识，只是本图中最后的后寝建筑，也可认为是较高级的礼制建筑。

① 曹春平:《中国古代礼制建筑研究》，东南大学博士学位论文，1995 年：第 39 页。笔者认为，该画像石下面斗拱形的"都柱"，也许表明了整个画面的升仙之意，它应该是实际生活中存在的夯土高台建筑，被当时人认为更加与仙界生活接近的反映。

图 9-3-18　建筑图

图 9-3-19　建筑图

考古资料确已证明,汉代辟雍遗址“台上中心建筑为‘亚字形’”平面[①]。与徐州相近的安徽地区,也发现过类似的画像石[②](图 9-3-19)。

汉代建筑画像石中的单体建筑,并非如某些学者所认为的与实际真正的建筑形象完全一致,而只能是被用来表示特定的序列空间的存在,具有相当的“示意性”。如前已述,中国目前已知的最早的四合院式建筑,是早在西周早期即已出现的陕西岐山凤雏村建筑遗址,表现了多重院落、廊庑周环、轴线对称的较为成熟的院落空间的形象,由于其较好地满足礼制与生活方面的各种要求而被沿用至今。这完全可以反证比它晚近千年的汉代的建筑处理空间的手法应该更加成熟,而不会仅如某些汉代建筑画像石中所反映的单幢或几幢建筑所能“真实地”表现,而只可能是示意性的具有抽象性的特点;同时,考古发现中也有不少示意性的表现汉代庭院的建筑画像石(表

① 刘庆柱:《汉长安城的考古发现及相关问题研究——纪念汉长安城考古工作四十年》,《考古》1996 年第 10 期,第 1～14 页。

② 王步毅:《褚兰汉画像石及有关物像的认识》,《中原文物》1991 年第 3 期,第 60～67 页。另河南睢宁也有。

9-3-16,图9-2-6)。从这样的角度来看,就可以了解当时深宅大院的盛大外观。否则,以文献记载中动不动就有成百上千人追随的高官鸿儒[①],却只有一间或几间会客之所,来容纳众多的宾客;只有一间或几间后寝建筑,来容纳较多的妻妾奴婢;也只有一间或几间附属建筑来作为储藏车马、庖厨之所;这恐怕说不过去。汉赋中同样也有较多的形象生动的描写,可为佐证。以这样的方法来认识众多的汉代建筑画像石,则会得到耳目一新的启示。

表9-3-1 有关汉代庭院资料粗略统计表

序号	作(著)者	资料来源
1	华东文物工作队山东组	《山东沂南汉画像石墓》,《文物参考资料》1954年第8期,第35～42页
2	党国栋	《武威县磨嘴子古墓清理记要》,《文物参考资料》1958年第11期,第68～71页
3	河北省文化局文物工作队	《1958年邢台地区古遗址古墓葬的发现与清理》,《文物》1959年第9期,第66～69页
4	安金槐、王与刚	《密县打虎亭汉代画象石墓和壁画墓》,《文物》1972年第10期,第49～65页
5	内蒙古自治区博物馆文物工作队编	《和林格尔汉墓壁画》,北京:文物出版社,1978年版:第147页《庄园图》
6	诸城县博物馆任日新	《山东诸城汉墓画像石》,《文物》1981年第10期第16页图四
7	成都市文物管理处陈显双	《四川成都曾家包东汉画像砖石墓》,《文物》1981年第10期,第25～33页。图见:《四川画像砖艺术》,《四川画像砖图录》
8	淮阳县博物馆	《淮阳出土西汉三进陶院落》,《中原文物》1987年第4期,第69～73页
9	山西省考古研究所、吕梁地区文物工作室、离石县文物管理所	《山西离石马茂庄东汉画像石墓》,《文物》,1992年第4期第27页图三三,属于庭院一角
10	山西省考古研究所等	《山西夏县王村东汉壁画墓》,《文物》1994年第8期,第34～46页
11	李林、康兰英、赵立光编著	《陕北汉代画像石》,西安:陕西人民出版社,1995年版:第80页

① (汉)班固撰,(唐)颜师古注:《汉书》卷五十二《窦田灌韩传第二十二·灌夫》,北京:中华书局,1962年版:第2384页:“诸所与交通,无非豪杰大猾。家累数千万,食客日数十百人。波池田园,宗族宾客为权利,横颍川”。有关此方面的文献资料,在《汉书》《后汉书》中比比皆是。

续 表

序号	作(著)者	资料来源
12	郑州市文物考古研究所、荥阳市文物保护委员会	《河南荥阳苌村汉代壁画墓调查》,《文物》1996 年第 3 期,第 18～32 页
13	山东省博物馆、山东省文物考古研究所编	山东曲阜旧县村汉画像石刻,俯视的庭院使人感到了院落重深。《山东汉画像石选集》,济南:齐鲁书社,1982 年版:图 165
14	河北省文物研究所编	河北省安平东汉墓壁画第宅图。《安平东汉壁画墓》,北京:文物出版社,1990 年版。
15	徐州博物馆	《徐州汉画像石》,南京:江苏美术出版社,1985 年版:图 32 有利国出土的院落图。

同理来认读本文图 9－3－16,则可得出:画面从下往上表现了墓主“羽化成仙”的过程,即车骑升天、仙人迎接、享受天界的“连环画式故事”的完整过程。

例 2 龚廷万、龚玉、戴嘉陵编著:《巴蜀汉代画像集》,北京:文物出版社 1998 年版,第 58 图(观伎图、本文图 9－3－20)

图 9－3－20 观伎图

该书无论述。但《文物》1975 年第 8 期第 63 页文《郫县出土东汉画象石棺图象略说》一文,有同样画面[①]:“侧面为一宴客乐舞杂技画象(图三):侧右上部为一间硬山式的厨房,内有一灶,灶上置有双釜和甑,灶前一人正匍匐加柴,另有一厨师正在案上做菜。房外有一往来送食的侍者。下面为一车一马,车为卷篷盖,中坐一女人,车旁一着短服的御者,车后有两侍者相随,其马则正举前右脚欲进门。应是来

① 四川省博物馆,郫县文化馆:《郫县出土东汉画象石棺图象略说》,《文物》1975 年第 8 期,第 63～65 页。

客所乘的轻便的辎车。

“中部为两座高度相同的楼房建筑画象;右侧一座为较窄的歇山式楼观,楼上中央一窗,窗内有一露半身的女人,凭窗眺望。楼下为可容车马进出的大门,即左思《蜀都赋》所谓‘亦有甲第,当衢向术,坛宇显敞,高门纳肆’。在左边设有一梯,以便上下。左侧一座正厅,屋宇宏敞,顶作重檐四阿式。楼上有栏,栏上置有三件器物,栏左设双扇各一柱,柱端有斗拱。厅内设席,宾主五人并坐,席前分别置有碗、钵等食具,右三人正在饮酒进食;左二人,一人用所执之物和另一人用手指着助兴的乐舞杂技表演,是在欣赏美妙的乐舞杂技艺术。

“楼左为乐舞杂技画象。上面右边近楼处为戴竿,即系现在的‘顶技’;一人坐地上,头向后仰,口含一竿,竿端有一盘形器,能熟练地掌握重心平衡的技能。中间为叠案,有九个矩形案相叠,上有一人,两手着案,上身向后挺直,下肢前曲,正在作倒立的表演;造型矫健优美,稳重而有力。现在杂技中的‘椅技’,正是从‘叠案’发展而来的。左边为两人坐席上,席前亦置有碗、鼎等食具,其右边一人抚琴,左边一人也应为乐伎,是为杂技伴奏,下面为两细腰的舞伎,正展长袖踏鼓而舞,两人身向大厅。右边一人,双足立一鼓上,曲身,头翻向上,两手前后平伸,而与上身平行,长袖下垂;后一人,双足踏一鼓,躯微曲,上身后转,头回顾,右手向后平伸,左手曲举近头。古代对于舞技的描写是比较多的,张衡《观舞赋》:‘搦纤腰以互折,倾倚兮低昂。增芙蓉之红华兮,光灼烨以发扬,腾絃目以顾眄兮,眸烂烂以流光。连翩络绎,乍续乍断,裙似飞燕,袖如回雪。于是粉黛施兮玉质粲,珠簪挺兮缁发乱。然后整笄揽发,被纤垂荣,同肢骈奏,合体齐声,进退无差,若影追形。’曹植《洛神赋》:‘其形也,翩若惊鸿,婉若游龙。’这些记载,正是两舞伎姿态生动的写照。

“这一侧的图像可以表明当时封建官僚地主寄生生活的宴飨情况。他们在文献中有不少自我暴露。《三都赋》有云:‘若其旧俗,终冬始春,吉日良辰,置酒高堂,以御嘉宾……羽执竞,丝竹乃发,巴姬弹弦,汉女击节。……纡长袖而屡舞,翩跹跹以裔裔。合樽促席,引满相罚,乐饮今夕,一醉累月。’”

虽然介绍详尽,但给人感觉较零碎,甚或有些错误。

笔者认为:解读此画面,同样应按本文所指出的认识方法:“从下往上,从右向左,以透视的角度”。以这样的方法,则可以很明显看到,最前面的一辆车马已经来到主人的阙门之前,后面的车马即将到来。主迎客拜之后,邀入“前堂”宴饮娱乐,乐舞翩翩、百戏新奇,一派盛大热烈的场面。画面中“前堂”建筑的屋顶很完整,遮挡了后部“后寝类建筑”的底层。露出的二层建筑，虽然带有平坐栏杆但又比较封闭，有女眷凭窗远望，显然应是后寝之类的建筑(其有可能是高台式、楼阁式或别的形式建筑)，它绝不可能位于用于迎来送往的“前堂”建筑的二层之上，而只能表示纵深方向的各个不同功用的院落空间的示意。至于庖厨、车马之类的附属用房，同样应该是不同的院落空间的示意，体现了“象征性”“标志性”特点，不可能是在一个宏大的空间之内包容各种各样、内容不一的活动。画面如此组织，仅仅是表现盛大的场面而已。

再看画面“前堂”建筑的右边，是一座“高度相同的楼房建筑画象；右侧一座为较窄的歇山式楼观，窗内有一露半身的女人，凭窗眺望。”(其屋顶应为歇山顶的雏形，是汉代较为常见的阶梯式或称跌落式屋顶)，窗内有一露半身的人，从画面上尚可以看出，是否一定为女人，还很难说。由于其窄而高的形象及处于靠近入口空间的特殊位置，笔者认为，它应该是位于不同院落空间中的观赏、瞭望建筑——阙。整个画面与成都扬子山出土的汉代建筑画像砖所表现的庭院住宅画面如出一辙①(图 9-3-21)，毫无二致。两者都是建筑院落空间的示意，实质相同，只不过前者是处于正常视线条件下，后者是处于俯视视线条件下的。前者示意较强，后者示意较弱而已。

图 9-3-21　庭院图

再看一些细部。“前堂”建筑左上角，是紧张热烈的百戏的缩影，伴奏的乐人身下所垫的席(或毯)子，明显有透视；高高垒起的“几案”，同样具有强烈的透视特征。

通过以上分析可见，用本文介绍的方法来认识这一画面，会得到一个完整统一、气势恢宏、有机联系的整体。画面的每一部分都是为表达统一的主题思想，展现墓主盼望死后能和身前一样享受荣华富贵，表现其生前所居建筑层层叠叠、奢华壮丽的不凡景象。

---

① 重庆市博物馆:《重庆市博物馆藏四川汉代画像砖选集》,北京:文物出版社,1957 年版:第 18 页。

三、可简单概括为类似“抽象画式”的示意性表达

通过本文前面内容的逐步说明和所列举各种事例的进一步论证，可以初步说明运用本文提出的方法来认读“汉代建筑画像石”，可得到较为切合实际的正确认识。需要说明的是：为了说明问题的方便，本文将前面所列举例子，粗略地分为“一点”“多点(或散点)”两种类型的汉画像石，实际上它们并非可以简单、严格地分开；有些是多种方法综合运用的结果，是汉代人时空变幻观念支配下的产物；有时甚至是运用了类似“抽象画式”的方法，来做示意性的表现。在文章第一种类型例四图9－3－1－7中，已经是这种方法的巧妙运用，它在平面图画中，从纵横两个角度巧妙地表现了规模盛大的建筑群落。下面本文拟再举例进一步加以说明：

例1 徐州博物馆：《江苏新沂瓦窑汉画像石墓》，《考古》1985年第7期，第616页图6(本文图9－3－22)

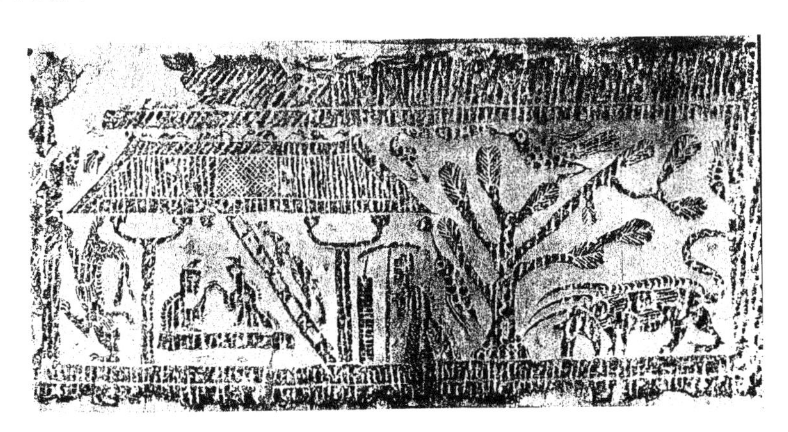

图9－3－22 庭院图

原文称：“(画面)左侧刻一楼房，柱上有斗拱，柱无础，房内二人对坐于榻上，双手相握作叙谈状，右置梯，一人沿梯攀登，左檐下一兽立起，头后仰，右檐下一人持棒而立，棒下触地，上端饰伞状物，前坠钱串状物，不知何意。房顶正面饰交叉斜线，两侧瓦垄以竖线表示。”

笔者认为：从画面来看，该建筑屋顶上下，一无平座、栏杆及承托它们的斗拱，二无上层屋顶，只有一斗拱承托的一层屋顶(庑殿顶)，显然不可能是楼，而只是单层建筑，并且该建筑只是会客的前堂建筑的示意而已。原作者认为是楼，大概是由于画面中有人沿梯而上的缘故。由本文前面所介绍的方法，我们认为，按照“自右而左”的顺序，可以较为明显地看出：画面的右方是宽敞的庭院，庭院中有树，有不

知名的动物(可能是瑞兽),这正是《诗经》里描绘庭院中“松苞竹茂”动人景象的图示;左方是堂屋建筑,极具示意性。特别要提出的是,为了完整、清晰地表现堂屋中人物的活动情况,高明的汉代匠师有意地将堂屋旋转了九十度,即将堂屋的主要朝向面向画面,正对观众。因此,在这一个画面中抽象地表现了不同方向的内容,而这正与现代抽象画的表现方法如出一辙,故本文称其为“抽象画式”的方法。画面中的楼梯,应该是用于通向屋顶阁楼,这种建筑带阁楼的情况,在汉画像石中是经常出现的情况(如本文第一类型例3图9-3-5、9-3-6等)。另外该画面楼梯本身就是用透视法表现,描画双线,并有梯阶,也可作为整个画面是透视的佐证。屋顶瓦垄的不同表现,中间出现变化,也许可认为是后世宗教建筑大殿屋顶中间菱形装饰图案(颜色较周围略深)的渊源。由此可见,从空间、“抽象画式”的角度来认识此建筑画像石,则会对画面表现的空间层次有正确的认识,从而得出正确的结论。类似事例较多,读者可应用本文提供的方法,进行一些试验,相信定有所获。

例2　徐州博物馆:《徐州汉画像石》,第62图(本文图9-3-23)

图9-3-23　建筑图

原文为:“这是一幅场面很大的生活画面。右侧为门阙,阙下卫士持戈而立;自右而左,楼宇栉比,内有各种人物活动,谒见者、宴客者、庖厨者、饲马者、侍从者,共计30多人”。

笔者认为,认识这一宏大的画面,同样应遵循前文提出的认读方法。原作者已模糊地认识到,画面是“由右而左,楼宇栉比”,最“右侧为门阙”,表现的是入口空间。前已论及,汉代建筑形式是以中轴对称下的院落空间为主,别的庭院空间为辅。院落中的单体建筑形式,应是高台、高堂建筑(也有干栏式、楼阁式建筑等)。画面没有选择一般采用沿中轴线进深方向表现的方法,而是将后续的建筑物,安排在双阙的右边,依次展开。紧靠双阙的有会客的前堂,其进深方向很可能是后寝建筑。且整个画面的下层表现的都是与会客有关的车马、庖厨之类的空间,它们原本分别位于会客空间的左右,现在却排列在一起,方向有纵有横。

上层表现的应都是与家庭生活有关的私有空间,同样也是交错布置。

因此,画面完全根据表现的需要,纵横交错,空间、时间在不断地发生变化,称它为“抽象画式”的“汉代建筑画像石”,实在是恰如其分的。

第四节 结 论

笔者认为:对于一般规模较大,分层或分格的汉画像石(砖),包括一般汉画像石(砖),应该从一点或多点空间透视(甚或剖透视)的角度,按照“自右而左、从下往上”的顺序,运用“连环画式”,甚至“抽象画式”的方法。

同时要认识到,局部画面的内容是整个画面有机的一部分,单块画像石的思想内容,不论是表现墓主生前生活,或死后继续生活,或盼望死后成仙,都是与整个陵墓或祠堂等所要表现的整体设计思想是完全一致的,局部是对整体的说明或烘托,整体是局部的中心。

与此同时,我们还应该认识到,汉代建筑画像石中的建筑形象,尽管是对当时现实建筑的模拟,表现墓主生前或死后生活的建筑场所,归根到底,它们都是“示意性”“标志性”“抽象性”的反映,并非仅是单幢或少数几幢极其有限的建筑的组合,就是现实生活中的建筑的真实模型,而只是对于真正的规模巨大、院落重重的建筑群落极其概括的示意性表现,是建筑群落高度抽象性的图示。

据此,只有从这些角度出发并参照本文所提供的认识方法,才能得出比较切实可靠的认识。我们也才能真正正确地认读汉代建筑画像石中的建筑形象,得出比较切实可靠的结论,从而对于我们进一步研究汉代建筑,甚或整个汉代建筑史乃至整个汉代历史,提供可靠的佐证。

由于汉代遗留至今的木构建筑实物遗存几乎没有,因而汉代墓葬建筑就成为极其重要的研究对象,而墓葬中出土的各种“汉代建筑画像石(砖)”,由于直接描绘了当时的建筑形象,而倍受注目。因此,能够正确地理解“汉代建筑画像石(砖)”中的建筑形象就显得尤其重要,非常值得我们进行有关的研究和探讨。

同时需要说明的是,目前我国出土的汉代画像石(砖)数量极多,有关汉代建筑画像石(砖)数不胜数,限于篇幅,本文不能一一举例;同时由于所掌握资料和本人认识能力所限,有很多内容都没有涉及,只重点论述了有关认读汉代建筑画像石(砖)的几个基本方法。而汉代建筑画像石(砖)所反映的有关汉代建筑形制、结构技术、装饰等方面内容，都没有涉及，拟另专文逐步加以论述。

还需要说明的是，由于汉画像石（砖）数量相当多，汉代墓葬思想极其丰富多彩，有些分层分格的汉画像石（砖），上下层之间就不一定存在着很明显的关系，肯定存在着例外。如山东省阳谷县八里庙一号汉墓出土的画像石（文中编号十二）①。该画面具有上下尊卑的思想顺序，儒教文化占优，处于最显著的上方等，但画像石上下间的内容确实缺少有机的联系。这也许是汉画像石发展到后期，原先有些的内涵已经不为后来人所熟悉或关注，汉画像石的装饰作用增强的缘故吧！这应该是汉画像石在墓葬中出现和发展的客观规律。开始仅仅是升仙、驱鬼等鬼神思想，发展到后期也同样出现了纯装饰性的图案。或者可以说各种艺术的发展规律都是如此②。因为，随着这种艺术的广泛使用，其原先所包含的神秘性、宗教教义等哲学意味，已经不再为后来的人们所知晓；而这种艺术图形却正好相反，它们广为人们所熟知。同时，这种艺术形式的发展，其本身所具有的原始性、神秘性特征，必然会越来越少。这其中有些就演变成为人们使用的纯装饰性图案，也就很自然了。

① 刘善沂，孙淮声：《山东阳谷县八里庙汉画像石墓》，《文物》1989年第8期，第48～56页。

② 如以墓葬中随葬的玉璧来言，“从红山文化、良渚文化遗址中的玉璧随葬，到春秋战国时玉璧置于棺盖，再到汉时玉璧或置棺盖，或绘于棺盖、锦幡，最终刻绘于崖墓甬道、画像石墓中，直至泛化成为一种集体无意识的装饰图案，其观念与心理基础都是相同的”。见陈江风：《汉画像中的玉璧与丧葬观念》，《中原文物》1994年第4期，第67～70页。

第十章　汉代“建筑明器”随葬思想初探

——兼论古代楼阁式建筑在当时实际生活中的地位

第一节　引　言

一、明器

明器(明,通冥)是我国古代墓葬中随葬的各种各样模拟与生活、生产有关的用品,如灶、盆、壶、案、杯、化妆盒、饮食用具、家具、农具、手工用具、钱币、珍宝、水田、池塘、车、船、各种人与动物俑,以及“建筑模型”(包括仓房、榷房、厨房、圈房、楼阁、房屋、阙观、甚至成组的院落等)。据目前研究认为,淅川下王岗一期墓葬中,所用随葬品都是实用器,而下王岗二期墓葬中,基本上“人们把死者的随葬品由生前的实用器改为冥器,显然这是人们对传统思想的一种挑战”①。它们在墓葬中经历了由无到有、由不成组到定形成套的过程,并随着时间的流逝而发展变化②。其直接产生根源在于古人“事死如事生、事亡如事存”的忠孝礼制丧葬观③。《仪礼》曰:“其曰明器,神明之也,言神明者异于生器”④。这些用品随葬的目的主要是提供墓主之灵在阴间的生活所需。

---

① 袁广阔:《试析姜寨出土的一幅彩陶图案——兼谈半坡类型鱼纹消失的原因》,《中原文物》1995年第2期,第38～42页。有关淅川下王岗,可参见:河南省文物研究所、长江流域规划办公室考古队河南分队:《淅川下王岗》,北京:文物出版社,1989年版。

② 赵成浦:《南阳汉代画像石砖墓关系之比较》,《中原文物》1996年第4期,第78～83页。作者认为:“南阳汉墓随葬猪、鸡、鸭、狗等,应经历了一个由无到有、由不成组到定形成套的过程,这也符合一般事物发展的规律”。笔者认为:从整个墓葬中随葬品的发展演变来看,也是如此。有学者研究葬具的出现也是“和其他事物一样,经历了一个漫长的发展过程。从居室葬到土坑葬,从无棺到有棺,从简单到复杂,从凤毛麟角到普遍使用”。王晓:《浅谈中原地区原始葬具》,《中原文物》1997年第3期,第93～100页。

③ (清)阮元校刻:《十三经注疏．礼记正义》卷五十二《中庸》,北京:中华书局,1980年版,第1629页。

④ (清)阮元校刻:《十三经注疏．仪礼注疏》卷三十八《既夕》,北京:中华书局,1980年版,第1148页。

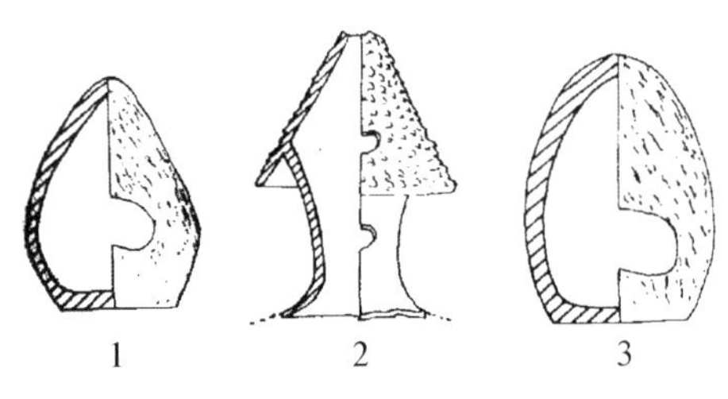

图 10-1-1　武功仰韶陶房模型

二、建筑明器

“建筑明器”就是古代墓葬内随葬明器中，各种各样的表现几近真实的“建筑模型”，它们有各种近似的比例和大小（图10-1-1）。有关它在汉代墓葬中出现的年代，以往有学者认为“西汉前期和中期，主要是将生前实用的各种器物纳入墓中。西汉中期以后，风气一变，增添了各种专为随葬而作的陶质明器。最初是仓和灶，在秦代和西汉初期即有所见，以后诸如井、磨、猪圈、楼阁、碓房、田地等模型，以及猪、狗、羊、鸡、鸭等家畜和家禽的偶象陆续出现，时代越晚，特别是到了东汉，种类和数量愈多。这说明，随着庄园经济的发展，地主阶级对随葬品的观念已经有了改变”①，即认为汉代“建筑明器”最早出现是在西汉中、晚期。其实，处于汉文帝五年之后、武帝之前，即西汉早期徐州九里山汉墓中，就已经出现了陶仓②；徐州东甸子汉墓，年代为西汉早期偏晚，出土有陶仓、井等③，可见徐州地区的汉墓变革之先进。

类似情况在全国其他地区也有所发现。如山东省微山县独山汉墓，被认为是西汉早期墓葬，已出现了随葬的猪圈④。“以仓、灶陶模型器物随葬，在洛阳地区是从西汉中期开始的，在江陵地区西汉早期就已出现”⑤，如湖北省江陵凤凰山一六七号汉墓⑥（该墓可定为文景时期的墓葬，即公元前179～公元前141之间）。四川省绵阳永兴双包山二号西汉木椁墓（年代为武帝元狩五年之前），也出现了两坡顶的房屋模型⑦。且河南省淮阳县于庄村附近的汉墓中，出土了规模雄伟的三进陶院落，值得注意的是，该院落是与田园联系在一起，研究者认为它的年代处于西汉早期⑧（图

① 王仲殊：《中国古代墓葬概说》，《考古》1981年第5期，第449～458页。
② 徐州博物馆：《江苏徐州九里山汉墓发掘简报》，《考古》1994年第12期，第1063～1068页。
③ 徐州博物馆：《徐州东甸子西汉墓》，《文物》1999年第12期，第4～18页。
④ 微山县文管所：《山东微山县发现汉、宋墓葬》，《考古》1995年第8期，第691～697页。
⑤ 宋治民：《论新野樊集汉画像砖墓及其相关问题》，《考古》1993年第8期，第741～750页。
⑥ 凤凰山一六七号汉墓发掘整理小组：《江陵凤凰山一六七号汉墓发掘简报》，《文物》1976年第10期，第31～35，50，36～37，96页。
⑦ 四川省文物考古研究所、绵阳市博物馆：《绵阳永兴双包山二号西汉木椁墓发掘简报》，《文物》1996年第10期，第13～29，97，1～2，1页。
⑧ 周口地区文化局文物科、淮阳太昊陵文物保管所：《淮阳于庄汉墓发掘简报》，《中原文物》1983年第1期，第1～3，77～78页；淮阳县博物馆：《淮阳出土西汉三进陶院落》，《中原文物》1987年第4期，第69～73页。

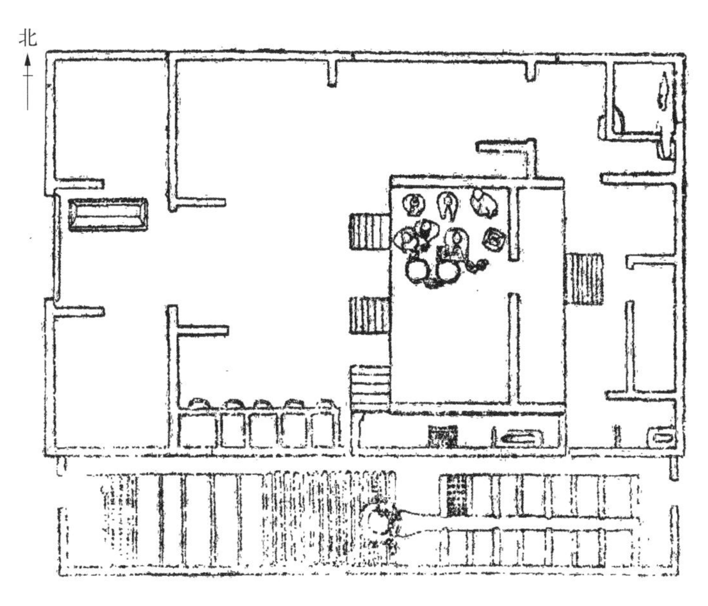

a. 主体建筑平面图

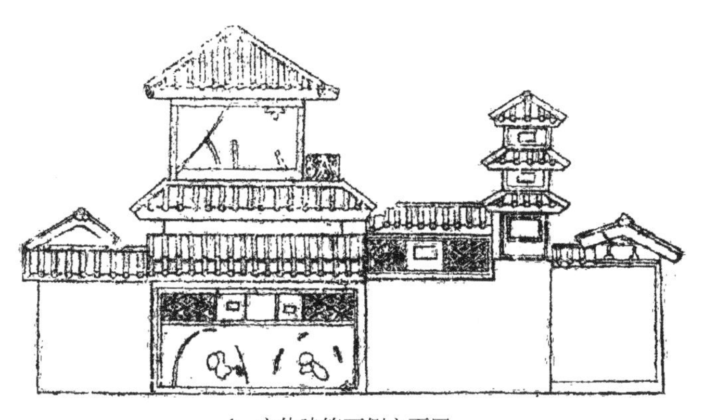

b. 主体建筑西侧立面图

图 10-1-2 淮阳陶楼

10-1-2)。因此,我们认为,"建筑明器"最起码在西汉初期已出现,且已经发展到较为成熟的阶段;何况如此宏伟的建筑与园林结合布局的陶院落已出现,应说明建筑明器的出现年代或有可能更早于西汉初期。其实,早在战国时期的新疆地区竖穴墓葬中,就随葬了臼、磨盘、熨斗等,与后世西汉时期在中原及其周围地区流行的葬制,极其相似[①]。

① 新疆文物考古研究所:《新疆新源铁木里克古墓群》,《文物》1988 年第 8 期,第 59～66 页。

图 10-1-3 铜屋

与此同时期的苏庄 1 号墓中，就已经发现用于随葬的陶井[①]。墓葬中最早出现的"建筑明器"，也许是浙江省绍兴市坡塘 306 号战国墓葬中出土的铜屋模型[②]（图 10-1-3），有人称它为我国最早的音乐台（厅）。

三、汉代"建筑明器"

那么，汉代墓葬中随葬的"建筑明器"的使用性质是什么？提供给谁使用的呢？它代表了墓主人生前所拥有建筑财富的哪一部分呢？笔者认为，澄清以上问题，对于我们通过汉代"建筑明器"来研究汉代建筑，了解汉代人的墓葬思想、习俗，进而研究汉代乃至整个中国古代建筑史，应该说具有重要的意义。以往研究汉代陵墓建筑的学者，或由于对汉代陵墓建筑认识所限，或由于对整个汉代建筑认识不清，或由于对汉代陵墓建筑中随葬的"建筑明器"研究不够，或由于对汉代人们的生活习俗不了解，或由于文物考古资料的缺乏，众多因素的存在，导致在认识汉代"建筑明器"的使用性质时发生了错误。

例如：不少学者研究认为汉代墓葬中的"建筑明器"是直接代表了供墓主"生活住的房屋"，也就是它模拟了墓主日常生活起居建筑的场所[③]。有的看到一些随葬的"建筑明器"规模巨大，如陕西勉县老道寺一号汉墓，曾经出土了完整的"四合院模型"，由正、副两个院落组成，包括"宅门、院墙、右厢（由一、二、三层楼和望楼四个单体组成）、左厢（包括仓房和活动梯）、正楼、牲畜圈、猪圈、佣人房、鸡圈"等众多部分，就认为它"再现了墓主人生前生活环境"，且认为其中右厢与正楼部分"当属墓主人起居活动的重要场所"[④]（图 10-1-4）。

再如郑州南关 159 号汉墓"建筑明器"，该"四合院"由门房、仓房、阙、正房、厨房、厕所和猪圈等七部分组成[⑤]（图 10-1-5），该文作者认为"墓内随葬的一座地

---

① 马世之：《中原楚文化的发展阶段与特征》，《中原文物》1992 年第 2 期，第 22～26，31 页。

② 浙江省文物管理委员会等：《绍兴 306 号战国墓发掘简报》，《文物》1984 年第 1 期，第 10～26，97，99～103 页。

③ 衡阳市博物馆：《湖南衡阳茶山坳东汉至南朝墓的发掘》，《考古》1986 年第 12 期，第 1079～1093 页。

④ 郭清华：《陕西勉县老道寺汉墓》，《考古》1985 年第 5 期，第 429～449，483～484 页。

⑤ 河南省文化局文物工作队：《郑州南关 159 号汉墓的发掘》，《文物》1960 年第 8～9 期，第 19～24 页。

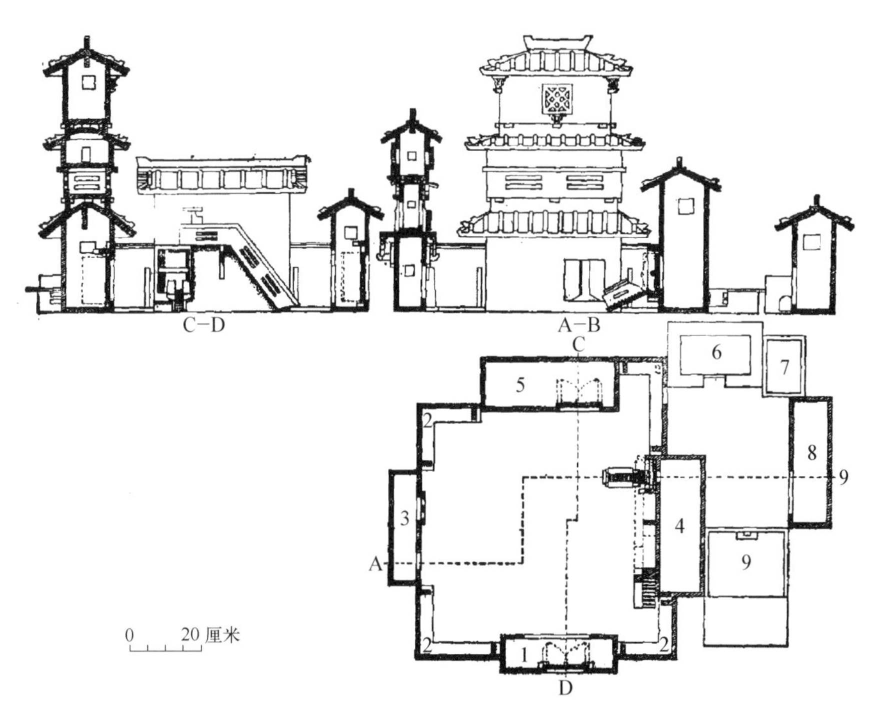

图 10-1-4 勉县老道寺陶楼:陶四合院模型平、剖面图

1. 宅门 2. 院墙 3. 右厢 4. 左厢 5. 正楼 6. 牲畜圈 7. 猪圈 8. 佣人房 9. 鸡圈

主庄园住宅模型,也正揭示了中小地主家庭经济生活的面貌"。有的虽然没有明确指明谁住,但认为墓葬中的"建筑明器"就是后世一般类似居住建筑的原形。如此,则一样暗示了这样的"建筑"就是提供给墓主本人使用的,且是后世类似建筑形式的渊源①等,不一而足。虽然表现不一,但他们的基本思想都认为是"建筑明器"真实地模拟了墓主生前日常实际的居住建筑。这种观点好像是较为合理、可信,尤其是当有些墓葬中出土的"建筑明器",确实表现了兼有部分居住的功能的情况下。如广西合浦县母猪岭东汉墓出土的"干栏"式陶屋,该文作者认为它"上为人居,下为畜圈"②,广州地区"有上为人居,下作畜舍"的陶屋③;同样的"建筑明器"在广西北海市盘子岭东汉墓中也有发现④(图 10-1-6)。属于两广地区的香港李郑屋汉墓,"出土的 2 件陶屋,形制相同,整体平面近方形,前面和左侧由两幢长方形房屋

① 广州市文物管理委员会:《广州出土的汉代陶屋》,北京:文物出版社,1958 年版,第 1 页。

② 广西文物工作队、合浦县博物馆:《广西合浦县母猪岭东汉墓》1998 年第 5 期,第 36~44,102~103 页。

③ 广州市文物管理委员会:《三年来广州市古墓葬的清理和发现》,《文物》1956 年第 5 期,第 21~32 页。

④ 广西壮族自治区文物工作队:《广西北海市盘子岭东汉墓》,《考古》1998 年第 11 期,第 48~59 页。

组合成曲尺形，后侧相对的两面用矮墙围绕起来成为后院（饲养畜禽的栏圈），上盖为‘三脊四坡’式的瓦顶结构；屋内外有人物在活动，或屋内一妇人抱子、一人舂米，或室内一人提杵舂米、室外一人簸米；墙壁用线条刻划出仿木结构……李郑屋汉墓的发现，从一个侧面反映出当时香港居民的社会生产和社会生活情景，尤其是屋、仓、井、灶等陶模型明器，更是当时人们日常生活的生动写照”[①]等。

图 10－1－5　郑州南关汉墓“四合院”

图 10－1－6　“干栏式”陶屋

但笔者认为，上面所举事例中的“建筑明器”，或是适合家庭小作坊生产建筑的缩影，或是规模较大的生产工场，或是兼有生产与防御性的“城堡”等。它们都是墓主拥有的部分建筑财富。墓葬中的劳动者，一定不是墓主本人直接参加生产劳动的形象[②]，因而这样的“建筑明器”也就不可能是供墓主自己日常生活所居。汉代墓葬中随葬的“建筑明器”都是防御性、生产性、娱乐性、生产与生活、娱乐与防御性相结合的建筑模型，是汉代“庄园性”经济条件下的必然产物。并且，不论是汉代墓室建筑本身，还是墓室中随葬的“建筑明器”，应该都具有这种“庄园性”的特点，都应是实际生活中存在建筑的象征物。下面本文对此进行论述。

---

① 白云翔：《香港李郑屋汉墓的发现及其意义》，《考古》1997 年第 6 期，第 27～34 页。

② 虽然，文献记载中也有官僚地主直接参加劳动的特殊情况，如《汉书·张安世传》载“安世尊为公侯，食邑万户，然身衣弋绨，夫人自纺织，家童七百人，皆有手技作事，内治产业，累积纤微，是以能殖其货，富于大将军”。但是并不能说明她们就与奴婢们生活在一起。（汉）班固撰：《汉书》卷五十九《张汤传》，北京：中华书局，1962 年版，第 2652 页。

第二节 汉代“建筑明器”的随葬思想

有关汉代“建筑明器”的随葬思想，本文拟从以下几方面进行论述：

一、墓葬自古以来就是对居住建筑的象征，甚至早期直接就是利用生活中的建筑

笔者认为，墓葬从来就是对生活中建筑的利用、模拟和象征，自古皆然。目前，我国考古发掘中所能见到的最早的“建筑模型”，也许是在甘肃新石器时代遗址中出土的陶屋[①]（图 10－2－1）。此外，“在江苏邳县 1965 年出土的一件新石器时代的陶屋模型上，四壁及屋顶的坡面上均刻有狗、羊等动物形象。原始人将自己饲养而关系密切的动物和自己居住的房舍复合在一件物体上，这种创造实际开了在建筑物上刻画图像的先河”[②]。作者认为这与汉画像石本质目的是一致的。因为早在仰韶文化时期，就已出现的彩绘或泥塑的陶缸（即瓮棺）葬具[③]，与此有着密切的关系，这应是后世各种彩绘葬具的源头。

图 10－2－1 新石器陶屋之一

在武功县游风仰韶文化遗址中，发现有五件陶房模型，皆为圆形建筑（图 10－1－1）[④]，表现了当时

---

① 马承源：《甘肃灰地儿及青岗岔新石器时代遗址的调查》，《考古》1961 年第 7 期，第 355～358，360，8 页。

② 顾森：《汉画像艺术探源》，《中原文物》1991 年第 3 期，第 1～9 页。作者认为，“这件陶屋模型上的动物刻划不仅具有建筑物表面刻画图像的性质，还具有为亡故的人服务或祈福的性质。而这一点，正是汉画像石最明确的目的之一”。该文作者还对汉画像的其他方面进行了较为深入的探源。

③ 河南省文物考古研究所：《河南汝州洪山庙遗址发掘》，《文物》1995 年第 4 期，第 4～11，97～98 页；王鲁昌：《论彩陶纹“×”和“Ж”的生殖崇拜内涵》，《中原文物》1994 年第 1 期，第 32～37 页；王晓：《浅谈中原地区原始葬具》，《中原文物》1997 年第 3 期，第 93～100 页。赵春青：《洪山庙仰韶彩陶图略考》，《中原文物》1998 年第 1 期，第 23～28 页，“该遗址 1 号墓出土的 100 多件‘伊川缸’上，多施有彩绘，图案内容有天象、人物、动物、植物和装饰图案等”。等等。

④ 西安半坡博物馆：《陕西武功发现新石器时代遗址》，《考古》1975 年第 2 期，第 97～98，137 页。在张瑞岭《仰韶文化陶塑艺术浅议》一文中，有所引用和分析，《中原文物》1989 年第 1 期，第 30～34 页。

的建筑形象。也就在这个时期，已将居住的洞穴作为埋葬的墓室[①]。其实，更早在北京猿人遗址中，就是居住与墓葬并存的，可作为墓葬起源于居住建筑的真实写照[②]。一直到殷商时期，居住建筑与墓葬区仍然是混合在一起，“殷墟有单纯的墓葬区，但没有单纯的居住区。在居住遗址内，居住遗迹和墓葬是重叠的。即便在同一地点内，一个时期住人，一个时期作墓地”[③]，也许这可以说明墓葬建筑与居住建筑的区别，只是地面上与地面下而已。《吕氏春秋·安死篇》载“世之为丘垄也，其高大若山，其树之若林，其设阙庭，为宫室，造宾阼也，若都邑”就是极好的说明。古典文献中有关这方面的记载较多，《仪礼·士丧礼》：“筮宅，冢人营之”。汉人郑元注曰：“宅，葬居也”。《礼记·杂记上》：“大夫卜宅与葬日”，疏引《正义》曰：“宅为葬地”。可见古人对于居住和墓葬是同等对待的。

考古发掘表明，新石器时代晚期，在宁夏菜园文化遗址中存在着大量的土洞墓。研究者认为，这是由于“先民们以窑洞为居室而生活，据此他们认为，死后人们也会依照同样的方式而活着（指鬼魂的游动），因而为其挖造形如窑洞的土洞墓以葬”；并进一步论述到：“如果说，以前学术界论及土洞墓的渊源时，还没有能将土洞墓与窑洞式房屋直接联系起来的证据，并以此为憾的话，菜园遗存着大量土洞墓与窑洞式房屋并存的现象，则可为此提供相当有说服力的证据”[④]。又如我国龙山文化时期已经出现了窑洞式房屋[⑤]，而此时我国西北地区存在的“土洞墓与窑洞居室在时间与构筑形式、规模大小等方面基本上是相同的，因此，我们可以推断土洞墓是仿自人们居住的窑洞形式而建造的”[⑥]（图 10－2－2）。事实上，墓葬建筑对地面建筑形式的模仿由来已久，以周代的宫室制度为例，《释名·释宫》注引毕沅曰：“案

---

① 李文信：《依兰倭肯哈达的洞穴》，《考古学报》1954 年第 1 期，第 61～75，147～153 页；陈明达：《建国以来所发现的古代建筑》，《文物》1959 年第 10 期，第 37～43 页。曾经引用“旧石器时代中期，人类居住以山洞为主。人死了之后，将死者尸体葬在同住的洞穴中，使生者与死者同‘居’一室，这种葬法称之为‘居室葬’。旧石器时代晚期‘居室葬’较多，新石器时代早期这种‘居室葬’仍然可以见到”，王晓：《浅谈中原地区原始葬具》，《中原文物》1997 年第 3 期，第 93～100 页。

② 王晓：《浅谈中原地区原始葬具》，《中原文物》1997 年第 3 期，第 93～100 页。“我国目前发现的居室葬有北京山顶洞、江西万年仙人洞、广西桂林甑皮岩洞、黑龙江省依兰县的倭肯哈达洞 4 处”。并且“此时一些骨架或者被石头块所围，或是被石块、石板所压，也有的埋葬在围墙之中或石板之上（陈星灿：《史前居室葬俗的研究》，《华夏考古》1989 年第 2 期，第 93～99 页。）”，作者认为这是石棺葬具的雏形。

③ 杨锡璋、刘一曼：《殷墟考古七十年的主要收获》，《中原文物》1999 年第 2 期，第 17～27，3 页。

④ 韩小忙：《略论宁夏境内发现的土洞墓》，《考古》1994 年第 11 期，第 1028～1036，1021 页。

⑤ 中国科学院考古所山西工作队：《山西石楼岔沟原始文化遗存》，《考古学报》1985 年第 2 期，第 185～208，271～274 页。

⑥ 谢瑞琚：《试论我国早期土洞墓》，《考古》1987 年第 12 期，第 1097～1104 页。

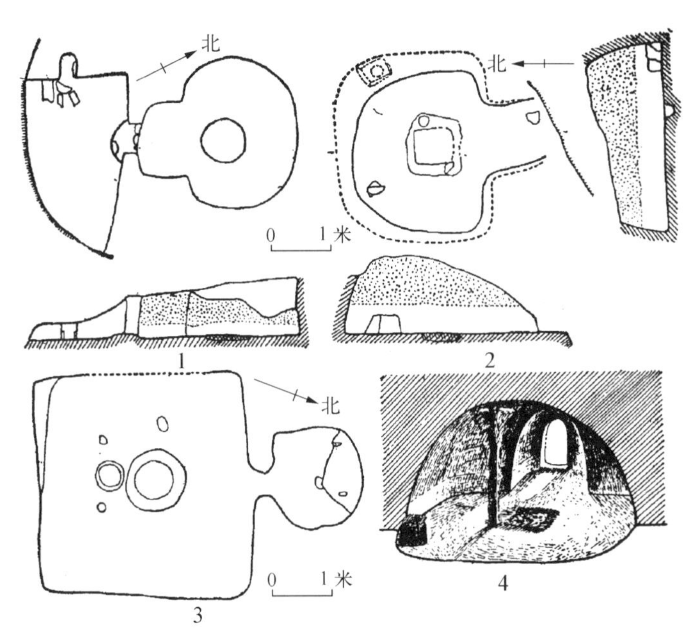

图 10-2-2　土洞居室

古者宫室之制，‘前堂’‘后室’，堂旁曰‘夹室’，室之两旁乃谓之‘房’”。《说文》段注：“中为正室，左右为房，所谓东房西房”。房的后面设“北堂”，室的后面或有“下室”。战国时期的土坑木椁墓，如信阳长台关一号墓的平面布局，完全能与周代的宫室对号入座：它的头箱即前堂，棺箱即后室，两个边箱即左右房，足箱即下室和北堂。此为墓葬的“周制”①（图10-2-3）。

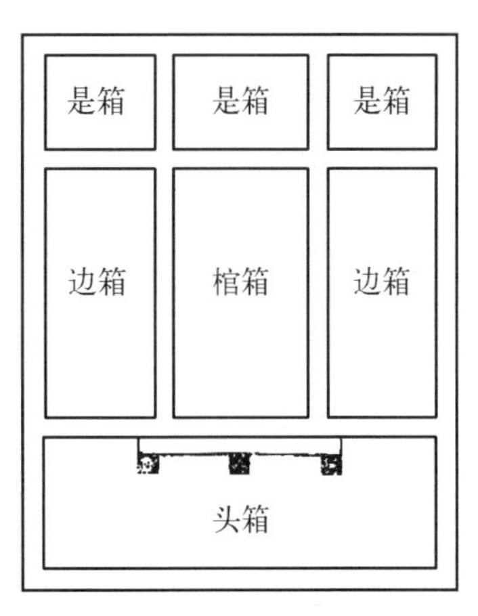

图 10-2-3　长台关楚墓

降至汉代，由于生活中居住建筑形式的巨大发展，墓葬建筑由直接利用或极其相似的模仿，逐渐变成了对它们的模拟。南阳市东郊赵寨汉墓，“门扉上刻有三重檐楼阁，门柱上刻有三重檐门阙”，说明了墓葬就是“身后”的建筑物②。

① 吴曾德、肖亢达：《就大型汉代画像石墓的形制论“汉制”——兼谈我国墓葬的发展进程》，《中原文物》1985年第3期，第55～62页。

② 周到：《河南汉画像石考古四十年概论》，《中原文物》1989年第3期，第46～50,59页。赵寨汉墓详见：南阳市博物馆、闪修山、刘玉生：《南阳县赵寨砖瓦厂汉画像石墓》，《中原文物》1982年第1期，第1～4页。

广西贵县发掘的罗泊湾二号西汉初期木椁墓，“前室与后室之间的仿房屋板门建筑，虽然上部残缺严重，仍然可从残断的碎木中认出，是由横枋、垫枋（即原来中部作隔开前室、后室用的中方木）、门楣、立柱和两扇对开板门构成”[①]。考古发掘的咸阳杨家湾汉墓，其“整个墓葬结构，很像一座大型第宅建筑。封土堆，似整个建筑的屋顶；墓坑顶部至第四层台间似屋架。南墓道仅有屋架部分而无楼层，应属建筑物的‘过道’。西幕道部分在屋架下，似有三个楼层，墓室系第宅的‘后室’。因此，这座墓葬结构应是有过道、中庭、后室并有三个楼层组成的贵族第宅建筑”[②]。有学者研究认为，这是从空间立体造型方面第宅化的模拟[③]。笔者认为，除了发掘报告作者所认为的“楼层”，实际应该是对高台建筑的模拟以外，整个墓葬是对墓主生前所居住建筑的象征，则是显而易见的。山西离石发现的东汉画像石墓，墓门上方有砖砌的照壁并刻有瓦垄房檐[④]。马王堆帛书《称》云：“生人有居，（死）人有墓，令不得与死者从事”。“居”与“墓”对应，功用应该是一致的。

图 10-2-4　殷商大墓

由此，我们可以来进一步研究考古出土的殷代四出羡道的大墓（图 10-2-4），它们都是土坑竖穴木棺椁的墓葬。过去研究者虽然注意到了这是墓葬的等级制度使然，天子（或诸侯王）用四出，规模最大，等级最高；诸侯只能用两出等[⑤]；也有解释是礼制所需或为了土方施工的方便，或许有宗教方面的意义[⑥]。迟至汉代墓葬资料中，仍有墓道呈

① 广西壮族自治区文物工作队：《广西贵县罗泊湾二号汉墓》，《考古》1982 年第 4 期，第 355～364，453～454 页。

② 陕西省文管会、陕西省博物馆、咸阳市博物馆：《咸阳杨家湾汉墓发掘简报》，《文物》1977 年第 10 期，第 10～21，95～97 页。

③ 吴曾德、肖亢达：《就大型汉代画像石墓的形制论“汉制”》，《中原文物》1985 年第 3 期，第 55～62 页。

④ 山西省考古研究所等：《山西离石再次发现东汉画像石墓》，《文物》1996 年第 4 期，第 13～27 页。

⑤ 杨锡璋：《安阳殷墟西北冈大墓的分期及有关问题》，《中原文物》1981 年第 3 期，第 47～52 页。

⑥ 李玉洁：《试论楚文化的墓葬特色》，《中原文物》1992 年第 2 期，第 27～31 页。该文认为：“墓中有台阶的现象最早出于殷代”。另有江陵天星观 1 号楚墓，“其墓坑内壁设有 15 级生土台阶，逐级内收，15 级以下至墓底，四壁陡直”，由此可见，马王堆汉墓应该是受到楚墓形制的影响。

阶梯状的痕迹可作为此说的证明[①]。

笔者认为这些都是十分重要的因素，但并不是其墓葬最根本的思想渊源。我们可以问一句：为什么会有这样的墓葬等级要求呢？答案笔者认为应是：四出羡道代表了封建最高统治者——天子的统治四方，是古代"择中立国""择中立宫"[②]的观念在地下的表现。

因为"中也者，天下之大本也"[③]，所以绝对尊贵。我国自上古以来便形成了"王者来绍上帝，王自服于土中"[④]的传统。其来源就是"为政譬如北辰，居其所而众星拱之"[⑤]、"北极足以比圣，众星足以喻臣"[⑥]。由此天文秩序受到启迪并发扬光大，而形成中央崇拜的政治理想[⑦]。

在此思想指导之下，最终埋葬墓主的棺椁，特别是棺木一定是位于或近似位于整个墓葬的中央，且整个墓葬的平面形状一定也是近似方形。与此同时，棺木上漆画以及墓葬中画像石、画像砖、壁画、帛画，甚至陶器浮雕图像中，出现的神人操蛇、衔蛇、吞蛇或虎首衔蛇以及龙穿壁、穿环的图像中，有些就是"土伯御蛇"或"后土制四方"[⑧]。而"传统的封树制度及穹窿顶墓室结构与方形墓穴的配合，正是盖天宇宙论(即天圆地方论)的立体体现"[⑨]。这从秦汉时期的帝陵陵园建筑也可以看出来，其时的帝陵陵墓四面正中仍然是各有一条墓道，四墓道大小形制基本相同；帝陵旁边的陵园建筑基本上也是模仿了宫殿建筑。陵园设四门，犹如未央宫所设四个司马门[⑩]，这些已经为考古发掘所证实[⑪]。此时的未央宫开辟四门，本身就是"择

---

① 安徽省文物考古研究所、淮南市博物馆：《淮南市下陈村发现一座东汉墓》，《考古》1989年第1期，第87～90页。耒阳西郊发现的砖室墓，"墓前掘有阶梯式的墓道"(湖南省文物管理委员会：《耒阳西郊古墓清理简报》，《文物》1956年第1期，第37～42页。)。

② "择国之中而立宫"。许维遹撰：《吕氏春秋集释》，北京：中华书局，2009年版，第460页。"王者必居土中"。(汉)班固撰、(清)陈立疏证：《白虎通疏证》，北京：中华书局，1994年版，第157页。

③ (清)阮元校刻：《十三经注疏・礼记正义》卷五十二《中庸》，北京：中华书局，1980年版，第1625页。

④ (汉)班固撰、(清)陈立疏证：《白虎通疏证》，北京：中华书局，1994年版，第157页。

⑤ 杨伯峻：《论语译注》，北京：中华书局，1980年版，第11页。

⑥ (宋)李昉等编：《文苑英华》卷八，北京：中华书局，1966年版，第42～44页。

⑦ 陈江风：《从濮阳西水坡45号墓看"骑龙升天"神话母题》，《中原文物》1996年第1期，第65～71页。

⑧ 苏健：《汉画中的神怪御蛇和龙璧图考》，《中原文物》1985年第4期，第81～88页。

⑨ 冯时：《河南濮阳西水坡45号墓的天文学研究》，《文物》1990年第3期，第52～60，69页。

⑩ "未央宫四面皆有公车司马门"。何清谷：《三辅黄图校释》，北京：中华书局，2005年版，第146页。

⑪ 中国科学院考古研究所杜陵工作队：《1982～1983年西汉杜陵的考古工作收获》，《考古》1984年第10期，第887～894，964页。

中立国”“择中立宫”的观念在地面建筑上的反映[①]。甚至早在殷商早期城市遗址中，在其城内筑有的三座小城中，也是宫城居中[②]。“宫室是城市主体建筑，在奴隶社会中是都城布局的核心”[③]。且此时期东方的一个方国，墓葬地面建筑遗迹“也分为三种不同的类型。一种如M4，除墓室上有主体建筑外，南、北墓道上各有一座廊道。第二种如M205，墓室上有主体建筑，南墓道上有廊道。第三种如M207，只墓室上有建筑，没有廊道。三种不同类型的墓上建筑，反映了死者地位的不同。M4规格最高，死者无疑是统治阶级中的重要成员(图10－2－5)。M205低于M4，其死者地位一般说要低于M4的死者。M207规格最低，其死者的地位明显的要低于前二者”[④]。可见，墓道上建筑的多少，成为社会地位的表示，它们与墓道的多少代表不同的等级性质完全相同，它们都是古人“择中立国”“择中立宫”的统治观念的体现。

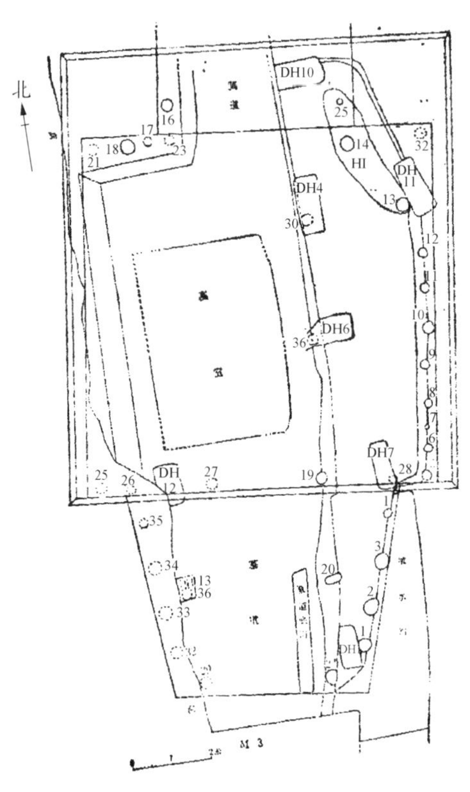

图10－2－5 商代墓葬M4

这种观念又与我国古人很早就有的“天圆地方”思想(即盖天说)有关。“方属地，圆属天，天圆地方。方数为典，以方出圆，笠以写天”[⑤]“天道曰圆，地道曰方”[⑥]“以天为盖，以地为舆”[⑦]“苍天补，四

① “天子中而处”黎翔凤撰：《管子校注》卷十八《度地篇》，北京：中华书局，2004年版，第1050页。“王者必居天下之中，礼也”(清)王先谦撰：《荀子集释》卷十九《大略篇》，北京：中华书局，1988年版，第485页。“天子祭天地，祭四方”(清)孙希旦撰：《礼记集解》卷六《曲礼下》，北京：中华书局，1989年版，第150页。

② 杨育彬：《商代王都考古研究综论》，《中原文物》1991年第1期，第8～16页；赵芝荃：《关于汤都西亳的争议》，《中原文物》1991年第1期，第17～22页。关于偃师商城的其他研究论文，也可参见以上两文。

③ 史建群：《简论中国古代城市布局规划的形成》，《中原文物》1986年第2期，第91～96，90页。

④ 胡秉华：《滕州前掌大商代墓葬地面建筑浅析》，《考古》1994年第2期，第146～151，175页。

⑤ (汉)赵爽、(唐)李淳风注：《周髀算经》，北京：中华书局，1985年版，第11页。

⑥ (汉)刘安：《淮南子》卷三《天文训》，北京：中华书局，2014年版，第54页。

⑦ (汉)刘安：《淮南子》卷一《原道训》，北京：中华书局，2014年版，第8页。

极正；淫水涸，冀州平；狡虫死，颛民生，背方州，抱圆天”[①]。《吕氏春秋》云：“天道圆，地道方，圣王法之，所以立上下。何以说天道之圆也？精气一上一下，圆周复杂，无所稽留，故曰天道圆。何以说地道之方也？万物殊类殊形，皆有分职，不能相为，故曰地道方。主执圆，臣处方，方圆不易，其国乃昌”，将“天人感应”联系了起来。并且古人还创造出镇守四方的四灵，“苍龙、白虎、朱雀、玄武，天之四灵，以正四方”[②]。这已经被考古发现所证实。

自1979年5月以来，考古工作者在辽宁省牛梁河发现红山文化遗址，其时“坛、庙、冢布局范围约有五十平方公里，这种三合一的规模，有点类似北京的天坛、太庙和明十三陵。祭坛遗址内有象征‘天圆地方’的圆形和方形祭坛”[③]。这种思想影响下的“居中为尊”的观念，在西安半坡和姜寨原始村落遗址的反映，就是都有中心建筑物，周围环绕着中小型房子[④]。有学者认为：“这些氏族都严格按照圆以法天的象征意义排列营地的建筑”“以广场为中心，极有规律地修建着各类建筑，无论哪个方向，建筑的门户一律朝向广场，东西南北的房屋形成遥相对应的格局，恰似一个群星拱卫北极（在地面上）的翻版”，并且我国古代存在的“天圆地方”“中央崇拜正是这种神秘的民族文化心理积淀的结果”[⑤]。

原始社会中存在的中心建筑物是公共住宅和氏族活动的中心，但随着氏族酋长地位的提高，中心建筑物逐渐成了氏族首领议事和举行各种活动的地方，而当部

---

① （汉）刘安：《淮南子》卷六《览冥训》，北京：中华书局，2014年版，第136页。其它有关“天圆地方”记载有：《周礼·大司乐》：“冬日至，于地上之圜丘奏之，若乐六变，则天神皆降，可得而礼矣。……夏日至，于泽中之方丘奏之，若乐八变，则地祗皆出，可得而礼矣”。贾公彦疏曰：“言圜丘者，案《尔雅》，上之高者曰丘，取自然之丘。圜者象天圜也。……言泽中方丘者，因高以事天，故于地上因下以事地，故于泽中取方丘者。水钟曰，泽不可以水中设祭，故亦自然之方丘象地方故也”。由此可见，“天圆地方”说已是周代的礼制。（清）阮元校刻：《十三经注疏．周礼注疏》卷二十二《大司乐》，北京：中华书局，1980年版，第789～790页。《楚辞·天问》：“圜则九重，孰营度之？……地方九则，何以坟之？”屈原的疑问，表明春秋战国时期，此种思想仍然流行。（宋）洪兴祖撰：《楚辞补注》，北京：中华书局，1983年版，第86～90页。《大戴礼记·曾子天圆》：“单居离问于曾子曰：‘天圆而地方者，诚有之乎？’曾子曰：‘离！而问之云乎？’单居离曰：‘弟子不察，此以敢问也。’曾子曰：‘天之所生上首，地之所生下首。上首之谓圆，下首之谓方。如诚天圆而地方，则是四角之不掩也。……”（清）孙广森撰：《大戴礼记补注》卷五《曾子．天圆》，北京：中华书局，2013年版，第109页。《拾遗记·昆仑山》载：“昆仑山有昆陵之地……，四面有风，群仙常驾龙乘鹤游戏其间”。王嘉撰：《拾遗记》卷十《诸名山》，北京：中华书局，1991年版，第189页。等等。

② 何清谷：《三辅黄图校释》，北京：中华书局，2005年版，第160页。

③ 《辽西发现五千年前祭坛女神庙结石冢群址》，《光明日报》1986年7月25日。

④ 中国科学院考古研究所、西安半坡博物馆：《西安半坡》，北京：文物出版社，1963年版；西安半坡博物馆、临潼县文化馆：《临潼姜寨遗址第四至第十一次发掘纪要》，《考古与文物》1980年第3期，第1～14页。

⑤ 陈江风：《从濮阳西水坡45号墓看“骑龙升天”神话母题》，《中原文物》1996年第1期，第65～71页。

落酋长们成为显贵和奴隶主时，很自然，这一中心建筑物便成了宫殿，在它的周围分布着自由民和奴隶的住宅，由此出现了尊者居中，众星捧月的建筑格局①。人类学家米尔希·埃利亚德在对世界各民族的原始建筑研究后认为："在日常住宅的特定结构中都可以看到宇宙的象征符号。房屋就是世界的成象""它是人类模仿诸神的范例性的创造物，即模仿宇宙的起源而为自己建造的宇宙"②，这一理论证实了仰韶文化时期的建筑原则，即"以中为尊、以天国为范例"的观念信仰，它至今还影响着人们的文化生活行为③。

汉代天子明堂建筑，"上圆象天，下方法地"④；培养太学生的辟雍，"辟者，璧也，象璧圆以法天也。雍者，雍之以水象教化流行也。……外圆内方明德当圆，形为方也"⑤。近人研究汉武帝泰山无字碑对我们研究汉代天圆地方的观念，也有所启迪，认为四个侧面溜光的直四棱柱代表了"四方无际"的思想⑥。

考古发现表明，早在新石器时代祭坛遗址，就是按照"天圆地方"观念建造的，"鹿台岗Ⅰ号祭坛与玉琮更是惟妙惟肖。该祭坛内圆外方，圆室代表天空，方室代表大地，十字形通道代表四极，即东、南、西、北四方，端点为天地连接处，反映了'天地相通'的观念"⑦。汉代许昌古城遗址中，出土"四神"柱础⑧，说明在当时建筑物构件上也已出现，而有关汉代"四神"（即"四灵"或"五灵"，并且"四灵"说也有几种⑨）瓦当更是举不胜举。非但单座、几座房屋建筑或建筑构件如此，有学者研究表明，"中国古城形制的基本模式（指正方形或长方形），是在中国特殊历史条件下，在豆腐干式的'方块田'规划方法和'天圆地方'概念的支配下逐渐产生的。正是基

---

① 贺云翱：《也谈我国古城形制的基本模式》，《中原文物》1986年第2期，第97～99页。

② 米希尔·埃利亚德：《神秘主义、巫术与文化风尚》，北京：光明日报出版社，1990年版，第32～34页。

③ 陈江风：《从濮阳西水坡45号墓看"骑龙升天"神话母题》，《中原文物》1996年第1期，第65～71页。

④ 何清谷：《三辅黄图校释》，北京：中华书局，2005年版，第294页。

⑤ （汉）班固撰、（清）陈立疏证：《白虎通疏证》，北京：中华书局，1994年版，第259页。

⑥ 李宪忠、孟晋：《岱顶无字碑考》，《中原文物》1996年第1期，第100～103页。

⑦ 张德水：《祭坛与文明》，《中原文物》1997年第1期，第60～67页。

⑧ 黄留春：《许昌古城出土"四神"柱础》，《中原文物》1986年第4期，第19页。

⑨ 例如："四灵"又称"四神""四象""四维""四宫""四兽"等。《礼记·礼运》曰："麟、凤、龟、龙谓之四灵"；（清）阮元校刻：《十三经注疏．礼记正义》卷二十二《礼运》，北京：中华书局，1980年版，第1425页。《三辅黄图》云："苍龙、白虎、朱雀、玄武，天之四灵，以正四方，王者制宫阙殿阁取法焉"；何清谷：《三辅黄图校释》，北京：中华书局，2005年版，第160页。西汉末年《礼纬·稽命征》将"龙、凤、麟、白虎、龟"合称为"五灵"，显示出《礼记》"四灵"向《三辅黄图》"四灵"更替过程中的所谓交迭现象。有关四灵组合的实物形象出现于汉初的过程与原因、两汉时期不同地区四灵演变的特点、汉晋之际四灵的去向等等，参见：倪润安：《论两汉四灵的源流》，《中原文物》1999年第1期，第83～91页。

于这一点,终于形成了富有中国特色的方形古城”①。此种思想观念在墓葬建筑中处处应用,并深刻影响了我国古人生活中的方方面面。

考古发掘表明,虽然殷商时期有关四方四神名称与汉代有所区别,但它们的哲学思想都是一致的②。1987 年 5 月在河南濮阳出土的仰韶文化时期(距今约六千年)的一座墓葬中,死者两侧各有用河蚌堆砌而成的一龙一虎,是我国古代关于“左青龙”“右白虎”观念的最早文物,(近年来又在辽宁阜新查海发现了更早的摆塑龙遗迹③。)它们是为了墓主人升天设计的④(图 10-2-6)。证明了汉代普遍流行的“左龙右虎辟不祥”的观念,可能早在原始社会中就已经形成了⑤。

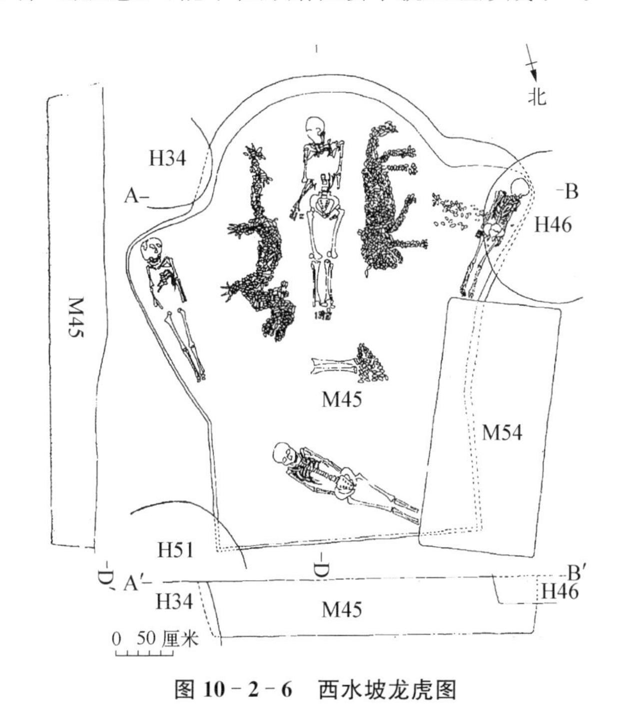

图 10-2-6 西水坡龙虎图

① 马世之:《试论我国古城形制的基本模式》,《中原文物》1984 年第 4 期,第 59~65 页。

② 郑杰祥:《商代四方神名和风各新证》,《中原文物》1994 年第 3 期,第 5~11 页。

③ 夷寅:《走进古史传说时代》,《中原文物》1998 年第 2 期,第 43~47 页。详细资料见:南海森:《“中华第一龙”与图腾崇拜》,《中原文物》1999 年第 3 期,第 21~23 页。

④ 陈江风:《从濮阳西水坡 45 号墓看“骑龙升天”神话母题》,《中原文物》1996 年第 1 期,第 65~71 页。作者进一步认为:“它与战国擂鼓墩曾乙侯墓漆箱上的青龙、白虎图,马王堆汉墓龙入天门帛画以及成百上千的汉画像升仙图内容相吻合,反映了华夏先民天国信仰的原始状态和华夏丧葬习俗惊人的承传稳定性”。

⑤ 顾森:《汉画像艺术探源》,《中原文物》1991 年第 3 期,第 1~9 页。

有学者认为,这也是目前我国发现最早的反映天圆地方观念的文物遗迹[①];有人认为它是表示墓主人的特殊身份,“用蚌壳摆塑出龙虎来显示其威武和通天地鬼神的形象”[②];也有人认为,这说明墓主人所属族因是以龙虎为图腾族徽的联姻族之后裔[③];还有人认为,“蚌壳龙虎是墓主生前的神灵的象征,龙是主要神灵,虎是次要神灵”[④]。

在湖北省的黄梅县白湖乡焦墩遗址中,发现了距今约六千余年的由河卵石摆塑的龙[⑤]。甲骨文中的天字,通常的写法是在人的头顶上顶着一个圆圈或圆点,使人推想商代已有天圆之说。而卜辞中四土、四风等观念,清楚表明了地为四方[⑥]。

实际上,“以玉作六器,以礼天地四方;以苍壁礼天,以黄琮礼地”[⑦],同样表明了周人“天圆地方”的观念。张光直先生考证玉琮“兼具天地的特形。方器象地,圆器象天,琮兼圆方,正象征天地的贯串”[⑧]。汉代墓葬中,有关四神的画像石、壁画等不胜枚举,在山东诸城县西汉木椁墓的棺底,出土有一幅彩绘木版画:“四神画像石刻,在西汉中期以前尚不多见,板画当是四神画像演变之前身”[⑨]。就连汉代镜铭上也有“御四方,辟不祥”,行军打仗时也要“前朱雀而后玄武,左青龙而右白

---

① 吕品:《“盖天说”与汉画中的悬壁图》,《中原文物》1993年第2期,第1～9页。该文还列举事例,深入探讨了“天圆地方”思想对我国古人各方面的影响,如生活器具、车舆、铜镜、石碑等。

② 方西生:《濮阳西水坡M45蚌壳摆塑龙虎图的发现及重大学术意义》,《中原文物》1996年第1期,第61～63页;《濮阳西水坡M45与第二、三组蚌塑图关系的讨论》,《中原文物》1997年第1期,第58～59,75页。

③ 王大有:《颛顼时代与濮阳西水坡蚌塑龙的划时代意义》,《中原文物》1996年第1期,第72～75页。作者进一步认为:“T125号蚌塑是以天界四陆星宿为背景的墓主人乘龙归天返祖的图示;墓主人被视作一位圣人,所以摆塑为与祖先同归之像;三组以45号墓为轴心一字排开,构成了一个宗祀神道系统;不但显示了五方宗主图腾以中央为中心的特征,还显示了四陆二十八宿的天象格局,又显示了政教合一的中央政权秩序的礼制层次”,“6 500年前后中国的四陆二十八宿的天文观测系统的总体格局,已完全形成”。作者认为M45号主人是帝颛顼。南海森先生也认为是图腾崇拜的遗物,见南海森:《“中华第一龙”与图腾崇拜》,《中原文物》1999年第3期,第21～23页。

④ 何星亮:《河南濮阳仰韶文化蚌壳龙的象征意义》,《中原文物》1998年第2期,第34～42页。作者进一步认为:“第二和第三组蚌壳动物图案是祈求墓主神灵返回天界银河的祭祀仪式”。

⑤ 陈树祥:《黄梅县发现新石器时代卵石摆塑的龙》,《中国文物报》1993年8月22日,第一版;《黄梅县出土卵石摆塑的龙》,《郑州晚报》1994年4月9日据新华社武汉4月8日电。

⑥ 吕品:《“盖天说”与汉画中的悬壁图》,《中原文物》1993年第2期,第1～9页。

⑦ (清)阮元校刻:《十三经注疏．礼记正义》卷十八《春官．大宗伯》,北京:中华书局,1980年版,第762页。

⑧ 张光直:《谈“琮”及其在中国古史上的意义》,《文物与考古论集》,北京:文物出版社,1986年版,第255页。

⑨ 诸城县博物馆:《山东诸城县西汉木椁墓》,《考古》1987年第9期,第778～785,866页。

虎”[①]。它们的目的,无非是把四神配置在四方,以保卫中央;每一个墓葬,便自成一个小小的统治中心。这说明传统的方位观是多么根深蒂固[②]。顺带说明一下,在北京琉璃河曾经发现西周时期的四出墓道的大墓,墓道很特殊地居于四个角上[③](图 10-2-7),同样也应该是这种墓葬观念作用的结果,只不过这种土坑竖穴木棺椁的墓葬模拟现实生活中建筑的程度较为抽象而已。

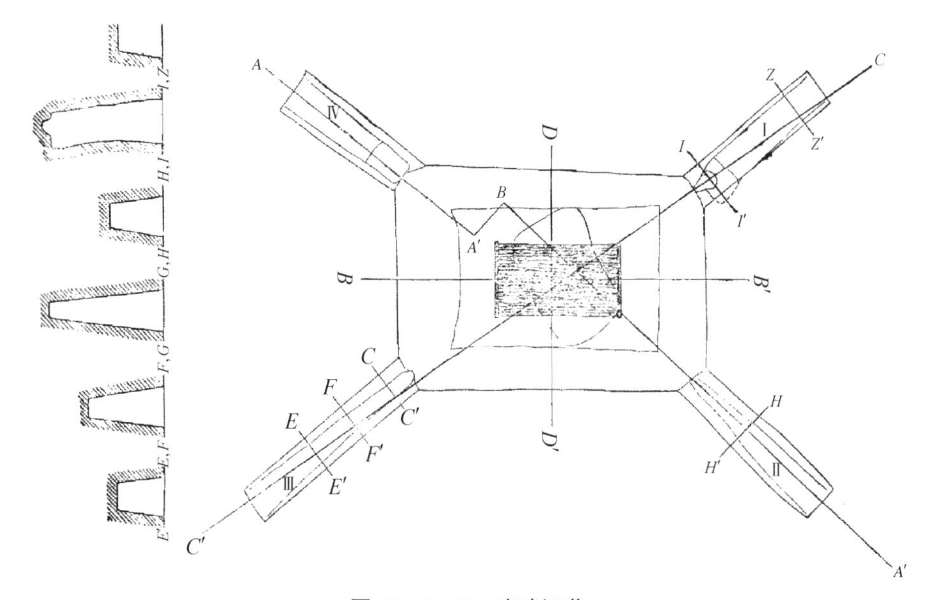

图 10-2-7 琉璃河墓

二、墓室是墓主生活中居住建筑的表征

墓葬中放置墓主尸骨的墓室是墓主身后灵魂的安居之所,与它前后紧密相连的前室、中室,模拟了墓主生前日常生活中居住建筑最主要部分;由它们再加上耳室、侧室等一起,共同象征着墓主日常生活中居住建筑物。因此,随葬的“建筑明器”就没有必要多此一举来重复表现,也就是说“建筑明器”不是对于墓主生前的日常生活中居住建筑物的表现。

① (清)阮元校刻:《十三经注疏．礼记正义》卷三《礼运》,北京:中华书局,1980 年版,第 1250 页。

② 《周易·系辞下》:“天地之大德曰生,圣人之大宝曰位”。(清)阮元校刻:《十三经注疏．周易正义》卷八《系辞下》,北京:中华书局,1980 年版,第 86 页。

③ 中国社会科学院考古研究所、北京市文物研究所琉璃河考古队:《北京琉璃河 1193 号大墓发掘简报》,《考古》1990 年第 1 期,第 20～31,97～99 页。

研究表明，墓室的布局确实模拟了墓主生前的居住建筑。其形式或“前堂后寝”、或廊庑周环、或表现了纵横方向几个轴线的建筑院落空间，甘肃武威有一汉墓中，甚至在墓葬中表现出“院池，俨若近代居家院落的形式”①(图 10－2－8)。四川地区的汉代崖墓“建筑完全模仿地面木结构建筑”②。我国西南地区的崖墓中有的“墓口上方多有‘⌒’‘Λ’‘∩’形的凹槽，可嵌板形成雨篷，近似屋檐，称‘风雨槽’。这种设施有保护墓口的作用，又象征入葬者的房屋”③。在汉代壁画墓中也同样如此，望都汉墓筑墓者当初的意图是把前堂当作墓主人办事的外朝，把中室和放置棺

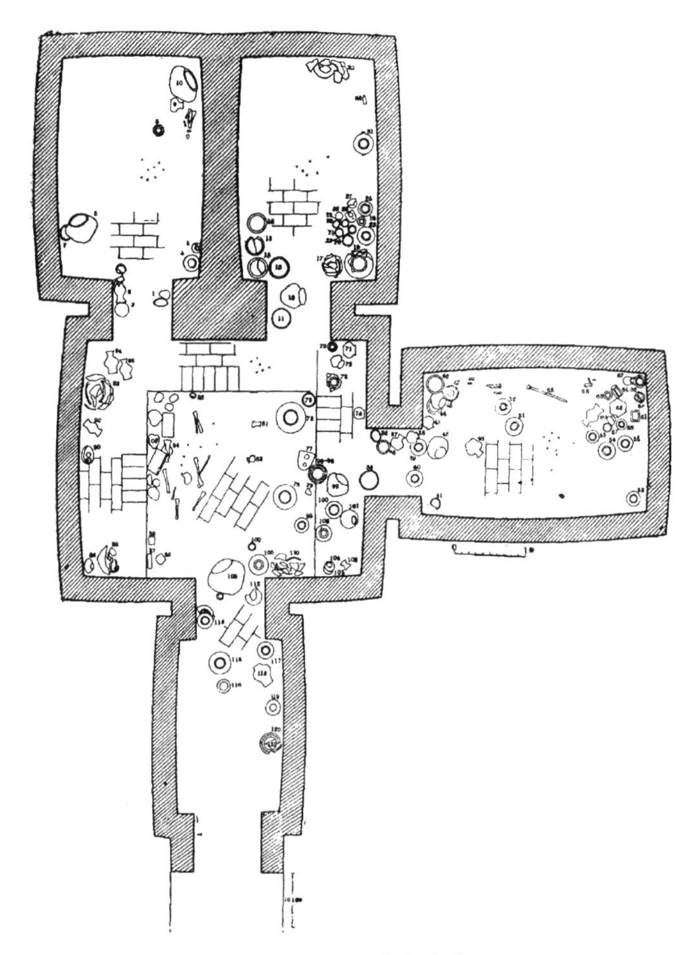

图 10－2－8　藤家庄墓

① 甘肃省博物馆:《甘肃武威滕家庄汉墓发掘简报》,《考古》1960 年第 6 期,第 13～15,8 页。

② 乐山市文化局:《四川乐山麻浩一号崖墓》,《考古》1990 年第 2 期,第 111～115,122,194 页。

③ 罗开玉:《古代西南民族崖葬研究》,《考古》1991 年第 5 期,第 448～458,435 页。

木的后室当作墓主人居住的内寝。前堂到中室的过道是外朝和内寝的门口[①]。嘉峪关市几座汉画像砖墓考古发掘中发现,其中有一座墓在几个耳室的券门上,直接用土红色书写有"牛马圈""车庑""炊内""藏内""中和""各内"等,标明了各个墓室的象征性用途[②],俨然是墓主现实生活中,日常使用的居住建筑物在地下的翻版。绵阳北外何家山嘴发现的汉墓,"该墓的室底及室壁,均系一面有方格钱纹的长方形砖铺砌而成。墓室顶系由三块石质雕刻辇飞式筒瓦脊造成,室脊四隅尽头处的鸱吻和脊顶正中部的宝鼎,造型生动,可以看见汉代建筑艺术的民族形式"[③]。而南阳唐河汉郁平大尹冯君孺人画像石墓,是对称的回廊式建筑,各主要建筑的门柱或门楣上均按阳宅建筑的称谓,镌刻本建筑物的名称。"这些石刻题记明白地指出了该墓舍内各建筑部位的用途,以及葬俗意识之所在。墓舍俨然以阳世第宅自喻,显而易见,建筑的平面布局、结构形制实际上成了阳宅的翻版"[④]。这种情况,在南阳地区画像石墓中较多。"南阳画像石墓是由贵族选择,建筑艺术工匠创造的模拟第宅的理想建筑形式"[⑤],等等。

前面已经论述了汉代之前较为普遍采用的土坑竖穴木棺椁的墓葬,是对生活中居住建筑的模拟。随着墓葬建筑的不断发展,这种土坑竖穴木棺椁的墓葬表现形式,在秦汉之际引起了一些变化(如:木棺椁发展为木棺椁、空心砖墓、崖洞墓、石室墓、砖室墓等各种形式,有些是相互交替出现的,并没有清晰、明确的时代分期)。具体来说,如墓葬中棺木的放置位置由早期的中室向后移到后室[⑥]。有学者据此观点推论认为:"(徐州地区)楚王墓中棺居中者时代早,居后者时代晚"[⑦]。就汉代诸侯王或列侯墓葬中较为普遍使用的玉衣来讲,"玉衣是两汉王侯以上贵族使用的特殊敛服,它出现于丧葬制度发生显著变化的西汉中期或稍早。大约在汉武帝统治时期,在墓葬形制方面,过去常见的长方形木椁墓逐步为模仿生人宅院的洞室墓所替代;在棺椁制度方面,也逐渐改变了战国、西汉初期多重棺椁的旧礼制。至

---

① 姚鉴:《河北望都县汉墓的墓室结构和壁画》,《文物》1954年第12期,第47~63页。

② 嘉峪关市文物清理小组:《嘉峪关汉画像砖墓》,《文物》1972年第12期,第24~41页。

③ 郑灵生:《绵阳北外何家山嘴发现汉墓》,《文物》1956年第3期,第88页。

④ 南阳地区文物队、南阳博物馆:《唐河汉郁平大尹冯君孺人画象石墓》,《考古学报》1980年第2期,第239~262页。

⑤ 闪修山:《汉郁平大尹冯君孺人画像石墓研究补遗》,《中原文物》1991年第3期,第75~79页;闪修山:《南阳汉画像石墓的门画艺术》,《中原文物》1985年第3期,第66~70页。

⑥ 黄晓芬:《汉墓形制的变革》,《考古与文物》1996年第1期,第49~69页。

⑦ 梁勇、梁庆谊:《西汉楚王墓的建筑结构及排列顺序》,《两汉文化研究·第2辑》,北京:文化艺术出版社,1999年版,第194页。

于裹敛尸体的衣衾制度，则由于玉衣的使用，也改变了礼书所载关于韬尸（冒）、裹尸（小敛和大敛）等相当烦琐的程序。从满城汉墓等玉衣出土情况观察，凡是敛以玉衣者，尸体裹以多层衣衾的可能性不大。从敛以多层衣衾改变为敛以玉衣，同墓室结构、棺椁制度的演变一样，也是西汉中期贵族丧葬制度显著变化的组成部分”①。

另外，此时墓葬中随葬器物也出现了较特殊的现象，表现出土坑竖穴木棺椁的墓葬与洞室墓葬过渡时期的共同特征。临沂银雀山四座西汉墓葬，“早期的3、4号墓出土了陶模型器灶、井、磨、臼及陶狗等。这些器物在中原等地区常出现在西汉中叶以后的墓葬里，陶狗一般出现在东汉墓里。这是值得进一步注意的现象。一方面用鼎、盒、壶等陶礼器随葬，仍保留着旧奴隶制等级葬俗的残存；另一方面新的专制制度的发展，在葬俗上也引起了变化，反映财富多少和生活日用的模型器出现了。这种现象正反映出西汉早期的社会特点，新兴的地主阶级在各个领域逐步战胜残余的奴隶主复辟势力”②等。因此可见，在西汉早、中期，丧葬制度出现了极为显著的各种变化。

这些种种情况出现的根本原因，是在于此时的墓葬模拟现实生活建筑能力比起早期的木棺椁墓葬强。竖穴木椁墓发展到西汉初期，木椁被分隔成几个椁室，分别储放随葬的衣物、用具、食品、乐器、财物等，这正如研究者指出的那样：“这时虽然将椁室分为几部分，有仿效阳间建筑各部分的倾向，但还没有达到为死者营造宅第的程度”③，也就是还处于对真实建筑物的象征性阶段。但是，随着西汉初期出现的“因山为陵”葬制与横穴墓葬的逐渐流行，表现了由仅以分割象征居室的木椁墓向完全仿照居室建筑的空心砖墓、砖室墓、崖洞墓及石室墓过渡、变化的趋势，也反映了人们的丧葬观念普遍发生了重大变化。并且随着汉代经济发展、私有欲望的增强、厚葬观念的盛行等原因，发展到要在墓葬建筑上“完全复原宇宙空间及社会人文环境的尝试。人们不仅要将现有的庄园、器物带至冥间享用，而且要将庄园以外的田地、池陂、作坊等财产也带到阴世继续占有。限于条件，不可能以实物殉葬，只能退而采取象征的形式”④。因此，墓葬进一步要求对现实生活中建筑的模拟，则必然会出现棺木向后移的趋势，也即由象征殿堂的中室后移到象征后寝的后

---

① 卢兆荫：《试论两汉的玉衣》，《考古》1981年第1期，第51～58页。

② 山东省博物馆、临沂文物组：《临沂银雀山四座西汉墓葬》，《考古》1975年第6期，第363～372，351页。

③ 赵超：《汉代画像石墓中的画像布局及其意义》，《中原文物》1991年第3期，第19～24页。

④ 赵超：《汉代画像石墓中的画像布局及其意义》，《中原文物》1991年第3期，第19～24页。

室。但是,它们仍然属于象征墓主生前生活建筑的整个墓葬。这对于专制帝王来说,它们都是生前的宫殿建筑,而他们的宫殿从来就没有离开过"择中立国""择中立宫"的思想[①],这种情况一直到中国专制社会的末期专制统治者的墓葬中仍然如此,即明清之际的帝陵埋葬专制皇帝的后殿,仍然是其生前后寝建筑的象征,只不过由于墓葬建筑形制的发展演化,引起其形式稍有改变而已。汉代墓葬仅从建筑材料来区分,就有木椁或铜棺墓、崖洞墓、空心(画像)砖墓、砖室(壁画)墓、画像石墓、画像砖墓等,每一种形式又包含多样的平面布局。针对这种情况,俞伟超先生曾经指出:"可以汉武帝前后为界线,分为两大阶段:前一阶段的成熟形态即通常所谓的'周制';'汉制'是后一阶段的典型形态"[②]。有学者研究认为,所谓"汉制"与"周制"并没有本质上的区别,只不过"汉制"除了存在墓葬平面布局"第宅化"以外,还有空间立体造型方面的"第宅化"。"墓葬在平面布局和空间立体造型这两个方面的第宅化,我们称之为'完全的第宅化',这就是'汉制'。我们说,'汉制'的后一方面的第宅化更有意义,因为它是一种创新,是'汉制'与'周制'的区别所在。'周制'下的土坑木椁墓,以建筑学的角度衡量,好比不同大小的木头匣子的套叠,算不上一座真正的建筑物。而汉代大型画像石墓,从其诞生时日起,即俨然以一座地下住宅建筑物的面目出现,确切点说,是地面住宅建筑之缩影。这不能不说是一次墓葬史上的划时代的变革",而"汉代画像石墓的诞生是以石洞崖墓的发展为前提的"[③],西汉楚元王刘交陵又是石洞崖墓葬的源头[④]。

笔者研究认为,这种变革同样是由于地面建筑形制发生了变化所引起。因为,此时的专制帝王确实有时将后寝类建筑作为大朝来使用的情况,毕竟这时的后寝类建筑几乎是与大朝一样的布置。此时"宫中的'寝',设有正寝,亦称路寝,是有殿堂的,至少春秋以后就有这样的设置。路寝有'廷'有'堂',《左传·成公六年》:'献子从公立于寝庭',杜注:'路寝之庭'。《仪礼·士相见礼》讲'燕见于君'的礼节,说:'君在堂,升见'。寝中设有殿堂,作为处理日常生活和接见宾客之处,是必要

---

① 《管子·度地篇》:"天子中而处"。黎翔凤撰:《管子校注》卷十八《度地篇》,北京:中华书局,2004年版,第1051页。《荀子·大略篇》"王者必居天下之中,礼也"。(清)王先谦撰:《荀子集解》卷十九《大略篇》,北京:中华书局,1988年版,第485页。

② 俞伟超:《汉代诸侯王与列侯墓葬的形制分析》,中国考古学会:《中国考古学会第一次年会论文集》,北京:文物出版社,1980年版,第332页。

③ 吴曾德、肖亢达:《就大型汉代画像石墓的形制论"汉制"》,《中原文物》1985年第3期,第55～62页。

④ 周学鹰、刘玉芝:《"因山为陵"初探》中国建筑学会建筑史学分会第四次年会论文,浙江龙游,2000年。

的。同时这种正寝也是用作斋戒、疗养疾病和寿终之处”[①]。并且，对于陵墓建筑来讲，有“寝者，陵上正殿。便殿，寝侧之别殿，即更衣也”的不同[②]，陵上许多重要礼仪活动都要在寝殿中举行[③]，包括所谓“日祭于寝、月祭于庙、时祭于便殿”[④]。这些充分说明了“寝殿”地位之重要。据此，我们认为作为“寿终之处”的“寝殿”建筑，必然是陵墓“寝殿”建筑的延续，而地下墓室又是地上建筑的进一步延伸。当然，西汉时期的宫殿建筑，如未央宫前殿建筑有时也是举行皇帝入殡的活动之处[⑤]。综上所述，可以得出墓室就是对墓主日常生活中居住建筑的模拟和象征。

三、棺椁葬具是后寝类建筑的象征

棺椁葬具从来就是更加具体的日常生活中后寝类建筑的象征，因此随葬的“建筑明器”不会重复加以表现。

众所周知，古代墓葬中的棺椁本身就有模拟墓主生前“后寝”建筑的意义在内。《汉书》上说，汉代天子之棺是用梓木做的，也称为“梓宫”。《风俗通》曰：“宫者，存生所居，缘生事死，因以为名”。考古发掘中，发现了众多的事例。江西贵溪崖墓中的棺木，表面刻有窗格纹饰，甚至有些棺木本身就模拟了建筑物形象[⑥]（图8－2－7）。

山东临沂金雀山周氏墓群14号墓棺，其头档、足档用墨色画府门、双阙、朱雀等图案[⑦]。山西省大同市一辽代砖室墓琉璃棺正面嵌小门[⑧]。后世塔中，类似出土资料较多(图10－2－9)。

河南省临汝县出土的一具明代陶棺，其“正面刻着雄伟的大门楼，中间是一个跨门欲出的少年姑娘，两旁站着两个侍女”[⑨]。特别值得提出的是，河南省的邓县福胜寺塔地宫中，出土了模仿木结构的银椁金棺，其“椁之前方竖立两根檐柱，其

---

① 杨宽：《先秦墓上建筑问题的再探讨》，《考古》1983年第7期，第636～638，640页。

② (宋)徐天麟撰：《东汉会要》卷七《园寝条》，北京：中华书局，1955年版，第73页。

③ (晋)司马彪撰：《续汉书·礼仪志》，北京：中华书局，1965年版。

④ (汉)班固撰：《汉书》卷七十三《韦贤传》，北京：中华书局，1962年版，第3115～3116页。

⑤ 《汉书·武帝纪》“帝崩于五柞宫，入殡于未央宫前殿”。(汉)班固撰：《汉书》卷六《武帝纪》，北京：中华书局，1962年版，第211～212页。

⑥ 江西省历史博物馆、贵溪县文化馆：《江西贵溪崖墓发掘简报》，《文物》1980年第11期，第1～25，97～98页。

⑦ 临沂市博物馆：《山东临沂金雀山周氏墓群发掘简报》，《文物》1984年第11期，第41～58，97页。

⑧ 张秉仁：《大同城东马家堡发现一座辽壁画墓》，《文物》1962年第2期，第57页。

⑨ 王良钦：《临汝县发现一个明代陶棺》，《文物》1957年第8期，第84页。

图 10-2-9　邓州市福胜寺塔地宫出土的银椁(北宋)

上承托仿木结构的屋顶,上有脊兽、瓦垄、瓦当、滴水、封檐板等。……这种精美的模型门楼建筑,对研究宋代的建筑史提供了实物依据。……银椁前当,刻一大门,两侧有门框,其上有门楣和方形门簪四个,其下有门砧石,门上有七排门钉,每排八个。前当上方压印直立的双凤,振翼欲飞。后当线刻四阿顶仿木结构建筑一座,檐下有网状形仿斗栱建筑的特殊设置。其下有门,双扉关闭,圆圈形门钉上下 7 排,每排 6 个";其金棺"前当有仿木建筑"[①]。此摆放佛舍利子的银椁金棺都是模仿木结构建筑,正是古老葬制的遗传,生动地说明了不但棺木本身是对建筑物的模仿,包围它的外椁也如此。而"石椁与汉墓具有同等效用,是死者灵躯安附的天堂"[②]。

类似的题材在四川东汉画像石刻中经常见到。四川省郫县出土的东汉画像石棺,其正面子母形双阙大门,并有捧盾守卫的亭长形象[③]。四川芦山出土的王晖墓石棺,其正面雕刻着大门,中间是一个跨门欲出的少女[④](图 10-2-10)。四川荥经出土的东汉石棺除了正面刻双阙以外,在侧面画像中间又刻一板门,门半开处倚立一仆人[⑤]。且侧面左部更雕刻有反映家庭室内生活图,更说明了石棺的寓意。

① 河南省古建研究所等:《邓县福胜寺塔地宫出土一批稀世珍宝》,《中原文物》1988 年第 3 期,第 25～26 页。

② 李国华:《浅析汉画像石关于祭祀仪礼中的供奉牺牲》,《中原文物》1994 年第 4 期,第 71～75 页。

③ 四川省博物馆李复华等:《郫县出土东汉画象石棺图象略说》,《文物》1975 年第 8 期,第 63～65 页。

④ 陶鸣宽、曹恒钧:《芦山县的东汉石刻》,《文物》1957 年第 10 期,第 41～42 页。

⑤ 荥经县文化馆:《四川荥经东汉石棺画像》,《文物》1987 年第 1 期,第 95 页。

图 10-2-10　四川石棺画像一

图 10-2-11　四川石棺画像二

有学者认为，"一般来说，两端堵头石板(指石椁)没有画像，但双室石椁的两端堵头石板，有的刻有简单画像，如铺首衔环等图案。这与后来墓门上的铺首衔环的意义是一致的，说明堵头石板与墓门等同"[①](图 10-2-11)。这种寓意，在土坑木椁墓葬中，表现形式有所不同。一般土坑木椁墓葬的双层木椁，在"墓内后侧室分成上下两层，用一雕成八级台阶的木梯以供上下"[②]。扬州邗江胡场汉墓中，曾经出土过木楼梯，并且该墓葬棺椁盖下，都有薄薄的天花板[③]，等等。其实，这些图案、天花板、楼梯等，形式虽然不一，但都是对木棺、石棺无声的说明，同样是对实际建筑程度不同的模拟。

由此可见，墓葬中的棺椁本身就有房舍的寓意，它们是墓主灵魂最直接的(或可说是唯一的)安居之所。甚至有些出土的汉代棺材葬具，本身完全就是缩小了比例的建筑模型——"建筑式"明器，如四川乐山市沱沟嘴东汉崖墓出土的画像石棺[④](图 8-3-3)。因此，墓葬中绝不可能再用随葬的"建筑明器"来表示另外的灵魂托身之处，否则墓主就将魂无所归，而到处游荡。这与有些墓葬中出土的枕头，可能被作为墓主灵魂出入的地方是不一样的[⑤]，因为枕头总是与墓主生前、死后直

① 王思礼等:《山东微山县汉代画像石调查报告》,《考古》1989 年第 8 期,第 699～709,771 页。

② 荆州博物馆:《湖北荆沙市瓦坟园西汉墓发掘简报》,《考古》1995 年第 11 期,第 985～996,1060～1064 页。

③ 扬州博物馆、邗江县文化馆:《扬州邗江县胡场汉墓》,《文物》1980 年第 3 期,第 1～10,97～98 页。

④ 乐山市崖墓博物馆:《四川乐山市沱沟嘴东汉崖墓清理简报》,《文物》1993 年第 1 期,第 40～50,103～104,16 页。

⑤ 徐州博物馆:《徐州后楼山西汉墓发掘报告》,《文物》1993 年第 4 期,第 29～45 页。

接联系在一起的。虽然，在我国古代，确实存在着生前拥有多处的居住建筑，如帝王众多的离宫别馆（笔者认为："别"通"备"）[①]，但从未有死后分葬各处的情况。当然，有两种情况必须加以说明：一是古代帝王的多处疑冢（虽然如此，相信也只有一处是真实的），如魏武帝曹操的七十二处疑冢[②]。一是佛教意义上佛的众多法身（及其象征物佛舍利，以及由于埋葬它或其它象征物而建造的无数的塔）。因为供养舍利，就是供养佛身[③]。

四、"建筑明器"是对墓室、棺椁等的进一步补充

"建筑明器"是对墓主人日常生活建筑的象征物墓室、棺椁等的进一步补充，是汉代庄园式经济条件下必然存在的"庄园式建筑"的缩影。又可从以下几个方面加以说明：

1. "建筑明器"代表了墓主生前的部分建筑财富

墓室大小毕竟有限，它包括所谓的代表车储之所的耳室、侧室、回廊、壁龛，和代表日常生活建筑的前室、中室、后室等。一般规模较大的墓葬，往往包括前室、中室、后室及耳室、侧室等，象征着现实生活中的"前堂后寝"建筑；规模小一些的墓葬，可能少一个或几个墓室，它们都是现实生活中建筑的象征，是供墓主死后的舍、室宅、神舍、万年之舍[④]（图 10－2－12）。虽然，在四川画像崖墓中，有题刻直接表明"某某物故

图 10－2－12 "室宅"画像石

① 《史记·秦始皇本纪》《汉书·武帝纪》等。《太平经》："天上积不死之药多少，比若太仓之积粟也；仙衣多少，比若太官之积布帛也；众仙人之第宅多少，比若县官（帝王）之室宅也"。王明编：《太平经合校》，北京：中华书局，2014 年版，第 144 页。

② 杨泓：《谈中国汉唐之间葬俗的演变》，《文物》1999 年第 2 期，第 60～68 页。文中注 42 有较为详细的说明；"三国魏武帝曹操在邺建七十二疑冢"，陈长安：《洛阳邙山东汉陵试探》，《中原文物》1982 年第 3 期，第 31～36 页。杨宽：《中国古代陵寝制度史研究·上编》，上海：人民出版社，2003 年版，第 44～50 页。

③ （北凉）昙无谶译：《金光明经》卷四《舍身品第十七》，台北：财团法人佛陀教育基金会，2007 年版。

④ 陕西省博物馆、陕西省文物管理委员会：《陕北东汉画像石刻选集》，北京：文物出版社，1959 年版，第 27 页。刻"舍"。参见：绥德县博物馆：《陕西绥德汉画像石墓》，《文物》1983 年第 5 期，第 28～32 页。四川乐山市沱沟嘴东汉崖墓前室中，刻有"张君神舍"，参见：乐山市崖墓博物馆：《四川乐山市沱沟嘴东汉崖墓清理简报》，《文物》1993 年第 1 期，第 40～50，103～104，16 页。山西省考古研究所、吕梁地区文物管理处、离石县文物管理所：《山西离石再次发现东汉画像石墓》，《文物》1996 年第 4 期，第 13～27 页等。又可见：黄展岳：《早期墓志的一些问题》，《文物》1995 年第 12 期，第 51～58，1 页。

作此冢""某某冢"或"某某墓"等情况[①]，崖墓建筑仍然是对实际存在建筑物的模拟或象征，这是应该被肯定的。但是，它们的表现力相对来说总是较为抽象、有限，不能完完全全的表现墓主实际生活建筑的大小、多少、种类，而随葬"建筑明器"则可以较为方便、具体地满足这一要求。

古文献记载，可让我们了解汉代经济巨大发展下的社会现实。"豪人货殖，馆舍布于州郡，田亩连于方国。身无半通青纶之命，而窃三辰龙章之服；不为编户一伍之长，而有千室名邑之役。容乐过于封君，势力侔于守令。财赂自营，犯法不坐。刺客死士为之投命"[②]。这一方面可使我们了解地主、豪强经济势力的强大；另一方面，也使我们认识到汉代社会丧葬逾制，厚葬风俗之盛行。

2. 两汉时期大量存在的官私奴婢，为当时庄园式经济的存在和发展提供了可能

翦伯赞先生认为："两汉的私奴婢不是生产的奴隶是可以肯定的，但这不是说他们就不从事家庭杂役，也不是说在某些个别的地方或某些个别的奴婢所有者就没有驱使奴婢参加部分的生产活动。据王褒《僮约》所载，当时蜀郡的奴婢就要从事与日常有关的各种工作，其中包括饲养家畜，栽植蔬菜，乃至简单的日用器物的制造。此外并要参加一些农业生产劳动"[③]。有研究者认为，西汉一代的诸侯王、列侯都是大土地兼并者，他们不但占有大量田宅，还占有大量奴婢；这些奴婢既要从事家庭劳动，又要在他们主人的各种家庭作坊中进行生产劳动[④]，这是汉代地主庄园式经济条件下的必然结果。在湖北省江陵凤凰山一六七号汉墓边箱中，既有供墓主驱使的家内奴婢，又有各种各样的生产奴隶[⑤]，清楚地说明了家庭劳动与生产劳动的奴婢群体的存在。而广州考古发掘中大量出土的屋、仓、廪、井等陶制明器，不仅丰富了有关我国南方汉代建筑史上的资料，而且陶屋内奴俑的劳动情况，很具体地反映了汉代奴婢被役使的情况，也正说明了"建筑明器"的使用性质(图10-2-13)。并且，在广东汉墓中发现的圈栏一般多附属于居住房屋(但也曾经有单独作为畜圈使用的圈栏出土[⑥])，同样说明了这一问题。当然，发展到东汉末期

---

① 唐长寿：《岷江流域汉画像崖墓分期及其它》，《中原文物》1993 年第 2 期，第 47～52 页。

② (宋)范晔撰：《后汉书》卷四十九《王充王符仲长统列传》，北京：中华书局，1965 年版，第 1651 页。

③ 翦伯赞：《论两汉官私奴婢问题》，《历史研究》1954 年第 4 期，第 1～24 页。

④ 马雍：《轪侯和长沙国丞相》，《文物》1972 年第 9 期，第 14～21，47 页。

⑤ 凤凰山一六七号汉墓发掘整理小组：《江陵凤凰山一六七号汉墓发掘简报》，《文物》1976 年第 10 期，第 31～35，50，36～37，96 页。

⑥ 广东省博物馆：《广州沙河顶发现一座东汉墓》，《考古》1986 年第 12 期，第 1094～1098，1154 页。

汉画像石墓中,"在画像的题材内容方面,反映当时庄园经济生活的场面缺少了,如耕作、放牧、射猎、纺织、庖厨、乐舞百戏、祭祀等,而大量的画像内容却是反映忠孝节义及神仙思想,这正说明豪强地主的庄园经济已经趋于衰落"[①]。

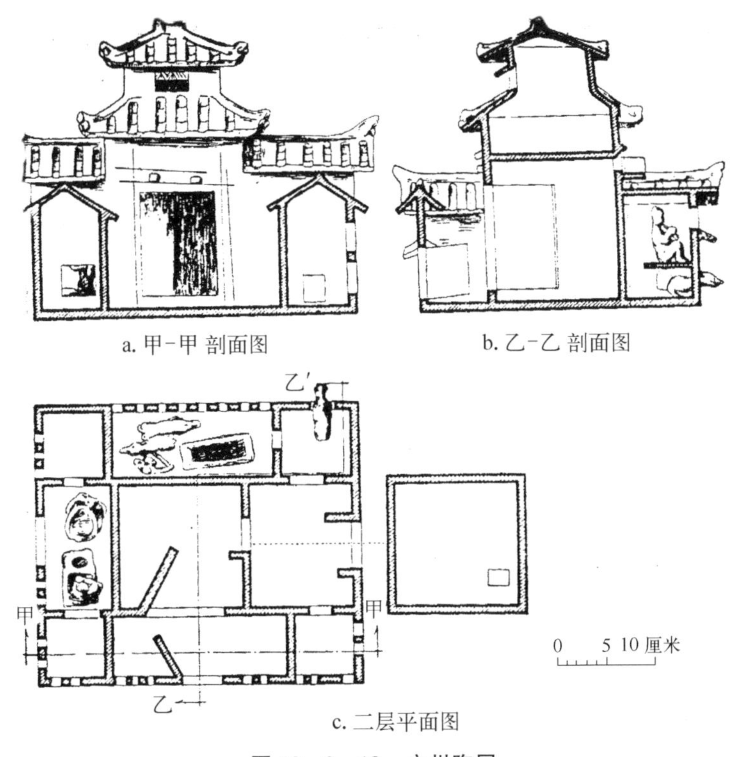

a. 甲-甲 剖面图　　b. 乙-乙 剖面图

c. 二层平面图

图 10-2-13　广州陶屋

3. "建筑明器"是对作为墓主之灵安身之处——墓室建筑的补充,或是表达希望达到的一种理想(希望死后所继续享有的生活)。

也就是表示除此"生活建筑"——墓室以外,由于汉代普遍存在的庄园式经济,决定了尚有别的防御性、生产性、娱乐性、生产与生活、娱乐与防御性相结合的建筑。

汉代地主庄园式经济的特点,决定了他们拥有多个各个相对较为独立的"建筑单位";除了按礼制要求的生活建筑(这种按照礼制生活的要求,早在殷代就是如此[②]),

① 淮阴市博物馆、泗阳县图书馆:《江苏泗阳打鼓墩樊氏画像石墓》,《考古》1992 年第 9 期,第 811～830,871 页。

② 如陈梦家先生在《殷墟卜辞综述》一书中根据甲骨文资料和考古资料,分析殷墟的建筑布局时指出,除宗庙建筑以外,还有寝是居住的建筑,是宴享之所,大室是治事之所等。详情参见:陈梦家:《殷墟卜辞综述》,北京:科学出版社,1956 年版。

又有满足自给自足生活要求的各种各样数目多少不等的生产性建筑;以及为了安全生活需要的防御性、娱乐与防御性相结合的建筑。也就是汉代庄园式经济,决定了尚有别的或防御性,或生产性,或娱乐性,或生产与生活,或娱乐与防御性相结合的建筑。而随葬的“建筑明器”正是这些建筑的象征物。在四川,出土的一些东汉残碑(相当于地主家庭中分家析产的“分书”),有助于我们认识汉代的庄园式经济下的“庄园式建筑”。如《郑子真宅舍残碑》云:“(上缺)所居宅舍一区,直(值)百万。故郑子真地中起舍一区,作钱(缺)。故郑子真舍中起舍一区,七万。故潘盖楼舍并二区,十一(缺)。故吕子近楼一区,五万。故象楼舍一区,二万五千。(缺)扶母舍一区,万二千。(缺)凤楼一区,三万。(缺)车舍一区,万。(缺)奉楼一区,二万。(缺)子信舍一区,万”[①],其他残缺部分还记载有□□舍宅、奴婢、财物等,都是属于一家大地主所有。由于碑残,其全部财产当不止此数,可见其建筑分区之多。

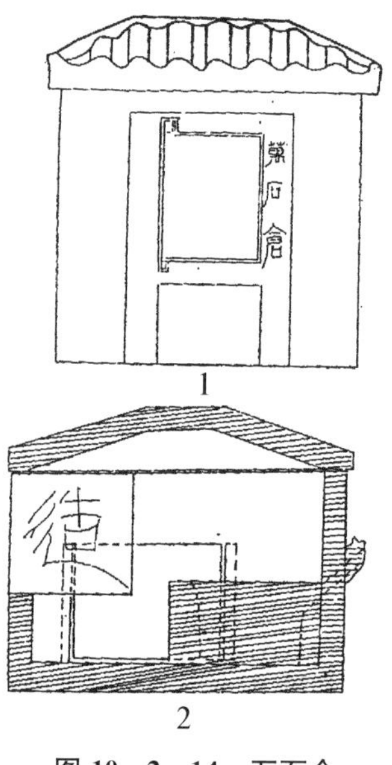
图 10-2-14　万石仓

考古发掘表明,众多的墓葬中随葬的明器上(包括“建筑明器”),很清楚地铭刻了表明其各种不同用途的文字。如标明“井”“造(灶)屋”“万石仓”“磨”等[②](图 10-2-14)。在洛阳烧沟清理西汉墓葬出土的陶壶的器腹上,用粉书‘牛肉酱千万石’和‘牛肉羹千万石’等字样[③]。洛阳金谷园车站 11 号汉墓中,出土的二十五件陶仓腹部都书写有粉书的文字[④],如“小麦百石”“大豆百石”等。此外,在四川崖墓中的汉画像石上,也有标明建筑物用途的“大苍”(即太仓)[⑤],表达了一样的含义。

广州市出土的汉代“陶仓颇近房屋的形状,与洛阳等地所发现的圆筒形有盖顶的式样不同。仓的平面成长方形,上盖为两坡式,前檐较大,后檐较短,底部有四根或六根柱子支撑着”[⑥],与现今日本国内仍然在使用的仓房极为相似,值得深入探讨。

① 张勋燎、刘磐石:《四川郫县东汉残碑的性质和年代》,《文物》1980 年第 4 期,第 72～73,22 页。
② 湖南省博物馆:《长沙树木岭战国墓阿弥岭西汉墓》,《考古》1984 年第 9 期,第 790～797,868 页。
③ 李宗道:《洛阳烧沟清理西汉墓葬》,《文物》1959 年第 9 期,第 84 页。
④ 洛阳市文物工作队:《洛阳金谷园车站 11 号汉墓发掘简报》,《文物》1983 年第 4 期,第 15～28,100 页;洛阳市第二文物工作队:《洛阳邮电局 372 号西汉墓》,《文物》1994 年第 7 期,第 22～33,2 页。
⑤ 内江市文管所、简阳县文化馆:《四川简阳县鬼头山东汉崖墓》,《文物》1991 年第 3 期,第 20～25 页。
⑥ 广州市文物管理委员会:《三年来广州市古墓葬的清理和发现》,《文物》1956 年第 5 期,第 21～32 页。

更有的墓葬中随葬的明器种类相当丰富,"出土器物主要是反映当时现实生活的模型器,有炊煮用的灶、釜、甑;饮食用的碗、钵;装盛食物用的罐、坛;饮用和灌溉用的水井;生活住的房屋;饲养牲畜的寮、圈;储藏粮食的仓;生产用的刀;以及钱、镜、金银首饰等生活与装饰物品,从生产领域到生活领域几乎无所不有。这正是我国历史上两汉时期地主庄园经济大发展的缩影"①;"出土器物中的陶楼、陶灶、陶仓以及陶厕圈等,则是当时地主庄园经济在随葬制度中的反映"②。可见,有些学者已经认识到了汉代墓葬中随葬品实际上是现实生活在地下的翻版,是地下的"庄园经济"。只可惜没有进一步认识到,汉代这样的经济类型对于现实生活中建筑形式的影响,没有认识到此时建筑形式上的"庄园性"特点。

其实,有学者早就清楚地认识到了西汉末期以后,墓室建筑形制象征性的重大变化,"这个时期的耳室,已不似从前那样只分为车马库和炊厨库两种,而往往是作为大片农田、牧野的象征物而出现的"③,这实际上已明确指明了墓室建筑象征性的特点,点明了汉代建筑的"庄园性"。笔者进一步研究认为,不论是汉代墓室建筑本身,还是墓室中随葬的"建筑明器",应该都具有这种"庄园性"的特点,都应是实际存在建筑的象征物。

统计资料显示,汉代墓葬中随葬的"建筑明器"以生产性的类型较为常见,如随葬的仓、圈厕、舂米的作坊等④;防御性建筑类型,是特定历史时期的特殊现象,表现了当时阶级对立的尖锐现状,胡肇椿先生生前对此曾有专门论述⑤(图10-2-15)。与我国紧邻的越南国,距今二千年左右的古墓中(其时是受中国专制王朝统治的越南古代时期),也出土有与两广地区极其相似的陶城堡,同样表明了当时的社会现实⑥。河南省陕县刘家渠发现了数件绿釉陶楼阁,都是水阁⑦,应该也是为了防御的需要;类似实例不少(图10-2-16)。河北阜城桑庄出土一件防御性陶楼

① 衡阳市博物馆:《湖南衡阳茶山坳东汉至南朝墓的发掘》,《考古》1986年第12期,第1079～1093页。南阳地区文物工作队:《唐河湖阳罐山石洞墓》,《中原文物》1986年第1期,第11～13,130页:"西汉晚期以后的随葬陶器,绝大多数都有反映地主庄园经济的仓、灶、井、猪圈、磨以及家禽明器等"。

② 泗水县文管所:《山东泗水南陈东汉画像石墓》,《考古》1995年第5期,第390～395页。

③ 俞伟超:《汉代诸侯王与列侯墓葬的形制分析——兼论'周制''汉制'与'晋制'的三阶段性》,俞伟超:《先秦两汉考古学论集》,北京:文物出版社,1985年版,第124页。

④ 高至喜:《湖南古代墓葬概况》,《文物》1960年第3期,第33～37,23～27,1页。

⑤ 胡肇椿:《楼橹坞壁与东汉的阶级斗争》,《考古》1962年第4期,第206～210页。

⑥ 阮文义、阮文明:《越南历史博物馆》,《文物》1959年第1期,第60～63页。

⑦ 黄河水库考古工作队:《1956年河南陕县刘家渠汉唐墓葬发掘简报》,《考古通讯》1957年第4期,第9～19,5～8页。

(阙观),造型之优美,令人叹为观止(图 10-2-17)。娱乐性、娱乐与防御、防御与生产(图 10-2-18)相结合的建筑,则是前者在社会关系较为缓和的之下的延续[①](图 10-2-19)。而兼有生产和生活的建筑类型,则不论其规模大小,都是汉代庄园式经济条件下建筑形式的反映。

图 10-2-15　陶"城堡"

图 10-2-16　池中望楼

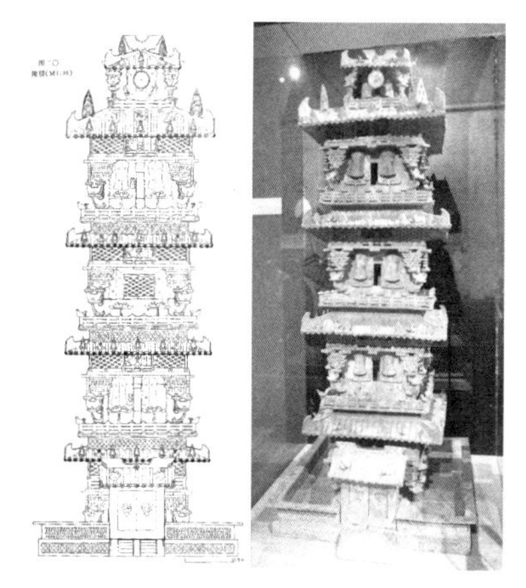

图 10-2-17　陶楼明器

图 10-2-18　戏楼

图 10-2-19　陶楼

① 河南省博物馆:《灵宝张湾汉墓》,《文物》1975 年第 11 期,第 75～93,107 页(图版十三-4);刘海超:《东汉绿釉陶戏楼》,《文物天地》1987 年第 5 期,第 46～48 页;张西焕、王玉娥:《淅川县博物馆收藏的汉代陶戏楼》,《中原文物》1987 年第 1 期,第 82 页;杨焕成:《河南陶建筑明器简述》,《中原文物》1991 年第 2 期,第 67～77 页。

例如：湖北云梦癞痢墩一号墓曾经出土过一件规模较大的"楼阁宅院"，分前后楼，总体平面呈三合式，仅仅"这座陶楼的北部，设有碉楼、炊间、厕间、猪圈、院落五个部分"[①]，实际上可以很明显地得出，这是一座兼有部分防御功能的生产作坊，此处的"炊间、厕间"所提供的生活，应该是仅仅为了保证在此工作的劳动者，正常劳动所必要的。再看前面已经列举过的事例，1959年发掘的郑州南关159号汉墓中出土了"四合院"，该"四合院"由门房、仓房、阙、正房、厨房、厕所和猪圈等六部分组成[②]，是生产与生活的完整建筑单位。很显然此处建筑所提供的"生活"，只能是供给在此劳作的被奴役的下层人民。它是生产与生活相结合的各种各样的"作坊建筑""工场建筑"，相信它所能提供的生活条件必是极其有限的。仅仅依靠这样简陋的生活条件，无法满足骄奢淫逸的墓主实际生活的需要。此处的"生活"，不会是墓主"下人们"混居于一起，同劳动、共生活的情况，这好像不大可能发生。

这里要说明一个问题，有些研究者认为某些随葬品较少、存在数量最多，但仍有一定规模的墓葬，墓主为一般的汉代平民[③]。笔者认为，此论不确。因为对于绝大多数的汉代普通老百姓来说，死后能有个葬身之处就很难得[④]，何来那么多的随葬品及如此规模的墓室，恐怕汉代经济还没有发展到如此的程度。各地的考古发掘提供了众多的证明材料，上海福泉山曾经发现的西汉墓群，"所有这些墓葬都是小型土坑墓，而未有一座砖室墓；出土的器物亦十分贫乏，除了传统的一式陶礼器之外，都是一些零小杂器，而且数量有限。这种现象并非有悖于西汉时期盛行的厚葬风俗，而是真实地揭示了这一地区西汉时期的社会经济还处于缓慢发展的状况"[⑤]；内蒙古自治区1959年呼和浩特美岱古城西城墙外侧，曾经发现一座用陶片覆盖的小型墓葬（编号为M2），"埋葬前先挖一个南北长0.65、东西宽0.42、深0.23米的长方坑，然后在坑底平铺一层陶片，上面再用同样的陶片覆盖一层，长0.9、南宽0.26、北宽0.28米。墓穴北端侧立一块陶片，作为栏堵墙壁；上层陶片向下倾覆，构成空隙，以容尸骨"[⑥]，笔者相信，这才是汉代最普通的劳动人民的墓葬。

再看前面所举老道寺一号汉墓出土的规模巨大"四合院模型"，据原文作者认

---

① 云梦县博物馆：《湖北云梦癞痢墩一号墓清理简报》，《考古》1984年第7期，第607～614，675页。

② 河南省文化局文物工作队：《郑州南关159号汉墓的发掘》，《文物》1960年第8～9期，第19～24页。

③ 高至喜：《湖南古代墓葬概况》，《文物》1960年第3期，第33～37，23～27，1页。

④ 《史记·淮阴侯列传》"（信）母死，贫无以葬。然乃行营高敞地，令其旁可置万家"。（汉）司马迁撰：《史记》卷九十二《淮阴列侯传》，北京：中华书局，1959年版，第2629～2630页。

⑤ 王正书：《上海福泉山西汉墓群发掘》，《考古》1988年第8期，第694～717，770～771页。

⑥ 内蒙古文物工作队：《1959年呼和浩特郊区美岱古城发掘简报》，《文物》1961年第9期，第20～25页。

为:"左边大院是主体四合院,为墓主一家起居活动的场所,右边是附属的偏院,为佣人居住和饲养家畜家禽的地方"。我们可以看到,该"建筑明器"的所谓供墓主日常起居生活的正院,仅仅有一个大的院落,无法满足墓主实际生活的众多需要。如通常情况下,都会存在的数量较多的车马庖厨之属都没有。何况也没有内外分隔,如此,则墓主连最起码的会客和日常家庭生活都成问题,这是显然无法满足专制礼仪、家庭伦理的要求的。处于副院的所谓"佣人居住和饲养家畜家禽的地方",与正院之间仅仅一门相隔,佣人们轻易地就可以进入墓主的家庭生活区,看到墓主的妻妾儿女们,这不能够提供起码的安全、礼仪要求。墓主家庭生活区与饲养家畜家禽的地方,仅一墙之隔,也不能够满足起码的清洁生活要求。

我们知道,汉代庄园式经济的特点,决定了当时的豪门大户的生产、生活建筑基本单位是各自独立的,绝不会像近世的小地主或家境稍好的富农那样,集中到一起。原作者的分析,有可能是受到了那样的建筑形式影响,而没有注意到汉代社会经济的实际情况。因此,我们认为,从该"建筑明器"的平面形制分析出发,参照汉代人们礼制生活的要求,结合该"建筑明器"各个组成部分的实际使用功能,可以得出:该"四合院模型"是属于较为复杂的生产与生活性的结合体,平时为佣人们劳作、生活的场所。但它兼有了部分防御性的功能,以便于非常情况(如战乱等)之下的使用。它不是供墓主家庭日常生活的建筑,而是表现的墓主日常生活建筑以外的某一处建筑院落。而规模与此相类似的另一件"建筑明器"出土于河南焦作白庄,包括院落、主楼、附楼、阁道四大部分,构件多达 31 件。该件"建筑明器"上的文字,不但标明了各个部件的位置,也标明了其建筑性质是——仓,"'苍(仓)前'一字道明了汉代陶楼与仓的密切关系"[①],类似这样的陶仓楼"建筑明器"考古发掘中,已经有不少发现(表 10-2-1)。

表 10-2-1　汉代考古发现陶仓楼统计表

序号	作(著)者	论文名称	刊物、日期	备注
1	马全、路百胜	焦作白庄 41 号汉墓发掘简报	《华夏考古》1989 年第 2 期	
2	杨焕成	河南焦作东汉墓出土彩绘陶仓楼	《文物》1974 年第 2 期	

① 索金星:《河南焦作白庄 6 号东汉墓》,《考古》1995 年第 5 期,第 396～402,481 页。

续 表

序号	作(著)者	论文名称	刊物、日期	备注
3	谢飞、李恩佳、任亚珊、贺永	河北阳原西城南关东汉墓	《文物》1990年第5期	
4	徐州博物馆	徐州市韩山东汉墓发掘简报	《文物》1990年第9期	
5	甘肃省博物馆	武威雷台汉墓	《考古学报》1974年第2期	
6	张松林	荥阳魏河村汉代七层陶楼的发现和研究	《中原文物》1987年第4期	
7	王学敏	试谈淮阳东汉陶楼的建筑装饰艺术	《中原文物》1987年第4期	
8	大理州文物管理所	云南大理市下关城北东汉纪年墓	《考古》1997年第4期	2件,游戏、养圈

注:有关资料太多,可参见论文附录三、四、五表中有关内容。

河南省荥阳县更是发现了高达七层雄伟的陶楼,研究表明它也是一座陶仓楼[①](图10-2-20),它也是目前我国所知的楼层最多的汉代陶楼[②]。这些正表明了汉代人们对仓储粮食之重视。其实,早在殷商时期的粮仓建筑,就是与当时的宫殿一样,建筑在夯土台基之上,并形成了比较完善的仓储制度[③]。有学者研究认为,汉代人喜好为死者随葬粮食和粮仓,除象征富有之外,还有抚慰“幽灵”之意[④]。《论衡·薄葬篇》也云:“谓死如生,闵死独葬,魂孤无副,丘墓闭藏谷物乏匮,……以歆精魂”。这些情况在内蒙古和林格尔汉壁画墓中,表现得极其清楚,壁画中的仓房都是重层高大的建筑[⑤],它们应该

图10-2-20 陶仓楼

① 张松林:《荥阳魏河村汉代七层陶楼的发现和研究》,《中原文物》1987年第4期,第45~47页。
② 杨焕成:《河南陶建筑明器简述》,《中原文物》1991年第2期,第67~77页。
③ 程平山、周军:《东下冯商城内圆形建筑基址性质略析》,《中原文物》1998年第1期,第73~76页。
④ 王学敏:《试谈淮阳东汉陶楼的建筑装饰艺术》,《中原文物》1987年第4期,第74~76页。
⑤ 罗哲文:《和林格尔汉墓壁画中所见的一些古建筑》,《文物》1974年第1期,第31~37页。

也包含了“以备非常”的意味。有关汉代粮仓的各种类型,可参见张锴生《汉代粮仓初探》一文[①]。并且,从出土位置来看,广州汉墓中不少“建筑明器”,如“屋、仓两种器物,在木椁墓或砖室墓中都有出土,而且两者的位置多是同置一处的”[②],这本身就是对墓葬中随葬的各种“建筑明器”使用性质的最好说明。这种墓葬中成组出现的陶房模型,在洛阳地区也有发现,洛阳金谷园车站11号汉墓出土的陶屋组群,从房屋内所置遗物分析,它们是属于一处印染手工业作坊模型[③]。汉代墓葬中出上的楼阁式建筑,从使用性质来看,或者是仓楼、或者是阙观(包括坞壁等)、或者兼有娱乐和阙观双重功能等;也有阙观与生产相结合的特例[④](可参见图10-2-19)。

五、“建筑明器”出现是西汉初期墓葬思想急剧变化的产物

我们认为,“建筑明器”大量随葬于汉代墓葬中,一方面,有汉代崖洞墓逐渐被砖室墓取代的宏观背景。另一方面,也是汉代社会经济的发展相对缓慢,已无条件满足墓葬使用需求,社会已无力再像以前那样耗费大量的人、财、物去开凿规模庞大的崖洞墓,为死去的人服务;也没有能力、同时也没有必要,去砌筑能够完全满足墓主对现实生活建筑要求的砖室(石)墓,否则其墓葬规模将是无法想象的。西汉中期以后,社会经济发展相对衰退,至东汉中期墓葬中,出现了众多的发券假耳室、假门等可为证明[⑤](图10-2-21)。由此,“建筑明器”的出现就成了一种必然,利用它既可以满足汉代地主庄园式经济条件下,必然存在的“庄园式建筑”的实际需要,(建筑是分处、分场所的各个较为独立的单位,这在汉代墓葬壁画、画像砖石、文献中表现得很明显。)又不必浪费太多的社会财富,毕竟此时的人们已认识到,对先人是要敬重,但子孙后代却更要继续生存下去,而此时的社会经济已经不容许如以前那样完备的墓葬制度的要求。汉代社会厚葬之风之盛,以至于专制帝王不得不

---

① 张锴生:《汉代粮仓初探》,《中原文物》1986年第1期,第93～101页。

② 广州市文物管理委员会:《三年来广州市古墓葬的清理和发现》,《文物》1956年第5期,第21～32页。

③ 洛阳市文物工作队:《洛阳金谷园车站11号汉墓发掘简报》,《文物》1983年第4期,第15～28,100页。

④ 大理州文物管理所:《云南大理市下关城北东汉纪年墓》,《考古》1997年第4期,第63～72,101～102页;在武陟县出土的大型汉代陶楼的两侧,“各有一带厕所的猪圈,圈内各有一个陶猪”(千平喜:《武陟出土的大型汉代陶楼》,《中原文物》1983年第1期,第22页。),与此应该相类似。

⑤ 南阳市博物馆:《南阳市建材试验厂汉画像石墓》,《中原文物》1985年第3期,第21～25,118页;南阳市博物馆:《南阳市王庄汉画像石墓》,《中原文物》1985年第3期,第26～35页;洛阳市第二文物工作队:《洛阳市西南郊东汉墓发掘简报》,《中原文物》1995年第4期,第1～6页;洛阳市第二文物工作队:《洛阳市南昌路东汉墓发掘简报》,《中原文物》1995年第4期,第17～27页;广东省文物管理委员会:《广东佛山市郊澜石东汉墓发掘报告》,《考古》1964年第9期,第448～457,8～10页。

屡下禁止诏书。汉成帝永始四年下诏禁止埋葬过制,"方今世俗奢僭罔极,靡有厌足,公卿列侯亲属近臣,四方所则,……车服嫁娶埋葬过制,吏民慕效,浸以成俗,而欲望百姓俭节,家给人足,岂不难哉!……其申敕有司,以渐禁止"①。更何况当时就有人指责成帝营建昌陵,"卒徒工庸以巨万数,至燃脂火夜作,取土东山,且与谷同价。作治数年,天下遍被其劳,国家罢敝,府藏空虚,下至众庶,熬熬苦之"②。可见由于流行厚葬,其对社会经济的破坏,已经到了无法容忍的程度。因此,我们认为,这才是墓葬中越来越多的使用明器,来模拟日常现实生活用品作为随葬品的根本所在。同样,利用一些陶制的"建筑明器"来代表上述要求,就是顺理成章的必然之举。因而,"建筑明器"就成为了现实生活中各种各样建筑的替代物,或是希望死后能够过上某种幸福生活的理想物。当然,在崖洞墓中出现的"明器式"建筑与砖室墓中出现"建筑明器"之间,尚有在崖洞墓中出现"建筑明器"的阶段,它们之间的发展脉络在徐州汉代墓葬中表现得极为清晰,如徐州地区西汉卧

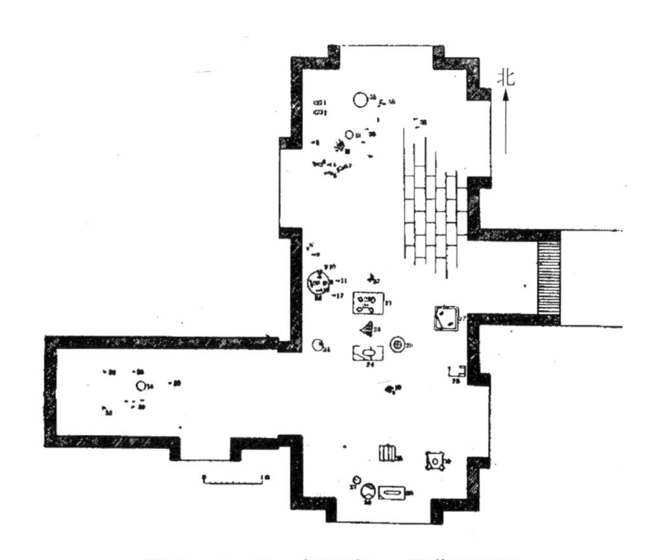

图 10-2-21 假耳室:一号墓平面图

1—12. 陶俑 13、14. 铜镜 15、16. 铜钱 17. 陶龟 18. 陶蛙
19、20. 陶鱼 21. 陶盘 22. 陶杯 23—28. 陶屋残片 29. 陶磨 30. 陶井
31. 陶罐 32. 琉璃瑱 33、34. 陶碟 35. 陶碗 36. 陶盆 37. 陶鸟 38. 棺钉

① (汉)班固撰:《汉书》卷十《成帝纪》,北京:中华书局,1962 年版,第 324~325 页。
② (汉)班固撰:《汉书》卷七十《傅常郑甘陈段传》,北京:中华书局,1962 年版,第 3024 页。

牛山西汉楚王陵墓建筑中不但有“明器式”建筑的遗迹，而且随葬器物陶器中还有猪圈，即除了利用木构瓦顶的“明器式”建筑来模拟墓主生前所居的真实建筑以外，还用随葬的建筑明器来进一步加以补充。这正是西汉末年社会经济倒退、生产力下降的表现，同时表明了崖洞墓向砖室墓过渡时期必然存在的葬制特征①。

由于以上种种因素的存在，我们认为，从使用功能的角度，来论证有关“建筑明器”的随葬性质，它仅仅是属于防御性、生产性、娱乐性、生产与生活相结合或娱乐与防御性相结合的，各种各样表现几近真实生活中使用建筑的“建筑模型”；它们是作为墓主日常生活建筑的模拟物——墓室（包括棺椁）以外，别处存在的建筑物的重要补充，体现汉代庄园式经济条件下的“庄园式建筑”的特点。表明了防御性的“坞堡建筑”、生产性的“作坊建筑”、生产与生活相结合的“工场建筑”、逍遥娱乐与防御观望一体的“逍遥建筑”——一般可称之为“逍遥楼”②（图 10－2－18），类似这样的事例很多，它们都兼有娱乐、防御的多重特点。

甚至还有娱乐与生产结合在一起的特殊情况，如在云南大理市下关城北东汉纪年墓出土的 2 件陶楼，下部被用来“养畜之所”，上部有神态安详的“吹箫俑”，如果不是该文中明明白白标明它们的用途，按照一般情况下的理解，如此“气势雄伟，展现了当时建筑科学技术的高度发展”的陶楼③，下部却作这样的用途，现代人恐怕是难以想象的。需要注意的是，该文的最后论述，“墓内出土的 7 件吹箫俑大小形制一致，并都出在陶楼上，楼中除吹箫俑外，还有代表墓主的男女俑凭廊远眺，悠然自得。吹箫俑则坐在楼廊两端吹奏，以供主人享乐，鲜明地反映出主仆间的等级关系和各自的社会地位”，这点明了该楼的娱乐性质；而它们“制作精细，造型逼真，应该是现实生活的写照。这 2 座陶楼从一个侧面反映了东汉大地主庄园经济在大理地区的渗透和发展”，则说明了汉代庄园经济之高度发达，边远地区也同样如此。

① 徐州博物馆：《江苏铜山县卧牛山汉墓清理》未刊稿 1980 年 2 月；李银德：《徐州汉墓的形制与分期》，徐州博物馆：《徐州博物馆三十年纪念文集》，北京：燕山出版社，1992 年版，第 114 页。

② 刘海超：《东汉绿釉陶戏楼》，《文物天地》1987 年第 5 期，第 46～48 页。河南省项城县老城汉墓出土的三座陶楼都是如此，详见：周口地区文化局文物科、邓同德等：《项城县老城汉墓出土陶楼》，《中原文物》1984 年第 3 期，第 106～107，85 页。

③ 大理州文物管理所：《云南大理市下关城北东汉纪年墓》，《考古》1997 年第 4 期，第 63～72，101～102 页。在武陟县出土的大型汉代陶楼的两侧，“各有一带厕所的猪圈，圈内各有一个陶猪”（千平喜：《武陟出土的大型汉代陶楼》，《中原文物》1983 年第 1 期，第 22 页。），与此应该相类似。

它们与墓室、墓祠或小祠堂[1]、"供堂"或"享堂"之类的墓外建筑等[2],一起构成了完整的汉代墓葬形制组合。

需要再次指出的是,作为生产与生活相结合的"工场建筑",这样的建筑所提供的生活,仅是供在此劳作的、依附于墓主生活的下人们所使用的,是为了让他(她)们便于就近方便干活,以便让他(她)们有尽可能多的劳作时间,这样他(她)们的主人就可以最大限度地获取他(她)们的劳动。从这样认识角度,就可以理解,这样的生产与生活相结合的"工场建筑"所能提供的生活,不应是提供给墓主日常生活使用的。

当然,从所有权的角度来讲,它们与墓主日常生活建筑的模拟物——墓室及棺椁一样,都是死者生前拥有的建筑。前者是为了日常生活使用,后者是为了再生产所需,它们各自表现了死者生前生活的某些方面,表明了墓主不但生前享有较为豪华的生活,而且希望身后能够继续这样的生活,或希望能够过上这样生活的理想。这些都是古人"事死如生"观念的体现。

六、汉代墓葬中"建筑明器"的分类

如前所论,我们将汉代墓葬中随葬的"建筑明器",按使用性质,分为防御性、生产性、娱乐性、生产与生活相结合或娱乐与防御性相结合等五大类型。据笔者粗略统计新中国成立以来发表在《考古》《文物》《中原文物》等刊物上,有关汉代墓葬中的"建筑明器"资料(附录三、四、五),可以得出这样的结论:在我国已经发掘的汉代墓葬中,尚没有一处随葬的"建筑明器"可以超出笔者所认识的范围之外。它们或是属于生产性的仓、舂米房、养畜养禽圈,或是属于防御性的坞堡、望楼、阙观,或专供娱乐的音乐台(厅),此在西川崖墓中大量的出现(如四川忠县涂井蜀汉崖墓中几式陶屋模型[3],汉画像石中也有表现汉代戏台的画面[4]。如前所述,早在绍兴市坡塘出土的战国时期的铜屋,就是供娱乐性的音乐厅[5]),或是属于生产与生活相结合的作坊、猪圈与厕所(往往此两者结合在一起,并且汉代已经出现男女有别的厕

---

① 蒋英炬:《汉代的小祠堂——嘉祥宋山汉画像石的建筑复原》,《考古》1983 年第 8 期,第 741～751 页。

② 云梦县博物馆:《湖北云梦瘌痢墩一号墓清理简报》,《考古》1984 年第 7 期,第 607～614,675 页。

③ 四川省文物管理委员会:《四川忠县涂井蜀汉崖墓》,《文物》1985 年第 7 期,第 49～95,97,99～106 页。

④ 燕生东、刘智敏:《苏鲁豫皖交界区西汉石椁墓及其画像石的分期》,《中原文物》1995 年第 1 期,第 79～99 页。

⑤ 浙江省文物管理委员会等:《绍兴 306 号战国墓发掘简报》,《文物》1984 年第 1 期,第 10～26,97,99～103 页。

所,即一个厕所被用隔墙分为两间[①]。);或是属于防御兼生活娱乐性的逍遥楼(实际上也兼有望楼的作用,一般考古发掘中所谓的池楼都属于此类)。此外,还有防御性与生产相结合的特例,如前述云南大理市下关城北东汉纪年墓出土的 2 件陶楼[②],这种情况较少。

而按照制作材料的不同,"建筑明器"又分为木[③]、石、陶、金属(如铜[④]、铁、金等,墓葬中随葬的明器中,有采用金质的[⑤]。)四种。

杨焕成先生按使用类型,将陶质建筑明器分为住宅、仓房、作坊、戏楼、楼橹等类型,且他认为这些系"当时中小地主宅院的建筑模型"[⑥]。笔者认为对墓主的身份,应有不同看法。

张勇先生按用途,将建筑明器划分为"可供人居住的楼院、庄园;供储存粮食的仓廪;供登高瞭望的楼阁;供表演乐舞百戏的戏楼;供舂米磨面加工粮食的作坊;供烹饪做饭的灶具;供饲养家畜的羊舍、猪圈;以及供满足人们其他生活需要的厕所、水井等等",作者进一步认为"凡是人们日常生活中所涉及的建筑,明器中可以说应有尽有"[⑦]。

由上文可知,除了要明确"日常生活"中"供人居住的楼院、庄园",它们的使用者以及使用情况外,墓室才是对墓主日常生活居住建筑的象征和模拟,建筑明器中应没有这种建筑类型。至于河南南阳"安棚墓中所出陶楼较特殊,在陶楼两侧相连

---

① 洛阳市文物工作队:《洛阳金谷园车站 11 号汉墓发掘简报》,《文物》1983 年第 4 期,第 15～28,100 页。研究认为:"汉画像砖、石墓内的猪圈由无屋到有屋,由简单的屋发展到屋顶设望亭、开天窗的复杂的屋,中间的发展演变关系是清楚的。"赵成浦:《南阳汉代画像石砖墓关系之比较》,《中原文物》1996 年第 4 期,第 78～83 页。

② 大理州文物管理所:《云南大理市下关城北东汉纪年墓》,《考古》1997 年第 4 期,第 63～72,101～102 页。

③ 党国栋:《武威县磨嘴子古墓清理记要》,《文物参考资料》1958 年第 11 期,第 68～71 页。这种木制建筑模型在元代墓葬中也有发现,参见:大同市文物陈列馆、山西云冈文物管理所:《山西省大同市元代冯道真、王青墓清理简报》,《文物》1962 年第 10 期,第 34～46,59 页。

④ 朱耀山:《临夏、永靖县文物普查情况》,《文物参考资料》1956 年第 10 期,第 75 页,文中有铜屋顶模型。甘肃省文物管理委员会:《酒泉下河清第 1 号墓和第 18 号墓发掘简报》,《文物》1959 年第 10 期,第 71～77 页,出土铜仓、铜井。

⑤ 刘云涛:《山东莒县双合村汉墓》,《文物》1999 年第 12 期,第 25～27,100,102 页,墓中有金灶资料。

⑥ 杨焕成:《河南陶建筑明器简述》,《中原文物》1991 年第 2 期,第 67～77 页。作者认为:"这些丰富多彩的陶建筑明器,大致可分为供人居住的宅院和阁楼;供储存粮食的仓廪;供游览狩猎的园囿水榭;供瞭望守卫的楼橹坞壁;供舂米磨面加工粮食的作坊;供表演舞乐百戏的歌舞楼;供饲养家畜家禽的羊舍、猪圈、鸡埘等。"

⑦ 张勇:《河南出土汉代建筑明器》,《中原文物》1999 年第 2 期,第 75～81,3 页。

二陶羊之造型正与该墓中室前壁两侧嵌二石羊的墓葬建筑格式相吻合"[1]。

其实,这种情况在汉代出土的建筑明器中并非孤例,如河南省桐柏县出土的陶楼碎片,其陶楼与陶羊为连体的,位于陶楼门前两侧[2]。这种情况,笔者认为应该是汉代人认为"羊(即祥、福德羊[3])"是与"四灵(或五灵)"、狮子、仙鹿、飞廉等一起的瑞兽[4],将其刻绘于墓门上[5](图 10-2-22)或是使用于门楼两侧的用意是一致的。徐州市茅村汉画像石墓、白集东汉画像石墓中还出土有石羊柱础[6],同样应属于这种情况。除这些以外,笔者与以上两学者对于汉代建筑明器在使用上的认识完全相同。

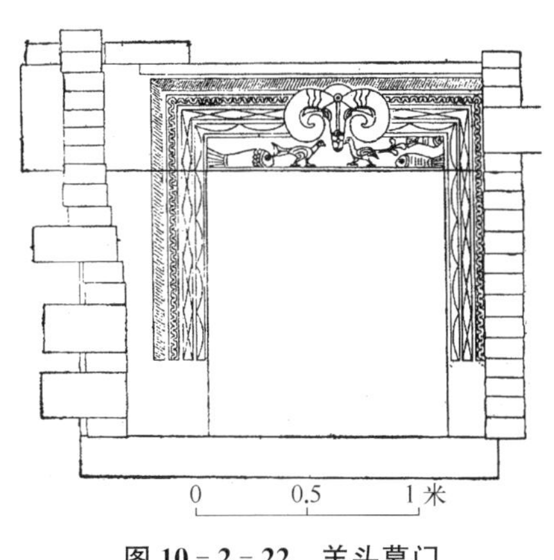

图 10-2-22 羊头墓门

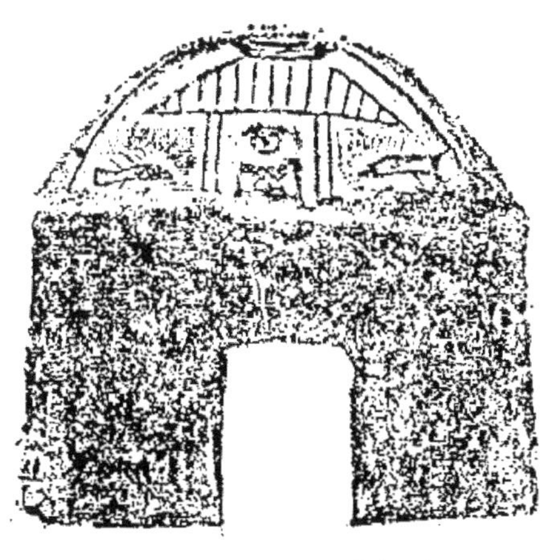

图 10-2-23 陶灶

另外,由于汉代墓葬中随葬的灶、井中,也有相当部分,或绘有建筑形象(图 10-2-23),或带有各种屋顶形象(见第二章图 2-30),或本身就与建筑紧密结合在一起,对研究汉代建筑很有帮助,论文附录也进行了统计。

---

① 李陈广、韩玉祥、牛天伟:《南阳汉代画像石墓分期研究》,《中原文物》1998 年第 4 期,第 49~57 页。

② 南阳市文物研究所:《桐柏县安棚画像石墓》,《中原文物》1996 年第 3 期,第 22~25 页。至于陶羊为何位于陶楼两侧,应该是与后世石狮子的作用相同,值得深入研究。

③ 许慎:《说文解字》云:"羊,祥也";《汉元嘉刀铭》载:"宜侯王,大吉羊"。这与有些汉墓在前壁上额雕塑羊头(如洛阳 61 号汉墓、苏建:《美国波士顿美术馆藏洛阳汉墓壁画考略》,《中原文物》1984 年第 2 期,第 22~25 页。)或绘画羊头(如李京华:《洛阳西汉壁画墓发掘报告》,《考古学报》1962 年第 2 期,第 107~125,235~242,259~260 页),意义是一致的。

④ 南京博物院、邳县文化馆:《东汉彭城相缪宇墓》,《文物》1984 年第 8 期,第 22~29 页。在该墓中与"五灵"刻绘在一起的只有福德羊。

⑤ 这种情况在陕西、江苏(主要是苏北徐州)、山东等地出土的汉画像石中极多。

⑥ 南京博物院:《徐州茅村画象石墓》,《考古》1980 年第 4 期,第 347~352 页;南京博物院:《徐州青山泉白集东汉画象石墓》,《考古》1981 年第 2 期,第 137~150,202 页。

第三节 “建筑明器”是墓葬中早期绘画描绘建筑的物化表现

前文对“建筑明器”的随葬思想进行了论述，下面本文将进一步探讨产生“建筑明器”的渊源。我们认为，墓葬中出现“建筑明器”的实质，应该是墓葬中早期绘画所描绘建筑形象的物化表现。

一、漆器、青铜器等器物上的建筑形象

目前我们所见到最早描绘建筑的图像，一是山东临淄郎家庄出土的春秋末期的漆器的漆画[①]（图 10－3－1）；一是江苏省镇江市丹徒县谏壁镇一座东周时期（报告也称春秋末期）的墓葬出土的，描绘了众多建筑形象的青铜器[②]；后者与战国时期青铜器图像中出现的高台式建筑图（通常被称为“水陆攻战图”）[③]，如成都百花潭十号墓出土的著名的采桑狩猎纹壶[④]、河南辉县赵固出土的战国铜鉴（辉县出土的水陆攻战纹铜壶，故宫博物院藏）、晋东南长治出土的残铜匜[⑤]（图 9－2－8）、河南汲县山彪镇一号战国大墓出土的青铜鉴[⑥]，以及《美帝国主义劫掠的我国殷周铜器录》中的271、272 两豆和 774 壶等，不论内容、题材或表

图 10－3－1　郎家庄漆画

① 傅熹年：《中国古代的建筑画》，《文物》1998 年第 3 期，第 75～94 页。

② 镇江市博物馆：《江苏镇江谏壁王家山东周墓》，《文物》1987 年第 12 期，第 24～37，97，102 页。

③ 马承源：《漫谈战国青铜器上的画像》，《文物》1961 年第 10 期，第 26～30 页；杨泓：《战国绘画初探》，《文物》1989 年第 10 期，第 53～59，36 页。刘弘、李克能：《水陆攻战纹臆释》，《中原文物》1994 年第 2 期，第 97～100 页。

④ 四川省博物馆：《成都百花潭中学十号墓发掘记》，《文物》1976 年第 3 期，第 40～46，79～80。有学者研究认为是“高”图，也就是“画面所力图表现的是男女交会的场面”。详见：郑志：《战国铜器上的“高禖”图考》，《中原文物》1994 年第 3 期，第 54～57 页。注意该文图一、二。

⑤ 山西省文物管理委员会：《山西长治市分水岭古墓的清理》，《考古学报》1957 年第 1 期，第 103～118，232～237 页。侯毅：《长治潞城出土铜器图案考释》，《中原文物》1989 年第 1 期，第 47～52 页。

⑥ 郭宝钧：《山彪镇与琉璃阁》，北京：科学出版社，1959 年版；高明：《略论汲县山彪镇一号墓的年代》，《考古》1962 年第 4 期，第 211～215 页。

现手法等都极其一致，由此证明这种题材的绘画年代，应起码上溯至春秋末期。在战国时期的漆器和绘画中同样题材、风格的画面较多[①]。地处边远的内蒙古阴山、狼山岩画，有描绘帐棚、房屋或洞穴的建筑画(图 9－1－5)[②]。

二、与建筑本体相关的绘画：壁画、地画等

有关建筑物中出现壁画最早的文字记载，可能出现于春秋时。“孔子观乎明堂，睹四门墉，见尧舜之容，桀纣之像，各有善恶之状，兴废之戒哉！”观周公负成王图，曰：“此周之所以盛也！”[③]。至战国，屈原见“楚有先王之庙及公卿祠堂，图画天地、山川、神灵、琦玮谲诡，及古圣贤怪物行事”而作《天问》[④]，可见不但有壁画，而且还有顶画。《国语・晋语(八)》中有关宫殿建筑的装饰规格写道：“天子之室斫其椽而砻之，加密石焉(韦昭注：砻，磨也。密，细密文理。石，谓砥也。先粗砻之，加以密砥)。诸侯砻之(韦昭注：无密石也)。大夫斫之(韦昭注：不砻)”。天子的宫室，经过非常细密的加工雕饰，而诸侯大夫依据等级的不同而依次减少装饰的内容。由此可见，当时的建筑物不但已经普遍进行了装饰，而且有严格的装饰等级指导思想，应该说此时的装饰已较为发达。至于后来的“丹楹刻角”，更说明装饰之过度了[⑤]。

实际上，建筑物上出现壁画应该更在春秋、战国之前。考古发掘表明，在安阳殷墟建筑遗址中发现了的壁画残块[⑥]。有关建筑物上最早出现的壁画，是在距今五千多年前的牛梁河红山文化“女神庙”遗址中发现的墙面彩绘，“壁面压平，其上绘赭红间黄白色交错三角纹几何图案”[⑦](图 10－3－2)。它比安阳殷墟发现的商代房基绘有红色线条和黑色圆点图案的白灰墙面皮早一千多年[⑧]，更比咸阳秦壁

---

① 杨宗荣：《战国漆器花纹与战国绘画》，《文物》1957 年第 7 期，第 50～54 页。

② 盖山林：《内蒙阴山山脉狼山地区岩画》，《文物》1980 年第 6 期，第 1～11，98 页。

③ (清)陈士珂：《孔子家语疏证》，南京：凤凰出版社，2017 年版，第 80 页。

④ (宋)洪兴祖撰：《楚辞补注》，北京：中华书局，1983 年版，第 85 页。

⑤ “(庄公)二十三年秋，(鲁)丹桓宫之楹……二十四年春，刻桓宫桷”，杨伯峻编著：《春秋左传注》，北京：中华书局，2009 年版，第 227 页。

⑥ 中国科学院考古研究所安阳发掘队：《1975 年安阳殷墟的新发现》，《考古》1976 年第 4 期，第 264～272，263，287～288 页。

⑦ 辽宁省文物考古研究所：《辽宁牛河梁红山文化“女神庙”与积石冢群发掘简报》，《文物》1986 年第 8 期，第 1～17，97～101 页。

⑧ 中国科学院考古研究所安阳发掘队：《1975 年安阳殷墟的新发现》，《考古》1976 年第 4 期，第 264～272，263，287～288 页。

画早二十个世纪①。也许可以说,在建筑物中最早的绘画装饰是在秦安大地湾遗址仰韶晚期房屋遗址中发现的地画,“地画是绘在仰韶文化晚期一座房屋后半部中间的地面上,画色颜料经鉴定为炭黑,……地画当是人们行施‘巫术’的一次活动的记录”②(图 10-3-3)。

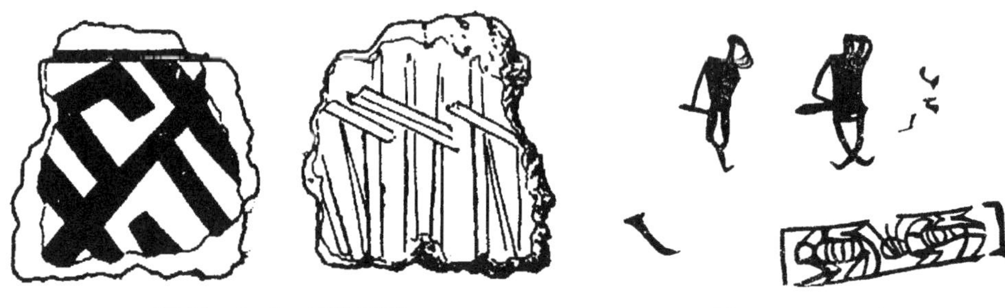

图 10-3-2　彩绘墙壁　　图 10-3-3　地画

也有人认为它“可能有祖神崇拜的意义”③,或认为是表现了猎人追赶野兽④。或有学者认为,它是迄今为止我国发现最早的绘画,且它是由图腾崇拜向祖先崇拜过渡的产物⑤。还有人认为它“是表现了某一具体的社会活动场面和内容”,“其内容是表现男女交合的情景,更确切地说是表现男女交合之象的舞蹈场面”⑥。不论可不可以说它是一种“地面装饰”,它至少使我们认识到近 5 000 年前人们所具有的绘画水平,以及绘画与人们日常生活、特别是绘画与建筑物之间的密切关系。

三、墓葬建筑装饰法:壁画、画像石(砖)、帛画甚或雕版等

就现有资料而言,“1979 年在陕西扶风杨家堡发掘的四号西周墓的生土墓壁上,有用白色描绘的二方连续菱格纹图案的带状壁画⑦,是迄今为止最早的墓葬建

① 孙广清:《从考古发现谈中国古代文明的起源问题》,《中原文物》1989 年第 2 期,第 7～14 页。

② 李仰松:《秦安大地湾遗址仰韶晚期地画研究》,《考古》1986 年第 11 期,第 1000～1004 页。宋兆麟:《室内地画与变迁风俗——大地湾地画考释》,《中原文物》1986 年特刊。如鱼:《蛙纹与蛙图腾崇拜》一文中也同样是此种观念,《中原文物》1991 年第 2 期,第 27～36 页。

③ 甘肃省文物工作队:《大地湾遗址仰韶晚期地画的发现》,《文物》1986 年第 2 期,第 13～15,100 页。尚杰民:《大地湾地画释意》一文也有极其详细的论述,《中原文物》1989 年第 1 期,第 35～38 页。

④ 杨亚长:《仰韶文化的美术考古简述》,《华夏考古》1988 年第 1 期,第 64～68 页。

⑤ 张明川:《迄今发现的我国最早的绘画》,《美术》1986 年第 11 期,第 51～54 页。

⑥ 于嘉芳、安立华:《大地湾地画探析》,《中原文物》1992 年第 2 期,第 72～77 页。文中还对已有的几种画面解释进行了列举。

⑦ 罗西章:《陕西扶风杨家堡西周墓清理简报》,《考古与文物》1980 年第 2 期,第 21～28 页。

筑壁画装饰。

到东周时，尤其是战国时期，墓葬建筑装饰有了一定的发展，形式上以壁画为主，空心画像砖开始出现，内容仍较简单。许多壁画因画在土壁或钉在土壁上的帏帐上，随着土壁的剥落和帏帐的朽毁或清理过程中的疏忽，内容已不可辨识。1957年在洛阳西郊发掘的一座战国时代甲字形大墓中，就装饰有壁画①。湖北省江陵天星观1号战国时期的大型楚墓，其木椁分为数室，在南西室和西室绘制有壁画②。总的来说，周代是我国墓葬建筑装饰的滥觞期，装饰形式单一，内容简单"③。

秦始皇陵墓中，"以水银为百川、江河、大海，机相灌输。上具天文，下具地理"④，这说明可能已使用绘画，描绘了天体⑤。

目前，我国墓葬中最早出现帛画，属于长沙地区出土战国时期的《人物龙凤》图、《人物御龙》图等长沙战国帛画⑥(图9-2-5)，它们与稍后长沙、临沂等地出土的帛画一样，都用来表示升仙的意思⑦。长沙马王堆三号墓葬，其地宫仿照他生前宫室，出现将帛画悬挂于墓壁的情况，绘画的内容与北方一些砖室墓的壁画墓内容大体相同，"是用缯做成的两张大型壁画"⑧，实际与后来的壁画墓，具有一样的内容和作用。从这个意义上讲，可以称之为"我国汉代最早的壁画墓"(当然，实际我国考古发现汉代最早的壁画墓，是河南永城的梁王墓⑨。)。《礼记·明堂位》云："夏后氏之龙簨虡，殷之崇牙，周之壁翣"。同篇郑注又说：周天子之葬礼，前后左右用"八翣，皆戴壁垂羽"，这可能是最早的墓葬装饰之记载。这种装饰品至汉代仍然流行，并且不仅用于钟和葬仪，还作为室内装饰品。

江苏省文物管理委员会在江都凤凰河工程中，发现有汉代木椁墓中，椁室隔板

---

① 中国社会科学院考古研究所洛阳发掘队：《洛阳西郊一号战国墓发掘记》，《考古》1959年第12期，第653～657，705页。

② 湖北荆州地区博物馆：《江陵天星观1号楚墓》，《考古学报》1982年第1期，第71～116，143～162页。

③ 杨爱国：《汉代的忠孝观念及其对汉画艺术的影响》，《中原文物》1993年第2期，第61～66，79页。

④ (汉)司马迁撰：《史记》卷六《秦始皇本纪》，北京：中华书局，1959年版，第265页。

⑤ 王学理：《秦始皇陵研究》，上海：上海人民美术出版社，1994年版，第68页。

⑥ 蔡金法：《楚国绘画试析》，《中原文物》1992年第2期，第32～37，65页。文中认为："近几十年来，在湖北、湖南、河南、安徽等地的楚墓中，出土了大量的楚画，其中以湖北、湖南较多"。实际上，山东也有大量发现。

⑦ 吕品：《"盖天说"与汉画中的悬璧图》，《中原文物》1993年第2期，第1～9页。

⑧ 傅举有：《马王堆缯画研究——马王堆汉画研究之一》，《中原文物》1993年第3期，第99～107页。

⑨ 俞伟超：《中国古墓壁画内容变化的阶段性》，《文物》1996年第9期，第63～64页。河南省文物研究所、永城县文物管理委员会：《河南永城芒山西汉梁国王陵的调查》，《华夏考古》1992年第3期，第131～139，130页。

是有浮雕建筑形象的木板[①]；与之很近的扬州邗江县胡场汉墓中，出土有木雕建筑版画[②]，应该是这一地区的特殊葬俗，具有壁画性质，是有地区性的独特葬制[③]。此与其他地区的壁画、画像砖（石），异曲同工。或许这一现象也是木椁墓与壁画墓、画像砖石墓等，相互影响的结果。

有趣的是，汉代以后，江苏省苏南地区六朝时代的墓葬中，还曾经出土过大型砖印壁画的特殊情况，也有人称其为"砖刻"[④]。魏晋南北朝时期受佛教影响出现了大量造像碑，"实际上造像碑取代了汉代的画像石。从构图上看也有汉代画像石的遗风"，且"其它以佛教内容为题材的造型艺术中也可以看到汉代画像石的遗迹"[⑤]。

事实上，有关学者的研究，为我们思考"建筑明器"的性质，提供了极好的说明。"青铜器实质上是礼的物质表现形式，即所谓'器以藏礼'(《左传・成公二年》)。礼制建筑同样是礼的物化，自不待言。礼制建筑和青铜器的存在都不是孤立的，它们都是按照礼制来设置并表现起社会功能的"[⑥]。

蒋英炬先生在论述汉画像石时认为，"这种早期画像石所显示的初始萌动态势，完全和墓葬随葬品生活化的变化趋势相一致，这些画像石一定程度上所起的作用，就是随葬品的代替、扩展和延伸"[⑦]。

陈江风先生认为，"熟悉汉画像的人都知道，汉画像表现出来的思维方式与现代人不同——它不是'严格地遵循逻辑思维的科学思维'，在它那里，画像就是实物本身，即'肖像就是原型'古人相信'从肖像那里就可以得到如同从原型那里得到的一样的东西；可以通过对肖像的影响来影响原型'(布留尔《原始思维》)。在画像石上刻出谷物与日常用具，死者的亡灵生后就能丰衣足食；刻绘出童仆与奴婢，亡灵就能终日有所陪伴；刻绘出金银、玩好，可使亡者死后永保富贵；刻绘出舞乐百戏，

---

① 江苏省文物管理委员会：《江都凤凰河二〇号墓清理简报》，《文物参考资料》1955年第12期，第80～84页。

② 扬州博物馆、邗江县文化馆：《扬州邗江县胡场汉墓》，《文物》1980年第3期，第1～10，97～98页。

③ 扬州博物馆、邗江县文化馆：《扬州邗江县胡场汉墓》，《文物》1980年第3期，第1～10，97～98页。

④ 参见：南京博物院：《江苏丹阳胡桥南朝大墓及砖刻壁画》，《文物》1974年第2期，第44～56页；也有称其为"砖印"，见南京博物院：《试谈"竹林七贤及荣启期"砖印壁画问题》，《文物》1980年第2期，第18～23+36页；亦有称"拼镶砖画"，见杨泓：《东晋、南朝拼镶砖画的源流及演变》，文物出版社编辑部：《文物与考古论集》，北京：文物出版社，1986年版，第217～227页。

⑤ 刘兴珍：《漫谈汉代画像石的继承与发展》，《中原文物》1993年第2期，第17～22页。

⑥ 白云翔、顾智界：《中国文明起源座谈纪要》，《考古》1989年第12期，第1110～1120，1097页。

⑦ 蒋英炬：《关于汉画像石产生背景与艺术功能的思考》，《考古》1998年第11期，第90～96页。

可使阴间的欢娱永无止息；至于刻上生前的功勋与荣耀，是为了把阳世的荣名带到阴间继续享受尊宠；刻上打鬼与辟邪的画像则是‘通过对肖像的影响来影响’鬼魅的原型，以期制服鬼魅，保持亡灵阴间生活的宁静。总之，墓葬中所有的画像并不单纯是一幅画像，每一幅都有一个与其对应的阴间实物，每一幅画像都能给亡者的死后生活带来一种利益”，且“汉画像所表现的世界，反映了墓主所追求的生活以及他们的思想观念”①。

刘晓路先生研究汉代帛画上描绘的各种俑，认为“从造型艺术的角度看，俑一般是三维立体造型，属于雕塑范畴。但是，有没有属于二维平面造型——绘画范畴的俑呢？从理论上说，应该是可能的。因为俑的概念只受其性质的限定，而不应受到制作材料和表现形式的限制。马王堆3号墓东西壁帛画上的人物，就是这种画在帛上的俑，即帛画俑”②。有学者在研究汉墓壁画时认为，“《楼橹图》居最左，一座悬山式楼橹，两层，每层有方形户牖，下层户牖设有单面平座，底下有四根高支的屋柱。《释名·释宫室》说：‘楼谓户牖之间有射孔，楼楼然也’。它与坞壁是一样性质的庄园武装防御建筑，胡肇椿先生生前对此曾有专门论述。在河南荥阳（贾峨：《荥阳汉墓出土的彩绘陶楼》，《文物参考资料》1958年第10期）、四川重庆相国寺汉墓中（沈仲常：《重庆江北相国寺的东汉砖墓》，《文物参考资料》1955年第3期）曾发现过陶楼橹模型。庄园中之楼橹，当设于出入险要之处，故在《庄园图》中安排在画首”③（图10－3－4）。

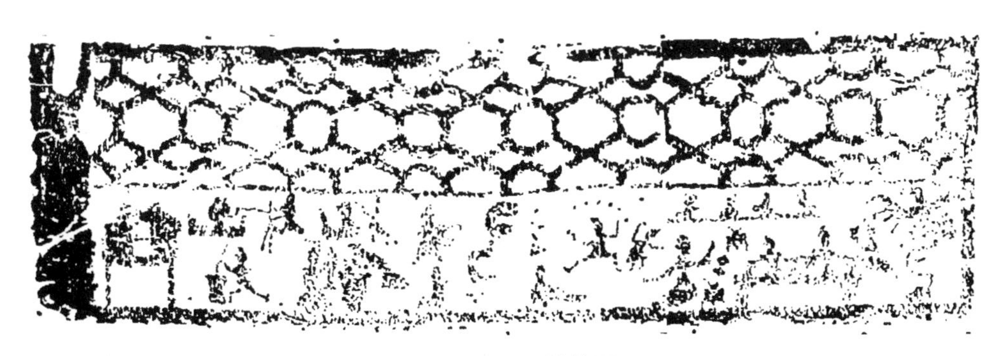

图10－3－4　楼橹图

邓淑苹先生考证：“墓中常见玉璧，主要分为两种。第一种为碧绿色大璧，直径

① 陈江风：《汉画像“神鬼世界”的思维形态及其艺术》，《中原文物》1991年第3期，第10～17页。

② 刘晓路：《论帛画俑：马王堆3号墓东西壁帛画的性质和主题》，《考古》1995年第10期，第937～941页。

③ 南京博物院、泗洪县图书馆：《江苏泗洪重岗汉画象石墓》，《考古》1986年第7期，第614～622页。

约为二十公分上下”,“这种玉璧常置于棺盖上方。……湖南地区的厚葬有些虽无璧,但棺盖上用彩漆直接绘出玉璧的图样,或将玉璧图绘于铺在棺上的锦幡之中”[①]。放置玉璧与绘制玉璧,相信当时人所认为的观念与心理基础是完全一致的。这些都是因为“原始人相信图形有一种魔力,即图形与它所表现的对象可以产生感应”[②],即存在着相互的感应作用。而汉代距离三代之前并不遥远,这种原始性在当时人的思维中仍然存在。如汉代画像石墓中的庖厨图,就是“在一定的排列组合中通过交感作用发挥效益,通过阴阳结合达到目的。……无论是所谓‘庖厨图’或‘狩猎图’中的诸多组合,还是具体牺牲的诸多品类,它们之间还需经过组合,经过交感作用才构成供奉牺牲的程序”[③]。这与墓葬中存在的壁画等图形一样,实际上就是当时人提供给墓主之灵魂使用的一切相应事物,此种形式一定会与墓主的灵魂发生关系,这就是墓葬中出现壁画、画像石之根源所在。

四、“建筑明器”是墓葬中描绘建筑画像的实物化

由此,笔者认为,“建筑明器”应是早期墓葬中描绘有建筑形象画像的实物化,是利用缩小了的物质化随葬品——建筑模型,来表现了当时人们的墓葬思想。如果说墓葬建筑(包括墓室)是墓主人日常生活中使用的居住建筑的象征物,则毫无疑问墓葬中随葬的“建筑明器”就是对墓室的“扩展和延伸”,它们是对墓主拥有的多处庄园式建筑的“代替”和象征;在这种意义上,我们说它们是对墓室的补充,表示墓主实际上所拥有的、或希望所拥有的多处建筑财产(图10－3－5)。这是汉代庄园式经济条件下,人们必然存在的理想。它们与墓主之灵魂

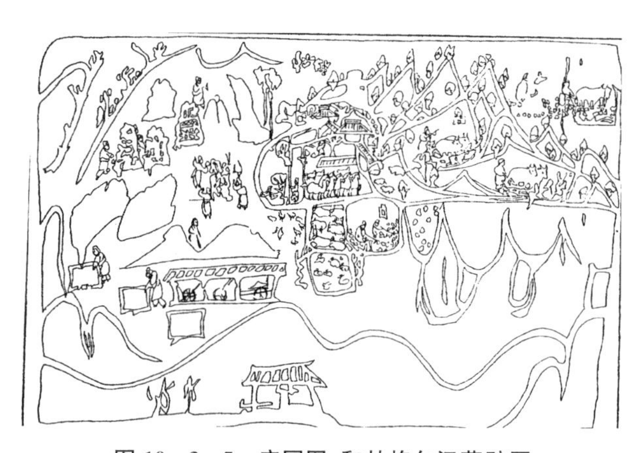

图10－3－5　庄园图:和林格尔汉墓壁画

① 邓淑苹:《山川精英——玉器的艺术》,刘岱主编:《中国文化新论·艺术篇·美感与造型》,北京:三联书店,1992年版,第287页。

② 王鲁昌:《论彩陶纹“×”和“Ж”的生殖崇拜内涵》,《中原文物》1994年第1期,第32～37页。

③ 李国华:《浅析汉画像石关于祭祀仪礼中的供奉牺牲》,《中原文物》1994年第4期,第71～75页。

发生关系，供其驱使。

实际上，早期木棺椁墓葬由于本身在模拟日常生活中建筑受到材料相当大的限制，所能提供的墓室空间极其有限，在容纳了礼制生活所要求的随葬器物(一般包括奠器与明器)以外[①]，所余空间已经很小了；更由于当时尚处于原始社会向专制社会过渡时期，其时的庄园式经济还处于相当原始的阶段，与秦汉时期普遍存在的地主庄园式经济无法相比。由此，在墓葬中模拟与墓主活动有关建筑物的机会，相对要少得多。又由于前面所说的表现手段的限制，因此，战国时期的墓葬除了葬具本身尽量模拟死者生前的建筑物以外，或仅能借助于绘画，或是在棺饰上利用“楮”“池”等来抽象地表现建筑物的存在(《礼制·丧大记》疏：“楮：屋也，于荒下又用白锦以为屋也”；“池，谓织竹为笼衣”，以象征屋檐。)[②]。

随着社会生产的发展，特别是西汉初期铁器的制作和使用的逐渐推广，使社会生产力得到极大的提高，促使社会生产关系紧跟着发生崭新的变化，传统墓葬形制也必然产生了巨大的改变[③]。“在关中和中原地区的战国中晚期的小型墓中，出现了有用横穴式的土洞作为墓室的，也有用一种体积庞大的空心砖筑椁室，以代替木椁的。必须指出，这种横穴式墓和空心砖墓在当时还很不普遍。

但是，它们的出现意味着商周以来的传统的墓制已经发生了变化”[④]，墓葬模拟实际建筑物能力不断提高。而社会思想变化，引起墓葬中随葬品的数量、种类，甚至随葬品的性质都发生了变化，由礼器向实用器方向发展，世俗生活的比重在不断地加强，礼制要求相对减弱。山东省临沂银雀山四座西汉墓葬，“一方面用鼎、盒、壶等陶礼器随葬，仍保留着旧奴隶制等级葬俗的残存；另一方面新的专制制的发展，在葬俗上也引起了变化，反映财富多少和生活日用的模型器出现了”[⑤]，等

---

① 陈公柔：《士丧礼、既夕礼中所记载的丧葬制度》，《考古学报》，1956 年第 4 期，第 67～84，142～143 页。但也有学者认为随葬的器物中，有明器，也有奠器，但“奠器虽是实用的，但不是人们日常生活用器。……决不是大遣策所用的奠器”，具体论述，参见：沈文倬：《对“士丧礼、既夕礼中所记载的丧葬制度”几点意见》，《考古学报》1958 年第 2 期，第 29～38 页。

② 吉林大学历史系考古专业七三级学员纪烈敏等：《凤凰山一六七号墓所见汉初地主阶级丧葬礼俗》，《文物》1976 年第 10 期，第 47～50 页。

③ 陈旭：《郑州商城宫殿基址的年代及其相关问题》，《中原文物》1985 年第 2 期，第 31～37，47 页，认为郑州商代铸铜作坊基址的最早兴建和使用年代于南关外期，与郑州商城城墙和最早的宫殿基址兴建和使用年代一致。这一方面说明了“国之大事在祀与戎”，另一方面也深刻地说明了技术对社会生活的巨大影响。

④ 王仲殊：《中国古代墓葬概说》，《考古》1981 年第 5 期，第 449～458 页。

⑤ 山东省博物馆、临沂文物组：《临沂银雀山四座西汉墓葬》，《考古》1975 年第 6 期，第 363～372，351，388～392 页。

等。这种变化反映了人本思想的提高,表明了人们对生的重视、对财富的重视,这样的思想必然要在墓葬中得到体现。

蒋英炬先生研究汉画像石产生背景与艺术功能以及当时社会人们思想变化之间的关系有十分精辟的论述,“影响这种墓葬礼俗变化和画像石产生背景的,是随着社会发展而来的人们思想观念的变化”[①]。嘉峪关市清理的汉壁画墓,在其墓内壁画上,分别用朱色醒目地注写有“耕种”“畜牧”“井饮”“坞”等[②],很明显地说明了墓主人庄园生活的主要内容。同样内容的画面也存在于内蒙古和林格尔发现的东汉壁画墓,也作为对庄园式生活中的特写来表现[③]。它们壁画上描绘的与这些活动相关的建筑物,具有各自不同的使用性质,与其他汉墓中利用“建筑明器”来模拟、象征的情况,如出一辙。这就证明了两者之间所存在的密切关系。因此,仅仅利用绘画来表现实际生活中与墓主活动经历有关的各种建筑物,已经不能满足要求,“建筑明器”的出现则成为一种必然。

有趣的是,笔者认为,“建筑明器”的产生应该与汉画像石一样,都是初始于社会中、下层民间,“这种下层社会因地取材的葬俗是很难被囿于传统礼制的汉代统治阶级接受的”[④]。然后才发展开来,且逐渐为社会上层统治阶级墓葬所采用,这可以从出现时间、出现数量、墓葬等级等方面得到证明(具体笔者拟另有专文论证,有关汉画像石方面的论证,可参见蒋英炬《关于汉画像石产生背景与艺术功能的思考》一文[⑤]。)。研究表明,至今无一座汉画像石墓属于诸侯王陵墓,采用画像石墓的诸侯墓葬仅只有四例。徐州地区有两例,山东、四川各一例[⑥]。四川岷江地区画像崖墓的墓主人同样也是如此,或为富裕庶民,或为低级官吏[⑦]。当然,也有学者研究认为:“画像石墓的墓主生前几乎都是官僚。其中回字形墓,持节画像的墓,规模大的画像石墓,

---

① 蒋英炬:《关于汉画像石产生背景与艺术功能的思考》,《考古》1998 年第 11 期,第 90～96 页。

② 嘉峪关市文物清理小组:《嘉峪关汉画像砖墓》,《文物》1972 年第 12 期,第 24～30,37,31～36,38～41 页。

③ 内蒙古文物工作队等:《和林格尔发现一座重要的东汉壁画墓》,《文物》1974 年第 1 期,第 8～23,79～84 页。

④ 李银德:《徐州汉画像石墓墓主身份考》,《中原文物》1993 年第 2 期,第 36～39 页。

⑤ 蒋英炬:《关于汉画像石产生背景与艺术功能的思考》,《考古》1998 年第 11 期,第 90～96 页。

⑥ 李银德:《徐州汉画像石墓墓主身份考》,《中原文物》1993 年第 2 期,第 36～39 页。

⑦ 唐长寿:《岷江流域汉画像崖墓分期及其它》,《中原文物》1993 年第 2 期,第 47～52 页。归纳为:“1:单室制墓墓主人身份从早至晚,均为庶民之富者,到晚期,个别拥有少量的部曲。2:双室制墓墓主人身份在早期为富裕的庶民或有低级官吏。中、晚期墓主人身份仍然是以无官职的富裕庶民和地方豪右为主,也有一些二百石左右的官吏。总的看来,单室制墓与双室制墓的差别所表现的,不是墓主人官职的有无和大小,而是财富的多寡,两类墓制对应的是墓主人的社会地位”。

墓主身份一般是太守(二千石)一级的。当然,官秩三百石的官员也营建了画像石墓。这种情况说明画像石墓出现之初,只允许高层官僚营造,后才扩及到下层官员身份者。这种墓制、规模不等画像内容也不同。其中也反映了墓主身份的差异"①。

同时,我们也要认识到,由于受到使用材料、制作水平、利用工具、经济能力以及墓葬思想(包括艺术思想)等方面的限制,笔者认为,"建筑明器"本身也只是对实际建筑物较为逼真的模仿,多少带有一定程度的"抽象",其实际的模拟程度也是各不相同的。如在河南省密县汉墓中曾经出土了彩绘的陶仓楼,"斗栱之下绘有明窗,……门下绘有平座及红色栏杆。平座一端画有楼梯"②;类似实例河南出土较多(图10-3-6)。这种绘画与模型相结合的"建筑明器"本身就是两者关系密切的最好证明,又说明汉代艺人不拘一格、各种手法皆用,用刻画代替了"建筑明器"难于表现的细部。

图10-3-6　彩绘仓楼

因此,其彩绘建筑构件,是对真实建筑物的补充,以弥补陶制"建筑明器"在象形方面的不足,也使我们看到了绘画与"建筑明器"之间的联系。这种彩绘陶仓楼在汉代墓葬中发现较多。由此,我们在研究墓葬中"建筑明器"的时候,就应该十分注意其对实际建筑的模仿程度究竟如何,以免得出不确的结论。

第四节　古代楼阁式建筑在当时实际生活中的地位

一、高台建筑与楼阁建筑的异同

首先要说明的是,以往有学者研究认为,高台式建筑是我国高层建筑发展的前

---

① (日)山下志保著、夏麦陵节译:《画像石墓与东汉时代的社会》,《中原文物》1993年第4期,第79～88页。

② 河南省文化局文物工作队:《密县汉墓陶仓楼上所绘的地主收租图》,《文物》1966年第3期,第6～7页。河南郑州荥阳河王村东汉墓出土两件彩绘陶仓楼上,描绘有彩色壁画,有人物、养老、舞乐等,应该是对墓葬内容的补充。王学敏:《荥阳东汉仓楼彩绘养老图》,《中原文物》1996年第4期,第76～77页。

期，"是以环状梯形夯土台为中心，在台四周以台建屋，各层前后错落多为三层，形成在台最上层建主殿，四周廊屋环抱的台榭高层建筑"[①]。

但笔者认为，楼阁式建筑是继高台式建筑之后建筑形式的发展，但两者之间有着本质的区别，不能混为一谈。这是因为，高台式建筑的主体每一层并没有离开地面，仍然坐落于大地之上，只不过利用了夯土台基的高差，以及由于台基的高大，其外观似楼而已。而楼阁式建筑则不然，除第一层以外的所有各层，都被抬离了地面，其结构受力是上一层传递给下一层，通过最下一层传递给大地，两者的结构体系完全不同。

有关楼阁式建筑最早的文献记载，是汉武帝时期的"井干楼"[②]，它或可能也是我国历史上最早出现的楼阁式建筑。有关汉代楼阁式建筑形象，我们可以从数不胜数的汉代出土画像砖(石)、"建筑明器"中去了解。

前面已经讲到过，有关高台式建筑最早的形象可追溯到春秋末期漆画和青铜器刻画。在以往某些建筑史学成果中，一般都认为东汉初期，各地豪强庄园中，楼阁式建筑大量出现，"既作为瞭望台，又是可以居住的建筑物"[③]。笔者认为，此时楼阁式建筑，作为社会思想影响下有防御性功能是肯定的，但不知道原文何以能够得出可以居住的结论。

从技术的角度来讲，各个时代的楼阁式建筑代表了当时的建筑技术发展的最高水平，这样的论断应该是准确、贴切的，它们在当时人们的生活中确实占据了相当重要的位置，这从汉代墓葬中大量出土的各种造型独特的楼阁式"建筑明器"中，

---

① 肖安顺：《试论我国高层建筑的起源和发展》，《中原文物》1987年第3期，第116～118页。

② (汉)司马迁撰：《史记》卷十二《孝武本纪》，北京：中华书局，1959年版，第482页。《三辅黄图》："太初元年(公元前104年)，武帝于未央宫营造日广，以城中为小，乃于宫西跨城池作飞阁，通建章宫，构辇道以上下。辇道为阁道，可以乘辇而行。宫之正门曰阊阖门，高二十五丈，亦曰璧门。左凤阙高二十五丈。右神明台，门内北起别凤阙高五十丈，对峙井干楼，高五十丈，辇道相属焉，连阁皆有罘思。前殿下视未央(未央宫高三十五丈)，其西侧唐中殿，受万人。"何清谷：《三辅黄图校释》，北京：中华书局，2005年版，第122～124页。《长安志》引《关中记》云："建章北作凉风台，积木为楼，高五十丈。"(宋)宋敏求：《长安志·卷三》，北京：中华书局，1991年版，第38页。《三辅黄图》引《汉武故事》："筑通天台于甘泉宫，去地百余丈，望云雨悉在其下，望见长安城。"何清谷：《三辅黄图校释》，北京：中华书局，2005年版，第285页。《汉书·郊祀志》颜师古注引《汉宫阙疏》："神明台高五十丈，上有九室，恒置九天道士百人。然则井干俱高五十丈也。井干楼积木而高，为楼若井干之形也。井干者，井上木栏也。其形或四角，或八角。"(汉)班固撰：《汉书》卷二十五《郊祀志》，北京：中华书局，1962年版，第1245页。《汉书·郊祀志》颜师古注引张衡《西京赋》："井干叠而百层。"(汉)班固撰：《汉书》卷二十五《郊祀志》，北京：中华书局，1962年版，第1245页。《淮南子·本经训》："延楼栈道，鸡楼井干"等。(汉)刘安：《淮南子》卷八《本经训》，北京：中华书局，2014年版，第168页。

③ 祁英涛：《中国早期木结构建筑的时代特征》，《文物》1983年第4期，第60～74页。

也可得到证明。有趣的是，在辽宁省大连市一座东汉时期的石室墓中，出土的一座彩绘陶楼的二层底部，阴刻有"高楼"二字[①](图 10-4-1)。笔者认为，这样封闭的"高楼"，应是属于防御性的建筑的望楼（碉楼、阙观）之类。其实，早在《墨子·备城门》就记载："城内为高楼，以瑾（谨，笔者认为，通警）"，而《备高临》篇，则将高楼的作用记载得非常明确："高楼从射道"。另外，在《墨子·备城门》《墨子·备穴》等篇中，还有重楼、立楼、土楼、坐候楼等名称，只不过它们应是我们建筑史学上的高台式建筑。东汉以后，楼阁式建筑有时甚或成为某一时代的象征和寄托，如历史上有名的永宁寺塔[②]。

图 10-4-1 "高楼"

二、礼制、等级制度下的从属地位

但是本文想从古人礼制生活要求的角度来研究，在古人日常社会现实生活中，楼阁式建筑到底占据一个什么样的地位？笔者认为：楼阁式建筑在我国古代人民的现实生活中，相对于专制帝王的宫殿建筑——前朝后寝或前庙后寝建筑（不论春秋战国时期的高台式建筑，还是明清时期的故宫），以及一般老百姓会客的"前堂（厅）后寝（室、堂）"建筑而言，应该是处于从属的地位；这与现在人们脑海中的观念，认为高楼大厦是生活中建筑的最高代表和最重要建筑，是有所区别的。

楼阁式建筑在我国古人的生活实际使用中，或者用来供神仙所居，即所谓"仙人好楼居"[③]（请注意，这不是提供"一般的人"所住）；或者用来娱乐的逍遥楼，或是用来警戒的望楼，或是两者兼而有之，或者用来供养小姐和藏娇的绣楼，或者用来为各地的风水及标志性建筑（景观、名胜建筑，如各地的塔、楼、阁等）。《古诗十九

① 于临祥、王珍仁：《大连市出土彩绘陶楼》，《文物》1982 年第 1 期，第 75 页。

② 《水经注》《魏书·释老记》《洛阳伽蓝记》都有记载。《洛阳伽蓝记》记载该塔被焚时，举国哀痛。塔遗址见中国科学院考古研究所洛阳工作队：《汉魏洛阳城初步勘查》，《考古》1973 年第 4 期，第 198～208 页。

③ （汉）司马迁撰：《史记》卷十二《孝武本纪》，北京：中华书局，1959 年版，第 478 页。

首·西北有高楼》云:“西北有高楼,上与浮云齐。交疏结绮窗,阿阁三重阶。上有弦歌声,音响一何悲”,描写的就是楼上演奏娱乐的情景。

再有,汉代人们日常生活中最主要的建筑形式应该仍然是单层的建筑,可以表现为高台、高堂等建筑形式,用来会客或举行朝仪等大典(后者是对专制统治者而言),其组合通常就是一个或多个“前堂(厅)后寝”形式的建筑,而不是楼阁式的建筑,这就是我国古人礼制生活要求使然。《汉书·张禹传》:“禹将崇入后堂饮食,妇女相对,优人管弦,铿锵极乐,昏夜乃罢”,就是很好的说明。汉代的解除文也可以说明问题,如熹平二年张氏解除文云:“生人筑高台,死人归,深自埋,眉须以落,下为土灰”。熹平元年解除文云:“生人上就阳,死人下归阴,生人上就高台,死人深自埋”等。何况,考古发掘已证明,汉魏时期的宫殿建筑仍然是高台建筑形式[①]。更早在商代时期的一般官吏住房就已经是建筑在夯土台基之上[②]。

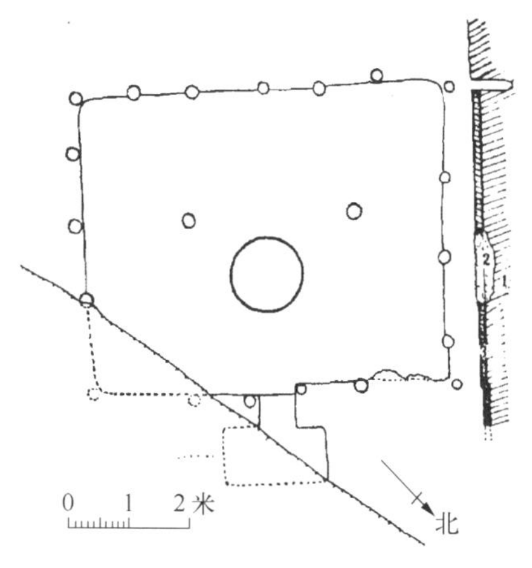

图 10-4-2 大地湾 F411 平面图

前堂后室之制起源很早。就小型建筑而言,可以追溯到龙山文化时期“吕”字形的房屋(图 10-4-2);就大型宫殿建筑来说,已知二里头文化时期就已经出现了[③]。辽宁红山文化时期的“女神庙”遗址,其建筑布局也是采用这一形式[④](图10-4-4)。早商建筑中,前堂、后室并存于一座大建筑物内。中商时期改为两座前、后相对的建筑前、后相对的建筑物,如盘龙城 F1、F2、F3 三座大型建筑物都建在一

① 钱国祥:《汉魏洛阳故城圆形建筑遗址殿名考辨》,《中原文物》1998 年第 1 期,第 83～90 页。注意补图 2。

② 程平山、周军:《东下冯商城内圆形建筑基址性质略析》,《中原文物》1998 年第 1 期,第 73～76 页。作者将商代的居室建筑形式,大体上划分为三类:第一类,为建筑在夯土台基上的宫殿基址和大型房子。此类建筑在郑州商城和安阳殷墟都有发现,居住者的身份为商王和大贵族。第二类,为地面上的中小型建筑基址,有些建在夯土台基上。此类建筑在郑州商城遗址、安阳殷墟以及河北藁城台西村遗址等地均有发现,居住者的身份主要为中、小贵族等。第三类,为地面上小房子或半地穴式房子。此类建筑在郑州商城遗址、安阳殷墟以及山东平阴朱家桥遗址等地也有发现,居住者的身份主要为平民、官府手工业者以及农人等。以上大中型建筑基址的平面形状为长方形,小型建筑基址平面为长方形或近方形,半地穴式房子平面形状则有长方形、圆形、不规则形等多种。

③ 尹盛平:《周原西周宫室制度初探》,《文物》1981 年第 9 期,第 13～17 页。

④ 辽宁省文物考古研究所:《辽宁牛河梁红山文化“女神庙”与积石冢群发掘简报》,《文物》1986 年第 8 期,第 1～17,97～101 页。

条南北轴线上，已发掘的F1应是"后寝"[①]，即F1、F2组成为"前朝后寝"的建筑布局[②]。更早在甘肃秦安大地湾仰韶文化建筑遗址，不但出现了四坡顶两侧重檐式建筑，其可作为夏商时代"四阿双重屋"式宫殿建筑式的前身[③]，而且此处编号为F901的房址更是典型的宫殿式建筑，该房屋由主室、后室、两侧室和附属建筑组成，已具备"前堂后室""前朝后寝"的格局[④]（图10-4-3），这深刻地说明了此种建

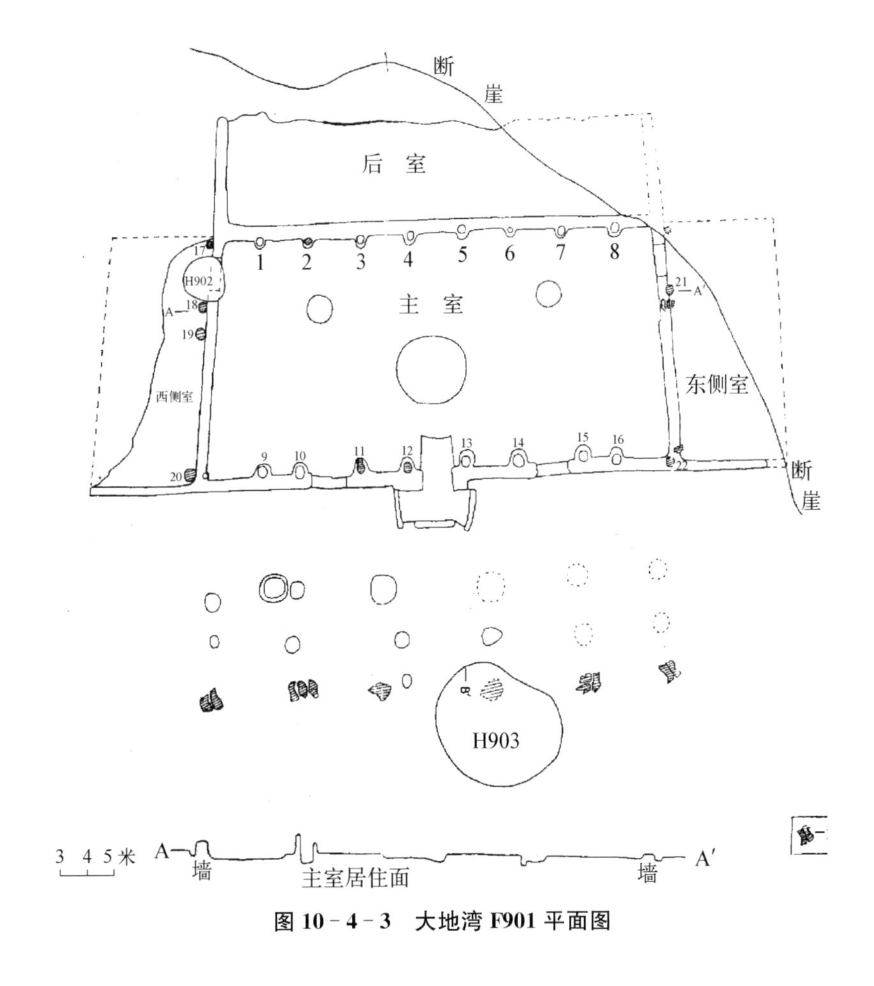

图10-4-3　大地湾F901平面图

① 祁英涛：《中国早期木结构建筑的时代特征》，《文物》1983年第4期，第60～74页。

② 董琦：《中国先秦城市发展史概述》，《中原文物》1995年第1期，第73～78页。

③ 甘肃省博物馆文物工作队：《秦安大地湾405号新石器时代房屋遗址》，《文物》1983年第11期，第15～19,30,20页。

④ 甘肃省文物工作队：《甘肃秦安大地湾901号房址发掘简报》，《文物》1986年第2期，第1～12,97～99页。

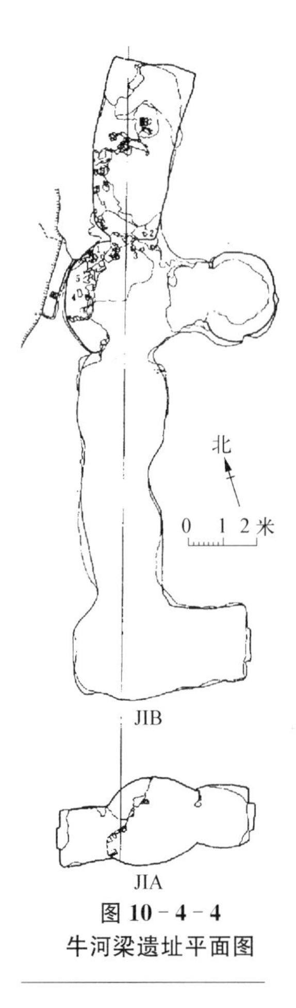

图 10－4－4
牛河梁遗址平面图

筑布局形式早已为我国人民所认同，以及其历史之悠久。

罗哲文先生认为，“按文献记载，我国建筑布局很早就有了前堂后寝之制，专制帝王的宫廷称之为前朝后寝，官吏、士大夫称之为前堂后寝或前堂后内，一般的住宅也有分前后院的。堂是所谓治事、迎宾之所，寝或内则是居住之处”①。

其实，我们已知最早的四合院建筑——陕西岐山凤雏村的西周宗庙建筑遗址②，就已经表明了这种建筑形式历史之悠久，而“宗庙根本是仿照生人所居整套房屋建立的”③，说明它早已被我国古人日常生活所接受。汉代考古发掘资料中亦有不少证明，如山东诸城汉画像石墓出土的谒见图、庭院图④（图 9－2－16）。汉代的宫室布局，一般都是“前为堂，后为室”⑤。

高台式建筑形式亦然。山西省夏县禹王城中“安邑宫”遗址，就是巨大的夯土高台，这非常符合汉代每一座建筑物的主体都是建筑在高大的夯土台上的基本特点⑥。何况从技术角度而言，研究表明有关夯土技术在龙山文化

---

① 罗哲文：《和林格尔汉墓壁画中所见的一些古建筑》，《文物》1974 年第 1 期，第 31～37 页。

② 陕西周原考古队：《陕西岐山凤雏村西周建筑基址发掘简报》，《文物》1979 年第 10 期，第 27～37 页。

③ 唐兰：《西周铜器断代中的“康宫”问题》，《考古学报》1962 年第 1 期，第 15～48 页。

④ 诸城县博物馆、任日新：《山东诸城汉墓画像石》，《文物》1981 年第 10 期，第 14～21 页。

⑤ 卢兆荫：《略论两汉魏晋的帷帐》，《考古》1984 年第 5 期，第 454～467 页。“《说文・土部》：‘堂，殿也。’段注：‘许（慎）以殿释堂者，以今释古也。古曰堂，汉以后曰殿。古上下皆称堂，汉上下皆称殿，至唐以后人臣无有称殿者矣。’秦始皇二十七年‘作甘泉前殿’，这是最早出现的殿名。帝王的厅堂称为‘殿’，士大夫的厅堂称为‘堂’，这种制度可能在秦汉时期就已逐渐形成，并非自唐始。《渊鉴类涵・居处部》：‘古者为堂，自半以前虚之，谓堂；自半以后实之，谓室。’说明殿堂的前部是开敞的，只有楹柱而无檐墙的栏隔，为了遮蔽风日，就需要悬挂帷幔。在汉画像石、画像砖和汉墓壁画中，凡属比较讲究的建筑物，往往都刻画帷幔装饰。和林格尔汉墓中室东壁所绘‘宁城图’，中部有一高大的房屋应是幕府的正堂，堂的前檐下帷幔高悬，堂上宾客宴饮，堂前的庭中乐舞杂技正在演出。四川出土的汉代画像砖中，有在帷幔下进行博弈的画面。在有些画像石中，结构简单的亭阁，刻画有帷幔装饰。由于帷幔成为当时广泛使用的物品，因而在许多画像石中，从刻画悬挂的帷幔发展为以垂幔纹（褰起的帏）作为画面边缘的装饰纹带。垂幔纹有的还刻画出下垂挂的帏组绶，但多数无组绶，简化为连弧纹”。

⑥ 山西省考古研究所、朱华：《西汉安邑宫铜鼎》，《文物》1982 年第 9 期，第 21～23 页。

时期已经使用[①]。"夯土密度大,具有一定的防潮性能,又可作为木构建筑的牢固基础(防御性较好,又符合礼制的高下等级要求等,笔者加注)。郑州商城多组宫殿建筑是坐落在夯土台基上,这是我国高台建筑的雏形。为保护殿堂台基和外围木结构免遭雨淋损坏,承檐屋盖是十分重要的。这种技术是在凹曲屋面出现之前,高大建筑为解决防雨、防晒,为保证良好的通风和日照条件,同时也保持建筑物的雄伟壮观的一种很成功的创造"[②],可见与高台建筑有关的技术问题早已解决。

我国考古发掘龙山文化晚期的宫城之中,发现夯土高台建筑遗迹情况可谓比比皆是[③]。如河南省平粮台古城"亦有高台建筑";河南省王城岗古城"发现有断续的夯土遗存,可能是当时城内的重要建筑遗迹"[④]。夏商周三代时期,郑州商城、偃师尸乡沟商城、安阳殷墟、湖北盘龙城等无不如此。何况,此时作为制玉器的所谓地穴式作坊,都是挖在废弃的夯土基址上[⑤],说明夯土基础应该已经被当时人们所普遍认识、应用。东周以后,春秋末期、战国到秦统一的数百年中,建筑上突出的成就是高台建筑的大量出现和流行,如齐都临淄桓公台、燕下都武阳台、邯郸赵王城的南、北将军台,以及鲁都曲阜、侯马晋国都城、楚国郢都纪南城等等。受其影响所及,坟墓上此时也盛行建造"台榭享堂"[⑥]。虽然,由于时代的变迁,当时人们生活中的建筑早已荡然。但遗留至今的古籍中有关坟墓形状的记载,可以使我们略见端倪。孔子生前曰:"吾见封之若堂者矣,见若坊者矣,见若夏屋者矣,见若斧者矣"[⑦]。孔颖达疏曰:"吾见封之若堂者矣……封谓坟之也,若如堂基,四方而高。见若坊者矣,坊,堤也,堤防水上平而两旁杀,其南北长也。言又见有筑坟形如坊者也。见如覆夏屋者矣,殷人以来,始屋四阿。夏家之屋,唯两下而已,无四阿如汉之

---

① 安金槐:《谈谈城子崖龙山文化城址及其有关问题》,《中原文物》1992 年第 1 期,第 1～6 页。"城子崖龙山文化城垣的城墙筑法和王城岗龙山文化城垣的城墙筑法基本相同。都是在修筑城墙之前,先在城墙底部挖出城墙的基础槽或基础沟,然后在基础槽或基础沟的底部开始填入土层和分层夯实,作为城墙的坚实基础。继之在基槽墙基之上,再分层夯筑城墙的地上部分",这至少说明近五千年前,夯土技术就已经出现。

② 杨育彬:《郑州商城的考古发现和研究》,《中原文物》1993 年第 3 期,第 1～10,22 页;陈旭:《郑州小双桥商代遗址的年代和性质》,《中原文物》1995 年第 1 期,第 1～8 页;董琦:《中国先秦城市发展史概述》,《中原文物》1995 年第 1 期,第 73～78 页。

③ 曹兵武:《中国史前城址略论》,《中原文物》1996 年第 3 期,第 37～46 页。作者认为:"龙山时代,在发现城址较多的河南、山东地区,已常有建在夯土台基上的房子"。

④ 李锋:《中国古代宫城概说》,《中原文物》1994 年第 2 期,第 41～47 页。

⑤ 杨锡璋、刘一曼:《殷墟考古七十年的主要收获》,《中原文物》1999 年第 2 期,第 17～27,3 页。

⑥ 张立东:《初论中国古代坟丘的起源》,《中原文物》1994 年第 4 期,第 52～55 页。

⑦ (清)阮元校刻:《十三经注疏·礼记正义》卷八《檀弓上》,北京:中华书局,1980 年版,第 1492 页。

门庑。又言见其封坟如覆夏屋,唯两下而杀,卑而宽广。又见封如斧之形,其刃向上,长而高也”。有关这段内容,近年来众多专家都进行过研究[①]。“原先墓上的夯土堆为享堂的台基,是享堂的一个组成部分,其功能为抬高享堂。享堂移到墓侧之后,墓上的夯土堆就变为单纯的永久性的标志物”[②]。可见当时建筑普遍建筑在高大的台基上,已是整个社会较为普通的现象,只是由于经济力和礼仪高下不同,其高低各异而已。

这种建筑形式在西汉时更是盛行,西汉、东汉的宫殿建筑无一不是(图 10－4－5)。当时社会上一般官署官府、富豪大户以及老百姓也是如此。这从汉画像石中也可得到证明[③]。

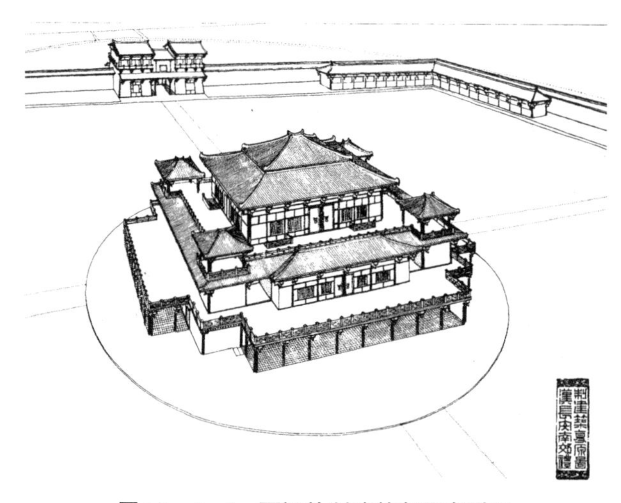

图 10－4－5　西汉礼制建筑复原鸟瞰图

由此,“前堂后室”“前朝后寝”,以及高台式建筑形式,深刻影响了中国古典建筑体系。深受它们影响下的中国古典建筑体系,台基成为任何一个单体建筑三分之中必不可少的一分,只是后期台基的高低等级制度更加严格而已。并且这种影响一直延续到我国专制社会的末期,如名闻中外的故宫外朝部分(以三大殿为典型),以及故宫内几乎所有的内寝类建筑。整个中国古典建筑形式,小到单体建筑,

---

① 黄展岳:《说坟》,《文物》1981 年第 2 期,第 89～92 页;杨宽:《中国古代陵寝制度史研究》,上海:上海古籍出版社,1985 年版;李毓芳:《西汉陵墓封土渊源与形制》,《文博》1987 年第 3 期,第 39～41 页;张立东:《初论中国古代坟丘的起源》,《中原文物》1994 年第 4 期,第 52～55 页。

② 张立东:《初论中国古代坟丘的起源》,《中原文物》1994 年第 4 期,第 52～55 页。

③ 有关汉画像石中,堂都有较大的室内外高差,有些本身就是高台建筑的表现。参见:周学鹰:《认读“汉代建筑画像石”的方法论》,《同济大学学报》2000 年第 3 期,第 9～16,39 页。

大到城市布局，都是在平面上的延伸，也就是在地面上的延伸，这其中有所谓的建筑技术方面的原因，如结构（木结构体系的局限）、通风采光、施工快捷、经济力影响，以及古代礼制等等方面的原因以外，还使我们深思其中掩藏着的哲学内涵。

楼阁式建筑则不然。如前已述，最早出现的汉武帝时期的"井干楼"，一开始就是提供给仙人们的，而非现实生活中存在的人，哪怕他贵为天子。在中国古代从来也没有听说过、古籍中也从未记载过专制帝王在离开地面的楼阁中举行上朝大典的情况。明清时期故宫三大殿的三重台阶只是春秋战国以来就已存在的高台建筑的残余，它们并没有将高高在上的专制帝王抬离开地面，悬浮飘荡于空中。这并不是当时没有或达不到那样的建筑技术。

如前所述，这样的建筑技术两千多年前的汉武帝时期就有了，考古发掘汉墓中随葬的楼阁式"建筑明器"更是最好的实物证明。河南焦作白庄6号汉墓，"出土的连阁式陶仓楼建筑群模型，是现实生活的写照。'复道行空'（唐杜牧《阿房宫赋》）、'跨城池作飞阁'（《三辅黄图》）是当时建筑科学技术高度发展的结果"[①]等，不胜枚举。

有学者认为："据考古材料，我国建筑技术水平和布局的成熟期与铁器广泛用于生产领域同时。建筑材料中砖的种类和用途日益扩大，高层建筑中的木结构、木石结构之外又新增添了砖木结构。正是砖瓦广泛用于建筑领域，使中国古代建筑布局和结构日趋完善，到秦汉时进入成熟阶段，从此建立和巩固了中国建筑体系和民族风格"[②]。除此技术因素以外，笔者认为，出现这种现象的根本原因我们只能从古人的思想哲学深处去追寻。楼阁式的建筑虽然可以代表当时，或者可以进一步说，代表了它所在的任何历史时期最高的建筑技术水平，但这并不是说它就是生活中最重要的建筑形式，这是两个完全不同的概念。

也许我们可以得出这样的结论：楼阁式建筑从来就不是中国古人生活中最重要的建筑形式。这是因为，正如有些学者的那样，"礼制"的形成不但可视为中国进入文明时代的一项标志[③]，而且"礼制"是三代等级社会的全部概括。正如《周礼·典命》所载："王之三公八命，其卿六命，大夫四命，及其出封，皆加一等，其国家、宫

---

① 索金星：《河南焦作白庄6号东汉墓》，《考古》1995年第5期，第396～402，481页。

② 张松林：《荥阳魏河村汉代七层陶楼的发现和研究》，《中原文物》1987年第4期，第45～47页。

③ 杜正胜：《从考古资料论中原国家的起源及其早期的发展》，"中央研究院"历史语言研究所编：《历史语言研究所集刊》58本1分册，台北："中央研究院"历史语言研究所，1987年版；高炜：《龙山时代的礼制》，《庆祝苏秉琦考古五十五年论文集》编辑组编：《庆祝苏秉琦考古五十五年论文集》，北京：文物出版社，1989年版。

室、车骑、衣服、礼仪亦如之”。这套用以确定上下、尊卑、亲疏、长幼之间等级关系的制度，牢牢控制住了三代社会政治、生活的各个方面[①]，且一直被后世的专制统治阶级作为追求的正统，并时刻沉淀在我国人民的思想深处。因此，严格受礼制生活要求的古人，他们一般都是遵循“前堂后寝”的建筑布局，只有这样才符合古人“辩方正位”的礼制思想[②]。这种建筑形式的进一步发展，则在其主要建筑的旁边或后部增加了一个或多个供游玩的花园以及供小鸟般生活的小姐们所在的绣楼、或用来藏宝纳娇的处所而已[③]，名满天下的苏州园林则是它们发展的极致。

考古资料表明，汉代已经出现了与居住建筑相连的后院或园林，如山东省沂南汉墓出土的画像石；河南省淮阳县城于庄村附近出土的建筑明器，总体分为建筑与庭院两部分，而建筑部分又可分为前院、中庭、后院三进院落[④]（图 10－1－1）。而浙江海宁发掘的一座东汉画像石墓，在其后室的后壁用砖叠砌，中段砌成拱形顶，拱券之内砌砖成封门状，以示其后尚有后院[⑤]等，举不胜举。

三、法天尚土观念的深刻影响

但是，中国古人生活中最主要的建筑从来就没有离开过地面，毕竟“天之所覆、地之所载”（即“天覆地载”）的思想自古以来就牢牢地扎根在他们的心底[⑥]，自古以来的天地祭祀之礼就是明证。“地生万物”的观念又是那样的根深蒂固，“坤也者，地也，万物皆致养焉”[⑦]；“地之五行，所以生殖也”[⑧]；“有天地然后有万物，有万物然后有男女，有男女然后有夫妇，有夫妇然后有父子，有父子然后有君臣，有君臣然后

① 董琦：《虞夏时期的社会发展阶段》，《中原文物》1996 年第 3 期，第 47～50 页。

② 《乐记》：“王者功成作乐，治定制礼，其功大者其乐备，其治辩者其礼具”；（清）阮元校刻：《十三经注疏·礼记正义》卷三十七《乐记》，北京：中华书局，1980 年版，第 1530 页。《周易·系辞下》：“天地之大德曰生，圣人之大宝曰位”。（清）阮元校刻：《十三经注疏·周易正义》卷八《系辞下》，北京：中华书局，1980 年版，第 86 页。

③ 罗哲文：《和林格尔汉墓壁画中所见的一些古建筑》，《文物》1974 年第 1 期，第 31～37 页。

④ 淮阳县博物馆：《淮阳出土西汉三进陶院落》，《中原文物》1987 年第 4 期，第 69～73 页。

⑤ 嘉兴地区文管会、海宁市博物馆：《浙江海宁东汉画像石墓发掘简报》，《文物》1983 年第 5 期，第 1～20，98 页。

⑥ 《汉书·礼乐志二》记载的汉代郊祀歌中，“惟泰元”等可见当时人的“盖天说”思想。（汉）班固撰：《汉书》卷二十二《礼乐志》，北京：中华书局，1962 年版，第 1057 页。《释名·释天》：“天，显也，在上高显也”，“天，坦也，高而远也”。郭璞注：“天形穹窿”。（汉）刘熙撰《释名·释天》，北京：中华书局，1985 年版，第 1～2 页。《释名·释地》云：“地，底也，言其底下载万物也”，“土，吐也，吐生万物也”。（汉）刘熙撰《释名·释地》，北京：中华书局，1985 年版，第 10 页。

⑦ （清）阮元校刻：《十三经注疏·周易正义》卷九《说卦》，北京：中华书局，1980 年版，第 94 页。

⑧ （春秋）左丘明撰，徐元浩集解：《国语集解》，北京：中华书局，2002 年版，第 161 页。

有上下,有上下然后礼义有所错”[1]。

汉代五行思想进一步发展所演变出来的尚土观念,使得人们对于赖以生活的土地是如此的重视,“地者,万物之本源”[2]、“土者,五行之主也”以及“五行莫贵于土”[3]等。这种尚土的观念更体现在法家的耕、战主张之中,从李悝的“尽地力之教”,到韩非的“富国以农”[4];从战国以来的诸侯争霸,到秦皇汉武的专制一统,促使人们从感性和理性上接受尚土的观念,并形成“重农抑末”“重农抑商”道德规范。

这种法天尚土的观念形态的变化虽是无形的,却体现于整个社会人群,并贯穿于全部中国专制社会的始终,且发展成为中华民族文化极其重要的一个组成部分——浓重的乡土情结、“社稷”观念,或者进一步说是一种类似土地崇拜的情结。甚至汉墓中还有用绛红色绢包裹着的“薄土”[5],作为随葬品,以示对土地的占有。

一直到现代的中国人,每当背井离乡时,还要随身带上一撮家乡的泥土。更有研究表明,整个我国古代都城设计思想都受到了这种效法天地观念的影响[6]。有学者对中西方神崇拜思想的论述,对于我们极有启示,汉代人“对仙界的向往实际上体现的还是他们对人间生活的眷恋。与西方人对神的奉献精神不同,中国人对神是为我所用,对神的向往只是为了慰藉自己心灵的需要”[7]。这实际上也指明了我国自古以来存在的“现实主义”的哲学思想。有学者研究汉代西王母由神话而仙话的过程认为,在其中起决定作用的则是我国农耕文化土壤上滋生的重现实享受、重长寿的观念等。这是我国独有的一种社会现象[8]。

这种“现实主义”思想产生的根源,也许与儒家文化的创立和形成有着莫大的关系。儒家文化是务实的,“神话就是神话,与现实没有关系。在儒家文化观念指导下,人们的精力主要花费在现实社会的人伦关系上,而不会在那些虚无缥缈的神

---

① (清)阮元校刻:《十三经注疏·周易正义》卷九《序卦》,北京:中华书局,1980年版,第96页。

② 黎翔凤撰:《管子校注》卷十四《水地篇》,北京:中华书局,2004年版,第813页。

③ (汉)董仲舒撰:《春秋繁露》卷十《五行对》,北京:中华书局,1975年版,第382页。

④ (清)王先慎:《韩非子集解》,北京:中华书局,1998年版,第450页。

⑤ 凤凰山一六七号汉墓发掘整理小组:《江陵凤凰山一六七号汉墓发掘简报》,《文物》1976年第10期,第31～35,50,36～37,96页。

⑥ 秦建明等:《陕西发现以汉长安城为中心的西汉南北向超长建筑基线》,《文物》1995年第3期,第4～15页。

⑦ 李黎阳:《试论山东安丘汉墓人像柱艺术》,《中原文物》1991年第3期,第86～88,85页。

⑧ 郑土有:《中国古代神话仙话化的演变轨迹》,《中国古代、近代文学研究》1992年第3期,第27～50页。

界故事上倾注多少心事”[①]。由此造成整个汉代社会“追求人的价值，享受人生乐趣成为时代思潮”[②]。而作为汉画像艺术之一的门画艺术中，“神与人的地位彻底地颠倒了，它与商代‘尊神重鬼’的风尚形似而质异。总之，人的至尊至圣的自我表现，人对客观世界的征服，才是汉代门画艺术所要表现的真谛”[③]；西汉霍去病墓前的石刻，很少表现出专制主义王权思想，而具有浓厚的民族特色和生活气息[④]，反映出当时人对现实生活的描绘与赞美，实际上，所有的汉代艺术思想莫不如此。这种“现实主义”思想至今仍然存在着深刻的影响。

因此，“人法地，地法天”[⑤]。模仿天地四方，将天地四方的宇宙概念引入到人类的一切活动中来，是先秦时期就已经形成，在汉代得到普及的一种社会观念，这种思想贯穿了整个中国专制社会。“人函天地阴阳之气，有喜怒哀乐之情。天禀其性而不能节也，圣人能为之节而不能绝也。故象天地而制礼乐，所以通神明，立人伦，正性情，节万事也”[⑥]。

因此，“象天地”的思想意识，在中国古代的礼制中占有根本的指导地位[⑦]。由于以上思想意识所孕育的“入土为安”“叶落归根”的思想，自古以来就是中国人的墓葬观念；“通于天地”则是我国古人的理想追求[⑧]。

这些思想观念对人们日常生活中建筑形式的深刻影响，就是使他们生活中最重要的建筑同样也要牢牢地扎根于广袤的大地，从而使“天、地、人”三者（古人称此三者为三才）达到高度完美的统一，而楼阁式建筑自然也就只能成为他们生活中有多种重要用途的点缀品。

---

① 鞠辉、蒋宏洁：《尊“德”与崇“力”——从汉画中的神话题材谈中国神话和希腊神话》，《中原文物》1997年第1期，第87～90页。

② 杨菊华：《汉代青铜文化概述》，《中原文物》1998年第2期，第67～75页。

③ 闪修山：《南阳汉画像石墓的门画艺术》，《中原文物》1985年第3期，第66～70页。

④ 陈长安：《简述帝王陵墓的殉葬、俑坑与石刻》，《中原文物》1985年第4期，第72～77页。

⑤ （魏）王弼注、楼宇烈校释：《老子道经注校释》，北京：中华书局，2008年版，第64页。

⑥ （汉）班固撰：《汉书》卷二十二《礼乐志》，北京：中华书局，1962年版，第1027页。

⑦ 赵超：《式、穹窿顶墓室与覆斗形墓志——兼谈古代墓葬中“象天地”的思想》，《文物》1999年第5期，第72～82页。

⑧ 《周礼·春官宗伯》：“作六器以礼天地四方。”六器中以“黄琮礼地”，（清）阮元校刻：《十三经注疏·周礼注疏》卷十七《春官大宗伯》，北京：中华书局，1980年版，第762页。《说文·锴注》：“琮，状外八角而中圆也”，认为是可以“通于天地”。（南唐）徐锴撰：《说文解字系传》，北京：中华书局，1987年版，第6页。张光直：《谈“琮”及其在中国古史上的意义》，文物出版社编辑部编：《文物与考古论集》，北京：文物出版社，1986年版。

附　录

附录一

1.1　南阳汉画像石墓统计一览表

附表 1－1　南阳汉画像石墓统计一览表

（据：李陈广、韩玉祥：《南阳汉画像石的发现与研究》，《中原文物》1995 年 3 期，第 3 页增补）

编号	墓葬名称	资料来源	编著者
1	南阳汉代石刻墓	文物参考资料 1958 年 10 期	河南省文化局文物工作队王儒林
2	河南南阳东关晋墓	考古 1963 年 1 期	河南省文化局文物工作队等
3	河南南阳杨官寺汉画像石墓发掘报告	考古学报 1963 年 1 期	河南省文化局文物工作队
4	河南襄城茨沟汉画像石墓	考古学报 1964 年 1 期	河南省文化局文物工作队
5	河南南阳西关一座古墓中的汉画像石	考古 1964 年 8 期	王儒林
6	唐河针织厂汉画像石墓的发掘	文物 1973 年 6 期	周到李京华
7	南阳发现东汉许阿瞿墓志画像石	文物 1974 年 8 期	南阳市博物馆
8	唐河汉郁平大尹冯君孺人画像石墓	考古学报 1980 年 2 期	南阳地区文物队南阳市博物馆
9	河南方城东关汉画像石墓	文物 1980 年 3 期	南阳市博物馆方城县文化馆
10	河南南阳石桥汉画像石墓	考古与文物 1982 年 1 期	南阳市博物馆
11	河南南阳军帐营汉画像石墓	考古与文物 1982 年 1 期	南阳市博物馆
12	南阳县赵寨砖瓦厂汉画像石墓	中原文物 1982 年 1 期	南阳市博物馆

续 表

编号	墓葬名称	资料来源	编著者
13	南阳县王寨汉画像石墓	中原文物 1982 年 1 期	南阳市博物馆
14	邓县长冢店汉画像石墓	中原文物 1982 年 1 期	《南阳汉画像石》编委会
15	唐河电厂汉画像石墓	中原文物 1982 年 1 期	《南阳汉画像石》编委会
16	唐河县石灰窑村汉画像石墓	文物 1982 年 5 期	南阳地区文物队唐河县文化馆
17	河南南阳英庄汉画像石墓	中原文物 1983 年 3 期	陈长山魏仁华
18	河南南阳县英庄汉画像石墓	文物 1984 年 3 期	南阳地区文物队南阳县文化馆
19	河南方城县城关镇汉画像石墓	文物 1984 年 3 期	南阳地区文物队方城县文化馆
20	南阳市独山西坡汉画像石墓	中原文物 1985 年 3 期	南阳市博物馆
21	南阳市王庄汉画像石墓	中原文物 1985 年 3 期	南阳市博物馆
22	南阳市建材实验厂汉画像石墓	中原文物 1985 年 3 期	南阳市博物馆
23	新野县高庙村汉画像石墓	中原文物 1985 年 3 期	南阳地区文物队新野县文化馆
24	唐河县湖阳镇汉画像石墓清理简报	中原文物 1985 年 3 期	南阳地区文物队唐河县文化馆
25	唐河县针织厂二号汉画像石墓	中原文物 1985 年 3 期	南阳地区文物队唐河县文化馆
26	河南南阳十里铺画像石墓	文物 1986 年 4 期	南阳地区文物队南阳县文化馆
27	方城党庄汉画像石墓	中原文物 1986 年 2 期	南阳地区文物队
28	南阳中原技校画像石墓	南阳汉代画像石・文物出版社 85 年	《南阳汉代画像石》编委会
29	南阳市刘洼村汉画像石墓	中原文物 1991 年 3 期	南阳市文物队
30	南阳市第二化工厂 21 号画像石墓发掘简报	中原文物 1993 年 1 期	南阳市文物工作队
31	南阳市麒麟岗汉画像石墓(暂定名)	资料未发表	南阳市博物馆 1988 年发掘
32	唐河湖阳罐山汉画像石墓(暂定名)	资料未发表	南阳地区文物研究所 1990 年发掘
33	邓县元庄汉画像石墓(暂定名)	资料未发表	南阳地区文物研究所 1991 年发掘

续　表

编号	墓葬名称	资料来源	编著者
34	南阳蒲山汉画像石墓(暂定名)	资料未发表	南阳地区文物研究所1993年发掘
35	南阳县高庙汉画像石墓(暂定名)	资料未发表	南阳地区文物研究所1994年发掘
36	南阳市中建七局机械厂汉画像石墓(暂名)	资料未发表	南阳地区文物研究所1995年发掘
37	唐河郭滩汉画像石墓(暂定名)	资料未发表	南阳地区文物研究所1995年发掘
38	河南省邓州市梁寨汉画像石墓	中原文物1996年3期	南阳市文物研究所
39	河南省南阳市辛店乡熊营画像石墓	中原文物1996年3期	南阳市文物研究所
40	河南省南阳市十里铺二号画像石墓	中原文物1996年3期	南阳市文物研究所
41	桐柏县安棚画像石墓	中原文物1996年3期	南阳市文物研究所
42	南阳唐河白庄汉画像石墓	中原文物1997年4期30页	南阳市文物研究所等
43	南阳中建七局机械厂汉画像石墓	中原文物1997年4期35页	南阳市文物研究所
44	河南南阳蒲山二号汉画像石墓	中原文物1997年4期48页	南阳市文物研究所

注:已发掘但资料未发表的墓葬仅择要统计

1.2　徐州发现汉代画像石墓葬统计表

附表1-2　徐州发现汉代画像石墓葬统计表

类别	墓葬名称	年代	主要随葬品或墓葬结构	墓主人身份	材料来源
Ⅰ	九女墩墓	桓帝前后	铜缕玉衣	列侯或大公主、长贵人	考古通讯55:2
	拉犁山M1、M2	东汉晚期	铜缕玉衣	列侯、列侯之妻	86年考古学年鉴
	东沿村墓	公元86年	题铭	乡亭之侯	文物90:9

续 表

类别	墓葬名称	年代	主要随葬品或墓葬结构	墓主人身份	材料来源
Ⅱ	缪宇墓	公元 150 年	墓志	彭城相	文物 84:8
	徐州从事墓	公元 155 年	墓志	州从事	文物 94:8
	郇楼墓	东汉晚期	工匠姓名刻铭等	二千石	待刊
	茅村墓	公元 175 年	回廊	二千石以下	文参 53:1
	十里铺墓	东汉晚期	铅车马器各类随葬品	二千石	考古 66:2
	白集墓	东汉晚期		六百石以下	考古 81:2
Ⅲ	洪楼墓	东汉晚期	二室制	商贾富豪	考讯 57:4
	苗山墓	东汉晚期	二室制	商贾富豪	考讯 57:4
	周庄墓	东汉晚期	二室制	商贾富豪	考讯 57:4
	茅村凤凰山墓	东汉晚期	二室制	商贾富豪	考讯 80:4
	青山泉 M1、M2	东汉晚期	二室、单室	商贾富豪	中原文物 92:1
	占城 M1、M2	元嘉——汉末	二室	商贾富豪	文物 86:5
	瓦窑墓	桓帝	二室	商贾富豪	考古 85:7
	大山 M2	东汉晚期	二室	商贾富豪	待刊
	东甸子 M1	东汉晚期	二室	商贾富豪	徐州画像石
	张圩 M1、M2	东汉晚期	二室	商贾富豪	待刊
	义安 M1	东汉晚期	二室	商贾富豪	待刊
	韩山 M1、M2	东汉晚期	单室	商贾富豪	文物 90:9
	乔家湖 M1、M2	东汉晚期	单室	富绅	待刊
	乔家湖 M6	东汉晚期	壁画单室	富绅	待刊
	栖山 M1	王莽	三椁室	富绅	考古学集刊 2 集
	万寨 M2、M8、M9	西汉晚期	单室	富绅	徐州画像石
	闸马 M1、M2	东汉晚期	单、双椁室	富绅	待刊
	范山 M1	西汉晚期	单室	富绅	徐州画像石

续 表

类别	墓葬名称	年代	主要随葬品或墓葬结构	墓主人身份	材料来源
Ⅲ	利国 M1	东汉晚期	单室	富绅	考古 64:10
	岗子 M1、M2	东汉晚期	单室	富绅	考古 64:10
	黄山 M1	东汉晚期	单室	富绅	考古 64:10
	贾汪小李庄	东汉晚期	单室	富绅	文参 55:5
	狮子山二厂墓	东汉晚期	单室	富绅	待刊
Ⅳ	大山 M1	西汉晚期	无	平民	待刊
	华山 M3	西汉末期	陶罐、钱币	平民	待刊
	栖山 M3、M4、M5	王莽	陶罐、钱币	平民	待刊
	檀山 M1、M2、M3	东汉时期	无	平民	文物 61:1

1.3 徐州地区清理主要汉画像石墓葬一览表

附表 1－3 徐州地区清理主要汉画像石墓葬一览表

序号	墓葬名称	发现清理年代	资料来源
1	茅村汉画像石墓	五十年代	王献唐《徐州市区的茅村汉墓群》,《文物参考资料》1953 年 1 期
2	睢宁县九女墩汉墓		李鉴昭《江苏睢宁九女墩汉墓清理简报》,《考古通讯》1955 年第 2 期
3	铜山县洪楼汉墓		王德庆《江苏铜山东汉墓清理简报》,《考古通讯》1957 年第 4 期
4	铜山县苗山汉墓		王德庆《江苏铜山东汉墓清理简报》,《考古通讯》1957 年第 4 期
5	铜山县周庄汉墓		王德庆《江苏铜山东汉墓清理简报》,《考古通讯》1957 年第 4 期
6	铜山县檀山集	六十年代	张寄庵《江苏徐州市北郊檀山发现汉画像石墓》,《文物》1960 年第 7 期,葛治功《徐州檀山发现的汉画像石》,《文物》1960 年 7、8 期
7	茅村凤凰山汉墓		南京博物院《徐州茅村画像石墓》,《考古》1980 年第 4 期

续 表

序号	墓葬名称	发现清理年代	资料来源
8	青山泉白集东汉墓	六十年代	南京博物院《徐州青山泉白集东汉画像石墓》,《考古》1981 年第 2 期
9	徐州市十里铺汉墓		南京博物院《江苏徐州十里铺汉画像石墓》,《考古》1966 年第 2 期
10	徐州乔家湖汉墓	七十年代	资料存于徐州博物馆,未发表。有汉画像石墓七座。
11	东甸子汉墓		《徐州画像石》图
12	徐州万寨汉墓		早期汉画像石墓,未发表,出土有西汉晚期"五铢钱"。
13	铜山县柳新汉墓		早期汉画像石墓,该墓出土有"大泉五十"
14	沛县栖山汉墓		王恺夏凯晨《江苏新沂瓦窑画像石墓》,《考古》1985 年第 7 期
15	邳县燕子埠汉墓		南京博物院等《东汉彭城相缪宇墓》,《文物》1984 年第 8 期
16	新沂瓦窑汉墓		夏凯晨《江苏沛县栖山汉画像石墓》,《考古学集刊》1983 年第 2 期
17	占城白山汉墓		南京博物院《邳县白山故子两座东汉画像石墓》,《文物》1986 年第 5 期
18	拉犁山二号墓	八十年代	耿建军《徐州拉犁山二号东汉石室墓》,《中国考古学年鉴》1990 年
19	铜山汉王乡西沿存村		徐州博物馆清理,待刊稿。

1.4 有关徐州汉代物质文化方面的论著

目前,有关徐州汉代物质文化方面的论文、著作(包括汉墓)等,已经发表的考古发掘报告,据粗略统计如下诸表。表格的编制参考了张玉《徐州汉代文物考古论文目录》部分资料。

笔者将墓葬划分为八大类:1 砖室墓;2 石室(棺、椁)墓;3 砖石墓;4 横穴崖洞墓;5 土坑(洞室)墓;6 岩坑(洞室)墓;7 瓮(瓦)棺葬;8 特殊墓葬等八类。

附表 1-4-1 《文物》有关徐州汉代文物考古论文表

（资料截止日期至 1999 年底）

序号	作(著)者	论文名称	墓葬年代	期(卷)号、页码
1	王献唐	徐州市区的茅村汉墓群 2	熹平四年(175 年)	1953 年第 1 期,第 46～50 页
2		江苏睢宁县发现古墓葬 1	东汉	1954 年第 5 期,第 100 页
3	李鉴昭	江苏铜山发现两汉六朝墓葬群 2、3	比茅村早～东汉	1954 年第 8 期,第 141 页
4	李鉴昭、王志敏	江苏新沂炮车镇发现汉墓 1	西汉末东汉初	1955 年第 6 期,第 120～121 页
5	王德庆	睢宁发现一批玉器		1956 年第 11 期,第 74 页
6	张恺慈	徐州市建筑工地发现汉代文物 2		1957 年第 1 期,第 81 页
7	李鉴昭	睢宁县土山发现汉代石墓群 2	西汉中～东汉末年	1957 年第 3 期,第 81～82 页
8	朱活	汉四铢半两阴文铜范		1959 年第 3 期,第 67 页
9	张寄庵	徐州市北郊檀山发现汉画像石墓 2		1960 年第 7 期,第 70 页
10	葛治功	徐州檀山发现的汉画像石		1960 年第 8、9 合期,第 93～94 页
11	葛治功	徐州黄山陇发现汉代壁画墓 2	东汉末年	1961 年第 1 期,第 74 页
12	段拭	江苏铜山洪楼东汉墓出土纺织画像石	东汉	1962 年第 3 期,第 31～32 页
13		徐州清理东汉出土"银缕玉衣"	东汉晚期	1972 年第 3 期,第 76 页
14	南京博物院	铜山小龟山西汉崖洞墓 6	西汉中期	1973 年第 4 期,第 23～35 页
15	徐州博物馆	徐州发现东汉建初二年五十炼钢剑	东汉建初二年	1979 年第 7 期,第 51～52 页
16	徐州博物馆	论徐州汉画像石		1980 年第 2 期,第 44～55 页
17	王黎琳、武利华	江苏铜山县青山泉的纺织画像石	东汉中晚期	1980 年第 2 期,第 93 页
18	南京博物院、邳县文化馆	东汉彭城相缪宇墓 2	元嘉元年(151 年)	1984 年第 8 期,第 22～29 页

续　表

序号	作(著)者	论文名称	墓葬年代	期(卷)号、页码
19	徐州博物院	徐州石桥汉墓清理报告 4	西汉中晚期	1984 年第 11 期，第 22～40 页
20	宋治民	缪宇不是彭城相	元嘉元年(151 年)	1985 年第 1 期，第 83 页
21	南京博物院、邳县文化馆	江苏邳县白山故子两座东汉画像石墓 2	元嘉间～东汉末年	1986 年第 5 期，第 17～30 页
22	徐州博物院	徐州狮子山兵马俑坑一次发掘简报	西汉中期偏早	1986 年第 12 期，第 1～16 页
23	徐州博物院等	徐州北洞山西汉墓发掘简报 4	公元前 175 年～前 128 年	1988 年第 2 期，第 2～18 页
24	徐州博物院	徐州发现东汉元和三年画像石 2	东汉元和三年	1990 年第 9 期，第 64～73 页
25	徐州博物院	徐州市韩山东汉墓发掘简报 6	东汉中，M2 中偏晚	1990 年第 9 期，第 74～82 页
26	李银德	徐州出土西汉玉面罩的复原研究	西汉早期	1993 年第 4 期，第 46～49 页
27	徐州博物院	徐州后楼山西汉墓发掘简报 6	西汉早期	1993 年第 4 期，第 29～45 页
28	李银德、陈永清	东汉永寿元年徐州从事墓志	东汉永寿元年	1994 年第 8 期，第 93～95 页
29	李银德	徐州土山东汉墓出土封泥考略		1994 年第 11 期，第 75～80 页
30	周晓陆	缪宇墓志读考	元嘉元年(151 年)	1995 年第 4 期，第 83～87 页
31	王黎琳、李银德	徐州发现东汉画像石	东汉	1996 年第 4 期，第 28～31 页
32	徐州博物院	徐州发现一批散存汉画像石	东汉	1996 年第 5 期，第 17～25 页
33	周保平	徐州的几座再葬汉画像石研究——谈汉画像石墓中的再葬现象 2	汉画像石是东汉，再葬时间是魏晋	1996 年第 7 期，第 70～74 页
34	李银德、孟强	试论徐州出土西汉早期人物画像镜	西汉早期	1997 年第 2 期，第 22～25 页

续　表

序号	作(著)者	论文名称	墓葬年代	期(卷)号、页码
35	徐州博物院	徐州西汉宛朐侯刘埶墓 6	景帝三年	1997 年第 2 期,第 4～21 页
36	徐州博物院	徐州韩山西汉墓 6	西汉早期	1997 年第 2 期,第 26～43 页
37	仝泽荣	江苏睢宁墓山汉画像石墓 2	东汉中晚期	1997 年第 9 期,第 36～40 页
38	狮子山楚王陵考古发掘队	徐州狮子山西汉楚王陵发掘简报 4	公元前 175 年～前 154 年	1998 年第 8 期,第 4～33 页
39	狮子山楚王陵考古发掘队	徐州狮子山楚王陵出土文物座谈会纪要	公元前 175 年～前 154 年	1998 年第 8 期,第 34～36 页
40	邹厚本、韦正	徐州狮子山西汉墓的金扣腰带	公元前 175 年～前 154 年	1998 年第 8 期,第 37～43 页
41	王恺	狮子山楚王陵出土印章和封泥对研究西汉楚国建制及封域的意义	公元前 175 年～前 154 年	1998 年第 8 期,第 44～47 页
42	赵平安	对狮子山楚王陵所出印章封泥的再认识	公元前 175 年～前 154 年	1999 年第 1 期,第 52～55 页
43	北京科技大学冶金与材料史研究所、徐州博物馆	徐州狮子山楚王陵出土铁器的金相实验研究	公元前 175 年～前 154 年	1999 年第 7 期,第 84～91 页
44	徐州博物院	徐州东甸子西汉墓 6	西汉早期偏晚～景帝末至武帝初	1999 年第 12 期,第 4～18 页

附表 1－4－2　《考古》有关徐州汉代文物考古论文表

(资料截止日期至 1999 年底)

序号	作(著)者	论文名称	墓葬年代	期(卷)号、页码
1	李鉴昭	江苏睢宁九女墩汉墓清理简报 3	东汉末	1955 年第 2 期,第 31～32 页
2	朱江等	江苏铜山考古 2、6		1956 年第 3 期,第 58～60 页
3	王德庆	江苏邳县白山的汉画像石墓和遗址 2	东汉墓	1956 年第 6 期,第 65～66 页
4	王德庆	江苏铜山安乐乡周庄村发现汉墓 2	东汉	1957 年第 1 期,第 57 页

续 表

序号	作(著)者	论文名称	墓葬年代	期(卷)号、页码
5	王德庆	江苏铜山东汉墓清理简报2洪楼、周庄、苗山、	东汉	1957年第4期,第33～38页
6	李蔚然	江苏睢宁九女墩汉墓出土玉牌用途的推测	东汉末	1958年第2期,第57～58页
7	南京博物院	徐州贾汪古墓清理简报2	汉末晋初	1960年第3期,第32～33页
8	江苏省文物管理委员会南京博物院	江苏徐州、铜山五座汉墓清理简报2、3冈子、黄山、	西汉初中期～东汉末期	1964年第10期,第504～519页
9	南京博物院	江苏邳县刘林遗址的汉墓5、7	西汉	1965年第11期,第589～591页
10	江苏省文物管理委员会南京博物院	江苏徐州十里铺汉画像石墓3	东汉晚期(167～189年)	1966年第2期,第66～83页
11	徐州博物馆	江苏徐州奎山西汉墓6	西汉初期	1974年第2期,第121～122页
12	吴文信	江苏新沂东汉墓1	东汉早期	1979年第2期,第188～189页
13	南京博物院	徐州茅村画像石墓2	东汉晚期	1980年第4期,第347～352页
14	南京博物院	徐州青山泉白集东汉画像石墓2	东汉末期	1981年第2期,第137～150页
15	徐州博物馆、赣榆县图书馆	江苏赣榆金山汉画像石墓3	东汉晚期	1985年第9期,第793～798页
16	徐州博物馆	江苏新沂瓦窑汉画像石墓2	东汉晚	1985年第7期,第614～618页
17	徐州博物馆	江苏铜山县荆山汉墓发掘简报6	宣帝时或稍晚	1992年第12期,第1092～1097页
18	徐州博物馆	徐州市东郊陶楼汉墓清理简报6	武帝元狩五年～武帝末	1993年第1期,第14～21页
19	徐州博物馆	江苏徐州九里山汉墓发掘简报6	文帝五年～武帝	1994年第12期,第1063～1068页
20	徐州博物馆	江苏铜山县李屯西汉墓清理简报6	西汉中期	1995年第3期,第220～225页

续 表

序号	作(著)者	论文名称	墓葬年代	期(卷)号、页码
21	徐州博物馆	江苏徐州市清理五座汉画像石墓 2、3	东汉初～东汉晚期	1996 年第 3 期,第 28～35 页
22	徐州博物馆	江苏徐州市米山汉墓 6	西汉早期偏晚	1996 年第 4 期,第 36～44 页
23	徐州博物馆	江苏铜山县龟山二号西汉崖洞墓材料的再补充 4	西汉中期	1997 年第 2 期,第 36～46 页
24	徐州博物馆	江苏铜山县班井村东汉墓 3	东汉晚期	1997 年第 5 期,第 40～45 页
25	韦正、李虎、邹厚仁	江苏徐州市狮子山西汉墓的发掘与收获 4	公元前 175 年～前 154 年	1998 年第 8 期,第 1～20 页

附表 1－4－3 《东南文化》有关徐州汉代文物考古论文表

(资料截止日期至 1999 年底)

序号	作(著)者	论文名称	墓葬年代	期(卷)号、页码
1	王恺	南朝陵墓前石刻渊源初探		1987 年第 3 期,第 80～82 页
2	李银德	徐州发现一批重要西汉玻璃器		1990 年第 1、2 期,第 109～111 页
3	徐州市博物院	徐州小金山西汉墓清理简报 6	西汉初期	1992 年第 2 期,第 191～196 页
4	徐州市博物院	徐州绣球山西汉墓清理简报 6	西汉早期偏晚	1992 年第 3、4 期,第 107～118 页
5	耿建军	徐州琵琶山二号汉墓发掘简报 6	武帝至昭帝	1993 年第 1 期,第 162～165 页
6	佟泽荣	江苏省睢宁距山、二龙山汉墓群调查 1	西汉～新莽～东汉	1993 年第 4 期,第 36～46 页
7	耿建军、孟强	徐州地区的汉代玉衣及相关问题		1996 年第 1 期,第 26～32 页
8	南京博物院	1991 年徐州考古调查简报		1997 年第 4 期,第 31～36 页
9	韦正、李虎仁、邹厚本	徐州狮子山西汉墓发掘纪要 4	西汉初期	1998 年第 3 期,第 32～40 页

附表 1-4-4 《江苏省考古学会年会论文集》有关徐州汉代文物考古论文表

（资料截止日期至 1996 年底，包括江苏省哲学社会科学年会论文）

序号	作(著)者	论文名称	文献来源
1	张祖彦	略论汉代楚国	江苏省哲学社会科学联合会 1980 年年会论文选
2	尤振尧	睢宁双沟东汉画像石刻“农耕图”的剖析	江苏哲学社会科学联合会 1980 年年会论文选(考古学分册)
3	王黎琳	试谈汉画像石起源	江苏哲学社会科学联合会 1980 年年会论文选(考古学分册)
4	武利华	江苏徐州的崖墓 4	江苏哲学社会科学联合会 1980 年年会论文选(考古学分册)
5	王恺	苏鲁豫皖交界地区汉画像石墓的分布与墓葬形制	江苏省考古学会年会学术论文 1981 年
6	武利华	楚文化对徐州地区的影响	江苏省考古学会年会学术论文 1981 年
7	田秉锷、陈永清	徐州汉画像石刻艺术散论	江苏省考古学年会论文集(1982 年)
8	金澄	汉画像石的构图艺术	江苏省考古学年会论文集(1982 年)
9	武利华	有关早期汉画像石的几个问题	江苏省考古学年会论文集(1982 年)
10	李银德	徐州出土“明光宫”铜器及有关问题探释	江苏省考古学年会论文集 1985～1986 年
11	王恺	徐州狮子山兵马俑的艺术特色	江苏省考古学年会论文集 1985～1986 年

附表 1-4-5 《中国考古学年鉴》有关徐州汉代文物考古论文表

（资料截止日期至 1996 年底）

序号	作(著)者	论文名称	墓葬年代	发表时间、页码
1	李银德	徐州狮子山西汉兵马俑	公元前 175 年～前 154	1986 年，第 121～122 页
2	李银德	徐州市屯里拉犁山东汉石室墓 2	东汉	1986 年，第 123～124 页
3	邱永生	铜山县凤凰山战国西汉墓群 6	西汉	1987 年，第 138 页
4	王恺、魏鸣、邱永生	徐州市北洞山西汉墓 4	公元前 175 年～前 128 年	1987 年，第 138～139 页
5	邱永生	铜山县小山子西汉墓 6	西汉	1987 年，第 139～140 页
6	邱永生	徐州市韩山东汉墓 1	东汉	1987 年，第 140～141 页

续 表

序号	作(著)者	论文名称	墓葬年代	发表时间、页码
7	王恺	徐州市屯里村东汉石室墓 2	东汉	1987 年,第 141～页
8	邱永生	铜山县前沿子村东汉纪年画像石墓	东汉章帝(86 年)	1987 年,第 141 页
9	耿建军	徐州小金山西汉墓 6	西汉早期	1990 年,第 204 页
10	梁勇	徐州市陶楼西汉墓 6	西汉中期	1990 年,第 204～205 页
11	邱永生、徐旭	徐州驮蓝山汉墓 4	西汉时期	1990 年,第 206～207 页
12	耿建军	徐州拉犁山二号东汉石室墓 2	东汉	1990 年,第 208～209 页

附表 1-4-6 《中原文物》有关徐州汉代文物考古论文表

(资料截止日期至 1999 年底)

序号	作(著)者	论文名称	墓葬年代	期(卷)号、页码
1	王恺	苏鲁豫皖交界地区汉画像石墓的分期		1990 年第 1 期,第 51～61 页
2	唐士钦	徐州汉画中的古建筑		1991 年第 3 期,第 94～97 页
3	邱永生	徐州青山泉水泥二厂一、二号汉墓发掘简报 2	东汉晚期	1992 年第 1 期,第 91～96 页
4	邱永生	徐州近年新征集的汉画像石集粹		1993 年第 1 期,第 64～70 页
5	李银德	徐州汉画像石墓墓主身份考		1993 年第 2 期,第 36～39 页
6	徐建国	徐州汉画像石室祠建筑		1993 年第 2 期,第 53～60 页
7	周保平	徐州洪楼两块汉画像石考释		1993 年第 2 期,第 40～46 页
8	孟强	关于汉代升仙思想的两点看法		1993 年第 2 期,第 23～30 页
9	燕东生、刘智敏	苏鲁豫皖交界区西汉石椁墓及其画像石的分期		1995 年第 1 期,第 79～98 页

附表 1-4-7 《徐州师范学院学报》有关徐州汉代文物考古论文表

(资料截止日期至 1996 年底)

序号	作(著)者	论文名称	期(卷)号、页码
1	阎孝慈	徐州地区新发现的汉画题铭	哲社版 1981 年第 4 期,第 33～34 页
2	周保平	试论汉画像石中的吉祥动物	哲社版 1992 年第 3 期,第 85～89 页

续 表

序号	作(著)者	论文名称	期(卷)号、页码
3	王黎琳	徐州汉画像石研究中公认现象的再认识	哲社版 1992 年第 3 期,第 90～93 页
4	杨孝鸿	1992 年徐州中国汉画学术讲座会综述	哲社版 1993 年第 1 期,第 51～53 页
5	罗其湘、武利华	日本出土三角缘神兽铭文"铜出徐州"考辨	哲社版 1987 年第 1 期,第 85～88 页
6	邱永生	徐州汉兵马俑研究	哲社版 1987 年第 2 期,第 24～28 页
7	王尧	刘邦籍贯考辨	哲社版 1987 年第 4 期,第 133～136 页
8	阎孝慈	徐州的汉代王侯墓	哲社版 1988 年第 1 期,第 93～97 页
9	徐俊祥	"周鼎入泗水"辩	哲社版 1988 年第 1 期,第 91～92 页
10	邱永生、茅玉	徐州北洞山西汉楚王陵考略	哲社版 1989 年第 3 期,第 7～13 页
11	邱永生、茅玉	徐州北洞山西汉楚王陵考略(续)	哲社版 1989 年第 4 期,第 9～13 页
11	阎孝慈	《大风歌碑》与《三体石经》	哲社版 1988 年第 4 期,第 14～16 页
12	胡家荣	两汉文化——徐州历史文化的代表	哲社版 1990 年第 2 期,第 98～99 页

附表 1-4-8 《徐州史志》有关徐州汉代文物考古论文表

(资料截止日期至 1996 年底)

序号	作(著)者	论文名称	期(卷)号
1	孙田成	观鼎桥泗水捞鼎图	1986 年试刊
2	王文升	刘邦的故事	1986 年试刊
3	邱永生	秦梁洪与泗水捞鼎	1986 年 3 期
4	李国华	汉王拔剑泉	1986 年 3 期
5	武利华	具有地方特色的徐州汉画像石	《徐州史志》1986 年 3 期
6	凤华	汉王汉代画像石赏析	《徐州史志》1989 年 3、4 合期
7	邱永生、胡永同	徐州近年征集的汉画像石集粹	《徐州史志》1991 年 3、4 合刊
8	钱国光	奇特的墓葬	《徐州史志》1987 年 2 期

附表 1-4-9　《淮海论坛》有关徐州汉代文物考古论文表
（资料截止日期至 1996 年底）

序号	作(著)者	论文名称	期(卷)号日期、页码
1	李银德	地下宫殿知多少	1985 年 2 期
2	武利华	艺术的瑰宝　绣像的史书——介绍徐州汉代画像石刻	1986 年 3 期
3	武利华	秦汉帝王陵墓葬俑群不宜统称“兵马俑”——论陵墓陪葬俑群意图的异同	1987 年 2 期
4	李银德	徐州新出土汉代兵马俑纪实与初识	1990 年 1 期
5	王恺、李春雷	徐州狮子山汉兵马俑辨析——与黄震民、将成德同志商榷	1993 年 5 期
6	余明侠	徐州古代帝王、后妃、公主初考	1990 年 2 期
7	张汉东	刘歆与古文经学	1990 年 2 期
8	周保平	环徐州市区汉墓文化旅游圈构想	《淮海文汇》1994 年 4～5 期

附表 1-4-10　有关徐州汉代文物考古著作一览表
（资料截止日期至 1999 年底）

序号	著(编)者	著作名称	出版者、出版年月
1	江苏省文物管理委员会	江苏徐州汉画像石	北京：科学出版社，1959 年版
2	徐州博物馆	徐州汉画像石	南京：江苏美术出版社，1985 年版
3	徐州汉画像石编委会	徐州汉画像石	北京：中国世界语出版社，1995 年版
4	徐州汉兵马俑博物馆	徐州狮子山汉兵马俑	北京：中国摄影出版社，1988 年版
5	董治祥	徐州风物志	南京：江苏人民出版社，1984 年版
6	王林绪	漫话徐州	台北：梓云书店，1983 年版
7	周文生	徐州历代故事	徐州：徐州地方志办公室编印，1987 年版
8	周文生	徐州历代人物	徐州：徐州地方志办公室编印，1987 年版
9	朱浩熙	古今徐州	上海：上海社会科学院出版社，1987 年版
10	李瑞林	徐州访古	北京：中国新闻出版社，1990 年版
11	邓毓昆、李银德	徐州史话	南京：江苏古籍出版社，1990 年版
12	邓毓昆	徐州胜迹	上海：上海人民出版社，1990 年版

续 表

序号	著(编)者	著作名称	出版者、出版年月
13	徐州博物馆	徐州博物馆三十年纪念文集	北京:北京燕山出版社,1992 年版
14	朱浩熙	名城徐州	北京:作家出版社,1995 年版
15	吴敢、及巨涛	徐州文化大观	上海:文汇出版社,1995 年版
16	王中文、夏凯晨、及巨涛	两汉文化研究 1 辑	北京:文化艺术出版社,1996 年版
17	王中文、及巨涛、夏凯晨、刘玉芝	两汉文化研究 2 辑	北京:文化艺术出版社,1999 年版

附表 1-4-11 其他报刊中有关徐州汉代文物考古论文表

(资料截止日期至 2000 年 9 月底)

序号	作(著)者	报道名称	资料来源
1		江苏省睢宁县发现汉代画像石刻	《文汇报》1962 年 3 月 3 日,第 版
2		江苏发现汉画石刻	《人民日报》1962 年 3 月 3 日,第 1 版
3	夏凯晨	江苏沛县栖山汉画像石墓清理简报 6(西汉末至王莽)	《考古学集刊》(第 2 集)1983 年,第 106～112 页
4	尤振尧	从《农耕图》看汉代徐州地区农业生产概况	《中国农史》1984 年第 2 期,第 31～36 页
5	金裕龄	浅谈徐州汉画像石的装饰风格	《江苏画刊》1986 年第 4 期
6	武利华	徐州汉画像石	《良友》1986 年第 11 期
7	王进南	试谈徐州汉画像石	《徐州教育学院学报》1987 年第 12 期
8	王恺	苏鲁豫皖交界地区汉画像石墓墓葬形制	《汉代画像石研究》,文物出版社,1987 年 12 月
9	尤振尧	略论苏北地区汉画像石墓与汉画像石刻	《汉代画像石研究》,文物出版社,1987 年 12 月
10	唐士钦	徐州汉画像石中的体育	《体育文史》1988 年第 1 期
11	邱永生	徐州发现纪年汉画像石墓 6	《中国文物报》1989 年 6 月 16 日
12	唐士钦	徐州汉画艺术	《东方艺术》1990 年(徐州专辑)
13	王圣云	自然与人的契合与完美—徐州汉画像石神话研究之一	《汉画研究》1991 年 1 期
14	王圣云	自然与人的契合与完美—徐州汉画像石神话研究之二	《汉画研究》1992 年 2 期

续 表

序号	作(著)者	报道名称	资料来源
15	武利华	从两汉徐州画像石看两汉建筑	《汉画研究》1992 年 2 期
16	武利华	徐州画像石研究综述	《汉画研究》1992 年 2 期
17	周保平	汉画像石中的连环画	《中国文物报》1993 年 2 月 7 日,第 3 版
18	周保平	汉画中的升仙图像	《辽海文物学刊》1993 年 2 期
19	闫光星	临沂庆云山石棺墓与徐州墓山石棺墓之比较	《汉画・钱树・货币文化——中国汉画及摇钱树货币文化学术讨论会论文集》,1998 年 5 月
20	王恺	徐州地区的石椁墓 2	《江苏社联通讯》(13 期)1980 年
21	邱永生 徐旭	徐州再次发现西汉楚王墓 4	《中国文物报》1990 年 12 月 29 日,第 1 版
22	丘明	发现西汉楚王陵 4	《鉴赏家》1995 年 11 月
23	邱永生	徐州狮子山汉楚王陵发掘获重大成果 4	《中国文物报》1995 年 11 月 26 日,第 1 版
24	王恺、 邱永生	博大精深　蔚然壮观——西汉楚王陵地宫考古侧记	《中华文化画报》1996 年 3、4 合期
25		徐州汉墓发掘择要	《中华文化画报》1996 年 3、4 合期
26	邱永生	红薯窖揭开狮子山谜团——西汉楚王陵地宫考古侧记	《收藏》1996 年 9 期
27	吴学文	徐州、灵宝东汉墓出土文物——银缕玉衣・铜盒砚・刻石	《光明日报》1973 年 4 月 7 日,第　版
28	李银德	罕见的西汉彩绘俑群	《中国旅游》113 期
29	邱永生	陶土搓出的古风——徐州出土汉代建筑模型	《中国旅游》119 期
30	金澄	徐州博物馆藏陶俑	《江苏画刊》1985 年
31	李银德	徐州西汉兵马俑	《中国》1985 年 5 期
32	唐士钦	徐州狮子山汉兵马俑艺术风格试探	《文艺界》1986 年 2 期,总 11 期
33	李银德	西汉兵马俑	《人民画报》1986 年 5 期
34	贺西林	徐州西汉兵马俑断想	《中国文物报》1986 年 9 月 5 日,第 3 版
35		徐州探明我国第二大地下军阵	《中国文物报》1986 年 11 月 14 日,第 2 版
36	李银德	徐州出土汉代兵马俑	《良友》1986 年 2 期

续　表

序号	作(著)者	报道名称	资料来源
37	王恺	徐州狮子山兵马俑与西汉楚国	《江苏史论考》,江苏古籍出版社,1989年10月
38		徐州发现兵马俑	《人民日报》1984年12月16日,第3版
39	金　澄、邱永生	徐州北洞山出土的大批半两钱币	《江苏省钱币学会论文集》,1988年
40	李国华	徐州出土四川铸造汉代钢剑	《四川文物》1988年第4期,第17～19页
41	李银德	深沉雄大　艺史瑰宝	《中国文物世界》46期
42	李银德	徐州出土的汉代文物精品	《人民日报海外版》1989年1月1日
43	蒋若是	徐州龟山楚王墓埋葬年代与钱币类型辨疑	《中国文物报》1990年8月23日3版
44		徐州古城汉风	《大公报》1995年9月8日
45	邹厚本	蟠龙玉饰	《鉴赏家》1995年11月
46	邱永生	龙虎玉戈	《鉴赏家》1995年11月
47	王恺	雕花玉卮	《鉴赏家》1995年11月
48	李春雷	考古史上重大发现——狮子山楚王陵揭秘	《百年考古之谜》,中国经济出版社,2001年2月
49	雍启昌	狮子山楚王陵名列全国考古“十杰”	《文汇报》1996年2月9日
50	蒋泓冰	狮子山楚王陵——一个关于汉代陵寝的考古故事	《人民日报》1996年2月29日
51		汉楚王陵揭秘	《大公报》1996年9月8日
52	王浩天、李春雷	江苏徐州狮子山汉墓陶兵马俑的表层加固试验	《考古求知集》,中国社会科学出版社,1997年4月
53	李银德	小孤山地下宫殿之谜	《彭城艺苑》1985年10期
54	董治祥	寻踪访古戏马台	《故土旅情》,1987年8月
55		徐州堪称汉文化城	《文汇报》1991年4月10日1版
56	中国名城编辑部	中国名城徐州特刊	《中国名城》编辑部1997年3、4期合刊
57		竖穴洞室内竟有建筑·徐州发现王莽时期合葬墓	《文汇报》1999年1月13日
58		两盗古墓贼被判死刑	《文汇报》2000年4月27日
59	刘从俭、高洪江	盗国宝被判死刑——徐州严惩盗掘古墓葬分子	《人民日报》2000年4月27日

续 表

序号	作(著)者	报道名称	资料来源
60	南京博物院等	铜山龟山二号西汉崖洞墓 4	《考古学报》1985 年第 1 期,第 119～133
61	南京博物院等	铜山龟山二号西汉崖洞墓一文的重要补充 4	《考古学报》1985 年第 3 期,第 352 页
62	夏超雄	试析徐州十里铺东汉墓一幅画像石	《考古与文物》1983 年第 3 期,第 72～73 页
63	李国华	朝圣安乐图——沛县栖山汉画像石浅析	《考古与文物》1991 年第 3 期,第 100～102 页
64	邱永生	徐州郭庄汉墓 6	《考古与文物》1993 年第 1 期,第 15～16 页
65	尤振尧	略论东汉彭城相缪宇墓的发掘及其历史价值	《南京博物院集刊》1983 年 6 期
66	周晓陆	缪宇墓志铭考	《南京博物院集刊》1984 年 7 期
67	江山秀	江苏省铜山县江山西汉墓清理简报 6	《文物资料丛刊》1977 年第 1 辑,第 105～110 页
68	徐州博物馆	江苏徐州子房山西汉墓清理简报 6	《文物资料丛刊》1981 年第 4 辑,第 59～69 页
69	睢文、南波	江苏睢宁县刘楼东汉墓清理简报 1	《文物资料丛刊》1981 年第 4 辑,第 112～115 页
70	金　澄、夏凯晨	西汉楚王刘注银印	《文物天地》1985 年 4 期
71	张祖彦	刘邦、项羽和他们的故乡	《文物天地》1982 年 4 期
72	白英	神医华佗	《文物天地》1983 年 4 期
73	刘敦愿	徐州汉画像石“击马”图	《文物天地》1992 年 4 期
74	魏鸣先	徐州北洞山西汉楚王墓发掘记实	《文物天地》1987 年 2 期
75	陈永清	邳县发现东汉彭城相缪宇画像石墓	《文博通讯》29 期,1980 年 2 月
76	王恺	徐州发现西汉明光宫铜器	《文博通讯》1983 年 1 期
77	武利华、王黎华	徐州汉画像石中黄帝、炎帝像考释	《文博通讯》1985 年 6 期
78	南京博物院	徐州土山东汉墓清理简报 3	《文博通讯》15 期,1977 年 9 月

附表 1－4－12　汉代楚(彭城)国王侯陵墓古籍、研究论文、文章统计表

序号	陵墓名称	有关古籍		有关研究论文及来源	
1	楚王山汉墓群	1	《后汉书·郡国志》	1	《楚王山汉墓群》,邓毓昆主编:《徐州胜迹》,上海:上海人民出版社,1990年12月
		2	《水经注》	2	周学鹰:《"因山为陵"初探》,中国建筑学会建筑史学分会四次年会论文,2000年8月
		3	刘宋傅亮《修楚王山墓教》		
		4	《徐州府志》		
		5	《铜山县志·古迹考》		
2	狮子山西汉楚王陵墓			1	王恺、邱永生:《徐州狮子山兵马俑坑第一次发掘简报》,《文物》1986年第12期,第1～16页
				2	《徐州狮子山楚王陵发掘获重大成果》,《中国文物报》1995年11月26日;《中国文物报》1996年6月18日
				3	邱永生:《红薯窖揭开狮子山迷团:西汉楚王陵地宫考古侧记》,《收藏》1996年9期
				4	韦正、李虎仁、邹厚本:《江苏徐州市狮子山西汉墓的发掘与收获》,《考古》1998年第8期,第1～20页
				5	王恺、邱永生:《徐州狮子山西汉楚王陵发掘简报》,《文物》1998年第8期,第4～33页
				6	王云度:《试析叛王刘戊何以能安葬在狮子山楚王陵墓》,王中文主编:《两汉文化研究》2辑,北京:文化艺术出版社,1999年2月
				7	葛明宇:《狮子山楚王墓墓葬年代与墓主初考》王中文主编:《两汉文化研究》2辑,北京:文化艺术出版社,1999年2月
				8	叶继红:《试谈徐州西汉楚王墓形制与分期》,王中文主编:《两汉文化研究》1辑,北京:文化艺术出版社,1996年12月

续 表

序号	陵墓名称	有关古籍		有关研究论文及来源	
3	驮蓝山西汉楚王、王后陵墓			1	《驮蓝山汉墓》,邓毓昆主编:《徐州胜迹》,上海:上海人民出版社,1990 年 12 月
				2	《徐州市驮蓝山西汉墓》,中国考古学会编:《中国考古学年鉴 1991》,北京:文物出版社,1992 年版,第 193～194 页
				3	邱永生、徐旭《徐州再次发现西汉楚王墓》,《中国文物报》1990 年 12 月 29 日
				4	储慧中:《叩开历史之门》,《拥抱太阳》,南京:南京出版社,1990 年 10 月
4	北洞山西汉楚王陵墓	1	明·正统《彭城志·山川考》	1	魏鸣先:《徐州北洞山西汉楚王墓发掘纪实》,《文物天地》1987 年 2 期
		2	明·正统《彭城志·岩洞考》	2	邱永生、魏鸣、李晓晖、李银德:《徐州北洞山西汉墓发掘简报》,《文物》1988 年第 2 期,第 2～18 页
		3	乾隆《徐州府志·山川考》	3	邱永生、茅玉:《徐州北洞山西汉楚王陵考略》,《徐州师范学院学报》哲社版 1989 年第 3、4 期,第 7～13 页、第 9～13 页
		4	乾隆《徐州府志·古迹考》	4	李银德:《徐州发现一批重要西汉玻璃器》,《东南文化》1990 年第 1、2 合期,第 109～111 页
		5	同治《徐州府志·山川考》	5	《北洞山地下宫殿》,邓毓昆主编:《徐州胜迹》,上海:上海人民出版社,1990 年 12 月
		6	民国《铜山县志·山川考》	6	王恺、马基勋等:《北洞山汉墓陈列馆》,《秦陵秦俑研究动态》1993 年 1 期
		7	民国《铜山县志·古迹考》	7	《徐州汉墓奇天下》,《解放日报》 年 月日,第 版
		8	民国十五年《铜山县志》洞山庄图	8	

续 表

序号	陵墓名称	有关古籍		有关研究论文及来源	
5	龟山西汉楚王陵墓	1	《史记·楚元王世家》二十	1	南京博物院:《铜山小龟山西汉崖洞墓》,《文物》1973年第4期,第23～35页
		2	《汉书·楚元王世家》六	2	尤振尧、贺云翱、殷志强:《铜山龟山二号西汉崖洞墓》,《考古学报》1985年第1期,第119～133页
		3	《魏书·地形志》	3	尤振尧:《〈铜山龟山二号西汉崖洞墓一文〉的重要补充》,《考古学报》1985年第3期,第352页
		4	同治《徐州府志》	4	耿建军:《江苏铜山县龟山二号西汉崖洞墓材料的再补充》,《考古》1997年第2期,第36～46页
		5	民国十五年《铜山县志》	5	《徐州龟山楚王陵及其家族墓葬之年代、葬制与钱币类》,徐州博物馆编:《徐州博物馆三十年纪念文集》,北京:北京燕山出版社,1992年10月
				6	耿建军:《从龟山汉墓铭刻看西汉早期薄葬思想的产生》,王中文主编:《两汉文化研究》1辑,北京:文化艺术出版社,1996年12月
				7	《龟山汉墓陈列馆》,吴感、及巨涛主编:《徐州文化大观》,上海:文汇出版社,1995年1月
6	东洞山楚王陵	1	明·正统二年《彭城志》	1	王恺、李银德:《徐州石桥汉墓清理报告》,《文物》1984年第11期,第22～40页
				2	《东洞山楚王墓》,邓毓昆主编:《徐州胜迹》,上海:上海人民出版社,1990年12月
7	南洞山楚王陵	1	《徐州府志》	1	《南洞山汉墓》,邓毓昆主编:《徐州胜迹》,上海:上海人民出版社,1990年12月
		2	民国十五年《铜山县志》	2	《南洞山汉墓调查记》,徐州博物馆·考古部·1985年7月未刊稿
		3		3	《国务院核定公布第四批国保单位250处》,《中国文物报》1996年12月29日,第1版
8	卧牛山楚王陵			1	储慧中:《拥抱太阳》,南京:南京出版社,1990年10月
				2	《江苏铜山县卧牛山汉墓清理简报》,徐州博物馆·考古部·1980年2月未刊稿

续 表

序号	陵墓名称	有关古籍		有关研究论文及来源	
9	土山彭城王(或王后)陵墓	1	《水经注校》(王国维校)	1	南京博物院:《徐州土山东汉墓清理简报》,《文博通讯》1977年9期
		2	《魏书》(卷160中)	2	《土山东汉墓》,邓毓昆主编:《徐州胜迹》,上海:上海人民出版社,1990年12月
		3	明·正统《徐州府志》	3	《银缕玉衣》,邓毓昆主编:《徐州胜迹》,上海:上海人民出版社,1990年12月
		4	《徐州志》(中国地方志丛书·华中地方·430号)	4	《徐州土山汉墓葬年考》,徐州博物馆编:《徐州博物馆三十年纪念文集》,北京:北京燕山出版社,1992年10月
		5	乾隆《徐州府志·徐州府域图》	5	李银德:《徐州土山东汉墓出土封泥考略》,《文物》1994年第11期,第75～80页
		6	同治《徐州府志·古迹考》	6	
		7	《铜山县志·古迹考》	7	
10	拉犁山东汉墓			1	《城乡基础设施和市政重点工程付诸实施》,《徐州日报》1996年12月30日
				2	《严重破坏地下文物·徐州一处汉墓被炸》,《新民晚报》1987年3月1日
				3	《拉犁山石室汉墓》,邓毓昆主编:《徐州胜迹》,上海:上海人民出版社,1990年12月
				4	《徐州市屯里拉犁山东汉石室墓》,中国考古学会编:《中国考古学年鉴1986》,北京:文物出版社,1988年版,第123～124页
				5	《屯里汉墓》,《江苏文物综录》编辑委员会编:《江苏文物综录》1988年10月
				6	《屯里拉犁山东汉石室墓》,江苏省博物馆学会编:《江苏博物馆年鉴:1984～1985》,1985年
				7	《徐州拉犁山二号东汉石室墓》,中国考古学会编:《中国考古学年鉴1990》,北京:文物出版社,1991年版,第208～209页

备注:1. 有关徐州汉墓综合性的研究文章参见本章前部徐州汉代物质、文化研究论文表

附表 1－4－13　西汉徐州楚王、王后及其陵墓建筑表

（本资料采自梁勇、梁庆谊:《西汉楚王墓的建筑结构及排列顺序》，王中文主编:《两汉文化研究》2 辑，北京:文化艺术出版社，1999 年 2 月，第 190、191 页。）

墓葬名称	身份	方向/度	墓道		甬道	塞石	室数	室内面积	室内饰面	地理位置	其它
			斜度/度	长*宽*深	长*宽*深	长*宽*深					
楚王山一号墓	王	90	斜坡	25*4.5*			3			西北 10 公里	未发掘，现封土高约 6、东西长 46、南北宽 14 米
楚王山二号墓	后									M1 北	覆斗形，封土高 20、底周长 200 米，皆为夯土堆积
狮子山汉墓	王	188	25	外 47.9*凸字形(9.15～3.45）*(13.4～0.5)内 19.2*2.07*5.5	一*2*2	双层双列 4 组 16 块每块 0.9*0.9*2.5	12	161.54	粗糙凿痕，无装饰	东南郊	墓道中有天井，长 20、宽 12、高 11 米。墓室多平顶
驮篮山一号墓	王	180	18	26*4.6*残(6)	16.14*2.04*1.92	双层双列 5 组 20 块	13	173.24	打磨平整，3～5 层澄泥，外罩红漆	东北郊	平顶，两面坡，四面坡，录顶
驮篮山二号墓	后	180	18	28.5*4.6*16.9	9.02*2.12*1.91	双层双列 3 组 12 块	11	178	同上	M1 东 140 米	同上
北洞山汉墓	王	180	0	58*4*—	前 8.15*2.14*1.96 后 2.07*2.07*2.0	3 列 3 层 9 块＋双层双列 8 块	19	447 多	以石粉、黄泥拌成的墙泥抹平，外髹漆涂朱	北郊 10 公里	分主体、附属两部；有平顶，两面坡，四面坡。附属部分由条石垒成
桓石室	后	270	斜坡	20*1.5*残(约 5)			4	100	粗糙凿痕	北洞山楚三墓 200 米	室内有擎天柱，该墓未完成

续 表

墓葬名称	身份	方向/度	墓道		甬道	塞石	室数	室内面积	室内饰面	地理位置	其它
			斜度/度	长*宽*深	长*宽*深	长*宽*深					
龟山二号汉墓(南)	王	270	0	10.5*喇叭形(6.5—4—2—1.2)*—	51.2*1.06*1.77	两层单列13组，每组2块	10	330	除11、13、14、15室外，其余各室有仿地面的瓦木建筑，部分筒瓦周身涂红色	西北郊约9公里	平顶、两面坡、四面坡、四角攒尖顶，室内有擎天柱，室顶有乳钉
龟山二号汉墓(北)	后	270	0	同上	同上	同上	5	193	除1室外，其余各室有仿地面的瓦木建筑，部分筒瓦涂红色	与楚王墓南连	拱形顶、双拱形顶、平顶，室内有擎天柱，室顶有乳钉
东洞山一号汉墓	王	280	斜坡	4.2*1.6*(约6)	46*1.2*1.82	不明	7	210	粗深凿痕，被盗严重有无瓦木建筑不明	东郊	平顶，室内有擎天柱
东洞山二号汉墓	后	275	已毁不明		19.9*1.1*1.82	1组两块+碎石	1	43多	粗深凿痕	M1北10米	平顶
南洞山一号汉墓	王	180	0	26.4*喇叭形(4—4.5—2.5)*7.5	48.2*1.1*(1.75～1.85)	不明	5	185.5	凿痕粗深，被盗严重，有无瓦木建筑不明	南郊	平顶，室内有擎天柱
南洞山二号汉墓	后	185	0	26.1*2.4*2	前高后低11.75*1.1*1.8	不明	3	47.27	同上	西郊	穹窿顶
卧牛山汉墓	王	180	15	18*喇叭形(2-1)*6			3	100多	有瓦木建筑	西郊	两面坡，主室四周有散乱瓦片，墓底有石板。出土"大泉五十"等文物

附录二

附表 2-1　全国汉代诸侯王(王后)陵墓建筑统计表

(资料截止日期 1999 年底)

序号	墓葬地点	墓主	年代	资料来源	备注
1	长沙杨家山	长沙王刘骄		中国科学院考古研究所编:《长沙发掘报告》,北京:科学出版社,1957 年版,第　页	
2	长沙砂子塘	长沙靖王吴著	公元前 157 年	湖南省博物馆:《长沙砂子塘西汉墓发掘简报》,《文物》1963 年第 2 期	
3	云南大波那	滇王	西汉	云南省文物工作队:《云南祥云大波那木椁铜棺墓清理报告》,《考古》1964 年第 12 期	铜棺
4	定县北庄	中山简王刘焉与王后	东汉永元二年(A.D.90)	河北省文化局文物工作队:《河北定县北庄汉墓发掘报告》,《考古学报》1964 年第 2 期;河北省文化局文物工作队:《河北定县北庄汉墓发掘简报》,《文物》1964 年第 12 期	砖石墓
5	曲阜九龙山	鲁王或王后墓	西汉中期	山东省博物馆:《曲阜九龙山汉墓发掘简报》,《文物》1972 年第 5 期。无法确定墓主。但据《汉书·景十三王传》孝景三年始封的鲁恭王,……二十八年薨(公元前 129 年),故该墓时间当不会太早。	崖洞墓
6	同上	鲁孝王刘庆忌	宣帝甘露三年	同上	崖洞墓
7	同上	鲁王或王后	西汉中期	同上	崖洞墓
8	同上	鲁王或王后	西汉中期	同上	崖洞墓
9	定县北陵头村	中山穆王刘畅夫妇	公元 141～174 年	定县博物馆:《河北定县 43 号汉墓发掘简报》,《文物》1973 年第 11 期	

续 表

序号	墓葬地点	墓主	年代	资料来源	备注
10	长沙杨家山	长沙王后墓		1975年湖南省博物馆发掘	黄肠题凑
11	北京大葆台	广阳顷王刘建或燕王刘旦	元帝初元四年(B.C.80)	北京市古墓发掘办公室:《大葆台西汉木椁墓发掘简报》,《文物》1977年第6期;《文物》1986年第2期。鲁琪:《试谈大葆台西汉墓的"梓宫"、"便房"、"黄肠题凑"》,《文物》1977年第6期。北京市社会科学研究所、王灿炽:《大葆台西汉墓墓主考》,《文物》1986年第2期	黄肠题凑
12	北京大葆台	广阳顷王后或燕王后	宣帝至元帝时期	北京市古墓发掘办公室:《大葆台西汉木椁墓发掘简报》,《文物》1977年第6期;《文物》1986年第2期。	黄肠题凑
13	徐州土山	彭城王	东汉	南京博物院:《徐州土山东汉墓清理简报》,《文博通讯》15期,1977年9月;李银德:《徐州土山东汉墓出土封泥考略》,《文物》1994年第11期	
14	贵县罗泊湾			广西壮族自治区文物工作队:《广西贵县罗泊湾一号墓发掘简报》,《文物》1978年第9期	
15	长沙	长沙王后	西汉中期文景	长沙市文化局:《长沙咸家湖西汉曹(女巽)墓》,《文物》1979年第3期	黄肠题凑
16	石家庄北郊	赵王张耳	汉初五年	石家庄市图书馆文物考古小组:《河北石家庄市北郊西汉墓发掘简报》,《考古》1980年第1期	黄肠题凑
17	睢宁刘楼	下邳王	东汉前期	《文物资料丛刊》第4辑,1981年	
18	高邮天山	广陵王	西汉中晚期	《高邮天山汉一号墓发掘侧记》,《文博通讯》32期;《新华日报》1980年5月30日、7月3日2版;《人民日报》1980年7月18日4版;高炜:《汉代"黄肠题凑"墓》,中国社会科学院考古研究所编:《新中国的考古发现与研究》,北京:文物出版社,1984年5月	黄肠题凑
19	定县北庄	中山怀王刘修	宣帝五凤三年(B.C.55)	河北省文物研究所:《河北定县40号汉墓发掘简报》,《文物》1981年第8期;河北省博物馆、文物管理处等:《定县40号汉墓出土的金缕玉衣》,《文物》1976年第7期	黄肠题凑

续 表

序号	墓葬地点	墓主	年代	资料来源	备注
20	邗江甘泉	广陵王刘荆	永平元年	南京博物院:《江苏邗江甘泉二号汉墓》,《文物》1981年第11期	砖室墓
21	定县三盘山	中山王	西汉中期	北大考古讲义《战国秦汉考古》(上)	黄肠题凑
22	长沙象鼻嘴	长沙王	文帝与景帝	湖南省博物馆:《长沙象鼻嘴一号西汉墓》,《考古学报》1981年第1期;宋少华:《略谈长沙象鼻嘴一号汉墓陡壁山曹(女巽)墓的年代》,《考古》1985年第11期	黄肠题凑
23	贵县罗泊湾		西汉初年,南越国时期	广西壮族自治区文物工作队:《广西贵县罗泊湾二号汉墓》,《考古》1982年第4期	拟于侯王配偶
24	河北满城	中山靖王刘胜	武帝元鼎四年(B.C.113)	中国社会科学院考古研究所、河北省文物管理处编:《满城汉墓发掘报告》,北京:文物出版社,1980年10月	崖洞墓
25	河北满城	中山王靖后窦绾	武帝元狩至太初间	中国社会科学院考古研究所、河北省文物管理处编:《满城汉墓发掘报告》,北京:文物出版社,1980年10月	崖洞墓
26	山东巨野	昌邑哀王刘骨专	武帝天汉四年—后元二年	山东省菏泽地区汉墓发掘小组:《巨野红山西汉墓》,《考古学报》1983年第4期	B.C.97~87年
27	长清县孝堂山	济北王刘寿	公元120年	夏超雄:《孝堂山石祠画像、年代及墓主试探》,《文物》1984年第8期	
28	铜山龟山	楚襄王刘注及其夫人	武帝元鼎二年	南京博物院:《江苏铜山龟山楚王、王后陵墓》,《考古学报》1985年第1、3期;《"铜山龟山二号墓"一文的重要补充》,《考古学报》1985年第3期;徐州博物馆:《江苏铜山县龟山二号西汉崖洞墓材料的再补充》,《考古》1997年第1期	崖洞墓
29	贵县罗泊湾	相当于王侯一级的官吏配偶	文帝前元元年至十六年	广西壮族自治区文物工作队:《广西贵县罗泊湾二号汉墓》,《考古》1982年第4期	B.C.179~164年
30	山东临淄	齐王刘襄	文帝时期	贾振国:《西汉齐王墓随葬器物坑》,《考古学报》,1985年第2期	

续 表

序号	墓葬地点	墓主	年代	资料来源	备注
31	徐州北洞山	楚王	文帝时期	徐州博物馆、南京大学历史系考古专业:《江苏徐州北洞山楚王墓》,《文物》,1988年第2期	
32	河南淮阳	陈顷王刘崇	东汉中晚期	王继斌、韩维龙:《一座东汉大型王侯墓在淮阳再现》,《中国文物报》1988年12月16日1版	
33	晋宁石寨山	滇王	西汉	云南省博物馆编:《云南晋宁石寨山古墓群发掘报告》,北京:文物出版社,1959年9月	
34	徐州南洞山	西汉某代楚王及其夫人		徐州博物馆:《徐州南洞山汉墓调查记》,未刊稿	
35	广州象岗	南越王二主文王赵眛墓	武帝元朔末、元狩初(B.C. 122)	广州市文物管理委员会、中国社会科学院考古所、广东省博物馆:《西汉南越王墓》,北京:文物出版社,1991年10月;广州象岗汉墓发掘队:《西汉南越王墓发掘初步报告》,《考古》1984年第3期。	竖穴岩坑石室墓
36	徐州东洞山	楚王后	西汉中晚	徐州博物馆:《徐州石桥汉墓清理报告》,《文物》1984年第11期	崖洞墓
37	淮阳北关	淮阳顷王刘崇	公元124年	周口地区文物工作队、淮阳县博物馆:《河南淮阳北关一号汉墓发掘简报》,《文物》1991年第4期	砖石墓
38	邗江县杨寿乡	广陵王刘守	公元5年	扬州博物馆、邗江县图书馆:《江苏邗江县杨寿乡宝女墩新莽墓》,《文物》1991年第10期	主墓是广陵王陵
39	昌乐县东圈	淄川国王后	西汉宣元	潍坊市博物馆、昌乐县文管所:《山东昌乐县东圈汉墓》,《考古》1993年第6期	指M1
40	山东济宁	王后	东汉桓灵	济宁市博物馆:《山东济宁发现一座东汉墓》,《考古》1994年第2期	石室墓
41	获鹿高庄	诸侯王刘舜陵	公元前114年	孙启祥:《河北获鹿高庄出土西汉常山国文物》,《考古》1994年第4期	
42	徐州楚王山	楚元王刘交陵及其家族	汉文帝元年(B.C. 179)	梁勇、梁庆渲:《西汉楚王墓的建筑结构及排列顺序》,王中文主编:《两汉文化研究》2辑,北京:文化艺术出版社,1999年2月;等	

续　表

序号	墓葬地点	墓主	年代	资料来源	备注
43	永城保安山	梁孝王墓	景帝中元六年	河南省文物考古研究所编:《永城西汉梁国王陵与寝园》,中州古籍出版社,1996年8月;安金槐:《芒砀山西汉时期梁国王陵墓群考察记》,《文物天地》1991年第5期	B.C.144
44	永城保安山	梁孝王后墓		河南省文物考古研究所编:《永城西汉梁国王陵与寝园》,中州古籍出版社,1996年8月;安金槐:《芒砀山西汉时期梁国王陵墓群考察记》,《文物天地》1991年第5期	
45	长清县双乳山	济北王刘宽、王后	公元前87年	山东大学考古系、山东省文物局、长清县文化局:《山东长清县双乳山一号汉墓发掘简报》,《考古》1997年第3期;崔大庸:《双乳山一号汉墓一号马车的复原与研究》,《考古》1997年第3期	封土墓
46	徐州市狮子山	楚王		韦正、李虎仁、邹厚本:《江苏徐州市狮子山西汉墓的发掘与收获》,《考古》1998年第8期	
47	晋宁石寨山	滇王	西汉	蒋志龙:《云南晋宁石寨山M71出土的叠鼓形黜贮贝器》,《文物》1999年第9期	
48	北京老山	燕王或王后	西汉晚期	《文汇报》2000年3月18日、25日、31日;《人民日报》2000年3月20日4版;《新民晚报》2000年3月31日、4月1日、4月20日;《老山汉墓料为王后墓葬》,《香港文汇报》2000年9月4日1版。中央电视台2000年8月20日上午9:30分,曾经现场直播。有关报道较多。	黄肠题凑
49	长清双乳山	济北王刘宽	天汉四年—后元二年	山东大学考古系、山东省文物局、长清县文化局:《山东长清县双乳山一号汉墓发掘简报》,《考古》1997年第3期;任相宏:《双乳山一号汉墓墓主考略》,《考古》1997年第3期	B.C.97～B.C.87
50	长沙砂子塘	长沙靖王吴著	公元前157年	湖南省博物馆:《长沙砂子塘西汉墓发掘简报》,《文物》1963年第2期	
51	徐州九里区	楚王刘纡	公元9年	徐州博物馆:《徐州市卧牛山汉墓调查记》,未刊稿	

续 表

序号	墓葬地点	墓主	年代	资料来源	备注
52	徐州鼓楼区	楚王	西汉早期	徐州博物馆:《徐州驮蓝山汉墓》,未刊稿	
53	章丘洛庄	济南国王	西汉初期	《山东章丘发现大型汉墓》,《报刊文摘》2000年3月27日;《章丘出土西汉王墓—大过老山汉墓内埋大量兵俑》,《文汇报》2000年8月28日	

附表 2-2　汉代墓葬中出土帛画及相关论文统计表

（资料截止日期 1999 年底）

序号	地点	论著者	资料来源	备注
1	长沙马王堆一号汉墓	吴作人	《读马王堆西汉帛画后》,《文物》1972年第9期	
		商志(香覃)	《马王堆一号汉墓"非衣"试释》,《文物》1972年第9期	
		罗琨	《关于马王堆汉墓帛画的商讨》,《文物》1972年第9期	
			《座谈长沙马王堆一号汉墓·关于帛画》,《文物》1972年第9期	
2	长沙马王堆三号汉墓	金维诺	《谈长沙马王堆三号汉墓帛画》,《文物》1974年第11期	
3	长沙咸家湖西汉曹(女巽)墓	长沙市文化局文物组	《长沙咸家湖西汉曹(女巽)墓》,《文物》1979年第3期	疑有残迹
4	临沂金雀山	刘家骥　刘炳森	《金雀山西汉帛画临摹后感》,《文物》1977年第11期	金雀山9号墓
5	临沂金雀山	临沂市博物馆	《山东临沂金雀山周氏墓群发掘简报》,《文物》1984年第11期	两座墓葬中有帛画碎片
6	临沂金雀山	金雀山考古发掘队	《临沂金雀山1997年发现的四座汉墓》,《文物》1998年第12期	帛画断为9块。该文记金、银雀山10多座墓有帛画

附表 2－3　汉代再葬画像石墓统计表

（资料截止日期 1999 年底）

序号	论著者	资料来源
1	河南省文化局文物工作队等	《河南南阳东关晋墓》,《考古》1963 年第 1 期
2	王儒林	《河南南阳西关一座古墓中的汉画像石》,《考古》1964 年第 8 期
3	南阳市博物馆	《南阳发现东汉许阿瞿墓志画像石》,《文物》1974 年第 8 期
4	山东省博物馆等	《山东苍山元嘉元年画像石墓》,《考古》1975 年第 2 期
5	南京博物院	《徐州青山泉白集东汉画像石墓》,《考古》1981 年第 2 期
6	济宁地区文物组　嘉祥县文管所	《山东嘉祥宋山 1980 年出土的汉画像石》,《文物》1982 年第 5 期
7	南阳市博物馆	《南阳市建材试验厂汉画像石墓》,《中原文物》1985 年第 3 期
	南阳市博物馆	《南阳市郊王庄汉画像石墓》,《中原文物》1985 年第 3 期
8	南阳市博物馆	《南阳市独山西坡汉画像石墓》,《中原文物》1985 年第 3 期
9	朱锡禄	《嘉祥五老洼发现一批汉画像石》,《文物》1985 年第 5 期
10	徐州市博物馆　新沂县图书馆	《江苏新沂瓦窑汉画像石墓》,《考古》1985 年第 7 期
11	南阳地区文物工作队　南阳县文化馆	《河南南阳十里铺汉画像石墓》,《文物》1986 年第 4 期
12	南京博物院　邳县文化馆	《江苏邳县白山故子两座东汉画像石墓》,《文物》1986 年第 5 期
13	嘉祥县文管所	《山东嘉祥纸坊画像石墓》,《文物》1986 年第 5 期
14	徐州博物馆	《徐州发现东汉元和三年画像石》,《文物》1990 年第 9 期
15	王黎琳、李银德	《徐州发现东汉画像石》,《文物》1996 年第 4 期
16	南阳市文物研究所	《河南省南阳市十里铺二号画像石墓》,《中原文物》1996 年第 3 期
17	南京博物院	《徐州茅村画像石墓》,《考古》1980 年第 4 期

附表 2-4　有关题凑、黄肠题凑之制记载古籍一览表

（资料截止日期 1999 年底）

序号	古　籍	内　　容
1	《汉书・霍光传》	该书苏林释曰："以柏木黄心致累棺外，故曰黄肠；木头皆向内，故曰题凑"。这是目前最早的"黄肠题凑"记载
2	《汉书・霍光传》	"光毙"，汉宣帝赐光"梓宫、便房、黄肠题凑各一具，枞木外藏椁十五具"
3	《汉书・董贤传》	载，董贤死后，哀帝"令将作为贤起冢茔义陵旁，内为便房，刚柏题凑"
4	《吴越春秋・阖闾内传》	记载吴王女滕玉死后："凿池积土，文石为椁，题凑为中"
5	《吕氏春秋・节丧篇》	"题凑之室，棺椁数袭，积石积炭，以环其外"
6	《吕氏春秋》高诱注"题凑之室"	室，椁藏也；题凑，复垒也。
7	《史记・滑稽列传》苏林注：	"以木累棺外，木头皆内向，故曰题凑"，该书记载，楚庄王时，优孟言人君之葬礼，"雕玉为棺，纹梓为椁，木便枫豫章为题凑"。
8	《礼记・檀弓上》	"柏椁以端长三尺"。郑玄注："以端题凑也，其方盖一尺"，孔颖达疏："柏椁者为椁用柏也，以端者犹头也，积柏材作椁，并葺材头也。故云以端"。
9	《礼制・丧大礼记》郑玄注	"天子之殡，居棺为龙　，攒木题凑象椁"。
10	《后汉书・礼仪志》	记载：大丧中"梓宫"、"便房"、"黄肠题凑"是"天子之制"。李贤注引《继汉书》："天子葬……司空择土造穿，将作黄肠题凑便房如礼"。
11	《后汉书・梁高传》注引《汉书・音义》	"题，头也；凑，以头向内，所以为固也"。同书又云"以柏木黄心为椁，曰黄肠也"
12	《盐铁论》卷六"散不足条"	今富者绣墙题凑，中者梓棺木便椁
13	《祭古冢文》	黄肠既毁，便房已颓。

附表 2－5　汉代墓葬建筑及其随葬品之最
（资料截止日期 1999 年底）

序号	内　　容	资料来源
1	汉代墓葬是我国目前出土最多的墓葬群体。	李宏:《汉代丧葬制度的伦理意向》,《中原文物》1986 年第 4 期
2	目前见到最早的玉衣是西汉文、景时期的陕西咸阳杨家湾汉墓,出有银缕玉衣残片	杨家湾汉墓发掘小组:《咸阳杨家湾汉墓发掘简报》,《文物》1977 年第 10 期
3	目前见到最早的铜镜是青海省南尕马台出土的铜镜	谢端琚:《中国文明起源座谈纪要》,《考古》1989 年第 12 期
4	弧券在洛阳最早见于西汉后期。平面正方之‘四面攒尖’做法,最早见于烧沟墓 632 甬道上部(与此墓同一位置),其时间最晚不过王莽或较王莽稍前,长方‘四面攒尖’做法,为受平面限制,显然是由前式所发展。按此墓年代而论,当为国内已发现的最早之此种结构形式。	河南省文物工作队一队:《洛阳 30、14 号汉墓发掘简报》,《文物参考资料》1955 年第 10 期
5	孟津发现的东汉永元五年(公元 93 年)银壳画像镜最为珍贵,铜镜外包银壳,有一周铭文,并铸有佛像。如果鉴定不错,这将是目前见到最早的佛像镜了	河南省文物普查办公室:《河南省文物普查大观》,《中原文物》1986 年第 3 期
6	三进陶院落是我国目前发现的时代最早、形制最大、结构最完整的一件组群建筑模型	淮阳县博物馆:《淮阳出土西汉三进陶院落》,《中原文物》1987 年第 4 期
	陶庄园是淮阳于庄汉墓出土的重要文物,是新出土的西汉前期规模最大的建筑模型。	周口地区文化局文物科、淮阳太昊陵文物保管所:《淮阳于庄汉墓发掘简报》,《中原文物》1983 年第 1 期
7	我国现已发现最早的厌胜吉语钱币,要数 1968 年在河北满城发掘的西汉中山靖王刘胜墓中出土的一枚“五谷成”钱	徐力民:《论宗教与我国古代的厌胜钱——兼谈宗教对货币经济的影响》,《中原文物》1988 年第 3 期
8	“墓里的砖都是绳文,火候不高。……发现铜扣子三件,长 3.5 厘米,宽　厘米,正面有人坐像,右手执佛尘”。另外,在其附近一带,有汉代以前的文物。在是否可认为是目前已知,最早的道教造像,具有极其重要的意义。	汪宇平:《伊盟准格尔旗五河套沟康家梁的古代文物》,《文物》1958 年第 6 期
9	这种钢质利剑是我国年代最为久远的发现	徐州博物馆:《徐州发现东汉建初二年五十炼钢剑》,《文物》1979 年第 7 期
10	最早的石砌拱券顶是徐州楚元王刘交陵	周学鹰:《“因山为陵”初探》,中国建筑学会建筑史学分会四次年会论文,2000 年 8 月

续　表

序号	内　　容	资料来源
11	汉代墓葬在全国范围内大量被发现，其中最常见的是砖室墓，西汉中期以后，又出现了大量的画像石墓	寿新民：《商丘地区汉画像石艺术浅析》，《中原文物》1990年第1期
12	梁孝王陵墓中，当时可能有壁画，今已不存。汉代最早的壁画墓	刘永信：《梁孝王地宫建筑艺术》，《中原文物》1984年第2期
	卜千秋墓是我国目前发现最早的一座壁画墓，代表着西汉时期绘画艺术的高度成就，后者有我国现存最早的一幅星象图，为我国天文史上又增添了一份重要的研究资料。	吴戈、张剑：《九朝故都考古述略》，《中原文物》1983年第4期
13	石室墓是画像石最多、内容最丰富、表现形式最复杂、反映现实生活也最突出。	王恺：《苏鲁豫皖交界地区汉画像石墓的分期》，《中原文物》1990年第1期
14	在画像石中最早的边饰是素节纹	王恺：《苏鲁豫皖交界地区汉画像石墓的分期》，《中原文物》1990年第1期
15	河南现存最早的陶建筑住宅明器为郑州市南关西汉墓中出土的陶宅院。 郑州二里岗一座东汉晚期的小砖墓中出土的一件造型奇特的陶房，是河南省汉代陶质明器中唯一的歇山式屋顶。 灵宝县张湾汉墓出土的两座陶楼，其45度斜拱，是已知汉代最完备的转角铺作。 淮阳陶楼用莲花纹瓦当，可能是我国已知最早的莲花纹瓦当图案	杨焕成：《河南陶建筑明器简述》，《中原文物》1991年第2期
16	它是我国目前所知楼层最多的汉代陶楼	张松林：《荥阳魏河村汉代七层陶楼的发现和研究》，《中原文物》1987年第4期
17	汉阳陵发掘的三出阙规模巨大，且遗址中出土了残长108、宽43.5厘米的板瓦，是我国目前考古发掘中最大的。	韩宏：《震惊世界的旷古奇观——汉阳陵考古发掘获重大成果》，《文汇报》1999年10月25日8版
18	汉画像石作为一种装饰或美化的形式，起源较早，如前举春秋时的“雕玉为棺”和“文石为椁”。但作为一种特定的社会内容和文化形态，则最早也不会超过武帝时期，即墓祠出现以前。	顾森：《汉画像艺术探源》，《中原文物》1991年第3期
19	除害避邪这一原始思维的功利追求，是汉墓中宗布神成为最常见形象的基本动因	陈江风：《汉画像“神鬼世界”的思维形态及其艺术》，《中原文物》1991年第3期

续　表

序号	内　　容	资料来源
20	门阙作为墓主身份地位的标志意义是很有限的。 从汉代文献看,国家对墓葬制度是重视的,但对墓上建筑的最重要的规定似乎是历史上出现较早的坟丘。在人们所熟悉的关于汉代厚葬僭制的记录中,坟丘一直是放在首要位置被谈论得最多的一个问题。 北京秦君阙是目前所知的墓上石阙中最早的双体阙。 墓门及后室门阙"尤以四川崖墓中数量最多"	唐长寿:《汉代墓葬门阙考辨》,《中原文物》1991 年第 3 期
21	从发掘资料看,赵墓(指南阳赵寨砖瓦厂汉画像石墓)为目前发现的时代最早的画像石墓,时间约为西汉昭、宣时期。	闪修山:《汉郁平大尹冯君孺人画像石墓研究补遗》,《中原文物》1991 年第 3 期
22	1984 年至 1986 年,中国社会科学院考古研究所洛阳唐城队在邙山脚下发掘 23 座汉墓。其中,西花坛 M24 出土一件纪年延光元年(公元 122 年)的朱书陶罐,……此罐是现知纪年明确的最早的解除文与道符同见一器的东汉物。	王育成:《洛阳延光元年朱书陶罐考释》,《中原文物》1993 年第 1 期
23	汉画中反映天圆地方宇宙观的最直接的画面是悬壁图。 目前见到的玉璧与大傩图,以 1957 年在洛阳老城西北 1 公里发现的 61 号西汉壁画墓为最突出。	吕品:《"盖天说"与汉画中的悬壁图》,《中原文物》1993 年第 2 期
24	临沂是长沙以外发现西汉帛画最多的地区,9 号墓帛画还是长沙以外保存最好的一幅。并且,如从旌幡的数量来看,临沂有 3 幅,超过长沙的 2 幅,为出土西汉旌幡最多的地方。	刘晓路:《临沂帛画文化氛围初探》,《中原文物》1993 年第 2 期
25	黄巾起义后,苏鲁豫地区画像石墓衰落,画像崖墓却达到最成熟的时期。	唐长寿:《岷江流域汉画像崖墓分期及其它》,《中原文物》1993 年第 2 期
26	这件缯画是完全写实的,也是我们目前能够见到的最古老的大型写实作品。	傅举有:《马王堆缯画研究——马王堆汉画研究之一》,《中原文物》1993 年第 3 期
27	东汉后期(桓帝时)是画像石墓的最盛期 车马出行图这种画像是画像石墓中最多的。 现存的画像石中有纪年铭的画像石,其中最早的是永平十三年(70 年)的画像石。	(日)山下志保著,夏麦陵节译:《画像石墓与东汉时代的社会》,《中原文物》1993 年第 4 期
28	西王母是汉画像石中常见的题材之一,此类画像在山东、苏北、河南南阳、四川、陕北等地屡有发现,尤以山东出土最为丰富。	李锦山:《西王母题材画像石及其相关问题》,《中原文物》1994 年第 4 期

续 表

序号	内　　容	资料来源
29	赵寨砖瓦厂墓的相对年代在西汉后期元帝至成帝之间，"可视为我国已知的、最早的画像石墓"。	王建中：《试论画像石墓的起源——兼谈南阳汉画像石墓出现的年代》，南阳汉代画像石学术讨论会办公室编：《汉代画像石研究》，北京：文物出版社，1987 年 12 月
30	与各地区汉代画像石相比，南阳汉画像石中天文星象或天文物象图数量最多。 承继楚人升入天界思想最直接的是四川汉画像石棺与河南南阳汉画像石……	李建：《楚文化对南阳汉代画像石艺术发展的影响》，《中原文物》1995 年第 3 期
31	养老图是东汉绘画写实艺术之最好体现，是汉代壁画艺术之珍品。	王学敏：《荥阳东汉仓楼彩绘养老图》，《中原文物》1996 年第 4 期
32	河南出土的陶灶模型中，以豫西洛阳、豫北新乡、豫南南阳为中心的三大区域最集中。 洛阳地区以洛阳烧沟汉墓群为最集中。	郭灿江：《河南出土的汉代陶灶》，《中原文物》1998 年第 3 期
33	考古发现中，最早的完备四灵形象，是西安国棉五厂汉墓 M6 中出土的一件铜温酒炉。	倪润安：《论两汉四灵的源流》，《中原文物》1999 年第 1 期
34	河南出土的建筑明器"以豫西的灵宝、豫北的焦作地区出土最多，也最为精美"。 在河南出土的汉代建筑明器中，最能代表当时建筑设计水平的当属楼阁一类。 灵宝张湾 2 号、3 号汉墓及焦作汉墓所出的陶楼上的转角铺作资料，是目前已知最为完备的汉代转角铺作资料，也是后代典型转角铺作的雏形。	张勇：《河南出土汉代建筑明器》，《中原文物》1999 年第 2 期
35	这是南阳至今发现最早的一座汉画像石墓。它的发掘，对探讨南阳汉画像石的渊源具有重要的价值。	南阳市博物馆：《南阳县赵寨砖瓦厂汉画像石墓》，《中原文物》1982 年第 1 期
36	该石画幅宏伟，艺术精湛，在我国发现的以西王母为题材的画像石中，场面最大，物像最多，是一件重要的文物瑰宝。	黄明兰：《"穆天子会见西王母"汉画像石考释》，《中原文物》1982 年第 1 期。但雷鸣夏认为该石是赝品，见雷鸣夏：《"穆天子会见西王母"画像石质疑》，《中原文物》1983 年第 3 期
37	最早记载东汉陵的，见于《东观汉记》。	陈长安：《洛阳邙山东汉陵试探》，《中原文物》1982 年第 3 期
38	无论是哪一种材料建成的汉墓，三室墓都为该类墓的最高规格。反之，具有高身份的人不一定建造三室墓。	吴曾德、肖亢达：《就大型汉代画像石墓的形制论"汉制"——兼谈我国墓葬的发展进程》，《中原文物》1985 年第 3 期

续　表

序号	内　　容	资料来源
39	就目前所知，回廊是汉代新兴的墓葬形制，最早见于西汉的木椁墓，是诸侯王、列侯的一种特殊葬制。	赵成浦：《南阳汉画像石墓兴衰刍议》，《中原文物》1985 年第 3 期
40	霍去病墓前石刻是目前所看到的最早的墓前石刻。 邙山脚下的邙山五陵的神道石象，是迄今所知帝陵前最早的石刻。 墓前竖立石人当始自东汉，今能看到的以山东为最多。 济南博物馆收藏石人一对，形象与孔庙石人相同，但较为高大粗胖，是所能看到的东汉墓前最大的石人。	陈长安：《简述帝王陵墓的殉葬、俑坑与石刻》，《中原文物》1985 年第 4 期
41	缪宇墓志不仅是经过科学发掘出土的，而且是现存东汉墓志中时代最早的一块。	尤振尧：《略论东汉彭城相缪宇墓的发掘及其历史价值》，《南京博物院集刊》1983 年第 6 期
42	双乳山汉墓在已发掘的汉王陵中规模是最大的，在我国已发掘的历代岩室墓中也是罕见的。	山东大学考古系、山东省文物局、长清县文化局：《山东长清县双乳山一号汉墓发掘简报》，《考古》1997 年第 3 期
43	西汉龟山楚王、王后陵墓甬道长 51.2 米，这是国内已发掘汉墓中甬道最长的一座。	徐州市文化局存《全国重点文物保护单位记录档案专用纸》，"保存现状"一节。
44	徐州土山东汉彭城王后墓出土的玉衣，是我国发现最早的也较完整的银缕玉衣。	《东汉土山墓》，邓毓昆主编：《徐州胜迹》，上海：上海人民出版社，1990 年 12 月
45	这座墓"是目前为止全国所发现的同类汉墓中陪葬坑数量最多的一座"。	《山东章丘发现大型汉墓》，《报刊文摘》2000 年 3 月 27 日

附表 2-6　汉代各地特殊葬俗一览表

（资料截止日期 1999 年底）

序号	论　　文	内　　容
1	甘博文：《甘肃武威雷台东汉墓清理简报》，《文物》1972 年第 2 期	该墓以大量铜钱铺地，极为特殊
2	甘肃省博物馆：《武威磨咀子三座汉墓发掘简报》，《文物》1972 年第 12 期	"男棺盖上皆有鞋一双"

续 表

序号	论　　文	内　　容
3	扬州博物馆:《扬州平山养殖场汉墓清理简报》,《文物》1987 年第 1 期。一直到明代仍然如此,见王德庆《江苏铜山县孔楼村明木椁墓清理》,《考古通讯》1956 年第 6 期	"扬州平山养殖场四号汉墓,木棺内底板上,用大泉五十铜钱整齐地满铺一层,每横排 15 枚,共 63 排,合击 45 枚。这种现象,是否具有特殊意义,尚难断言"
4	扬州博物馆:《江苏邗江姚庄 101 号西汉墓》,《文物》1988 年第 2 期	漆面罩仅见于扬州地区汉墓中
5	宁夏文物考古研究所、宁夏盐池县文体班《宁夏盐池县张家场汉墓》,《文物》1988 年第 9 期	"墓葬内出土的盐粒原因,可能与埋葬时往棺上撒盐镇邪有关,这一习俗至今在宁夏一带犹有保存"
6	甘肃省文物考古研究所、天水市北道区文化馆《甘肃天水放马滩战国秦汉墓群的发掘》,《文物》1989 年第 2 期	战国秦墓中,"在死者身上压木板,还有在死者胸前放置绘虎的木板,似是特殊的葬俗"
7	连云港市博物馆:《连云港地区的几座汉墓及零星出土的汉代木俑》,《文物》1990 年第 4 期	"已经发现汉代随葬木俑的地区多受到过楚文化的强烈影响,因此,我们认为这一葬俗应是楚文化的特色之一"
8	宁夏考古研究所固原工作队:《宁夏固原北原东汉墓》,《考古》1994 年第 4 期	"但出土的鸡蛋为目前汉墓所少见,值得注意的是鸡蛋出土时并不在墓室之内,而是置于穹窿顶外部上面,这种陪葬方式是否于当地的葬俗有关,还有待于进一步的研究"
9	任相宏:《双乳山一号汉墓墓主考略》,《考古》1997 年第 3 期	"墓主颈下玉枕外侧放置 2 件有意破碎的玉剑,虽然不能贸然断定与墓主自到有关,但是这种现象却极为罕见,必然有其特殊寓意。"

附录三

附表 3-1 《考古》杂志历年发表有关汉代文物、考古资料表

[墓葬类型代号:1 砖(空心砖)室墓;2 石室(棺、椁)墓;3 砖石墓;4 横穴崖洞墓;5 土坑(洞)墓;6 岩坑(洞)墓;7 瓮(瓦)棺葬;8 特殊墓葬。资料截止日期 1998 年底]

著　者	论　文	"建筑明器"类型	期(卷)号
王仲殊	墓葬略说		1955 年创刊号
安志敏	论沂南画像石墓的年代问题 2		1955 年第 2 期
李鉴昭	江苏睢宁九女墩汉墓清理简报 3	残陶屋门扉铺首	1955 年第 2 期
林寿晋	考古研究所洛阳发掘队最近的工作收获		1955 年第 2 期
茹士安、何汉南	西安地区考古工作中的发现		1955 年第 3 期
	广州横枝岗汉墓	滑石仓	1955 年第 3 期
沈欣	辽阳唐户屯一带的汉墓		1955 年第 4 期
石光明、沈仲常、张彦煌	四川彰明县常山村崖墓清理简报		1955 年第 5 期
沈仲常	成都扬子山的西汉墓葬		1955 年第 6 期
朱江	无锡汉至六朝墓葬清理纪要		1955 年第 6 期
石光明、沈仲常、张彦煌	四川彰明佛儿崖墓葬清理简报		1955 年第 6 期
王思礼	山东章邱县普集镇汉墓清理简报		1955 年第 6 期
刘铭恕	关于沂南汉画像		1955 年第 6 期
郭宝钧	洛阳西郊汉代居住遗迹		1956 年第 1 期

续　表

著　者	论　文	"建筑明器"类型	期(卷)号
屠思华	江都凤凰河西汉木椁墓的清理		1956年第1期
徐鹏章	成都站东乡汉墓清理记	陶仓。另该文表一有陶屋不明	1956年第1期
王仲殊	汉代物质文化略说		1956年第1期
陈大为	辽阳三道壕儿童瓮棺葬群发掘简报		1956年第2期
屠思华	江都凤凰河西汉木椁墓的清理		1956年第2期
周世荣	长沙白泥塘发现东汉砖墓	猪圈	1956年第3期
于临祥	旅顺老铁山区发现古墓	屋(仓,笔者注)	1956年第4期
广州市文物管理委员会	广州东山东汉墓清理简报	井、仓、　、屋	1956年第4期
黄增庆	广西贵县汉木椁墓清理简报		1956年第4期
湖南省文物管理委员会	湖南耒阳东汉墓清理简报	陶圆屋、陶方屋、陶井栏(1号墓)猪圈、陶屋、井栏、仓(5号墓)仓、陶猪圈(15号墓)	1956年第4期
山东省文物管理处	山东福山东留公社汉墓清理简报		1956年第5期
俞伟超	汉长安城西北部勘查记		1956年第5期
湖南省文物管理委员会	湖南零陵东门外汉墓清理简报		1957年第1期
四川省文物管理委员会	成都北郊洪家包西汉墓清理简报		1957年第2期
浙江省文物管理委员会	浙江绍兴漓渚东汉墓发掘简报		1957年第2期
陆德良	四川内江市发现东汉砖墓		1957年第2期
黄增庆	广西贵县东湖两汉墓的清理		1957年第2期
芩学恭	墓葬模型中的画像石和画像砖模型制作法介绍		1957年第2期

续　表

著　者	论　文	"建筑明器"类型	期(卷)号
安志敏	评"望都汉墓壁画"		1957 年第 2 期
四川省文物管理委员会	成都洪家包西汉木椁墓清理简报		1957 年第 2 期
匡远滢	四川宜宾市翠屏村汉墓清理简报	屋	1957 年第 3 期
黄河水利考古工作队	1956 年河南陕县刘家渠汉唐墓葬发掘简报	井、仓、猪羊圈、水阁、碓房	1957 年第 4 期
广州市文物管理委员会	广州皇帝岗西汉木椁墓发掘简报	木井、木仓、木屋、木船	1957 年第 4 期
王德庆	江苏铜山东汉墓清理简报	楼	1957 年第 4 期
洛忠如	西安十里铺东汉墓清理简报	绿釉陶仓	1957 年第 4 期
赵霞光	河南西华发现东汉砖井		1957 年第 4 期
曹运葵	云南昭通专区的东汉墓清理		1957 年第 4 期
吴铭生	长沙黄土岭发现东汉墓		1957 年第 4 期
任锡光	四川间阳洛带乡西汉、东汉墓清理		1957 年第 4 期
于豪亮	几块画像砖的说明		1957 年第 4 期
湖南省文物管理委员会	湖南长沙纸园冲工地古墓清理简报小结		1957 年第 4 期
王仲殊	汉长安城考古工作的初步收获		1957 年第 5 期
洛忠如	西安西郊发现汉代建筑遗址		1957 年第 6 期
方继成	长沙侯家塘 M018 号墓的年代问题		1957 年第 6 期
周世荣	陇栖铁路改线工程中发现汉石椁墓		1957 年第 6 期
广州市文物管理委员会	广州西村西汉木椁墓发掘简报	屋(实为厕圈)、仓	1958 年第 1 期
四川省文物管理委员会	成都东北郊西汉墓葬发掘简报	陶井	1958 年第 2 期

续 表

著 者	论 文	"建筑明器"类型	期(卷)号
张鑫如	长沙东郊雷家嘴东汉墓的清理	陶仓	1958 年第 2 期
刘冬亚	郑州南关外东汉墓的发掘	猪圈、仓	1958 年第 2 期
屠思华	江苏凤凰河汉、隋、宋、明墓的清理		1958 年第 2 期
梁友仁	广西贵县汶井岭东汉墓的清理	猪圈、屋	1958 年第 2 期
湖南省文物管理委员会	湖南长沙南塘冲古墓清理简报	猪圈、仓、屋	1958 年第 3 期
河北省文物管理委员会	唐山市陡河水库汉、唐、金、元、明墓发掘简报		1958 年第 3 期
张郁	内蒙古大青山后东汉北魏古城遗址调查记		1958 年第 3 期
赵世纲	河南孟县汉墓的清理	圈	1958 年第 3 期
胡人朝	重庆市化龙桥东汉墓的清理		1958 年第 3 期
王仲殊	汉长安城考古工作收获续记——宣平城门的发掘		1958 年第 4 期
广州市文物管理委员会	广州皇花岗 003 号西汉木椁墓发掘简报		1958 年第 4 期
林树中	望都汉墓壁画的年代		1958 年第 4 期
曾昭燏	关于沂南画像石古墓年代的讨论——答李文信先生		1958 年第 5 期
黄士斌	汉魏洛阳城刑徒坟场调查记		1958 年第 6 期
杨豪	广东合浦发现东汉砖墓	陶屋	1958 年第 6 期
陕西省文物管理委员会	西安环城马路汉墓清理简报		1958 年第 7 期
四川省博物馆文物工作队	四川新津县堡子山崖墓清理简报		1958 年第 8 期
广州市文物管理委员会	广州西村皇帝冈 42 号东汉木椁墓发掘简报	屋(2)、仓	1958 年第 8 期

续　表

著　者	论　文	“建筑明器”类型	期(卷)号
河南省文化局文物工作队	河南舞阳塚张村汉墓发掘简报		1958年第9期
湖南省文物管理委员会	湖南长沙小林子冲工地战国、东汉、唐墓清理简报	绿釉猪圈、绿釉鸡埘	1958年第12期
夏江	陈直著:“两汉经济史料论丛”		1958年第12期
葛家瑾	南京栖霞山及其附近汉墓清理简报		1959年第1期
河北省文物管理委员会	河北磁县讲武城古墓清理简报		1959年第1期
苏天钧	十年来北京市所发现的重要古代墓葬和遗址		1959年第3期
马建熙	陕西耀县战国、西汉墓葬清理简报		1959年第3期
浙江省文物管理委员会	杭州古汤汉代朱乐昌墓清理简报		1959年第3期
张郁	内蒙乌拉山里的汉代城堡		1959年第3期
马人权	安徽合肥汉墓清理		1959年第3期
	云南晋宁石寨山三次发掘简记		1959年第3期
许道龄等	关于西安西郊发现的汉代建筑遗址是明堂或辟雍的讨论		1959年第4期
何直刚	望都汉墓年代及墓主人考订		1959年第4期
杨富斗	山西万荣县发现古城遗址		1959年第4期
周世荣	长沙陈家大山战国、西汉、唐、宋墓清理		1959年第4期
沈仲常　陆德良	成都郊区凤凰山发现西汉木椁墓		1959年第4期
曾昭燏	关于沂南画像石墓中画像的题材和意义		1959年第5期
许明纲	旅大市营城子古墓清理		1959年第6期

续 表

著　者	论　文	“建筑明器”类型	期(卷)号
周萼生	读“望都汉墓及主人考订”后的两点意见		1959 年第 6 期
米士诚	洛阳一座东汉墓	陶舍、猪圈	1959 年第 6 期
河北省文物管理委员会	河北石家庄市赵陵铺镇古墓清理简报	猪圈、屋	1959 年第 7 期
河北省文物管理委员会	河北磁县讲武城调查简报		1959 年第 7 期
曾庸	汉代的金马书刀		1959 年第 7 期
安志敏	青海的古代文化		1959 年第 7 期
四川省博物馆	成都凤凰山西汉木椁墓		1959 年第 8 期
四川省博物馆	四川牧马山灌溉渠古墓清理简报	仓、陶房（1）、陶房（2）、平房	1959 年第 8 期
四川省博物馆	四川古代墓葬清理简况		1959 年第 8 期
山西省文物管理委员会	山西平陆枣园村壁画汉墓	仓	1959 年第 9 期
新安江水库考古工作队	浙江淳安古墓发掘		1959 年第 9 期
王仲殊	说滇王之印与汉倭奴国王印		1959 年第 10 期
湖北省文物管理委员会	湖北地区古墓葬的主要特点		1959 年第 11 期
安志敏	元兴元年瓦当补正		1959 年第 11 期
曾庸	汉至六朝间砖名的演变		1959 年第 11 期
曾庸	西汉宫殿、官署的瓦当		1959 年第 12 期
广州市文物管理委员会	广州西村西汉木椁墓简报 5	屋、陶仓、陶井	1960 年第 1 期
王增新	辽宁辽阳县南雪梅村壁画墓及石墓 2		1960 年第 1 期
王增新	辽阳市棒台子二号壁画墓 2	陶井	1960 年第 1 期
陈公柔　徐苹芳	关于居延汉简的发现与研究		1960 年第 1 期

续 表

著　者	论　文	“建筑明器”类型	期(卷)号
陕西省考古所渭水队	陕西凤翔、兴平两县考古调查报告		1960年第3期
南京博物院	徐州贾汪古墓清理简报2	陶屋(无图、无交代)	1960年第3期
甘肃省博物馆	甘肃武威磨咀子6号汉墓5	绿釉陶仓	1960年第5期
河南省文化局文物工作队	河南巩县铁生沟汉代冶铁遗址的发掘		1960年第5期
甘肃省博物馆	甘肃武威藤家庄汉墓发掘简报1	陶仓	1960年第6期
甘肃省博物馆	甘肃酒泉汉代小孩墓清理1		1960年第6期
考古研究所汉城发掘队	汉长安城南郊礼制建筑群发掘简报		1960年第7期
柏泉　红中	江西新建昌邑古城调查记		1960年第7期
山西省文物管理委员会等	山西孝义张家庄汉墓调查记5	陶井	1960年第7期
甘肃省博物馆	甘肃武威磨咀子汉墓发掘5	陶仓、红陶屋	1960年第9期
黄展岳	汉长安城南郊礼制建筑的位置及其有关问题		1960年第9期
福建省文物管理委员会	福建崇安城汉城遗址试掘		1960年第10期
河南省文化局文物工作队	河南沈丘附近发现古代蚌壳墓8		1960年第10期
江西省文物管理委员会	江西南昌青云谱汉墓1	仓、井	1960年第10期
广东省博物馆	广东韶关市郊古墓发掘报告1	陶猪圈	1961年第7期
陕西省文物管理委员会	陕西韩城县芝川镇东汉墓1	陶井、釉陶楼、鸟舍	1961年第8期
于豪亮	居延汉简甲编补释		1961年第8期
陈邦怀	居延汉简甲编校语增补		1961年第8期

续 表

著　者	论　文	“建筑明器”类型	期(卷)号
冯汉骥	云南晋宁石寨山出土文物的族属问题试探		1961 年第 9 期
张中一	湖南郴州市马家坪古墓清理 1	陶井、屋	1961 年第 9 期
陈直	武威汉简文学弟子题字的解释		1961 年第 10 期
陈直	洛阳汉墓群陶器文字通释		1961 年第 11 期
内蒙古文物工作队	内蒙古扎赉诺尔古墓群发掘简报 5		1961 年第 12 期
高至喜	评《长沙发掘报告》		1962 年第 1 期
高自强	汉代大小斛(石)问题		1962 年第 2 期
陈直	望都汉墓壁画题字通释		1962 年第 3 期
	江西修水西汉墓清理 5		1962 年第 4 期
彭适凡	江西修水发现东汉墓 5		1962 年第 4 期
胡肇椿遗作	楼橹乌壁与东汉的阶级斗争	楼橹、乌壁	1962 年第 4 期
北京市文物工作队	北京怀柔城北东周两汉墓葬 5(西汉)、1(东汉)	陶楼、仓、猪圈(厕所)	1962 年第 5 期
北京市文物工作队	北京平谷县西柏店和唐庄子汉墓发掘简报 1	厕所、猪圈、灰陶仓、井	1962 年第 5 期
中国科学院考古研究所资料室	中国科学院考古研究所一九六一年田野工作的主要收获・汉唐时期		1962 年第 5 期
云南省文物工作队	云南昭通桂家院子东汉墓发掘 1	仓	1962 年第 8 期
南京博物院等	江苏扬州七里甸汉代木椁墓 5		1962 年第 8 期
黄士斌	汉魏洛阳城出土的有文字的瓦当		1962 年第 9 期
广州市文物管理委员会	广州三元里马鹏冈西汉墓清理简报 5		1962 年第 10 期
江苏省博物馆等	江苏泰州新庄汉墓 1	绿釉陶楼残片	1962 年第 10 期

续 表

著　者	论　文	“建筑明器”类型	期(卷)号
王家佑	“半两”钱年代问题——兼与孙时先生商榷		1962年第10期
浙江省文物管理委员会	浙江慈溪发现东汉墓1(M1)、5(M2)	井	1962年第12期
王仲殊	汉潼亭弘农杨氏冢茔考略		1963年第1期
	辽宁义县保安寺发现的古代墓葬6		1963年第1期
河南省文化局文物工作队	河南巩县石家庄古墓葬发掘简报1	陶仓、陶井、陶猪圈	1963年第3期
北京市文物工作队	北京昌平史家桥汉墓发掘5、1、7		1963年第3期
北京市文物工作队	北京昌平白浮村汉、唐、元墓葬发掘5、1、7		1963年第3期
北京市文物工作队	北京昌平半截子村东周和两汉墓5(西)、1(东)	仓、井	1963年第3期
陈公柔　徐苹芳	大湾出土的西汉田卒簿籍		1963年第3期
北京市文物工作队	北京永定路发现东汉墓5	灰陶仓	1963年第3期
程学华	西安市东郊汉墓中发现的带字陶仓1	陶仓	1963年第4期
山西省文物管理委员会	太原西南郊清理的汉至元代墓葬1、5	井	1963年第5期
南京博物院	江苏连云港市海州网疃庄汉木椁墓5		1963年第6期
冯汉骥	云南晋宁石寨山出土铜器研究		1963年第6期
山东省博物馆	山东滕县柴胡店汉墓2	楼(9件a)、猪圈、井	1963年第8期
王士仁	汉长安城礼制建筑原状的推测		1963年第9期
李奉山	山西芮城石门村发现的汉墓1		1963年第9期
河南省文化局文物工作队	郑州二里岗汉画像空心砖墓1	仓	1963年第11期

续 表

著　者	论　文	"建筑明器"类型	期(卷)号
周世荣	长沙东郊两汉墓简介 5(西汉)、1(东汉)	井、猪圈、屋	1963 年第 12 期
陕西省文物管理委员会	陕西兴平县茂陵勘查		1964 年第 2 期
周玲	江西南昌市郊清理一座汉墓 1		1964 年第 2 期
王褒祥	河南新野出土的汉代画像砖		1964 年第 2 期
河南省文化局文物工作队	郑州二里岗的一座汉代小砖墓 1	陶房(分二式)、猪圈、陶井	1964 年第 4 期
商承柞	广州石马村南汉墓葬清理简报 1		1964 年第 6 期
广东省文物管理委员会	广东佛山市郊澜石东汉墓发掘报告 1	井、屋(两件)	1964 年第 9 期
江苏省文物管理委员会等	江苏徐州、铜山五座汉墓清理简报 2、3	陶屋(三件图版贰 10,6)、井(图版贰,13)	1964 年第 8 期
云南省文物工作队	云南祥云大波那木椁铜棺墓清理简报 5	铜棺	1964 年第 12 期
吕品　周到	河南新野新出土的汉代画像砖		1965 年第 1 期
天津市文化局考古发掘队	河北任邱东关汉墓清理简报 5、1	井、猪圈(图版叁,10)	1965 年第 2 期
夏鼐	洛阳西汉壁画墓中的星象图		1965 年第 2 期
湖南省博物馆	长沙南郊砂子塘汉墓 5(西)、1(东)		1965 年第 3 期
云南省文物工作队	云南大关、昭通东汉崖墓清理报告 4		1965 年第 3 期
于临祥	旅顺李家沟西汉贝墓 8	井、仓	1965 年第 3 期
林声	四川凉山发现汉墓 1		1965 年第 3 期
李发林	略谈汉画像石的雕刻技法和分期		1965 年第 4 期
曹桂岑	河南郸城发现汉代石坐榻		1965 年第 5 期

续 表

著　者	论　文	“建筑明器”类型	期(卷)号
江西省文物管理委员会	江西南昌老福山西汉木椁墓 5	陶屋模型(残,西汉中期或晚)	1965 年第 6 期
内蒙古文物工作队	内蒙古磴口县陶生井附近的古城古墓调查清理简报 1	陶屋顶、仓、陶井	1965 年第 7 期
南京博物院	江苏邳县刘林遗址的汉墓 5、7		1965 年第 11 期
江西省文物管理委员会	南昌市郊东汉墓清理 1	陶仓、陶井	1965 年第 11 期
南京博物院	江苏仪征石碑村汉代木椁墓 5		1966 年第 1 期
贵州省博物馆	贵州赫章县汉墓发掘简报 5、1	陶屋、井	1966 年第 1 期
广东省文物管理委员会	广东增城金兰寺汉墓发掘报告 5、1	陶屋、陶仓、陶井	1966 年第 1 期
湖北省文物管理委员会	湖北随县唐镇汉魏墓清理 3(M1)、2(M2)、1(M3)	墓 1:屋顶、楼房;墓 2:仓、仓盖、井;墓 3:仓、猪圈。	1966 年第 2 期
河南省文化局文物工作队	河南新安古路沟汉墓 1	陶仓	1966 年第 3 期
云南省文物工作队	云南呈贡归化东汉墓清理		1966 年第 3 期
安徽省文化局文物工作队寿县博物馆	安徽寿县茶庵马家古堆东汉墓 1	井、厕	1966 年第 3 期
江西省博物馆	江西南昌市南郊汉六朝墓清理简报 1	仓、井	1966 年第 3 期
湖北省文物管理委员会	湖北随县塔儿湾古城岗发现汉墓 1	陶屋顶、陶仓	1966 年第 3 期
湖南省博物馆	长沙汤家岭西汉墓清理报告 5		1966 年第 4 期
山东省博物馆	山东东平王陵山汉墓清理简报 3	仓、猪圈(厕)	1966 年第 4 期
湘乡县博物馆	湖南湘乡可心亭汉墓 5	仓、水井	1966 年第 5 期
郑州市博物馆	河南郑州市碧沙岗公园汉墓 1	水井、猪圈(厕)	1966 年第 5 期

续 表

著　者	论　文	“建筑明器”类型	期(卷)号
中国科学院考古研究所满城发掘队	满城汉墓发掘纪要 4		1972 年第 1 期
夏鼐	“无产阶级文化大革命”中的考古新发现·两汉墓葬		1972 年第 1 期
夏鼐	我国古代蚕、桑、丝、绸的历史(三)节		1972 年第 2 期
贵州省博物馆	贵州安顺宁谷发现东汉墓 2		1972 年第 2 期
中国科学院考古研究所技术室	满城汉墓“金缕玉衣”的清理和复原		1972 年第 2 期
史为	关于“金缕玉衣”的资料简介		1972 年第 2 期
钟依研	西汉刘胜墓出土的医疗器具		1972 年第 3 期
中国科学院考古研究所洛阳工作队	东汉洛阳城南郊的刑徒墓地 8		1972 年第 4 期
广西壮族自治区文物考古写作小组	广西合浦西汉木椁墓 5	陶屋、圈(实上为厕所、下为猪圈)	1972 年第 5 期
陕西省博物馆等	长安窝头寨汉代钱范遗址调查		1972 年第 5 期
《考古》编辑部	关于长沙马王堆一号汉墓的座谈纪要		1972 年第 5 期
肖蕴	满城汉墓出土的错金银鸟虫书铜壶		1972 年第 5 期
中国科学院考古研究所资料室	日本高松冢古坟简介·(四)		1972 年第 5 期
天津市文物管理处	天津北郊发现一座西汉墓 5		1972 年第 6 期
史为	长沙马王堆一号汉墓的棺椁制度		1972 年第 6 期
顾铁符	试论长沙汉墓的保存条件		1972 年第 6 期
安志敏	长沙新发现的西汉帛画试探		1973 年第 1 期

续 表

著　者	论　文	"建筑明器"类型	期(卷)号
孙作云	长沙马王堆一号汉墓出土画幡考释		1973年第1期
马雍	论长沙马王堆一号汉墓出土帛画的名称和作用		1973年第2期
于省吾	关于长沙马王堆一号汉墓内棺棺饰的解说		1973年第2期
中国科学院考古研究所洛阳工作队	汉魏洛阳城初步勘查		1973年第4期
中国科学院考古研究所洛阳工作队	汉魏洛阳城一号房址和出土的瓦文		1973年第4期
孙作云	长沙马王堆一号汉墓漆棺画考释		1973年第4期
高明	长沙马王堆一号汉墓"倌人"俑		1973年第4期
裘锡圭	从马王堆一号汉墓"遣册"谈关于古隶的一些问题		1974年第1期
李纯一	汉瑟和楚瑟调弦的探索		1974年第1期
李京华	汉代铁农具铭文试释		1974年第1期
卢兆荫	关于满城汉墓漆盘铭文及其他		1974年第1期
孔祥星	从汉代镜铭看"学而优则仕"的流毒		1974年第2期
巩县文化馆	河南巩县发现一批汉代铜器		1974年第2期
夏超雄	汉墓壁画、画像石刻所见董仲舒反动思想的批评		1974年第3期
杨升南等	揭穿东汉石刻画像"荆轲刺秦王"的反动实质		1974年第3期
南京博物院等	海州西汉霍贺墓清理简报6		1974年第3期
亳县博物馆	亳县凤凰台一号汉墓清理简报1		1974年第3期
中国科学院考古研究所等	马王堆汉墓的葬制与西汉初期复辟反复辟的斗争		1974年第4期

续 表

著　者	论　文	“建筑明器”类型	期(卷)号
王仲殊	日本古代文化简介		1974年第4期
北京钢铁学院理论学习小组	先秦、两汉时期的冶铁技术与儒法斗争		1974年第6期
中国科学院考古研究所等	马王堆二、三号汉墓发掘的主要收获		1975年第1期
周到	南阳汉画像石中的几幅天象图		1975年第1期
敦煌文物研究所考古组等	敦煌甜水井汉代遗址的调查		1975年第2期
洛阳博物馆	洛阳涧西七里河东汉墓发掘简报1	陶作坊模型、陶仓、猪圈	1975年第2期
山东省博物馆等	山东苍山元嘉元年画像石墓2		1975年第2期
南波	江苏连云港市海州西汉侍其繇尧墓5		1975年第3期
宝鸡市博物馆等	陕西省千阳县汉墓发掘简报5	陶仓	1975年第3期
山东省博物馆等	临沂银雀山四座西汉墓葬5	井	1975年第6期
舒之梅	从江陵凤凰山一六八号墓看汉初法家路线5	陶仓	1976年第1期
王学理　吴镇烽	西安任家坡汉陵丛葬坑的发掘		1976年第2期
黄颐寿	江西清江武陵东汉墓1	陶仓、陶井	1976年第5期
广东省博物馆	广东徐闻东汉墓1、2、3、5		
北京市文物管理处	北京顺义临河村东汉墓发掘简报1	陶楼、仓楼、陶房、猪圈(厕所)、绿釉陶井	1977年第6期
中国社会科学院考古研究所洛阳工作队	汉魏洛阳城南郊的灵台遗址		1978年第1期
镇江市博物馆等	江苏丹阳东汉墓1		1978年第3期
江西省博物馆	江西南昌东汉、东吴墓1、5	狗圈、仓、井	1978年第3期

续　表

著　者	论　文	“建筑明器”类型	期(卷)号
鄂城县博物馆	鄂城东吴孙将军墓	院落、房屋	1978年第3期
鄂钢基建指挥部文物小组等	湖北鄂城鄂钢五十三号墓发掘简报5		1978年第4期
中国社会科学院考古研究所汉城工作队	汉长安城武库遗址发掘的初步收获		1978年第4期
湖北省博物馆	湖北房县的东汉、六朝墓1	井	1978年第5期
灵台县文化馆	甘肃灵台发现的两座西汉墓5		1979年第2期
咸阳市博物馆	陕西咸阳马泉西汉墓1		1979年第2期
肖兵	马王堆《帛画》与《楚辞》		1979年第2期
吴文信	江苏新沂东汉墓1	陶厕所及猪圈三件	1979年第2期
王伯敏	马王堆一号汉墓并无“嫦蛾奔月”		1979年第3期
安徽省文物工作队	安徽天长县汉墓的发掘5		1979年第3期
唐汝明等	安徽天长县汉墓棺椁木材构造及材性的研究		1979年第4期
南京博物院	江苏盱眙东阳汉墓5		1979年第5期
湖南省博物馆	长沙金塘坡东汉墓发掘简报5、1		1979年第5期
徐苹芳	居延、敦煌发现的《塞上烽火品约》——兼释汉代的烽火制度		1979年第5期
唐嘉弘	试论四川西南地区石墓的族属		1979年第5期
宋治民	汉代铭刻所见职官小记		1979年第5期
四川省博物馆等	四川郫县东汉砖墓的石棺画像1	房屋	1979年第6期
朱桂昌	关于帛书《驻军图》的几个问题		1979年第5期
沈仲常	“告贷图”画像砖质疑		1979年第6期

续 表

著　者	论　文	"建筑明器"类型	期(卷)号
黄展岳	关于武威雷台汉墓的墓主问题 1		1979 年第 6 期
石家庄市图书馆文物考古小组	河北石家庄市北郊西汉墓发掘简报 5		1980 年第 1 期
楚皇城考古发掘队	湖北宜城楚皇城战国擒汉墓 5		1980 年第 1 期
丁祖春	四川大邑县马王坟汉墓 1	陶屋残片、仓	1980 年第 2 期
湖南省博物馆	湖南常德南坪东汉"酉阳长"墓 1(东汉)、5(西汉)	绿釉陶井、陶仓、猪圈，陶鸡埘、陶屋	1980 年第 4 期
林士民	浙江宁波汉代瓷窑调查		1980 年第 4 期
河北省文物管理处	河北邢台南郊西汉墓 5、		1980 年第 5 期
礼州遗址联合考古发掘队	四川西昌礼州发现的汉墓 5	井	1980 年第 5 期
扬州博物馆	扬州东风砖瓦厂汉代木椁墓群 5		1980 年第 5 期
临沂地区文物组	山东临沂西汉刘疵墓 2		1980 年第 6 期
胡顺利	也谈"告贷图"的再定名		1980 年第 6 期
孙善德	青岛市郊区发现汉墓 5		1980 年第 6 期
曹汛	暖河尖古城和汉安平瓦当		1980 年第 6 期
汤池	释郫县东汉画像西王母图中的三株树		1980 年第 6 期
云梦县文物工作组	湖北云梦睡虎地秦汉墓发掘简报 5		1981 年第 1 期
卢兆荫	试论两汉的玉衣		1981 年第 1 期
傅举有	关于《驻军图》绘制的年代问题		1981 年第 2 期
云南省博物馆文物工作队	云南昭通象鼻岭崖墓发掘简报 2	井	1981 年第 3 期
王世民	1980 年的中国考古研究		1981 年第 3 期
广东省博物馆	广东德庆大辽山发现东汉文物 5	井	1981 年第 4 期

续 表

著　者	论　文	"建筑明器"类型	期(卷)号
咸阳市博物馆	汉安陵的勘查及其陪葬墓中的彩绘陶俑		1981年第5期
江西省博物馆	江西南昌地区东汉墓1、5	井	1981年第5期
王仲殊	中国古代墓葬概说		1981年第5期
王世民	中国春秋战国时期的冢墓		1981年第5期
徐苹芳	中国秦汉魏晋南北朝时代的陵园和茔域		1981年第6期
黄展岳	中国西安、洛阳汉唐陵墓的调查与发掘		1981年第6期
陕西省文管会 澄城县文化馆联合发掘队	陕西坡头村西汉铸钱遗址发掘简报		1982年第1期
云南省博物馆文物工作队	云南呈贡七步场东汉墓1	仓	1982年第1期
蒋廷瑜	西林铜鼓墓与汉代句町国		1982年第2期
咸阳市文管会等	咸阳市空心砖汉墓清理简报1		1982年第3期
南阳地区文物工作队等	河南邓县发现汉空心画像砖墓1		1982年第3期
广西壮族自治区文物工作队	广西贵县罗泊湾二号汉墓5		1982年第4期
王仲殊	中国古代都城概说		1982年第5期
李洪甫	江苏连云港市花果山的两座汉墓5		1982年第5期
洛阳市文物工作队	洛阳西汉墓发掘简报1	陶仓	1983年第1期
傅举有	关于长沙马王堆三号汉墓的墓主问题		1983年第2期
戴应新　李仲煊	陕西绥德县延家岔东汉画像石墓2		1983年第3期
四川省博物馆 绵竹县文化馆	四川绵竹县西汉木椁墓发掘简报5		1983年第4期
杨宽	先秦墓上建筑问题的再探讨		1983年第6期

续 表

著　者	论　文	“建筑明器”类型	期(卷)号
杨鸿勋	《关于秦代以前墓上建筑的问题》要点的重申		1983年第8期
蒋英炬	汉代的小祠堂		1983年第8期
淳化县文化馆	陕西淳化县出土汉代陶棺 1		1983年第9期
刘玉林	甘肃泾川发现一座东汉早期墓 1		1983年第9期
李洪甫	连云港市锦屏山汉画像石墓 5		1983年第10期
四川省文物管理委员会	四川彭县义和公社出土汉代画像砖简介		1983年第10期
蒋英炬	用武氏祠画像校正《后汉书》一处标点错误		1983年第10期
抚顺市博物馆	辽宁抚顺县刘尔屯西汉墓 5		1983年第11期
广西壮族自治区文物工作队	广西贵县风流岭三十一号西汉墓清理简报 5		1984年第1期
刘志远遗作	成都昭觉寺汉画像砖墓 1		1984年第1期
南阳地区文物工作队等	河南邓县房山新石器时代遗址及秦汉墓调查 5		1984年第1期
寿光县博物馆	纪国故城附近出土一批汉代铜器		1984年第1期
四川省文物管理委员会等	四川涪陵西汉土坑墓发掘简报 5		1984年第4期
夏鼐	中国考古学和中国科技史		1984年第5期
卢兆荫	略论两汉魏晋的帷帐		1984年第5期
云梦县博物馆	湖北云梦癞痢墩一号墓清理简报 1	楼阁宅院、井	1984年第7期
湖南省博物馆	长沙树木岭战国墓阿弥岭西汉墓 5	滑石仓、灶屋、井	1984年第9期
洛阳市文物工作队	洛阳西汉石椁墓 2		1984年第9期
石家庄市文物保管所	石家庄北郊东汉墓 1	仓、井、猪圈	1984年第9期

续 表

著　者	论　文	“建筑明器”类型	期(卷)号
绍兴市文物管理委员会	绍兴狮子山东汉墓 1		1984 年第 9 期
瓯燕	评介《山东汉画像石研究》		1984 年第 9 期
中国科学院考古研究所杜陵工作队	1982～1983 年西汉杜陵的考古工作收获		1984 年第 10 期
四川省文物管理委员会	四川涪陵东汉崖墓清理简报 2	陶房	1984 年第 12 期
中国社会科学院考古研究所	河南偃师杏园村东汉壁画墓 3	猪圈及玉石猪	1985 年第 1 期
孙机	玉具剑与式剑佩剑法		1985 年第 1 期
杨泓	日本古坟时代甲胄及其和中国甲胄的关系		1985 年第 1 期
广西壮族自治区文物工作队	广西贵县北郊汉墓 5、1	屋(圈厕、舂米房)、仓、井	1985 年第 3 期
宜昌地区博物馆	1978 年宜昌前坪汉墓发掘简报 6(西汉)、1(东汉)	仓、陶仓、陶水井	1985 年第 5 期
安徽省文物考古研究所	安徽定远谷堆王九座汉墓的发掘 1	井	1985 年第 3 期
郭清华	陕西勉县老道寺汉墓 1	四合院模型、绿釉陶井、困、楼阁	1985 年第 5 期
吉林市博物馆	吉林市泡子沿前山遗址和墓葬		1985 年第 6 期
山西省博物馆	太原市尖草坪汉墓 5		1985 年第 6 期
刘世旭	试论川西南大石墓的起源与分期 2		1985 年第 6 期
殷伟璋	中国考古学会举行第五次年会讨论中国古代都市问题		1985 年第 6 期
湖南省郴州地区文物工作队	湖南郴州汉墓清理简报 5、1	困、鸡埘、井	1985 年第 8 期
李最雄	我国古代建筑史上的奇迹		1985 年第 8 期
烟台市文管会等	烟台市区发现殉鹿汉墓 1		1985 年第 8 期

续 表

著　者	论　文	“建筑明器”类型	期(卷)号
湘西土家族苗族自治州文物工作队	湖南保靖粟家坨西汉墓发掘简报 5	井	1985 年第 9 期
柳州市博物馆	柳州市东汉墓 5	陶井	1985 年第 9 期
徐州博物馆等	江苏赣榆金山汉画像石墓 3		1985 年第 9 期
安徽省文物考古研究所	安徽桐城杨山嘴东汉墓的清理 1		1985 年第 9 期
李发林	河南淇县石磨年代能到西汉吗?		1985 年第 10 期
段一平等	吉林市骚达沟石棺墓整理报告		1985 年第 10 期
南雄县博物馆	粤北南雄发现汉墓 1	陶井、陶房、陶院落(舂米、养猪)	1985 年第 11 期
李发林	记山东大学旧藏的一些汉画像石拓片		1985 年第 11 期
宋少华	略谈长沙象鼻嘴一号汉墓陡壁山曹女巽墓的年代 5		1985 年第 11 期
福建省博物馆等	福建省光泽县古遗址的调查和清理		1985 年第 12 期
陈耀钧	江陵张家山汉墓的年代及相关问题 5		1985 年第 12 期
蒋英炬	略论曲阜“东安汉里画像”石		1985 年第 12 期
武汉市文物管理处	武汉市葛店化工厂东汉墓清理简报 1	陶井、陶畜圈	1986 年第 1 期
绥德县博物馆	陕西绥德发现汉画像石墓 3		1986 年第 1 期
马玺伦	山东沂水县发现“军假司马”印		1986 年第 1 期
滦南县文物保管所	河北滦南县发现汉代窖藏铜钱		1986 年第 1 期
王亮	山东临沭县出土汉代石羊		1986 年第 1 期
广西壮族自治区文物工作队等	广西贺县金钟一号汉墓 5		1986 年第 3 期

续 表

著 者	论 文	"建筑明器"类型	期(卷)号
重庆市博物馆	重庆市临江支路西汉墓 5	仓、井	1986 年第 3 期
谢崇昆	云南昭通出土汉代"人鹿铜座"		1986 年第 3 期
天水县文化馆	甘肃天水县出土汉代铜灶、铜井		1986 年第 3 期
旅顺博物馆	辽宁大连前牧城驿东汉墓 1	井、仓、仓房、房(为仓)	1986 年第 5 期
彭书琳等	广西贵县罗泊湾西汉墓殉葬人骨		1986 年第 6 期
黄颐寿	江西宜春出土西汉铜钾、铜剑		1986 年第 6 期
南京博物院 泗洪县图书馆	泗洪重岗汉画像石墓 5		1986 年第 7 期
史国强	河南南乐县发现一件铜铁合铸的东汉博山炉		1986 年第 7 期
淄博市博物馆	山东淄博张庄东汉画像石墓 3		1986 年第 8 期
中国社会科学院考古研究所	洛阳汉魏故城北垣一号马面的发掘		1986 年第 8 期
郭宝通　黄敏强	广东清远出土汉代窖藏铜钱		1986 年第 8 期
刘礼纯	江西瑞昌发现两座东汉墓 1		1986 年第 8 期
广西壮族自治区博物馆等	广西合浦县凸鬼岭清理两座汉墓 5		1986 年第 9 期
林士民	浙江宁波汉代窑址的勘察		1986 年第 9 期
青海省文物考古研究所	青海民和县东垣村发现东汉墓葬 1		1986 年第 9 期
胡顺利	山东沂水后城子村"建武元年"字砖商榷		1986 年第 9 期
李洪甫	再论孔望山造像的年代		1986 年第 10 期
丁明夷	试论孔望山摩崖造像		1986 年第 10 期

续　表

著　者	论　文	"建筑明器"类型	期(卷)号
庆阳地区博物馆	甘肃环县曲子汉墓清理记 1		1986 年第 10 期
扬州博物馆	扬州市郊发现两座新莽时期墓 5		1986 年第 11 期
仲景维等	江苏赣榆县金山乡发现一座汉墓 5		1986 年第 11 期
游有山　谢崇昆	云南昭通市鸡窝院子汉墓 5		1986 年第 11 期
凉州彝族自治州博物馆	四川西昌首次发现东汉五铢钱铜范		1986 年第 11 期
衡阳市博物馆	湖南衡阳茶山坳东汉至六朝墓的发掘 5、1	仓、猪圈、家禽寮、井	1986 年第 12 期
广东省博物馆	广州沙河顶发现一座东汉墓 1	井、牛圈	1986 年第 12 期
宁夏回族自治区博物馆等	宁夏同心县倒墩子汉代匈奴墓地发掘简报 5、		1987 年第 1 期
曾青	关于西汉帝陵制度的几个问题		1987 年第 1 期
林忠干	论福建地区出土的汉代陶器	仓	1987 年第 1 期
李宇峰	辽宁建平县两座西汉古城址调查		1987 年第 2 期
博兴县文物管理所	山东博兴县出土汉代骑马俑灯		1987 年第 2 期
刘世旭	四川西昌高草出土汉代"摇钱树"残片		1987 年第 3 期
新乡市博物馆	河南新乡杨岗战国、两汉墓发掘简报 5、		1987 年第 4 期
刘德增	也谈汉代"黄肠题凑"葬制		1987 年第 4 期
张永明　张东辉	武威雷台东汉铜奔马命名问题探讨		1987 年第 4 期
龙福廷	湖南郴州清理一座新莽时期墓葬 1		1987 年第 4 期

续 表

著　者	论　文	"建筑明器"类型	期(卷)号
常德地区文物工作队等	湖南常德县清理西汉墓葬 5	仓	1987 年第 5 期
吉木布初　关荣华	四川昭觉县发现东汉石表和石阙残石		1987 年第 5 期
四川省博物馆	四川彭县等地新收集到一批画像砖		1987 年第 6 期
安徽省文物考古研究所	安徽定远侯家寨西汉墓 5		1987 年第 6 期
祁阳县浯溪文物管理所	湖南祁阳县出土汉代窖藏钱币		1987 年第 7 期
嘉兴市文化局	浙江嘉兴九里汇东汉墓 1	井	1987 年第 7 期
镇江市博物馆	江苏丹徒县蔡家村 2		1987 年第 7 期
安徽省文物考古研究所	舒城凤凰嘴发现二座战国西汉墓 5		1987 年第 8 期
诸城县博物馆	山东诸城县西汉木椁墓 5		1987 年第 9 期
许玉林	辽南地区花纹砖墓和花纹砖		1987 年第 9 期
中国社会科学院考古研究所技术室等	广州西汉南越王墓出土铁铠甲的复原		1987 年第 9 期
宜昌地区博物馆等	湖北宜都县刘家屋场东汉墓 1	仓、井、猪圈	1987 年第 10 期
刘庆柱	汉长安城布局结构辨析		1987 年第 10 期
徐殿魁　曹国鉴	偃师杏园东汉壁画墓的清理与临摹札记		1987 年第 10 期
李发林	"山鲁市东安汉里禺石也"简释		1987 年第 10 期
张国维	山西新绛县发现汉代陶楼	陶楼(望楼也)	1987 年第 10 期
宋康年	安徽望江县发现汉代规矩镜		1987 年第 10 期
吴兰　学勇	陕西米脂县官庄东汉画像石墓 2		1987 年第 11 期
连劭名	居延汉简中的有方		1987 年第 11 期

续 表

著 者	论 文	“建筑明器”类型	期(卷)号
汤池	孔望山造像的汉画风格		1987年第11期
王思礼	山东画像石中几幅画像的考释		1987年第11期
蔡凤书	古代中国与史前时代的日本		1987年第11期
山东省淄博市博物馆　临淄区等	西汉齐王铁甲胄的复原		1987年第11期
新乡市博物馆	河南新乡市唐庄汉墓1、5	陶仓	1987年第11期
洪湖革命历史博物馆	湖北洪湖县出土汉代铜镜		1987年第11期
宝鸡市考古队	宝鸡市谭家村四号汉墓5	仓	1987年第12期
谢瑞琚	试论我国早期土洞墓		1987年第12期
周铮	“规矩镜”应改成“博局镜”		1987年第12期
周口地区文化局等	河南西华县发现汉画像砖墓1		1988年第1期
亳州市博物馆	安徽亳州市发现一座曹操宗室墓3		1988年第1期
何志国	四川绵阳河边东汉墓4	房(双开间平顶)、井	1988年第3期
潘其风　韩康信	洛阳东汉刑徒墓人骨鉴定		1988年第3期
泰安市文物管理局	山东泰安县旧县村汉画像石墓3		1988年第4期
高崇文	西汉长沙王和南越王墓葬制初探		1988年第4期
王仲殊	建安纪年铭神兽镜综论		1988年第4期
中国科学技术大学结构分析中心实验室等	汉代铜镜的成分与结构		1988年第4期
中国社会科学院考古研究所甘肃工作队	甘肃天水西山坪秦汉墓发掘纪要5		1988年第5期
山西省平朔考古队	山西省朔县西汉木椁墓发掘简报5		1988年第5期

续　表

著　者	论　文	“建筑明器”类型	期(卷)号
山西省平朔考古队	山西省朔县赵十八庄一号汉墓 5		1988 年第 5 期
大理州文物管理所	云南大理大展屯二号汉墓 1	陶楼、陶仓、小陶仓	1988 年第 5 期
周本雄	武威雷台东汉铜奔马三题		1988 年第 5 期
韩维龙等	河南扶沟发现汉画像砖		1988 年第 5 期
杨建东	山东微山出土“宜铁高官”铜镜		1988 年第 5 期
商洛地区文管所	陕西商县西涧发现汉墓 1		1988 年第 6 期
沂水县文物管理站	山东沂水县发现汉代铁器窖藏		1988 年第 6 期
谢道华　王治平	福建建阳县邵口布汉代遗址		1988 年第 7 期
张平	新疆轮台县出土的汉龟二体五铢		1988 年第 7 期
王正书	上海福泉山西汉墓群发掘 5		1988 年第 8 期
宜昌地区博物馆等	湖北宜都发掘三座汉晋墓 1	仓	1988 年第 8 期
李发林	汉碑偶识		1988 年第 8 期
苏兆庆　张安礼	山东莒县沈刘庄汉画像石墓 3		1988 年第 9 期
中国社会科学院考古研究所洛阳汉故城工作队	汉魏洛阳城北魏建春门遗址的发掘		1988 年第 9 期
绍兴市文物管理处	绍兴狮子山西汉墓 5		1988 年第 9 期
宜昌地区博物馆等	湖北宜都陆城发现一座东汉墓 1		1988 年第 10 期
济南市文化局文物处等	山东平阴新屯汉画像石墓 5		1988 年第 11 期
菏泽地区博物馆等	山东梁山东汉纪年墓 2		1988 年第 11 期
吴春明	崇安汉城的年代和族属		1988 年第 12 期

续 表

著　者	论　文	“建筑明器”类型	期(卷)号
中国社会科学院考古研究所汉城工作队	汉长安城未央宫第三号建筑遗址发掘简报		1989 年第 1 期
安徽省文物考古研究所等	淮南市下陈村发现一座东汉墓 5		1989 年第 1 期
王西河　秦克非	安徽寿县发现一方古代官印		1989 年第 1 期
吕烈丹	南越王墓出土的青铜印花凸版		1989 年第 2 期
王同军	温州发现西汉晚期铜镜		1989 年第 2 期
姜建成	山东青州市发现汉画像石		1989 年第 2 期
姚桂芳	江陵凤凰山 10 号汉墓“中服共侍约”牍文新解		1989 年第 3 期
黄展岳	关于王莽九庙的问题		1989 年第 3 期
常力军	河北遵化县出土周、汉遗物 1		1989 年第 3 期
齐鸿浩	陕西黄龙县梁家山砖厂汉墓 1		1989 年第 3 期
王进先　朱晓芳	长治县发现“猛国都尉”银印等汉代文物	陶井	1989 年第 3 期
杨宽	西汉长安布局结构的再探讨		1989 年第 4 期
裴耀军	辽宁昌图县发现战国、汉代青铜器及铁器		1989 年第 4 期
杨仕衡	湖南祁阳县发现汉代铜镜		1989 年第 4 期
新乡市文管会	新乡北站区前郭柳村汉代窑址发掘		1989 年第 5 期
南京市博物院	江苏高淳固城东汉画像砖墓 1	井栏	1989 年第 5 期
张柏忠	内蒙古科左中旗六家子鲜卑墓群 5		1989 年第 5 期
山西省考古研究所等	山西运城十里铺砖墓清理简报 1	陶井、陶屋(仓)	1989 年第 5 期

续　表

著　者	论　文	“建筑明器”类型	期(卷)号
陈兆善	江苏高淳固城东汉画像砖浅析		1989年第5期
张秀夫　张翠荣	河北平泉下店村发现汉代大型铁铧		1989年第5期
张安礼等	莒县发现西汉玉璧		1989年第6期
宋永祥	安徽郎溪出土一方“都亭侯印”		1989年第7期
蔡运章	东汉永寿二年镇墓瓶陶文考略		1989年第7期
乔志敏　赵丙焕	河南新郑县发现汉半两钱范		1989年第7期
宜昌地区博物馆	湖北宜都刘家老屋六号汉墓1	陶井、陶仓	1989年第7期
江西省文物工作队等	南昌市京家山汉墓5		1989年第8期
王思礼等	山东微山县汉代画像石调查		1989年第8期
宋治民	汉代郡国小议		1989年第8期
蒋英炬	“河平三年八月丁亥汉里禺墓”拓片辩伪及有关问题		1989年第8期
雄运东	江苏盐城出土的半两钱		1989年第8期
寿县博物馆	安徽寿县发现汉、唐遗物		1989年第8期
刘丽仙	长沙马王堆三号汉墓出土药物鉴定研究		1989年第9期
李学文	山西襄汾县吴兴庄汉墓出土铜器5		1989年第11期
济南市文化局文物处	山东济南青龙山汉画像石壁画墓3	井、猪圈	1989年第11期
赵丛苍	陕西凤翔南干河出土战国、汉代窖藏青铜器		1989年第11期
马玺伦	山东沂水出土窖藏铁器		1989年第11期

续　表

著　者	论　文	"建筑明器"类型	期(卷)号
徐家国	辽宁新宾县永陵镇汉城址调查		1989年第11期
山东省济宁市文物处	山东金香县发现汉代画像砖墓 1		1989年第12期
杨琮	福建建阳平山汉代遗址调查		1990年第2期
乐山市文化局	四川乐山麻浩一号崖墓		1990年第2期
李林	陕西绥德延家岔二号画像石墓 2		1990年第2期
冯承泽　杨鸿勋	洛阳汉魏故城圆形建筑遗址初探		1990年第3期
河北省文物考古研究所	河北阳原县北关汉墓发掘简报 5		1990年第4期
龙游县文物管理委员会	浙江龙游县东华山12号汉墓 5		1990年第4期
凉山州博物馆	四川凉山西昌发现东汉、蜀汉墓 1	井、陶塘、陶水田、陶房残片(蜀汉)	1990年第5期
肥西县文物管理所	安徽肥西县金牛汉墓 5	屋(应为猪圈)、井	1990年第5期
中国社会科学院考古研究所等	河北临漳邺北城遗址勘探发掘简报		1990年第7期
刘谦	辽宁锦州汉代贝壳墓 8		1990年第8期
姚生民	陕西淳化县下常社秦汉遗址		1990年第8期
平邑县文物管理站	山东平邑东埠阴汉代画像石墓		1990年第9期
长办库区处红花套考古工作站	湖北宜昌前坪包金头东汉、三国墓 5、6(1、2、3)	仓、井、屋(残)	1990年第9期
微山县文化馆	山东省微山县发现四座东汉墓 1、5	仓、井、瓦垄残片、陶厕	1990年第10期
杨琮	论崇安城村汉城的年代和性质		1990年第10期
周世容	马王堆汉墓的"神祇图"帛画		1990年第10期

续 表

著 者	论 文	"建筑明器"类型	期(卷)号
零陵地区文物工作队	湖南永州市鹞子山西汉"刘强"墓 5		1990 年第 11 期
林忠干	崇安汉城遗址的年代与性质初探		1990 年第 12 期
孝感地区博物馆	湖北孝感地区两处古城遗址调查简报		1991 年第 1 期
四川乐山市文管所	四川乐山市中区大湾嘴崖墓清理简报	陶房(内有床,双开间,应是佣人房)、特殊井	1991 年第 1 期
天水市博物馆	甘肃天水市贾家寺发现东汉墓葬 1	井	1991 年第 1 期
徐孝忠	安徽淮南市发现一座汉墓 5		1991 年第 2 期
肖景全　郭振安	辽宁抚顺市刘尔屯村发现两座汉墓 5		1991 年第 2 期
	辽宁大连沙岗子发现两座东汉墓 1	井	1991 年第 2 期
徐鹏章	成都凤凰山西汉木椁墓 5	陶井	1991 年第 5 期
罗开玉	古代西南民族崖葬研究		1991 年第 5 期
洛阳市文物工作队	河南洛阳北郊东汉壁画墓 1	仓、井	1991 年第 8 期
衡阳市文物工作队	湖南衡阳荆田村发现东汉墓 5、1	屋(应为作坊)、仓、鸡埘、井、畜圈	1991 年第 10 期 919 页
李零	马王堆汉墓"神祇图"应属辟兵图		1991 年第 10 期
杨爱国	汉画像中的庖厨图		1991 年第 11 期
张新斌　卫平复	河南济源县承留汉墓的发掘 1	井、仓楼、碓房	1991 年第 12 期
中国社会科学院考古研究所洛阳汉魏城队	洛阳汉魏故城北魏外廓城内丛葬墓发掘		1992 年第 1 期
段鹏琦	对汉魏洛阳城外廓城内丛葬墓地的一点看法		1992 年第 1 期

续 表

著　者	论　文	"建筑明器"类型	期(卷)号
中国社会科学院考古研究所汉城工作队	汉长安城2-8号窑址发掘简报		1992年第2期
孙明	山东曹县江海村发现西汉墓3		1992年第2期
偃师商城博物馆	河南偃师东汉姚孝经墓3	陶仓、猪圈、井房	1992年第3期
马幸辛　汪模荣	四川达县市西汉木椁墓5		1992年第3期
席克定	威宁、赫章汉墓为古夜郎墓考		1992年第4期
	四川简阳县夜月洞发现东汉崖墓		1992年第4期
李兴盛	内蒙古卓资县三道营古城调查		1992年第5期
衡阳市文物工作队	湖南南岳万福村东汉墓5、1		1992年第5期
林茂法　金爱民	山东苍山县发现汉代石棺墓2、5		1992年第6期
刘庆柱	再论汉长安城布局结构及其相关问题——答杨宽先生		1992年第7期
刘运勇	再论西汉长安布局及形成原因		1992年第7期
中国社会科学院考古研究所汉城工作队	汉长安未央宫第二号遗址发掘简报		1992年第8期
郭世云	山东无棣清理一座东汉墓1		1992年第9期
淮阴市博物馆等	江苏泗阳打鼓墩樊氏画像石墓3		1992年第9期
曾少华	湖南邵东县冷水村发现一座东汉墓1		1992年第10期
王西河等	安徽风台县新莽时期墓葬1		1992年第11期

续　表

著　者	论　文	“建筑明器”类型	期(卷)号
杨凤翔　溥森	河南商水征集二件汉砖改刻的建筑饰件		1992年第11期
徐州市博物馆	江苏铜山县荆山汉墓发掘简报 6	陶仓、井、猪圈	1992年第12期
徐州市博物馆	徐州市东郊陶楼汉墓清理简报 6	仓、井、陶猪圈	1993年第1期
大连市马圈子汉魏晋墓地考古队	辽宁瓦房店市马圈子汉魏晋墓地发掘 2	房(应为仓)、井	1993年第1期
林蔚文	崇安汉城的外来文化因素及其评估		1993年第2期
衡阳市文物工作队	湖南衡阳市凤凰山汉墓发掘简报 5	井、仓、屋、鸡埘、猪圈	1993年第3期
苏州博物馆	苏州北郊汉代水井群清理简报		1993年第3期
朱士生	浙江龙游县东华山汉墓 5、1	猪舍、屋模型(仓)、井	1993年第4期
李迎年	河南方城县出土汉代银印		1993年第4期
广东省博物馆等	广东博罗县福田镇东汉墓发掘简报 1	屋(猪圈)、仓、井	1993年第4期
朱帜　朱振甫	河南舞阳发现汉代画像石		1993年第5期
襄樊市博物馆	湖北襄樊市两座东汉墓发掘 1	仓、猪圈	1993年第5期
潍坊市博物馆等	山东昌乐县东圈汉墓 6		1993年第6期
宋治民	论新野樊集汉画像砖墓及其相关问题		1993年第8期
何志国	四川乐山麻浩一号崖墓年代商榷		1993年第8期
姜建成　庄明军	山东青州市冢子庄汉画像石墓 3		1993年第8期
毛瑞芬　邹麟	四川昭觉县发现东汉武职官印		1993年第8期
林泊	陕西临潼汉新丰遗址调查		1993年第10期

续 表

著　者	论　文	“建筑明器”类型	期(卷)号
中国社会科学院考古研究所汉城工作队	汉长安城未央宫第四号建筑遗址发掘简报		1993年第11期
杨琮	崇安汉城北岗遗址性质和定名的研究		1993年第12期
济宁市博物馆	山东济宁发现一座东汉墓2	井、圈厕	1994年第2期
衡阳市文物工作队	湖南衡阳市郊新安乡东汉墓1	井、牲畜圈	1994年第3期
石家庄市文物保管所等	河北获鹿高庄出土西汉常山国文物		1994年第4期
宁夏考古研究所固原工作队	宁夏固原北原东汉墓1		1994年第4期
司玉叶	河南汤阴县发现东汉画像石墓门	陶井	1994年第4期
胡方平	中国封土墓的产生和流行		1994年第6期
庄文彬	四川遂宁市发现两座东汉崖墓		1994年第8期
贺福顺	山东嘉祥县发现画像石墓		1994年第8期
中国社会科学院考古研究所汉城工作队	汉长安城23～27号窑址发掘简报		1994年第11期
韩小忙	略论宁夏境内发现的土洞墓		1994年第11期
徐州博物馆	徐州九里山汉墓发掘简报6	仓楼、仓、猪圈	1994年第12期
烟台市文物管理委员会	山东荣城梁南庄汉墓发掘简报6		1994年第12期
湖南省文物考古研究所等	湖南大庸东汉砖室墓1	硬陶井、猪圈、鸡埘、仓、建筑模型(应为生产建筑)	1994年第12期
四川省达县地区文化局	四川达县市曹家梁东汉墓3	陶房	1995年第1期
衡阳市文物工作队	湖南衡阳市玄碧塘西汉墓清理简报5		1995年第3期

续 表

著　者	论　文	"建筑明器"类型	期(卷)号
徐州博物馆	江苏铜山县李屯西汉墓清理简报 6	仓、猪圈、井	1995 年第 3 期
合浦县博物馆	广西合浦县丰门岭 10 号汉墓发掘简报 1	井、仓、屋(可能是圈,开洞极小)	1995 年第 3 期
顾承银等	山东金乡鱼山发现两座汉墓 2		1995 年第 5 期
泗水县文管所	山东泗水南陈东汉画像石墓 2	仓、厕圈、楼(仓)	1995 年第 5 期
索金星	河南焦作白庄 6 号汉墓 1	陶仓楼、陶猪圈	1995 年第 5 期
杨爱国	先秦两汉时期陵墓防盗设施略论		1995 年第 5 期
刘俊勇	辽宁大连大潘村西汉墓 5、8		1995 年第 7 期
微山县文管所	山东微山县发现汉、宋墓葬 2	仓、猪圈	1995 年第 8 期
李朝全	口含物习俗研究		1995 年第 8 期
中国社会科学院考古研究所汉城工作队	1992 年汉长安城冶铸遗址发掘简报		1995 年第 9 期
刘晓路	论帛画俑:马王堆 3 号墓东西壁帛画的性质和主题		1995 年第 10 期
荆州博物馆	湖北荆沙市瓦坟园西汉墓发掘简报 5	仓、井、猪圈	1995 年第 11 期
微山县文物管理所	山东微山县墓前村西汉墓 5	仓、井、圈	1995 年第 11 期
贾德民	山东安丘发现汉代石磨		1995 年第 11 期
党寿山	甘肃武威磨嘴子发现一座东汉壁画墓 5		1995 年第 11 期
迟延璋　王天政	山东潍坊市发现汉画像石墓 2		1995 年第 11 期
刘庆柱	汉长安城未央宫布局形制初论		1995 年第 12 期

续 表

著　者	论　文	"建筑明器"类型	期(卷)号
南阳市文物工作队	河南南阳市麒麟岗8号西汉木椁墓5		1996年第3期
中国社会科学院考古研究所长安城工作队	汉长安城未央宫西南角楼遗址发掘简报		1996年第3期
徐州博物馆	江苏徐州市清理五座汉画像石墓2、		1996年第3期
解华英	山东邹城市车路口东汉画像石墓2		1996年第3期
何志国	浅论四川地区王莽时期墓葬5、1、4		1996年第3期
杨柳	湖北老河口市出土汉代空心画像砖		1996年第3期
徐州博物馆	江苏徐州市米山汉墓6	仓	1996年第4期
襄樊市博物馆	湖北襄樊市岘山汉墓清理简报1、5、8	井、猪圈	1996年第5期
三门峡市文物工作队	河南三门峡市火电厂西汉墓5		1996年第6期
湖南省文物考古研究所等	湖南茶陵县濂溪汉墓的发掘5		1996年第6期
万良			1996年第6期
安吉县博物馆	浙江安吉县上马山西汉墓的发掘5		1996年第7期
赣州地区博物馆等	江西南康县荒塘东汉墓1		1996年第9期
刘庆柱	汉长安城的考古发现及相关问题研究		1996年第10期
中国社会科学院考古研究所汉城工作队	汉长安城北宫的勘探及其南面砖瓦窑的发掘		1996年第10期
安徽省文物考古研究所　舒城县文物管理所	安徽舒城县秦家桥西汉墓5		1996年第10期
章丘市博物馆	山东章丘市黄土崖东汉画像石墓3		1996年第10期

续 表

著　者	论　文	"建筑明器"类型	期(卷)号
钱国祥	汉魏洛阳城出土瓦当的分期与研究		1996 年第 10 期
孟继新	山东曲阜市出土汉代建武石刻		1996 年第 10 期
	江西赣县三溪发现两座东汉墓 1	仓盖	1996 年第 12 期
徐州博物馆	江苏铜山县龟山二号西汉崖洞墓材料的再补充		1997 年第 1 期
中国社会科学院考古研究所洛阳汉魏城队	汉魏洛阳城发现的东汉烧煤瓦窑遗址		1997 年第 2 期
韩家谷	再谈渤海湾西岸的汉代海侵		1997 年第 2 期
瓯燕	《汉代武氏墓群石刻研究》评介		1997 年第 2 期
山东大学考古系等	山东长清县双乳山一号汉墓发掘简报 4		1997 年第 3 期
任相宏	双乳山一号汉墓墓主考略		1997 年第 3 期
崔大庸	双乳山一号汉墓一号马车的复原与研究		1997 年第 3 期
大理州文物管理所	云南大理市下关城北东汉纪年墓 1	井、陶楼	1997 年第 4 期
黄岗市博物馆	湖北蕲春县对面山西汉墓 5		1997 年第 5 期
刘晓燕	山东威海市发现一件汉代铁籑		1997 年第 5 期
徐州市博物馆	江苏铜山县班井村东汉墓 3	陶楼、仓楼、猪圈	1997 年第 5 期
白云翔	香港李郑屋汉墓的发现及其意义 1	屋、仓、井	1997 年第 6 期
中国社会科学院考古研究所汉城工作队	1996 年汉长安城冶铸遗址发掘简报		1997 年第 7 期

续 表

著　者	论　文	“建筑明器”类型	期(卷)号
洛阳市文物工作队	河南洛阳市东汉孝女黄晨、黄芍合葬墓 1	猪圈	1997 年第 7 期
常德市博物馆考古部	湖南常德市东汉砖窑遗址		1997 年第 7 期
济宁市文物局	山东济宁市张山发现三座东汉墓 2、5、1		1997 年第 7 期
中国社会科学院考古研究所汉唐考古研究室	考古研究所汉唐考古二十年		1997 年第 8 期
洛阳市文物工作队	河南洛阳市第 3850 号东汉墓 1		1997 年第 8 期
黄展岳	读《汉长安城未央宫》		1997 年第 8 期
新疆文物考古研究所	1996 年新疆吐鲁番交河故城沟西墓地汉晋墓葬发掘简报 5		1997 年第 9 期
杨泓	汉画像石研究的新成果——评《中国汉代画像石研究》		1997 年第 9 期
辽宁省文物考古研究所姜女石工作站	辽宁绥中县“姜女石”秦汉建筑群址的勘探与试掘		1997 年第 10 期
辽宁省文物考古研究所姜女石工作站	辽宁绥中县石碑地秦汉宫城遗址 1993—1995 年发掘简报		1997 年第 10 期
杨荣昌	石碑地遗址出土秦汉建筑瓦件比较研究		1997 年第 10 期
襄樊市博物馆	湖北襄樊市毛纺厂汉墓清理简报 1	井、仓、猪圈	1997 年第 12 期
李如森	汉代“外藏椁”的起源与演变		1997 年第 12 期
嘉祥县文物局	山东嘉祥县程村发现汉画像石		1997 年第 12 期
王育成	略论考古发现的早期道符		1998 年第 1 期
嘉祥县文物管理局	山东嘉祥县十里铺 2 号墓的清理 2		1998 年第 1 期

续 表

著 者	论 文	"建筑明器"类型	期(卷)号
广西恭城县文管所	广西恭城县牛路头发现一座东汉石室墓 2		1998 年第 1 期
威海市博物馆	山东威海市蒿泊大天东村西汉墓 6		1998 年第 2 期
微山县文物管理所	山东微山县汉画像石墓的清理 2	猪圈、井、仓楼	1998 年第 3 期
于炳文	汉代朱幡轺车试考		1998 年第 3 期
白荣金	西安北郊汉墓出土铁甲胄的复原		1998 年第 3 期
赵文俊　于秋伟	山东沂南县近年来发现的汉画像石		1998 年第 4 期
怀化地区文物管理处等	湖南靖州县团结村战国西汉墓 5	井	1998 年第 5 期
广西文物工作队等	广西合浦县母猪岭东汉墓 1	陶屋(应为小作坊)、井、仓	1998 年第 5 期
李并成	汉居延县城新考		1998 年第 5 期
广西壮族自治区文物工作队	广西北海市盘子岭东汉墓 1、8	井、仓、屋(应为小作坊)	1998 年第 11 期
广西文物工作队等	广西钟山县张屋东汉墓 5		1998 年第 11 期
蒋英炬	关于汉画像石产生背景与艺术功能的思考		1998 年第 11 期
重庆巫山县文物管理所等	重庆巫山县东汉鎏金铜牌饰的发现与研究 1		1998 年第 12 期

附录四

附表 4-1 《文物》杂志历年发表有关汉代文物考古资料表

[墓葬类型代号:1 砖(空心砖)室墓;2 石室(棺、椁)墓;3 砖石墓;4 横穴崖洞墓;5 土坑(洞)墓;6 岩坑(洞)墓;7 瓮(瓦)棺葬;8 特殊墓葬。资料截止日期 1999 年底]

著　者	论　文	"建筑明器"类型	期(卷)号
	内江筑路民工发现汉代古墓		1951 年第 6 期
王献唐	徐州市区的茅村汉墓群		1953 年第 1 期
王仲殊	空心砖汉墓		1953 年第 1 期
	海城大屯村发现汉代文物		1953 年第 12 期
	在基本建设中鞍山发现汉墓群　辽阳发现明末战场遗物		1954 年第 1 期
	内蒙古乌拉特前旗清理古墓一座 1	陶屋、仓	1954 年第 2 期
	山东最近发现很多古文化遗址和汉墓		1954 年第 3 期
李正光	湖南衡阳苗圃蒋家山发现战国及东汉时代墓葬 1	陶屋、猪圈	1954 年第 4 期
周到	河南林县发现汉墓群 1、3		1954 年第 4 期
	内蒙古乌拉特前旗清理古墓一座 1	陶屋、陶楼屋(仓)	1954 年第 4 期
刘敦桢	山东平邑县汉阙		1954 年第 5 期
	河北望都县清理古残墓发现彩绘壁画	陶楼、猪圈、井	1954 年第 5 期
	河北井陉发现十八个汉墓		1954 年第 5 期
黎文忠	山东沂南发现石刻彩绘汉墓 2		1954 年第 5 期

续　表

著　者	论　文	"建筑明器"类型	期(卷)号
	江苏睢宁县发现古墓葬		1954年第5期
	江西清江樟树镇多次发现古墓,樟树农业学校及樟树中学违反政府法令,擅自进行清理		1954年第5期
西南博物馆筹备委员会秘书处	西南博物馆三年来清理重庆市郊古墓经过1		1954年第5期
西南博物馆筹备委员会秘书处	西康雅安沙溪村发现汉墓		1954年第5期
	衡阳蒋家山古墓清理简报1、5		1954年第6期
安金槐	郑州二里岗空心砖墓介绍1	陶仓	1954年第6期
茅可人	浙江余姚发现汉砖		1954年第6期
	华北文化局调查满城县古墓破坏情况1		1954年第7期
	河北赵县各子村破坏大批古墓,县文教部门应注意加强保护文物的宣传工作1	陶楼	1954年第7期
寄庵、人俊	江苏省文管会调查孔望山石刻画像		1954年第7期
西南博物馆筹备委员会秘书处	西南博物馆筹备处清理重庆江北香国寺汉墓1		1954年第7期
西南博物馆筹备委员会秘书处	清理云南昭通的汉墓1、3		1954年第7期
	修筑宝成铁路青工李海章发现汉朝朔宁王太后印章		1954年第7期
华东文物工作队山东组	山东沂南汉画像石墓2		1954年第8期
周耿	介绍北京市的出土文物展览5、1	仓、井、陶楼	1954年第8期
	河北文安县有汉代石碑一座		1954年第8期

续 表

著　者	论　文	“建筑明器”类型	期(卷)号
李鉴昭	江苏铜山发现两汉、六朝墓葬 3		1954 年第 8 期
林乃燊	广西贵县发现古代墓葬 1	带釉陶屋	1954 年第 8 期
内蒙古文物工作组	东胜城梁村发现汉代古城址		1954 年第 8 期
陈明达	关于汉代建筑的几个重要发现		1954 年第 9 期
夏承彦	武昌郊外在防汛工程中发现十余座汉唐古墓及出土文物		1954 年第 9 期
吴仲实、胡秀庐	四川宜宾发现汉墓 2		1954 年第 9 期
常书鸿	从出土文物展览看卓越的汉唐墓室壁画		1954 年第 10 期
	北京历史博物馆展出望都汉墓壁画		1954 年第 10 期
	大连营城子发现贝冢墓葬及汉墓 1、8		1954 年第 10 期
	华东文物工作队勘查清理山东梁山县的彩绘汉墓 3		1954 年第 10 期
杨桦	长沙北郊发现大型古代木椁墓		1954 年第 10 期
罗敦静	湖南常德县发现古代砖室墓 1		1954 年第 11 期
	广州河南南石头发现西汉末年古墓两座 5	屋、井、廪	1954 年第 11 期
四川省博物馆	四川省博物馆举办出土文物展览 4	陶楼	1954 年第 11 期
湖南省文物管理委员会	长沙杨家山 M006 号墓清理简报 5		1954 年第 12 期
姚鉴	河北望都县汉墓的墓室结构和壁画 1		1954 年第 12 期
	河北怀安狄家屯清理了两座西汉墓 5		1954 年第 12 期

续　表

著　者	论　文	"建筑明器"类型	期(卷)号
李德保	河南济源汛期中发现古墓三座	陶猪圈	1954 年第 12 期
吴仲实、胡秀庐、刘师德	四川宜宾汉墓清理很多出土文物	连灶瓦屋	1954 年第 12 期
新华社	北京郊区发现汉代古城遗迹		1955 年第 1 期
	山西榆次市郊发现古城遗址及古墓葬 1	井、仓	1955 年第 1 期
李逸友	包头市清理了十一座汉墓 5、1、8	井	1955 年第 1 期
贺梓城	陕西省文管会在废铜中拣出极有价值的文物		1955 年第 1 期
朱江等	江苏无锡仙蠡墩发现古遗址及汉墓 5		1955 年第 1 期
李鉴昭	江苏无锡郊区清理西汉墓葬一座		1955 年第 1 期
	安徽省文管会在合肥清理了古墓两座 1	井、屋	1955 年第 2 期
金祖明	浙江省文管会清理了杭州的十几座汉墓 5		1955 年第 2 期
	武昌何家垅清理了汉、唐等时代古墓数十座 1		1955 年第 2 期
	广州市发现东汉墓葬 1	井	1955 年第 2 期
沈仲常	重庆江北相国寺的东汉砖墓 1	陶井、陶屋、陶楼(仓)	1955 年第 3 期
西南博物馆	陕西阳平关修筑宝成铁路中发现的"朔宁王太后"金印		1955 年第 3 期
	山东峄县城南有带雕刻及壁画的古墓		1955 年第 4 期
王志敏	配合堵坝工程江苏江都县湾头镇清理了多座汉墓 5		1955 年第 4 期
	长沙五家岭杨家公山发现东汉砖室墓 1	陶屋、陶猪圈	1955 年第 4 期

续 表

著　者	论　文	"建筑明器"类型	期(卷)号
李文信	辽阳发现的三座壁画古墓 2		1955 年第 5 期
关天相、冀刚	梁山汉墓 2	仓	1955 年第 5 期
	江苏徐州贾汪矿区常有古墓发现 3		1955 年第 5 期
石柞华等	江苏省文管会在无锡西郊继续发现汉墓 5、		1955 年第 5 期
黎金	广州北郊发现西汉木椁墓 5	滑石仓	1955 年第 5 期
	广西省田野考古工作组在贵县清理了大批古墓	井、屋	1955 年第 5 期
成恩元	四川大学历史博物馆调查了彭山、新津的汉代崖墓 4		1955 年第 5 期
广州市文物管理委员会	广州市东郊东汉砖室墓清理记略 1	陶船、陶屋、陶仓、陶城府	1955 年第 6 期
山东省文物管理委员会	禹城汉墓清理简报 3	猪圈、陶楼	1955 年第 6 期
李鉴昭等	江苏新沂炮车镇发现汉墓 1		1955 年第 6 期
	安徽泗县、亳县发现骨器、石器及汉墓 2、5		1955 年第 6 期
王士伦	杭州铁佛寺清理了一座东汉墓葬		1955 年第 6 期
	四川新繁县发现东汉墓葬 1	陶屋	1955 年第 6 期
	安徽省寿县治淮工地发现两千多年前的墓葬		1955 年第 7 期
广州市文物管理委员会	广州南郊南石头西汉木椁墓清理简报 5	陶廪、屋、井	1955 年第 8 期
屠思华等	江苏省扬州专区在凤凰河拓宽工程中发现汉墓等		1955 年第 8 期
魏百龄	江苏省常州市发现一批汉墓 5、	屋	1955 年第 8 期

续 表

著　者	论　文	"建筑明器"类型	期(卷)号
李鉴昭	江苏淮安县陈圩村小刘庄发现汉木椁墓群 5		1955 年第 8 期
	安徽亳县城父区发现汉墓 1、2		1955 年第 8 期
胡谦	安徽霍邱张家岗清理了六座汉墓	井	1955 年第 8 期
	河南孟县古城村清理了四座汉墓 1、5	仓、井	1955 年第 8 期
罗敦静	湖南阳县发现周、汉等时代墓葬及古代石斧 1	猪圈、楼屋	1955 年第 8 期
王德庆	江苏江都凤凰河拓宽工程中清理古墓三十二座，出土文物一千余件		1955 年第 9 期
袁明森、傅汉良	四川成都东郊沙河堡清理了汉、唐、宋代的墓葬十六座		1955 年第 9 期
河南省文物工作队第一队	郑州岗杜附近古墓葬发掘简报 1		1955 年第 10 期
河南省文物工作队第一队	洛阳 30、14 号汉墓发掘简报 1	仓	1955 年第 10 期
内蒙古文物工作组	一九五四年包头市西郊汉墓清理简报 5、8、1	井	1955 年第 10 期
王思礼	山东乐陵县发现古墓 1	陶楼	1955 年第 10 期
石柞华	江苏无锡县墙门镇附近发现汉墓 1		1955 年第 10 期
李灿	安徽亳县大寺区、城关区发现古遗址及汉墓 1		1955 年第 10 期
汪大铁	浙江嘉兴发现东汉墓葬		1955 年第 10 期
赵希铭、刘师德	四川宜宾市郊发现东汉砖墓九座 1	屋	1955 年第 10 期
顾铁符	西安附近所见的西汉石雕艺术		1955 年第 11 期
王子云	西汉霍去病墓石刻		1955 年第 11 期

续 表

著　者	论　文	“建筑明器”类型	期(卷)号
甘肃省文物管理委员会	甘肃永昌县南滩和北滩的古遗址及古墓葬 1、7	仓、井	1955 年第 12 期
东北博物馆	辽阳三道壕两座壁画墓的清理工作简报 2		1955 年第 12 期
江苏省文物管理委员会	江都凤凰河二〇号墓清理简报 5		1955 年第 12 期
郭勇	山西芮城县发现古遗址及汉墓 1		1955 年第 12 期
符松子	辽阳市三道壕清理了一处西汉村落遗址		1955 年第 12 期
于临祥	大连郊区营城子发现贝壳墓		1955 年第 12 期
王思礼	山东省文物管理处调查曹县江海村发现的古墓 1		1955 年第 12 期
蒋宝庚	梁山县柏松村发现古墓调查 2		1955 年第 12 期
蒋宝庚等	山东省文物管理处清理了东平县芦泉屯的汉墓五座 2	屋、井	1955 年第 12 期
高至喜	长沙潆湾市发现东汉砖墓 1	仓、井、猪圈	1955 年第 12 期
湖南省文物管理委员会	耒阳西郊古墓清理简报 5、1	陶猪圈、井栏、屋	1956 年第 1 期
	旅大市郊营城子区清理了古砖墓两座 1	仓、井	1956 年第 1 期
安徽省博物馆筹备处清理小组	合肥西郊乌龟墩古墓清理简报 3	井、屋	1956 年第 2 期
李文信	对望都汉墓壁画内容说明的两点不同看法		1956 年第 2 期
孟昭林	河北昌黎县发现古代石器和墓葬		1956 年第 2 期
山西省文物管理委员会	太原市万柏林地区清理了三座古墓 1		1956 年第 2 期

续 表

著　者	论　文	"建筑明器"类型	期(卷)号
	旅顺市三涧区发现古墓 1、8	囤	1956 年第 2 期
	西安缪家寨村清理了汉墓一座 3		1956 年第 2 期
	凤凰河第二期拓宽工程中又发现文物		1956 年第 2 期
李嘉	安徽省文管会在芜湖清理了汉、宋各两座墓 1		1956 年第 2 期
高至喜等	长沙汉墓中发现瓷质饰物 1	井、绿釉陶猪圈	1956 年第 2 期
罗敦静	湖南资兴县发现汉墓 1		1956 年第 2 期
梁友仁	广西贵县清理了一批由西汉至宋代的墓葬 5、1	井、屋、猪圈	1956 年第 2 期
河南省文化局文物工作队第二队 16 工区发掘小组	洛阳涧西 16 攻取 2 号墓清理记略 1		1956 年第 3 期
陈大为	辽阳县亮甲区发现很多汉墓和新石器时代晚期墓葬 3、5		1956 年第 3 期
贺梓城	西安汉城遗址附近发现汉代铜锭十块		1956 年第 3 期
陕西省文化局通讯小组陈有旺	西安西郊大士门村附近发现汉唐墓群 5、1		1956 年第 3 期
李鉴昭	淮安县青莲岗发现汉代铜印三方 5		1956 年第 3 期
厦门大学人类博物馆	厦门大学人类博物馆在长汀县发现新石器时代遗址及汉代铁器		1956 年第 3 期
麦英豪	广州市北郊横枝岗发现古墓三十余座 5	屋、仓	1956 年第 3 期
黎金	1955 年广州市文管会在配合基建工程中清理古墓一百四十余座 1、5	屋、仓、井	1956 年第 3 期

续 表

著　者	论　文	"建筑明器"类型	期(卷)号
郑灵生	绵阳北外何家山嘴发现汉墓 1		1956 年第 3 期
吴铭生	长沙市郊战国墓与汉墓出土情况简介 5、1	仓、屋、猪圈	1956 年第 4 期
王可夫	郸城县砖寺乡打井发现古墓,县文化馆指导群众进行清理 1	井、楼房、陶楼房	1956 年第 4 期
王永杰	洛阳 30.14 汉墓已重新加固保护		1956 年第 4 期
广州市文物管理委员会	三年来广州市古墓葬的清理与发现 5、1	屋、井、仓	1956 年第 5 期
李复华、曹丹	乐山汉代崖墓石刻 4	陶楼房	1956 年第 5 期
梅养天	四川彭山县崖墓简介 4		1956 年第 5 期
山东滕县教育科庄冬明	滕县东郭区朱仇乡黄庄村在春耕中破坏古墓两座 2	猪圈	1956 年第 5 期
四川省文物管理委员会	四川新繁清白乡东汉画像砖墓清理简报 1	残屋顶	1956 年第 6 期
甘肃省文物管理委员会	兰新铁路武威——永昌沿线工地古墓清理概况 1	灰陶院、陶屋、陶仓、陶井、绿釉陶屋(仓)	1956 年第 6 期
谢春贺	无锡施墩第五号墓 5		1956 年第 6 期
葛家谨	南京御道街标营第一号墓清理概况 1		1956 年第 6 期
于临祥	旅大劳动公园东门前发现古墓 1	井、囤	1956 年第 6 期
黎金	广州市先烈路发现西汉至唐古墓五座 5		1956 年第 6 期
四川省文物管理委员会	在四川德阳县收集的汉画像砖		1956 年第 7 期
陈建中	四川省彭县太平乡农民挖掘古墓造成死伤事故 1		1956 年第 8 期
任锡光	四川双流县牧马山发现崖墓		1956 年第 8 期

续　表

著　者	论　文	"建筑明器"类型	期(卷)号
陕西省文管会	西安汉城遗址发现重要文物		1956年第8期
罗福颐	内蒙古自治区托克托县新发现的汉墓壁画1	井楼瓦复一	1956年第9期
郑绍宗	蓟县发现了几处汉墓群1	井、屋	1956年第9期
李逸友	内蒙文物组调查乌拉特前旗公庙沟口汉代城堡		1956年第9期
唐金裕	西安徐家湾清理一座汉墓1	绿釉陶仓	1956年第9期
湖南省文物管理委员会	被盗掘过的古墓葬是否还值得清理		1956年第10期
王思礼	山东邹县城东匡庄的古代石人		1956年第10期
朱耀山	临夏、永靖县文物普查情况		1956年第10期
江苏省文化局	省文化局组织文物工作队清理调查徐州市区古墓葬2	屋、仓、井、猪圈	1956年第10期
湖南省文物管理委员会	长沙黄泥坑二十号墓清理简报		1956年第11期
唐金裕	西安西郊发现汉代居住遗址		1956年第11期
江苏省文化局	常熟清理三座汉墓5		1956年第11期
张希鲁	昭通第一中学校庆举行汉代文物展览		1956年第11期
任锡光	一座汉墓的遭遇		1956年第11期
殷涤非	亳县北关发现春秋晚期画彩陶器及汉空心砖墓1		1956年第12期
兴长等	南阳专署和市、县清理一座汉代画像石墓3		1956年第12期
丁安民、郭冰廉	武昌和坡山发现东汉墓1		1956年第12期
黄增庆	广西贵县新牛岭三号西汉墓葬5		1957年第2期

续 表

著　者	论　文	“建筑明器”类型	期(卷)号
刘致平	西安西北郊古代建筑遗址勘查初记		1957年第3期
祁英涛	西安的几处汉代建筑遗址		1957年第5期
罗哲文	园林谈往		1957年第6期
沈福文	谈漆器		1957年第7期
甘肃省文物管理委员会	张掖郭家沙滩汉墓清理简报1	陶屋、陶院楼	1957年第8期
陶鸣宽、曹恒钧	芦山县的东汉石刻		1957年第10期
罗敦静	衡阳西汉墓出土一件精致的陶熏炉		1957年第12期
安徽省博物馆清理小组胡悦谦等	霍邱张家岗古墓发掘简报1	井	1958年第1期
河南省文化局文物工作二队	洛阳发现的带壁画古墓1		1958年第1期
刘向群	西安市东郊发现重要文物“错金卧虎”		1958年第1期
汪宇平	伊盟郡王旗红庆河乡汉代古城		1958年第3期
庄冬明	滕县长城村发现汉代铁农具十余件		1958年第3期
王啸秋	东乡县在收购废铜中发现两汉铜镜		1958年第3期
王思礼	山东肥城汉画像石墓调查2		1958年第4期
王德庆	江苏发现的一批汉代画像石		1958年第4期
梁宗和	山西离石县的汉代画像石		1958年第4期
广州市文物管理委员会	广州东山象栏岗第二号木椁墓清理简报		1958年第4期
李德保、赵霞光	焦作市发现一座古城		1958年第4期
麦英豪	广州华侨新村发现汉唐古墓十座5		1958年第5期

续 表

著　者	论　文	"建筑明器"类型	期(卷)号
汪宇平	伊盟准格尔旗五河套沟康家梁的古代文物		1958年第6期
朱江	海州孔望山摩崖造像		1958年第6期
陕西省文管会	长安县三里村东汉墓葬发掘简报1	带釉陶井	1958年第7期
史树青	漫谈新疆发现的汉代丝绸		1958年第9期
贾峨	荥阳汉墓出土的彩绘陶楼	井、圈、猪圈、陶楼	1958年第10期
陈直	陕西兴平县茂陵镇霍去病墓新出土左司空石刻题字考释		1958年第11期
党国栋	武威县磨嘴子古墓清理记要5	井、仓、木制院落	1958年第11期
孟浩	涿县半壁店汉墓的清理1	陶屋	1958年第11期
王步艺	安徽太和县汉墓出土的石砚等文物1	井	1958年第12期
南京博物院	昌梨水库汉墓群发掘简报2、1		1958年第12期
甘肃省文物管理委员会	酒泉下河清汉代砖窑窑址试掘简报		1958年第12期
宁笃学等	兰州东岗镇东汉墓1		1958年第12期
曾庸	汉代的铁制工具		1959年第1期
叶照涵	汉代石刻冶铁鼓风炉图		1959年第1期
河北省文物管理委员会	石家庄市北宋村清理了两座汉墓1	残陶屋、猪圈、陶楼	1959年第1期
河南省文化局文物工作队	南阳东汉小砖券墓的发掘1	陶猪圈、井、陶仓	1959年第2期
杨子范、王思礼	山东莱西县汉木椁墓中出土漆器5		1959年第4期
孟浩	石家庄市桥东单室砖墓1		1959年第4期
齐康定	新乡市北郊五里岗54号墓1	仓	1959年第4期
蒋玄怡	古代的琉璃		1959年第6期

续 表

著 者	论 文	"建筑明器"类型	期(卷)号
唐云明等	邯郸五郎村清理了五十二座汉墓 5、1	陶圈	1959 年第 7 期
陈明达	建国以来所发现的古代建筑		1959 年第 9 期
河北省文化局文物工作队	1958 年邢台地区古遗址古墓葬的发现与清理 1、5	仓、楼、宅院	1959 年第 9 期
陈铁卿	"五泉"钱		1959 年第 9 期
李宗道	洛阳烧沟清理西汉墓葬 5		1959 年第 9 期
甘肃省文物管理委员会	酒泉下河清第 1 号墓和第 18 号墓发掘简报 1	铜仓、铜井	1959 年第 10 期
李奉山	太原金胜村 9 号汉墓 1	井	1959 年第 10 期
甘肃省博物馆	武威县发现大批汉简 5		1959 年第 10 期
葛介屏	肥东、霍丘县发现汉墓 1		1959 年第 10 期
陕西省博物馆	西安北郊新莽钱范窑址清理简报		1959 年第 11 期
广州市文物管理委员会	广州动物园东汉建初元年墓清理简报 1	陶城堡、陶屋、仓	1959 年第 11 期
孙维昌	嘉定县发现一座汉墓 5		1959 年第 11 期
陈恒树	均县城南土桥清理了古墓一座 1	井、猪圈	1959 年第 11 期
杨泓	读《望都二号汉墓》札记		1959 年第 12 期
安徽省文物管理委员会	定远县灞王庄古画像石墓 2	陶楼残片	1959 年第 12 期
孙维昌	上海发现一座战国——汉初墓葬 5		1959 年第 12 期
甘肃省博物馆	武威磨嘴子汉代土洞墓清理简况 5	釉陶仓	1959 年第 12 期
河南省文化局文物工作队	南阳汉代铁工厂发掘简报		1960 年第 1 期
倪自励	河南临汝夏店发现汉代炼铁遗址一处		1960 年第 1 期

续 表

著　者	论　文	"建筑明器"类型	期(卷)号
殷涤非	安徽省寿县安丰塘发现汉代闸坝工程遗址		1960 年第 1 期
周萼生	汉代冶铸鼓风设备——		1960 年第 1 期
王业友	合肥东汉墓出土漆器等文物 1	陶猪圈	1960 年第 1 期
李元魁　毛在善	随县唐镇发现带壁画宋墓及东汉石室墓 2		1960 年第 1 期
甘肃省文物管理委员会	甘肃酒泉县下河清汉墓清理简报 1、8、5	陶仓、彩绘陶井	1960 年第 2 期
李逸友	包头市窝尔吐壕汉墓清理简况 1	井	1960 年第 2 期
高至喜	湖南古代墓葬概况	陶猪圈、牛圈、碓坊、井、屋	1960 年第 3 期
湖南省博物馆	长沙五里牌古墓葬清理简报 5、1	井、猪圈	1960 年第 3 期
湖南省博物馆	长沙柳家大山古墓葬清理简报 5	井	1960 年第 3 期
南京博物院	利国驿古代炼铁炉的调查及清理		1960 年第 4 期
河南省文化局文物工作队	河南密县打虎亭发现大型汉代壁画墓和画像石墓 3、1		1960 年第 4 期
殷汝章	山东安邱牟山水库发现大型石刻汉墓 2		1960 年第 5 期
河南省文化局文物工作队	河南荥阳河王水库汉墓 1、5	彩绘陶楼、陶井、陶圈、鸡埘、舂米房	1960 年第 5 期
陕西考古所汉墓工作组	西安北郊清理一座东汉墓 1	陶楼房、陶阁、陶仓、陶井	1960 年第 5 期
陕西省文物管理委员会	西安东郊韩森寨汉墓清理简报 1	绿釉陶仓	1960 年第 5 期
张中一	长沙东屯渡清理了一座东汉砖室墓 1	井、鸡舍、狗舍	1960 年第 5 期
新疆维吾尔自治区博物馆	新疆民丰县北大沙漠中古遗址墓葬区东汉合葬墓清理简报 8		1960 年第 6 期

续　表

著　者	论　文	“建筑明器”类型	期(卷)号
赵人俊	汉代随葬冥币陶麟趾金的文字		1960年第7期
张寄厣	徐州市北郊檀山发现汉画像石墓2		1960年第7期
河南省文化局文物工作队	郑州南关159号汉墓的发掘1	陶仓、陶屋	1960年第8～9期
曾庸	汉碑中有关农民起义的一些材料		1960年第8～9期
葛治功	徐州檀山发现的汉画像石		1960年第8～9期
金殿士	辽宁省喀左县三台子乡发现西汉墓葬5		1960年第10期
陕西省文物管理委员会	潼关吊桥汉代杨氏墓群发掘简记1	楼阁、仓房、磨房、猪羊圈	1961年第1期
黎金	广州的两汉墓葬		1961年第2期
广州市文物管理委员会	广州东郊沙河汉墓发掘简报1		1961年第2期
罗哲文	孝堂山郭氏墓石祠		1961年第4～5期
内蒙古自治区文物工作队	1957年以来内蒙古自治区古代文化遗址及墓葬的发现情况简报		1961年第9期
郑隆	内蒙古扎赉诺尔古墓群调查记5		1961年第9期
内蒙古自治区文物工作队	1959年呼和浩特郊区美岱古城发掘简报		1961年第9期
马承源	漫谈战国青铜器上的画像		1961年第10期
冯汉骥	四川的画像砖墓及画像砖		1961年第11期
于豪亮	“钱树”“钱树座”和鱼龙漫衍之戏		1961年第11期
陈明达	汉代的石阙		1961年第12期
山西省博物馆	安邑县杜村出土的西汉石虎		1961年第12期
王润杰	正阳县汉代石阙调查		1962年第1期

续　表

著　者	论　文	“建筑明器”类型	期(卷)号
宋伯胤等	从汉画像石探索汉代织机构造		1962年第3期
段拭	江苏铜山洪楼东汉墓出土纺织画像石		1962年第3期
李家瑞	两汉时代云南的铁器		1962年第3期
解希恭	太原东态堡出土的汉代铜器		1962年第4～5期
王澍	复面、眼罩及其他		1962年第7～8期
湖南省博物馆	长沙砂子塘西汉墓发掘简报5		1963年第2期
俞伟超	汉代的“亭”“市”陶文		1963年第2期
陈梦家	汉简所见奉例		1963年第5期
徐锡台、孙德润	凤翔县发现“年宫”与“木或”字的瓦当		1963年第5期
游清汉	河南省石刻调查登记情况简介		1963年第6期
吴兴汉	寿县东门外发现西汉水井及西晋墓		1963年第7期
郑杰祥	南阳新出土的东汉张景造土牛碑		1963年第11期
郭勇	山西省右玉县出土的西汉铜器		1963年第11期
王振铎	再论汉代酒樽		1963年第11期
张德光	湿仓平斛		1963年第11期
马衡遗著	湿仓平斛铍		1963年第11期
陈直	秦汉瓦当概述		1963年第11期
于豪亮	居延汉简中的“省卒”		1963年第11期
治稀	记汉官印母范		1963年第11期
高至喜	长沙、衡阳西汉墓中发现铁“半两”钱		1963年第11期
曹丹	芦山县汉樊敏阙清理复原		1963年第11期

续 表

著 者	论 文	“建筑明器”类型	期(卷)号
金魁	河南邓县发现一处汉代铸钱遗址		1963年第12期
傅天仇	陕西兴平县霍去病墓前的西汉石雕艺术		1964年第1期
马子云	西汉霍去病墓石刻记		1964年第1期
王振铎	论汉代饮食器中的卮与魁		1964年第4期
山东省博物馆	山东安丘汉画像石墓发掘简报 2		1964年第4期
北京市文物工作队	北京西郊发现汉代石阙清理简报		1964年第11期
河北省文化局文物工作队	定县北庄汉墓出土文物简报 3	井、陶仓房、残屋顶	1964年第12期
郭沫若	“乌还哺母”石刻的补充考释		1965年第4期
陈直	关于汉幽州书佐秦君石柱的补充意见		1965年第4期
刘心健　张鸣雪	山东吕南发现汉代石阙		1965年第5期
河南省文化局文物工作队	密县汉墓陶仓楼上所绘的地主收租图		1966年第3期
河南省文化局文物工作队孙传贤等	介绍一件东汉晚期的陶水榭		1966年第3期
北京市文物工作队、喻震	丰台区三台子出土汉画像石 3		1966年第4期
曲阜县文物管理委员会　鲁文辉	曲阜县大庄发现汉代玉璧等文物 3	陶井	1966年第4期
	济南无影山发现西汉乐舞杂技俑群		1972年第1期
甘博文	甘肃武威雷台东汉墓清理简报 1	绿釉碉楼	1972年第2期
北京市文物管理处写作小组	北京地区的古代瓦井		1972年第2期
新疆维吾尔自治区博物馆出土文物展览工作组	“丝绸之路”上新发现的汉唐织物		1972年第3期

续 表

著　者	论　文	"建筑明器"类型	期(卷)号
陕西省博物馆等	米脂东汉画像石墓发掘简报 2		1972 年第 3 期
济南市博物馆	试谈济南无影山出土的西汉乐舞、杂技、宴饮陶俑 5		1972 年第 5 期
山东省博物馆	曲阜九龙山汉墓发掘简报 4		1972 年第 5 期
鲁波	汉代徐胜买地铅券简介		1972 年第 5 期
刘敦愿	汉画像石上的针灸图		1972 年第 6 期
秦中行	汉阳陵附近钳徒墓的发现 8		1972 年第 7 期
马雍	侯和长沙国丞相		1972 年第 9 期
黄盛璋　钮仲勋	有关长沙马王堆汉墓的历史地理问题		1972 年第 9 期
陈直	长沙马王堆一号汉墓的若干问题考述		1972 年第 9 期
杨伯峻	略谈我国史籍上关于尸体防腐的记载和马王堆一号汉墓墓主问题		1972 年第 9 期
商志(香覃)	马王堆一号汉墓"非衣"试释		1972 年第 9 期
罗琨	关于马王堆汉墓帛画的商讨		1972 年第 9 期
	座谈长沙马王堆一号汉墓		1972 年第 9 期
郑州市博物馆	郑州新通桥汉代画像空心砖墓 1		1972 年第 10 期
安金槐、王与刚	密县打虎亭汉代画像石墓和壁画墓 3		1972 年第 10 期
贵州省博物馆	贵州黔西县汉墓发掘简报 5、1、2		1972 年第 11 期
甘肃省博物馆	武威磨咀子三座汉墓发掘简报 5	井、仓、厕	1972 年第 12 期
嘉峪关市文物清理小组	嘉峪关汉画像砖墓 1		1972 年第 12 期

续　表

著　者	论　文	“建筑明器”类型	期(卷)号
余扶危、贺官保	洛阳东关东汉殉人墓 8、3	井、陶仓楼	1973 年第 2 期
刘志远	汉代市井考——说汉代市井画像砖		1973 年第 3 期
河南省博物馆	南阳汉画像石概述		1973 年第 6 期
周到、李京华	唐河针织厂汉画像石墓的发掘 2		1973 年第 6 期
常任侠	河南新出土汉代画像石刻试论		1973 年第 7 期
陆甲林	马王堆汉墓女尸究竟是谁		1973 年第 9 期
杜迺松	对“君幸酒”“君幸食”的解释		1973 年第 9 期
定县博物馆	河北定县 43 号汉墓发掘简报 1	井、楼、圈	1973 年第 11 期
内蒙古文物工作队等	和林格尔发现一座重要的东汉壁画墓 1	井	1974 年第 1 期
吴荣曾	和林格尔汉墓壁画中反映的东汉社会生活		1974 年第 1 期
罗哲文	和林格尔汉墓壁画中所见的一些古建筑		1974 年第 1 期
邹逸麟	关于楚汉分界鸿沟所在地的商榷		1974 年第 1 期
张观教	市井象砖市楼上应为鼓钲并悬		1974 年第 1 期
山东省博物馆临沂文物组	山东临沂西汉墓发现《孙子兵法》和《孙膑兵法》等竹简的简报		1974 年第 2 期
杨焕成	河南焦作东汉墓出土彩绘陶仓楼 1	陶仓楼、井、猪圈	1974 年第 2 期
王宇信　陈绍棣	批评汉武梁祠中一幅攻击秦始皇的石刻画像		1974 年第 3 期
北京大学历史系考古专业工农兵学员高崇文等	从西汉埋葬制度的变化看地主阶级由“尊法”到“尊儒”历史转变的经济根源		1974 年第 4 期

续　表

著　者	论　文	"建筑明器"类型	期(卷)号
四川省灌县文教局	都江堰出土东汉李冰石像		1974年第7期
湖南省博物馆等	长沙马王堆二、三号汉墓发掘简报5		1974年第7期
裘锡圭	湖北江陵凤凰山十号汉墓出土简牍考释		1974年第7期
李发林	汉画中的九头人面兽		1974年第12期
林声	晋宁石寨山出土铜器图象所反映的西汉滇池地区的奴隶社会		1975年第2期
江苏省泗洪县文化馆	泗洪县曹庄发现一批汉画像石		1975年第3期
刘志远	四川汉代画像砖反映的社会生活		1975年第4期
刘乃和	帛书所记"张楚"国号与西汉法家政治		1975年第5期
孟池	从新疆历史文物看汉代在西域的政治措施和经济建设		1975年第7期
四川省博物馆、李复华等	郫县出土东汉画像石棺图象略说1		1975年第8期
秦中行	记汉中出土的汉代陂池模型		1976年第3期
茂陵文物管理所王志杰等	汉茂陵及其陪葬冢附近新发现的重要文物		1976年第7期
河北省博物馆、文物管理处等	定县40号汉墓出土的金缕玉衣5		1976年第7期
肖之兴	试释"汉归义羌长"印		1976年第7期
茂陵贫下中农文物保护小组等	茂陵和霍去病墓		1976年第7期
河南省博物馆等	河南省温县汉代烘范窑发掘简报		1976年第9期
凤凰山一六七号汉墓发掘整理小组	江陵凤凰山一六七号汉墓发掘简报5	仓	1976年第10期

续 表

著　者	论　文	“建筑明器”类型	期(卷)号
吉林大学历史系考古专业赴纪南城开门办学小分队	凤凰山一六七号汉墓遣策考释		1976年第10期
吉林大学历史系考古专业七三级工农兵学员纪烈敏等	凤凰山一六七号墓所见汉初地主阶级丧葬礼俗		1976年第10期
四川省博物馆、赵殿增、高英民	四川阿坝州发现汉墓1		1976年第11期
宝兴县文化馆	夹金山北麓发现汉墓		1976年第11期
河北省博物馆、郑绍宗	河北行唐发现的两件汉代容器		1976年第12期
重庆市博物馆等	合川东汉画像石墓2		1977年第2期
梧州市博物馆	广西梧州市近年来出土的一批汉代文物	屋、铜仓、浅黄釉阁楼	1977年第2期
洛阳博物馆	洛阳西汉卜千秋壁画墓发掘简报1	陶仓	1977年第6期
陈少丰、宫大中	洛阳西汉卜千秋墓壁画艺术		1977年第6期
孙作云	洛阳西汉卜千秋墓壁画考释		1977年第6期
北京市古墓发掘办公室	大葆台西汉木椁墓发掘简报5		1977年第6期
鲁琪	试谈大葆台西汉墓的“梓宫”、“便房”、“黄肠题凑”		1977年第6期
陕西省文管会、博物馆等	咸阳杨家湾汉墓发掘简报	方仓、陶仓	1977年第10期
临沂金雀山汉墓发掘组	山东临沂金雀山九号汉墓发掘简报5		1977年第11期
展力、周世曲	试谈杨家湾汉墓骑兵俑——对西汉前期骑兵问题的探讨		1977年第10期
刘家骥、刘秉森	金雀山西汉帛画临摹后感		1977年第11期
西安市文物管理处、晁华山	西汉称钱天平与法马		1977年第11期

续 表

著　者	论　文	“建筑明器”类型	期(卷)号
李正德等	西安汉上林苑发现的马蹄金和麟趾金		1977年第11期
甘肃居延考古队	居延汉代遗址的发掘和新出土的简册文物		1978年第1期
徐苹方	居延考古发掘的新收获		1978年第1期
张光忠	襄阳出土汉绿釉陶楼		1979年第2期
福建省博物馆等	福建连江发掘西汉独木舟		1979年第2期
长沙市文化局文物组	长沙咸家湖西汉曹墓		1979年第3期
王世襄	中国古代漆工杂述		1979年第3期
熊传新	谈马王堆三号西汉墓出土的陆博		1979年第4期
四川西昌地区博物馆黄承宗	四川西昌城郊出土石阙		1979年第4期
李衍垣	汉代武阳传舍铁炉		1979年第4期
贵州省博物馆考古组	贵州兴义、兴仁汉墓1、2、3	水塘稻田模型	1979年第5期
王瑞明	“镇墓兽”考		1979年第6期
陈本明	云南昭通的一块汉画砖		1979年第7期
吕品	登封汉代三阙		1979年第8期
文物编辑部	关于西汉卜千秋墓壁画中一些问题		1979年第11期
湛江地区博物馆等	广东省化州县石宁村发现六艘东汉独木舟		1979年第12期
王汉珍　傅嘉仪	西安汉建章宫遗址出土带字砖		1979年第12期
刘志远遗作	考古材料所见汉代的四川农业	陶水井、陶猪圈	1979年第12期
王菊华、李玉华	从几种汉纸的分析鉴定试论我国造纸术的发明		1980年第1期
唐金裕	汉初平四年王氏朱书陶瓶		1980年第1期
徐州博物馆	论徐州汉画像石		1980年第2期

续 表

著　者	论　文	"建筑明器"类型	期(卷)号
四川省博物馆	四川新都县发现一批画像砖		1980年第2期
王黎琳　武利华	江苏铜山县青山泉的纺织画像石		1980年第2期
临沂县文物组	山东临沂刘疵墓出土的金缕玉面罩等2		1980年第2期
扬州博物馆等	扬州邗江县胡场汉墓	木猪圈	1980年第3期
南阳市博物馆等	河南方城东关汉画像石墓3		1980年第3期
蒋英炬	汉画执棒小考		1980年第3期
印志华	扬州邗江县郭庄汉墓		1980年第3期
蒙默	犀浦出土东汉残碑是泐石"资薄"说		1980年第4期
张勋燎、刘磐石	四川郫县东汉残碑的性质和年代		1980年第4期
易水	帐和帐构		1980年第4期
俞伟超	东汉佛教图象考		1980年第5期
山西省文物工作委员会等	山西浑源毕村西汉木椁墓5		1980年第6期
洛阳博物馆	洛阳东汉光和二年王当墓发掘简报5	猪圈	1980年第6期
蒋华	扬州甘泉山出土东汉刘元台买地砖券		1980年第6期
罗福颐	汉鲁诗镜考释		1980年第6期
曹桂岑、耿青岩	河南淇县发现一面东汉画像铜镜		1980年第7期
殷涤非	对曹操宗族墓砖铭的一点看法		1980年第7期
刘最长、朱捷元	汉茂陵出土的西汉"中私官"铜钟		1980年第7期
沈寿	西汉帛画《导引图》解析		1980年第9期
孙机	说"柙"		1980年第10期

续 表

著　者	论　文	"建筑明器"类型	期(卷)号
扬州市博物馆	扬州"妾莫书"木椁墓 5		1980 年第 12 期
烟台地区文物管理组等	山东莱西县岱野西汉木椁墓 5		1980 年第 12 期
罗西章	介绍一批陕西扶风出土的汉、魏铜印等文物		1980 年第 12 期
金禄安	济南无影山发现陶棺葬		1980 年第 12 期
新疆社会科学院考古研究所	新疆阿拉沟竖穴木椁墓发掘简报 5		1981 年第 1 期
新疆社会科学院考古研究所	新疆克尔木齐古墓群发掘简报 5		1981 年第 1 期
李遇春、姜开任	汉长安城遗址		1981 年第 1 期
张瑞苓、高强	陕西蒲城永丰发现汉龙首渠遗迹		1981 年第 1 期
青海省文物考古工作队	青海大通县上孙家寨一一五号汉墓 5		1981 年第 2 期
国家文物局古文献研究室等	大通上孙家寨汉简释文		1981 年第 2 期
黄展岳	说坟		1981 年第 2 期
许新国	青海省互助土族自治县东汉墓葬出土文物		1981 年第 2 期
黄汉超	广西藤县出土一批汉代文物 1		1981 年第 3 期
宝鸡市博物馆	宝鸡市铲车厂汉墓 1	井	1981 年第 3 期
姬乃军	陕西安塞县出土错金铜卧牛		1981 年第 3 期
王光永	宝鸡市汉墓发现光和与永元年间朱书陶器		1981 年第 3 期
吴荣曾	镇墓文中所见到的东汉道巫关系		1981 年第 3 期
朱镇邦	柳州博物馆收藏一件虎纽淳于		1981 年第 3 期
郑绍宗	河北省发现西汉金饼和元代银锭		1981 年第 4 期

续　表

著　者	论　文	“建筑明器”类型	期(卷)号
葛季芳、陈本明	云南昭通东汉墓出土牛头人物出行铜扣饰		1981年第6期
连云港市博物馆	连云港市孔望山摩崖造像调查报告		1981年第7期
俞伟超、信立祥	孔望山摩崖造像的年代考察		1981年第7期
阎文儒	孔望山佛教造像的题材		1981年第7期
本刊记者	连云港孔望山摩崖造像学术讨论会在北京举行		1981年第7期
秦公	谈东汉《乙瑛碑》拓本及其它		1981年第7期
茆修文	是“金吾棒”不是“鸠形仪仗”		1981年第7期
易水	汉魏六朝的军乐——“鼓吹”和“横吹”		1981年第7期
河北省文物研究所	河北定县40号汉墓发掘简报5		1981年第8期
国家文物局古文献研究室等	定县40号汉墓出土竹简简介		1981年第8期
国家文物局古文献研究室等	《儒家者言》释文		1981年第8期
王东明等	从定县汉墓竹简看西汉隶书		1981年第8期
徐金星、杜玉生	汉魏洛阳故城		1981年第9期
甘肃省博物馆等	敦煌马圈湾汉代烽燧遗址发掘简报		1981年第10期
吴礽骧	玉门关与玉门关侯		1981年第10期
诸城县博物馆、任日新	山东诸城汉画像石墓3		1981年第10期
黄展岳	记凉台东汉画像石上的“髡笞图”		1981年第10期
成都市文物管理处	四川成都曾家包东汉画像砖石墓3		1981年第10期

续 表

著　者	论　文	“建筑明器”类型	期(卷)号
浙江省文物考古所等	浙江上虞县发现的东汉瓷窑址		1981年第10期
耿继斌	高颐阙		1981年第10期
傅举有	湖南资兴新莽墓中发现大布黄千铁钱		1981年第10期
南京博物院	江苏邗江甘泉二号汉墓1	猪圈、房屋	1981年第11期
扬州博物馆、邗江县图书馆	江苏邗江胡场五号汉墓5		1981年第11期
陕西省考古研究所王学理	汉南陵丛葬坑的初步清理		1981年第11期
梁文骏等	郫县出土东汉铜器		1981年第11期
湖南省博物馆	湖南衡阳县道子坪东汉墓发掘简报1		1981年第12期
宋治民、王有鹏	大邑县西汉土坑墓5		1981年第12期
胡继高、杨惠钦	金雀山西汉帛画的揭裱		1981年第12期
刘得祯	甘肃灵台县出土一件青铜圆盘连三釜		1981年第12期
于临祥、王珍仁	大连市出土彩绘陶楼2	陶楼	1982年第1期
孙机	几种汉代的图案纹饰		1982年第3期
中国艺术研究院舞蹈研究所孙景琛	《大傩图》名实辩		1982年第3期
姬乃军	东汉鹿纹画像砖		1982年第4期
济宁地区文物组等	山东嘉祥宋山1980年出土的汉画像石2		1982年第5期
嘉祥县文管所朱锡禄	嘉祥五老洼发现一批汉画像石		1982年第5期
南阳地区文物队等	河南唐河县石灰窑村画像石墓2	陶仓、陶井	1982年第5期
泰安地区文化局	泰安县大汶口发现一座汉画像石墓3	井、屋顶	1982年第6期
三台县文化馆	四川三台县东汉岩墓内发现新莽铜钱		1982年第6期

续 表

著　者	论　文	“建筑明器”类型	期(卷)号
薛翘、张嗣介	江西赣州汉代画像砖墓 1		1982 年第 6 期
张广立	漫话西汉木俑的造型特点		1982 年第 6 期
宜宾县文化馆兰峰	四川宜宾县崖墓画像石棺 4		1982 年第 7 期
龚廷万、庄燕和	重庆市南岸区的两座西汉土坑墓 5		1982 年第 7 期
丘光明	略论新莽铜环权		1982 年第 8 期
杜金娥	谈西汉称钱衡的砝码		1982 年第 8 期
周振鹤	与满城汉墓有关的历史地理问题		1982 年第 8 期
咸阳地区文管会茂陵博物馆	陕西茂陵一号无名冢一号从葬坑的发掘		1982 年第 9 期
贝安志	谈“阳信家”铜器		1982 年第 9 期
山西省考古研究所、朱华	西汉安邑宫铜鼎		1982 年第 9 期
贾峨	说汉唐间百戏中的“象舞”		1982 年第 9 期
步连生	孔望山东汉摩崖佛教造像初辩		1982 年第 9 期
李洪浦	孔望山造像中部分题材的考订		1982 年第 9 期
南京博物院、姚迁	江苏盱眙南窑庄楚汉文物窖藏		1982 年第 11 期
余本爱等	安徽省潜山县发现西汉墓 5		1982 年第 11 期
田岸	曲阜鲁城勘探		1982 年第 12 期
洛阳地区行署文物处、黄士斌	河南偃师县发现汉代买田约束石券		1982 年第 12 期
宁可	关于《汉侍廷里父老单买田约束石券》		1982 年第 12 期
固原县文物工作站、韩孔乐等	宁夏固原发现汉初铜鼎		1982 年第 12 期
徐自强	石刻学刍议		1983 年第 2 期

续　表

著　者	论　文	“建筑明器”类型	期(卷)号
洛阳市文物工作队	洛阳金谷园车站 11 号汉墓发掘简报 1	仓、井、猪圈、房屋	1983 年第 4 期
洛阳市文物工作队	洛阳烧沟西 14 号汉墓发掘简报 1	陶仓、井	1983 年第 4 期
镇江市博物馆	江苏省高淳县东汉画像砖墓 1	井、猪圈、望楼	1983 年第 4 期
祁英涛	中国早期木结构建筑的时代特征		1983 年第 4 期
嘉兴地区文管会等	浙江海宁东汉画像石墓发掘简报 3		1983 年第 5 期
济宁县文化馆、夏忠润	山东济宁县发现一组汉画像石 2		1983 年第 5 期
绥德县博物馆	陕西绥德汉画像石墓 2		1983 年第 5 期
枣庄市文物管理站、李锦山	枣庄市近年发现的一批古代石人		1983 年第 5 期
郫县文化馆、梁文骏	四川郫县东汉墓门石刻 1		1983 年第 5 期
吴玉贤	浙江上虞蒿坝东汉永初三年墓 1		1983 年第 6 期
河北省文物研究所	蠡县汉墓发掘记要 1	井	1983 年第 6 期
孙机	汉镇艺术		1983 年第 6 期
叶小燕	战国秦汉的灯及有关问题		1983 年第 7 期
杨耀林、谭永业	广东德庆汉墓出土一件陶船模型 1		1983 年第 10 期
溧水县图书馆、吴大林	江苏溧水出土东汉画像砖		1983 年第 11 期
广东省博物馆杨豪、杨耀林	广东高要县茅岗水上木构建筑遗址		1983 年第 12 期
南阳地区文物工作队等	河南南阳县英庄汉画像石墓 3	仓、猪圈	1984 年第 2 期
南阳地区文物工作队等	河南方城县城关镇汉画像石墓 3	楼房、井	1984 年第 3 期

续 表

著　者	论　文	"建筑明器"类型	期(卷)号
保定地区文物管理所	河北省徐水县防陵村二号汉墓		1984年第3期
岳凤霞、刘兴珍	浙江海宁长安镇画像石		1984年第3期
张良皋	圭窬小识		1984年第3期
准格尔旗文化馆、李三、张俊瑛	内蒙古准格尔旗发现"长乐未央"字砖		1984年第3期
柳州市博物馆	广西柳州市九头村一号汉墓5	井	1984年第4期
夏超雄	孝堂山石祠画像、年代及墓主试探		1984年第8期
临沂市博物馆	山东临沂金雀山周氏墓群发掘简报5		1984年第11期
胡继高	一件有特色的西汉漆盒石砚		1984年第11期
荆州地区博物馆	江陵张家山三座汉墓出土大批竹简5		1985年第1期
平陆县博物馆卫斯	平陆县征集到一件西汉绿釉陶"池中望楼"	陶楼、釉仓	1985年第1期
张家山汉墓竹简整理小组	江陵张家山汉简概述		1985年第1期
宋治民	缪宇不是彭城		1985年第1期
俞伟超	中国古代都城规划发展的阶段性		1985年第2期
陆锡兴	熹平三年残碑补释		1985年第3期
王恩田	诸城凉台孙琮画像石墓考		1985年第3期
银雀山汉墓竹简整理小组	银雀山竹书《守法》,《守令》等十三篇		1985年第4期
内蒙古自治区原昭乌达盟文物工作站	昭乌达盟汉代长城遗址调查报告		1985年第4期
吴县文物管理委员会、张志新	江苏吴县窑墩汉墓8		1985年第4期
毕初	汉长安城遗址发现裸体陶俑		1985年第4期

续　表

著　者	论　文	"建筑明器"类型	期(卷)号
清江县博物馆、黄颐寿	清江发现东汉青盖神兽镜		1985年第5期
四川省文管会等	四川荥经水井坎沟岩墓4		1985年第5期
沂水县文物管理站	山东沂水县荆山西汉墓5		1985年第5期
宫衍兴	山东微山县马陵山出土一批汉代文物		1985年第5期
辽宁省博物馆、辽阳博物馆	辽阳旧城东门里东汉壁画墓发掘报告2	房、井	1985年第6期
刘东亚	河南征集的"五铢"及"大泉五十"钱铜范		1985年第6期
四川省文物管理委员会	四川忠县涂井蜀汉崖墓4	陶屋、井、畜圈	1985年第7期
陈少华	从出土文物看汉代农业生产技术		1985年第8期
潍坊市博物馆等	山东高密发现一批汉代铜镜、铜钱		1985年第10期
王勤金等	扬州出土的汉代铭文铜镜		1985年第10期
福建省博物馆	崇安汉城探掘简报		1985年第11期
末次信行	关于荆山汉墓一枚印章问题		1985年第11期
张先得	记各地出土的圆形金饼——兼论汉代麟趾金、马蹄金		1985年第12期
徐信印、鲁纪亨	陕西旬阳发现一枚汉代银印		1985年第12期
田昌五	谈临沂银雀山竹书中的田制问题		1986年第2期
北京市社会科学研究所、王灿炽	大葆台西汉墓墓主考		1986年第2期
林泊	陕西临潼县博物馆收藏的四枚汉印		1986年第2期
何双全	《武威汉代医简》释文补正		1986年第4期
尤振尧	江苏泗洪曹庙东汉画像石		1986年第4期

续　表

著　者	论　文	“建筑明器”类型	期(卷)号
南阳地区文物工作队等	河南南阳县十里铺画像石墓 3		1986 年第 4 期
嘉祥县文物管理所	山东嘉祥南武山汉画像石		1986 年第 4 期
王立斌	江西铅山县发现东汉神兽镜		1986 年第 4 期
秦士芝	盱眙县出土东汉神兽镜		1986 年第 4 期
范邦谨	两块未见著录的《熹平石经》		1986 年第 5 期
南京博物院、邳县文化馆	江苏邳县白山故子两座东汉画像石墓 3		1986 年第 5 期
嘉祥县文管所	山东嘉祥纸坊画像石墓 2		1986 年第 5 期
石宁、刘啸	中国古建筑特色的形成与地理环境的关系		1986 年第 5 期
詹汉清	固始县发现东汉画像镜		1986 年第 5 期
泰安地区文物局	肥城县发现一座东汉画像石墓 2		1986 年第 5 期
魏建霆、田昌五	关于《谈谈临沂银雀山竹书中的田制问题》的一处数字计算		1986 年第 6 期
辽宁省文物考古研究所	辽宁绥中县“姜女坟”秦汉建筑医治发掘简报		1986 年第 8 期
李均明	居延汉简债务文书略述		1986 年第 11 期
连劭名	西域木简所见《汉律》中的“证不言请”律		1986 年第 11 期
孙机	江陵凤凰山汉墓简文“大柙”考实		1986 年第 11 期
徐州博物馆	徐州狮子山兵马俑坑第一次发掘简报		1986 年第 12 期
胡人朝	重庆市黄花园发现西汉墓葬		1986 年第 12 期
扬州博物馆	江苏仪征胥浦 101 号西汉墓 5	陶井	1987 年第 1 期

续 表

著　者	论　文	“建筑明器”类型	期(卷)号
陈平、王勤金	仪征胥浦01号西汉墓《先令券书》初考		1987年第1期
扬州博物馆	扬州平山养殖场汉墓清理简报5	铜井	1987年第1期
洛阳地区文化局文物工作队	河南洛宁东汉墓清理简报1	塔式陶楼、陶仓、井、猪圈磨房	1987年第1期
杨泓	中国古文物中所见人体造型艺术		1987年第1期
荥经县文化馆	四川荥经东汉石棺画像		1987年第1期
赵存禄	青海民和县出土的二方铜印		1987年第3期
郭清华	勉县发现汉代多字私印		1987年第3期
胡人朝	重庆江北陈家馆西汉石坑墓6		1987年第3期
张志华、王富安	河南西华发现一枚汉代金印5	陶楼残片	1987年第4期
山东大学历史系考古专业、郑岩	关于安丘汉墓立柱雕像的说明		1987年第4期
屈定富、常宝琳	宜昌市发现一座古代军垒		1987年第4期
平朔考古队	山西朔县秦汉墓发掘简报5、1	井	1987年第6期
屈盛瑞	山西朔县西汉并穴木椁墓5		1987年第6期
临汾地区文化局等	晋南曲沃苏村汉墓1	灰、红陶猪圈、井、仓	1987年第6期
雷云贵	西汉雁鱼灯		1987年第6期
高大伦、贾麦明	汉初平元年朱书镇墓陶瓶		1987年第6期
许俊臣、刘得祯	庆阳博物馆藏汉代四神规矩镜		1987年第6期
陈奇猷	胥浦01号西汉墓《先令券书》“乡”字释		1987年第6期
裘锡圭	漆“面罩”应称“秘器”		1987年第7期
陕西省考古研究所、王辉	扬州平山汉墓遣策释读试补		1987年第7期

续 表

著　者	论　文	"建筑明器"类型	期(卷)号
李少南	山东博兴出土西汉"榆荚"钱石范		1987年第7期
诸城县博物馆凤功、韩岗	山东诸城出土一批五铢钱铜范		1987年第7期
潍坊市博物馆、五莲县图书馆	山东五莲张家仲崮汉墓5		1987年第9期
张秀夫	河北平泉县杨杖子村发现汉墓5		1987年第9期
四川省文物管理委员会等	四川宝兴陇东东汉墓群5		1987年第10期
芦山县博物馆、钟坚	四川芦山出土汉代石刻楼房1	仓楼	1987年第10期
芦山县博物馆	芦山发现一尊汉代青铜人像		1987年第10期
青州市文物管理所、魏振圣	山东省青州市发现东汉大型出廓玉璧		1988年第1期
范邦谨	《熹平石经》的尺寸及刻字行数补证		1988年第1期
徐州博物馆等	徐州北洞山西汉墓发掘简报4		1988年第2期
扬州博物馆	江苏邗江姚庄101号西汉墓5		1988年第2期
李则斌	汉砚品类的新发现		1988年第2期
陈炳应	兰州、张掖出土的汉代铜车马		1988年第2期
于都县博物馆、万幼楠	江西于都发现汉画像砖墓1		1988年第3期
孙机	"温明"不是"秘器"		1988年第3期
文化部古文献研究室等	阜阳汉简《万物》		1988年第4期
胡平生、韩自强	《万物》略说		1988年第4期
魏振圣	青州市发现西汉鎏金铜镇		1988年第4期
黄留春、张照	河南襄城县发现汉画像石		1988年第5期

续　表

著　者	论　文	“建筑明器”类型	期(卷)号
郑州市博物馆、张秀清	河南郑州新发现的汉代画像砖		1988年第5期
河北省石家庄市文保所	石家庄发现汉代石雕裸体人像		1988年第5期
新疆楼兰考古队	楼兰古城址调查与试掘简报		1988年第6期
新疆楼兰考古队	楼兰城郊古墓群发掘简报		1988年第6期
	钟山县出土东汉、唐、宋铜镜		1988年第6期
林梅村	楼兰新发现的东汉祛芦文考释		1988年第8期
孙机	汉代军服上的徽识		1988年第8期
宁夏文物考古研究所等	宁夏盐池县张家场汉墓1、2、5	仓	1988年第9期
陈江风	大汶口一块汉画像石内容辩正		1988年第11期
陈江风	关于唐河针织厂汉画像石墓中的两个问题		1988年第12期
临沂市博物馆	山东临沂金雀山九座汉代墓葬5		1989年第1期
泰安市文化局、程继林	泰安大汶口汉画像石墓2		1989年第1期
支配勇	山西平鲁上面高村西汉木椁墓5		1989年第1期
济南医药公司、张振平	《〈万物〉略说》商讨一则		1989年第1期
甘肃省文物考古研究所等	甘肃天水放马滩战国秦汉墓群的发掘		1989年第2期
何志国	四川绵阳出土一件汉代铭文铜镜		1989年第2期
太湖县文物管理所、梅毅	安徽太湖征集一件汉代画像铜镜		1989年第2期
赵化成	汉画所见汉代车名考辩		1989年第3期

续 表

著　者	论　文	“建筑明器”类型	期(卷)号
巴林右旗博物馆、苗润华	内蒙古巴林右旗发现一件汉代铜镜		1989年第3期
陶荣	甘肃崇信出土“货泉”铜母范		1989年第5期
姚高悟	湖北沔阳出土的汉代铜镜		1989年第5期
甘肃省博物馆、宋涛	汉离盖三足石砚		1989年第5期
胡平生	“马踏飞鸟”是相马法式		1989年第6期
江陵张家山汉简整理小组	江陵张家山汉简《脉书》释文		1989年第7期
连劭名	江陵张家山汉简《脉书》初探		1989年第7期
随州市博物馆	湖北随州市城北西汉墓5		1989年第8期
聊城地区博物馆	山东阳谷县八里庙汉画像石墓3、1	陶楼顶	1989年第8期
林甘泉	汉简所见西北边塞的商品交换和买卖契约		1989年第9期
李学勤	论银雀山简《守法》、《守令》		1989年第9期
杨焕成	河南新蔡葛陵汉墓出土的铜器1		1989年第9期
吴荣曾	战国、两汉的“操蛇神怪”及有关神话迷信的变异		1989年第10期
芦兆荫	再论两汉的玉衣		1989年第10期
吴焯	孔望山摩崖造像杂考		1989年第12期
河北省文物研究所等	河北阳原三汾沟汉墓群发掘报告5		1990年第1期
河北省文物研究所	河北阜城桑庄东汉墓发掘报告1	仓、楼3件	1990年第1期
苏希圣、李瑞鹏	安徽寿县出土的两件绿釉陶模型	陶楼、猪圈	1990年第1期
辽宁省博物馆文物队	辽宁朝阳袁台子西汉墓1979年发掘简报5、2、1、8		1990年第2期

续　表

著　者	论　文	“建筑明器”类型	期(卷)号
洛阳市文物工作队一队张湘	洛阳新发现的西汉空心画像砖		1990年第2期
郭世云等	山东滨州市汲家湾发现汉墓 1		1990年第2期
何新民	湖南耒阳发现两件东汉铜镜 5		1990年第2期
肥城县文化馆、程少奎	山东肥城发现“永平”纪年画像石		1990年第2期
刘道广	关于汉“四神星象图”的方位问题		1990年第3期
河南省博物馆	介绍一件东汉“大吉利”陶瓶		1990年第3期
廖奔	中国早期演剧场所述略		1990年第4期
王子今	汉代建筑中所见“复壁”		1990年第4期
连云港市博物馆	连云港地区的几座汉墓及零星出土的汉代木俑 1、5		1990年第4期
河北省文物研究所等	河北阳原西城南关东汉墓 1	仓、猪圈、仓楼、楼	1990年第5期
凉山彝族自治州博物馆	四川西昌北山、小花山、黄水塘大石墓		1990年第5期
海阳县博物馆王洪明	山东海阳出土“大泉五十”钱范		1990年第5期
准格尔旗文化馆	内蒙古准格尔旗发现一批汉代文物		1990年第8期
安丘县博物馆	山东安丘发现一处铜器窖藏		1990年第8期
徐州博物馆	徐州发现东汉元和三年画像石 3		1990年第9期
徐州博物馆	徐州韩山东汉墓发掘简报 3	釉陶楼、井、猪圈	1990年第9期
赵超	山东嘉祥出土东汉永寿三年画像石题记补考		1990年第9期
张家山汉简整理组	张家山汉简《引书》释文		1990年第10期

续 表

著　者	论　文	"建筑明器"类型	期(卷)号
彭浩	张家山汉简《引书》初探		1990年第10期
广东省博物馆、深圳市博物馆	深圳市南头红花园汉墓发掘简报5、1	井、屋	1990年第11期
陈国安	马王堆汉墓出土印花敷彩织物的加固试验与保护处理		1990年第11期
山阴县文物管理所、贺仰文等	山西山阴发现两件汉代五铢钱铜范		1990年第12期
吴礽骧	河西汉塞		1990年第12期
甘肃省永登县文化馆	永登县汉代长城遗迹考察		1990年第12期
李强	仪征汉墓出土铜圭表属于道家用器		1991年第1期
内江市文管所、简阳县文化馆	四川简阳县鬼头山东汉崖墓4		1991年第3期
周口地区文物工作队等	河南淮阳北关一号汉墓发掘简报3	仓楼、井	1991年第4期
广东省博物馆、顺德县博物馆	广东顺德县汉墓的调查和清理5、1	井、残陶屋、仓	1991年第4期
安徽省文物考古研究所等	安徽霍山县西汉木椁墓5	仓	1991年第9期
孙华、巩发明	平杨府君阙考		1991年第9期
扬州博物馆、邗江县图书馆	江苏邗江县杨寿乡宝女墩新莽墓5		1991年第10期
扬州博物馆	江苏邗江县甘泉老虎墩汉墓1	楼、畜圈、井	1991年第10期
周长源、张福康	对扬州宝女墩出土汉代玻璃衣片的研究		1991年第10期
广东省文物考古研究所等	广东五华狮雄山汉代建筑遗址		1991年第11期
广东省文物考古研究所等	广东东莞虎门东汉墓1	陶仓、陶屋	1991年第11期
国家文物局考古领队培训班	山东济宁郊区潘庙汉代墓地1、2、5、8		1991年第12期

续 表

著　者	论　文	“建筑明器”类型	期(卷)号
宜昌地区博物馆、当阳市博物馆	湖北当阳半月东汉墓发掘简报 1、5	井、仓	1991 年第 12 期
广东省博物馆、顺德市博物馆	广东顺德陈村汉墓的清理 1		1991 年第 12 期
姚军英	河南襄城县出土西汉晚期四神规矩镜		1992 年第 1 期
成都市博物馆、刘雨茂	成都凤凰山发现一座汉代砖室墓 1	陶井	1992 年第 1 期
高崇文	西汉诸侯王墓车马殉葬葬制度探讨		1992 年第 2 期
崔乐泉	从出土文物看汉代体育		1992 年第 2 期
洛阳市文物工作队	洛阳机车厂东汉壁画墓 3	仓、猪圈等残片	1992 年第 3 期
陕西省考古研究所汉陵考古队	汉景帝阳陵南区丛葬坑发掘一号简报	井	1992 年第 4 期
山西省考古研究所等	山西离石马茂庄东汉画像石墓 3		1992 年第 4 期
隆尧县文物保管所	河北隆尧县出土刻花贴金玉片		1992 年第 4 期
福建省博物馆等	崇安汉城二号建筑遗址		1992 年第 8 期
杨琮	崇安汉城出土瓦当的研究		1992 年第 8 期
荆州地区博物馆	江陵张家山两座汉墓出土大批竹简 5	陶仓	1992 年第 9 期
河北省文物研究所等	河北沙河兴固汉墓 3	井、猪圈(厕)、陶楼	1992 年第 9 期
济宁市博物馆	山东济宁师专西汉墓群清理简报 5、2、1		1992 年第 9 期
河南省偃师县南蔡乡文物管理委员会	偃师县南蔡乡汉肥致墓发掘简报 1		1992 年第 9 期
商志(香覃)、李均明	商承祚先生藏居延汉简		1992 年第 9 期
洛阳市二文物工作队	洛阳偃师县新莽壁画墓清理简报 1	仓、残陶井	1992 年第 12 期

续　表

著　者	论　文	“建筑明器”类型	期(卷)号
洛阳市二文物工作队	洛阳金谷园东汉墓发掘简报 8	仓	1992 年第 12 期
洛阳市二文物工作队	洛阳朱村东汉壁画墓发掘简报 3		1992 年第 12 期
乐山市崖墓博物馆	四川乐山市沱沟嘴东汉崖墓清理简报 4	石仓	1993 年第 1 期
北京大学考古系等	1992 年春天马—曲村遗址墓葬发掘报告 1	陶井圈	1993 年第 3 期
夏忠润	四川合江县东汉砖室墓石棺盖“玄武”质疑		1993 年第 3 期
赵炳焕	河南新郑发现七音陶埙		1993 年第 4 期
徐州博物馆	徐州后楼山西汉墓发掘报告 6	陶仓、井	1993 年第 4 期
李银德	徐州出土西汉玉面罩的复原研究		1993 年第 4 期
许玉林	辽宁盖县东汉墓 1	仓、屋	1993 年第 4 期
李献奇、杨海钦	洛阳又发现一批西汉空心画像砖		1993 年第 5 期
洛阳市二文物工作队	洛阳涧滨东汉黄肠石墓 3		1993 年第 5 期
王世振、王善才	湖北随州东城区东汉墓发掘报告 1	陶猪圈、井、仓	1993 年第 7 期
王善才、王世振	湖北随州西城区东汉墓发掘报告 1	井、陶楼、仓	1993 年第 7 期
湖北省荆州地区博物馆	江陵高台 18 号墓发掘简报 5		1993 年第 8 期
安徽省文物考古研究所等	安徽天长县三角圩战国西汉墓出土文物 5	陶仓	1993 年第 9 期
湖北省文物考古研究所等	’92 云梦楚王城发掘简报		1994 年第 4 期
李进增、耿志强	宁夏灵武横城发掘两座汉墓 5		1994 年第 4 期

续 表

著　者	论　文	"建筑明器"类型	期(卷)号
黄盛璋	朔县战国秦汉墓若干文物与墓葬断代问题		1994年第5期
陕西省考古研究所汉陵考古队	汉景帝阳陵南区丛葬坑发掘二号简报		1994年第6期
邹城市文物管理处	山东邹城高李村汉画像石墓2		1994年第6期
刘培桂等	邹城出土汉画像石2		1994年第6期
刘晓路	从马王堆3号墓出土地图看墓主官职		1994年第6期
洛阳市二文物工作队	洛阳邮电局372号西汉墓8	仓、井	1994年第7期
洛阳市二文物工作队	洛阳北邙45号空心砖汉墓1		1994年第7期
洛阳市二文物工作队	洛阳苗南新村528号汉墓发掘简报5	仓、井、猪圈	1994年第7期
山西省考古研究所等	山西夏县王村东汉壁画墓1		1994年第8期
李银德、陈永清	东汉涌寿元年徐州从事墓志		1994年第8期
四川大学历史系考古专业等	四川西昌东坪汉代冶铸遗址的发掘		1994年第9期
新疆文物考古研究所	新疆尉犁县因半古墓调查5		1994年第10期
广元市文物管理局	四川广元昭化征集的汉代画像砖		1994年第11期
秦建明、张在明、杨政	陕西发现以汉长安城为中心的西汉南北向超长建筑基线		1995年第3期
周晓陆	缪纡墓志读考		1995年第4期
黄展岳	读《汉代物质文化资料图说》		1995年第5期
安吉县博物馆程亦胜	浙江安吉天子岗汉晋墓1	鸡笼、狗圈、猪圈	1995年第6期

续 表

著　者	论　文	“建筑明器”类型	期(卷)号
临沂市博物馆	山东临沂金雀山画像砖墓 1		1995 年第 6 期
洛阳市二文物工作队	洛阳五女冢新莽墓发掘简报 1	仓、井	1995 年第 6 期
洛阳市二文物工作队	义马新市区 5 号西汉墓发掘简报 5		1995 年第 11 期
黄展岳	早期墓志的一些问题		1995 年第 12 期
李吟屏	悬挂楼兰王首之北阙考		1995 年第 12 期
郑州市文物考古研究所等	河南荥阳苌村汉代壁画墓调查 3		1996 年第 3 期
山西省考古研究所等	山西离石再次发现东汉画像石墓 3	井	1996 年第 4 期
芦兆荫	玉德・玉符・汉玉风格		1996 年第 4 期
徐州博物馆	徐州发现一批散存汉画像石		1996 年第 5 期
赵丰	汉代踏板织机的复原研究		1996 年第 5 期
傅熹年	记顾铁符先生复原的马王堆三号墓帛书中的小城图		1996 年第 6 期
周保平	徐州的几座再葬汉画像石研究 2		1996 年第 7 期
连云港市博物馆	江苏东海县尹湾汉墓群发掘简报	陶房	1996 年第 8 期
刘洪石	“谒”、“刺”考释		1996 年第 8 期
黄盛璋	初论楼兰国始都楼兰城与 LE 城的问题		1996 年第 8 期
俞伟超	中国古墓壁画内容变化的阶段性		1996 年第 9 期
徐苹芳	看《河北古代墓葬壁画精粹展》札记		1996 年第 9 期
黄景略	中国古代汉墓壁画的缩影		1996 年第 9 期
贺西林	两汉墓室壁画研究随想		1996 年第 9 期
绵阳博物馆、绵阳市文化局	四川绵阳永兴双包山一号西汉木椁墓发掘简报 5		1996 年第 10 期

续 表

著 者	论 文	“建筑明器”类型	期(卷)号
四川省文物考古研究所等	绵阳永兴双包山二号西汉木椁墓发掘简报 5	残房屋模型、木井	1996 年第 10 期
迁安县文物保管所	河北迁安于家村一号汉墓清理 1	陶楼、井、仓楼	1996 年第 10 期
武可荣	试析东海尹湾汉墓缯绣的内容和工艺		1996 年第 10 期
唐华清宫考古队	秦汉骊山汤遗址发掘简报		1996 年第 11 期
林梅村	汉代精绝国与尼雅遗址		1996 年第 12 期
谢桂华	尹湾汉墓简牍和西汉地方行政制度		1997 年第 1 期
陈松长	马王堆三号汉墓纪年木牍性质的再认识		1997 年第 1 期
徐州博物院	徐州西汉宛朐侯刘艺墓 6		1997 年第 2 期
李银德、孟强	试论徐州出土西汉早期人物画像镜		1997 年第 2 期
徐州博物院	徐州韩山西汉墓 6		1997 年第 2 期
内蒙古博物馆	内蒙古呼和浩特市郊格尔图汉墓 1		1997 年第 4 期
李加锋	成都青龙山汉代砖室墓 1	陶房	1997 年第 4 期
郭汉东	近年出土的西汉宗庙编磬		1997 年第 5 期
刘临安	中国古代建筑的纵向构架		1997 年第 6 期
蒋英炬	有关“鲍宅山凤凰画像”的考察与管见		1997 年第 8 期
仝泽荣	江苏睢宁墓山汉画像石墓 2		1997 年第 9 期
汤池	汉画典范　爱不释手——读《洛阳汉墓壁画》		1997 年第 10 期
枣庄市文物管理委员会办公室等	山东枣庄小山西汉画像石墓 6	井、猪圈、仓	1997 年第 12 期
芦兆荫	略论汉代礼仪用玉的继承和发展		1998 年第 3 期
刘庆柱	中国古代宫城考古学研究的几个问题		1998 年第 3 期

续 表

著　者	论　文	"建筑明器"类型	期(卷)号
傅熹年第	中国古代的建筑画		1998 年第 3 期
黄展岳	秦汉陵寝		1998 年第 4 期
狮子山楚王陵考古发掘队	徐州狮子山西汉楚王陵发掘简报 4		1998 年第 8 期
狮子山楚王陵考古发掘队	徐州狮子山楚王陵出土文物座谈会纪要		1998 年第 8 期
邹厚本、韦正	徐州狮子山西汉墓的金扣腰带		1998 年第 8 期
庞昊	翁牛特旗发现两汉铜`牌饰		1998 年第 8 期
王恺	狮子山楚王陵出土印章和封泥对研究西汉楚国建制及封域的意义		1998 年第 8 期
杨爱国	室即墓室		1998 年第 9 期
贵州省文物考古研究所	贵州金沙县汉画像石墓清理 2		1998 年第 10 期
成都市文物考古工作队等	成都市光荣小区土坑墓发掘简报 5	陶仓	1998 年第 11 期
金雀山考古发掘队	临沂金雀山 1997 年发现的四座汉墓 5		1998 年第 12 期
新疆文物考古研究所	新疆尉犁县营盘墓地 15 号墓发掘简报 5		1999 年第 1 期
赵平安	对狮子山楚王陵所出印章封泥的再认识		1999 年第 1 期
傅举有	汉代列侯的家吏——兼谈马王堆三号墓墓主		1999 年第 1 期
白金荣	呼和浩特市出土汉代铁甲研究		1999 年第 2 期
裘锡圭	沂南阳都故城铜斧应为西汉遗物		1999 年第 5 期
黄展岳	关于伏虎形器和"虎子"的问题		1999 年第 5 期

续　表

著　者	论　文	“建筑明器”类型	期(卷)号
赵超	式、穹窿顶墓室与覆斗形墓志——兼谈古代墓葬中“象天地”思想		1999年第5期
新疆文物考古研究所	吐鲁番交河故城沟北1号台地墓葬发掘简报5		1999年第6期
湖北省荆州市周梁玉桥遗址博物馆	关沮秦汉墓清理简报5		1999年第6期
北京科技大学冶金系等	徐州狮子山楚王陵出土铁器的金相实验研究		1999年第7期
成都市文物考古工作队等	成都市青白江区跃进村汉墓发掘简报5、1	陶房	1999年第8期
新疆文物考古研究所等	新疆石河子南山古墓葬5		1999年第8期
曾蓝莹	尹湾汉墓《博局占》木牍试解		1999年第8期
洛阳市第二文物工作队	洛阳金谷园小学IM1254西汉墓发掘简报5	仓	1999年第9期
蒋志龙	云南晋宁石寨山M71出土的叠鼓形黜贮贝器		1999年第9期
佟伟华	云南石寨山文化贮贝器研究		1999年第9期
杨泓	谈中国汉唐之间葬俗的演变		1999年第10期
尚民杰	居延汉简时制问题探讨		1999年第11期
徐州博物院	徐州东甸子西汉墓6	仓、井	1999年第12期
河南省文物考古研究所	河南省济源市桐花沟汉墓发掘简报5	陶仓	1999年第12期
刘云涛	山东莒县双合村汉墓1		1999年第12期

附录五

附表 5-1 《中原文物》杂志历年发表有关汉代文物考古资料表

[墓葬类型代号:1 砖(空心砖)室墓;2 石室(棺、椁)墓;3 砖石墓;4 横穴崖洞墓;5 土坑(洞)墓;6 岩坑(洞)墓;7 瓮(瓦)棺葬;8 特殊墓葬。资料截止日期 1999 年底]

著者	论文	"建筑明器"类型	期(卷)号
郑州市博物馆	郑州古荥镇发现大面积汉代冶铁遗址		1977 年第 1 期
赵新来、武志远	两方汉印		1977 年第 2 期
华觉民、文辛	从温县烘范窑的发现看汉代的叠范技术		1978 年第 2 期
詹汉清	固始发现西汉瓦件		1978 年第 2 期
南阳地区文化局考古队	唐河县发现有纪年的汉画像石墓		1978 年第 3 期
郭建邦	孟津送庄汉黄肠石墓		1978 年第 4 期
赵新来	介绍几方汉代县级官印		1978 年第 4 期
吕品	中岳汉三阙		1979 年第 2 期
李京华	河南汉魏时期球墨铸铁的重大发现		1979 年第 2 期
赵新来	介绍一件西汉透光镜		1979 年第 3 期
永明	略谈南阳汉画像中的俳优		1979 年第 4 期
河南省博物馆	河南永城固上村汉画像石墓		1980 年第 1 期
周到、吕品等	河南画像砖的艺术风格与分期		1980 年第 1 期
马世之	评《汉代叠范——温县烘范窑的发掘与研究》一书		1980 年第 2 期
于晓兴	荥阳京襄城发现汉代金币		1980 年第 3 期

续　表

著者	论文	"建筑明器"类型	期(卷)号
谢遂莲	郑州市郊发现汉代铁刑具		1981 年第 1 期
陈直遗作	《河南现存的汉碑》一文的订补		1981 年第 1 期
浙川文管会	浙川馆藏一件东汉陶水榭 d		1981 年第 1 期
唐爱华	介绍两件馆藏青铜器		1981 年第 1 期
安阳地区文管会等	南乐宋耿洛一号汉墓发掘简报 1	陶仓楼、井、猪圈	1981 年第 2 期
杨爱玲	河南叶县发现的东汉石兽——兼谈汉晋的陵墓华表		1981 年第 2 期
周到、吕品	略谈河南发现的汉代石雕		1981 年第 2 期
张维华	南阳汉画像石中的计里鼓车		1981 年第 2 期
姚垒	襄城县出土新莽天凤四年铜钲		1981 年第 2 期
刘东亚	介绍两面古代铜镜		1981 年第 2 期
魏忠策	罕见的汉代戏车画像砖		1981 年第 3 期
萧兵	卜千秋墓猪头神试说		1981 年第 3 期
周到	试析河南汉画像石中的乐舞百戏图像		1981 年特刊
吕品	中岳汉三阙上的画像初探		1981 年特刊
张维华	南阳汉画像石中的"蚩尤旗"		1981 年特刊
王建中	鲁迅与南阳汉画像石艺术		1981 年特刊
余扶危、赵振华	洛阳出土的东汉《王当买地铅券》及有关问题初探		1981 年特刊
黄士斌	上村岭秦墓和汉墓		1981 年特刊
南阳市博物馆	南阳县赵寨砖瓦厂汉画像石墓		1982 年第 1 期
《南阳汉画像石》编委会	唐河县电厂汉画像石墓		1982 年第 1 期

续　表

著者	论文	“建筑明器”类型	期(卷)号
南阳市博物馆	南阳县王寨汉画像石墓		1982年第1期
《南阳汉画像石》编委会	邓县长家店汉画像石墓		1982年第1期
淅川县文管会李松	淅川县下寺汉画像砖墓		1982年第1期
长山、仁华	试论王寨汉墓中的彗星图		1982年第1期
黄明兰	“穆天子会见西王母”汉画像石考释		1982年第1期
本刊通讯员	《南阳汉画像石》一书正在编写中		1982年第1期
张思青	温县发现汉代铁暖炉		1982年第1期
周到、吕品	南阳汉画像石简论		1982年第2期
洛阳市文物工作队	洛阳西工东汉壁画墓		1982年第3期
陈长安	洛阳邙山东汉陵试探		1982年第3期
周口地区文化局文物科等	淮阳于庄汉墓发掘简报		1983年第1期
千平喜	武陟出土的大型汉代陶楼		1983年第1期
李国灿	东汉青铜天鸡羽人炉		1983年第1期
郑慧生	人蛇斗争与马王堆一号汉墓漆棺画斗蛇图		1983年第3期
任常中	关于汉马丞、徒丞、空丞印的问题		1983年第3期
雷鸣夏	“穆天子会见西王母”画像石质疑		1983年第3期
南阳博物馆	河南南阳英庄汉画像石墓		1983年第3期
傅永魁	巩县出土的汉画像石和汉画像砖		1983年第3期
周到、吕品	河南汉画略说		1983年特刊
黄明兰	洛阳西汉汉画像空心砖概述		1983年特刊
魏殿臣	密县汉画简述		1983年特刊
刘建洲、张家泰	密县打虎亭汉墓画像石试析		1983年特刊

续　表

著者	论文	“建筑明器”类型	期(卷)号
祝仲铨	密县汉画像艺术的美学思想与美学风格		1983年特刊
刘永信	永城汉画像石刻概述		1983年特刊
苏建	洛阳汉代彩绘陶壶艺术初探		1983年特刊
王瀛山	汉画像镜初探		1983年特刊
杨焕成、吕品	河南汉画像中的建筑形象		1983年特刊
黄运浦	略谈南阳汉画像中的棒形具		1983年特刊
张清华	从汉画像看我国戏曲艺术的产生		1983年特刊
赵建中	南阳汉画像中角抵戏新探		1983年特刊
魏仁华	南阳汉画像中搏击图试析		1983年特刊
一平	南阳汉画像石的“藏”与“变”		1983年特刊
刘铁华	两汉时代画像石的艺术特点		1983年特刊
牛济普	试谈汉画中的花鸟画		1983年特刊
李宏	南阳汉代画像石刻美学风格初探		1983年特刊
周济人	试论汉代的书法艺术		1983年特刊
荆山林	汉“就敖仓食”时间问题		1983年特刊
林育栋、于晓兴	郑州古荥汉代冶铁炉的耐火材料		1983年特刊
韩汝玢、于晓兴	郑州东史马东汉剪刀与铸铁脱碳钢		1983年特刊
丘亮辉、于晓兴	郑州古荥镇冶铁遗址出土铁器的初步研究		1983年特刊
商邱地区文管会等	虞城王集西汉墓		1984年第1期
荆三林等	敖仓故址考		1984年第1期
文众	古镜艺术(二)——精致的汉镜		1984年第1期

续 表

著者	论文	“建筑明器”类型	期(卷)号
苏建	美国波士顿美术馆藏洛阳汉墓壁画考略		1984 年第 2 期
王今栋	汉画像中马的艺术		1984 年第 2 期
吕品、周到	河南汉画中的杂技艺术		1984 年第 2 期
韩顺发	杂技戴竿考		1984 年第 2 期
史国强	试论南岳出土东汉石砚的雕刻艺术		1984 年第 2 期
牛济普	荥阳印陶考		1984 年第 2 期
张明申、秦文生	汉《韩仁铭》碑考释及历史价值		1984 年第 2 期
魏殿臣	密县发现汉画像石题记		1984 年第 2 期
张清华	谈中州汉唐石刻分布与书法艺术		1984 年第 2 期
刘永信	梁孝王墓地宫的建筑艺术		1984 年第 2 期
陈娟	宜阳出土的汉代压胜钱		1984 年第 3 期
洛阳市文物工作队	洛阳唐寺门两座汉墓发掘简报		1984 年第 3 期
洛阳市文物工作队	洛阳东关夹马营路东汉墓		1984 年第 3 期
郝乃章	扶沟吴桥村发现汉代画像砖		1984 年第 3 期
蔡运章	荥阳西郊汉墓陶器文字补释		1984 年第 3 期
邓同德等	项城县老城汉墓出土陶楼		1984 年第 3 期
高同根	浚县出土东汉陶鞋		1984 年第 4 期
洛阳市文物工作队	洛阳市东郊东汉“对开式”砖瓦窑清理简报		1984 年第 4 期
陈汉平	汉太室阙“象”形新议		1984 年第 4 期
杨焕成	武陟县陶楼是四阿顶不是歇山顶		1984 年第 4 期
郑州市博物馆	郑州市乾元北街空心画像砖墓		1985 年第 1 期

续 表

著者	论文	“建筑明器”类型	期(卷)号
罗西章	陕西扶风石家一号汉墓发掘简报		1985年第1期
尚振明	孟县出土汉代太医		1985年第1期
陈有忠	许昌城址考		1985年第1期
李发林	山东苍山元嘉元年画像石墓题记试释		1985年第1期
吕品	河南邓县题名石柱考		1985年第1期
谢世平	汉代的剪钱工艺		1985年第1期
张秀清	郑州又发现一批汉画像砖		1985年第2期
刘炜	西汉陵寝概谈		1985年第2期
南阳地区文物队等	新野县前高庙村汉画像石墓		1985年第3期
南阳地区文物队等	唐河县湖阳镇汉画像石墓清理简报		1985年第3期
南阳地区文物队等	唐河县针织厂二号汉画像石墓		1985年第3期
南阳市博物馆	南阳市建材试验厂汉画像石墓		1985年第3期
南阳市博物馆	南阳市王庄汉画像石墓		1985年第3期
南阳市博物馆	南阳市独山西坡汉画像石墓		1985年第3期
南阳市博物馆	南阳市西郊刘洼汉墓发掘简报		1985年第3期
南阳市博物馆	南阳市散存的汉画像石选汇		1985年第3期
河南省文物研究所	禹县东十里村东汉画像石墓发掘简报		1985年第3期
吴曾德、肖亢达	就大型汉代画像石墓的形制论“汉制”		1985年第3期
魏仁华	试析南阳汉画像石中的幻日图象		1985年第3期
闪修山	南阳画像石中的门画艺术		1985年第3期

续 表

著者	论文	“建筑明器”类型	期(卷)号
赵成浦	南阳汉画像石墓始末刍议		1985 年第 3 期
张晓军	浅谈南阳汉画像石中牛的艺术形象		1985 年第 3 期
南可	从东汉“建宁”、“熹平”两块黄肠石看灵帝文陵		1985 年第 3 期
洛阳地区文管会	宜阳县牌窑西汉画像砖墓清理简报		1985 年第 4 期
刘曙光	三门峡上村岭秦人墓的初步研究		1985 年第 4 期
苏建	汉画中的神怪御蛇和龙壁图考		1985 年第 4 期
商丘地区文管会等	夏邑县杨楼春秋两汉墓发掘简报 1、3		1986 年第 1 期
南阳地区文物工作队	唐河湖阳罐山石洞墓 5		1986 年第 1 期
吴兰等	陕西神木柳巷村汉画像石墓 2		1986 年第 1 期
张秀清等	河南新郑出土的汉代画像砖		1986 年第 1 期
高同根	简述浚县东汉画像石的雕像艺术		1986 年第 1 期
崔庆明、王广礼	王勇弩机考		1986 年第 1 期
张铠生	汉代粮仓初探		1986 年第 1 期
李陈广	南阳汉画像河伯图试析		1986 年第 1 期
艾延丁	南阳市王庄汉画像石墓墓顶画像考释		1986 年第 1 期
新乡地区文管会等	辉县地方铁路饭店工地汉墓发掘简报 6	仓	1986 年第 2 期
南阳地区文物队	方城党庄汉画像石墓	井、陶楼	1986 年第 2 期
史建群	简论中国古代城市布局规划的形成		1986 年第 2 期
贺云翱	也谈我国古城形制的基本模式		1986 年第 2 期

续 表

著者	论文	“建筑明器”类型	期(卷)号
河南省文物研究所等	鹤壁市后营古墓群发掘简报 5、1、	仓、井	1986 年第 3 期
曾广勋	桐柏县馆藏东汉陶楼		1986 年第 3 期
谢遂莲	郑州古荥汉代冶铁遗址开放		1986 年第 4 期
黄留春	许昌古城出土“四神”柱础		1986 年第 4 期
河南省文物研究所	郑州市向阳肥料社汉代画像砖墓 1	仓	1986 年第 4 期
郑州市文物工作队	郑州市郊区刘胡垌发现窖藏铜铁器		1986 年第 4 期
林木	汉代地主收租图与地租剥削		1986 年第 4 期
李宏	汉代丧葬制度的伦理意向		1986 年第 4 期
王良启	试论汉画像石的艺术成就		1986 年第 4 期
郑州市博物馆	介绍几件馆藏汉代陶建筑模型		1986 年第 4 期
时瑞宝	西汉帝陵与昭穆之序		1986 年特刊
郭沫若	洛阳汉墓壁画试探		1986 年特刊
夏鼐	洛阳西汉壁画墓中的星象图		1986 年特刊
孙作云	洛阳西汉壁画墓考释		1986 年特刊
孙作云	洛阳西汉壁画墓中的傩仪图		1986 年特刊
孙作云	洛阳西汉卜千秋墓壁画考释		1986 年特刊
陈少峰、宫大中	洛阳西汉卜千秋墓壁画艺术		1986 年特刊
陈昌远	关于洛阳西汉卜千秋墓室壁画的几个问题		1986 年特刊
苏建	洛阳汉墓壁画略说		1986 年特刊
李发林	洛阳西汉壁画墓星象图新探		1986 年特刊

续　表

著者	论文	“建筑明器”类型	期(卷)号
宫大中	洛阳古代墓室壁画艺术疏记		1986年特刊
蔡全法	洛阳西汉墓壁画艺术源流与美学风格		1986年特刊
浙川县文管会	浙川县程凹西汉墓发掘简报 5	仓	1987年第1期
张志华、王富安	西华东斧柯村发现汉代画像砖 1		1987年第1期
河南省文物研究所	新郑山水寨汉墓发掘简报 1		1987年第1期
马世之	再论我国古城形制的基本模式		1987年第1期
张西焕、王玉娥	浙川县博物馆收藏的汉代陶戏楼		1987年第1期
周到	试论河南汉画像石的美学风貌		1987年第1期
李陈广	汉代面具的应用及影响		1987年第1期
郑州市博物馆	郑州市博物馆收藏的几面古代铜镜		1987年第1期
周到	试论河南永城汉画像石		1987年第2期
李宏	汉赋与汉代画像石刻		1987年第2期
侯晓红	浅谈密县汉墓的《舞乐百戏》壁画		1987年第2期
洛阳市第二文物工作队	洛阳金谷园西汉墓发掘简报 1		1987年第3期
洛阳市第二文物工作队	洛阳市南昌路东汉墓发掘简报 1	陶仓、猪圈	1987年第3期
肖安顺	试论我国高层建筑的起源与发展		1987年第3期
张松林	荥阳魏河村汉代七层陶楼的发现和研究	仓、仓楼	1987年第4期
尤志远	河南古代建筑全国之最		1987年第4期
淮阳县博物馆	淮阳出土西汉三进陶院落		1987年第4期

续　表

著者	论文	“建筑明器”类型	期(卷)号
王学敏	试谈淮阳东汉陶楼的建筑装饰艺术		1987年第4期
王竹林、许景元	洛阳近年出土的汉石经		1988年第2期
米如田	汉画像石墓分区初探		1988年第2期
陈江风	“羲和捧日、常羲捧月”画像石质疑		1988年第2期
骆子昕	汉魏洛阳城址考辨		1988年第2期
河南省文物研究所等	新郑县东城路古墓群5、1、		1988年第3期
牛耕	汉代画像中的音乐神形象		1988年第3期
马正元	焦作出土汉代窖藏铜钱		1988年第4期
赵建中	南阳汉代画像石主要动物题材刍议		1988年第4期
李陈广	浅析汉画龙的艺术形象及其影响		1988年第4期
杨凤翔	商水县新安故城发现“货泉”铜母范		1989年第1期
李发林	汉画像石的雕刻技法问题补谈		1989年第1期
王如雷	新野发现一块汉代戏车画像砖		1989年第1期
李振宏	汉简甲子纪日错乱考		1989年第2期
张泽松	息县发现一枚汉代官印		1989年第2期
马钺锋	河南省中原石刻艺术馆收藏一批汉代空心画像砖		1989年第2期
周到	河南画像石考古四十年概况		1989年第3期
吕品	河南汉代画像砖的出土与研究		1989年第3期
杨焕成	河南古建筑概述		1989年第3期
商丘地区文化局	河南夏邑吴庄石椁墓2	仓、井	1990年第1期

续 表

著者	论文	“建筑明器”类型	期(卷)号
商丘地区文化局等	河南永城前窑汉代石室墓 5	仓	1990 年第 1 期
李俊山	永城太丘一号汉画像石墓 2	陶井、猪圈	1990 年第 1 期
永城县文管会等	永城太丘二号汉画像石墓 2	陶猪圈	1990 年第 1 期
李俊山	永城僖山汉画像石墓 2		1990 年第 1 期
阎道衡	永城芒山柿园发现梁国国王壁画墓 2		1990 年第 1 期
新郑县文物保管所	新郑山水寨沟汉画像砖墓 1		1990 年第 1 期
阎根齐	商丘汉画像石探源		1990 年第 1 期
寿新民	商丘地区汉画像石艺术浅析		1990 年第 1 期
王恺	苏鲁豫皖交界地区汉画像石墓的分期		1990 年第 1 期
李金波	元氏汉碑刍议		1990 年第 1 期
李宏	追求不朽——汉代画像石主题论		1990 年第 1 期
李玉洁	试论我国古代棺椁制度		1990 年第 2 期
宋镇豪	中国上古时代的建筑营建仪式		1990 年第 3 期
罗桃香	记罗山县收集的一面铜鼓		1991 年第 1 期
崔乐泉	中国古代蹴鞠的起源与发展		1991 年第 2 期
杨焕成	河南陶建筑明器简述		1991 年第 2 期
顾森	汉画像艺术探源		1991 年第 3 期
陈江风	汉画像“神鬼世界”的思维形式及其艺术		1991 年第 3 期
赵超	汉代画像石墓中的画像布局及其意义		1991 年第 3 期
高文、范小平	四川汉代画像石棺艺术研究		1991 年第 3 期

续 表

著者	论文	“建筑明器”类型	期(卷)号
吴文祺	从山东汉画像石图象看汉代手工业		1991 年第 3 期
吕品	河南汉画所见图腾遗俗考		1991 年第 3 期
尤振尧	苏南地区东汉画像砖墓及其相关问题研究		1991 年第 3 期
王步毅	褚兰汉画像石及其有关物像的认识		1991 年第 3 期
唐长寿	汉代墓葬门阙考辨		1991 年第 3 期
闪修山	汉郁平大尹孺人画像石墓研究补遗		1991 年第 3 期
李宏	原始宗教的遗绪		1991 年第 3 期
李黎阳	试论山东安丘汉墓人像柱艺术		1991 年第 3 期
韩顺发	汉唐高　艺术考		1991 年第 3 期
唐士钦	徐州汉画中的古建筑		1991 年第 3 期
雷建金等	四川内江汉画民居干栏及大苍		1991 年第 3 期
李卫星	浅论汉画像石作伪的有关问题		1991 年第 3 期
南阳市文物队	南阳市刘洼村汉画像石墓 3	陶猪圈、仓	1991 年第 3 期
	河南碑刻叙录		1991 年第 4 期
李陈广	汉画伏羲女娲的形象特征及其意义		1992 年第 1 期
邱永生	徐州青山泉水泥二厂一、二号汉墓发掘简报 2	陶房盖	1992 年第 1 期
	河南碑刻叙录		1992 年第 1 期
	河南碑刻叙录		1992 年第 2 期
登封县文化局	登封发现一方汉代官印		1992 年第 2 期
刘云彩	古荥高炉复原的再研究		1992 年第 3 期

续 表

著者	论文	“建筑明器”类型	期(卷)号
李京华	南阳北关瓦房庄汉代冶铁遗址泥模泥范的可塑性实验		1992年第4期
张新斌	汉代画像石所见儒风与楚分		1993年第1期
邱永生	徐州近年征集的汉画像石集粹		1993年第1期
王育成	洛阳延光元年第朱书陶罐考释		1993年第1期
南阳市文物工作队	南阳市第二华工厂21号画像石墓发掘简报3		1993年第1期
汤淑君	安阳汉四残碑		1993年第1期
吕品	“盖天说”与汉画中的悬壁图		1993年第2期
刘晓路	临沂帛画文化氛围初探		1993年第2期
赵成浦、郝玉建	胡汉战争画像考		1993年第2期
刘兴珍	漫谈汉代画像石的继承与发展		1993年第2期
孟强	关于汉代升仙思想的两点看法		1993年第2期
韩顺发	汉画像中的倒立分类及名称考释		1993年第2期
李银德	徐州画像石墓墓主身份考		1993年第2期
周保平	徐州洪楼两块汉画像石考释		1993年第2期
唐长寿	岷江流域汉画像崖墓分期及其它		1993年第2期
徐建国	徐州汉画像石室祠建筑		1993年第2期
杨爱国	汉代的忠孝观念及其对汉画艺术的影响		1993年第2期
汤淑君	汉淮源庙碑与赵到残碑		1993年第2期
傅举有	马王堆缯画的研究——马王堆汉画研究之一		1993年第3期

续　表

著者	论文	"建筑明器"类型	期(卷)号
(日)山下志保	画像石墓与东汉时代的社会		1993年第4期
巫鸿	国外百年汉画像研究之回顾		1994年第1期
南阳市文物工作队	南阳市环卫处汉墓发掘简报1、5	釉陶仓、圈、井	1994年第1期
李锋	中国古代宫城概说		1994年第2期
张华亭	试论商丘汉画像石的艺术形式		1994年第3期
牛济普	汉代图形印		1994年第3期
李锦山	西王母题材画像石及其相关问题		1994年第4期
陈江风	汉画像中的玉璧与丧葬观念		1994年第4期
李国华	浅析汉画像石关于祭祀礼仪中的供奉牺牲		1994年第4期
马华民	试析汉画像中戟的图像		1994年第4期
肖燕等	山东枣庄市清理两座汉画像石墓		1994年第4期
燕东生、刘智敏	苏鲁豫皖交界区西汉石椁墓及其画像石的分期		1995年第1期
苏建	洛阳新获石辟邪的造型艺术与汉代石辟邪的分期		1995年第2期
郎保湘	洛阳汉墓出土的有关服饰文化资料		1995年第2期
魏忠策、高现印	南阳汉画像砖石几何学应用浅见		1995年第2期
刘宇航	三羊、青羊、黄羊镜铭新考		1995年第2期
李陈广、韩玉祥	南阳汉画像石的发现与研究		1995年第3期
任华、旭东	汉画拥彗管见		1995年第3期
刘玉生、王卫国	贿赂图与西门豹治邺图辩		1995年第3期

续 表

著者	论文	“建筑明器”类型	期(卷)号
曾宪波	汉画中的兵器初探		1995年第3期
李建	楚文化对南阳汉代画像石艺术发展的影响		1995年第3期
孙怡村	从汉画看百戏与舞乐的交融		1995年第3期
牛天伟	试析汉画中的西王母画像		1995年第3期
李真玉	试析汉画中的蟾蜍		1995年第3期
王清建	论汉画中的玄武形象		1995年第3期
洛阳市第二文物工作队	洛阳市东郊东汉墓发掘简报1	仓、井	1995年第4期
洛阳市第二文物工作队	洛阳轴承厂汉代砖瓦窑场遗址		1995年第4期
洛阳市第二文物工作队	洛阳市南昌路东汉墓发掘简报1	仓楼	1995年第4期
洛阳市第二文物工作队	洛阳周山路石椁墓		1995年第4期
李宪忠　孟晋	岱顶无字碑		1996年第1期
南阳市文物研究所	河南省邓州市梁寨汉画像石墓3	仓、井、猪圈	1996年第3期
南阳市文物研究所	河南省南阳市辛店乡熊营画像石墓3	猪圈、仓、井	1996年第3期
南阳市文物研究所	河南省南阳市十里铺二号画像石墓3		1996年第3期
南阳市文物研究所	桐柏县安棚画像石墓3	陶楼、猪圈	1996年第3期
崔华、牛耕	从汉画中的水旱神画像看我国汉代的祈雨风俗		1996年第3期
尚勤学	东汉建宁元年残碑浅识		1996年第4期
连劭名	洛阳延光元年神瓶朱书解除文述略		1996年第4期
王学敏	荥阳东汉仓楼彩绘养老图		1996年第4期
赵成浦	南阳汉代画像石砖墓关系之比较		1996年第4期

续 表

著者	论文	“建筑明器”类型	期(卷)号
杨爱国	汉镜铭文的史料学价值		1996年第4期
萧涓燕	拍板与中缅文化交流		1996年第4期
贾香峰、赵炳焕	新郑市发现汉印和金印		1996年第4期
	中国汉画学会第五届年会在山东临沂举行		1996年第4期
贺福顺等	“嫦娥奔月”图像商榷		1997年第1期
鞠辉、蒋宏洁	尊“德”与崇“力”		1997年第1期
顾森	开卷有益——读《洛阳汉墓壁画》		1997年第2期
郑州市文物考古研究所	郑州市南关外汉代画像空心砖墓1	仓、仓楼	1997年第3期
郑州市文物考古研究所	郑州市九州城西汉墓的发掘1、5		1997年第3期
郑州市文物考古研究所	郑纺机油库发现的一座汉墓1	圈、井	1997年第3期
南阳市文物研究所	南阳市教师新村10号汉墓1	猪圈、仓、井、楼顶	1997年第4期
南阳市文物研究所等	南阳唐河白庄汉画像石墓3	仓、井	1997年第4期
南阳市文物研究所	南阳中建七局机械厂汉画像石墓3	井、猪圈、仓	1997年第4期
南阳市文物研究所	河南南阳蒲山二号汉画像石墓3	陶仓、井、猪圈	1997年第4期
虞万里	东汉《肥致碑》考释		1997年第4期
钱国祥	汉魏洛阳故城圆形建筑遗址殿名考辨		1998年第1期
牛济普	汉代官印分期例举		1998年第1期
杨菊华	汉代青铜文化概述		1998年第2期
冯其庸	汉画研究的力作		1998年第2期
郭灿江	河南出土的汉代陶灶		1998年第3期
米冠军等	南阳汉代武术画像石试析		1998年第3期

续　表

著者	论文	"建筑明器"类型	期(卷)号
史家珍	新莽墓朱书陶文的书法艺术		1998年第3期
李陈广等	南阳汉代画像石墓分期研究		1998年第4期
谭淑琴	试论汉画中铺首的渊源		1998年第4期
郑同修	山东发现的汉代铁器及相关问题		1998年第4期
洛阳市第二文物工作队	洛阳邙山战国西汉墓发掘报告		1999年第1期
赵志文、贾连敏	永城保安山二号墓文字试析		1999年第1期
倪润安	论两汉四灵的源流		1999年第1期

图版目录[1]

第一章

[1] 本书图片,除图版目录中已经标注外,其余图片均为笔者或马晓教授所摄(个别或为笔者学生们所摄)。

第二章

第三章

第四章

第五章

第六章

第七章

第八章

第九章

9 页图

图 9-2-1　彩绘版画　诸城县博物馆:《山东诸城县西汉木椁墓》,《考古》1987 年第 9 期第 784 页图图九

图 9-2-2　杏园壁画　徐殿魁、曹国鉴:《偃师杏园东汉壁画墓的清理与临摹札记》,《考古》1987 年第 10 期,第 949 页图

图 9-2-3　诸城百戏　诸城县博物馆任日新:《山东诸城汉画像石墓》,《文物》1981 年第 10 期,第 18 页图

图 9-2-4　诸城庖厨　诸城县博物馆任日新:《山东诸城汉画像石墓》,《文物》1981 年第 10 期,第 19 页图

图 9-2-5　四鹤图　郑州市博物馆张秀清:《河南郑州新发现的汉代画像砖》,《文物》1988 年第 5 期,第 67 页图

图 9-2-6　马王堆汉墓帛画　黄明兰、郭引强编著:《洛阳汉墓壁画》,北京:文物出版社,1996 年版:第 12 页

图 9-2-7　木版画线条　甘肃省文物考古研究所、天水市北道区文化馆:《甘肃天水放马滩战国秦汉墓群的发掘》,《文物》1989 年第 2 期,第 9 页图

图 9-2-8　侍者进食图　徐毅英主编:《徐州汉画像石》,北京:中国世界语出版社,1995 年:第 39 页图 42

图 9-2-9　长冶铜器　侯毅:《长冶潞城出土铜器图案考释》,《中原文物》1989 年第 1 期,第 48 页图 8

图 9-2-10　武梁祠汉画像石　朱锡禄编著:《武氏祠汉画像石》,济南:山东美术出版社,1986 年版:第 15 页

图 9-2-11　临沂帛画　刘晓路:《临沂帛画文化氛围初探》,《中原文物》1993 年第 2 期,第 11 页图

图 9-2-12　漆画　蔡金法:《楚国绘画试析》,《中原文物》1992 年第 2 期,第 34 页图

图 9-2-13　连环画画像石　徐州博物馆:《徐州汉画像石》,南京:江苏美术出版社,1985 年版:图 30

图 9-2-14　送葬图　王思礼等:《山东微山县汉代画像石调查》,《考古》1989 年第 8 期,第 707 页

图 9-2-15　壁画透视　辽宁省博物馆等:《辽阳旧城东门里东汉壁画墓发掘报告》,《文物》1985 年第 6 期,第 37 页图

图 9-2-16　崇安汉城　福建省博物馆:《崇安城村汉城探掘简报》,《文物》1985 年第 11 期,第 40 页图

图 9-2-17　诸城庭院图　诸城县博物馆任日新:《山东诸城汉墓画像石》,《文物》1981 年第 10 期,第 16 页图

图 9-2-18　攻战图(瑞典)　林西莉著,李之义译:《汉字王国》:第 70 页

图 9-3-19　建筑图　王步毅:《褚兰汉画像石及有关物像的认识》,《中原文物》1991 年第 3 期,第 62 页图四

图 9-3-20　观伎图　龚廷万、龚玉、戴嘉陵编著:《巴蜀汉代画像集》,北京:文物出版社,1998 年版,图 58

图 9-3-21　庭院图　重庆市博物馆:《重庆市博物馆藏四川汉代画像砖选集》,北京:文物出版社,1957 年版:第 18 页图

图 9-3-22　庭院图　徐州博物馆《江苏新沂瓦窑汉画像石墓》,《考古》1985 年第 7 期,图 6

图 9-3-23　建筑图　徐毅英主编:《徐州汉画像石》,北京:中国世界语出版社,1995 年版,图 62

第十章

图 10-1-1　武功仰韶陶房模型　张瑞岭《仰韶文化陶塑艺术浅议》一文中,有所引用和分析,《中原文物》1989 年第 1 期,第 31 页二

图 10-1-2　淮阳陶楼　骆明、史磊:《淮阳出土西汉三进陶院落》,《中原文物》1987 年第 4 期,第 70 页图

图 10-1-3　铜屋　牟永抗:《绍兴 306 号战国墓发掘简报》,《文物》1984 年第 1 期,第 17 页图

图 10-1-4　勉县老道寺陶楼:陶四合院模型平、剖面图　郭清华:《陕西勉县老道寺汉墓》,《考古》1985 年第 5 期,第 446 页图三、图四

图 10-1-5　郑州南关汉墓"四合院"(河南博物院藏)

图 10-1-6　"干栏式"陶屋　彭书琳、陈左眉:《广西北海市盘子岭东汉墓》,《考古》1998 年第 11 期,第 56 页图一〇(部分)

图 10-2-1　新石器陶屋之一　马承源:《甘肃灰地儿及青岗岔新石器时代遗址的调查》,《考古》1961 年第 7 期,图版六- 2、3

图 10-2-2　土洞居室　谢端琚:《试论我国早期土洞墓》,《考古》1987 年第 12 期,第 1103 页图

图 10-2-3　长台关楚墓　吴曾德、肖元达:《就大型汉代画像石墓的形制论"汉制"——兼谈我国墓葬的发展进程》,《中原文物》1985 年第 3 期,第 57 页图四

图 10-2-4　殷商大墓　刘敦桢主编:《中国古代建筑史》,北京:中国建筑工业出版社,1984 年第二版,第 33 页图 21

图 10-2-5　商代墓葬 M4　胡秉华:《滕州前掌大商代墓葬地面建筑浅析》,《考古》1994 年第 2 期,第 148 页图

图 10-2-6　西北坡龙虎图　孙德萱、丁清贤、赵连生、张相梅:《河南濮阳西水坡遗址发掘简报》,《文物》1988 年第 3 期,第 4 页图

图 10-2-7　琉璃河墓　中国社会科学院考古研究所、北京市文物研究所琉璃河考古

期，第76页图四-3西室西壁

图10-3-5　　庄园图　内蒙古自治区博物馆文物工作队：《和林格尔汉墓壁画》，北京：文物出版社，1978年版，第21页图

图10-3-6　　彩绘仓楼（河南省博物院藏）

图10-4-1　　“高楼”　于临祥、王珍仁：《大连市出土彩绘陶楼》，《文物》1982年第1期。第75页图一、二

图10-4-2　　大地湾F411平面图　赵建龙：《大地湾遗址仰韶晚期地画的发现》，《文物》1986年第2期，第13页图

图10-4-3　　大地湾F901平面图　郎树德：《甘肃秦安大地湾901号房址发掘简报》，《文物》1986年第2期，第2页图

图10-4-4　　牛河梁遗址平面图　方殿春、魏凡：《辽宁牛河梁红山文化“女神庙”与积石冢群发掘简报》，《文物》1986年第8期，第2页图

图10-4-5　　西汉礼制建筑复原鸟瞰图　刘敦桢主编：《中国古代建筑史》，北京：中国建筑工业出版社，1984年第二版，第49页图30-4

主要参考文献

1. 典籍

《二十五史(百衲本)》,杭州:浙江古籍出版社,1998年版

(汉)许慎著、(清)段玉裁注:《说文解字注》,杭州:浙江古籍出版社,1998年版

(汉)赵晔:《吴越春秋》,南京:江苏古籍出版社,1999年版

(汉)郑玄注,(唐)贾公彦疏:《周礼注疏》,(清)阮元校刻:《十三经注疏》(全二册),北京:中华书局,1980年版

(汉)郑玄注,(唐)贾公彦疏:《仪礼注疏》,(清)阮元校刻:《十三经注疏》(全二册),北京:中华书局,1980年版

(汉)郑玄注,(唐)孔颖达等正义:《礼记正义》,(清)阮元校刻:《十三经注疏》(全二册),北京:中华书局,1980年版

(南朝·宋)刘义庆:《世说新语》,上海古籍出版社,1982年版

(北魏)杨衒之著、范祥雍校注:《洛阳伽蓝记校注》,上海古籍出版社,1958年版

(北魏)郦道元:《水经注》时代文艺出版社,2001年版

(唐)欧阳询撰、汪绍楹校:《艺文类聚》,中华书局,1965年版

(唐)陆广微:《吴地记》,南京:江苏古籍出版社,1999年版

(宋)朱长文:《吴郡图经续记》,南京:江苏古籍出版社,1999年版

(宋)范成大:《吴郡志》,南京:江苏古籍出版社,1999年版

(元)俞希鲁:《至顺镇江志》,南京:江苏古籍出版社,1999年版

(明)张岱:《陶庵梦忆》,上海:上海古籍出版社,1982年版

(明)张岱:《西湖梦寻》,上海:上海古籍出版社,1982年版

(明)文震亨撰,陈植校注:《长物志校注》,南京:江苏科学技术出版社,1984年版

(明)计成,陈植注释:《园冶注释》,北京:中国建筑工业出版社,1988年版

(明)宋应星:《天工开物》,成都:巴蜀出版社,1989年版

(明)田汝成辑撰:《西湖游览志》,上海:上海古籍出版社,1998年版

(明)田汝成辑撰:《西湖游览志馀》,上海:上海古籍出版社,1998年版

(明)李昭祥:《龙江船厂志》,南京:江苏古籍出版社,1999年版

(清)严可均校辑:《全上古三代秦汉三国六朝文》,北京:中华书局,1958年版

(清)钱泳:《履园丛话》,北京:中华书局,1979年版

(清)毕沅疏证:《释名疏证　附续释名　释名补遗》(《经训堂丛书》本),北京:中华书局,1985 年版

《诸子集成》,上海:上海书店出版社,1986 年版

(清)孙星衍撰,陈抗、盛冬铃点校:《十三经清人注疏　尚书今古文注疏》,北京:中华书局,1986 年 12 月版。

(清)王先谦撰,吴格点校:《十三经清人注疏　诗三家义集疏》,北京:中华书局,1987 年版

(清)焦循撰,沈文倬点校:《十二经清人注疏　孟子正义》,北京:中华书局,1987 年版

(清)洪亮吉撰,李解民点校:《十三经清人注疏　春秋左传诂》,北京:中华书局,1987 年版

(清)孙诒让撰,王文锦、陈玉霞点校:《十三经清人注疏　周礼正义》,北京:中华书局,1987 年版

(清)孙诒让撰:《周礼正义》,中华书局,1987 年版

(清)丁丙编纂:《武林坊巷志》,杭州:浙江人民出版社,1990 年版

(清)吴敬梓:《儒林外史》,北京:人民文学出版社,1992 年版

(清)梁诗正,沈德潜,傅王露等通撰:《西湖志纂》,上海:上海古籍出版社,1993 年版

(清)朱彬撰:《礼记训纂》,中华书局,1996 年版

(清)顾炎武:《天下郡国利病书》,济南:齐鲁书社,1997 年版

(清)姚际恒撰:《仪礼通论》,中国社,会科学出版社,1998 年版

(清)袁景澜:《吴郡岁华纪丽》,南京:江苏古籍出版社,1998 年版

(清)焦循,江藩:《扬州图经》,南京:江苏古籍出版社,1998 年版

(清)金友理:《太湖备考》,南京:江苏古籍出版社,1998 年版

(清)顾震涛:《吴门表隐》,南京:江苏古籍出版社,1999 年版

(清)徐崧等撰:《百城烟水》,南京:江苏古籍出版社,1999 年版

(清)顾公燮等撰:《丹午笔记、吴城日记、五石脂》,南京:江苏古籍出版社,1999 年版

(清)黄宗锡,顾炎武:《南明史料》,南京:江苏古籍出版社,1999 年版

(清)顾震涛:《吴门表隐》,南京:江苏古籍出版社,1999 年版

(清)姚承绪:《吴趋访古录》,南京:江苏古籍出版社,1999 年版

(清)顾禄:《清嘉录》,南京:江苏古籍出版社,1999 年版

(清)顾文彬撰,(民国)顾麟士:《过云楼书画记・续记》,南京:江苏古籍出版社,1999 年版

(民国)叶昌炽:《寒山寺志》,南京:江苏古籍出版社,1999 年

北京大学历史系《论衡》注释小组:《〈论衡〉注释》,北京:中华书局,1979 年版

陈直:《汉书新证》,天津:天津人民出版社,1979 年第二版

陈戍国校注:《四书五经》,长沙:岳麓书社,1991 年

何清谷校注:《三辅黄图校注》,西安:三秦出版社,1995 年版

迟文浚、王玉华编著:《尔雅音义通检》,沈阳:辽宁大学出版社,1997 年版

何宁:《淮南子集释》,中华书局,1998 年版

杨帆,邱效瑾注译:《山海经》,安徽人民出版社,1999 年版

杨帆、邱效瑾注译:《山海经》,合肥:安徽人民出版社,1999年版

2. 建筑史学论著

刘敦桢:《中国住宅概说》,北京:中国建筑工业出版社,1957年版
刘敦桢:《苏州古典园林》,北京:中国建筑工业出版社,1979年版
李乾朗:《台湾建筑史》,台北:雄狮图书公司,1979年版
陈明达:《应县木塔》,北京:文物出版社,1980年第二版
路秉杰编著:《古代汉语文献——中国古代建筑文献》,上海:同济大学出版社,1980年版
陈明达:《营造法式大木作制度研究》,北京:文物出版社,1981年版
刘敦桢:《刘敦桢文集(1～4)》,北京:中国建筑工业出版社,1982年版;1984年版;1987年版;1992年版
梁思成:《梁思成文集(1～4)》,北京:中国建筑工业出版社,1982年版;1984年版;1985年版;1986年版
陈从周:《书带集》,广州:花城出版社,1982年版
陈从周编著:《扬州园林》,上海:上海科技出版社,1983年版
刘敦桢:《中国古代建筑史》,北京:中国建筑工业出版社,1984年第二版
梁思成:《图像中国建筑史》,北京:中国建筑工业出版社,1984年版
陈从周:《说园》,上海:同济大学出版社,1984年版
童寯:《江南园林志》,北京:中国建筑工业出版社,1984年版
李乾朗:《传统建筑入门》,台北:行政院文化建设委员会,1984年版
中国科学院自然科学史研究所主编:《中国古代建筑技术史》,北京:科学出版社,1985年版
陈从周:《春苔集》,广州:花城出版社,1985年版
陈从周:《山湖处处——陈从周诗词集》,杭州:浙江人民出版社,1985年版
张驭寰、郭湖生等:《中国古代建筑技术史》,北京:科学出版社,1985年版
童寯:《近百年西方建筑史》,南京:南京工学院出版社,1986年版
茅以升:《中国古桥技术史》,北京:北京出版社,1986年版
贺业钜:《中国古代城市规划史论丛》,北京:中国建筑工业出版社,1986年版
姚承祖:《营造法原》,北京:中国建筑工业出版社,1986年版
陈从周:《簾青集》,上海:同济大学出版社,1987年版
刘致平:《中国建筑类型与结构》,北京:中国建筑工业出版社,1987年版
杨鸿勋:《建筑考古学论文集》,北京:文物出版社,1987年版
王世仁:《理性与浪漫的交织》,北京:中国建筑工业出版社,1987年版
王世仁:《理性与浪漫的交织——中国建筑美学论文集》,北京:中国建筑工业出版社,1987年版
汉宝德:《明清建筑二论》,台北:台湾明文书局,1988年版
汉宝德:《斗拱的起源与发展》,台北:台湾明文书局,1988年版

朱良文，木庚锡：《丽江纳西族民居》，昆明：云南科技出版社，1988 年版
阮仪三：《旧城新录》，上海：同济大学出版社，1988 年版
萧默：《敦煌建筑研究》，北京：文物出版社，1989 年版
董鉴泓：《中国城市建设史》，北京：中国建筑工业出版社，1989 年第二版
刘致平著，王其明增补：《中国居住建筑简史——城市、住宅、园林》，北京：中国建筑工业出版社，1990 年版
陈从周：《中国名园》，香港：商务印书馆（香港）有限公司，1990 年版
张驭寰、郭湖生：《中华古建筑》，北京：中国科学技术出版社，1990 年版
陈明达：《中国古代木结构建筑技术》（战国——北宋），北京：文物出版社，1990 年版
郭湖生主编：《东方建筑研究》，天津：天津大学出版社，1992 年版
龙庆忠：《中国建筑与中华民族》，广州：华南理工大学出版社，1992 年版
王其亨主编：《风水理论研究》，天津：天津大学出版社，1992 年版
贺业钜等：《建筑历史研究》，北京：中国建筑工业出版社，1992 年版
陈从周：《岱庙》，济南：山东科学技术出版社，1992 年版
王其亨：《风水理论研究》，天津：天津大学出版社，1992 年版
常青：《西域文明与华夏建筑的变迁》，长沙：湖南教育出版社 1992 年版
王天：《古代大木作静力初探》，北京：文物出版社，1992 年
《中国建筑史》编写组：《中国建筑史》，中国建筑工业出版社，1993 年第三版
陈从周：《世缘集》，上海：同济大学出版社，1993 年版
刘大可：《中国古建筑瓦石营法》，北京：中国建筑工业出版社，1993 年版
中国建筑史编写组：《中国建筑史》，北京：中国建筑工业出版社，1993 年第三版
徐卫民，呼林贵：《秦建筑文化》，西安：陕西人民教育出版社，1994 年版
王璞子：《工程做法注释》，北京：中国建筑工业出版社，1995 年版
路秉杰：《中国古代建筑文献》，上海：同济大学出版社，油印本 1996 年
柴泽俊编著：《中国古代建筑　朔州崇福寺》，北京：文物出版社，1996 年版
中国营造学社编：《中国营造学社汇刊》，北京：国际文化出版公司，1997 年版
陈从周，潘洪萱，路秉杰：《中国民居》，上海：上海学林出版社，1997 年版
王鲁民：《中国古典建筑文化探源》，上海：同济大学出版社，1997 年版
郭湖生：《中华古都》，台北：台湾空间出版社，1997 年版
马炳坚：《中国古建筑木作营造技术》，北京：科学出版社，1997 年版
侯幼彬：《中国建筑美学》，哈尔滨：黑龙江科学技术出版社，1997 年版
王鲁民：《中国古典建筑文化探源》，上海：同济大学出版社，1997 年版
陈明达：《陈明达古建筑与雕塑史论》，北京：文物出版社，1998 年
傅熹年：《傅熹年建筑史论文集》，北京：文物出版社，1998 年版
罗哲文：《罗哲文古建筑文集》，北京：文物出版社，1998 年版
傅熹年：《傅熹年建筑史论文集》，北京：文物出版社，1998 年版

陈明达:《陈明达古建筑与雕塑史论》,北京:文物出版社,1998年版
王世仁:《王世仁古建筑与雕塑史论》,北京:文物出版社,1998年版
柴泽俊:《柴泽俊古建筑文集》,北京:文物出版社,1998年版
王贵祥:《东西方建筑空间》,北京:中国建筑工业出版社,1998年版
王贵祥:《文化、空间图式与中西方的建筑空间》,台北:台湾园林城市出版公司,1998年版
常青:《建筑志》,上海:上海人民出版社,1998年版
傅熹年:《傅熹年书画鉴定集》,郑州:河南美术出版社,1999年版
陈志华:《楠溪江中游古村落》,北京:三联书店,1999年版
马炳坚:《北京四合院建筑》,天津:天津大学出版社,1999年版
王绍周:《中国民族建筑》,南京:江苏科学技术出版社,1999年版
阮仪三编著:《江南古镇》,上海:上海画报出版社,2000年版
王贵祥:《中国美术史·元代卷·建筑篇》,北京:中国美术出版社,2000年版
张秀生,刘友恒,聂连顺,樊子林:《正定隆兴寺》,北京:文物出版社,2000年版

3. 考古学论著

常任侠编:《中国古典艺术》,上海:上海出版公司,1954年版
常任侠编:《汉代绘画选集》,北京:朝花美术出版社,1955年版
闻宥编:《四川汉代画像选集》,上海:群联出版社,1955年版
常任侠编:《汉代艺术研究》,上海:上海出版公司,1955年版
杨宽:《中国历代尺度考》,北京:商务印书馆,1955年版
唐寰澄等:《中国古代桥梁》,北京:文物出版社,1957年版
吴承洛原著,程理美修订:《中国度量衡史》,北京:商务印书馆,1957年版
王马云编:《中国古代石刻画选集》,北京:中国古典艺术出版社,1957年版
陕西省博物馆编:《陕西省博物馆藏石刻选集》,北京:文物出版社,1957年版
朱杰勤:《秦汉美术史》,北京:商务印书馆,1957年版
广州市文物管理委员会编:《广州出土的汉代陶屋》,北京:文物出版社,1958年版
河南省文化局文物工作队编:《邓县彩色画像砖墓》,北京:文物出版社,1958年版
段式:《汉画》,北京:中国古典艺术出版社,1958年版
刘志远:《四川汉代画像砖艺术》,北京:中国古典艺术出版社,1958年版
中国科学院考古研究所编辑:《梁思永考古学论文集》,北京:科学出版社,1959年版
江苏省文物管理委员会编:《江苏徐州汉画像石》,北京:科学出版社,1959年版
陕西省博物馆、陕西省文物管理委员会编:《陕北东汉画像石刻选集》,北京:文物出版社,1959年版
重庆市博物馆:《重庆市博物馆藏四川汉画像石选集》,北京:文物出版社,1959年版
中国科学院考古研究所:《洛阳烧沟汉墓》,北京:科学出版社,1959年版
中国科学院考古研究所编著:《洛阳中州路(西工段)简介》,北京:科学出版社,1959年版

河北省文化局文物工作队编:《望都二号汉墓》,北京:文物出版社,1959年版
中国社会科学院考古研究所:《美帝国主义劫掠的我国殷周铜器集录》,北京:科学出版社,1962年版
山东省博物馆、山东省文物考古研究所编:《山东汉画像石选集》,济南:齐鲁书社,1962年版
河南省文化局文物工作队第一、二队:《河南出土空心砖拓片集》,人民美术出版社,1963年版
杨宽:《古史新探》,北京:中华书局,1965年版
陕西省博物馆编:《秦汉瓦当》,北京:文物出版社,1965年版
湖南省博物馆等:《长沙马王堆一号汉墓发掘简报》,北京:文物出版社,1972年版
湖南省博物馆等:《长沙马王堆一号汉墓》,北京:文物出版社,1973年版
湖南省博物馆、中国科学院考古研究所编:《长沙马王堆一号汉墓》,北京:文物出版社 1973年版
内蒙古博物馆文物工作队编:《和林格尔汉墓壁画》,北京:文物出版社,1978年版
内蒙古自治区博物馆文物工作队编:《和林格尔汉墓壁画》,北京:文物出版社,1978年版
任继愈主编:《中国哲学史》,北京:人民出版社,1979年第三版
白寿彝主编:《中国通史纲要》,上海:上海人民出版社,1980年版
中国社会科学院考古研究所等:《满城汉墓发掘报告(上、下)》,北京:文物出版社,1980年版
俞伟超:《汉代诸侯王与列侯墓葬的形制分析》,中国考古学会编辑:《中国考古学会第一次年会论文集 1979》,北京:文物出版社,1980年版
广州市文物管理委员会,广州市博物馆:《广州汉墓》,北京:文物出版社,1981年版
湖南医学院:《马王堆一号汉墓古尸研究》,北京:文物出版社,1980年版
周世荣、欧光安:《神奇的古墓》,长沙:湖南省科学技术出版社,1981年版
南阳市博物馆、闪修山、陈继海等:《南阳汉代画像石刻》,上海:上海人民美术出版社,1981年版
武忠弼:《江陵凤凰山一六八号墓西汉古尸研究》,北京:文物出版社,1982年版
李发林著:《山东汉画像石研究》,济南:齐鲁书社,1982年版
肖萐父、李锦全主编:《中国哲学史上卷》,北京:人民出版社,1982年版
刘运勇:《西汉长安》,北京:中华书局,1982年版
王劲:《楚文化渊源初探》,中国考古学会编辑:《中国考古学会第二次年会论文集 1980》,北京:文物出版社,1982年版
河南古代艺术研究会编辑:《密县汉画像砖》,郑州:中州书画社,1983年版
吴曾德:《汉代画像石》,北京:文物出版社,1984年版
甘肃文物队编:《汉简研究文集》,兰州:甘肃人民出版社,1984年版
王仲殊:《汉代考古学概说》,北京:中华书局,1984年版
单先进:《西汉黄肠题凑葬制初探》,《中国考古学会第三次年会论文集 1981》,北京:文物出版社,1984年版

《考古》编辑委员会:《考古 200 期总目索引(1955.1~1984.5)》,北京:科学出版社,1984 年版

徐州博物馆:《徐州汉画像石》,南京:江苏美术出版社,1985 年版

杨宽:《中国古代陵寝制度史研究》,上海:上海古籍出版社,1985 年版

周到等编:《河南汉代画像砖》,上海:上海人民美术出版社,1985 年版

南阳汉代画像石编辑委员会编:《南阳汉代画像石》,北京:文物出版社,1985 年版

左德承:《秦汉漆器图录》,武汉:湖北美术出版社,1986 年版

朱锡禄编著:《武氏祠汉画像石》,济南:山东美术出版社,1986 年版

中国大百科全书总编辑委员会《中国历史》编辑委员会秦汉史编写组著:《秦汉史》,北京:中国大百科全书出版社,1986 年版

戴先杰等:《江苏省徐淮地区农业布局与农业类型研究》,南京:江苏教育出版社,1987 年版

高文编:《四川汉代画像砖》,上海:上海人民美术出版社,1987 年版

李正光编著:《马王堆汉墓帛书竹简》,长沙:湖南美术出版社,1988 年版

广西壮族自治区文物工作队:《广西贵县罗泊湾汉墓》,北京:文物出版社,1988 年版

张光直:《美术、神化与祭祀——通往古代中国政治权威的途径》,沈阳:辽宁教育出版社,1988 年版

张光直:《中国青铜时代(二集)》,北京:北京三联书店,1988 年版

王林绪、孙茂洪主编:《徐州交通史》,徐州:中国矿业大学出版社,1988 年版

中国社会科学院历史研究所:《居延新简》,北京:文物出版社,1990 年版

邓毓昆、李银德主编:《徐州史话》,南京:江苏古籍出版社,1990 年版

邓毓昆主编:《徐州胜迹》,上海:上海人民出版社,1990 年版

赵成甫主编:《南阳汉代画像砖》,北京:文物出版社,1990 年版

刘兴珍:《中国古代汉画像石》(英\\日版),北京:外文出版社,1991 年版

甘肃考古所编:《敦煌汉简(上、下)》,北京:中华书局,1991 年版

重庆博物馆:《四川汉代石阙》,北京:文物出版社,1992 年版

徐州博物馆编:《徐州博物馆三十年纪念文集》,北京:北京燕山出版社,1992 年版

安金槐:《中国考古》,上海:上海古籍出版社,1992 年版

崔瑞德、鲁惟一编:《剑桥中国秦汉史》,北京:中国社会科学出版社,1992 年版

河南文物研究所:《密县打虎亭汉墓》,北京:文物出版社,1993 年版

罗哲文:《中国历代皇帝陵墓(英)》,北京:外文出版社,1993 年版

中国社会科学院考古研究所编著:《汉杜陵陵园遗址》,北京:科学出版社,1993 年版

青海省文物工作队:《上孙家寨汉晋墓》,北京:文物出版社,1993 年版

杨宽:《中国古代都城制度史研究》,上海:上海古籍出版社,1993 年版

刘松根、薛文灿编:《河南新郑汉代画像砖》,上海:上海书画出版社,1993 年版

王学理:《秦始皇陵研究》,上海:上海人民出版社,1994 年版

甘肃考古所编:《居延新简》,北京:中华书局,1994 年版

刘振东:《汉代诸侯王列侯陵墓的地面形制》,中国社会科学院考古研究所《汉唐与边疆考古研究》编委会编:《汉唐与边疆考古研究第1辑》北京:科学出版社,1994年版

李泽厚:《李泽厚十年集1979～1989第3卷中国古代思想史论(1985)》,合肥:安徽文艺出版社,1994年版

徐州汉画像石编委会:《徐州汉画像石》,北京:中国世界语出版社,1995年版

李域铮:《陕西古代石刻艺术》,西安:三秦出版社,1995年版

李林、康兰英、赵力光编著:《陕北汉代画像石》,西安:陕西人民出版社,1995年版

深圳博物馆编:《中国汉代画像石画像砖文献目录》,北京:文物出版社,1995年版

考古研究所编著:《杏园东汉壁画墓》,沈阳:辽宁美术出版社,1995年版

高文:《中国画像石棺艺术》,太原:山西人民出版社,1996年版

王中文主编:《两汉文化研究·第1辑》,北京:文化艺术出版社,1996年版

夏亨廉:《汉代农业画像砖石》,北京:中国农业出版社,1996年版

陈振裕:《楚秦汉漆器艺术》,武汉:湖北美术出版社,1996年版

河南省文物考古研究所编:《永城西汉梁国王陵与寝园》,郑州:中州古籍出版社,1996年版

刘振东、谭青枝编著:《客死他乡的国王》,成都:四川教育出版社,1996年版

王育民:《秦汉政治制度》,西安:西北大学出版社,1996年版

汉风:《闲话徐州》,呼和浩特:远方出版社,1996年版

中国社会科学院考古研究所编著:《汉长安城未央宫1980～1989年考古发掘报告》,北京:中国大百科全书出版社,1996年版

赵超:《中国古代石刻概论》,北京:文物出版社,1997年版

连云港市博物馆编:《尹湾汉墓简牍》,北京:中华书局,1997年版

王振铎:《汉代车制复原研究》,北京:科学出版社,1997年版

金春峰:《汉代思想史》,北京:中国社会科学出版社,1997年版

中国社会科学院考古研究所资料信息中心编:《中国考古学文献目录(1971～1982)》,北京:文物出版社,1998年版

《文物》编辑部编:《文物五〇〇期总目索引(1950.1～1998.1)》,北京:文物出版社,1998年版

《考古与文物》编辑部:《考古与文物100期总目索引(1980.1～1997.2)》,西安:《考古与文物》编辑部,1998年版

李正光编:《楚汉简牍书典》,长沙:湖南美术出版社,1998年版

祝总斌:《西汉魏晋南北朝宰相制度史研究》,北京:社会科学出版社,1998年版

魏坚:《内蒙古中南部汉代墓葬》,北京:文物出版社,1998年版

高文编著:《四川汉代石棺画像集》,北京:人民美术出版社,1998年版

高敏著:《秦汉史探讨》,郑州:中州古籍出版社,1998年版

龚廷万、龚玉、戴嘉陵编著:《巴蜀汉代画像集》,北京:文物出版社,1998年版

黎虎:《汉唐外交制度史》,兰州:兰州大学出版社,1998年版

林梅村:《汉唐西域与中国文明》,北京:文物出版社,1998年版
连云港博物馆等:《尹湾汉墓简牍综论》,北京:科学出版社,1999年版
章用秀:《中国帝王丧葬》,北京:百花文艺出版社,1999年版
翦伯赞:《秦汉史》,北京:北京大学出版社,1999年第二版
王中文主编:《两汉文化研究·第2辑》,北京:文化艺术出版社,1999年版
丁凌华:《中国丧服制度史》,上海:上海人民出版社,2000年版
唐云俊主编:《江苏文物古迹通览》,上海:上海古籍出版社,2000年版

4. 外文资料

(日)横山好治:《寺院建筑构造法》,台北:信友堂,1937年版
太田博太郎:《法隆寺建筑》,东京:犬参社,1943年版
伊藤延男:《古建筑のみかかた》,东京:第一法规出版社,1967年版
竹岛卓一:《营造法式研究》,东京:中央公论美术出版社,1970年版
韩国建筑家协会编著:《韩国传统木造建筑图集》,首尔:一志社,1970年版
太田博太郎:《图说日本住宅史》,东京:彰国社,1971年版
传统のディテール研究会:《传统のディテール》,东京:彰国社,1972年版
坪井清足:《飞鸟寺》,东京:中央公论美术出版社,1976年版
建筑学大系编集委员会:《东洋建筑史(4～2)》,东京:彰国社,1978年版
日本建筑学会编:《日本建筑史图集》,东京:彰国社,1978年版
右田顺三编著:《庭のローパワーク》,东京:建筑资料研究社,1979年版
西冈常一等:《法隆寺——世界最古の木造建筑》,东京:草思社,1980年版
西冈常一,高田好胤,青山茂:《苏る药师寺西塔》,东京:草思社,1981年
斋藤忠:《古代朝鲜文化与日本》,东京:东京大学出版会,1981年版
伊东忠太:《东洋建筑研究》,东京:原书房,1982年版
成田寿一郎:《木の匠木工の技术史》,东京:鹿岛出版社,1984年版
山田幸一:《图解日本建筑の构成》,东京:彰国社,1986年版
(日)林已奈夫:《汉代的诸神》,京都:临川书店,1989年版
辰巳和弘:《高殿の古代学》,东京:白水社,1990年版
中川武:《日本建筑みどころ事典》,东京:东京堂出版,1990年版
张庆浩:《韩国的传统建筑》,首尔:文艺出版社,1992年版
尹张燮:《韩国的建筑》,首尔:首尔大学校出版部,1996年版
Paul oliver. Encyclopedia of Vernacular Architecture of the World. Cambridge University Press, 1997
Choi, Jae-Soon etc.. Hanoak: Traditional Korean Homes, Hollym, 1999
Klaus Zwerger Wood and wood Joints: building traditions of Europe and Japan BIRKHAUSER Basel; Berlin; Boston, 2000

김왕직.한국건축용어.ㅂㅏㄹㅇㅓㄴ,2000.4

5. 期刊

古建园林技术编辑部:《古建园林技术》
建筑学报编辑部:《建筑学报》
建筑师编辑部:《建筑师》
张复合等:《建筑史论文集》,北京:清华大学出版社,连续刊物
华中建筑编辑部:《华中建筑》
建筑与文化编辑部:《建筑与文化》
清华大学学报编辑部:《清华大学学报》
同济大学学报编辑部:《同济大学学报》
东南大学学报编辑部:《东南大学学报》
天津大学学报编辑部:《天津大学学报》
《文物》编辑委员会:《文物》历年杂志。
《考古》编辑委员会:《考古》历年杂志。
《中原文物》编辑委员会:《中原文物》历年杂志。
《考古与文物》编辑部:《考古与文物》历年杂志。
《东南文化》编辑部:《东南文化》历年杂志。
《四川文物》编辑部:《四川文物》历年杂志。
《建筑师》编辑部:《建筑师》历年杂志。
中国社会科学院考古研究所:《考古学报》历年杂志。
中国考古学会:《中国考古学年鉴》历年刊物。
南京博物院:《南京博物院集刊》历年杂志。

6. 其他

文物编辑委员会:《文物资料丛刊》(第2辑),北京:文物出版社,1978年版
秦汉史编写组:《秦汉史》,北京:中国大百科全书出版社,1986年版
中国大百科全书总编辑委员会《考古学》编辑委员会、中国大百科全书出版社编辑部编:《中国大百科全书·考古学》,北京:中国大百科全书出版社,1986年版
柳诒徵:《中国文化史(上、下)》,北京:中国大百科全书出版社,1988年版
张光直:《美术、神化与祭祀——通往古代中国政治权威的途径》,沈阳:辽宁教育出版社,1988年版
张光直:《中国青铜时代(2集)》,北京:三联书店,1988年版
李国豪主编:《建苑拾英——中国古代土木建筑科技史料选编第一辑》,上海:同济大学出版社,1990年
崔瑞德、鲁惟一:《剑桥中国秦汉史》,北京:中国社会科学出版社,1992年版

金春峰:《汉代思想史》,北京:中国社会科学出版社,1997 年版

中国建筑学会建筑史学分会:《建筑历史与理论》(第 5 辑),北京:中国建筑工业出版社,1997 年版

李国豪主编:《建苑拾英——中国古代土木建筑科技史料选编第二辑》,上海:同济大学出版社,1997 年

王大有,宋宝忠:《图说美洲图腾》,北京:人民美术出版社,1998 年版

翦伯赞:《秦汉史》,北京:北京大学出版社,1999 年版

张光直:《考古人类学随笔》,北京:三联书店,1999 年版

苏秉琦:《中国文明起源新探》,北京:三联书店,1999 年版

王永强,史卫民,谢建猷:《中国少数民族文化史图典》,南宁:广西教育出版社,1999 年版

高国藩:《中国巫术史》,上海:上海三联书店,1999 年版

李国豪主编:《建苑拾英——中国古代土木建筑科技史料选编第三辑》,上海:同济大学出版社,1999 年

王謇:《宋平江城坊考》,南京:江苏古籍出版社,1999 年

杨树达:《汉代婚丧礼俗考》,上海:上海古籍出版社,2000 年版

王冠倬:《中国古船图谱》,北京:三联书店,2000 年版

席龙飞:《中国造船史》,武汉:湖北教育出版社,2000 年版

信立祥:《汉画像石综合研究》,北京:文物出版社,2000 年版

中国画像石全集编辑委员会:《中国画像石全集》,济南:山东美术出版社,郑州:河南美术出版社,2000 年版

中国建筑学会建筑史学分会:《建筑历史与理论》(第 6、7 辑),北京:中国科学技术出版社,2000 年版

钦定大清会典:《四库全书[M/CD]卷 239 第 17 册》,武汉:武汉大学出版社

历代会要中的相关内容

古今图书集成、四库全书中的相关内容

后　记

摆在诸君面前的这本书，是笔者在同济大学建筑系完成的博士学位论文[①]。

为尊重、致敬并感谢母校同济，故本书副标题——中国汉代楚(彭城)国墓葬建筑及相关问题研究，就是笔者博士学位论文题目。

幸蒙 11 位答辩委员对拙作多有肯定，颇为汗颜。因此，为敬重各位答辩委员老师[②]、尊重历史事实与读者诸君，本书尽可能保持笔者博士学位论文旧貌，以存其真。仅修正某些明显字句谬误，修补注释格式，增添部分图片，个别章节增加必要的小标题等[③]。由此，2000 年 12 月底至今，笔者论文答辩后，众多学者们杰出的新材料、新成果与新创见等，暂未列入，留待再版时修订。

1991 年 7 月，笔者本科毕业于中国矿业大学建筑系建筑学专业，启蒙于熊振、刘远智、杨天泽、尹必祥、唐军诸先生。辗转数地后，蒙母校不弃，调回中国矿业大学建筑设计研究院工作，继而忝列建筑系教师。正是诸位师长们认可、宽容与指导，使我能够继续学习。并有机会进入同济大学，再次当起了学生。正如笔者在毕业论文“后记”所言：“这份不易和奢侈，使我不敢浪费一分一秒，把所有的时间和精

---

① 由于体量较大，笔者博士论文的上篇曾经单独出版：周学鹰：《徐州汉墓建筑》，北京：中国建筑工业出版社，2001 年版。

② 本人博士毕业论文答辩评委组成：答辩主席：郭湖生；答辩委员：罗小未、刘叙杰、王恺、常青、伍江、卢永毅、蔡达峰、张皆正、刘天华等。各位评委老师的具体评阅意见、博士毕业论文答辩委员会决议附后。

③ 本书注释修改、字句谬误、图纸重绘等，由笔者的学生们分别协助完成。具体分工是：前言、摘要、绪论(王文丹)，第 1 章(柏倩然)，第 2 章(王雨佳)，第 3 章(夏碧草)，第 4 章(胡梦丹)，第 5 章(顾田田)，第 6 章(杨晨雨)，第 7 章(安瑞军)，第 8 章(芦文俊)，第 9 章(唐奕文)，第 10 章(张丽姣)，附录、参考文献、后记—修改(李思洋、何乐君)，cad 图纸重绘负责(鲁迪)等。博士生鲁迪对第二章 cad 图出力尤多。在此致谢。

力都投入到了学习提高上。唯自知才疏学浅,恐辱同济声誉,愧作‘同济人’”。

由此,笔者永远鸣谢我的博士导师、同济大学建筑系教授路秉杰先生。路师不以朽才,怜笔者为学之诚,赐进学之机。再造之恩,四时念及。尔时论文得以顺利完成,自是先生多方点拨;学业每有寸进,全赖先生教导。

路师秉杰先生师从我国已故著名古建筑、古园林学家陈从周先生,为掌门弟子。路师为我国著名建筑史学家、中国建筑史学会副会长,原同济大学中国建筑史学科带头人。同济大学古建筑、古园林设计研究室主任。1980 年东渡,为东京大学客座教授①。

2000 年 12 月底,笔者自沪上同济,拜别路师秉杰,辗转金陵东南,再游于先师郭湖生。郭师原为国务院学位委员会第二届学科评议组成员,第七、第八届全国政协委员。郭师是我国建筑史学科两位开拓者之一的刘敦桢先生嫡传弟子,我国著名建筑史学家,继往开来,贡献卓越②。

2008 年 4 月 27 日,郭师湖生先生仙逝,今逾十一载矣;2018 年 5 月 1 日,刘师远智先生西归,一载有余矣……

今天,改定书稿之日,愈加感念师恩!忆及恩师们的殷切期望与谆谆教导,盖笔者之薄负浅誉者,绪出于恩师们之心血与栽培也!

诸师或渐归山,或已凋零。笔者亦年逾半百,愧白首无成,而“传道、授业、解惑”之途愈艰。

“路漫漫其修远兮,吾将上下而求索。”

弟子　周学鹰

谨记于南京大学东方建筑研究所

2019 年 6 月 27 日星期四

---

① 陈栎宇编:《影响中国的经典演讲》,呼和浩特:内蒙古文化出版社,2009 年版,第 256 页。

② 《郭湖生先生生平》,《华中建筑》2008 年第 5 期,第 1 页。

周学鹰博士学位论文答辩委员评阅意见及答辩委员会决议

一、答辩委员评阅意见(以姓名笔画为序)

1. 王恺先生

(1) 该文广采博引,对徐州地区汉代(西汉、东汉 400 多年)的楚王、彭城王陵墓,石室墓,竖穴墓及砖石结构墓等进行了全面、多角度的探讨与研究,博采众家之长,提出了自己的看法,有史实有论据,观点鲜明,重点突出。这样全面研究徐州汉代墓葬,新中国成立以来还是第一人,其实用价值及现实意义不言而喻。

(2) 该论(文)占据几乎所有关于徐州汉代墓葬的发掘报告及论文,对于全国其它地区的有关汉代的文章也都收集起来;同时对汉代以前的和以后的论文及报告也都进行了阅读与研究。在全面占有资料的基础上,可能也是第一人。由于资料占有充实、全面,所以能够提出问题、分析问题比较透彻。由于资料充实、全面,其论据的使用踏实、可靠。在考古学上有两个关键问题:一个是断代,一个是分期。在这两个问题上,该文都基本上掌握了,也比较可靠。

(3) 本文作者不是学考古的。由于他刻苦钻研,精读了许许多多考古发掘报告和论文及有关的文献资料,基本上掌握了考古学和建筑学的一整套研究方法。在资料的收集与运用上,也比较娴熟而准确。在论点和论据上,也比较可靠。不失为一篇有水平、有新意的考古学上的好文章。

由于作者的广收博采,在文章的最后,把有关汉代文物、考古学新发表的报告及论文都附录于后,为汉代考古研究者提供了一份较全面的目录索引。这不能不说是对汉代考古学研究的贡献。

(4) 该文的缺点:

① 在论述用词上有些烦琐。如:“中国汉代楚(彭城)国墓葬建筑及相关问题研究”,完全可以用“中国汉代徐州地区墓葬建筑及相关问题研究”。

② 广引博采一些文章的论点是好的,但有些论点不一定是比较成熟或大多数认可的,用起来有时会起负作用。

③ 文字可以再加工,尽量简洁。

以上意见,仅供参考。

王恺　研究员

徐州汉兵马俑博物馆

2000 年 12 月 2 日

2. 卢永毅先生

汉代中国在政治、经济、社会和文化艺术方面,经历了一个极大发展的时期,其建筑也已被认为是中国传统建筑最重要的成形期。汉代的世俗建筑现今已荡然无存,唯有墓葬建筑有着丰富的实物遗存,这自然已成为研究汉代建筑的最重要的资源。从过去经验来看,对汉墓研究考古学上据多,而在建筑学领域并不多见。因此,周学鹰博士生的论文《中国汉代楚(彭城)国墓葬建筑及相关问题研究》首先是个极有价值的选题,这不仅将是对汉墓建筑及其反映的社会、文化与技术特征的综合诠释,而且对理解整个中国传统建筑的发生和发展,也是极其重要的。

论文的上篇选择了今日江苏徐州地区,即汉代楚(彭城)国大量发掘的诸侯王墓葬为研究对象,以大量详实的考古学资料,分析了楚王山、驮蓝山、龟山、南洞山和土山等墓葬建筑的型制及相关特征,总结出了汉墓葬建筑从"因山为陵"到砖石、石室墓的五个演变阶段,并进而对石室墓葬建筑、砖石墓葬价值和竖穴建筑的建筑型制及建筑艺术与技术特征,进行了深入的文化、历史剖析。作者从汉代"忠孝观"和"事死如事生、事亡如事存"等的灵魂不死观来解释汉代墓葬建筑的盛行,以及"完全的第宅化"是有说服力的。论文的下篇对汉墓葬建筑的相关领域进行了更深层的探讨,并形成了颇有价值的认识与诠释。

对整篇论文的写作来看,作者在努力把握文献资料上所花费的心血是显而易见的,不仅考古资料详实,而且行文中对引文出处的注释极为严格。论文附件中收录文献与考古统计表的工作,为所有进行历史研究的师生树立了很好的榜样。总之,刻苦的研究精神和扎实的研究作风是在众多的研究生之中颇为突出的。

论文以墓葬建筑为研究主体,但墓葬建筑也是我们目前认识汉代建筑整体面貌的唯一途径。况且,正如作者所说,汉墓的演变是从墓葬功能逐渐发展到"进一步对现实生活中建筑模拟"。因此,墓葬研究的相关问题,当涉及中国传统建筑生成的几乎所有方面,这有待作者进一步的研究和探讨。

总之，这是一篇研究态度认真严谨，并提出了极有价值的史学研究的论文，完全符合博士论文的要求，同意答辩。此外，就论文资料来看，如果作者在占有大量的考古学资料的基础上再增加一些自身实地考察的直观资料，会使整个研究更加具有说服力。

卢永毅副教授
同济大学建筑系
2000年12月5日

3. 刘叙杰先生

中华民族传统文化的博大精深与源远流长，早已是世界公认的不移事实。在过去七千年的发展过程中，曾经多次出现极为辉煌的时刻，而汉王朝就是其中之一。在它统治的四百余年期间，中国的经济、政治、文化和军事……都得到蓬勃发展和取得光辉成就，并且在许多方面都带来了广泛与深远的影响。可以毫不夸张地讲，汉代的成就不但是巨大的，甚至有些还是空前绝后的。

汉代的地面遗物虽然目前已大部无存，但地下文物的丰富则远远超出了人们的想象。例如墓葬，自新中国成立以来，全国各地发现的汉墓达数万座，其种类之多与数量之巨，为我国历代所仅有。它们在物质与精神上所提供的文化讯息，也是其它文化远远不能企及的。

作者选择汉代重要封国楚（彭城）国的墓葬建筑及其相关问题作为论文的研究对象，正是基于对上述情况的正确认识与判断；而地利与人和的有利条件，又为论文的写作提供了更大的优势。作者在阅读了大量的文献资料并实地踏查了若干有关的墓葬后，对以楚（彭城）国王及王后为首的各类型墓葬，进行了相当详细的介绍以及进一步的分析和对比，就其形制、规模、功能、结构、艺术造型及施工等多方面进行了探讨，并发表了很好的意见。随后，又对"因山为陵""明器式建筑"与"建筑式明器"、汉代画像砖石的认读方法以及建筑明器的随葬思想等诸多问题，分别展开了探索与讨论。就论文本身所涉及的内容而言，是十分丰富和有进取性的，它进一步深化了对汉文化，特别是对汉代墓葬的研究，并提出了一些新的学识见解，这些都将对本学科带来有益的借鉴与推动。此为，作者自身治学的科学态度与勤奋努力，也是论文能取得优良成绩的重要因素。

评议人认为本论文选题适当，编排有序，论证合理，文字清晰，内容充实，具有很强的科学性与逻辑性，是一篇合格的博士学位论文。

稍感不足的是：论文中插图比例欠大，有些由电脑绘制者线条模糊，使图文在配合上形成一定的难度。此为，后附之参考书目过于众多，似可择要精选一部，而将多余者删除。

同意论文作者参加博士论文答辩。

刘叙杰教授

东南大学建筑研究所

2000年12月7日

4. 伍江先生

周学鹰同学的论文《中国汉代楚（彭城）国墓葬建筑及相关问题研究》，以汉代楚（彭城）国为对象，对该地区汉代墓葬建筑的型制进行了全面考证，从其特征入手，进行了合理的历史分段，全面、深入地研究了其历史发展、演化过程。在论文的后半部分，又进一步探讨了该地区的汉代墓葬建筑的一系列相关问题，特别是提出了“建筑式明器”与“明器式建筑”的概念，使我国汉代历史研究特别是汉代建筑历史的研究，又有了新的拓展。最后论文还探讨了汉代建筑明器的随葬思想。

全文通过极大量的文献引注，几乎涵盖了目前我国汉代文化研究的全部文献，充分显示了作者的扎实功力。全文自始至终都是在大量的旁证侧引中表达自己的学术观点，使作者的各类结论都具有了极充分的依据。在论文写作中对如此浩瀚的文献的搜索，实不多见。

论文引文充分、严密，又不失自己的观点；且文章结构清晰，行文流畅，表明作者已完全具备了博士研究的能力，论文也达到了博士论文的水平。

本人同意周学鹰同学答辩，并申请博士学位。

伍江教授

同济大学建筑系

2000年12月

5. 张皆正先生

本课题跨越了建筑历史与理论及考古学课进行研究，为两个学课的相互渗透性研究，走了一条新的研究道路，选题与研究成果有一定实用价值。

周学鹰博士生通过大量史料、文献、实物资料的学术研究，联系建筑专业理论，用平面、立面、空间、建筑技术、建筑装饰等建筑语言，对汉代楚国墓葬建筑，进行深入研究，写出洋洋几十万字的论文，可见其深入细致的基础工作及走向分析研究，直至找出主要论述的内容的整个过程，凡引用文章、原作者均一一标明，可见研究中的严峻性。

论文上篇为汉代楚国墓葬建筑考，从社会背景、历史地位到汉代楚国各类墓葬，如王陵、石室墓葬、砖石墓葬及竖穴墓葬等，为下篇问题的研究打下了基础。下篇中突出了汉代墓葬建筑中“因山为陵”的论述，及对汉代画像石（砖）认读的方法论述，并对“建筑式明器”“明器式建筑”提出了自己的定义。

本人对此内容并无专门研究，如未见同类提法，此类定义也许具有一定的创见。

认读汉代画像石（砖）的方法论，我认为是本论文最具价值的一章，是今后研究汉代画像石（砖）的指南性文本。其主要论点为：应以三维空间的概念来看二维的平面图面；应以“自下而上”“自右而左”的认读顺序来认读整体性的画面关系；应结合汉代生活生活习俗、思想观念、经济状况与当时的建筑水平来研究画面内容；应从墓葬画像石（砖）的整体性地研究而不是局部、单块的研究。这四个方面论点对汉画像石（砖）的研究将进一步深化，将有着相当大的作用与影响。

论文缺点是过长过繁，精炼性尚感不足。

张皆正　资深总建筑师
教授级高级建筑师
上海现代建筑设计集团
上海民港国际建筑设计公司
2000 年 12 月 17 日

6. 罗小未先生

关于我国古代墓葬建筑在考古发掘方面的报告已有很多，它们对深入、确切理解我国的历史或填补历史空白，作出了很大的贡献。其作用不是其它建筑可以代替的。然而，据我的浅见，对某一历史时期，或某一个墓葬比较密集的地方的墓葬，进行系统的分析，并提出一些对建筑史与史学研究的理论与方法，至今似乎尚没有。为此，我认为周学鹰的博士论文“中国汉代楚（彭城）国墓葬建筑及相关问题研究”可谓开了对这方面的系统研究的先河。由于它不仅通过墓葬建筑对汉代楚（彭城）国，对汉代以至对古代本土的历史文化与哲学方面，提出了理论与理论的依据，因而对建筑历史以至对历史研究的作用，是有价值的。

论文观点明确，内容充实，对问题的论述与分析比较彻底与深入，可以看出作者的研究态度是极其认真与踏实的，到处都闪烁着对文献阅读与实物调查的光芒，这对我们研究建筑历史的人来说是极其重要的。

此外，行文通情达理，紧扣环节，引言符合实际需要，编排与格式都比较清晰，反映了作者也较好地掌握了研究方法。为此，我认为这篇论文的质量是较好的，可列为优秀论文。

罗小未教授

同济大学

2000年12月22日

7. 常青先生

《中国徐州汉墓建筑及相关问题研究》一文，是一篇选题很好的博士学位论文。

作者以徐州地区的两汉墓葬建筑为切入点，并结合各地汉墓发掘研究的成果，进行了比较分析，对大量的实物和文献资料进行了全面的扒疏整理，工作量是巨大的，所取得的成果也是很可观的。

两汉是中国社会进入铁器时代后产生文化转型的关键时期，当时的墓葬由于厚葬风习而为后代留下了大量的物质文化遗存，也为汉代建筑研究提供了难得的图像资料。作者充分利用了汉代建筑研究的这一有利条件，既能够驾驭材料、旁征博引，又能够发挥独立思考，提出新的观点与见解。言必有据、据有所出，不发空论。作者对徐州两汉墓葬建筑的研究因而做到了相当的深度，在国内尚属首篇，做出了很有学术价值的贡献。

从全文的论述来看，基本廓清了徐州两汉墓葬建筑发生、演变的全过程及形态特征，揭示了其背景及成因。尤其是在下篇中从问题出发，对两汉墓葬建筑的一些特殊现象，如“因山为陵”，明器、画像砖石等在方法论上进行了有益的探讨，对正确解读汉代建筑图像所含的历史信息颇具启发意义。

论文也存在一些需要再加斟酌、研讨的地方。如本书第45页，将一般的洞窟穹窿顶与发券技术造成的穹窿顶相提并论，就略显不妥；(本书第257页)“因山为陵”之始早于汉文帝霸陵的说法需要有前提，即是凿山的崖墓，还是帝王以山体为陵体，这两个概念是不同的；P196页(本书408页)认为高台建筑与楼阁无关也欠妥，因为中国的大型木楼阁在早期是有土台这样的核心结构的，如北魏永宁寺塔即是。所以，大型楼阁在发展初期应与高台建筑有一定技术上的传承关系。另外，本文收录了50年代以来有关汉墓研究的各类杂志论文目录，但却没有对其按研究主题进行必要的统计分析，以便说明一些建筑现象或发展趋势。因而，材料的运用上应注意取舍和统计处理等工作，而不是数量上的罗列，这样或许可使本文更加出色。

综上所述，本评议人认为该论文已达到博士学位论文所应具有的水平，建议参加答辩并授予工学博士学位。

（签名）教授

同济大学建筑系

2000 年 12 月 5 日

8. 郭湖生先生

周学鹰长期生活、学习于徐州，处汉代文化遗物非常丰富的地点，加以勤于收集、勤于整理，也有相当丰富的文化知识。徐州是汉代楚王陵墓集中的地方，本文17 页首列西汉、东汉楚王（彭城）王世系年表，继以已考古发掘诸陵详细情况，读来比较自然，逐步深入。徐州楚王陵是全国秦汉制度的一部分，准此汉文化逐步揭露，论文有可能逐渐深入。我不久前参与西汉阳陵（景帝陵）的陵区旅游规划及丛葬坑博物馆设计投标会评审方案，即有很多收获。如秦汉以西为上，坐西向东，此陵前司马道直通陵邑（凡）殉葬有侍卫俑、侍女俑及被铠甲等，唯葬仪不与秦始皇同。如能参观，必大有收获。

徐州楚王陵久为世人瞩目，而周学鹰对“塞石”之类的严格学术描述外，还对汉代墓葬的文化内涵予以分析，且及于画像石内容及认读方法（第九章），旁引其他考古资料（如临沂帛画、长沙幡画等众多资料）。足以看出作者勤奋读书的目光所及，甚为开阔，所思问题也极深入细致。

因此：

（一）本文有全面认识汉文化的来源和由此而来的施工技法，可以较深入理解秦汉文化特色，可以为旅游文化的开辟创造新理解、新思路。把弘扬中国文化提高层次。

（二）作者有广博的知识，严格的逻辑思维，对发表的意见有充分的论据和可靠的例证。

（三）作者有较好的表述行文的能力。文献知识丰富。

（四）同意答辩，建议授予博士学位。

（五）建议出版本论文，并列为优秀论文。

建议转入博士后阶段，继续努力，达到更高更完满的境地。

郭湖生教授

东南大学建筑研究所

2000 年 12 月 4 日

9. 蔡达峰先生

《中国汉代楚(彭城)国墓葬建筑及相关问题研究》一文,在汉墓葬制度与文化的背景下,重点研究了楚地陵寝的历史状况、建筑实例、埋葬观念等。论文查检了大量有关论著,十分重视来自考古史料,并做了大量引用,资料是翔实可靠的,可见作者对该课题的关心已有一段时间,内容和理论上都有新积累。地区建筑的研究,首要的是要有充足的史料,这是本人所见最完整讨论楚地墓葬的专文。

古代墓葬制度与建筑的研究是比较困难的课题:一是它依赖于发掘资料,二是墓葬制度不容易研究。所以,该论文选题对研究汉代墓葬是有积极意义的。

论文总体结构完整,部分章节较显深入,但均以史料为依据,较少空泛议论。作者对"因山为坟"、明器与建筑、画像砖石以及随葬制度方面的看法,颇有新意,反映了理论探索水平。

作者引文严谨,史论得当,说明了作者具备了较好的研究能力。

本人认为,该论文已达到了博士毕业论文所要求的学术水平,可申请答辩。

蔡达峰教授
复旦大学
2000 年 12 月 10 日

10. 刘天华先生

刘天华教授自身同意将评阅意见作为附件,无奈他自己未找到。笔者数次或亲自、或请人专程去同济大学档案馆,亦未能应允。故暂缺。刘天华教授原文:"小周,不好意思,因为搬家,这一类文稿早就处理了,你可以去学院找一找。作为附件没问题。"2019 年 7 月 24 日

二、答辩委员会决议

《中国汉代楚(彭城)国墓葬建筑及相关问题研究》是一篇选题很好的博士学位论文。论文不仅对我国汉代墓葬建筑及其所反映的社会、文化与技术特征的综合诠释,而且对理解整个中国传统建筑的发生、发展及其技术演化有重要作用。

作者以徐州地区的两汉墓葬建筑为切入点,结合全国各地的汉墓发掘研究成果,进行了综合分析、比较,对大量的实物和文献资料进行了全面的整理,取得了重要的研究成果,提出了较新的学术见解。论文有助于全面认识汉文化来源,

对深入理解秦汉文化特色，并且对弘扬中华民族文化等具有重要的意义。作者有广博的知识、扎实的文献素养、严格的逻辑思维，言必有据，不发空论。作者对两汉墓葬建筑的研究，做到了相当的深度。在国内尚属前列，有较高的学术价值。

整篇论文编排有序、论证合理，文字清晰、内容丰富，具有很强的科学性与逻辑性。建议授予作者周学鹰博士学位，并列为优秀博士论文。

答辩委员会主席　郭湖生

2000 年 12 月 22 日

图书在版编目(CIP)数据

楚国墓葬建筑考:中国汉代楚(彭城)国墓葬建筑及相关问题研究/周学鹰著.—南京:南京大学出版社,2019.12

ISBN 978-7-305-09976-2

Ⅰ.①楚… Ⅱ.①周… Ⅲ.①墓葬(考古)—建筑艺术—研究—中国—楚国(?—前223) Ⅳ.①TU251.2-092 ②K878.8

中国版本图书馆CIP数据核字(2019)第235331号

出版发行 南京大学出版社
社　　址 南京市汉口路22号　　邮编 210093
出 版 人 金鑫荣

书　　名 **楚国墓葬建筑考**——中国汉代楚(彭城)国墓葬建筑及相关问题研究
著　　者 周学鹰
责任编辑 朱彦霖

照　　排 南京理工大学资产经营有限公司
印　　刷 徐州绪权印刷有限公司
开　　本 718×1 000 1/16 印张 38.25 字数 662千
版　　次 2019年12月第1版 2019年12月第1次印刷
ISBN 978-7-305-09976-2
定　　价 168.00元

网　　址:http://www.njupco.com
官方微博:http://weibo.com/njupco
微信服务号:njuyuexue
销售咨询热线:(025)83594756